Westermeiers Leitfaden für die Försterprüfungen

Ein Handbuch

für den Unterricht und Selbstunterricht unter Berücksichtigung der preußischen Verhältnisse

sowie für

den praktischen Forstwirt

Zwölfte Auflage

Nach dem Tode des Verfassers besorgt

von

H. Müller
Pr. Oberförster

Mit 123 Textabbildungen und einer Spurentafel

Springer-Verlag Berlin Heidelberg GmbH
1919

Alle Rechte, insbesondere das der Übersetzung in fremde Sprachen, vorbehalten.

ISBN 978-3-642-98381-8   ISBN 978-3-642-99193-6 (eBook)
DOI 10.1007/978-3-642-99193-6

Softcover reprint of the hardcover 12th edition 1919

Aus dem Vorwort zur elften Auflage.

Die Frage der Ausbildung für die unteren Stellen des Forstdienstes ist wieder einmal in den Vordergrund getreten und hat die letzten deutschen Forstversammlungen in Düsseldorf und Heidelberg beschäftigt. Über das Maß der zu gebenden Ausbildung gehen die Ansichten auseinander; im allgemeinen warnt man aber vor einem „Zuviel". Man befürchtet die bösen Folgen der Halbbildung und eine daraus resultierende Unzufriedenheit mit Amt und Stellung. Bei Bearbeitung der 11. Auflage mußte ich mich naturgemäß auch mit vorstehender Frage beschäftigen und habe mich bemüht, darüber die Ansichten maßgebender und erfahrener Forstleute zu hören. Sie lauteten im allgemeinen dahin, daß mein Buch hierin im großen und ganzen das Richtige träfe. Dieses stimmt mit meinen eigenen langjährigen Erfahrungen bei der Ausbildung von Lehrlingen, die sich auf über 30 Jahre erstrecken, überein.

Ich hatte deshalb keine Veranlassung, von der bisherigen Behandlung des Stoffes, was seinen Umfang anbetrifft, abzugehen. Bezüglich des Inhalts sind mir mancherlei Wünsche ausgesprochen, denen ich gerne Rechnung getragen habe; Neues ist hinzugefügt, Entbehrliches ist gestrichen. Vieles ist verbessert, alle Abschnitte des Buches sind dem neuesten Standpunkte der Gesetzgebung, der Wissenschaft und Wirtschaft entsprechend umgearbeitet worden.

Bei der Neubearbeitung habe ich mein altes Ziel immer im Auge behalten: in dem Buch eine zuverlässige Unterlage beim Unterrichte für den Lehrer wie für den Schüler zu geben; ferner soll es ein Leitfaden bei der Vorbereitung der jungen Beamten für das spätere Examen und ein Nachschlagebuch für die kleineren Forstbesitzer bleiben, die nicht in der Lage sind, eigene Beamte anzustellen, oder auch für solche Besitzer, die sich soweit informieren wollen, daß sie über die Bewirtschaftung ihrer Forsten eine gewisse Kontrolle ausüben können.

Ein Lehrbuch kann unmöglich eine forstliche Encyklopädie, ein Sammelwerk sein.

Wer sich weiter unterrichten will oder muß, der muß eben ein Spezialwerk in die Hand nehmen. Solche sind vor einem jeden Abschnitt meines Buches angegeben; auch ist der Lehrer dazu berufen, im Unterrichte den Stoff zu ergänzen, so weit er es für seinen Zweck für nötig erachtet. In welchem Maße dies zu geschehen hat, ist nach den gegebenen Verhältnissen außerordentlich verschieden!

Da unsere Wirtschaft immer intensiver wird, so werden auch an die Ausbildung der Förster jetzt immer höhere Anforderungen gestellt, denen ich in gewissem Maße Rechnung tragen mußte.

Schkeuditz, den 10. September 1909.

Westermeier.

Vorwort zur 12. Auflage.

Am 8. Januar 1916 ist der verdiente Verfasser des Leitfadens, Forstmeister Westermeier zu Schkeuditz heimgegangen ohne daß es ihm noch vergönnt gewesen ist, die inzwischen notwendig gewordene 12. Auflage seines Werkes zu besorgen. Vom Verleger mit dieser Aufgabe betraut, bin ich mir der Schwierigkeit wohl bewußt, die zunächst für jeden in der Überarbeitung eines Werkes liegen muß, welches in der großen Hauptsache so völlig den Ausfluß der reichen Berufserfahrung einer einzelnen Persönlichkeit bildet wie der Leitfaden Westermeiers.

Die Beliebtheit, welche das Buch nach wie vor in den Kreisen junger Forstleute genießt, ist, wie ich mich oft überzeugen konnte, nicht zuletzt auf die Eigenart der Westermeierschen Darstellungsweise zurückzuführen, beweist aber auch, daß die Umgrenzung und Anordnung des Gebotenen im wesentlichen den Anforderungen der Kreise entspricht, für die der Leitfaden geschrieben wurde.

Selbstverständliche Pietät und praktische Erwägungen zogen mithin der Tätigkeit des Bearbeiters Grenzen auch da, wo seine persönliche Auffassung über Auswahl und Anordnung des Inhaltes eine abweichende ist.

Es hatte nicht ausbleiben können, daß die sich stets erweiternden Erfahrungen Westermeiers von Auflage zu Auflage Ergänzungen des ursprünglichen Textes bedingten, aus denen schließlich eine nicht unerhebliche Menge unnötiger Wiederholungen und sprachlicher Härten hervorgingen, deren Beseitigung ich mir angelegen sein lassen mußte.

Daneben ist verschiedenes nach dem neuesten Stande unserer Kenntnisse berichtigt und ergänzt, ohne daß, wie ich hoffe, die Eigenart des „Westermeier" gefährdet wurde.

Vorwort.

Die Vorrede des Verfassers zur 11. Auflage kennzeichnet die Ziele des Buches, die nach drei recht verschiedenen Richtungen gehen. Die Schwierigkeit, ihnen im Rahmen eines Werkes nachzugehen, dürfen nicht unterschätzt werden. Das Schwergewicht wird heute m. E. auf die Brauchbarkeit als Handbuch für den jungen Beamten und den forstlich nicht vorgebildeten privaten Forstwirt zu legen sein, deren etwa weitergehenden Bedürfnissen und Streben ich durch Erweiterung der Literaturangaben Rechnung getragen habe.

Dem Lehrling wird die elementare Darstellung, namentlich der Hilfswissenschaften, nach wie vor ermöglichen, Aufklärung über die Fragen zu finden, die sich ihm im Walde aufdrängen.

Der planmäßige Unterricht des Lehrlings ist heute vom Lehrherrn an die Lehrlingsschulen übergegangen und es erscheint zum mindesten unzweckmäßig, diesen allzusehr vorzugreifen. Aus diesem Grunde ist das Systematische in der vorliegenden Auflage auf das Notwendigste beschränkt, und die Fragebogen sind in Wegfall gekommen, da ja auch der Hilfsjäger den Unterricht der Schule hinter hat.

Uszballen, im November 1918.

H. Müller, Pr. Oberförster.

Inhaltsverzeichnis.

Die Zahlen bezeichnen die Seiten.

Vorbereitender Teil.

Einleitung.

Begriff von Wald und Forst 1. Bedeutung der Wälder 1. Begriff von Forstwissenschaft und Forstwirtschaft 1. Die geschichtliche Entwicklung von Forstwirtschaft und Forstwissenschaft 2. Einteilung der Forstwissenschaft 4.

I. Grundwissenschaften.

A. Naturwissenschaften.

Allgemeines 5

Bedeutung der Naturwissenschaften 5. Organische und unorganische Körper, Kennzeichen der drei Naturreiche 6. Systeme der Naturwissenschaften 7.

a) Forstzoologie 8
Einteilung des ganzen Tierreichs.

Säugetiere 10
Allgemeines 10. Handflatterer (Fledermäuse) 12. Raubtiere (Marder, Otter, Fuchs, Wildkatze) 12. Nagetiere (Hase, Mäuse, Wühlmäuse, Biber usw.) 14. Zweihufer (Hohlhörner, Hirsche) 15. Vielhufer (Wildschweine) 16.

Vögel 16
Allgemeines über Vögel 16. Raubvögel (Eulen, Falken) 18. Singvögel (Schwalben, Drosseln usw.) 23. Schreivögel (Eisvögel, Wiedehopf usw.) 25. Klettervögel (Kuckuck, Spechte) 25. Tauben 26. Hühnervögel (Fasan, Auer-, Birk-, Feldhuhn) 26. Laufvögel (Trappe) 27. Watvögel (Wasserhühner, Schnepfen, Regenpfeifer usw.) 27. Schwimmvögel (Enten, Gänse, Schwäne) 29. Die übrigen Klassen der Wirbeltiere (Reptilien, Kreuzotter usw). 30.

Fische 30

Insekten 31
Allgemeines 31. Schmetterlinge 33. Die Kleinschmetterlinge 34. Die Großschmetterlinge 35. Nachtflügler 37. Käfer. Allgemeines 39. Bockkäfer, Borkenkäfer usf. 39—41. Fliegen und Netzflügler (Libellen, Florfliegen, Parasiten) 41. Geradflügler (Heuschrecken, Grillen) 42. Halbflügler (Blattläuse) 42. Übergangsbemerkungen zum Pflanzenreich 42.

b) Forstliche Pflanzenkunde 43
Allgemeiner Teil 43
Begriff und Einteilung 43. Die Ernährungsorgane 43. Die Wurzeln 43. Die Blätter 45. Der Stamm (Jahresringbildung; Markstrahlen, Rinde)

46. Die Fortpflanzungsorgane (männliche und weibliche, Zwitterblüte) 48.
Die verschiedenen Blütenformen (Kätzchen, Dolde usw.) 50—54. Die
Kryptogamen 55. Pflanzensysteme 55. Entstehung und Wachstum der
Holzpflanzen 56.

Spezieller Teil 57
Botanische Übersichtstafel der Waldbäume und Waldsträucher 58
A. Laubhölzer . . . . 57—65
B. Nadelhölzer 66
C. Bestimmungstabelle der strauchartigen Holzgewächse . . 68—75

B. Mathematik.

a) Zahlenlehre 74

Rechnen mit Dezimalbrüchen 74. Einfache Regeldetri 76. Zusammen=
gesetzte Regeldetri 78. Zinsrechnung, Zinseszins, Ausziehen von Wurzeln
79. Proportionen 82.

b) Geometrie 84

Planimetrie, Maße und Gewichte 84. Vermessung von Flächen (Winkel)
85. Die Dreiecke 87. Die Vielecke 88. Vermessung mit Instrumenten
91. Absteckung von Linien im Felde, Durchlegen von Waldschneißen 94.
Messung von geraden Linien 96. Messung von krummen Linien 98.
Vermessung eines Grundstücks 99. Teilen der Figuren 102. Nivellieren
103. Höhenmessen (von Bäumen usw.) 106. Körperlehre oder Stereo=
metrie 107. Berechnung prismatischer Körper 109. Berechnung der
Masse von Bäumen und Beständen. (Holzmeßkunde) 111.

Praktischer Teil.

II. Fachwissenschaften.

A. Standortslehre.

Einleitung und Erklärung 115.

I. Die Lehre vom Boden 115

Entstehung der Erde 115. Die kristallinischen Schiefergesteine 118. Die
aufgeschwemmten Gebirge 118. Die Durchbruchsgebirge 119. Der Ver=
witterungsprozeß 120. Der Sand 120. Ton, Mergel (Lette), Lehm 121.
Der Kalk 122. Eisenverbindungen im Boden (Raseneisenstein, Ortstein)
122. Die auflöslichen Salze 123. Die Bodenmengung 124. Steiniger
Boden 124. Humusböden resp. Zersetzungserscheinungen der Bodendecke
125. Die sonstigen humosen Bildungen (Schlamm, Moor, Torf) 126.
Die physikalischen Eigenschaften des Bodens 127. Bodenmächtigkeit
(Nahrungsschicht, Untergrund) 127. Bodenfeuchtigkeit und Bodenwärme
128. Bodenbindigkeit und Durchlässigkeit 130. Bodenneigung 131.
Beurteilung des Bodens 132. Untersuchung des Bodens 132. Boden=
bestimmungstabelle 134. Beurteilung nach der Bodenflora 133.

II. Die Lehre vom Klima 144
Erklärung 136. Die atmosphärische Luft 136. Bedingungen des Witterungswechsels 136. Luftwärme (Dürre, Frost, Auffrieren, Frostrisse) 137. Luftfeuchtigkeit (Nebel, Regen, Tau, Reif, Schnee usw.) 138. Barometer, Thermometer, Blitz, Höfe um Sonne und Mond usw. 139. Luftbewegung (Weltwinde und örtliche Winde, Sturm) 141. Die verschiedenen Klimas in Deutschland 142. Die Standortsgüte und Standortsklassen 143.

B. Waldbau.

Einleitung 144
Einleitung und Begriffsbestimmung 144. Die verschiedenen Betriebsarten 145. Umtrieb, Betriebsklasse 145. Wahl der Umtriebszeit, Periodeneinteilung 146. Wahl der Holzarten 147. Wahl der Betriebsarten 147.

Gründung der Bestände.

Hochwald.

I. Natürliche Verjüngung 150
Wesen und Zweck der natürlichen Verjüngung 150.

a) Natürliche Verjüngung durch Schlagstellung 150
Zweck der natürlichen Verjüngung 150. Vorbereitungshiebe 151. Besamungsschlag 152. Auszeichnung der Schläge 152. Die Nachhiebe 153.

b) Natürliche Verjüngung durch Ausschlag 155
Niederwaldwirtschaft 155. Kopfholzbetrieb 157. Schneidelholzbetrieb 158

II. Künstliche Verjüngung 158
Saat oder Pflanzung 158.

Holzsaat 159
Beschaffung des Samens 159. Aufbewahren des Samens 160. Prüfung des Samens 164.

Das Säen 166
Allgemeines (Saatzeit) 166. Saatmethoden 166. Samenmengen 167. Bodenbearbeitung (Allgemeines) 169. Lockerung des Bodens 170. Bodenbearbeitung zu Vollsaaten 171. Bodenbearbeitung zu Streifensaaten 171. Ausstreuen des Samens 172. Unterbringen des Samens 173. Schutzmaßregeln bei Aussaat zarter Holzarten 174. Schutz der Saaten 175.

Holzpflanzung 176
Allgemeines 176. Benutzung schon vorhandener Pflanzen, Transport und Verpackung 176. Erziehung der Pflanzen 178. Anlage von Wandersaatkämpen 178. Pflanzenkämpe 181. Anlage von ständigen Kämpen (Forstgärten) 182. Künstliche Düngung 183. Verschulen von Laubholzpflanzen 185. Beschneiden der Pflanzen und Pflege des Kamps 186. Verschulen von Nadelholzpflanzen 188.

Pflanzung im Freien 189
Verschiedene Arten der Pflanzung 189. Vorzüge von Verbandspflanzungen

189. Wahl des Verbandes 190. Regellose Pflanzung 192. Herstellung des Pflanzenverbandes 192. Berechnung der Pflanzenmengen 194. Pflanzzeit 195. Anfertigung der Pflanzlöcher 196. Einsetzen der Pflanzen 198. Schutz der Pflanzen 109. Pflanzen von Senkern und Stecklingen 200. Schlußbemerkung über die Pflanzung 201.

Waldpflege 203
Pflege der Bestände bis zur Haubarkeit 203. Der Läuterungshieb 203. Durchforstungen, Allgemeines 204. Verschiedene Arten der Durchforstung (Hoch= und Niederburchforstungen) 205. Allgemeine Durchforstungsregeln 208. Entästungen 209. Bodenpflege 210. Die Pflege der Waldesschönheit 211.

Flugsand und Ortsteinkultur 213
Dünenbau 213. Binden des Flugsandes im Binnenlande (Binnendünen) 213. Ortsteinkultur 214.

Gemischte Bestände 215
Mittelwaldbetrieb 220
Allgemeines 220. Anlage und Betrieb von Mittelwäldern 221. Der Lichtungsbetrieb 222.

Charakteristisches unserer wichtigsten Waldbäume 222
Die Eiche, Allgemeines 222. Eichenhochwald 223. Eichensaaten 224. Verschulung von Eichen 227. Eichenschälwald 227. Die Rotbuche, Allgemeines 229. Vorbereitungs=Durchforstungen 230. Samenschlag und die Nachhiebe 231. Schlagnachbesserungen 231. Künstliche Pflanzenzucht von Buchen (Saatkamp usw.) 232. Die Schwarzerle (Saatkamp, Kulturmethoden usw.) 233. Die Esche 236. Die Weiden und Pappeln (Kultur der kanadischen Pappel) 236. Die Robinie 240. Die Kiefer, Allgemeines 241. Kulturmethoden (Pflanzung von einjährigen Kiefern usw. 242. Die Fichte, Allgemeines 247. Kulturmethoden der Fichte 247. Die Tanne 250. Die Lärche 250. Die Strobe 250. Unsere anbauwerten fremdländischen Holzarten 250.

C. Forstschutz.

Einleitung und Erklärung 254

I. Forstschutz gegen Beschädigungen durch die lebende Natur.

A. Gegen die rohen Naturkräfte.

Sturm und Wind 255. Gefahr durch Frost, Schnee, Duft und Eis 257. Gefahr durch Hitze und Dürre 259. Gefahr durch Feuer 260. Gefahr durch Wasser 263. Gefahr durch Nässe und Versumpfung (Entwässerung) 264.

B. Beschädigung durch organische Wesen.

1. **Aus dem Pflanzenreich** 267
Durch Unkraut und Graswuchs, Pilzkrankheiten (Schütte usw.) 267.

2. **Aus dem Tierreich** 271
a) Durch Säugetiere 271
α) Durch Wild (Fütterung!) 271. β) Durch Mäuse 274.

b) Durch Vögel 276
Schädliche Vögel 276.
c) Durch Insekten 276
Allgemeines über Insektenschaden 276. Schutz und Vorbeugungsmaß=
regeln 277.
Insektenfraß in Kiefern 278
Der Kiefernspinner 278. Die Kiefernnule 281. Der Kiefernspanner 282.
Die kleine Kiefernblattwespe 283. Die große Kiefernblattwespe 284. Der
Maikäfer 285. Der große Rüsselkäfer 286. Der kleine Rüsselkäfer 288.
Der Kiefernmarktkäfer 289. Andere Kiefernschädlinge 290. Die Werre 291.
Insektenfraß in Fichten 292
Die Nonne 292. Der Fichtenborkenkäfer und andere Fichtenschädlinge 293.
Insekten auf Lärchen und Tanne 296
Die Lärchenminiermotte und der Tannenborkenkäfer 296.
Insektenfraß in Laubhölzern 296
Allgemeines 296. Der Rotschwanz 297. Der Eichenprozessionsspinner 297.
Der Schwammspinner 299. Der Frost= und Blattspanner 299. Der
Eichenwickler 300. Verschiedene schädliche Laubholzkäfer (auf Eichen, Birken,
Rüstern, Pappeln usw.) 300.
Die nützlichen Tiere 301

II. Schaden durch Menschen.

Allgemeines 302.

A. Übergriffe der Berechtigten.

Art der Übergriffe 302. Übergriffe Holzberechtigter (bei der Abfuhr, der
Raff= und Leseholzsammler, der Bauholz= usw. Berechtigten) 303. Über=
griffe Weideberechtigter 304. Übergriffe bei anderen Nebennutzungen 305.

B. Übergriffe der Unberechtigten.

Der Grenznachbarn 306. Diebstahl an Nebennutzungen 307. Diebstahl
an Holz (Forstdiebstahlsgesetz) 307. Gesetze zum Schutze der Forstbeamten
und die polizeilichen Befugnisse derselben 309. Viehpfändung. Töten und
Vergiften von Hunden, die wichtigsten strafrechtlichen Bestimmungen 312.

D. Forstbenutzung.

Einleitung und Erklärung 314.
Die technischen Eigenschaften des Holzes 315
Die technischen Eigenschaften des Holzes (Allgemeines) 315. Trockenzu=
stände des Holzes 315. Reif= und Splintholz 316. Wiederstandsfähigkeit
und Tragkraft des Holzes 316. Festigkeit des Holzes 317. Härte des
Holzes 317. Spaltbarkeit des Holzes 318. Biegsamkeit des Holzes
(Elastizität, Zähigkeit) 319. Dauer des Holzes 320. Mittel zur Erhöhung
der Dauerhaftigkeit 322. Schwinden, Quellen und Werfen des Holzes 323.
Brennkraft des Holzes 324. Fehler, Krankheiten und Schäden des Holzes 324.

Inhaltsverzeichnis.

I. Hauptnutzung.

A. Gewinnung des Holzes.

a) Organisation der Holzhauer 326
Annahme der Holzhauer 326. Die Arbeiterversicherungsgesetze, die Haftpflichtversicherung 327. Unterweisung und Disziplin der Holzhauer 330. Verlohnung 331.

b) Werkzeuge der Holzhauer 331
 α) Zum Fällen und Aufarbeiten 331
 β) Zum Roden 334

c) Die Holzfällung 335
Fällungszeit oder Wabel 335. Anlegen der Holzhauer 335. Arten der Fällung 336. Sortieren des Holzes im allgemeinen 337. Sortieren des Bau- und Nutzholzes, der Rinde 337. Sortieren des Brennholzes 337. Aufmessen, Aufsetzen und Rücken der Hölzer 339. Numerieren, Buchen und Abnahme 342.

B. Abgabe des Holzes.

a) Verkauf und sonstige Abgaben 343
b) Transport des Holzes 345
Zu Lande 345. Bau und Erhaltung von Abfuhrwegen 345. Zu Wasser 349.

C. Verwendung des Holzes.

a) Bauholz 349
Hochbau 349. Erdbau (Röhrenholz, Eisenbahnschwellen, Grubenbau usw.) 350. Wasserbau (Brückenbau, Wassermühlen, Uferbau usw.) 351.

b) Nutzholz 351
Handwerkerholz (Stellmacher, Böttcher, Drechsler, Tischler usw.) 351. Acker- und Gartenbauholz 354. Holz zu technischen Zwecken (Schiffbau, zu Mühlen und Maschinen usw.) 354. Papierholz usw. 355.

c) Brennholz 356

II. Nebennutzungen.

A. Vom Holze selbst.

Rinde zum Gerben 356. Harz 357. Raff- und Leseholz 358. Mast- und Baumfrüchte 358.. Futterlaub 359.

B. Nebennutzungen vom Waldboden.

Streu 360. Weide und Gras 362. Torf 362. Erdarten und Steine 363. Waldbeeren, Pilze usw. 364.

C. Forstliche Nebengewerbe.

Köhlerei 365. Teer, Pech usw. 365.
Einrichtung der preußischen Staatsforsten (Organisation des Personals, Uniformierung, Einteilung der Forsten, Ausbildung usw.) 366.

Anhang.

Jagdlehre.

Einleitung 372. Welche Tiere sind jagdbar? Was heißt jagen? Hohe und niebrige Jagd 372. Von den Jagdgewehren 374. Munition und Laden 375. Von den Regeln beim Schießen (mit Büchse, mit Flinte) 377. Von den Fanggeräten (Schwanenhals, Tellereisen, Schlagbaum usw. 381. Von den Fangmethoden und Witterungen: 1. Der Fuchsfang 384, 2. Der Fang von Dachs, Fischotter, Marder und Iltis 386 Von den Wildfährten und Spuren 387. Vom waidmännischen Töten, Aufbrechen, Zerlegen, Streifen usw. des Wildes 390. Die Jagdkunstsprache: 1. Beim Rotwild 394, 2. Beim Elch 396, 3. Beim Damwild 396, 4. Beim Schwarzwild 396, 5. Beim Rehwild 397, 6. Beim Hasen 398, 7. Beim Fuchs 398, 8. Beim übrigen Raubzeug 398, 9. Beim Federwild 399. Die verschiedenen Jagdmethoden: 1. Der Anstand 400, 2. Der Birschgang (das Birschen, Weidwerken) 401, 3. Das stille Durchgehen 403, 4. Die Treibjagd (Holz- und Feldtreiben) 403, 5. Die Suche 404. Der Schutz der Jagd 405.

Beilagen:

    I. Auszug aus der Preuß. Jagdordnung vom 15. Juli 1907 . . . 406
   II. Das Waffengebrauchsgesetz vom 31. März 1837 417
  III. Das Forstdiebstahlsgesetz vom 15. April 1878 418
  IV. Strafbestimmungen des Feld- und Forstpolizeigesetzes vom 1. April 1880 424
   V. Auszug aus dem Regulativ vom 1. Oktober 1905 433

Alphabetisches Register.
Übersichtstafel der wichtigsten Forstinsekten.
Spurentafel.

Vorbereitender Teil.

Einleitung.

§ 1. Begriff von Wald und Forst.

Unter „Wald" ist jede größere mit wild wachsenden Holzpflanzen bestandene Fläche zu verstehen. Dagegen nennen wir gewöhnlich „Forst" einen fest abgegrenzten Wald, der nach bestimmten wirtschaftlichen Regeln begründet, eingerichtet, erhalten und genutzt wird.

§ 2. Bedeutung der Wälder.

Sie ist eine doppelte. Die Wälder liefern uns einmal das zum täglichen Leben mit seinen unendlich vielen Bedürfnissen notwendige Holz und weiterhin wertvolle Nebenprodukte. Hierdurch werden sie unmittelbar nützlich.

Mittelbar werden die Wälder dadurch bedeutungsvoll, daß sie die Boden- und Luftfeuchtigkeit und damit wohl auch die Quellen- und Regenmenge (Nährfeuchtigkeit) eines Landes erhalten; die Wälder beschützen den Boden vor den aushagernden Strahlen der Sonne und verhindern wieder das Entweichen der Bodenwärme durch die Beschirmung, sie schützen somit den Boden gegen Hitze und Kälte und gleichen im allgemeinen den schädlichen plötzlichen Wechsel der Temperatur aus. Die Wälder setzen den Stürmen kräftigen Widerstand entgegen und beschützen eine Gegend vor dem verderblichen Einfluß zu warmer und zu rauher Winde; in den Gebirgen nützen sie auf den steilen Hängen dadurch, daß sie Abschwemmungen, Erdrutsche, Lawinenbildungen usw. verhindern; in der Ebene binden sie lockere Erde und verhindern die verderbliche Verbreitung von Flugsand (Schutzwaldungen). Die Bedeutung des Waldes liegt also hauptsächlich in der Holzerzeugung und dem daraus entspringenden vielseitigen Handel und Gewerbe mit ausgedehnter Arbeitsgelegenheit, ferner in seinem wohltätigen Einflusse auf Boden und Klima; und schließlich auch in seinem Nutzen für die Gesundheit der Menschen, weil die Waldluft staubfrei ist und erfrischend wirkt.

§ 3. Begriff von Forstwissenschaft und Forstwirtschaft.

Forstwissenschaft ist der Inbegriff aller planmäßig geordneten Lehren, welche auf eine zweckentsprechende Bewirtschaftung und Verwertung der Wälder zielen.

Forstwirtschaft ist die praktische Anwendung der Regeln der Forstwissenschaft auf den Wald und sämtliche Forstgeschäfte.

§ 4. Die geschichtliche Entwicklung von Forstwirtschaft und Forstwissenschaft.

Literatur: Bernhardt, Forstgeschichte 3. Bd. 1875; vergriffen.
Schwappach, Forst- und Jagdgeschichte Deutschlands.

Wie jedes Gebiet menschlicher Tätigkeit und menschlichen Wissens haben auch Forstwirtschaft und Forstwissenschaft ihre Entwicklungsgeschichte, deren geordnete Darstellung wir Forstgeschichte zu nennen pflegen. Die Forstgeschichte ist ein sehr umfangreiches Gebiet; denn sie muß gleichzeitig die Geschichte des Waldeigentums behandeln und darf die politische und Kulturgeschichte nicht aus den Augen verlieren, denn die Gestaltung des Forstwesens hängt mit all diesen eng zusammen. Da aber an der Ausgestaltung von Forstwirtschaft und Forstwissenschaft deutsche Forstleute in allererster Linie mitgewirkt haben, deren Namen jedem Forstmanne immer wieder begegnen, soll hier wenigstens ein ganz kurzer Abriß gegeben werden.

In den ältesten Zeiten war von einer Forstwirtschaft nicht die Rede. Jeder nutzte aus dem Walde das, was er zu seiner Lebensführung gebrauchte, ohne für einen Ersatz durch Anbau Sorge zu tragen, und die Waldfläche verringerte sich immer mehr durch zunehmende Rodung für Ackerbau und Weide.

Die ersten obrigkeitlichen Maßnahmen zum Schutze des Waldes erstrecken sich demgemäß darauf, die zu weitgehende Ausrodung des Waldes einzuschränken (im 12. Jahrhundert). Es geschah dieses damals aber weniger mit Rücksicht auf die Nachhaltigkeit der Holznutzung, als vielmehr wegen der Gefahr für die sehr geschätzten Nebennutzungen, wie Mast, Weide, wilde Imkerei u. dergl. mehr.

Schon im nächsten Jahrhundert aber beginnen die Bestrebungen, auch die Holznutzung in geordnete Bahnen zu lenken und die Nachhaltigkeit zu sichern. Trotzdem kann bis etwa zur Mitte des 16. Jahrhunderts von einer einigermaßen geordneten Wirtschaft nicht gesprochen werden.

Während vordem der größte Teil der Wälder Eigentum der Mark- und Dorfgenossenschaften war, gelangte er im Laufe der Zeiten, und besonders nach dem 30jährigen Kriege, immer mehr in die Gewalt der Landesherren, deren es ja eine sehr große Zahl gab. Für diese hatte die Jagdnutzung im Walde den größten Wert, der sie auch ihren Schutz und ihre Fürsorge in erster Linie zuwandten. Es wurden zunächst vornehmlich zu diesem Zweck die sogenannten Forstordnungen erlassen, in denen neben Hege- und Strafvorschriften allmählich aber auch immer mehr Wirtschaftsregeln für Behandlung und Nutzung des Waldes niedergelegt wurden. Man begann nämlich

Einleitung: Die geschichtliche Entwicklung.

zu jener Zeit eine allgemeine Holznot zu befürchten, da man überall den erbärmlich schlechten Zustand der Wälder vor Augen hatte. Aus dem 16. Jahrhundert stammen auch die ersten Anweisungen über Hiebsführung und über künstliche und natürliche Verjüngung. Eine wesentliche Besserung des Waldzustandes wurde aber mit allen diesen Maßnahmen nicht erreicht, da die rasch zunehmende Bevölkerung immer größere Anforderungen an den Wald stellte. Auch wo dieser dem Landesherrn gehörte, lasteten auf ihm eine Unzahl von Berechtigungen (Servituten) aller Art, deren verderblichste die Weide- und Streunutzung waren. Dazu kam noch die völlige Unzuverlässigkeit und Unwissenheit der damaligen Forstbeamten, die lange Zeit nicht einmal festes Gehalt bekamen und zu jedem Betruge sehr geneigt waren. Sie genossen einen so schlechten Ruf, daß sie hier und da wohl zum „unehrlichen Volke" gezählt wurden, wie der Schinder und Scharfrichter. Aus den alten Forstbeschreibungen noch vom Anfang des vorigen Jahrhunderts kann jeder ersehen, wie räumlich und verlichtet damals unsere Wälder waren, und wie wenig gutes altes Holz es gab. — Ein gründlicher Umschwung trat in Preußen erst mit dem Anfang des 19. Jahrhunderts ein, als Georg Ludw. Hartig*) 1811 an die Spitze der preußischen Forstverwaltung trat und den Grund zu ihrer heutigen Gestaltung legte.

Ebenso schlecht wie mit der Forstwirtschaft stand es natürlich bis zum Ende des 18. Jahrhunderts mit der Forstwissenschaft. Die sehr wenigen Kenntnisse, die man hatte, waren in den vorhin erwähnten Forstordnungen z. T. niedergelegt, auch hatten Botaniker, Rechtsgelehrte und andere Nichtfachmänner hier und da versucht, das forstliche Wissen zusammenzutragen, im wesentlichen aber vererbten sich die ganz geringen Kenntnisse von einem auf den andern. Die Jagd war die große Hauptsache, welche die Jägerburschen (Lehrlinge) bei ihrem Lehrherrn gründlich erlernten und dabei ganz beiläufig das vom Forstwesen, was dieser selbst wußte. Aus den beiden alten Büchern: Flemming, „Der vollkommene teutsche Jäger" und Döbel, „Eröffnete Jäger-Praktika"**) kann man ersehen, wie sehr das jagdliche Wissen damals noch das forstliche überragte. Naturgemäß suchten nun junge Leute, denen an einer guten forstlichen Ausbildung gelegen war, solche Lehrherren auf, von denen bekannt war, daß sie im Forstwesen besonders bewandert waren.

So kam es, daß sich bei einigen Förstern private Forstschulen (Meisterschulen) bildeten, die später hier und da auch staatlich unterstützt oder vom Staate übernommen wurden. Am bekanntesten waren die des ausgezeichneten Forstmannes Heinr. Cotta***) in Zillbach in Thüringen und des vorerwähnten

---

*) Geb. 1764 zu Gladenbach in Hessen, gest. 1837.
**) Neu herausgegeben von Neumann-Neudamm.
***) Geb. 1763, gest. 1844.

G. L. Hartig in Hungen. Diese beiden Männer haben mit den ersten brauchbaren Büchern für die Entwicklung der Forstwissenschaft nicht nur in Deutschland, sondern auch in allen Kulturländern den Grundstein gelegt, auf dem in rascher Folge bis zum heutigen Tage eine große Zahl ausgezeichneter Forstgelehrter weitergebaut hat.

§ 5. Einteilung der Forstwissenschaft.

Eine erschöpfende Einteilung des großen Gebietes der gesamten Forstwissenschaft hier zu geben, würde zu weit führen und dem Zwecke des Buches, das hauptsächlich für die praktisch tätigen Förster berechnet ist, nicht entsprechen. Es folgt deshalb eine solche Einteilung, wie sie für die Behandlung dieses Buches maßgebend sein soll und wie sie dem wissenschaftlichen und praktischen Standpunkte von Förstern angepaßt sein dürfte.

Die Forstwissenschaften bestehen teils in Erfahrungssätzen über die zweckmäßigste Bewirtschaftung der Forsten, teils in Wissenschaften, welche gewissermaßen die Grundlage jener Erfahrungssätze bilden. Sie setzen sich aus den Naturwissenschaften und der Mathematik zusammen und werden „Grundwissenschaften" genannt, im Gegensatz zu ersteren, den „Fachwissenschaften", welche in einer geordneten Zusammenstellung aller der Lehren bestehen, welche die Bewirtschaftung der Forsten unmittelbar angehen. Dazu kommen noch die sogenannten „Hilfswissenschaften", welche die Staats- und Rechtswissenschaften in bezug auf die Forsten, die forstliche Baukunde — namentlich den Waldwegebau —, das Verwaltungs-, Kassen- und Rechnungswesen, die Jagd und Fischerei umfassen.

Unserem Zwecke gemäß greifen wir aus den gesamten Forstwissenschaften nur folgende für den Förster wichtigen Gebiete heraus und teilen danach ein in:

I. Grundwissenschaften.

A. Naturwissenschaft.
a) Forstzoologie. · b) Forstbotanik.

B. Mathematik.
a) Zahlenlehre. b) Größenlehre.

II. Fachwissenschaften.

A. Standortslehre.
B. Waldbau.
C. Forstschutz.
D. Forstbenutzung.

III. Anhang.

Jagdlehre.

Die für uns wichtigen Teile der Chemie und Physik werden in den verwandten Kapiteln der Fachwissenschaften, soweit dies nötig erscheint, kurz mit behandelt werden. Die allgemeine Tier- und Pflanzenkunde finden ihre Berücksichtigung in der Forstzoologie und Forstbotanik, die Mineralogie ist in die Standortslehre eingeflochten. Die Forst- und Jagdpolizeilehre, soweit sie für den Schutz des Waldes und seiner Erzeugnisse, wie der Jagd, zu wissen notwendig, findet sich in der Lehre vom Forstschutz und von der Jagd, sowie in den Beilagen, welche die wichtigsten gesetzlichen Bestimmungen im Auszuge und einige das Verständnis erleichternde Erläuterungen enthalten. Die Landmeßkunst und den Wegebau behandeln die Mathematik und die Forstbenutzung, welche mit dem Forstschutz zusammen auch die wichtigsten Gebiete aus dem Geschäftskreise der Förster berühren.

Dies möge zur Erleichterung des Studiums und des Zurechtfindens in vorliegendem Buche, sowie zur Rechtfertigung der obigen Einteilung dienen. Die Waldertragslehre, die Waldwertberechnung, Verwaltungskunde usw. sind nur hier und da berührt und konnten, da sie den Aufgaben der Förster ferner liegen, eingehendere Besprechung nicht finden. Eine erschöpfende Beantwortung aller Fragen kann das Buch bei der schnellen Ausbildung von Wirtschaft und Wissenschaft heute nicht mehr geben; dazu müssen die angeführten Sonderwerke nachgeschlagen werden.

1. Grundwissenschaften.

A. Naturwissenschaften.

Allgemeines.

§ 6. Bedeutung der Naturwissenschaften.

Die Naturwissenschaften umfassen die Kenntnis der Naturkörper und aller auf den sog. Naturgesetzen beruhenden Vorgänge; man unterscheidet die Tierkunde (Zoologie), die Pflanzenkunde (Botanik), die Lehre von den Gesteinen und Metallen (Mineralogie), die Chemie und Physik. Das Gebiet der Naturwissenschaften ist so ungeheuer groß, daß eine einzelne Menschenkraft kaum ausreicht, auch nur einen Hauptteil derselben zu beherrschen, geschweige denn mehrere Hauptteile oder die gesamten Naturwissenschaften. Deshalb ist es Sache der einzelnen Fachwissenschaften, sich das Notwendige herauszusuchen und von den gesamten Naturwissenschaften nur so viel, als zum Zusammenhange und allgemeinen Verständnis gehört, zu behandeln. Finden also hier nur die den Forstmann interessierenden Teile der Naturwissenschaften Berücksichtigung, so spricht man von Forstbotanik, Forstzoologie usf.

Die Naturwissenschaft macht uns mit den Merkmalen der Naturkörper soweit bekannt, daß wir sie voneinander unterscheiden und in die verschiedenen

Reiche, in die sie geteilt sind, einreihen können; wir wollen an ihrer Hand lernen, wonach man z. B. den Hirsch und die Eiche im Walde, den Stein in der Kiesgrube usw. erkennt.

§ 7. Organische und unorganische Körper; Kennzeichen der Naturreiche.

Eine erste Verschiedenheit besteht darin, daß der Stein, z. B. der Kiesel aus einer ganz gleichmäßigen Masse gebildet wird; zerschlägt man ihn, so bleiben die Stücke ihrem Wesen nach genau das, was sie waren, nämlich Kieselsteine, nur sind sie kleiner geworden. Die Eiche im Walde hat dagegen ganz ungleichartige Bestandteile wie Blätter, Blüten, Rinde, Holz, Wurzeln, Säfte usw. Nehmen wir einen Teil davon, z. B. ein Blatt, ein Stück Rinde, so haben wir nicht wieder eine Eiche sondern ganz verschiedene Teile derselben. Selbständige einzelne Teile, welche zusammen das Ganze, hier also die Eiche ausmachen, nennt man Werkzeuge oder Organe weil sie gewisse Verrichtungen haben, ohne welche das Ganze (Individuum genannt) nicht gut fortbestehen kann. Alle mit Organen ausgestatteten Naturkörper heißen organische oder lebendige z. B. Tiere, Pflanzen, im Gegensatz zu den unorganischen oder leblosen, z. B. Steine, Erden.

Die Eiche zeigt durch Wachsen und die Erzeugung von Blüten und Früchten Leben und Bewegung. Anders ist es bei Tieren, z. B. dem Hunde, auch einem mit Organen ausgestatteten lebenden Wesen. Der Hund kann laut werden durch Bellen und Winseln, er kann laufen, springen und fressen; er kann sich also willkürlich bewegen, ernähren, sich fortpflanzen, kurz er hat viel mehr und viel ausgebildetere Werkzeuge zu seinem Leben als der festgewurzelte und empfindungslose Baum. Auf derartige Verschiedenheiten hin teilt man das ganze Naturreich ein, indem man alle lebenden Wesen mit willkürlicher Bewegung und Empfindung Tiere und ihre Gesamtzahl auf der Erde das Tierreich, alle lebenden Wesen ohne Empfindung und ohne freiwillige Bewegung Pflanzen, ihre Gesamtheit das Pflanzenreich, und alle Naturkörper ohne Werkzeuge und Leben Mineralien oder Gesteine, ihre Gesamtheit das Mineralreich (Steinreich) nennt.

Alle unsere Wissenschaft vom Tierreiche nennt man Zoologie oder Tierkunde, vom Pflanzenreiche Botanik oder Pflanzenkunde, vom Mineralreiche Mineralogie oder Gesteinskunde.

Während der Unterschied und die Grenze zwischen dem Mineralreich oder den unorganischen Naturkörpern und den organischen ganz klar und scharf gezeichnet ist, ist derselbe zwischen Pflanzenreich und Tierreich nicht so scharf, indem die kleinsten und einfachsten Pflanzen und die allerniedrigsten Tiere, wie sie namentlich im Wasser und auf dem Meeresboden vorkommen, sich so nahe berühren, daß Zweifel entstehen können, welche zu dem Pflanzenreich und welche zu dem Tierreich zu zählen sind; es gibt Tiere, z. B. die Polypen, welche fest gewachsen sind, und Pflanzen, z. B. die bekannte Sinnpflanze (mimōsa pudica), welche anscheinend Empfindung zeigen.

§ 8. Systeme der Naturwissenschaften.

Unter „System" verstehen wir die wissenschaftliche Ordnung und Einteilung, wonach wir die Naturkörper unterscheiden und richtig benennen können. Die obige Einteilung der Naturkörper in die drei Reiche — Tierreich, Pflanzenreich, Mineralreich — genügt nicht, um sie genau voneinander unterscheiden und wissenschaftlich scharf bezeichnen zu können, wie wir uns an einem Beispiel klar machen werden.

Unsere Hauskatze zeichnet sich durch gewisse Merkmale vor anderen Tieren aus; sie hat gewisse Farben, gewisse Größe, Kopf- und Zehenbildung, gewisse Gewohnheiten usw. und bildet deshalb die bestimmte Art „Hauskatze, félis doméstica"*); es gibt aber noch viele andere Katzenarten, z. B. Tiger, Löwe, Panther, welche dieselben wesentlichen Merkmale in Bau und Lebensweise und nur äußere Unterschiede, wie Größe, Farbe usw. haben und deshalb anders benannt werden. Jedes Tier führt in der Wissenschaft, wenn es richtig bezeichnet werden soll, zwei Namen, den seiner Gattung (hier Felis!) und den seiner Art (hier domestica!). Nun gibt es aber noch viele andere Tiere, die wie das Katzengeschlecht von Fleisch leben und darum ein ähnliches Gebiß und ähnliche Verdauungswerkzeuge haben müssen, z. B. die Hunde, Hyänen, Bären usw. Jede bildet eine Familie, sie alle bilden wieder eine Ordnung unter dem Namen „Raubtiere".

Andere Tiere leben nicht vom Raube und von Fleisch, sind deshalb anders gebaut, haben jedoch mit den Raubtieren ein Haarkleid, vier zum Gehen, Klettern oder Schwimmen eingerichtete ähnliche Beine und das Gebären von lebendigen Jungen, die von der Mutter mit Milch gesäugt werden, gemeinschaftlich. Man faßt alle diese Tiere deshalb in eine Klasse — die Klasse der Säugetiere — zusammen.

Die Vögel, Amphibien, Fische bilden für sich wieder Klassen des Tierreichs und haben mit den Säugetieren ein inneres gegliedertes Knochengerüst, dessen Hauptteil Rückgrat oder Wirbelsäule genannt wird, gemeinschaftlich, weshalb man alle in eine größere Tiergruppe — Kreis — zusammenfaßt und „Wirbeltiere" nennt. In ähnlicher Weise teilt man nun auch die übrigen Tiere, das Pflanzenreich und das Mineralreich ein und nennt solche Einteilung eines Reiches ein System. Derartige Systeme sind nun

---

*) Der richtigen Aussprache wegen sind die Fremdwörter mit Akzenten versehen, die über den betreffenden Silben stehen: ´ bedeutet Betonung derselben, ¯ wird lang und ˘ wird kurz gesprochen.

von unseren großen Naturforschern verschiedentlich aufgestellt. Man nennt sie **natürliche**, wenn nahe verwandte Naturkörper möglichst nahe im System zusammenstehen, **künstliche**, wenn willkürliche Merkmale, z. B. bei den Tieren die Gliedmaßen, bei den Pflanzen die Blüten usw. zum Unterscheidungsmerkmale gewählt und damit natürlich verwandte Naturkörper auseinander gerissen werden. Wir haben in absteigender Reihenfolge die organischen Naturkörper einzuteilen in Reiche, Kreise, Klassen, Ordnungen (Reihen), Familien, Gattungen, Arten, Unterarten (Spielarten).

a) Forstzoologie.

Literatur: Eckstein: Forstzoologie — Parey, Berlin.
Schäff, Die wildlebenden Säugetiere Deutschlands
Neumann-Neudamm.

§ 9. In Nachfolgendem sind die Kreise und Klassen eines Systems angegeben; von den Ordnungen sind jedoch nur die angeführt, in denen forstlich bemerkenswerte Vertreter vorkommen:

I. Kreis: Wirbeltiere.

Rotblütige Tiere mit rückenständigem Nervensystem, welches von einem knorpeligen und knöchernen Gerüst gestützt und geschützt wird.

1. Klasse: Säugetiere.

Behaarte, warmblütige Wirbeltiere, deren lebendige Junge mit Milch gesäugt werden.

Ordnung: Handflatterer z. B. Fledermäuse.
" Raubtiere z. B. Fuchs.
" Nagetiere z. B. Maus, Hase.
" Zweihufer z. B. Hirsch, Ziege, Gemse.
" Vielhufer z. B. Schwein, Elefant.

2. Klasse: Vögel.

Mit Federn bedeckte, warmblütige, aus hartschaligen Eiern entstehende Wirbeltiere.

Ordnung: Raubvögel z. B. Falke, Bussard.
" Singvögel z. B. Finke, Drossel.
" Schreivögel z. B. Wiedehopf, Nachtschwalbe.
" Klettervögel z. B. Spechte.
" Tauben z. B. Wilde Tauben.
" Hühnervögel z. B. Auerhahn, Rebhuhn.
" Laufvögel z. B. Trappe, Strauß.
" Watvögel z. B. Schnepfe, Reiher.
" Schwimmvögel z. B. Gans, Ente, Möwe.

3. Klasse: Reptilien.

Beschuppte oder bepanzerte, kaltblütige, lungenatmende Wirbeltiere. Aus den weichschaligen Eiern schlüpfen den Alten ähnliche Junge.

Ordnung: Schlangen z. B. Kreuzotter, Ringelnatter.

4. Klasse: Amphibien.

Kaltblütige, meist nackte Wirbeltiere mit Lungen- und in der Jugend mit Kiemenatmung; aus ihren Eiern schlüpfen den Alten unähnliche Junge. Die verschiedenen Froscharten.

5. Klasse: Fische.

Kiemenatmende, kaltblütige, im Wasser lebende Wirbeltiere mit Flossengliedern.

Ordnung: Knochenfische z. B. Karpfen usw., unsere gewöhnlichen Fische.

II. Kreis: Gliederfüßler.

Tiere mit geringeltem Körper und beweglich eingelenkten vielfach gegliederten Gliedmaßen.

1. Klasse: Insekten.

Gliederfüßler, mit einem Fühlerpaar und sechs Beinen an der Brust.

Ordnung: Schmetterlinge z. B. Kiefernspinner.
„ Netzflügler z. B. Libellen.
„ Käfer z. B. Rüsselkäfer.
„ Halbflügler z. B. Blattläuse.
„ Geradflügler z. B. Heuschrecken.
„ Nachtflügler z. B. Wespen.
„ Zweiflügler z. B. Fliegen.
„ Flügellose z. B. Läuse.

2. Klasse: Tausendfüßler.

Gliederfüßler mit zahlreichen, fast gleichgebildeten, beintragenden Körperringen, scharf abgesetztem Kopf und einem Paar Fühler, z. B. Sandtausendfuß, Randassel.

3. Klasse: Spinnentiere.

Gliederfüßler, Kopf und Brust zusammengewachsen, mit einfachen Augen und acht Beinen, der Hinterleib ohne Glieder.

4. Klasse: Krebstiere.

Gliederfüßler mit vier Fühlern und vielen Beinen an Brust und Hinterleib (mindestens 10).

Zehnfüßler z. B. Krebse.

III. Kreis: Würmer.

Wurmförmige Tiere, deren langgestreckter Leib glatt oder querrunzelig und aus gleichen Teilen zusammengesetzt ist.

IV. Kreis: Weichtiere.

Weiche, schleimige Tiere mit einem durch teilweise Verdoppelung der weichen Körperteile gebildeten Mantel.

1. Klasse: Forstlich wichtige Säugetiere.

§ 10. Allgemeines.

Die Säugetiere sind mehr oder minder mit Haaren bedeckt, von denen man die farbigen Grannen oder das Oberhaar und die Wolle (das wärmende Unterhaar) unterscheidet. Die Haare werden jährlich, meist plötzlich, Frühjahr und Herbst gewechselt; verdickte Grannen können allmählich in Borsten (Schwein) und Stacheln (Igel) übergehen. Manche haben nur einerlei Haare (Huftiere), die meisten beide Haararten.

Die Haut besteht aus der unteren, dickeren, gefäß- und nervenreichen Lederhaut und der dünnen, empfindlichen Oberhaut, welche sich an einzelnen Stellen zu den sog. Oberhautgebilden (Schwielen, Nägeln, Krallen, Hufen, Hörnern usw.) verdickt.

Das Skelett (Abb. 1) zeigt deutlich Knochen des Kopfes, des Rumpfes, der Gliedmaßen und des Schwanzes. Am Kopf unterscheidet man Schädel-, Gesichts- und Kieferknochen. Der Hals hat meist sieben (selten sechs oder acht) Wirbel. An der Wirbelsäule des Rumpfes unterscheidet man die Brustwirbel mit den säulenförmigen, bogigen, flachen Rippen, die Lendenwirbel mit langen und breiten seitwärts und nach vorn gerichteten Fortsätzen und die Kreuzbeinwirbel, die verwachsen und mit den Hüftbeinen fest verbunden sind. Die Schwanzwirbel richten sich nach der Länge des Schwanzes (höchstens 46!)

Ein breiter, flacher, dreieckiger, mit hoher Leiste versehener Knochen, das Schulterblatt (a), liegt im Fleisch über den vorderen Rippen, an dieses schließt sich bei vielen Säugetieren (den grabenden, fliegenden und greifenden) zur Verbindung des Oberarmes mit dem Brustbein jenseits das Schlüsselbein (b) an. Fast alle Säugetiere haben zwei Paar Beine; die Vorderbeine bestehen aus Oberarm (l), meist im Körper versteckt, Unterarm (m) (mit Elle und Speiche!) und Hand mit Handwurzel (i), Mittelhand (k) und Vorderzehen (g). Die Hinterbeine sind durch den kugligen Knopf des Oberschenkels in die tiefe Pfanne des unten geschlossenen Beckens (u) eingelenkt und bestehen aus Oberschenkel (c), Unterschenkel (d) (Schien- und Wadenbein!), der Kniescheibe (e) und dem Fuß [Fußwurzel (n), Mittelfuß (h), Hinterzehen! (f)].

Säugetiere: Allgemeines. 11

Die Zähne liegen einreihig in die Kieferknochen eingeteilt, sind sehr mannigfaltig und systematisch von größter Wichtigkeit. Der Zahn besteht aus einer knochigen Wurzel und der aus Zahnbein und Schmelz gebildeten Krone. Man unterscheidet Schneidezähne, deren obere stets im Zwischenkiefer stehen, Eckzähne, die nur in der Einzahl neben den ersteren stehen, und Backenzähne.

Die Haupteigentümlichkeiten der für die Unterscheidung der Säugetiere äußerst wichtigen Zahnbildung werden durch in Bruchform gesetzte Zahlen veranschaulicht, deren Zähler die oberen, deren Nenner die unteren, deren fettgedruckte die größeren, die andern die kleineren Zähne darstellen.. Die mittleren Bruchzahlen bezeichnen die Schneidezähne, die rechts und links sich anschließenden die Eckzähne und die äußeren die Backenzähne, z. B. $\frac{4}{3} \cdot \frac{1}{1} \cdot \frac{6}{6} \cdot \frac{1}{1} \cdot \frac{4}{3}$ bedeutet: oben wie unten je 6 kleinere Schneidezähne, jederseits ein großer Eckzahn, oben je 4 und unten je 3

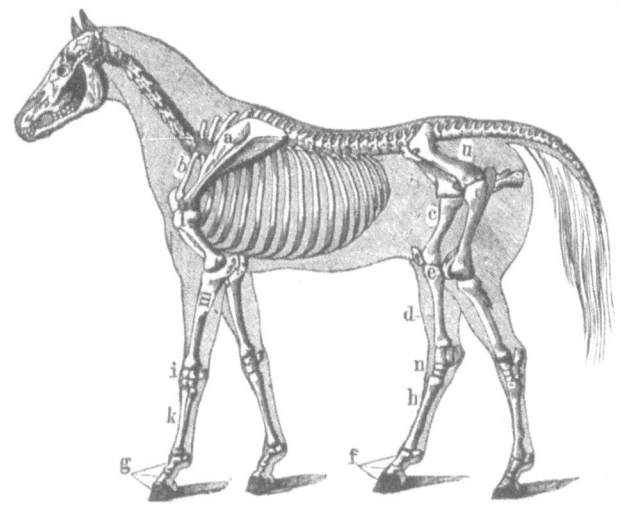

Abb. 1. Skelett des Pferdes in den Körper eingezeichnet (aus Altum, Zoologie).

kleinere Backenzähne. Sind die Backenzähne, wie oft vorkommt, von verschiedener Größe, so wird ihre Anzahl getrennt und in besonderer Bruchform geschrieben, z. B. $\frac{1.1\ 2}{1.2} \cdot \frac{1}{1} \cdot \frac{6}{6} \cdot \frac{1}{1} \cdot \frac{2.1\ 1}{2.1}$. Da nun links wie rechts die gleichen Zähne auftreten, so vereinfacht sich die Formel durch Weglassen der Backen- und Eckzähne links, mithin heißt die obige Formel in ihrer Abkürzung: $\frac{6}{6} \cdot \frac{1}{1} \cdot \frac{2.1\ 1}{2.1}$.

Die Sinnesnerven entspringen aus dem Gehirn, die Gefühls- und Bewegungsnerven teils vom Gehirn, teils von dem in der Wirbelsäule befindlichen Rückenmark. Am meisten ist bei den Säugetieren der Geruchsinn entwickelt, am wenigsten der Tastsinn. Zwei durch Lider verschließbare Augen vermitteln den Gesichtsinn, den Gehörsinn gewöhnlich vorstehende, oft sehr bewegliche Ohrmuscheln, die Geschmacksnerven liegen an der Zunge und am weichen Gaumen. Das Verdauungssystem besteht im allgemeinen aus Mundhöhle, Speicheldrüsen, Schlund,

Magen, Dünn- und Dickdarm, das Herz aus zwei Vorkammern und zwei Herzkammern. Brust- und Bauchhöhle sind durch das Zwerchfell getrennt, dessen Hebung und Senkung vorzugsweise das Ausstoßen und Einziehen der Luft aus den als Atmungsorgane dienenden **Lungen** bewirken. Am Eingange der Luftröhre liegt als Stimmorgan der **Kehlkopf**. Manche Säugetiere können auch klettern, graben, schwimmen, fliegen; sie nähren sich teils von Pflanzen, teils von Tieren, teils von beiderlei zugleich, wonach ihre Zähne gebildet sind; manche fallen in den sog. Winterschlaf, indem die Bluttemperatur bis auf $1°$ C. sinkt, Herzschlag und Atmung beinahe aufhören und das aufgespeicherte Fett als Ersatz der Nahrung dient.

Die beiden ersten Ordnungen enthalten keine forstlich wichtigen Tiere.

§ 11. 3. Ordnung: Handflatterer.

Säugetiere mit vollständigem Gebiß und Flughäuten zwischen den verlängerten Vorderzehen und Beinen. Fliegende Säugetiere.

1. Familie: Insektenfressende Fledermäuse. Es sind Dämmerungs- und Nachttiere, welche eifrig auf Insekten Jagd machen und dadurch für Wald, Garten und Feld sehr nützlich werden. Ihre 1—2 Jungen tragen sie im Fluge mit sich herum. In der Ruhe und im Winter während der Erstarrung hängen sie, oft klumpenweis, an den Hinterbeinen in Gebäuden oder in hohlen Bäumen.

Vespertilio murīnus, Riesen-Fledermaus; die größte, spannt 34,5 cm, breite Flügel, spitze Ohren viel länger als Kopf, langsam flatternd auf Straßen, Plätzen und in Gärten. V. serotīnus, ziemlich groß, spannt 32 cm, schmale Flügel, Ohren wenig länger als Kopf, nußbraun, gewandt und spät fliegend in Dörfern und an Waldrändern. V. nóctula, spannt 34 cm, breite muschelförmige Ohren, rostbraun mit schwärzl. Häuten, jagt sehr schnell um die Gipfel der höchsten Waldbäume, hat sehr spitze Flügel. V. pipistréllus, Zwergfledermaus; kleinste und gemeinste Art; überall an Wohnungen, auch im Walde; spannt 20 cm.

§ 12. 4. Ordnung: Raubtiere.

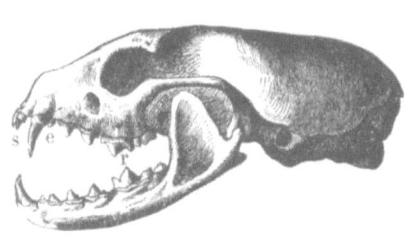

Abb. 2. Schädel des Marders (aus Altum, Zoologie).

Säugetiere mit scharfhöckrigem Gebiß (Abb. 2), oben wie unten 6 kleinen Vorderzähnen (Schneidezähne) (s), langem, spitzen Eck- (Fang-) Zahn (e) und einem hervorragenden scharfen Backenzahn (r) (Reißzahn); sehr muskelkräftig, teils Zehen-, teils Sohlengänger; nähren sich meist von warmblütigen Tieren, doch auch von Leichen; wenn die Höckerzähne nicht scharf sind, nähren sie sich auch mit von Pflanzenkost.

Sohlengänger.

1. Familie: Bären.

2. Familie: Marder $\frac{3\ (2)}{4\ (3)} \cdot \frac{1.1}{1.1}$. Der zweite Schneidezahn des Unterkiefers aus der Zahnreihe zurückgestellt. Körper langgestreckt, walzenförmig. Beine kurz, fünfzehig.

Raubtiere.

Meles táxus, gem. Dachs. $\frac{6\ 1}{6\ 1} \cdot \frac{3\ 1\ 1}{4\ 1\ 1}$. Nährt sich meist von Waldfrüchten, Wurzeln und schädlichen Insekten, nimmt aber auch Eier und Junge von Jagdtieren; ist also forstlich nützlich, jagdlich schädlich. Schwarz und gestreift, Unterseite und Beine schwarz; am Tage und im Winter ohne zu erstarren, in Höhlen mit Kesseln, 60 cm lang*).

Mustēla mártes, Baummarder, Edelmarder. $\frac{6\ 1}{6\ 1} \cdot \frac{3\ 1\ 1}{4\ 1\ 1}$. Mit gelblichem, nach unten nicht deutlich gegabeltem Kehlfleck, gelblich brauner Balg, in Wäldern meist auf Bäumen, sehr blutdürstig nach kleinem Geflügel und Wild. Schädlich, fressen aber auch Mäuse und Insekten. 54 cm. Losung nach Moschus duftend, Sohle behaart.

M. foina, Steinmarder. Dunkelbraun, aber mit mehr weißem, nach unten deutlich gegabeltem Kehlfleck, in Gebäuden, dem Hausgeflügel sehr schädlich, klettert ebenfalls sehr gewandt, 50 cm, Sohle fast nackt. Losung stinkt. Beide Marder mit gestrecktem Körper; werfen Anfang April 4—6 Junge.

M. putórius, Iltis. $\frac{6\ 1}{6\ 1} \cdot \frac{2\ 1\ 1}{3\ 1\ 1}$ Etwas kleiner als die vorigen (40 cm lang!) und weißbräunlich; Unterseite und Beine tief braun. Gefährliches Raubtier auf Geflügel, Eier und kleine Säugetiere; eine weiß-gelbliche Abart das Frettchen, M. furo wird zur Kaninchenjagd benutzt; wirft zweimal jährlich 3—4 Junge.

M. ermínea, Hermelin, Großer Wiesel. 30 cm lang. Sehr gestreckt, kurzbeinig. Im Sommer braun mit weißer Unterseite, im Winter oben weiß. Schwanzspitze immer schwarz, und M. vulgáris, Kleiner Wiesel, 20 cm lang, Winter und Sommer bräunlich, unten immer weiß; beide sehr nützlich durch Mäusevertilgung, aber der niederen Jagd schädlich.

Lūtra vulgáris, Fischotter. $\frac{6\ 1}{6\ 1} \cdot \frac{3\ 1\ 1}{3\ 1\ 1}$. Dunkelbraun, unten heller. Körper 60 cm, der breitgedrückte Schwanz 60 cm. Zehen mit Schwimmhäuten; lebt in Uferhöhlen, geht nachts auf Beute, wird der Fischerei außerordentlich schädlich. Balg, Sommer- und Winterpelz gleich wertvoll.

Zehengänger.

3. Familie: Hunde. $\frac{6\ 1}{6\ 1} \cdot \frac{3\ 1\ 2}{4\ 1\ 2}$. Zehengänger mit gleich langen Beinen; die Vorderbeine fünf-, die Hinterbeine vierzehig; stumpfe nicht zurückziehbare Krallen.

a. Wölfe. Canis lúpus, Wolf und Canis familiáris, Haushund mit über 100 Rassen, die in Haus- und Jagdhunde zerfallen.

b. Füchse. Körper schlank, Schnauze spitzer, Schwanz lang und buschig.

Canis vúlpes, gem. Fuchs. Gewöhnlich fuchsrot mit weißlicher (Silberfuchs) oder schwärzlicher Unterseite (Brandfuchs).

4. Familie: Katzen. $\frac{6\ 1(1)1\ 1\ 1}{6\ 1\quad 2\ 1}$. Rauhe Zunge, schärfster und größter Reißzahn, dicke Pfoten und Tatzen mit scharfen, zurückziehbaren Krallen; schleichende Zehengänger, meist nächtliche Raubtiere.

Löwe, Tiger, Panther usw.

Felis lynx, Luchs. 1,5 m lang; Ohren mit Haarpinseln; sehr kurzer Schwanz. Sehr schädlich.

---

*) Die Maßangaben beziehen sich stets auf die Körperlänge von Schnauzenspitze bis zur Schwanzwurzel, also immer ohne den Schwanz.

Felis cátus, Wildkatze. 60 cm lang, der Schwanz halb so lang als der Körper. Grau mit dunklen Querbinden; Schwanz buschig mit schwarzer Spitze und drei schwarzen Ringeln unten, an den Sohlen ein unbehaarter Strich (Sohlenfleck), auffallend stärker als die Hauskatze.

Von der nächsten (5.) Ordnung — Insektenfresser — ist der bekannte gem. Igel, Erinaceus europaeus, zu nennen, der durch Vertilgung von schädlichen Insekten und Mäusen nützlich wird, wie der durch Vertilgen von Insekten nützliche bekannte Maulwurf, Talpa europaea.

§ 13. 6. Ordnung: Nagetiere.

Säugetiere mit zwei meißelförmigen Schneidezähnen vorn in jedem Kiefer, und von gestrecktem Körper. Zwischen Schneide- und Backzähnen große Zahnlücken; leben von Pflanzenteilen und sind deshalb schädlich; sie sind sehr fruchtbar, viele sammeln Wintervorräte.

1. Familie: Hasen. $\frac{2}{2} \cdot \frac{0}{0} \cdot \frac{5\ 1}{5} \cdot$ Löffelförmige Ohren, Hinterbeine lang, rauh behaarte Sohlen.

Lepus timĭdus, Hase. Ohr länger als Kopf mit schwarzer Spitze, Schwanz oben schwarz, unten weiß, Bauch weiß. ♀ setzt jährlich 4—5mal je 2—5 Junge.

L. cunicŭlus, Kaninchen. Ohr kürzer als Kopf, Ohrspitze braungrau, kleiner und gedrungener, kurze Läufe, Bauch bläulich; ♀ wirft jährlich 4—8mal 3—8 blinde Junge.

2. Familie: Mäuse. $\frac{2}{2} \cdot \frac{0}{0} \cdot \frac{3}{3} \cdot$ Kopf schlank, Schnauze spitz mit Schnurrhaaren. Schwanz lang, nackt, selten kurz und fein behaart; Ohren und Augen groß.

Mus decumānus, gem. Ratte. 26 cm lang. Die Ohren erreichen angedrückt das Auge nicht, Schwanz kürzer als der Körper.

Mus silvátĭcus, Waldmaus. 10 cm. Ohren $1/2$ Kopflänge: Pelz oben bräunlich gelb, Füße, Zehen und Unterleib weiß. In Wäldern sehr schädlich, springendes Laufen, weil Hinterbeine viel länger, klettert, schält Rinden, frißt Sämereien.

Mus agrārius, Brandmaus. Ohren $1/3$ der Kopflänge. Oben rötlich-braun mit schwarzen Rückenstreifen. Bauch weiß, also dreifarbig. Meist auf dem Felde, dort sehr schädlich.

3. Familie: Wühlmäuse. Kopf dick, stumpfschnauzig; Ohren kurz, versteckt, Schwanz höchstens $2/3$ der Körperlänge.

Arvicŏla amphĭbius, Wühlmaus, auch als Wasserratte, Mollmaus bekannt und berüchtigt. Im Walde, auch in Feld und Garten außerordentlich schädlich durch unterirdisches Benagen von Wurzeln; hat unterirdische Gänge. Wo sie häufig, ist ihr gefährlichster Feind, das Wiesel, sorgfältig zu schonen. Sie ist 15 cm lang, Ohren in Pelz versteckt, einfarbig, braungrau, doch oft wechselnde Farben, unten heller; unsere größte Maus.

Arvicŏla arvalis, Feldmaus. 9 cm. Ohren $1/3$ der Kopflänge, innen ganz nackt, Schwanz dunkel mit weißen Haaren, $1/3$ der Körperlänge, oben gelbgrau, unten und Aftergegend weißlich; in Feldern und daran stoßenden Beständen oft sehr schädlich und Landplage.

Arvicŏla glareŏlus, Rötelmaus. 10 cm. Ohren $1/2$ Kopflänge, Schwanz $1/2$ Körperlänge, oben rotbraun, unten weiß; klettert vorzüglich und wird in den

Zweigen wie unten an Stämmchen durch Benagen der Rinde von Lärche und Laubhölzern schädlich.

4. **Familie: Schwimmnager**, Cástor fiber, Biber. $\frac{4.2.4}{4.2.4}\cdot$ 90 cm, der Schwanz 30 cm lang, braun, Hinterfüße mit Schwimmhaut, nackter breiter Schuppen= schwanz, sehr große Nagezähne; lebt in Flüssen und Seen, wo er mit Sand über= deckte Holzbauten macht. Wird durch Fällen und Benagen selbst von starken Hölzern sehr schädlich; bei uns nur noch selten an der Elbe und Mulde in Sachsen. Sein Pelz, wie namentlich auch das am Bauche in sackartigen Drüsen abgesonderte Bibergeil, sehr kostbar.

Familie Hörnchen. Das bekannte Eichhörnchen, Sciúrus vulgáris, wird durch Vernichten der Singvögelbruten sehr schädlich; wo sie überhandnehmen, muß man sie mit allen Mitteln verfolgen.

Myóxus avellanārius, Haselmaus. $\frac{2}{2}\cdot\frac{0\ 1\ 2\ 1}{0\ 1\ 2\ 1}$. Ein ockergelbes bis rotbraunes mäuseähnliches Tierchen mit kurz behaartem, am Ende büscheligem Schwanz, 8 cm lang, wird ähnlich wie das Eichhörnchen schädlich; selten. M. glis, gem. Sieben= schläfer: ähnlich, 10 cm lang, jedoch grau mit schwarzbraunem Augenkreis.

In der 7. Ordnung kommen keine forstlichen Tiere von Bedeutung vor, ebenso kann die 8. Ordnung der Einhufer mit den Gattungen Pferd und Esel als bekannt vorausgesetzt werden; desto wichtiger ist die nächste, welche die haupt= sächlichsten Jagdtiere enthält.

§ 14. 9. Ordnung: Zweihufer.

Säugetiere mit fehlenden oder (selten) nur zwei seitlichen Schneidezähnen im Oberkiefer, verwachsenen Mittelfußknochen, zwei behuften Zehen und eigentümlichem Wiederkäuermagen. Dieser besteht aus 4, seltener aus 3 Abteilungen.

Die erste derselben, die größte sack= artige Ausstülpung, in welche der Schlund (Abb. 3a) mündet, heißt Pansen (d); hinter dieser liegt eine zweite kleine mit netzförmigen Falten besetzte Abteilung, der Netzmagen (c), die dritte mit blättrigen Falten im Innern heißt Blättermagen (b), die vierte längsgefaltete Magen= höhlung, der sog. Labmagen (e), endet im Darmkanal (f). Die grob mit der Zunge abgerupfte Speise gelangt unzer= kleinert in den Pansen, von da in den Netzmagen, wo sie zu kleinen Bissen ge= formt wird und wieder in den Mund steigt,

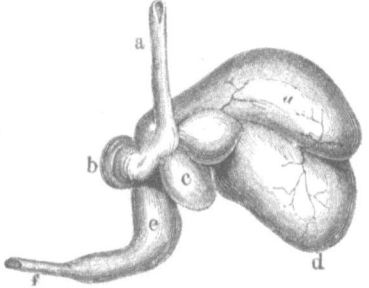

Abb. 3. Wiederkäuermagen.

um dort „wiedergekäut" zu werden. Der so entstandene Speisebrei kommt dann direkt in den Blättermagen, von diesem durch den Labmagen in den sehr langen Darmkanal. Bei einigen fehlt der Blättermagen (Kamel).

1. **Familie: Hohlhörner.** Mit überhäuteten Stirnzapfen und hohlen bleibenden Hörnern. Hierzu gehören die Gattungen der Rinder, Schafe, Ziegen und Antilopen, von denen nur der Steinbock, Capra ibex, und die Gemse, Anti- lōpe rupicápra, erwähnt werden.

2. Familie: Hirsche. $\frac{3\cdot 3}{3\cdot 3}\cdot\frac{0\,(1)}{0}\cdot\frac{0}{8}$. Die Männchen tragen auf den kurzen Stirnzapfen Geweihe, welche fest und meist verästelt sind und jährlich abgeworfen werden. Die Augen mit Tränenhöhlen, die Nebenklauen entwickelt. Rot-, Dam- und Rehwild wechseln die Schneidezähne, wenn sie noch ihr erstes, die drei andern Backenzähne, wenn sie ihr zweites Geweih tragen.

Das Reh, Cérvus capreólus, der Edelhirsch, C. éláphus, der Damhirsch, C. dáma, der Elch, C. álces, Geweih mit kurzer. runder Stange und sehr breiter, zweiteiliger, vielzackiger Schaufel. Kopf dick und plump; außerordentlich durch Schälen schädlich. Die anderen Familien, wozu die Giraffen, Kamele usw. gehören, interessieren uns nicht. Das Nähere über die Hirsche in den betr. Kapiteln des Anhangs über die Jagd.

§ 15. 10. Ordnung: Vielhufer.

Plumpe Säugetiere mit nackter borstiger Haut. getrennten Mittelfußknochen und mehreren mit Hufen bekleideten Zehen.

1. Familie: Elefanten. 2. Familie: Tapire.

3. Familie: Schweine. $\frac{4}{6}\cdot\frac{1\cdot 4\cdot 3}{1\,1\,3\,3}$. Der seitlich zusammengedrückte Kopf mit knorpliger Wühlscheibe und hervorstehenden Eckzähnen; an den schlanken Beinen vier Zehen, von denen zwei seitlich höher gerückt sind und nicht auftreten. (Dies ist für die Fährtenbestimmung im Schnee und lockeren Boden charakteristisch!)

Sus scrofa, Wildschwein. Schwarz, gelblich meliert; die Jungen (Frischlinge) gelb mit braunen Streifen.

Die letzten Ordnungen der Flossenfüßer, Waltiere, Beuteltiere und Schnabeltiere werden als forstlich durchaus unwichtig übergangen.

2. Klasse: Vögel.

§ 16. Allgemeines.

Befiederte, warmblütige, aus hartschaligen Eiern entstehende Wirbeltiere mit einem Bein- und einem Flügel-Paar, die durch Lungen atmen.

Die zu Flügeln umgestalteten vorderen Gliedmaßen dienen nebst dem steuernden Schwanz zur Bewegung in der Luft, die hinteren zur Bewegung auf dem Boden, zum Klettern oder zum Schwimmen: der zahnlose Ober- und Unterkiefer sind mit einer Hornscheide überzogen; sie bilden den Schnabel; der Leib ist mit Federn bedeckt, an welchem man Dunen (Flaumfedern) und bunte, sog. Kontur- (Licht- oder Umriß-) Federn unterscheidet. Letztere zerfallen wieder in kleines Gefieder, welches zur Bedeckung dient, und das große Gefieder, welches in Flügel- (Ruder-) und Schwanz- (Steuer-) Federn zerfällt und zur Bewegung in der Luft dient. Die einzelne Feder besteht aus dem Kiel und der Fahne. — Zwischen dem kleinen Gefieder befinden sich nackte Stellen (Raine), namentlich an der Bauchseite, zur besseren Erwärmung der Eier beim Brüten.

Der Flügel besteht aus Oberarm (Abb. 4 c) mit kleinen Deckfedern, Unterarm (u) mit Elle (e) und Speiche (s), ein Paar Handwurzelknochen

Vögel: Allgemeines.

17

(hw) und der Hand mit doppeltem Mittelhandknochen (mh), 2 Fingern (f) und dem Daumen (d); die großen Schwungfedern (untere Abbildung h), die schwach schraubenförmig gedreht erscheinen, sind an den Hand= und Fingerknochen be= festigt; der Daumen trägt den zu Seitenbewegungen nötigen Lenkfittich (l). Am Unterarm befinden sich die breiteren, schlafferen, meist als Fallschirm dienenden Armschwingen (a). Durch Gebrauch und Witterung nutzen die Federn so ab, daß sie jährlich 1—2 mal (Herbst= und Frühjahrs=Mauser) in der sog. „Mauser" erneuert werden müssen. Nach Jahreszeit, Alter und Geschlecht ist die Farbe bei denselben Vögeln oft verschieden (Jugendkleid, Mauserkleid usw.). Zur Erhaltung der Federn salben die Vögel diese oft mit Fett aus der über der Schwanzwurzel befindlichen sog. Bürzeldrüse ein.

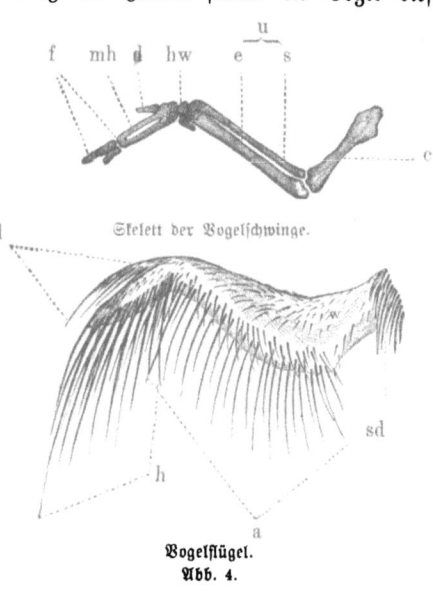

Vogelflügel.
Abb. 4.

Die Knochen sind nicht mit Mark, sondern mit Luft gefüllt, auch haben die Vögel in der Brust= und Bauchhöhle Luftsäcke; das Brustbein hat einen hohen Kamm.

Von den Sinnesorganen sind Geruch und Geschmack ver= nachlässigt, dafür Gesicht und Gehör um so mehr entwickelt. Die meisten Vögel haben zwei Kehlköpfe, wovon der untere zur Stimmbildung (Singmus= kelapparat) bestimmt ist. Die Lunge steht durch Schläuche mit den Luftknochen in Verbindung.

Das Vogelei besteht aus Schale, Luftraum, Eiweiß und Dotter. Die Anzahl der Eier schwankt zwischen 1—30, ihre Gestalt ist sehr verschieden, die Farbe wechselt nur zwischen Arten von Weiß, Braun und Grün, kein Ei ist dreifarbig. Man unterscheidet auch „einfarbige Eier mit und ohne Zeichnung". Die Eier werden entweder einfach auf den Boden gelegt (Ziegenmelker), oder es werden mehr oder weniger kunstvolle Nester gebaut (Singvögel), welche die ausgebrüteten Vögel sofort verlassen (Nestflüchter) oder längere Zeit noch be= wohnen (Nesthocker). Das Brüten dauert 12—45 Tage, je nach der Gattung. Am Schnabel unterscheidet man 1. die beiden Kiefer, 2. den First (Schnabelrücken), 3. die Kuppe (Vorderende des Oberschnabels), 4. die Zügel, Farbenstrich zwischen Auge und der Schnabelwurzel, 5. die Nasenlöcher,

6. die weiche Wachshaut an der Wurzel (gelb oder blau), 7. den Zahn (eckiger Vorsprung am Oberschnabel; bei den Falken).

Das Bein besteht 1. aus dem kurzen im Fleisch versteckten Oberschenkel, 2. dem meist im Gefieder versteckten Unterschenkel (fälschlich oft Schenkel genannt!), 3. dem Fuße mit einem Knochen — dem Laufe —, an dem sich die Zehen (Krallen) befinden, deren Anzahl zwischen 2 bis 4 schwankt, und auf welche allein aufgetreten wird (Zehengänger). Die meisten Vögel haben 4 Zehen, von denen gewöhnlich 3 nach vorn und 1 nach hinten gerichtet sind. Beim „Kletterfuß" stehen 2 nach vorn und 2 nach hinten (Spechte); die sog. „Wendezehe" kann nach hinten gerichtet werden (Eulen). Die Füße sind sehr verschieden gestaltet und bilden vielfach die Grundlage der Einteilung. Fuß und Zehen verbindet das Fersengelenk. Die langen, vorstehenden Federn am Unterschenkel mancher Vögel nennt man „Hosen".

Der Gesang erschallt in der Regel nur während der Fortpflanzungszeit. Nach der Gewohnheit, den Aufenthaltsort zu wechseln oder teilweis oder ganz beizubehalten, unterscheidet man Zug=, Strich= und Standvögel. Die Zugvögel, es sind die meisten unserer Vögel, machen im Herbst und Frühjahr große Wanderungen, die Strichvögel machen nur kleinere Wanderungen in ihrem Gebiet, die Standvögel halten immer dieselbe Gegend.

§ 17. 1. Ordnung: Raubvögel.

Starke Luftvögel mit hakig übergreifendem, am Grunde mit einer Wachshaut überzogenem Oberschnabel und starken, hakig gekrümmten Raubkrallen (3 Zehen vorn, 1 Zehe hinten), von denen die äußere Zehe häufig nach hinten gewendet werden kann (Wendezehe!). Sie nähren sich meist von lebendigen, warmblütigen Tieren. Die unverdaulichen Teile derselben — Haare, Federn, Knochen — werden in der Regel im Kropfe vom Fleisch geschieden und dann in Ballen — Gewölle genannt — durch den Schnabel wieder ausgeworfen. Die kunstlosen Nester meist an hohen Standorten.

1. Familie: Eulen. Die Augen nach vorn gerichtet und mit einem Federschleier umgeben, ebenso hinter den Ohren oft halbkreisförmige, starre, dichte Federn. Die Beine meist bis auf die Krallen dicht befiedert. Wendezehe. Meist Höhlenbrüter, weiße, rundliche Eier; durch Vertilgen von Mäusen und Insekten sehr nützlich. Meist Nachtraubvögel.

a. Käuze, glattköpfig. Strix alúco, Waldkauz. 36 cm*), grau bis braun mit welligen, dunklen Flecken. Kopf und Augen sehr groß. Am Tage in hohlen Bäumen an Waldrändern. Außerordentlich nützlich. Stimme: hu, hu, hu, huit huit. Strix nóctua, Steinkäuzchen, klein gedrungen, grauweiß gefleckt, sehr nützlich. Strix flámmea, Schleierkauz. 31 cm, grau mit weißen, schwarz umrandeten Perlflecken, lange Läufe mit Borstenfedern. Meist auf Türmen und Gebäuden, sehr gemein.

---

*) Diese Maßangaben beziehen sich auf die Länge des Körpers vom Schnabel bis Schwanzspitze, wenn der Vogel gestreckt auf dem Rücken liegt.

b. **Ohreulen**, mit aufstehenden Ohrbüscheln und gelben Augen. **Strix ōtus,** **Waldohreule.** 36 cm, lange Ohrbüschel, feurig gelbe Augen, rostbraun mit dunkler Federmitte; in jungen, schlechten Nadelholzbeständen, freies Nest. **Sehr nützlich durch Mausen.**

Strix bubo, Uhu, Adlergröße, in Zeichnung der vorigen ähnlich. **Der Jagd schädlich,** doch sehr selten jetzt.

2. **Familie: Falken.** Schnabel kurz, am Grunde am höchsten, die Augen von einem Knorpel überragt. Der Unterschenkel mit verlängerten Federn (Hosen), Zehen stets nackt, haben dieselbe Wachshaut wie der Schnabel. Tagesraubvögel. Eier mit rotbraunen Flecken ganz bedeckt.

Falken				
Schnabel gerade beginnend, stark= hakig, zahnlos; Kopf=u.Halsfedern spitz lanzettlich. **Adler**	ohne Wende= zehe	Läufe bis zur Zehenwurzel befiedert Aquila		1. Adler
		Läufe bis zur Hälfte befiedert Haliaëtos		2. Fischadler
	mit Wendezehe; Läufe bis zur Zehen= wurzel nackt; Pandīon			3. Flußadler
Schnabel schon von der Wurzel an hakig, mit oder ohne Zahn; Kopf= und Halsfedern breit rundlich. **Falken**	Ober= schnabel mit tiefem Aus= schnitte vor d. Spitze (Zahn!): Falco			4. Falke
	Ober= schnabel ohne tiefen Aus= schnitt	Schwanz gegabelt: Milvus		5. Milan
		Schwanz abge= rundet	Läufe kaum so lang als Mittel= zehe: Astur	6. Habicht
			Läufe länger als die Mittelzehe: Buteo	7. Bussard

Kennzeichen der Adler*)

Schnabel länger als die Hälfte des Kopfes				
Lauf bis an die Zehen= wurzel befiedert (echte Adler)	über 75 cm lang	Schwanz lang, weiß abgerundet Lauf hell: a. fúlva		Steinadler
		Schwanz kurz, gerade, von Flü= geln bedeckt: a. imperiális		Kaiseradler
	bis 70 cm lang	Nasenlöcher eirund, nicht einge= buchtet, Lauf 8 cm lang a. naévia		Schreiadler
		Nasenlöcher rundlich mit Wulst. Lauf 11 cm lang: a. elánga		Schelladler
Lauf zum größten Teil nackt	90 cm lang, Schwanz keilförmig, Füße gelb: haliaëtos albicilla			Seeadler.
	bis 75 cm lang, Schwanz nicht keilförmig, Füße graublau	die kleinen Augen ohne Schleier, ohne Hosen: pandion haliaëtos		Fischadler.
		die großen Augen mit Schleier, mit Hosen: circaëtos gállicus		Schlangen= adler.

Die Adler sind sämtlich große starke Vögel; der starke Schnabel ist an der Wurzel gerade, dann sehr gekrümmt, mit langem Haken und schrägen Nasenlöchern;

---

*) Nach v. Riesenthal, Kennzeichen unserer Raubvögel, Charlottenburg=Berlin. Selbstverlag des Verfassers. Preis 1 Mark. Ein klassisches Buch, das auf das beste hiermit empfohlen wird.

auf Nacken und Halsseiten stets starre, lanzettliche Federn (Adlerfedern!); die langen, breiten Flügel haben 27 Schwingen, von denen die vierte immer die längste ist; im Fluge stark gespreizt. Die Zehen sind sehr kräftig, stark gekrümmt und Mittelzehe immer kürzer als der Lauf. Die Adler sind alle der Jagd resp. der Fischerei schädlich, sind jedoch in Deutschland überall so selten, daß sie geschont werden können.

Kennzeichen der Falken.

Im Oberkiefer ein scharf ausgeschnittener Zahn, der in den Einschnitt des Unterkiefers paßt. Nasenlöcher kreisrund; um die Augen nackter Kreis. Zweite Schwinge stets die längste, deßhalb sehr spitze Flügel.

- **Edelfalken**
  - Flügel erreichen beinahe das Schwanzende, Mittelzehe (ohne Kralle) kürzer als Lauf
    - der starke Schnabel von der Wurzel aus fast halbkreisförmig gekrümmt: f. cándicans — Isländischer Falke.
    - der weniger starke Schnabel von der Wurzel an mehr gestreckt: f. sácer (lanárius) — Sakerfalke.
  - Flügel erreichen das Schwanzende ganz, Mittelzehe länger als Lauf: f. peregrínus — Wanderfalke.
  - Flügel überragen den Schwanz, Mittelzehe doppelt so lang als Außenzehe: f. subbúteo — Lerchenfalke.
  - Flügel erreichen das Schwanzende nicht. Mittelzehe fast doppelt so lang als Außenzehe: f. aésalon — Zwergfalke.
- **Rotfalken**
  - Mittelzehe nur 1/3 länger als Außenzehe
    - Augenkreis, Wachshaut und Füße gelb
      - Krallen schwarz: f. tinnúnculus — Turmfalke.
      - Krallen gelblich-weiß: f. cénchris — Rötelfalke.
    - Augenkreis, Wachshaut und Füße rot, Krallen gelblich-weiß: f. rúfipes — Rotfußfalke.

Von oben aufgeführten Falken interessieren uns besonders 1. der **Wanderfalke**. Der ganze Oberkörper ist in der Jugend graubraun, im Alter graublau, die weiße Brust ist dunkel gebändert, die Füße in der Jugend bläulich-grün, im Alter gelb. Länge 47 cm. ♂ viel kleiner als ♀. Sicheres Kennzeichen der schwarze Zügel. Kommt überall vor und ist mit der gefährlichste und gewandteste Raubvogel auf alles Geflügel, das er jedoch nie im Sitzen schlägt. 2. Der **Lerchenfalke**. Die kleinere Ausgabe des vorigen. 32 cm lang, ebenfalls mit schwarzem Zügel, sonst bunter wie 1.; Oberseite fast schwarz, öfter mit rötlichem Nackenfleck. Kopf, Halsseiten und Brust weiß, Unterbrust gefleckt. Hosen und Hinterleib rot mit schwarzen Tupfen. Jugendkleid etwas abweichend. Sehr verbreitet, namentlich in Feldhölzern; schlägt alle Vögel, die er irgend bezwingen kann, aber ebenfalls nur im Fluge und ist sehr schädlich. 3. Der **Turmfalke**; 32 cm lang. Kopf und Schwanz aschblau, Rücken und Schultern rotbraun mit schwarzen

Punkten, Vorderseite gelblich-weiß mit schwarzen Schaftflecken, Wachshaut und Füße gelb, Krallen stets schwarz. Rüttelt viel im Fluge. Nützlich durch Vertilgung von Mäusen und Insekten, selten schädlich durch Schlagen kleiner Vögel! (nur im Sitzen). Alle diese Falken sind Zugvögel und kennzeichnen sich durch die spitzen Flügel schon von ferne.

Kennzeichen der Milane.

Schwanz gegabelt
{ Schwanz 7 cm tief gegabelt, Flügel reichen bis an den Anfang der Gabel, rötlich gefärbt:
  m. regalis Roter Milan.
  Schwanz nur 3 cm tief gegabelt, Flügel reichen bis an die Spitze der äußeren Schwanzfedern, dunkel gefärbt:
  m. ater Brauner Milan.

1. Der rote Milan (Gabelweihe) ist sehr verbreitet und als großer, schöner, rotbrauner Raubvogel mit dem auffallend gegabelten Schwanz nicht zu verkennen; obwohl er gelegentlich kleines Wild und Geflügel schlägt, wird er durch Kröpfen von Aas, Mäusen und Ratten, Amphibien und Insekten auch wieder nützlich. Er ist nur dann zu verfolgen, wenn er entschieden schädlich wird. 2. Der braune Milan ist dunkel gefärbt, Füße und Wachshaut hochgelb. Vom Bussard, mit dem er vielleicht zu verwechseln ist, unterscheidet ihn der lange und schwach gegabelte Schwanz und der schnellere, sehr elegante Flug, die rundlichen, schräg gestellten Nasenlöcher, sowie das Fehlen von Borsten im Augenkreis sicher. Ist schädlicher als 1, namentlich der Fischerei und als Nesträuber. Beide sind Zugvögel.

Kennzeichen der Habichte.

Die kurzen, kuppigen Flügel schneiden mit der Hälfte des Schwanzes ab, 4. Schwinge die längste
{ 50—60 cm lang, starke Läufe, im Nacken kein weißer Fleck:
  a. palumbarius Hühnerhabicht.
  33—40 cm lang, dünne, lange Läufe, im Nacken ein weißer Fleck:
  a. nisus Sperber.

1. Der Hühnerhabicht (großer Stößer, Taubenstößer) ist graubraun mit dunkler Bänderung auf der Brust. Jugendkleid Bussard-ähnlich mit langen, braunen Schaftflecken. Der lange Schwanz mit 5 (4—6) Bändern. Füße gelb. Augen rötlich. Im Fluge kennzeichnen ihn die kurzen, stumpfen Flügel mit ihrem kurzen, schwirrenden Flügelschlag, der lange Schwanz und fast versteckte Kopf. Durch seine Frechheit, Gewandtheit, und weil er alles zu bewältigende Wild und Geflügel im Fluge wie im Sitzen schlägt, noch gefährlicher als der Wanderfalke für die niedere Jagd und allgemein.

2. Der Sperber ist fast ebenso gezeichnet wie 1, nur hat ♂ braunrote Querzeichnungen auf weißem Grunde; die geringere Größe, die dünnen, langen Läufe und der weiße Nackenfleck unterscheiden ihn sicher vom Habicht, ebenso wie die kurzen Flügel von allen ähnlichen Vögeln. Noch häufiger wie 1 und ebenso schädlich, deshalb unablässig zu verfolgen. Beide Habichte sind Strichvögel.

Kennzeichen der Bussarde.

1. Der gemeine Bussard ist 50—55 cm lang und nach seinem Kleide kaum zu beschreiben, da dasselbe von weiß bis schwarz in allen möglichen Abweichungen wechselt. Die halbmondförmigen Nasenlöcher, oben mit fast geradem Rand, und

die Borsten im Augenwinkel kennzeichnen ihn noch am besten. Das Auge ist **nie gelb**. Im Fluge charakterisieren ihn der **kurze Schwanz**, **langsamer Flügelschlag**, **vieles Kreisen** mit „hiää=Geschrei". Sehr verbreitet. Da, wo er der Jagd nachweisbar schädlich wird, ist er zu verfolgen, sonst als eifriger Vertilger von Mäusen usw. zu schonen. Strichvogel. 2. Der **Rauhfußbussard** ist nur vom Oktober bis April hier und — weil schneller und gewandter — wohl etwas gefährlicher. Außer den oben angegebenen Kennzeichen charakterisieren ihn noch das stets **rotbraune Auge**, die stets dunkle Färbung am Bauche und ein großer dunkler Fleck auf dem Unterflügel. 3. Der schmächtige **Wespenbussard** ist nur Sommergast und der harmloseste von obigen drei Bussarden. Er stellt den Wespen und Hummeln nach, auch wohl kleinen Vögeln. Gegen die Wespen schützen ihn die charakteristischen **harten Kopffedern**. Ziemlich selten.

4. Schwinge am längsten, jedoch nur wenig länger als die 3. und 5., Mittelzehe kürzer als Lauf	Borsten im Augenkreis	Lauf hinten ganz, vorn nur halb nackt, Schwanz mit 12 (10—14) Binden: b. vulgaris	Gemeiner Bussard.
		Lauf bis an die Zehen befiedert, nackter, schmaler Längsstreifen an der Hinterseite: b. lagopus	Rauhfußbussard.
	Ohne Borsten im Augenkreis! Dafür Federn. Schwanz immer mit 3 breiten, dunklen Querbinden (die dunkle Schwanzspitze ungerechnet), Wangen und Läufe beschuppt:		Pernis apivorus Wespenbussard.

Kennzeichen der Weihen. Circus.

Ebenso leicht wie die Weihen an dem das Gesicht umrahmenden Federschleier (eulenartig) als Gattung zu erkennen sind, so schwer sind die einzelnen Arten zu unterscheiden, weil die Kleider stark wechseln; sie bilden den Übergang von den Tag= zu den Nachtraubvögeln: weiches Gefieder, leichter, schwebender, niedriger Flug. Zugvögel.

Eulenartiger Schleier um den Kopf; 3. Schwungfeder stets die längste.	Schnabel schwach und später gekrümmt	Schnabel stark und mehr gestreckt	Schleier setzt ab	der innere Einschnitt der 1. Schwinge ragt kaum 1 cm über die Spitze der vordersten Flügeldeckfeder hinaus. 2.—5. Schwungfeder außen bogig verengt: 1., 3., 5. Schwungfeder stumpf eingeschnitten: c. aeruginosus Rohrweihe.
				innerer Einschnitt ragt bis 3 cm hinaus. Die Schwungfedern außen bis zur 4. verengt, innen bis zur 3. eingeschnitten: c. cineraceus Wiesenweihe.
			Schleier geht unt. b. Schnabel zusammen	der innere Einschnitt liegt an der Spitze der vordersten Deckfedern	Schwingen wie bei 1: c. cyaneus (pygargus) Kornweihe.
					Schwingen wie bei 2: c. pallidus Blaßweihe.

Alle Weihen horsten auf dem Boden und sind an ihrem leisen, schwebenden niedrigen bogenförmigen Fluge zu erkennen. 1. Die **Rohrweihe** ist 56 cm lang.

braunrot gefärbt, Augen und Füße gelb, Krallen schwarz, die einzige, deren Bürzel nicht weiß ist; wird den Bruten allen Wassergeflügels, sowie Fischen und deren Laich verderblich und ist zu verfolgen. 2. Die Wiesenweihe ist 43 cm lang und an den langen, schmalen Flügeln kenntlich; ♀ braun mit gelblicher Zeichnung, im Alter grau=blau, ♂ aschblau mit weißlicher und rötlicher Zeichnung; fast ebenso schädlich. 3. Die Kornweihe: etwas größer und gedrungener wie 2, aber noch auffallender blau und weiß gezeichnet, kurze Flügel. Vernichtet viele Bruten von auf dem Boden nistenden Vögeln (Rebhuhn, Lerche usw.) und ist der Jagd entschieden schädlich. 4. Die Blaßweihe ist selten und ähnelt 3, doch ist sie blasser. Die drei letzten Weihearten vertilgen auch Mäuse.

Zum Schluß sei bei den Raubvögeln noch besonders darauf aufmerksam ge= macht, daß sie sämtlich Mäuse und Insekten vertilgen; manche von ihnen verzehren jedoch hiervon nur so wenig, daß sie durch das Rauben von nützlichen Tieren und Vögeln, auch von Hausgeflügel, vielmehr schädlich sind.

Als nützlich zu schonen sind nur meistens die Bussarde, Turmfalken, die bei Abend fliegenden Weihen und die Eulen mit Ausnahme des Uhu. Alle übrigen Raubvögel sind schädlich oder doch überwiegend schädlich; die noch hierher gehörigen Familien der Geier sind als für uns forstlich und jagdlich un= wichtig übergangen.

§ 18. 2. Ordnung: Singvögel.

Nesthocker mit Singmuskelapparat (zweiter Kehlkopf), 3 Zehen nach vorn, 1 nach hinten (Sitzfüße), klein bis mittelgroß, Gesang und Nestbau auf höchster Stufe; mit Ausnahme der Körnerfresser (Finken, Ammern, Lerchen), welche jedoch, wenn sie Junge haben, ebenfalls der Insektennahrung bedürfen, durchweg nützlich*).

1. Familie: Schwalben. Bei uns 4 Arten. Zugvögel.
2. Familie: Fliegenschnäpper. Zugvögel.
3. Familie: Würger, Lánius excúbitor. Gr. Würger.

Kaum Drosselgröße; schwarzweiß, oben aschblau, Stirn hell; an Waldrändern spechtartiger Pflug, rüttelt über seiner Beute, greift auch Wirbeltiere (Mäuse, kleine Vögel) an. Nachäffer von allerlei Tönen. Stand= und Strichvogel. Schädlich, Verwegener Räuber.

4. Familie: Raben. Zerfallen in die Gattungen der Häher, Elstern, Dohlen und Raben.

Gárrulus glandárius, Eichelhäher; sehr bunt und scheu, frißt Baumfrüchte und plündert Vogelnester; pflanzt Eicheln; mehr schädlich. Der Nußhäher, G. nucifraga, oder Tannenhäher kommt bisweilen im Herbst als nordischer Gast. Zeichnung ähnelt der des Staars.

Pica caudáta, gem. Elster, überwiegend schädlich durch Vertilgen der Vogel= brut; bei Kiefernraupenfraß jedoch zu schonen, da sie auch behaarte Raupen frißt.

Córvus córax, Kolkrabe. Sehr groß, Haushahngröße, schwarz mit Schiller. Stand= und Strichvögel; nistet bereits im Februar auf sehr hohen Waldbäumen; Adlerflug; paarweis in bestimmt abgegrenztem Revier. Überwiegend schädlich. Seltener.

Die beiden Krähenarten, die violett schwarze Córvus frugilégus, Saatkrähe, stets in großen Zügen, wie die teilweis aschgraue, mehr einzeln lebende Córvus

---

*) Wenn in dieser Ordnung nichts dabei bemerkt ist, so sind die betr. Familien und Arten nützlich oder gleichgiltig; bei den schädlichen wird die Schädlichkeit besonders hervorgehoben.

córnix, Nebelkrähe, mit ihrer grünlich schwarzen Spielart C. coróne. C. frugilĕgus hat spitze Flügel, welche den Schwanz ganz bedecken, und nistet in großen Kolonien auf wenigen Bäumen. Der Jagd sehr schädlich. Die bekannte Dohle Córvus monedŭla, ist als überwiegend nützlich zu bezeichnen.

Zur folgenden Familie der Pirole gehört der nützliche Kirschenpirol, Oriolus galbŭla; Männchen leuchtend gelb und schwarz, Weibchen und Junge grünlich. Drosselgroß, schnell und unregelmäßig fliegend; sehr auffallend mit seinem Ruf! (Pfingstvogel!), durch Plündern der Kirschbäume schädlich.

Zu den wohl nützlichen Vögeln gehört der Star, Stúrnus vulgaris, den wir durch Brutkästen an unsere Gärten und Kulturen (namentlich gegen Engerlinge!) zu fesseln suchen; wird aber in Obst- und Gemüsegärten oft recht schädlich.

7. Familie: Drosseln, Túrdus. Erste Schwinge sehr kurz, die dritte am längsten, der Schnabel an der Spitze mit einer Kerbe, meist 26 cm, 5 blaugraue rotgefleckte Eier.

Gefieder schwarz; Amseln	Oberbrust mit weißlichem Schild:	T. torquátus 1. Schildamsel.
	Oberbrust wie ganzer Körper tiefschwarz (♂) oder schwarz- bis dunkelbraun gefleckt (♀):	T. merŭla 2. Schwarzdrossel.
Gefieder buntfarbig; Drosseln	untere Flügeldeckfedern schwarzgrau oder weißlich — Flügel mit hellen Querbinden schwarzbraun:	T. viscivŏrus 3. Misteldrossel oder Schaker.
	Flügel ohne Querbinden; Schwanz schwärzlich; Kopf und Bürzel bläulich aschgrau:	T. pilāris 4. Wacholderdrossel.
	untere Flügelfedern rostfarbig — Weichen rostfarbig — Augenstreif deutlich rostgelb:	T. iliăcus 5. Weinvogel.
	Weichen weißlich — Augenstreif undeutlich:	T. musĭcus 6. Singdrossel.

Die Drosseln sind alle durch Insektenvertilgung besonders nützlich; leider hat die Schwarzdrossel in den letzten Jahrzehnten ihre Lebensgewohnheiten sehr geändert und sich zum großen Schädling am Gartenobst entwickelt. Die Drosseln wurden früher in Dohnen gefangen und kamen als sog. Krammetsvögel auf den Markt. Jetzt verboten.

8. Familie: Sänger. Überaus artenreich, meist kleine lebhafte Vögel mit langen dünnen Beinen und kurzem Fluge; nur Sommergäste; kunstvolle Nester mit 5 Eiern. 1—2 Bruten. Zu ihnen gehören unsere beliebten und bekannten Singvögel. Man teilt sie in folgende Arten ein: die Schmätzer (Stein- und Wiesenschmätzer), die Erdsänger (Nachtigall, Blau- und Rotkehlchen, Rotschwänze), die Buschsänger (Schwarzplättchen und Grasmückenarten), die Laubsänger (Laub-, Spottvogel) und Rohrsänger (Drossel-, Schilf-, Sumpfrohrsänger).

9. Familie: Meisen. Körper gedrungen, Nasenlöcher mit Federn oder Borsten, Flügel kurz, Schwanz etwas gablig. Zehen mit krummen Klammerkrallen, die ihnen das Klettern ermöglichen. Standvögel.

Zu dieser Familie gehören die Goldhähnchen.

Régulus ignicapillus und R. flavicapillus, feuerköpfiges und goldköpfiges Goldhähnchen, unsere kleinsten Vögel, laubgrün; zahlreich in Nadelhölzern, besonders nützlich.

Die eigentlichen Meisen sind bekannt; für unsere Wälder, namentlich aber für die Obstgärten überaus nützlich. Es werden nur genannt: die Kohlmeise, Părus májor. Rücken grün, Unterseite gelb mit schwarzem Längsstrich, Scheitel schwarz, Wangen weiß. Der vorigen sehr ähnlich ist die nur im Nadelholz vorkommende Tannenmeise: Párus áter, doch grau statt grün und weißlich statt gelb und Bürzel rostfarbig, ferner die Sumpfmeise (Höhlenbrüter), die Blaumeise, Haubenmeise usw.

Sitta európaëa (caésïa), gemeine Spechtmeise, ist der bekannte, im Walde sehr häufig vorkommende und vorzüglich kletternde, oben blaugraue, unten rostfarbene kleine Vogel, fälschlich wohl Baumläufer genannt. Die Baumläufer gehören vielmehr zur folgenden Familie der Klettermeisen, welche an den langen, steifen Schwanzfedern kenntlich sind und stets von unten nach oben die Bäume kletternd nach Insekten absuchen; in Wäldern und Obstgärten nützlich. Die folgenden Familien der Bachstelzen und Lerchen sind für uns unwichtig.

13. Familie: Finken. Von den überaus zahlreichen Arten werden nur erwähnt der bekannte Buchfink, fringilla coelebs, ferner der Bergfink, der Grünfink, der Kanarienvogel, der Hänfling, der Zeisig, der Distelfink, Kirschkernbeißer, der Sperling usw.; hierher gehört auch der bekannte Dompfaff oder Rotgimpel, Pyrrhula vulgáris, der Fichtenkreuzschnabel mit gekreuzter Schnabelspitze, Lóxïa curviróstra, ferner das Geschlecht der Ammern, von denen die Goldammer, Emberíza citrinélla, am bekanntesten ist.

Alle diese Vögel leben meist von Körnern, allerlei Sämereien, Blütenknospen usw. und werden, obgleich sie zeitweise auch Insekten vertilgen, bis zu einem gewissen Grade schädlich. Manche sind als gute Sänger oder gelehrige und unterhaltende Vögel in den Stuben beliebt.

§ 19. 3. Ordnung: Schreivögel.

Nesthocker mit 10 Handschwingen, getäfelten und gefiederten Läufen.

1. Familie: Eisvögel. Großer Kopf und Schnabel bei kleinem, gedrungenem Bau, meist glänzend blau, grün oder kupferfarben schillerndes Gefieder; einsam an Bächen, Gräben und Flüssen, schädlich für Fischerei.

2. Familie: Wiedehopfe. Upúpa épops, gem. Wiedehopf, bräunlich lehmfarben, Flügel und Schwanz schwarz, weiß gebändert: auf dem Kopf eine ebensolche Haube; nützliche Höhlenbrüter.

3. Familie: Nachtschwalben. Caprimulgus európaëus, gemeine Nachtschwalbe, auch Ziegenmelker genannt. 29 cm. Schwärzlich graues, fein gezeichnetes Gefieder. Nacht- und Dämmerungsvogel, am Tage liegt er auf dem Boden oder auf horizontalen Ästen. Auf lichten Waldstellen oder an Waldrändern. Sehr nützlich.

Zu den Schreivögeln gehören auch noch viele ausländische Familien, z. B. die prächtigen Colibris, Nashornvögel, ferner die Racken (Blauracke!), die Segler usw.

§ 20. 4. Ordnung: Klettervögel.

Nesthocker mit Kletterfüßen. (Zwei Zehen vorn und zwei Zehen hinten), gürtelartig geschilderte Läufe. Die mit geradem oder schwach gebogenem Schnabel leben von Insekten, die mit starkem und gekrümmtem Schnabel von Früchten und Körnern. Mit Ausnahme des Kuckucks brüten sie in natürlichen oder selbst gemeißelten Baumhöhlen.

Cúculus canórus, gemeiner Kuckuck. Die kurzen Beine, die gelben Krallen und der gerade Schnabel unterscheiden ihn vom Sperber. Hals und Oberkörper aschblau, Unterseite weiß mit schwarzen Querstreifen. Nur im Sommer bei uns. Hauptvertilger von haarigen Baumraupen, deshalb sehr nützlich. Legt seine 6—8 Eier, zu je einem in die Nester von kleinen Singvögeln, die sie ausbrüten müssen.

Spechte. Schnabel mittellang, gerade, Zunge weit vorstreckbar, vorn hornig widerhakig und sehr klebrig, um die Insekten aus den gemeißelten Löchern hervorzuholen; der Schwanz hat sehr starke Federn, der letzte wagerechte, platte Schwanzwirbel dient beim Klettern und Meißeln als Stütze (Kletterschwanz!), die inneren Hinterzehen kleiner als die äußeren, oft verkümmert. Sehr bunte Farben, klettern ruckweis nur baumaufwärts. Durch Insektenverfolgung oft nützlich, fressen jedoch auch Ameisen und Sämereien, Stand= resp. Strichvögel.

Schwarz= / Gefieder schwarz, nur der Scheitel (♂) oder nur das
specht   \ Genick rot (♀); Krähengröße: picus mártius 1. Schwarzspecht.

Gefieder oberseits weiß und schwarz; Schwingen weiß gebändert. Buntspechte

mit 4 Zehen; Unterrücken und Bürzel schwarz; Hinterleib unten rot;

— ein schwarzer Halsstreif vom Mundwinkel herab; Hinterkopf rot (♂) oder — nebst dem Scheitel schwarz (♀); 24 cm (schwarzes Gesicht): p. major 2. Großer Buntspecht.

— ein schwarzer Halsstreif erst unterhalb der Ohren beginnend: Hinterkopf rot (♂); 22 cm; seltener: weißes Gesicht: p. médius 3. Mittlerer Buntspecht

Unterseite ohne Rot, weißlich; Unterrücken weiß und schwarz gebändert; Scheitel rot (♂) oder weißlich (♀); 16 cm, im Laubholz; Lerchengröße: p. mínor 4. Kl. Buntspecht.

mit 3 Zehen; Scheitel gelb (♂) oder weiß (♀) 34 cm: p. tridáctylus 5. Dreizehiger Specht.

Gefieder grün; Hinterkopf rot; ein roter (♂) oder schwärzlicher (♀) Backenstreif; 34 cm: p. virīdis 6. Grünspecht.

§ 21. 5. Ordnung: Tauben.

Nesthocker mit knorpelschuppig bedeckten Nasenlöchern und Spaltfüßen.

Colúmba palúmbus, Ringeltaube. 50 cm. Taubenblau, im Alter unten weinrot. An den Halsseiten ein großer weißer Fleck (Ring), der den Jungen aber fehlt, ebenso an den Vorderrändern der Flügel, schädlich.

C. oënas, Hohltaube. 44 cm. Ganz mohnblau, auf den Flügeln einzelne schwarze Flecke. Ruft: „Huhu", „Huhuhu".

C. túrtur, Turteltaube. Viel kleiner und zierlicher. 29 cm. Rostrot, wenigstens die vier äußersten Federn des langen Schwanzes mit weißer Spitze; Schulterfedern, bräunlich mit dunklen Federn. Ruft: „Turturr, turturr". Sehr schädlich für Nadelholzsaaten.

Alle drei Taubenarten sind Zugvögel und forstlich schädlich.

§ 22. 6. Ordnung: Hühnervögel.

Schwerfällige Erdvögel mit kurzem, kuppig gerundetem Schnabel, kräftigen Gangbeinen und Sitzfüßen (3 Zehen vorn, 1 Zehe hinten), bei den Männchen

Hühnervögel. Laufvögel. Watvögel.

oft 1 bis 2 Sporen; suchen scharrend ihre aus Grünfutter, Körnern und Insekten bestehende Nahrung am Boden. Meist Standvögel.

1. Familie: **Echte Hühner.** Das Männchen stets, das Weibchen meist mit nacktem Fleck an den Wangen, fliegen schlecht, laufen vorzüglich, Nasenhöhlen befiedert.

Phasiānus Gallus, das Haushuhn.

Phasiānus colchicus, gemeiner Fasan. Rotbraun, Hals und Kopf grün (♂); oft farbige Spielarten; ♀ oben grau, braun gefleckt; kleiner und düstereres Gefieder als ♂. Ferner gehören hierher die Pfauen, Puter, Perlhühner.

2. Familie: **Waldhühner.** Schnabel kurz, stark gewölbt, über den Augen eine mondförmige rote, rauhe, nackte Stelle, Hinterzehen höher als Vorderzehen. Fliegen mit Geräusch.

Tetráo urogállus, Auerhahn. Putergröße, schieferschwarz, verlängerte Kehlfedern, Lauf ganz befiedert, Schwanz abgerundet. Henne nur haushahngroß, rostfarben mit vielen schwarzen Flecken und Bändern, also bunt. 5—12 Eier.

T. tétrix, Birkhuhn. Kaum Haushahngröße, schwarz und stahlblau, Flügel mit weißer Doppelbinde, Schwanz stark leierförmig gegabelt (Spiel!), Henne kaum Haushuhngröße, fast ebenso gefärbt wie die Auerhenne. 6—12 Eier.

T. bonásia, Haselhuhn. Rebhuhngröße, rostbraun, weiß und schwarz gescheckt; Lauf halb befiedert, fliegt gut. ♂ mit schwarzer Kehle.

3. Familie: **Feldhühner.** Nackte Stellen am Auge fehlen oder klein. Nasenhöhlen unbefiedert.

Pérdrix cinérea, Feldhuhn (Rebhuhn!), in Völkern bis zum Frühjahr, wo sie sich in Paare trennen.

Der Hahn durch einen kastanienbraunen, hufeisenförmigen Fleck am Bauche (Schild) und rote oder gelbe Wärzchen um die Augen ausgezeichnet. Junge Hühner haben gelbliche, alte Hühner haben graubläuliche Füße.

Cotúrnix commúnis, gemeine Wachtel, viel kleiner Zugvogel; braun mit gelbweißen Schaftstrichen; über Auge und Scheitel ein gelbweißer Streif: Kehle des ♂ schwarz. Jetzt selten.

Alle Hühnervögel sind Nestflüchter und Standvögel mit Ausnahme der Wachtel.

§ 23. 7. Ordnung: Laufvögel.

Erdvögel mit verkümmerten oder stumpfen gewölbten Flügeln, kräftigen Beinen und Lauffüßen (3 Zehen vorn).

Meist ausländische Familien, von denen am bekanntesten die Strauße (einziger Vogel mit nur zwei Zehen!) und die Kasuare. In Deutschland nur die gem. Trappe, Otis tarda, von Putergröße, rostbraun mit schwarzen Querstreifen, Kopf und Hals aschgrau, weißer Federbart beim Männchen, mittelhohe Stelzbeine. Truppweis auf Feldern in fruchtbaren Ebenen.

§ 24. 8. Ordnung: Watvögel.

Sumpfvögel mit langem Halse und Watbeinen (sehr langer Lauf!), lange, seltener mittellange, meist gerade Schnäbel, Nasenlöcher mit feinen Ritzen, Schwanz kurz, Beine im Fluge lang nach hinten gestreckt.

1. Familie: **Wasserhühner.** Vorderzehen lang, zum Teil mit Schwimmlappen, gehen und schwimmen nickend, schlechte Flieger, gute Läufer und Schwimmer.

Fulica atra, gem. Bleßhuhn. Der mittellange, seitlich gedrückte Schnabel setzt sich als schwielige, grell weiß gefärbte Platte bis hoch auf die Stirn fort. Schnabel und Stirnplatte weiß, sonst schieferfarben. Entengröße; 47 cm. Hat etwas tranigen Geschmack.

Gallinula (fulica) chloropus, gem. Teichhuhn (Wasserhenne, schwarze Ralle), 31 cm, Zugvogel; grüne Beine. Gefieder oben olivenbraun, sonst schiefergrau, Stirn schön rot. Auf Teichen und Binnenseen.

Crex pratensis, gem. Wiesensumpfhuhn oder Wachtelkönig, 28 cm. Im Gefieder der Wachtel ähnlich, etwas größer, schlank. Knarrt im Frühjahr abends auf Wiesen, wohlschmeckend (Schnarre).

Grus cinerea, gem. Kranich. 120 cm, aschgrau, kahler Oberkopf mit Borsten, hintere Schwingen kraus, Hals und Beine storchähnlich, langer Schnabel.

Rallus aquaticus, Wasserralle. 28 cm. Brauner Schnabel etwas länger als Kopf, an der Wurzel rot, olivenbraun, Weichen weiß gebändert, sehr schmächtig.

2. Familie: Schnepfenartige Vögel. Schnabel dünn, lang, teilweis weich. Erste Schwinge ein ganz kleines Federchen (Die Malerfeder). Hinterzehe klein, etwas höher, gute Flieger. 4 birnenförmige, gelbliche oder weißgrünliche, braunfleckige Eier im ärmlichen Neste. Wohlschmeckende Vögel, einige Arten sehr teure Leckerbissen.

Schnabel mit gerundeter Spitze; Scheitel und Stirn aschgrau, Hinterkopf mit rotgelben Querbinden; Rebhuhngröße, Scolopax rusticola 1. Waldschnepfe*).

Schnabel mit flachgedrückter Spitze; Scheitel schwarzbraun mit hellem Längsstreif

- Flügeldeckfeder mit weißem, am Schaft nicht unterbrochenem Spitzenfleck, 25 cm. Größte Schnepfe, nur in Sümpfen: Sc. major 2. Pfuhl-(Doppel-)Schnepfe.
- Flügeldeckfedern mit rostgelblichem, am Schaft unterbrochenem Spitzenfleck, 23 cm, Drosselgröße: Sc. gallinago 3. Bekassine.
- Scheitel schwarz, zu beiden Seiten gelb gestreift, Lerchengröße: Sc. gallinula 4. Kl. Bekassine.

Tringa pugnax, Kampfschnepfe. Drosselgroß, sofort kenntlich an dem aufrichtbaren langen Federkragen um den Hals und den langen, nackten Beinen; das Gefieder ist sehr verschieden, im allgemeinen jedoch das gewöhnliche Schnepfengefieder. Kämpfen stark zur Paarungszeit. Eier wohlschmeckend.

Totanus fuscus, großer, rotschenkliger Wasserläufer, schwarzbraun, turteltaubengroß, der sehr lange Schnabel unten rot, die sehr langen Beine ziegelrot, viele ähnliche Arten auf süßen Wassern, eßbar.

Limosa aegocephala, Uferschnepfe (Gaiskopf!), taubengroß, sehr lange Beine, breitspitziger, gerader Schnabel, Mittelkralle innen am Rande gesägt, Vorderkörper rostrot, im Winter dunkel, Schwanz schwarz, an der Wurzel weiß. Auf dem Zuge bei uns in Sümpfen.

Numenius arcuata, großer Brachvogel, Oberrücken und Schultern braun mit rotgelben Flecken. Unterleib weiß mit braunen Querstrichen, Flügel schwärz-

---

*) Die von der Jägerei unterschiedenen Arten: der größere, lebhafter gefärbte „Eulenkopf" und die kleinere, düstere „Stein- oder Dornschnepfe" sind spezifisch nicht verschieden. Letzteres sind wohl jüngere Männchen oder weniger entwickelte Individuen aus rauheren Gegenden. (Vergl. „Die Waldschnepfe" von Dr. Hoffmann. Stuttgart bei Thienemann).

lich mit weißen Flecken; Füße bläulich; Stockentengröße, 60 cm. Sehr langer, bogiger Schnabel, Beine lang, alle Vorderzehen durch Spannhaut verbunden.

N. phaeöpus, kl. Brachvogel. Halb so groß, scharenweis auf dem Zuge auf den Feldern, wo er sein Pfeifen hören läßt. Kopf dunkel mit gelbem Mittelstrich; Schnepfengröße. Beide Brachvögel nebst ihren Eiern wohlschmeckend; ihr Gefieder ist schnepfenartig.

3. Familie: Regenpfeifer. Mittellanger, kuppenförmiger Schnabel, die kräftigen Beine ohne Hinterzehe, fliegen und rennen schußweis, schnell; auf offenen Flächen.

Charádrius aurátus, Goldregenpfeifer. Turteltaubengroß, oben dunkelgrau mit grünen oder gelben Fleckchen. „Tute" bei den Jägern genannt. Wohlschmeckend.

Vanéllus cristátus, gem. Kiebitz. Bekannt. Eier teure Leckerbissen.

4. Familie: Fischreiher.

Ardëa cinérëa, gem. Fischreiher. 1 Meter; oben aschgrau, unten weiß. Vorderhals mit 2 schwarzen Streifen. Hinterzehe groß, in einer Ebene mit den 3 Vorderzehen, sehr hochbeinig. Nistet gesellig auf hohen Bäumen. Fliegt mit eingezogenem Kopfe: Unterschied v. Storch. Sehr schädlich für die Fischerei.

Ferner gehören hierher die Störche. Bekannt. Fliegen mit gestrecktem Hals.

Die Schnepfen und Regenpfeifer liefern mit sehr wenig Ausnahmen ein vorzügliches Fleisch und werden deshalb vielfach gejagt.

§ 25. 9. Ordnung: Schwimmvögel.

Wasservögel mit Schwimmhäuten zwischen den Zehen.

Colýmbus cristátus, großer Haubentaucher. Entengröße, unten glänzend weiß, rostfarbene Krause am Halse, mit Schwimmlappen. Sehr gesuchtes Pelzwerk.

Ente. Schnabel flach, breit, vorn mit einem Nagel, an den Rändern mit Querblättchen oder Zähnchen (Lamellen), vier Zehen, die drei vorderen mit ganzen Schwimmhäuten; fliegen schnell. Erpel lebhafter gefärbt als Ente.

Schwimmenten: Anas bóschas, Stockente, auch Märzente genannt. 60 cm. Flügelspiegel*) violettblau mit weißer Einfassung. Füße gelblich-rot; außer dem Prachtkleide Erpel wie Ente einfach graubraun. Stammart der Hausente. Hals bei ♂ grünlich, bei ♀ grau.

A. clypeáta, Löffelente 50 cm. Schnabel an Spitze auffallend verbreitert und gewölbt mit langen, kammartigen Lamellen. Füße orangerot. Schwanz 14 Federn.

A. crécca, Krickente. Nur taubengroß, kleinste Ente, Beine aschgrau. Schnabel schwärzlich, grüner Spiegel, Schwanz 16 Federn; mit ihr sehr ähnlich, aber durch grauen Spiegel unterschieden A. querquédula, Knäckente, Schwanz 14 Federn. Die Spießente, A. acúta, groß, kenntlich am langen, dünnen Hals und den wie ein Spieß hervorragenden Mittelschwanzfedern. A. strepéra, Schnatterente, groß, weißlicher Spiegel, Schnabel und Füße schwarz gelblich. A. penélöpe, Pfeifente, mittelgroß, Schnabel verschmälert, Bleifarben mit schwarzem Nagel, Mundspalte gleich Lauf.

Zu den Tauchenten, die sich durch gedrungenen Körper und mit Hautsaum versehene Hinterzehe auszeichnen, gehören die mittelgroße A. ferína, Tafelente, mit hellaschfarbenem Spiegel, und A. clángula, Schellente, mit weißem Spiegel. Außerdem noch zahlreiche minder wichtige Arten.

---

*) Spiegel nennt man den auffallend anders gefärbten Fleck auf dem Flügel.

Die Enten sind Tag- und Nachtvögel, brüten einzeln im Wasserkraut, auch auf Bäumen und in Höhlen, fliegen hintereinander im schrägen Längsstrich oder in Keilform.

Anser cinéreus, Grau- oder wilde Gans. 95 cm. Rötlicher Schnabel von Kopflänge ohne Schwarz, Beine fleischfarben. Sehr schädlich und scheu. Stammart unserer zahmen Gans. Außer der Graugans wird den Feldern noch die Abart A. ségetum, Saatgans, sehr schädlich, die kleiner ist (85 cm) und orangefarbenen Schnabel mit schwarzer Wurzel und Kuppe, auch mehr orangefarbige Beine hat; nur die Jungen schmackhaft.

Cygnus ólor, Höckerschwan. 160 cm. Nackte Stelle zwischen Auge und Schnabel schwarz, im Alter der rote Schnabel mit schwarzem Stirnhöcker; weiß, an den Ostseeküsten, vielfach gezähmt.

C. músicus, Singschwan. Nackte Stelle zwischen Auge und Schnabel gelbfleischfarben, ebenfalls weiß, ohne Höcker, singt nicht, sondern schreit ähnlich den Gänsen; auf dem Zuge gesellig.

Die folgenden Familien der Ruderfüße (Pelikane, Kormoran), der Möwen (Seeschwalbe und eigentl. Möwen), und der Sturmvögel übergehen wir, da sie hauptsächlich Meervögel sind.

§ 26. Von der 3. Klasse: Reptilien interessieren uns nur:

Die Kreuzotter: Pelias berus. Oberfarbe wechselt von gelbbraun bis dunkelschwarzbraun, auf der Rückennaht stets die charakteristische dunkle Zickzackbinde mit dunklen Flecken jederseits; 50—60 cm lang. Giftig.

Die Ringelnatter: Trepidonotus natrix. Farbe wechselt zwischen aschgrau bis schieferfarben oder oliv mit dunklen Flecken. Auf Hinterkopf weißer oder gelber Fleck. 0,9—1,2 m lang. Nützlich.

Aus der 4. Klasse werden nur die der Fischerei schädlichen allbekannten Frösche erwähnt.

§ 27. 5. Klasse: Fische.

Wir besprechen nur die wichtigsten Arten.

A. Familie Weißfische.

Karpfen: Cyprinus carpio. Körper hochrückig, zusammengedrückt, 4 Bartfäden, Rückenflossen lang mit 3—4 Stachelstrahlen, kurze Rückenflosse mit 3 Stacheln; man unterscheidet: Schuppenkarpfen, schuppenlose Lederkarpfen und Spiegelkarpfen mit einer Reihe großer Schuppen. Laichzeit April—Mai; etwa $1/2$ Million Eier. Junge nach acht Tagen. Wichtigster Teichfisch.

Schleie: Tinca vulgaris. Sehr kleine in der schleimigen Haut verborgene Schuppen. 2 Bartfäden. Schwarz bis goldglänzend. Liebt schlammige, stille Gewässer. Viel künstlich gezüchtet.

Karausche: Carassius vulgaris. Dem Karpfen ähnlich, aber ohne Bartfäden, kleiner (15—30 cm). In schlammigen Wässern.

Plötze (Rotauge) bis 45 cm, Rücken blau bis schwarzgrau, am silberglänzenden Bauch rote Bauch- und Afterflossen, Karpfenkörper, gemein, Fleisch weniger geschätzt, starke Vermehrung.

Blei: Abramis brama. Stark zusammengedrückter Karpfenkörper, kurze graue Rücken=, starke Afterflossen mit etwa 25 geteilten weichen Strahlen. Gesellig in Flüssen und Seen. Geschätztes Fleisch. Dem Blei sehr ähnlich, aber durch rötliche Flossen unterschieden „der Güster".

B. Lachse (Salmoniden).

Die Bachforelle: Salmo fario. Rücken olivgrün, Seiten goldglänzend mit roten Punkten, die der blaugrauen Lachsforelle mit silbrigen Seiten fehlen. Bachforelle in Gebirgsbächen mit starkem Gefälle.

Die Äsche: Thymallus vulgaris. Bis 45 cm, Oberkiefer über Unterkieferrand vorstehend, wie Bachforelle in Gebirgsbächen, geschätztes Fleisch.

Der Lachs: S. salar. Schnauze lang, blaugrüner Rücken, silbrige wenig schwarz gefleckte Seiten, rötliches Fleisch. Steigt aus den nördlichen Meeren zur Laichzeit weit in unsere Ströme hinauf.

Aus der Familie der Hechte wird genannt der bekannte und geschätzte grau=gelbgrüne schlanke Hecht, Esox lucius. Bauch weißlich, Seiten hell gestreift, Unterkiefer vorstehend, bis 100 cm. Gefährlicher Raubfisch mit wertvollem Fleisch; aus der Familie der Aale der zylindrische schuppenlose schleimige Aal, Anguilla vulgaris, ♂ bis 50 cm, ♀ bis 100 cm; steigt im Frühjahr in großen Schwärmen aus dem Meere in unsere Flüsse; aus der Familie der Rundmäuler interessiert nur das bekannte Flußneunauge, bis 40 cm, nur mit 2 kleinen Rückenflossen über dem auffallenden queren Saugmaul; von den Stachelflossern der langgestreckte, wohlschmeckende, grätenfreie Zander, Lucioperca sandra, mit 2 getrennten Rückenflossen, verbreiteter Raubfisch unserer Seen und Flüsse, und der Flußbarsch, Perca fluviatilis, mit mehreren schwarzen Querbändern und einem schwarzen Augenfleck, roten Bauch= und Afterflossen und ebenfalls 2 stachligen Rückenflossen, bis 60 cm, sowie der in tiefen Gewässern lebende wohlschmeckende Raubfisch: Acerina cernua, Kaulbarsch, mit einfacher Rückenflosse und stachligem Vorder= und Hauptdeckel. Bis 20 cm.

II. Kreis. 1. Klasse: Insekten.

Gliedertiere mit 1 Fühlerpaar und 6 Beinen an der Brust.

§ 28. Allgemeines.

Der Körper der Insekten sondert sich scharf in Kopf (Abb. 5, k), Brust (b) und Hinterleib (hl). Der Kopf trägt Fühler, Augen und Mundteile. Die vielgliedrigen Fühler sind sehr mannigfaltig gebildet in bezug auf Länge und Form, letztere ist faden=, borsten=, schnur=, sägen= usw. förmig, bald geknöpft, gebrochen usw.; dieselben dienen nicht nur zum Tasten, sondern vermitteln auch Geruchs= und Gehörsempfindungen. Die Augen sind entweder einfache oder zusammengesetzte (Netz=!) Augen mit oft vielen Tausenden von 6 seitigen gewölbten Feldern. Die Mundwerkzeuge dienen entweder zum Beißen (seitlich, nicht von oben nach unten) oder zum Saugen (auch Stechen, z. B. Mücken), sie bestehen aus Oberlippe, zwei Oberkiefern, zwei Unterkiefern mit einem Tasterpaar und einer mit zwei Tastern versehenen Unterlippe. Die Brust besteht aus drei Ringen: Vorder= (v), Mittel= (m) und Hinterbrust (h); die Vorderbrust trägt das erste, die Mittelbrust das zweite Fußpaar und bei geflügelten Insekten das erste Flügelpaar, die Hinterbrust das dritte Fuß- und zweite Flügelpaar. Die Beine liegen in einer pfannenförmigen Vertiefung und bestehen aus Hüfte, Schenkelring, Schenkel, Schiene und dem mehrgliedrigen Fuß und den Klauen; je nachdem die Füße zum Gehen, Laufen, Springen, Schwimmen, Graben oder Rauben dienen, sind sie verschieden gebaut und benannt. Die **Flügel** sind höchstens in der Vierzahl vorhanden, von Adern durchzogen und bald dünn, durchsichtig, bald lederartig; das vordere Paar ist bei einigen (Käfern) bald halb, bald ganz zur festen Decke erstarrt. Der **Hinterleib** besteht aus 4—11 Ringen, die letzten beiden Ringe sind häufig zu Legestacheln, Legebohrern, Griffeln, Zangen und Giftstacheln umgebildet. Die Haut der Insekten ist oft ein fester Panzer und dient als äußeres Skelett zum Ansatze der Muskeln; diese sind sehr zahlreich und außerordentlich kräftig. Seitlich am Hinterleib befindliche Atmungs-Öffnungen führen in ein stark entwickeltes Röhrensystem, in welchem die Atmung vor sich geht. Viele Larven können vermittels eigener Spinndrüsen feste Gespinste verfertigen. Vollkommene Insekten können ihre Eier durch eine Kittsubstanz anheften, mit Gespinst überziehen usw. Die Nerven liegen hauptsächlich am Bauch (als Knötchenfäden), von wo sie sich in den übrigen Körper verzweigen. Je nachdem die Insekten in vier verschiedenen Lebensformen als Ei, Larve, Puppe und vollkommenes Insekt oder nur in einigen dieser Formen sich entwickeln, unterscheidet man Insekten mit vollkommener Verwandlung (Metamorphose) oder Insekten mit unvollkommener Verwandlung, daneben kommen auch Insekten ohne Verwandlung vor, die nur den Zustand als Ei und Insekt durchmachen. Die Verwandlung geht stets in der Reihenfolge vor sich, daß aus dem Ei die Larve, aus dieser die Puppe, aus der Puppe sich das Insekt entwickelt.

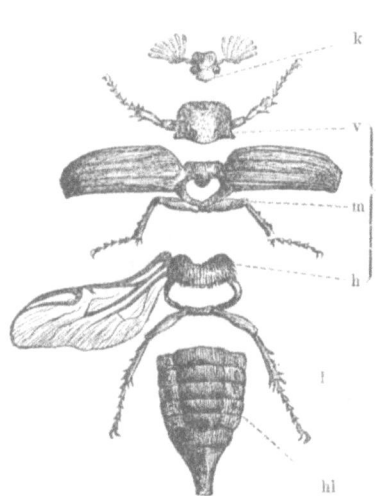

Abb. 5. Insektenkörper nach seinen Teilen.

Das Insekt wächst nicht mehr, sondern nur die Larve! (Ausgenommen bei der unvollkommenen Verwandlung.) Die mannigfaltigen Lautäußerungen der Insekten werden teils durch das Schwirren der Flügel, teils durch Reiben äußerer Körperteile, teils durch Ausströmen der Atmungsluft hervorgerufen.

Die Insekten werden durch Zerstören von Pflanzenteilen (Holz, Blätter, Blüten, Früchte usw.), durch Befallen von Menschen und Tieren als Schmarotzer usw. schädlich; andere produzieren Honig, Wachs, Seide, Farbstoffe, Arzneien, räumen faulende und kranke Stoffe fort resp. verwandeln sie in nützliche Dungstoffe, übertragen den Blütenstaub usw. und werden dadurch nützlich. Manche leben in staatlicher Gemeinschaft, andere führen kunstvolle Bauten auf. Es kommen mehrere hunderttausend Arten vor.

Käfer, Halbflügler, Netzflügler, Gradflügler, Schmetterlinge haben eine **vollkommene**, die übrigen Insekten eine **unvollkommene** Verwandlung: Käfer, Ader-, Netz- und Gradflügler haben **beißende**, die übrigen **saugende** Mundteile.

Schmetterlinge.

Mit 4 Flügeln	alle Flügel von gleichem Stoffe	ganz oder teils mit Schuppen bedeckt:		Schmetterlinge.
		nackt und glasartig, durchsichtig	Flügel geadert, höchstens mit 12—14 Zellen:	Nacktflügler, z. B. Wespen.
			Flügel netzförmig, immer über 20 Zellen:	Netzflügler, z. B. Libellen.
Mit 4 Flügeln	Vorderflügel härter als Hinterflügel und von ungleichem Stoffe.	Vorderflügel hornig	ganz hörnig:	Käfer.
			am Grunde hornig, an der Spitze häutig:	Halbflügler, z. B. Blattläuse.
		Vorderflügel pergamentartig, Hinterflügel häutig, breiter und längsgefaltet:		Grabflügler, z. B. Heuschrecke.

Mit 2 nackten durchsichtigen Flügeln, statt der 2 fehlenden Hinterflügel meist 2 gestielte Knöpfchen: Zweiflügler, z. B. Fliegen.

Ohne Flügel: Flügellose, z. B. Läuse.

Abb. 6. 16-beinige Spinnerraupe. (Aus Heß, Forstschutz I).

Abb. 7. 10-beinige Spannerraupe. (Aus Heß, Forstschutz I).

§ 29. Ordnung: Schmetterlinge (Lepidóptĕra).

Insekten mit saugenden Mundteilen, vier beschuppten Flügeln und vollkommener Verwandlung. Einige Schmetterlinge nehmen gar keine Nahrung, die übrigen nur wenige, stets flüssige, aus Blütensaft bestehende Nahrung vermittels eines zusammenrollbaren Saugrüssels zu sich. Sie vermehren sich durch Legen von hartschaligen Eiern verschiedener Form und Farbe, die bald unbedeckt bleiben, bald mit Wolle oder Klebstoff überzogen werden; ihre Zahl ist stets bedeutend.

Die Larven der Schmetterlinge sind unter dem Namen „Raupen" bekannt. Sie haben Kauwerkzeuge und an der Unterlippe Spinndrüsen, womit sich manche eine Hülle (Kokon) spinnen; der Leib besteht aus 13 Ringen (Abb. 6); die ersten drei auf den Kopfring folgenden Ringe tragen die 3 eigentlichen (Brust-) Beinpaare, welche schwach gegliedert sind; außerdem besitzt jede Raupe 2—5 Paar verkümmerte, sogenannte unechte Beine, so daß im ganzen 5—8 Paar vorhanden sind. Der 4., 5., 6., 7. Ring ist stets beinlos. Während der 3—5 maligen Häutung verändern die Raupen oft ihre Farbe; viele Raupen sind nackt (Abb. 7), andere mit verzweigten Dornen oder Haaren, die zuweilen giftig sind (Prozessionsspinner), versehen. Die Raupen sind sehr gefräßig; zur Verpuppung verkriechen sie sich in der Erde, in Spalten und Ritzen von Bäumen usw. und häuten sich dort verborgen zur Puppe, die immer ruht. Die Zeit der Verwandlung (Generation) ist ver-

Westermeiers Leitfaden. 12. Aufl.

schieben lang; meist ist es ein Jahr, manche gebrauchen mehrere Jahre. Man teilt die Schmetterlinge in Klein- und Großschmetterlinge ein.

Wir berühren, wie bei den vorhergehenden Ordnungen, hier nur die forstlich wichtigen zur Erleichterung der Orientierung, und soweit sie nicht ausführlich beim Forstschutze besprochen werden.

§ 30. A. Die Kleinschmetterlinge.

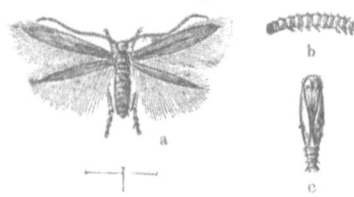

Abb. 8. Lärchenminiermotte, a Schmetterling, b Raupe, c Puppe. (Aus Heß, Forstschutz I.)

1. Familie: Motten (Abb. 8). Kleine bis sehr kleine Schmetterlinge, Flügel sehr schmal, oft zugespitzt und dann sehr lang befranzt; in der Ruhe spitz dachförmig gefaltet, dicht um den dünnen Leib liegend. Die Raupen haben teils verkümmerte, teils 7—9 Paar Beine, Raupen wie Motten laufen behende.

Tinéa tapezélla, Pelzmotte. Weiß, ein Fleck an der Flügelspitze violettgrau. T. sarcitélla, Kleidermotte. Nacken weiß, wollig graubraun; ihre Räupchen sind sehr gefürchtet in Pelzen und Kleidern.

T. laricélla, Lärchenminiermotte (Abb. 8). Sehr klein, bleifarbig, mit schmalen, breitgefranzten Flügeln. Auf Lärchen schädlich. Raupe im Herbst in ausgehöhlter Lärchennadel, nach Überwinterung in einem aus 2 Nadeln gebildeten Sack, wodurch die Nadeln während des Fraßes weiß gefärbt erscheinen.

§ 31. 2. Familie: Wickler (Abb. 9). Die borsten- oder fadenförmigen Fühler kürzer als der Leib; Vorderflügel länglich dreieckig; der Vorderrand derselben am Grunde gewöhnlich schulterförmig vorgebogen, nicht gefranzt. Die Flügel in der Ruhe stumpfdachförmig. Die nackten oder nur dünn behaarten Raupen verspinnen häufig beim Fraße die Blätter, 16 Beine.

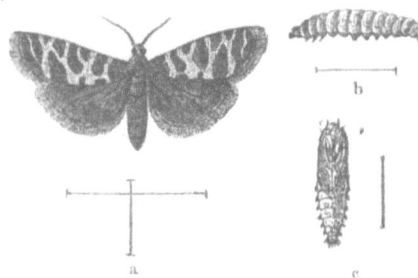

Abb. 9. a Kieferntriebwickler, b Raupe, c Puppe (aus Heß, Forstschutz I).

Tórtrix viridána, Eichenwickler 18 mm. (Die Größenangabe betrifft bei den Schmetterlingen stets die Spannweite der Flügel.) Grüner Falter, grüne Raupe mit schwarzem Kopf. T. buóliana, Kieferntriebwickler (Abb. 9). 15—19 mm. Vorderflügel orangerot, gelb und silberfarben gefleckt. Raupe höhlt den wachsenden Trieb aus. T. turionána, Kiefernknospenwickler, zerstört die Spitzenknospen junger Kiefern, T. zebeána unter der Rinde an jungen Zweigen von Lärchen schädlich; bemerklich an Auftreibungen. Meist unscheinbare grünlich-bräunliche Raupen am Laub oder im Innern des Holzes; verursacht oft Krebs. T. tedélla, Fichtennestwickler, verspinnt nestartig die von ihr ausgehöhlten Fichtennadeln, die sich dann röten. Tritt oft massenhaft auf.

Großschmetterlinge.

B. Die Großschmetterlinge.

§ 32. 3. Familie: Spanner (Abb. 10). Fühler borstenförmig, beim ♂ zuweilen gekämmt; dünner schmächtiger Körper, große breite Flügel, die in der Ruhe meist ausgebreitet bleiben. Die Raupen leicht kenntlich, da sie stets nackt sind und stets nur 5 Paar Beine (Abb. 10 b) haben, sie bewegen sich spannend, indem sie den Hinterleib in Bogenform nachziehen; in der Ruhe halten sie sich oft mit dem letzten Beinpaar fest und richten den übrigen Körper züngelnd auf (Abb. 7).

a ♀   Abb. 10. Kiefernspanner (aus Heß, Forstschutz I).

Geométra brumáta, Frostspanner. 2 cm. Vorderflügel blaß bräunlich mit feinen welligen Querlinien; das ♀ dunkelgrau mit verkümmerten Flügeln; ♂ fliegt im Vorwinter; ♀ legt seine Eier im Gipfel an Laubknospen ab. Obstschädling.

G. piniäria, Kiefernspanner (Abb. 10). 3 cm. ♂ dunkelbraun mit hellgelbem, ♀ mit rostfarbenem, zackigem Mittelfeld. Fühler der ♂ stark gekämmt.

G. defoliäria, Blattspanner. G. grossuläria, Stachelbeerspanner*).

§ 33. 4. Familie: Eulen (Abb. 11). Körper, namentlich Brust kräftig, Kopf mit Schleier; dichte Behaarung, meist borstenförmige Fühler, bei ♂ und ♀ ganz gleich; trüb gefärbte, aber fein gezeichnete, ziemlich schmale, mittelgroße Flügel, in der Ruhe dachförmig gefaltet oder wagerecht. Die 16- (selten 12—14) füßigen Raupen meist nackt, seltener behaart. Puppen in der Erde. Fliegen im Dunkeln.

Nóctua ségetum, Saateule. 4 cm. Vorderflügel heller oder dunkler grau mit feinen, dunkleren Zeichnungen, Hinterflügel weiß. Die graublaue, nackte Raupe öfter in Saatkämpen schädlich.

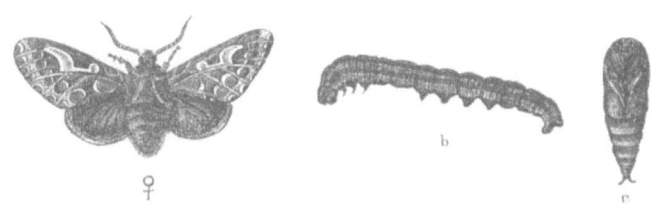

a ♀   Abb. 11. Kieferneule (aus Heß, Forstschutz I).

N. pinipérda, Kieferneule (Abb. 11). 3 cm. Vorderflügel fleckig leberrot bis grau-grünlich; weiße Flecken. Nackte, sehr langgestreckte Raupe, grün mit hellen Längsstreifen. Puppe mit 2-spitzigem After. Auf Kiefern schädlich.

---

*) Vergleiche über die Schmetterlinge die betr. Paragraphen im Forstschutz.

§ 34. 5. Familie: Spinner (Abb. 12). Körper dick, plump, behaart, die mittellangen Fühler sind beim ♂ stark gekämmt, beim ♀ meist borsten=förmig. Die breiten Flügel in der Ruhe steil dachförmig gefaltet. Raupen nackt oder borstig oder lang behaart, spinnen stark. Die gedrungenen Puppen in Gespinsten.

Gastrópăcha (Lasiocampa) pini, Kiefernspinner. 5—8 cm*). Graubrauner Vorderflügel mit gelblich braunen Querbinden und einem halbmondförmigen, weißen Fleckchen. Die behaarte Raupe grau mit dunklen Längszeichnungen und blausamtnem Einschnitt auf dem 2. und 3. Ringel. Sehr schädlich in Kiefern.

G. neústria, Ringelspinner. 2—3 cm. Hell oder dunkelgelb mit einer breiten, dunklen Querbinde. Die schwach behaarte Raupe leicht kenntlich am blauen Kopf und blauen und roten Längsstreifen, Puppe in gelblichem Kokon. Schädlich in Laubholz und Obstgärten. Eier ringförmig fest verkittet um die Zweige.

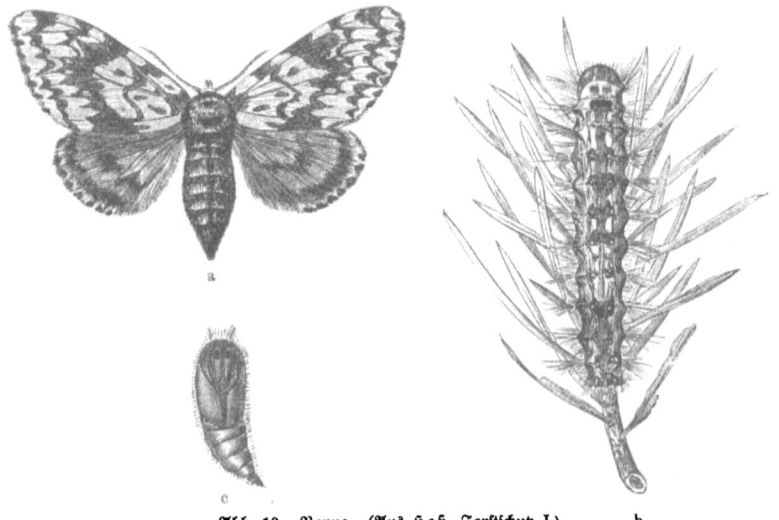

Abb. 12. Nonne. (Aus Heß, Forstschutz I.)

G. processiōnea, Eichenprozessionsspinner. 1,5—3 cm. Flügel farblos grau mit dunkler Querbinde; die vorderen Flügel mit schwachen Mondfleckchen. Die braunen, schwarzfleckigen Raupen dicht mit langen, giftigen Haaren besetzt. Schädlich in Eichen.

Lipáris mónacha, Nonne (Abb. 12). 4—6 cm. Weiß mit schwarzen Flecken=binden, halber Hinterleib rosenrot. Die rötlich=grauen Eier haufenweis an Nadelholzstämmen zusammengeklebt. Die behaarte, schwarzfleckige Raupe mit einem blauen Nackenfleck, außerordentlich schädlich.

L. dispar, Schwammspinner. 4—7 cm. Männchen graubraun, Weibchen weißlich mit dunklen Zackenlinien (wie die Nonne, nur größer und ohne roten

---

* Wo zwei Maße angegeben sind, wie hier z. B. 5—8 cm, bezieht sich die kleinere Maßzahl auf das Männchen, die größere auf das Weibchen, da fast bei allen Schmetterlingen die Männchen kleiner sind.

Hinterleib). Die Eier haufenweis mit brauner Wolle (Schwamm) dicht überzogen an Stämmen. Meist in Laubholz, seltener in Nadelwäldern schädlich.

L. sálicis, Weidenspinner. 5 cm. Glänzend weiß, Beine schwarz und weiß geringelt. Raupe mit gelb=rötlichen Knöpfen und auffallenden breiten, weißgelben Flecken auf dem Rücken. Auf Pappeln sehr schädlich, die er öfter entlaubt.

L. chrysorrhöea, Goldafter. 4 cm. Kleiner, ebenfalls weiß, doch mit gold= braunem, wolligem Hinterleibsende. Die behaarte Raupe mit zinnoberrotem Streifen neben der Mittellinie. In großen Raupennestern überwinternd. Stellen= weise im Laubholz, namentlich in Eichen und Obstbäumen recht schädlich.

Die gemeinschaftlichen Hauptfeinde sämtlicher Spinnerraupen sind der Kuckuck, die Elster und der Puppenräuber (cárabus sycophántus); als behaarte Raupen haben sie sonst wenig Feinde.

§ 35. 6. Familie: Holzbohrer. Diese Schmetterlinge zeigen sehr ver= schiedene Bildungen. Die weißgelblichen, flachen, tief eingekerbten Raupen haben einen stark hornigen, flachgedrückten Kopf mit kräftigen Kiefern und durchwühlen Holz und Rinde von Bäumen und Sträuchern. Puppen mit Dornen.

Cóssus lignipérda, Weidenbohrer. 6—9 cm groß; grau mit vielen feinen, schwärzlich=weißen Zeichnungen. Die Flügel sehr gestreckt, wie bei allen Coffus= Arten. Die Raupe wird fingerlang, ist nackt und auf dem Rücken blutrot; ent= wickelt sich in 3 Jahren; zerstört in großen Gängen Weiden und Schwarzpappeln.

C. aésculi, Blausieb. 4—7 cm. Sehr gestreckter Leib; Vorderflügel milch= weiß mit stahlblauen Punkten. Raupe zitronengelb mit schwarzen Punkten. Im schwachen Laubholz schädlich.

Sésia ápiformis, Bienenschwärmer. 4 cm. Einer Horniffe ähnlich; in Pappel= und Weidenstämmen schädlich.

S. céphiformis in Weißtannen, S. ásiliformis in Pappeln. Die Sesien haben die glasartigen Flügel gemein, wodurch sie den Wespen ähnlich werden. Sie ge= brauchen 2 Jahre zur Entwicklung und werden in den meisten Holzarten unmerklich schädlich. Weiße, weiche Raupen mit 16 Beinen, die unten dunkle Borstenkränze haben.

7. Familie: Schwärmer. Starke Raupen mit einem Schwanzhorn.

Sphinx pinástri, Kiefernschwärmer. 7 cm. Ein grauer Schmetterling mit gestrecktem Leib und zugespitzten Flügeln; die 16 beinige Raupe ist rotbunt und hat ein Horn auf dem vorletzten Ringe; Puppe mit kurzer Rüsselscheide; in Kiefern etwas schädlich.

Die letzte Familie der Tagfalter mit ihren oft prächtig gefärbten Schmetter= lingen können wir, da sie forstlich von fast gar keiner Bedeutung ist, ganz übergehen.

§ 36. Ordnung: Nacktflügler (Aderflügler).

Insekten mit kauenden und saugenden (leckenden) Mundteilen, vier häutigen, schmalen, durchsichtigen, wenig geaderten Flügeln, die zur Artenbestimmung wichtig sind. Die ♀ mit Legebohrer oder Giftstachel. Die Larven meist Maden. Die Insekten schwirren in summendem Fluge lebhaft umher; sie wirken nützlich, teils indem sie schädliche andere Insekten vertilgen, teils indem sie durch Übertragen des Blütenstaubes beim Honigsammeln die Befruchtung der getrennt geschlechtlichen Pflanzen befördern; seltener schädigen sie Pflanzen.

Familie: Pflanzenwespen, Sirex gigas, Riesenholzwespe. 3 cm lang, schwarz und gelb, sitzender Hinterleib mit langem Legebohrer; die farblosen Larven haben nur Brustbeine, fressen schädlich im Stamme der Nadelhölzer große Larvengänge.

S. juvēncus, Holzwespe. 13—26 mm. Stahlbau. Im Kiefernholze ähnlich schädlich.

Familie: Gallwespen. Mückengroße Wespen mit Brustbuckel und seitlich zusammengedrücktem Hinterleib, welche zum Ablegen der Eier zarte Pflanzenteile (Blätter usw.) anstechen und so zu eigentümlichen Wucherungen, unter dem Namen „Gallen" bekannt, Veranlassung geben. Am bekanntesten sind die Gallen an der Unterseite der Eichenblätter, vom Stich der Cýnips quércus fólii herrührend; nützlich ist Cýnips tinctória, deren Gallen zur Tintenfabrikation verwandt werden.

Familie: Schlupfwespen oder Ichneumonen. Gestielter Hinterleib, in der Mitte am breitesten, von oben nach unten zusammengedrückt, an der Spitze desselben der empfindlich stechende Legebohrer; Fühler lang, borstenförmig, zitternd tastend. Schmale Flügel, ganzer Körper langgestreckt, dünn, Beine lang. Außerordentlich nützlich, indem die Weibchen andere, meist schädliche Insekten, und zwar in allen Verwandlungsstadien, Raupen, Eier, Puppen anstechen, sie mit Eiern belegen und so indirekt durch die nachher ausschlüpfenden jungen Ichneumonen töten. Die meisten Ichneumonen sind auf bestimmte Insektenarten und Verwandlungsstadien angewiesen; je nach der Größe bewohnen sie einzeln oder bis zu Hunderten das angestochene Wohnungstier als Maden; sobald sie sich zu Insekten entwickelt haben, schlüpfen sie aus. Sie bilden das Hauptgegengewicht gegen Raupenfraß, indem sie sich gleichzeitig mit den Raupen, nur in noch viel stärkerem Maße, zu vermehren pflegen.

Ichneúmon circumflēxus, gebog. Ichneumon. Groß, rötlich-gelb, mit sichelförmigem Hinterleib, einzeln in der gr. Kiefernraupe; Ichneumon globatus, klein, zu Hunderten in derselben. 4- bis 5000 Arten Ichneumonen bekannt.

Hornisse: Vespa crabro. 2,5 cm. Unsere größte Wespe, gelb mit roten und bräunlichen Zeichnungen, schält ringförmig Erlen und junge Eschen. Die Gold- und Mordwespen sind forstlich unwichtig; dagegen sind wichtig die Blattwespen, die in Nadelhölzern öfter empfindlich schaden. Ihre Larven sind meist grünlich graue Afterraupen mit 18—22 Beinen. Lophyrus pini, kleine Kiefernblattwespe, ♂ schwarz mit gelben Beinen und roter Hinterleibsspitze, ♀ gelb mit schwarzen Hinterleibsringeln, schmutzig-grüne Raupen mit schwarzen Semikolons; ähnelt einer großen Stubenfliege. Lyda pratensis, Große Kiefernblattwespe, oben schwarz mit gelben Flecken auf Kopf und Brust, Hinterleib rot eingefaßt; nackte, grüne Raupe mit nur 6 deutlichen Brustfüßen und 2 aufwärts gerichteten Spitzen am letzten Ring, meist 3 jähr. Generation. Im Gespinst fressend. Nematus abietum, Fichtenblattwespe. Kleine sehr lebhafte, braune Wespe, deren hellgrüne Larven 10—15 jähr. Fichten im Frühjahr entnadeln, meist an den Spitzen.

Ameisen: Die bis 1,8 cm große schwarze Formica herculeana, meist in Gebirgswäldern u. F. ligniperda, bis 14 mm, braun, die in Fichten und Tannen die Jahresringe ausfrißt, F. rufa, die in unseren Kiefern überall vorkommende, große Hügel aufwerfende, bekannte, große Waldameise.

Hierher gehört schließlich noch die artenreiche Familie der Bienen; für uns wichtig nur die gemeine Honigbiene Apis mellifica, die nur noch selten als „wilde Völker" in hohlen Waldbäumen vorkommen, vielmehr künstlich zur Honiggewinnung gezüchtet werden.

§ 37. Ordnung: Käfer.

Insekten mit kauenden Mundteilen festen Flügeldecken und vollkommener Verwandlung. Der Mund ist zum Beißen eingerichtet, die Fühler bestehen meist aus elf Gliedern, doch wechselt ihre Zahl zuweilen zwischen vier und zwischen dreißig; diese sind, was zur Unterscheidung dienen kann, faden=, borsten=, keulen=, fächer=, säge=, kammförmig, bald gerade, bald geknickt. Von den drei Brustringen ist der erste das frei bewegliche Halsschild (vergl. Abb. 5 v.) und trägt das erste Beinpaar, in dem zweiten ist das zweite Beinpaar und erste Flügelpaar eingelenkt, der dritte große Ring trägt das zweite Flügel= und letzte Beinpaar. Das erste Flügelpaar ist hart und dient zum Schutze, das zweite häutig und dient zum Fliegen. Die Beine sind Laufbeine (meist!), bald Grab=, Spring=, Schwimmbeine; am Fuße (dem untersten Hauptgelenk, Tarsus) befinden sich 1—5 Glieder, deren verschiedene Zahl ebenfalls als Einteilungsgrundlage dient, die allerdings etwas mangelhaft ist, da manche Ausnahmen vorhanden sind. Sie ist hier zugrunde gelegt.

§ 38. Als forstlich wichtig sind zu verzeichnen: Die Marienkäferchen; kleine, unten flachscheibige, oben gewölbte, fast kreisrunde, bunte Käfer. Ihre laufenden Larven vertilgen mit den Käfern massenhaft Blatt= und Schildläuse, deshalb nütz= lich. Hierher gehört das bekannte Marienwürmchen und ähnliche Arten; die Blattkäfer sind häufig metallisch gefärbte, kleine, gewölbte, gedrungene Käfer, ihre ebenfalls oft gefärbten, ge= drungenen Larven haben ausgebildete Beine und sind mit Warzen und Höckern bedeckt. Durch Verzehren, Ske= lettieren und Minieren von Blättern (Erlen, Pappeln, Weiden) oft schädlich. Chrysomela populi und tremulae auf Aspen; beide groß und ziegelrot, aber populi mit schwarzen Flügel=Endspitzen, Chr. alni blau, auf Erlen, Chr. vul- gatissima, blau, aber schmal auf Wei=

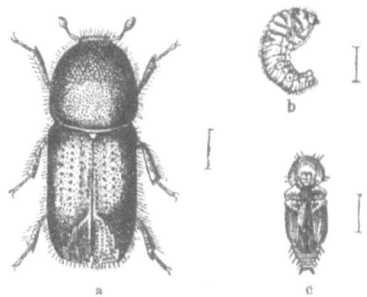

Abb. 13. Fichten=Borkenkäfer. a Käfer, b Larve, c Puppe. (Aus Heß, Forstschutz I.)

den. Der durch seine unsere Gemüsepflanzen minierenden Lärvchen oft sehr schädliche Erdfloh, ein sehr kleines glänzendes, springendes Käferchen.

Die Bockkäfer (Cerambyx) mit kräftigem, gestrecktem Körper und langen bis sehr langen Fühlern. Die gelb=weißlichen Larven sind vorn breiter als hinten, gestreckt, mit stark abgeschnürten Ringen, weich mit hornigem Kopfe und starken Kiefern, Füße meist verkümmert, leben im Holze, wo sie oft sehr schädlich fressen. (Großer Wurm in Eichen usw.)

C. carcharias, Pappelbockkäfer, in Pappeln sehr schädlich. C. heros, unser größter Bockkäfer (großer Wurm), in Eichenstämmen schädlich, nicht viel kleiner ist C. faber (in Eichen), beide sehr große braune Käfer mit langen Fühlern.

§ 39. Die Borkenkäfer (Abb. 13): mit walzigem Körper, kleine bis sehr kleine schwarze und braune Käfer. Larven weiß, ohne Beine und Augen, ge= krümmt; am schädlichsten Bostrichus typographus (Fichte), oft schädlich B. steno- graphus (Kiefer), beide mit Lotgängen, B. curvidens (Weißtanne), unregelmäßige doppelarmige Wagegänge, B. chalcographus (Fichte), Sterngänge, B. dispar, monographus (kleiner Wurm in Eichen), dryographus, bogige Gänge in Laub=

hölzern. Die Unterart der Bastkäfer ist kenntlich an der rüsselartigen Verlängerung des Kopfes. Hylesīnus pinipĕrda (Kiefer), großer Lotgang mit Krücke oben, H. minor (Kiefer), Wagegänge. Die Unterart der Splintkäfer ist am ansteigenden und dann fast rechtwinklig abgestürzten Hinterleib zu erkennen. Eccoptogáster scólythus (Ulme), kurze breite Lotgänge, E. destructor (Birke), sehr langer Lotgang*).

Die obigen drei forstlich wichtigen Gattungen lassen sich leicht nach folgendem Schlüssel unterscheiden:

Erstes Fußglied viel kürzer als die drei folgenden zusammen.

Halsschild = $\frac{1}{2}$ des Körpers. Hinterleib schief nach unten abgestutzt: Splintkäfer, Eccoptogáster.

Halsschild = $\frac{1}{4}$ des Körpers. Hinterleib nicht schief abgestutzt, Kopf vorgestreckt und vorn allmählich dünner werdend: Bastkäfer, Hylesīnus.

Halsschild = $\frac{1}{3}$ des Körpers. Kopf nicht vorgestreckt, von oben nicht oder kaum sichtbar, walzenförmig: hinten scharf, oft grubenförmig abstürzend, dort häufig mit Zähnen besetzt: Borkenkäfer, Bóstrichus.

Die Rüsselkäfer (Abb. 14). Kopf rüsselförmig verlängert, meist sehr harte Flügeldecken; farblose, gekrümmte, fußlose, weiche Larven mit behaarten Wülsten.

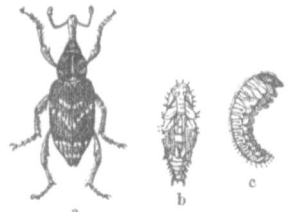

Abb. 14. Großer Rüsselkäfer.
a Käfer, b Puppe, c Larve.
(Aus Heß, Forstschutz I.)

Sehr schädlich an allen Pflanzenteilen. Hylóbius abietis und Pissódes notātus, bekannt als Nadelholzverderber. H. ater, schwarz mit roten Beinen, frißt an den Wurzeln von Nadelhölzern, und viele andere.

Lytta vesicatória, spanische Fliege, 12 bis 20 mm, smaragdgrün, öfter auf Eschen und Gartensträuchern traubenförmig zusammensitzend und schädlich fressend; müssen früh morgens abgesammelt werden.

§ 40. Clérus formicārīus, Ameisenkäfer. Schwarz mit schmaler, zackiger, roter und einer breiteren weißen Binde, 7 mm. Sehr nützlich durch Vertilgung der Borkenkäferbrut.

Bupréstis virīdis, Buchenprachtkäfer. 7 mm, blau, auch grünlicher Metallglanz, mit kurzen Beinchen und Fühlern, verwüstet zuweilen Buchenheister, die mit der Larve ausgerissen und verbrannt werden müssen. Kenntlich ist der Fraß an den geschlängelten Gängen, welche sich schon von außen durch schwache Wölbung der Rinde verraten, auch blättert die Rinde ab.

Lucánus cérvus, Hirschkäfer. Bekannter sehr großer Käfer; lebt in Eichen, seine Larve in anbrüchigem Holze.

Melolóntha, Maikäfer. Das Männchen hat 7 große, das Weibchen 6 kleine Fühlerblätter.

Melolóntha vulgaris, gemeiner Maikäfer. 26 mm, legt etwa 30 Eier in lockerer Erde bis 40 cm tief, die Engerlinge anfangs gesellig, später einzeln; in Norddeutschland 4 Jahre, in Süddeutschland 3 Jahre Entwicklungszeit, die Verpuppung im Herbst des 3. (4.) Jahres in einer Erdhöhle; aus der Puppe entwickelt sich der Käfer oft schon im November vor dem Flugjahre und bohrt sich dann im Mai aus.

---

*) Das Nähere über die merklich schädlichen Insekten findet sich in den Kapiteln über Forstschutz, die zu vergleichen sind.

M. hippocastáni, kleiner, nur 21 mm, Hinterleibspitze plötzlich verjüngt, die Flügeldecken mit schwarzem Rand; schwer vom gemeinen Maikäfer zu unterscheiden; liebt mehr Sandboden; in gleicher Weise, vielfach noch mehr schädlich, Generation 4—5jährig. M. solstitialis, Junikäfer, kleiner, mit rostgelben Flügeln, unten zottig behaart, frißt in Kiefern- und Laubholz.

§ 41. Die folgenden Familien der Aaskäfer oder Moderkäfer, z. B. die bekannten Totengräber, leben in Leichen von Tieren, im Aase, im Miste usw. und werden durch Aufräumen der Abfallstoffe, manche räuberische Arten von Staphylinus auch durch Vertilgen von Insekten nützlich. Wichtiger für uns ist die letzte Familie der Käfer, die Laufkäfer; diese sind teils selbst, teils auch noch durch ihre Larven sehr nützlich durch Insektenvertilgung. Sie haben borstige, elfgliedrige Fühler, meist zangenartige, starke Oberkiefer, womit sie empfindlich kneifen können, und schlanke, zum schnellen Laufen eingerichtete Beine. Hiervon sind wichtig:

§ 42. Cicindéla, Sandkäfer. Großer Kopf mit Zangen, vorstehenden Augen, Beine lang und dünn, die Flügel dunkel metallglänzend mit gelblicher Querbinde, 8—17 mm groß. An sandigen Stellen lebhaft laufend oder ruckweis fliegend. C. hybrida, grau, kupfergrünlich, und silvática, dunkel bronzebraun mit gelber Zeichnung, C. campéstris, grün. Sind nützlich durch Vertilgen kleiner Insekten.

Cárabus, Laufkäfer. Haben nur Flügeldecken, keine Unterflügel, sind deshalb auf den Boden angewiesen, woselbst sie namentlich am Abend und in der Nacht nebst ihren gefräßigen Larven allerlei Insekten rauben. Am wichtigsten sind:

C. sycophántus, Puppenräuber. Ziemlich groß, Decken schwarzblau bis goldgrün, prächtig. Er und seine Larve sind Hauptfeinde des Kiefernspinners, der Nonne und Prozessionsraupe.

C. inquisítor. 17 mm, bronzebraun; viel auf jungen Bäumen mit Raupen- und Puppenvertilgung beschäftigt.

C. cancellátus. 17—28 mm. Bronzegrün bis bronzerötlich, Decken mit drei Längsrippen, dazwischen Reihen mit Kettenpunkten. Häufigste Art.

C. nemorális. 20—24 mm. Schwarz, Decke violett bronzefarben, bläulich gerandet, fein gerieft mit 3 Reihen Grübchen; häufig; und viele andere.

§ 43. Von der Ordnung der Fliegen, zu der auch die Mücken, Schnaken usw. gehören, sind forstlich wichtig nur die Raupenfliegen (Tachinen), an der borstigen Behaarung des Hinterteils kenntlich, die ihre Eier in andere Insekten legen; die Larven entwickeln sich darin und töten sie. Sie bilden ein Hauptgegengewicht (nebst den Ichneumonen) gegen Raupenfraß. Es gibt viele Arten, z. B. die auf Nonne und Forleule lebende Tachina fera, gelbbraun mit schwarzer Mittellinie; die Tachinen vermehren sich fortschreitend mit der Raupenplage.

Jagdlich wichtig sind, da sie vielfach als lästige, ja gefährliche Parasiten auf dem Wilde hausen: die bekannte auch den Menschen anfliegende Hirschlausfliege Lipoptena cervi, die Rotwild-Hautbremse Hypoderma actáeon mit gelb behaartem Hinterleib, fliegt Mai-Juni, legt ihre Eier in das Haar des Rotwildes, von wo die Larve, Engerling genannt, unter die Haut kommt und dort die bekannten Dasselbeulen bildet, und die Decke entwertet. Die Rehhautbremse H. Diana mit gleicher Lebensweise, die auch das Rehwild befällt. Die Rotwildrachenbremse Cephenomyia rufibarbis. Die schwarze rotbraun behaarte Fliege spritzt die Larven in den Windfang des Wildes, die sich dann in der Nase und Rachenhöhle festhaken, dort Entzündungen hervorrufen und das Wild zu fortwährendem Niesen und Husten reizen, so daß es kümmert, ja eingeht; ähnlich lebt C. stimulator im Rehwild.

Zu nennen sind von den Netzflüglern nur die bekannten Libellen oder Wasserjungfern, welche im Fluge allerlei schädliche Insekten ergreifen und verzehren; ferner die Gattung der Florfliegen (Hemerobius), welche kleinen Libellen sehr ähneln, aber an den langen, den Körper überragenden Fühlern kenntlich sind; die Fühler sind äußerst zart, der Körper grün oder braun. Ihre Larven vertilgen viele Blattläuse. Zu den Florfliegen gehört auch der bekannte Ameisenlöwe, dessen Larve in einem künstlichen Sandtrichter die nützlichen Ameisen abfängt. Schließlich ist durch eifrige Vertilgung von Nonneneiern als hervorragend nützlich die Larve der Kamelhalsfliege (Raphidia megacéphala) zu nennen; die Fliege ähnelt den Libellen, nur hat sie einen sehr langen Hals und langen Legebohrer, und Rh. ophiopsis, die unter der Rinde die Brut vieler Forstschädlinge vertilgt.

§ 44. Von der Ordnung der Geradflügler (Orthóptera) sind als schädlich zu bezeichnen der bekannte Ohrwurm, der in Gärten Blumen usw. abfrißt, ferner die in Häusern oft lästigen, ekelerregenden Schwaben und die auf Wiesen und Feldern schädlichen Heuschrecken, namentlich die berüchtigte, grünlich bis grünlichgelbe Wanderheuschrecke (Acridium migratorium), kenntlich an den schwarzen Flügeldecken und dem auf der Innenseite blauen Hinterschenkel. Für uns am wichtigsten ist jedoch die Maulwurfsgrille (Gryllotalpa vulgaris), 4 cm lang. Vorderbrust eiförmig, lange Fühler, braun, die Larven wie das Insekt nur mit Flügelstümpfen. In Saatkämpen schädlich. Nur halb so groß ist die Feldgrille (G. campestris), mit viereckiger Vorderbrust, schwarz, welche mehr in Sandäckern schädlich wird. Auch das Heimchen gehört hierher.

§ 45. Aus der Ordnung der Halbflügler (Hemiptera) ist nur wichtig die Familie der Pflanzenläuse, welche dadurch, daß sie, oft unter Bildung von Gallen, Blättern, Stengeln, Zweigen und Wurzeln den Saft aussaugen, meist unter weißer Wolle versteckt, recht schädlich werden. Am bekanntesten Chermes abietis in den zapfenähnlichen Gallen der Fichtentriebe. Feinde dieser Schädlinge sind neben den Meisen, Finken usw. die Marienkäferchen, die Florfliegen, manche Schlupfwespen, die Larven der Schwirrfliegen (Syrphus) usw. Zu den Halbflüglern gehören noch die Familien der Zikaden oder Zirpen, der Wanzen, der Schildläuse.

Die 8. Ordnung der ungeflügelten Insekten (Áptera) umfaßt die Familie der Läuse (Pedículus cápitis, Kopflaus, P. vestimenti, Kleiderlaus), die Familien der Pelzfresser usw.; sie sind für uns unwichtig.

§ 46. Die übrigen Klassen der Tiere greifen in den Forsthaushalt in keiner bemerkenswerten Weise ein und werden deshalb übergangen.

Das zweite große Naturreich, des Pflanzenreich, hat für uns ein noch viel höheres Interesse als das Tierreich und wird deshalb von den Grundwissenschaften am eingehendsten behandelt werden. — Wir werden jedoch nicht das ganze Pflanzenreich behandeln, sondern es ebenso machen wie beim Tierreich und nur das auswählen, was für den Wald und für den Forstmann von Bedeutung ist; wir werden zunächst also das Allgemeine (Wachstum, Blüte, Fruchtentwicklung, inneren Bau, Systematik usw. Betreffende) besprechen und demnächst die Holzgewächse und sonstige forstlich wichtigen Pflanzen spezieller beschreiben.

b) Forstliche Pflanzenkunde.

Literatur: Schwarz: Forstbotanik. Parey, Berlin.
Büsgen: Bau und Leben unserer Waldbäume. Fischer, Jena.

I. Allgemeiner Teil.

§ 47. Begriff und Einteilung.

Die Botanik oder Pflanzenkunde behandelt die Erforschung der in der Pflanzenwelt herrschenden Naturgesetze und ist der Inbegriff aller das Pflanzenreich betreffenden Kenntnisse. Die Pflanze ist an den Standort (vergl. § 79) gefesselt und hat deshalb nicht wie das Tier Bewegungsorgane (Organ = Werkzeug), sondern zu ihrer Erhaltung nur Ernährungs= und Fortpflanzungsorgane. Hierauf beruht die ungemeine Wichtigkeit des Standortes für die Pflanze, daß sie Zeit ihres Lebens auf denselben angewiesen ist und absterben muß, sobald er nicht mehr genug Nahrungsstoffe bieten kann, während das Tier mit den ihm außerdem noch verliehenen „Empfindungs=" und „Bewegungsorganen" sich überall Nahrung suchen kann (vergl. § 7).

§ 48. Die Ernährungsorgane*).

Die Nahrung wird der Pflanze aus dem Boden und aus der Luft durch besondere Werkzeuge zugeführt und zwar:
1. Durch die Wurzeln als Bodennährwerkzeuge.
2. Durch die Blätter als Luftnährwerkzeuge.

§ 49. Die Wurzel.

Die Wurzeln sind die Teile der Pflanze, mit welchen sie sich im Boden befestigt, und welche die im Boden befindlichen Nährstoffe aufsaugen. An der Spitze liegt die Wurzelhaube. Die Oberhaut der Wurzel ist oft mit Wurzelhaaren besetzt, die die Aufnahme des Wassers und der in demselben gelösten Nährstoffe aus dem Boden vermitteln; diese Aufnahme findet jedoch hauptsächlich an der Spitze der zarten jungen Wurzeln statt; so rückt, da die Wurzeln weiterwachsen, die zur Aufnahme der Nährstoffe befähigte Strecke im Boden immer weiter vor und schließt in diesem stets neue Strecken auf. Solange eine Wurzel noch wächst, sind ihre Endungen noch hell und weich, später verhärten sie. An diesem Merkmal kann man sicher feststellen, ob die Wurzel noch wächst. Außer unwichtigeren und kleineren Wurzelarten, wie die „Luftwurzeln" (bei den Orchideen), „Saugwurzeln" (bei Mistel und anderen Parasitenpflanzen), „Haftwurzeln" (beim Efeu), unterscheidet man

---

*) Es wird hervorgehoben, daß der Inhalt der folgenden Paragraphen hauptsächlich sich auf Holzpflanzen bezieht.

folgende Hauptformen: Aus der ersten Wurzel des keimenden Samens wird die Hauptwurzel. Aus ihr entspringen die Seitenwurzeln.

Der Form nach unterscheidet man: Die **Pfahlwurzel**, eine gerade unter dem Stamm entwickelte, als solche stets kenntliche Hauptwurzel, die wenig verzweigt ist und in beträchtlicher Stärke senkrecht in den Boden hinabsteigt. Meistens bei Eiche, Kiefer, Nußbaum und der Tanne in der Jugend; Abweichungen nur in flachgründigem Boden.

Die **Herzwurzeln**, von einer kurzen Pfahlwurzel auslaufende, gleich starke Wurzeln. Meistens bei Rotbuche, Ahorn, Rüster, Linde, Lärche.

Die **Seitenwurzeln**, sind in der Regel mehr fein verteilt und wagerecht streichend.

Faser= und Zaserwurzeln, sind die kleinsten bis feinsten Würzelchen, die sich an den Enden und Seiten der stärkeren Wurzeln befinden und vermöge der an den Spitzen befindlichen häufig behaarten, zarten, Oberhaut=Gewebe (Wurzelschwämmchen) die Nährfeuchtigkeit aufsaugen und der Pflanze zuführen. Sie sind die eigentlichen Träger der Ernährung, während die starken Wurzeln mehr zur Befestigung des Baumes im Boden dienen. Die feinen Wurzelenden, welche die Nährlösungen aufsaugen, liegen stets unter der Traufe der Baumkrone: deshalb darf auch stets nur unter dem äußeren Kronenkranz gedüngt werden.

Bei unseren Laub= und Nadelhölzern finden sich meist auch die „**Pilzwurzeln**", deren Zweck noch nicht recht aufgeklärt ist; der Pilz umgibt entweder die Wurzel seines Wirts und ersetzt dann die etwa fehlenden Wurzelhaare, oder er lebt in ihrem Innern. Eine andere Art von Pilzgemeinschaft bilden die „**Wurzelknöllchen**", die namentlich bei den Leguminosen (Schotengewächsen), aber auch bei Erle, Sanddorn vorkommen. Die Wirtspflanzen verzehren die eiweißreichen Bildungen ihrer Pilze und bereichern damit ihren Boden an Stickstoff (Stickstoffsammler), den die Knöllchenpilze aus der Bodenluft aufnehmen. Solche Pflanzen werden deshalb jetzt vielfach als „**Düngemittel**" auf armem Boden angebaut (z. B. Akazie, Klee, Lupinen usw.).

Alle Wurzeln entstehen entweder ursprünglich aus dem Keimling oder aus anderen Teilen der Pflanze „**adventiv**" (Adventivwurzeln), wie z. B. aus Blättern und Zweigen bei „**Stecklingen**".

Bei den Wurzeln kann man ebenso wie beim Stamm Holz, Mark und Rinde unterscheiden; doch ist ihr Holz weicher und die Jahresringe sind undeutlicher und unregelmäßiger. Die Oberhautzellen der zur Nahrungsaufnahme bestimmten Wurzelenden wachsen zu den Wurzelhaaren aus, die die innigste Berührung mit dem Nährboden ermöglichen.

Blätter. Blattformen.   45

§ 50. Die Blätter.

Die Blätter dienen dazu, gewisse gasförmige Nährstoffe aus der Luft zu entnehmen, sie mit dem aus den Wurzeln aufsteigenden Nahrungsstoffe zu verbinden (zu assimilieren) und das überflüssige Wasser zu verdunsten. Durch diese Zusammenwirkung von Wurzeln und Blättern entsteht der Bildungssaft, der Holz und Rinde ausbildet. Man unterscheidet am normalen Blatt: Blattstiel (jedoch nicht immer vorhanden) und Blattfläche (Abb. 17); den unteren verdickten Teil des Blattstieles nennt man Scheidenteil. Die Blattfläche hat namentlich unten zahlreiche Spaltöffnungen, durch welche die Ernährung und Verdunstung stattfindet; außerdem unterscheidet man im Blatt noch die aus Gefäßbündeln bestehenden Blattrippen und Blattnerven und

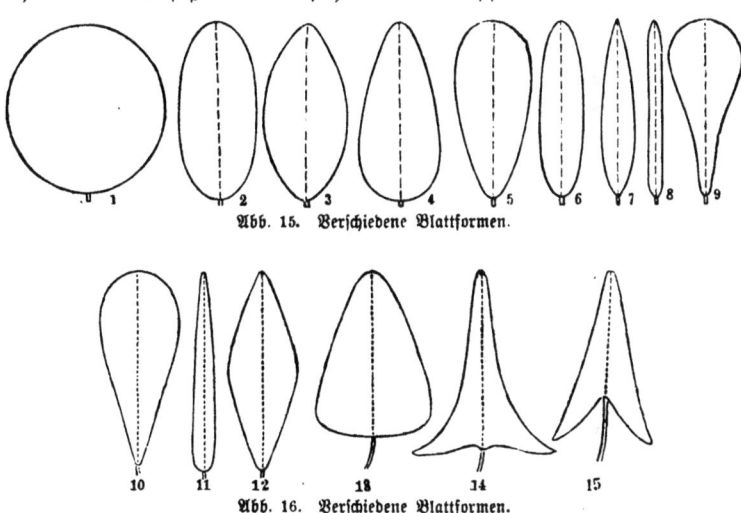

Abb. 15. Verschiedene Blattformen.

Abb. 16. Verschiedene Blattformen.

zwischen der oberen und unteren Blattfläche das aus lockerem und mit wässerigen Säften erfülltem Zellgewebe bestehende Blattfleisch. Nach ihrer Gesamtform unterscheidet man hauptsächlich rundliche (Abb. 15 1), eiförmige (Abb. 15, 4), elliptische (Abb. 15, 3), dreieckige (Abb. 16, 13), herzförmige (Abb. 17, 2), lanzettliche (Abb. 15, 7) und nadelförmige (Abb. 15, 8) usw. Blätter; nach der Beschaffenheit des Randes ganzrandige (Abb. 15 u. 16), gesägte (Abb. 18, 1), gekerbte (Abb. 18, 2), gezähnte (Abb. 18, 4), gebuchtete (Abb. 18, 5), eingeschnittene (Abb. 18, 3) Blätter; nach ihrer Behaarung gewimperte, flaum=, seiden=, woll=, stachelhaarige oder kahle, ferner warzige, klebrige, drüsige, schuppige Blätter; mit Beziehung auf ihre Zusammensetzung einfache und zusammengesetzte Blätter; nach der Art und Ordnung der Befestigung an den Zweigen einzelne, wechselständige, gegenständige, kreuzgegenständige, büschelweis sitzende usw. Blätter; nach der Dauer sommer= und wintergrüne Blätter. Die grüne Färbung wird durch einen eigentümlichen Farbstoff, das Blattgrün oder Chlorophyll, hervorgerufen.

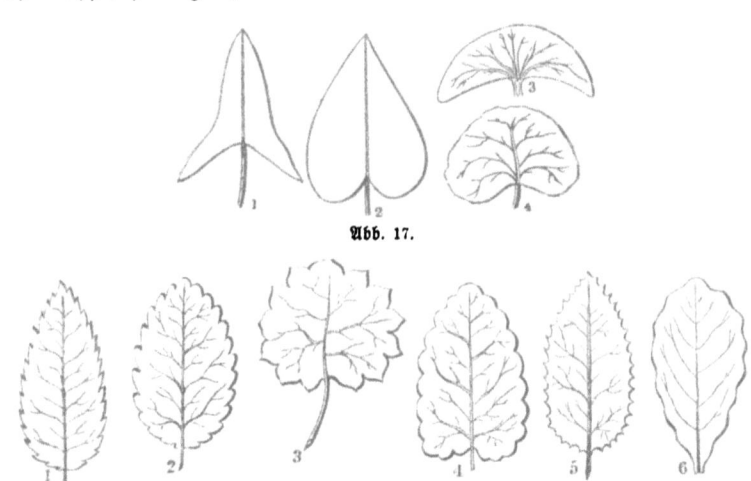

Abb. 17.

Abb. 18. Verschiedene Blattformen.

§ 51. Der Stamm.

Der Stamm ist derjenige Teil der Holzpflanze, der sich als holziger dauernder Schaft meist senkrecht hoch aus der Wurzel erhebt und sich mit einer gewissen Regelmäßigkeit in Äste und Zweige teilt, welche die Blätter tragen. Stamm, Äste und Zweige zu= sammen nennt man Baum im Gegensatz zum Strauch, der keinen Stamm hat, sondern sich gleich aus der Wurzel in viele Äste und Triebe zerteilt und eine geringere Höhe erreicht (Hasel). Halb= sträucher werfen jährlich einen Teil der Triebe ab (Heidelbeere). Äste nennt man alle oberen Zerteilungen aus dem Stamm, die jüngeren Äste nennt man Zweige, die jüngsten und letzten Triebe. Die Äste sind gerade so angesetzt wie die Blätter, d. h. wechselständig, gegenständig, quirlständig usw. Manche Holzarten sind an der Rinde mit Waffen — Stacheln oder Dornen — ausgestattet. Stacheln lassen sich mit der Rinde abziehen, Dornen nicht.

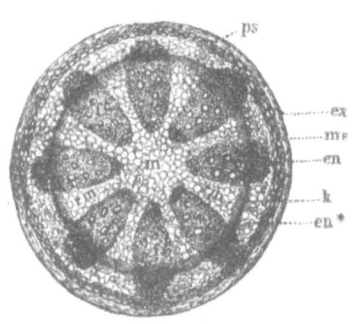

Abb. 19. Stammquerdurchschnitt.

Jahresringe. Markstrahlen.

Der Stamm besteht aus dem Mark (Abb. 19, m), dem eigentlichen Holz=
körper (ps) mit den Markstrahlen (rm) und der Rinde (k) mit dem
Baste (en).

Das Mark, in der Mitte des Holzkörpers, besteht in der Jugend aus
saftigem Zellgewebe; später vertrocknen die Zellen und verschwinden oder ver=
holzen. Bei manchen Holzarten bleibt das Mark als Markröhre immer sicht=
bar (Holunder).

Der eigentliche Holzkörper besteht bei den Laubhölzern aus Holz=
zellen, die sich bei den höhern Pflanzen zu Geweben vereinigen und auf dem
Querschnitt als kleine Löcher (Poren) erscheinen. Bei den Nadelhölzern werden
die Gefäße durch Harzkanäle, die Harz und Luft führen, ersetzt. Die Holz=
zelle besteht aus der Zellhaut, dem Kern und Zellsaft, einer zähen, eiweiß=
artigen Masse, Protoplasma genannt, aus der alle Gebilde entstehen.

Der Holzkörper bildet von oben genannten Zellen zwei deutlich unter=
schiedene Gruppen.

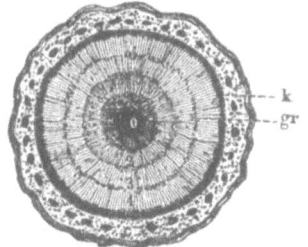
Abb. 20. Die Jahresringbildung.

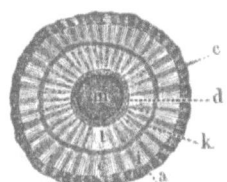
Abb. 21.

1. Die Jahresringe (Abb. 20), von denen in jedem Jahre mantel=
artig rings um den schon vorhandenen Holzkörper ein neuer gebildet wird,
weshalb man aus der Anzahl der auf dem Querschnitt oft deutlich erkenn=
baren Jahresringe das Alter des Baumes genau abzählen kann. Der innere
Teil jedes Jahresringes (das Frühlingsholz, Abb. 20, gr) ist weicher und
lockerer als der äußere Teil desselben (das Herbstholz k), wodurch sich die
Grenze der einzelnen Jahresringe meist deutlich abzeichnet. Die Stärke der
Jahresringe richtet sich nach dem Standort und nach den übrigen Bedingungen
für den Zuwachs; je günstiger diese sind, desto breiter wird der Jahresring.

2. Die Markstrahlen, welche von dem Mark strahlenförmig durch
das Holz nach der Rinde zu gehen, die Verbindung der äußeren und inneren
Teile des Stammes in horizontaler Richtung unterhalten und Reservestoffe
aufspeichern. Vergl. Abb. 19 rm und die feinen, radialen Linien in Abb. 20.

Das innere, ältere, saftlose, immer härtere meist auch dunklere Holz, in
welchem die Markstrahlen vollständig verholzt, die Gefäße verstopft und ver=

härtet sind, heißt Reifholz, das äußere weiche und meist blassere Holz, in welchem die Markstrahlen noch Säfte führen, heißt Splintholz. Unter „Kernholz" ist solches Reifholz zu verstehen, das sich vom Splintholz oder anderem umgebenden Reifholz meist durch dunklere Farbe kennzeichnet. Es ist wasserärmer, dauerhafter, nutzfähiger und härter. Bei manchen Bäumen ist der Kern nicht erkennbar, z. B. bei Buche und Ahorn, bei manchen, z. B. der Birke, fehlt er.

An der Rinde hat man die äußeren und inneren Rindenlagen zu unterscheiden. Den äußersten Überzug an jungen Stämmchen und Zweigen nennt man Oberhaut (Epidermis); sie ist zur Erleichterung des Gasaustausches mit Spaltöffnungen versehen.

Wenn schließlich mit dem Wachsen des Holzkörpers die Ausdehnung der Rinde nicht mehr gleichen Schritt halten kann, so zerreißt sie häufig, und es bildet sich jene braune, grobe, rauhe, rissige Rindenmasse, welche wir Borke nennen.

Bast (Abb. 21 a) ist die innere, jüngste, lebensfähige Rindenschicht, welche sich mit der Rinde vom Stamm ablösen läßt und aus zähen und biegsamen Faserzellen besteht.

Dicht unter dem Baste, zwischen diesem und dem Splint, befindet sich ein sehr schmaler Ring, das sog. **Kambium** oder der **Fortbildungsring** (Abb. 21 ci), welcher aus sehr dünnwandigen, äußerst saftreichen und immer teilungsfähigen Zellen besteht. Der Saft des Kambiums wird zur Bildung neuer Zellen und Gefäße verwendet, welche sich allmählich einerseits als Bastzellen an die innerste Rindenschicht, andererseits als Holzzellen an den äußersten Holzkörper anlegen und so den Jahresring bilden. Die Säfte des Kambiums bewirken also den Zuwachs des Holzes. Vergl. § 56.

§ 52. Die Fortpflanzungsorgane.

Die Hauptfortpflanzungsorgane (neben der Fortpflanzung durch Ausschläge usw.) der höher entwickelten Pflanzen sind die Blüten, welche in ihrer weiteren Entwicklung Samen und Früchte erzeugen. Man nennt diese Pflanzen, weil sie die Blüten sichtbar tragen, die „offenblühenden" Pflanzen (Phanerogamen) im Gegensatz zu den „blütenlosen" Pflanzen (Kryptogamen).

Die Blüten (umgebildete Blattorgane) werden bei den Bäumen meist erst in späterem Alter (nach erreichter Mannbarkeit) hervorgetrieben. Zur Erzeugung von Samen müssen zweierlei Blütenteile zusammenwirken, welche man männliche und weibliche Geschlechtsorgane nennt; sie sind nach den Holzarten sehr verschieden geformt und mit mancherlei Hüllen versehen; die äußere dieser Hüllen, meist grün, nennt man Blumenkelch (Abb. 22 D), die innere, meist

Männliche und weibliche Blüten.

bunte, Blumenkrone (Abb. 22 C). Jede vollkommene Blüte muß männliche (Abb. 22 B) und weibliche Geschlechtsorgane (Abb. 22 A) enthalten.

Das männliche Befruchtungsorgan (Abb. 23) besteht aus dem Staubfaden (f) mit dem Staubbeutel (a), welcher den Blütenstaub (Pollen) mit der männlichen Samenfeuchtigkeit enthält. Diesen ganzen männlichen Geschlechtsapparat nennt man zusammen „Staubgefäß".

Das weibliche Befruchtungsorgan (Abb. 24) besteht hauptsächlich aus dem Fruchtknoten (f) mit den Samenknöspchen (v) (Eiern) im Innern, seiner Verlängerung, Griffel (g) genannt, und dessen oberstem Teile, der Narbe (n). Den weiblichen Geschlechtsapparat zusammen nennt man „Stempel".

Außenkelch, Kelch und Blumenkrone bilden nur Decken zum Schutz der Befruchtungsorgane und Anlockmittel für Insekten.

Beiderlei Geschlechtsorgane befinden sich entweder in einer Blüte vereinigt, diese heißt

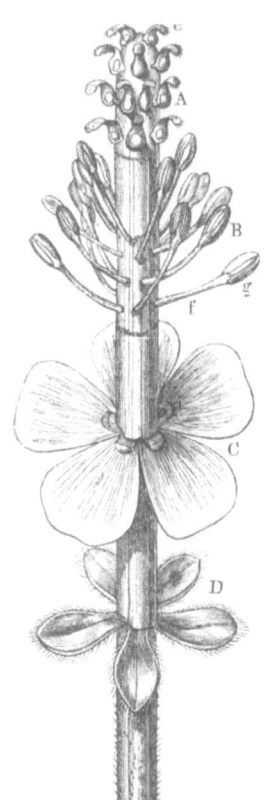
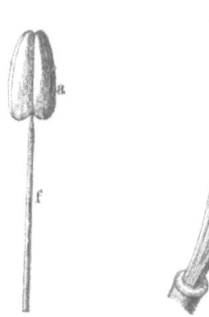
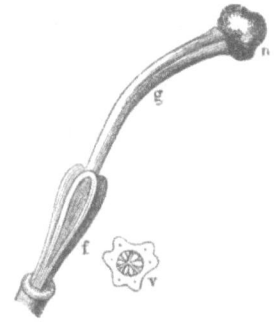

Abb. 22. Vollständige Blüte. Die einzelnen Teile untereinander gerückt.　　Abb. 23. Staubgefäß.　　Abb. 24. Stempel.

dann Zwitterblüte (Abb. 25), z. B. die Blüte der Linde, oder zwar auf ein und derselben Pflanze, aber voneinander getrennt (Abb. 26 b ♂ Blüte und a ♀ Blüte der Hainbuche), dann heißen die Pflanzen einhäusige (monoecisch), z. B. die Nadelhölzer, Eiche, Rotbuche, Hainbuche, Birke, Erle, Haselnuß, oder männliche und weibliche Blüten finden sich auf zwei verschiedenen Pflanzen, dann heißen sie zweihäusig (bioecisch), z. B. Wacholder, Eibe, die Weiden und Pappeln; bei den zweihäusigen Pflanzen ist zur Befruchtung nötig, daß in der Nähe ein anderer Baum mit den andersgeschlechtlichen Blüten steht. Kommen Zwitterblüten und Blüten getrennten Geschlechts auf derselben Pflanze vor, so heißt sie „polygamisch" oder vielgeschlechtlich. Sind keine deutlichen Geschlechts=organe zu unterscheiden, so heißt die Pflanze „kryptogamisch" oder verborgengeschlechtlich.

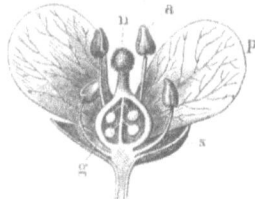

Abb. 26. Zwitterblüte mit den Staub=gefäßen (a) und aufgeschnittenem Fruchtknoten, so daß die Eier (g) sichtbar sind. n der Griffel.

Abb. 26. Einhäusige Blüte der Hainbuche.

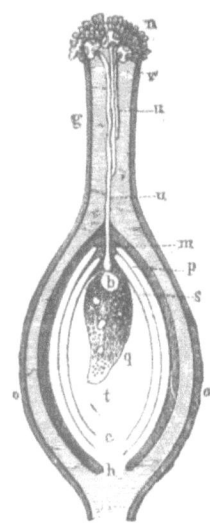

Abb. 27. Stempel, halb durchschnitten, um den Befruchtungsvorgang zu zeigen.

§ 53. Die Befruchtung (Abb. 27) geschieht in der Weise, daß zur Befruchtungszeit (bald nach Entwicklung der Blüte, meist im Frühjahr) die Narbe (n) Feuchtigkeit ausschwitzt, auf welcher vom aufge=platzten Staubgefäß abfallende Pollenkörner kleben bleiben und unter dem Einfluß von Wärme äußerst feine wurzelartige Schläuche (u v) durch den Griffel (g) in den Fruchtknoten (o o) treiben und die hier liegenden Samenknöspchen (Eierchen) (b) umfassen und befruchten. Nach stattgehabter Befruchtung welken die männlichen und weiblichen Blütenteile bis auf den Fruchtknoten ab, der anschwillt und sich allmählich zur Frucht (Samen) ausbildet. Bei den ein= und beson=ders zweihäusigen Pflanzen wird das Überführen des Blütenstaubes durch Insekten beim Honigsammeln, noch mehr aber durch leichte Winde bewirkt. Ist es nun in der Blütezeit sehr regnerisch oder sehr kalt, so daß die Überführung des Blütenstaubes resp. sein Anschwel=len auf der Narbe schwer stattfinden kann, so haben wir schlechte Samenjahre.

Je nach der Stellung und Anordnung der einzelnen Blüten eines Zweiges unterscheidet man hauptsächlich folgende Blütenstände:

Blütenstände.

A. Einfache Blütenstände, wo die Blüten einzeln oder büschelig stehen.

B. Zusammengesetzte Blütenstände:

1. Die Ähre (Abb. 28), an einer gemeinsamen Spindel sitzen ungestielte Blüten. Die bekannten Getreidearten.

Abb. 28. Ähre.   Abb. 29. Kätzchenblüten der Hainbuche.

Abb. 30. Doldentraube des Kienporst.   Fig. 31. Rispe des Hafers.

2. **Kätzchen** (Abb. 29 a, b) an gemeinsamer schlaffer Spindel ungestielte Blüten hinter meist dachziegelartig sich deckenden Schuppen. (Die meisten Waldbäume!)

Abb. 32. Köpfchen.

Abb. 33. Trugdolde.

Abb. 34. Strauß.

3. **Traube**, an gemeinsamer Spindel mehrere an verschiedenen Punkten derselben entspringende gleich lange, aber kurz gestielte Blüten. Akazie.
4. **Doldentraube** (Abb. 30), von verschiedenen Punkten einer gemein= samen Spindel gehen verschieden lange — teils verästelte, teils un=

veräftelte Blütenftiele aus, so daß die Blüten oben einen Schirm bilden. Kienporst.
5. **Rispe** (Abb. 31), an einer gemeinsamen Spindel von verschiedenen Punkten aus ungleich lange, veräftelte Blütenstiele, so daß die Blüten etwa einen Kegel bilden. Roßkastanie, Hafer.
6. **Köpfchen** (Abb. 32), an einer gemeinsamen kurzen Spindel dicht gedrängt ungestielte oder kurzgestielte Blüten. Klee, Buche. ♂.
7. **Dolde**, von einem Punkte des gemeinsamen Stieles strahlig verschieden lange Blütenstiele, so daß die ungestielten Blüten einen Schirm bilden. Kornelkirsche, Epheu.

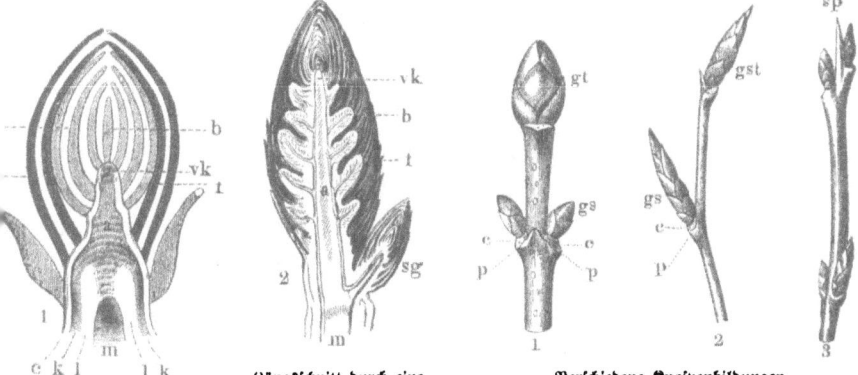

Querschnitt durch eine Knospe.   Längsschnitt durch eine Knospe mit Nebenknospe.   Verschiedene Knospenbildungen.

Abb. 35.

8. **Trugdolde** (Abb. 33), eine zusammengesetzte Dolde mit nochmals geteilten Strahlen, so daß die Hauptstrahlen aus einem — die Nebenstrahlen aus verschiedenen Punkten entspringen. Spitzahorn, Vogelbeere.
9. **Strauß** (Abb. 34). Traube oder Rispe mit veräftelten Seitenzweigen, welche mit ihren Blüten einen eiförmigen Stand bildet. Ligufter.

Knospen (Augen) sind unentwickelte Blätter oder Blüten, die sich unter einer schuppigen Bedeckung verbergen. Man unterscheidet Blatt- und Blütenknospen (letztere stets größer), nach der Stellung der Knospen auch Gipfel- (Abb. 35 1 gt, 2 gst) und Achselknospen (Abb. 35 1 gs).

Außer diesen normalen Bildungen unterscheidet man noch sog. Adventivbildungen, die regellos an älteren Pflanzenteilen beliebig entstehen; aus ihnen

entsteht z. B. die Wurzelbrut aus flachstreichenden Wurzeln z. B. von Aspe, Rüster, Akazie, Weißerle, Hasel usw.; solche Adventivsprossen bilden sich auch nach Verletzungen aus den Überwallungen der Rinde z. B. beim Stockaus=
schlag, Kopfholz usw. bei den Ausschlägen der Stecklinge.

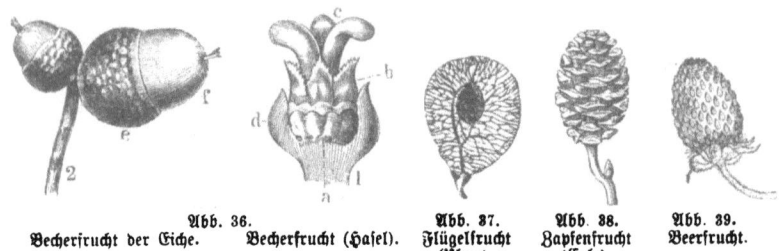

| Abb. 36. | | Abb. 37. | Abb. 38. | Abb. 39. |
| Becherfrucht der Eiche. | Becherfrucht (Hasel). | Flügelfrucht (Ulme). | Zapfenfrucht (Erle). | Beerfrucht. |

Unter Adventivknospen versteht man noch nicht entwickelte (schlafende!) Knospen, die sich meist erst nach Verletzung des Stammes oder nach Freistellung desselben bilden. (Stockausschlag, Wasserreiser).

Auf diesen Adventivbildungen der Holzpflanzen beruhen wichtige wirt=
schaftliche Maßregeln wie der Niederwald=, Kopfholz=, Schneidelbetrieb.

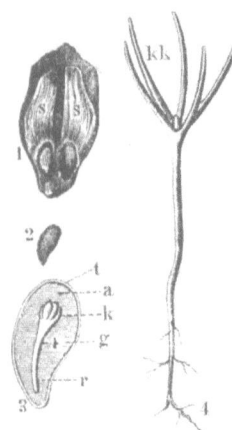

Abb. 40. 1 Kiefernschuppe ss mit beiden Samen, 2 Kiefern=
samenkorn, 3 Keimling k im Samenkorn. 4 Entwickelter Kie=
fernkeimling.

Die Knospen sind gerade gegenständig (Abb. 36 1 cc) oder schief gegenständig (Abb. 35 3) oder wechselständig (Abb. 35 2) und ruhen auf Blattkissen (Abb. 35 1 pp).

Die Entwicklung der Samen und Früchte er=
folgt bald sehr schnell (bei Ulme), bald sehr lang=
sam (bei Kiefer) und zeigt die verschiedensten For=
men. Man unterscheidet: Kernfrüchte (Apfel), Steinfrüchte (Pflaume), Beerfrüchte (Maulbeere Abb. 39), Zapfenfrüchte (Nadelhölzer, Erle Abb. 38), Flügelfrüchte (Ulme Abb. 37, Esche, Ahorn, Birke), Hülsenfrüchte (Akazie), Kapselfrüchte (Weißdorn), Becherfrüchte (Eichel, Hasel Abb. 36 2 e). Der Samen ist bei allen Pflanzen (ausgenommen die Kryptogamen) der Träger der Fortpflanzung und enthält in seinem Innern als wesentlichsten Teil „den Keimling", welcher von den bald glatten, bald netzartigen, bald geflügelten, bald wollig oder seiden=
artig behaarten Samenhäuten umschlossen ist. Der „Keimling" (embryo Abb. 40 4) besteht aus den Grundorganen der Pflanze: 1. dem Stengelchen,

dessen unteres Ende „Würzelchen" (r Abb. 3) heißt; 2. den „Keimblättern oder Samenlappen" (kk Abb. 4), welche man wieder in einsamenlappige, zweisamenlappige und vielsamenlappige (kk) einteilt. 3. dem Knöspchen oder „Blattfederchen". Die meist fleischigen und verdickten oder blattartigen Samenlappen sind gewöhnlich einfach, aber auch rundlich oder elliptisch oder herzförmig.

§ 54. Die Kryptogamen oder blütenlosen Pflanzen.

Sie stehen auf der untersten Stufe der Entwicklung und haben meist eine ungeschlechtliche Vermehrung wie die Schleimpilze und Lagerpflanzen; erstere bilden außer zur Zeit der Fruchtbildung nur Plasmaklumpen (die Lohe an Holz- und Gartengewächsen), letztere bilden schon Zellen, aber noch keine eigentlichen Pflanzenkörper; hierzu gehören die Wasseralgen und die so wichtigen Pilze. Die Pilze sind teils nützlich, teils schädlich; nützlich als wichtige Nahrungsmittel, als Gärungspilze bei der Bier- und Weinbereitung, als Stickstoffsammler auf den Leguminosen, als Zersetzungspilze im Waldboden bei der Humusbildung, als Krankheitserreger beim Auftreten schädlicher Waldinsekten; schädlich als Krankheitserreger bei epidemischen Krankheiten unter Menschen und Nutzvieh (Cholera, Typhus, Ruhr), in unseren Waldbäumen bei ihren Fäulniserscheinungen (Rot-, Weißfäule), und anderen Krankheiten (Schütte pp.). Zu den Lagerpflanzen gehören auch die bekannten Flechten und Moose, die die Rinden der Bäume und den Waldboden überziehen. — Eine letzte Gruppe entwickelt in der Regel schon Wurzel, Stamm und Blätter und pflanzt sich geschlechtlich fort, wie die höheren Moose, die Schachtelhalme, die Farnkräuter, die für den Forstmann als Standortgewächse oder charakteristische Schlagunkräuter von Wichtigkeit sind.

§ 55. Pflanzensysteme.

Wie wir es beim Tierreiche gesehen haben, so wird auch das Pflanzenreich nach bestimmten Gesichtspunkten eingeteilt, sei es nun in Klassen und Ordnungen, oder in Gattungen, Familien, Ordnungen und Arten. Je nach den Merkmalen, die dieser Einteilung zugrunde gelegt werden, spricht man von einem künstlichen oder natürlichen System. Besondere Bestimmungsbücher, die sich an eines dieser Systeme anlehnen, ermöglichen es, den Namen einer beliebigen Pflanze festzustellen — die Pflanze zu bestimmen. Es empfiehlt sich für den Forstmann, eines dieser kleinen Bücher zur Hand zu haben, um auffallende Pflanzenerscheinungen in seiner Umgebung kennen zu lernen. Von der Darstellung eines ganzen Systems an dieser Stelle ist abgesehen worden. Die nachfolgende Bestimmungstabelle der strauchartigen Holzgewächse lehnt sich an das künstliche System von Linné an, welches sich auf die Zahl und Stellung der Befruchtungsteile der Blüte gründet.

§ 56. Entstehung und Wachstum der Pflanzen.

Wenn guter und reifer Samen in die Erde gelegt ist, so beginnt bei einer Durchschnittstemperatur von 10—12° C. unter Einwirkung von Erd= feuchtigkeit und der atmosphärischen Luft die Keimung in der Art, daß der Same durch Wassereinsaugung anschwillt und seine Häute sprengt, vergl. Abb. 40 3. Zunächst tritt das Würzelchen hervor und bringt senkrecht in den Boden. Das Stengelchen mit dem auf seiner Spitze sitzenden Knöspchen (Abb. 40 4) wächst in entgegengesetzter Richtung aufwärts, während die Keim= blätter (Kotyledonen) als grüne, laubartige Blattgebilde sich entweder in der Luft entfalten (bei den meisten Holzarten) oder noch von den Samenhäuten umschlossen im Boden bleiben (Eiche). Durch fortwährende Nahrungsaufnahme mit den Wurzeln und Blättern und dadurch bedingte Zellenvermehrung ent= wickelt sich das Pflänzchen weiter bis zur natürlichen Größe; die Holzpflanzen verholzen und werden Bäume und Sträucher. Diejenige Stelle, an der im Verlaufe des Wachstums fortwährend die neue Zellbildung stattfindet, heißt der Vegetationspunkt; er liegt bei den Blättern unten am Stengel, bei den Zweigen, Trieben und Wurzeln unmittelbar an der Spitze. Die Pflanzen bestehen aus organischen (Wasserstoff, Sauerstoff, Kohlen= und Stickstoff) und unorganischen (Phosphor, Kalium, Magnesium, Schwefel, Eisen und Kalzium) Bestandteilen, meist in ihren Verbindungen mit Sauerstoff oder anderen Elementen. Durch Einsaugen der Nährfeuchtigkeit durch die Wurzeln (im Frühjahr unter Wärmeeinwirkung beginnend) entsteht der von Zelle zu Zelle im Leitungsgewebe des Splint weiter wandernde aufsteigende Strom, der durch Anbohren im Frühjahr deutlich nachzuweisen ist (Abzapfen von Birkensaft). In den Blättern wird der aufsteigende Strom durch die Auf= nahme von Kohlensäure aus der Luft verdickt, unter Einwirkung des Lichtes in Bildungssaft verwandelt und steigt nun als absteigender Strom in dem zwischen Bast und Splint liegenden Fortbildungsring (Kambium) wieder zu den Wurzeln hinab, indem er nach innen einen neuen Holzjahrring, nach außen eine neue Basthaut anlegt und so das Dickenwachstum vermittelt (vergl. § 51). Der nicht verbrauchte Bildungssaft lagert sich in den Markstrahlen als Re= servestoff ab, überwintert dort und leitet im Frühjahr die Vegetationsperiode ein, indem er Blätter und Knospen zum Ausbruch bringt.

Das Wachstum der Holzpflanzen beginnt im Frühjahr und dauert bis zum Winter. In die Länge wachsen manche den ganzen Sommer hindurch, viele machen nur einen Frühjahrstrieb (Nadelhölzer), andere außerdem noch einen Johannistrieb im Juli. In die Dicke wachsen alle während des ganzen Sommers.

II. Spezieller Teil.

§ 57. In den umstehenden Tabellen*) werden die für den Forstmann wichtigsten Holz- und Straucharten nach ihren charakteristischen Merkmalen näher beschrieben:

---

*) Wer sich noch eingehender mit den Holzgewächsen bekannt zu machen wünscht, vergleiche des Verfassers Bestimmungstabellen der Waldbäume und Waldsträucher. Berlin, Julius Springer. 2 Mk.

Botanische Übersichtstafel der Waldbäume

A. Laub-

Nr.	Namen	Keimling	Wurzelform	Holz	Knospe resp. Triebe
1	Stieleiche. Quércus pedunculáta.	Die dickfleischigen Samenlappen im Boden bleibend, Federblätter fast ganzrandig.	Pfahlwurzel	**Kern gelb=rötl.** bis **dunkelbraun** mit **kleinem** helleren Splint, großen u. klein. Markstrahlen, fl. 3=eckigen Poren, nur im Frühjahrsholz gr. Porenring. Wertvolles, schweres, hartes, dauerhaftes — spaltiges Holz, Brennkraft mittelmäßig; vorzügliches Bau= und Nutzholz, Rinde vorzügliches Gerbmaterial. Qu. róbur ist wertvoller.	Fast nackt, **stumpf eiförmig, dunkelbraun**; an den Spitzen der Triebe gehäuft, auf stark verdicktem Blattkissen. Deckschuppen breit, oben rundlich, Mark 5=strahlig.
2	Traubeneiche. Quercus róbur.	wie oben.	wie oben.		**Längl. eiförmig — zugespitzt hellbraun** — an der Spitze behaart. Deckschuppen schmal und spitz, sonst wie oben.
3	Rotbuche. Fagus sylvática	Samenlappen nierenförm., dickfleischig gefaltet; Federblätter wie die gewöhnlichen Blätter, nur oft gesägt.	Herzwurzel mit vielen Seitenwurzeln.	**Ohne Kern** mit zahlr. breiten Markstrahlen, Poren einzeln oder zu 2—5 gruppiert; Jahrringgrenze wellig. Ziemlich hart — spaltig, **nur ganz unter Wasser** dauerhaft, bestes Brennholz.	Spindelförmig — spitz — zimmetbraun — weißlich behaarte Schuppen, meist lang bewimpert, fast zweizeilig — die Zweige **knickig** gewachsen, Triebe weiß bis braunfilzig. Blütenknospen viel dicker und eiförmig. Mark 3=eckig.
4	Bergahorn. Acer pseudoplátanus. ("weißer Ahorn").	Samenlappen **große, längl., lanzettförmige**, streifen=nervige Blätter; Federblätter längl. eiförm. zugespitzt, gesägt.	wie oben.	**Ohne Kern**, weißes, hartes, sehr dichtes und zähes Holz mit vielen sehr feinen Markstrahlen und gleichmäßig zerstreuten feinen Poren und **deutlichen** Jahrringen; vorzügliches Brenn= und Nutzholz, aber schwerspaltig.	**Grüne**, schwarz berandete, kreuzweis gegenständige eiförmige abstehende **zugespitzte** Knosp. Mark rund und groß.
5	Spitzahorn. A. platanöides.	Samenlappen breiter wie 4, **zungenf.**, Federblatt **herzförmig**, lanzettlich mit buchtigem Zipfel.	wie oben.	wie oben.	**Rotbraune**, anliegende Milchsaft führende Knospen, meist **stumpfer** wie bei Nr. 4.
6	Feldahorn (Maßholder). A. campéstre.	Samenlapp. wie vorsteh., nur kleiner, Federblatt eiförmig zugespitzt, ganzrandig, unten und **Blattstiel weißlich behaart**.	**Flachstreichende** zahlreiche Wurzeln.	wie oben.	**Kleine** braune bis rote stumpf eiförmige Knospen, **weißlich behaart**; die 2—5 jährigen Triebe meist mit **Korkleisten**. Alle Ahorne haben kreuzweis gegenständige Knospen und Blätter.

im sommerlichen und winterlichen Zustande.

Hölzer.

Blatt	Blüte	Frucht	Bemerkungen
Wechselständig, meist **kurz gestielt**, am **Grunde beiderseits mit Öhrchen**, verlängert eiförmig — tief gebuchtet — rund lappig — Unterseite kahl; Blattrippen verlaufen in die Lappen und Buchten (bei robur nur in die Lappen).	Einhäusig. Die roten und grünen ♀ Knöspchen zu 1—5 an verläng. Achse mit 3 Narben u. 3-fächerig Fruchtknoten; ♂ 2 lockere büschelförm. stehende Kätzchen mit 6—10 Stbgef., — im Mai. ♀ stets an der Spitze der Maitriebe, ♂ an vorjähr. Trieben.	**Längliche Nuß** in schuppenartigem Becher an **langen Stielen**; unterscheidet sich von 2 wohl durch die **scharfen schwarzen Längsstreifen.** Trägt meist nur in Freilage reiche Mast; keimt schwerer. — Im Oktober.	**Lichtpflanze**, mit groß. Ausschlagsfähigk., nur auf besserem frischem humosem tiefgründigem Boden. Bäume 1. Größe*): kommt in allen Betriebsarten — teils in reinen — noch mehr in gemischten Beständen vor. Von weitem schon durch ihr regelmäßiges Laubdach von 2 zu unterscheiden, deren Laub kraus und mehr verworren erscheint. Qu. robur hält sich geschlossener.
Blattstiele meist über 1 cm lang, Blatt regelmäßiger, flacher gebuchtet — Unterseite behaart — am Grunde **keilig nach dem Blattstiel verjüngt**.	Wie oben, aber 14 Tage später!	Mehr **kugelig — ohne Stiele**; traubenförmig dicht beieinander; kurze Keimkraft.	
Wechselständig eiförmig — undeutlich gezähnt — am Rande mit Seidenhaaren, erscheint im Mai, im Süden und Westen Ende April.	Einhäusig; langgestielt. ♂ herabhängende kugl. Kätzch. in 5—10-teil. trichterförm. Blütenhülle m. 8—12 langen Stbgef.; ♀ fast kuglige Kätzchen am jungen Triebe in 4 zipflig. borstiger schuppiger Kapsel mit 3 langen Narben, im Mai.	2 (auch mehr) 3-kantige braune Nüsse in einem stacheligen 4-klappigen Becher; kurze Keimkraft. Im Oktober. Nach der Reife mit 4 Klappen kreuzweis aufspringend.	**Schattenpflanze**, mit geringer Ausschlagskraft, auf kräft. humosem frischem tiefgründigem Boden; die reinen Bestände nur in natürlicher Verjüngung, eingesprengt in allen Betriebsarten. Baum 1. Größe.
Kreuzweis gegenständ., handförmig 5-lappig, ungleich kerbig gesägt, oben runzlig, unten matt und **bläulich**, lang und meist rot gestielt; Buchten spitz, Lappen rund. Anfang Mai. Gutes Viehfutter.	Zwitterblüten in langen, herabhängenden grünlich-gelben **Trauben**. 8— (seltener 5—10) Stbgef. in 5—9 blättrigem Kelch u. Blumenkrone, Fruchtknoten 2-lappig und 2-fächerig mit 1 Griffel und 2 Stempel. Mit Blattausbruch.	2-flügig, bei der Reife in 2 dicke, nußartige — einsamig geflügelte Früchtchen sich trennend, beide Flügel fast parallel laufen; keimt nach 6 Wochen; im Oktober reifend.	**Lichtpflanze**, mit vorzügl. Ausschlagskraft; verlangt guten Boden. Kommt nur eingesprengt in anderen Holzarten vor. Baum 1. Größe.
Kreuzweis gegenständig, die 5 Lappen des Blattes mit buchtigen und zu langen Spitzen ausgezogenen Zähnen versehen, beiderseits glatt und grün, an rötlichem milchsaftführendem Stiel. Lappen spitz, Buchten rund.	**Vor Blattausbruch**, aufrecht stehende gelbe **Trugdolden** — sonst wie oben.	Rundliche **plattgedrückte** nußartige Flügelfrucht. die Flügel in stumpfem Winkel; stets reichliche Früchte, bereits im **September**.	wie oben.
Gegenständig, **kleine ganzrandige** Blätter mit 3 stumpfen Lappen, jung flaumhaarig, alt beiderseits kahl und dunkelgrün.	Kurz nach Blattausbruch, aufrechte, später überhängende Sträuße mit kleinen grünen Blüten.	Die Nüßchen etwas graufilzig behaart, die Flügel horizontal, im Oktober.	**Schattenpflanze**, mit groß. Ausschlagskraft auf gutem Boden. meist Strauch, selten Baum 2. Größe, am häufigsten im Niederwald.

*) Bäume 1. Größe 20—30 m, Bäume 2. Größe 10—20 m und Bäume 3. Größe 5—10 m hoch.

Nr.	Namen	Keimling	Wurzel-form	Holz	Knospe resp. Triebe
7	Rot-Feldrüster. Ulmus campéstris.	Samenlapp. klein, verkehrt eiförmig, an der Spitze gebuchtet; Feberblätter längl., stark sägezähnig, kurz behaart.	Neben stark. Pfahlwurzel viele tief und auch flach streichende Seitenwurzeln	Kern braun — Splint gelblich, grob und verschlungenfasrig, Frühlingsporenring mit großen Poren, die übrigen Poren fein und in Wellenlinien. Hart, zäh, elastisch, sehr schwerspaltig, brennkräftig, wertvoll.	Klein, schwarzbraun — kegelfm. auf dicken Kissen abstehend. Triebe braun — öfter dünn behaart; sind die 3—5-jähr. Triebe korkig, so unterscheidet man noch U. suberosa. Blütenknosp. kuglig, 4—6 schuppig. Mark weit und eckig.
8	Flatterrüster. Ulmus effūsa.	wie oben.	wie oben.	Ohne Kern, sonst wie vorstehend, jedoch viel schlechter — weiß — weich, ziemlich brennkräftig, ziemlich wertlos. Alt. Stämme über d. Wurzelhals dreieckig.	Spitz, hellbraun, Deckschuppen mit dunkl. Rändern, kahl. Dünne, hellbraune glatte Zweige; Triebe glänzend braun.
9	Esche. Fraxinus excélsior.	Samenlapp. lineal. fiebernervig. Feberblätter einfach, gesägt, dann zwei 2- bis 3-teilig gefiederte Blätter.	Zuerst tiefe Pfahlwurzel — bald aber sehr viele Seitenwurzeln entwickelnd.	Kern hellbraun, breiter weißer Splint, weißes deutliches Mark, aber unbeutliche feine Markstrahlen, sehr deutliche Jahrringe, feine Poren, nur Frühlingsring grobporig. Hartes — schweres — zähes, brennkräftiges wertvolles Holz.	Charakteristisch schwarz, verschieden groß, fast halbkuglig, kreuzständig mit lederigen Schuppen.
10	Hainbuche. Carpinus betūlus.	Samenlapp. linsengroß, rundlich; an b. Basis mit Läppchen. Feberblätter einzeln, den alt. Blättern ähnlich.	Viele schwache flach streichende Seitenwurzeln.	Ohne Kern und ohne deutliche Poren, gleichmäßig und fein, wellenförmiger Jahresring, schwer, hart, sehr zäh — nur am glatten Schaft gut spaltbar, bestes Brennholz — nicht dauerhaft. schwindend. spannrückig. Schaft; wertvoll.	Hellbraun, klein, leicht gekrümmt, angedrückt spindelförmig, an Rand und Spitze weißlich behaart.
11	Gem. Birke. Bétula verrucōsa	Samenlapp. klein — längl., glatt, Feberblätter doppeltzähnig, stark behaart.	Flach streich. schwache Seitenwurz. Stock mit vielen eigentüml. Wurzelknospen (Masern).	Ohne Kern — weiß bis rötlich mit vielen feinen Markstrahlen, meist zahlreiche Markflecken; die fl. Poren zu 1—8 gruppiert — gleichmäßig zerstreut und in sehr feinen Zickzacklinien, wertvoll. Weiße Rinde schichtenweis ablösbar.	Kurz, oval, braun mit wenigen spiral. Schuppen — nackt — klebrig. Zweige braun bis grünlich, weißwarzig u. rutenförmig.
12	Haarbirke. Bétula pubéscens.	wie oben.	wie oben.	wie oben.	wie oben, doch Deckschuppen u. Triebe bewimpert.
13	Schwarzerle. Álnus glutinōsa.	Nach 5 Wochen sehr kl. eiförmige, ganzrandige Samenlapp., Feberblätter fast spitz.	Zahlreiche tiefgehende Seitenwurzeln.	Ohne Kern, rot, feines Holz, viele breite und auch feine Markstrahlen. Poren kaum erkennbar Weich — leicht — brüchig. Leicht spaltig, nur unter Wasser dauerhaft, ziemlich brennkräftig, wertvoll.	Gestielt, braun, bläul. bereift, eiförmig, auf großem Kissen.

Übersichtstafel der Waldbäume.

Blatt	Blüte	Frucht	Bemerkungen
Blattgrund **schief**; Bl. meist rauh — **stumpfzähnig** — unten in den Nervenwinkeln haarflauschig; oval oder elliptisch, **2:zeilig abwechselnd**, Ende April.	**Fast sitzende** Zwitterbl. in **Büscheln**: Staubgef. weit aus dem glockenförmigen roten Blütenkelch hervorragend, im März, vor Blattausbruch.	Verkehrt eiförmig, **glatte**, hartflügelige Frucht, der Flügel oben wenig gespalten; **gelbliche Flügel**; reift Ende Mai.	**Gut schattenertragend**, **große Ausschlagkraft**, reichl. Wurzelbrut, auf gutem **tiefgründigem** frischem Boden. Meist eingesprengt in Laubholz — bes. in Auwäldern. Baum 1. Größe. Gutes Schneidelkopfholz.
Von vorigem schwer zu unterscheiden — sehr wandelbar — Zweigbildung mehr **fächerartig**, Blatt dünn, oben kahl, unten scharfhaarig, sehr schief. April.	**An langen Stielen hängend**, Stbgef. etwas kürzer, lockere flattrige Büschel bildend; sonst wie Nr. 7.	Wie oben, aber **kleiner**, länglich, gewimpert, oben tief gespalten; **grünliche Flügel**.	wie oben, etwas anspruchsloser an den Boden, nur vereinzelt in Wäldern, an Wegen und Hecken. Meist Baum 2. Größe. Selten.
Gegenständig, unpaarig gefiedert, mit meist 7 länglichen lanzettförmig. gesägten sitzenden Blättchen; vorzügl. Viehfutter. Im Mai.	Polygamisch, auch häufig 2—4 Stbfäden, in büschelweis stehenden, rötlich braunen Rispen mit 1 nackten Fruchtknoten; **ohne Kelch**. Kurz vor Blattausbruch.	**Schmale 3 cm lange** braune lederartige einsamige Flügelfrucht; im Oktober, liegt 1 Jahr über.	Halbe Lichtpfl., auf Aueboden stärkst. Schatten ertragb., ziemliche Ausschlagkraft, sehr schnellwüchsig. verlangt guten frischen Boden; große Reproduktionskraft. Baum 1. Größe. Selten in reinen Beständen; in Niederungen; meist auf feuchteren Bodenstellen horstweis, aber auch einzeln eingesprengt.
Wechselständig eiförmig zugespitzt, doppelt gesägt, fast 2:zeilig mit gleichlaufb. Rippen 2. Ordn. — gefaltet, nackt. Blattstiele u. junge Triebe behaart; gutes Viehfutter. Im Mai.	Eingeschlechtig! ♂ u. ♀ einfache lange **Kätzchen** — ♂ walzenförmige hängende Kätzchen mit vielen Stbgef. an vorjähr., die ♀ mit langen roten Narben von 3:lapp. Deckschuppe eingehüllt an diesjähr. Trieben. Mit Laubausbruch.	In lockeren **Trauben**, holzige zusammengedrückte, längsgerippte, an der Spitze gezähnte einsamige braune kleine **Nüsse** in 3:lappigem Deckblatt; im Oktober, liegt 1 Jahr über. Blüht stets sehr reichlich.	**Schattenpflanze**, vorzügliche Ausschlagkraft, nur auf besserem u. frischem Boden; vorzügl. **Heckenpflanze**. Baum und Strauch. Nur im äußersten Osten vorzugsw. reine Bestände mit natürlicher Verjüngung, sonst einzeln und horstweis in Laub- und Nadelholz.
Wechselständig, **rautenförmig**, dreieckig gezähnt, **nackt mit Harzwarzen** — bittersbchmed. Im März.	Eingeschlechtig! ♂ je 2 schon im Sommer vorher ausgebildete **hängende** lange walzige Kätzchen, ♀ **aufrechte** kleine spindelförmige Ährchen, erst mit Blattausbruch.	Kleine hängende walzenförm. holzige Zapfen — hinter deren Schuppen je 1—2 **kleine Samen** mit breiten, durchsichtigen **Flügelchen**. (Juli—August.) **Flügel 2—3** mal so breit als Nuß.	**Lichtpflanze**, mäßige Ausschlagkraft, auf allen Böden gedeihend. Rinde weiß. Seltener in reinen Niederwaldbeständen — meist auf Sandboden, sowie in Nadelhölzern eingesprengt.
wie oben, doch eiförmig — oder stumpfrautenförmig, unten in den Aderwinkeln **bärtig**, Blätter und Triebe **samig behaart** — letztere **ohne Harzwarzen**.	wie oben.	Wie oben, doch Samenflügel nur 1½ mal so lang als Samen; im Juli bis August, kurze Keimkraft; deshalb **sofort aussäen**.	wie vor. doch mehr auf moorigen und schwerem Boden. Rinde später schwärzlich borkig.
Wechselständig, umgekehrt eiförmig, meist doppelt gesägt, oben **eingebuchtet**, oft klebrig. April Mai.	Einhäusig — getrennt geschlechtig; ♂ Kätzchen zylindrisch mit gestielten 3:blüt. Deckschuppen —; ♀ eirunde traubig stehende rötl. Ährchen, Fruchtknoten mit 2 roten Narben, im März.	In kleinen eiförmig. holzigen Zapfen 5:eckige rote fast ungeflügelte Nüßchen; im Oktober, verdirbt leicht.	Lichtpfl., gute Ausschlagsfähigkeit, Baum 1—2. Gr.! verlangt feuchten humosen Boden, Hauptholzart der Brücher in Niederwaldform, aber auf gutem frischem Boden hier auch Baum 1. Größe.

Übersichtstafel der Waldbäume.

Nr.	Namen	Keimling	Wurzelform	Holz	Knospe resp. Triebe
14	Weißerle. Álnus incāna.	Wie Nr. 13	Viele flache Seitenwurzeln, sehr reichliche **Wurzelbrut**, schlecht ausschlagend.	Wie Nr. 13, doch heller — zäher und etwas brennkräftiger.	wie Nr. 13, nur **dicker** u. **graufilzig**.
15	Sommerlinde. Tilia grandifólia.	Samenlapp. breiter als lang, 5- und mehrspaltig — Federblätt. eiförmig zugespitzt — ungleich gesägt.	**Starke** Herz- und Seitenwurz.	**Ohne Kern — sehr weich**, weiß mit dunklen Ringen. Poren 1—5 gleichmäßig zerstreut, fein. Markstrahl, wenig brennkräftig, leicht spaltig. **Schnitzholz**, sehr wertvoll. Nutzholz.	Stumpfeiförm. — grünl. gelb — an der Sonnenseite rot, **weichhaarig**.
16	Winterlinde. Tilia párvifólia.	wie oben.	Herz- und **starke** Seitenwurzeln.	wie oben, etwas fester, brennkräftiger, wertvoller.	**Unbehaart, klebrig**.
17	Zitterpappel, Aspe. Pópulus trémŭla.	Klein mit runden Samenlappen.	Zahlreiche schwache und sehr flache Seitenwurz., sehr reichl. **Wurzelbrut**.	**Ohne Kern** — fein, weiß **ohne Kennzeichen** — sehr **weich** — **elast**. — leicht — gut spaltbar, unter Dach sehr dauerhaft; **wertvoll**, wenig brennkräftig.	Kegelförmig, zugespitzt, **glänzend braun**, sechsschuppig, nicht oder nur wenig harzig.
18	Schwarzpappel. Pópulus nīgra.	wie oben.	Tief und wagerecht weit ausstreichend.	Kern hellbraun — Splint breit, weiß, doch leichter als das der Aspe, ausgezeichnete Maserbildung, sehr wertvoll.	Lang — spitz klebrig — rotbraun — an den Seiten höckrig — mit goldgelbem wohlriechend. Gummiharz überzogen. Junge Triebe gelb glänzend.
19	Kanadische Pappel. Pópulus canadensis.	wie oben.	wie oben.	wie oben, doch Holz mit gelbl.-weißem Splint und hellbraunem Kern u. einzelnen Markflecken (nigra ohne solche). Rinde bildet früh tiefrissige Borke (nigra nicht).	wie oben.
20	Pyramidenpappel (italienische). Pópulus pyramidālis (itálica, dilātata).	wie oben.	wie oben.	wie oben, doch **sehr weich** und sehr leicht, wenig wertvoll.	wie oben, doch **nicht klebrig**, Triebe sehr spitzwinklig z. Stamm.
21	Sahlweide. Sálix cáprĕa, (sehr ähnlich ist Salix aurita mit umgekehrt eiförm. unrglm. gezähnt., oben **fein behaarten**, unten **dicht** behaart.Blättern).	2 kleine eiförmige rundl. Samenlappen, nach dem kurz. Stiele zugespitzt.	Viele flache Seitenwurz., zuerst Pfahlwurzel.	**Kern rötl. bis braun**, gelbl. bis rötl. weiß. Splint, leicht — weich — gut spaltbar — wenig dauerhaft und brennkräftig — grobes und dauerhaftes Flechtwerk (das Holz aller Weiden technisch wenig brauchbar, nur die Triebe als Flechtwerk verwendbar, resp. sehr gesucht.	Laubknosp. **stumpfherzförm.** — ebenso breit als lang, angedrückt mit abstehender Spitze, Blütenknospen dick und schwarz, braun, kahl, Triebe feinfilzig.

Übersichtstafel der Waldbäume.

Blatt	Blüte	Frucht	Bemerkungen
Eiförmig — oben **zugespitzt**, unten weißfilzig — nie klebrig, sehr weich.	Wie Nr. 13, nur ♂ Kätzchen graufilzig.	Wie Nr. 13, doch plattgedrückt und deutlich geflügelt; September.	Wie Nr. 13. Rinde glatt — hell silbergrau, rasch wachsend, auch auf flachgründig. undurchlassendem. Boden, wie auf saurem Torfboden. Baum 2. Größe.
Wechselständig, schief herzförmig, **unten kurz behaart**, gezähnt — in den Rippenachseln **grünliche Wolle**, Blattstiel **kürzer als Blatt**; im April.	Gelbl. Zwitterblüten in mehrstrahl. Trugdolde, mit 5-teil. hinfälligem Kelch 5-blättriger Krone, vielen Staubgef. u. einf. Stempel auf langen mit zungenförmigem Deckblatt gezierten Stielen, im Juni.	**Filzig behaarte** erbsengroße Nuß mit **5 starken Kanten**, im Oktob.; 1 Jahr überliegend.	**Schattenpflanze**, vorzügl. Ausschlagskraft, auf besserem tiefgründigem frischem Boden, Rinde liefert Bast. Baum 1. Größe. Nur eingesprengt in Laubhölzern — oder als Alleebaum, viel in Dörfern.
Blattstiel 1½ mal länger als Blatt — Blatt kleiner — **unten bläulich grün** — oben glänzend, in b. Rippenachsen **bräunliche Wolle**.	wie oben, doch 5—7-blüt. Trugdolben, **14 Tage später**.	wie oben, **nackt** und mit ganz schwachen Rippen.	wie oben.
Wechselständig lang gestielt, fast kreisrund, nackt, buchtig gekerbt; **mit Drüsen an den Kerbzähnen**; Stockausschlag u. Wurzelbrut mit sehr abweichenden Blättern, doch stets **Sägezähne krumm**, im Mai. Stiel seitlich breit gedrückt.	♂ hängende grüne Kätzchen mit dicht zottig bewimperten Schuppen und je 8 Staubgef., ♀ Kätzchen haben in den Blütenkelchen viele längl. eiförm. Fruchtknoten, im März vor Blattausbruch.	Sehr kleine Körnchen mit seidenartiger Haube, fliegen sofort ab — behält die Keimkraft nur kurze Zeit, reift im **Mai.**	**Lichtpflanze**, mit vorzügl. Ausschlagskraft, auf fast allen Bodenarten. Baum 1. Größe. Bei uns nur eingesprengt in fast allen Holzarten, oft lästig mit ihrer Wurzelbrut. Verdient jedoch wegen ihres wertvollen Holzes Beachtung.
Rauten- bis deltaförmig, spitzig, ungleich schwach gekerbt — am Grunde fast ganzrandig, nackt, auf langen **aufrechten** Stielen. Blattbasis meist stumpfwinklig.	wie oben, jedoch nierenförm., purpur. bewimp. Deckschuppen, ♂ m. gelb, ♀ m. braunen Schuppen. ♂ m. 12—30 Stbgef. ♂ Kätzch. n. 6—8 cm lang und 6—8 Staubgef.	wie oben, doch länglich u. 2-nähtig. Reift im Juni.	wie oben, viel am Wasser, sonst auch in Alleen und auf feuchtem und überschwemmtem Boden, nicht in Nässe. Vorzügl. Stockausschlag und auch Wurzelbrut.
wie oben, Blatt an der Basis meist gerablinig.	wie oben, doch ♂ Kätzch. 12—16 cm u. mit 20—30 Stbgef.; Fruchtknot. 3-4-nähtig (bei nigra 2-nähtig). Narben grünl., am Rande purpur (bei nigra gelblich u. zurückgeschlagen). März—April. 3 Woch. vor Laubausbruch.	wie oben.	Mit p. nigra sehr leicht zu verwechseln. Im Verhalten ebenso wie nigra; die wertvollste aller Pappeln.
Meist breieckig, kahl.	wie oben, nur ♂ vorkommend.	wie oben.	wie oben, Pyramidenabart der vorigen, sehr verbreiteter Alleebaum — auch Kopf- und Schneideholz.
Wechselständig, eiförmig oder elliptisch, am Rande wellenförmig, oben kahl oder runzlich, unten weißfilzig, bläulich mit nierenförmigen Nebenblättern, im Mai.	Aufrechte Kätzch. m. ganzrand. gewimp. Deckschuppen. ♂ m. 2 Staubblätt. an lang. Staubfäd. u. mit ein. grünl. Honigdrüse, mit eiförmigem Fruchtknot. u. 2-teil. Narbe, grün. im März. ♂ Kätzch. noch nicht aufgeblüht. ♂ Kätzch. m. glänzb. silberw. Haaren (Schäfchen, Palmkätzel).	Eiförmige, unten lanzettförmig verlängerte Kapseln mit kleinen Samen, die einen langen weißen Seidenschopf haben (Weidenwolle). Viel tauber Samen.	**Lichtpflanze**, fast in allen Holz- und Bodenarten eingesprengt. Baum und Strauch, große Ausschlagskraft; die Hauptbedeutung der Weiden liegt in ihrer Verwendung als **Flechtwerk**; sie werden als Niederwald mit sehr kurzem Umtrieb (sog. Weidenheger) bewirtschaftet.

Nr.	Namen	Keimling	Wurzelform	Holz	Knospe resp. Triebe
22	Knackweide. Sálix fragĭlis.	Wie Nr. 21.	Wie Nr. 21.	Wie Nr. 21, ohne Markflecken, kein besonders gutes Flechtwerk, (reichlicher Holzertrag!).	**Spitz kegelförmig gekrümmt**, glatt glänzend schwarzbraun. 1-jähr. Triebe glatt — graugelb — glänzend; sehr leicht **brechend** (knackend).
23	Silberweide. Sálix álba.	wie oben.	wie oben.	wie oben, mit Markflecken, ziemlich gute Flecht-, Binde- und Futterweide.	Längl., **fast gleich breit** — angedrückt, bräunl. mit **weißen Haaren**, junge **Triebe behaart**.

Abarten: S. argéntĕa mit beiderseits **glänzend seidenhaarigen** Blättern und die sehr häufige, geschätzt...

Nr.	Namen	Keimling	Wurzelform	Holz	Knospe resp. Triebe
24	Korbweide. Sálix viminális.	wie oben.	wie oben.	**Beste Flechtweide**, Holz wie vorstehend.	Zweige und Knospen flaumig; Knospendecke gelblich. Knospen oben sehr gedrängt.
25	Purpurweide. Sálix purpúrĕa var. Sálix hélix mit gelb. Trieben.	wie oben.	wie oben.	Vorzügliche feine Flechtweide.	Knospenschuppen **blutrot**. Triebe glatt mit rötl., innen **zitronengelb**. Rinde, lang dünn.
26	Mandelweide. Sálix amýgdalīna (triandria).	wie oben.	wie oben.	Kern rot, allmählich in den weißen Splint übergehend; die einjähr. Triebe gutes Flechtwerk.	Knospen länglich, ähnlich wie bei S. fragilis.
27	Aschgraue große Werftweide. Sálix cinérĕa (acumináta).	wie oben.	wie oben.	Geringwertiges Flechtmaterial — wird nicht kultiviert.	Kugelig, **weichbehaart** die jungen Triebe und Zweige **graufilz.**, auf grünliche Rinde.
28	Kaspische Weide Sálix prūinōsa Wendt. (acutifólia Wild.)	wie oben.	wie oben.	Ziemlich gutes Flechtwerk.	Glatt, junge Triebe violett-rot und reichlich bereift.
29	Holzbirne. Pyrus commūnis.	2 längliche Keimblätter.	Starke Seitenwurzeln.	Ohne Kern — gleichmäßig braunrot ohne erkennbare Poren mit sehr feinen Markstrahlen, hart, — schlecht spaltig, **sehr gesuchtes** Drechslerholz.	**Dunkelbraune** eiförmspitze **abstehende** Seitenknospen. Triebe gelblich untere Zweige und Kurztriebe mit Dornen.
30	Holzapfel. Pyrus málus.	wie oben.	wie oben.	wie oben, doch Kern **braunrot** und Splint rötlich.	Ähnlich den vorigen, jedoch **rötlich und angedrückt**. Triebe **rötlich** braun.
31	Eberesche. Sórbus aucupāria.	Eiförmige Samenlapp.	Weitstreichende und tiefgehende Seitenwurz. — Wurzelbrut	Kern **rotbraun**, Splint rötlich — fein — glänzend — ziemlich leicht und hart, **zäh**, von Stellmacher und Drechsler sehr gesucht.	Bläulich schwarz, mittelgroß, anliegend, lang und weiß behaart; Triebe mit vielen Rostflecken.
32	Akazie. Robinia Pseūdoacácia.	2 kleine runde Samenläppchen.	Tiefgehende starke Seitenwurzeln.	Kern **gelbbraun**, Splint **hellgelb**, Poren auffallend, feine Markstrahlen Hart, schwer spaltig, **gesucht**.	Knospen eingesenkt — meist unter jeder 2 braune Stacheln.

Übersichtstafel der Waldbäume.

Blatt	Blüte	Frucht	Bemerkungen
Wechselständig lanzettl., **ganz kahl** (nur in der Jugend bewimpert), an den Zähnen mit **braunen Drüsen**, ebenso am Blattstiel, **glänzend**, im Mai.	Wie Nr. 21.	Wie Nr. 21.	Wie Nr. 21, auf frischem, feuchtem Boden, zu Kopfholz tauglich, hoher Strauch, auch Baum.
wie oben, mehr zugespitzt, beiderseits **seidenhaarig**, im Mai.	wie oben.	wie oben, reift im Juni.	wie oben, an feucht. Standort, häufigstes Kopfholz, Baum 1. Größe.

S. vittelina, Dotterweide mit **leuchtend gelber Rinde** an den jungen Zweigen (sehr gute Flechtweide).

Sehr lang, zugespitzt, **unten silberhaarig**, sehr schmal, **Blattrand gewellt**, Nebenblätter pfriemlich.	Aufrechte Kätzch. mit ganzrand. gewimp. Deckschuppen; die Kätzchen **kurz u. silberhaarig**, Schüppchen oben dunkel, **vor Blattausbruch**.	Eiförm. verlängerte filzige Kapsel mit kleinen behaarten Samen. Mai—Juni.	Meist nur Strauch, **nur am Wasser**, auf lockerem Boden.
Fast gegenständig, lang, schmal, vor der Spitze am breitesten, nur dort gesägt — unten bläulich.	sitzend, Kätzch. lang walzig, ♂ rot — einmännig, ♀ mit rot-weiß behaarten Schupp., **vor Blattausbruch**.	wie oben.	wie oben, kommt auch auf trocknerem Boden fort.
Dem Blatt der Knackweide ähnlich, doch unten blau und mit größeren Nebenblättern, in der Mitte gelb. Nerv.	wie oben, aber dreimännig.	wie oben.	Rinde rot und in Platten abspringend, häufig an Bachrändern, Baum 3. Größe. Wertlos; nicht angebaut.
Umgekehrt eiförmig mit zurückgekrümmt. Spitze, **beiderseits** — unten jedoch stärker **behaart**.	♂ am Grunde behaart (2 Staubgef.)	wie oben.	Sehr verbreiteter **Strauch** an feuchten Orten, Ufern usw.
Nebenblätter schmal, lang, zugespitzt, gesägt und kahl.	Sitzende Kätzchen, blüht **vor Blattausbruch**.	wie oben.	**Bäume oder hohe Sträucher**, neuerdings vielfach an Straßen und Dämmen angepflanzt. Gedeiht auch auf ärmerem Sandboden.
Wechselständig — langgestielt eiförmig, mit **vielen** Rippen, lederig glatt glänzend.	**Zwitterbl.** Viele Staubgefäße in 5-zipfl. Kelch mit **weißer** Blumenkrone zu 6—12 in Doldentrauben; **rote** Staubgef., im Mai.	Apfelfrucht **nicht** genabelt, im September.	**Schattenpflanze**, ziemlich hoher Baum mit spitzer Krone, auf kräftigem Boden; mit geringer Ausschlagskraft. Baum 2. Größe. Eingesprengt in Laubhölzern.
Ähnlich den vorigen, jedoch **kurz gestielt** mit **wenigen** (4 Paar) Rippen, weicher.	wie oben, jedoch m. **rötlich.** Blumenkrone, **gelbe** Staubgef.	**Genabelte** Apfelfrucht.	wie oben, doch mit sperriger Krone.
Wechselständig **unpaar. gefiedert**, unten schwach behaart; Fiederblatt kurz gestielt und **gesägt**. Gutes Schaffutter.	Endstbg. gewölbte **Doldentrauben** mit weißen 3-griffl. Blüten. Ende Mai bis Juni.	Kugelrunde kleine rote Beeren in Trugdolden. September.	**Lichtpflanze**, auf allen nur etwas **frischeren** Bodenarten, Baum 2. Größe. Vielfach eingesprengt, sowie beliebter Allee- und Chausseebaum.
Wechselständig **unpaar. gefiedert**, Fiederblatt **eiförm.**, glatt, am Grunde mit 2 Stacheln.	Lockere hängende Trauben mit weißen Schmetterlingsblüten im Juni.	Glatte kleine Schoten mit schwarzen nierenförmigen Samen. Oktober.	**Lichtpflanze**, von unverwüstlicher Ausschlagfähigkeit an Stock und Wurzeln — gedeiht auf allen Bodenarten. Baum 2. Größe.

Westermeiers Leitfaden. 12. Aufl.

B. **Nadel**-

Nr.	Namen	Keimling	Wurzel-form	Holz	Knospe resp. Triebe
33	Kiefer, Föhre. Pinus silvéstris (sylvéstris).	5-7 flache, nabelförmige, **ganzrand.** Samenlappen, federbl. **gesägt,** im 2. Jahre 2 Nadeln aus 1 Scheide; im 3. Jahre Quirle	Starke Pfahlwurzel mit starken Seitenwurz.	**Kern hell- bis dunkelbraun,** breites Herbsth — viele Harzgänge, ziemlich brennkräft.; weich — leicht, spaltig, gutes Bau- und Nutzholz.	Eikegelförm. zugespitzt — fleischrot, harzig.
34	Weymoutskiefer. Pinus stróbus (Strobe).	7—8 lange, schmale quirlständige Samenlappen.	Pfahl- und starke Seitenwurzeln.	**Kern bräunl.,** Splint gelblichweiß, harzarm, dem obigen ähnlich, sehr leicht und weich, leichtspaltig, dauerhaft, ziemlich brennkräftig, wertvoll.	Eiförmig mit fein ausgezogener Spitze, braun harzig. **Junge Triebe kahl.**
35	Zirbelkiefer (Arve). Pīnus cémbra.	9—12 lang zugespitzte Samenlappen.	Zuerst Pfahlwurzel — später nur kräftige Seitenwurzeln.	**Kern rötlich** — Splint weiß — sehr gleichmäßig, **wohlriechend** — weich, dbuerhaft — wenig brennkräftig, sehr gesucht. Nutzh.	Weißl. fast kugel. — fein zugespitzt; spärl. m. Fransen besetzte junge Triebe mit **braunem Pelz.** Sicherer Unterschied von 34.
36	Schwarzkiefer. Pīnus austriāca	5—7 **große** bläuliche Samenlappen.	Flach streichende Wurzeln.	Von dem der gemeinen Kiefer kaum zu unterscheiden — sehr harzreich — sehr viel Splint, gutes Bau- und Nutzholz.	Groß, eiförm., in spitzem Schnabel ausgeschweift, silberschuppig, Triebe schwärzlich.
37	Weißtanne. Abies pectināta Dec.	Meist 5-8 sternförmig stehende Samenlappen mit 2 weißen Streifen oben, im 3. Jahre ein langer Seitentrieb — im 4. Jahre erst. Quirl.	Auf tiefgründig. Boden **Pfahlwurzel,** sonst starke Seitenwurz.	**Ohne Kern,** weiß — ohne Markstrahlharzgänge, harzarm, leicht — weich — ziemml. brennkräftig, **gutes Bau- und Nutzholz.**	Eikegelförmig quirlständ., gelbbraun glänzend, am Grunde mit weißem Harzüberzug.
38	Fichte (Rottanne). Picea excelsa Lk.	Meist 7—9 flache **gesägte** Samenlappen, hellgrün, Blätter des ersten Jahrestriebes ebenfalls **sägezähnig, im 4. Jahre Quirl.**	Flach streichende Wurzeln.	**Ohne Kern, weißes bis rötlichweißes,** etwas **glänzend,** porenarmes Holz — leicht — weich spalt. — sehr elastisch — dauerhaft, wenig brennkräftig; gutes Bau- und Nutzholz.	Eikegelförmig. Endknospen fast quirlständig. Zweige in regelm. Quirlen.
39	Lärche Lārix europaea Dc.	An **rotem** Stengelchen meist 6 schmale, **ganzrandige,** bläul. Samenlappen, im 1. u. 2. Jahre wintergr. —	Anfangs Pfahl- später Herzwurzeln, von welchen schwache Seitenwurzeln verlaufen.	**Kern rötlich, scharf abgesetzt,** dunkl. **Herbstholz;** ziemlich schwer dauerhaft — weich — spaltig — sehr wertvolles Bau- und Nutzholz.	Wechselständig, **gelb,** knopfförmig.

Übersichtstafel der Waldbäume.

Hölzer.

Blatt	Blüte	Frucht	Bemerkungen
Aus einer Scheide 2, selten 3 schwach gestreifte, kantige — spitze — fein gezähnelte graugrüne Nadeln, nach 3—5 Jahr. abfallend.	♂ gelbe oder rötl. aufrechte Kätzchen gedrängt am Grunde des jungen Triebes, ♀ eirunde rote bis grünl. aufrechte gestielte Zäpfchen, — 1—5 an der Spitze der Maitriebe, im Mai.	Kegelf., 3—6 cm lange, holzige, hängende Zapfen; hinter jeder Schuppe 2 schwärzlich-bräunl., eirunde Samen an durchsichtigem Flügel — in einem brillenartigen Loch; reift erst nach 18 Monaten und fliegt erst im Frühjahr ab.	Lichtpflanze, auf fast allen Bodenart., schnellwüchs., hohe Erträge gebend, ohne Reproduktionskraft mit tief rissiger abblätternder Schuppenborke. Baum 1. Größe. Hauptsächl. in rein. u gemischten Beständen des Hochwaldes oder Oberholz im Mittelwald. Verbreitetster Waldbaum der Ebene.
5 Nadeln aus einer Scheide, fein, 12 cm lang, schlank, schlaff! Alle 2 Jahre wechselnd.	♂ Gelbe Kätzchen zu 10—20 an den Grund des jungen Triebes, ♀ 2—3 auf der Spitze desselben, Mai.	Harzreiche 14 cm lange gekrümmte dünne walzige Zapfen, der lang geflügelte große Samen braun und schwarz marmoriert. Oktober des 2. Jahres.	Schattenpflanze, sehr schnellwüchsig, große Reproduktionskraft, auf allen Böden, nur nicht reinem Sand und strengem Ton, hoher Baum mit glatter grauer Rinde.
5 etwa 8 cm lange straffe Nadeln aus einer langen Scheide. Alle zwei Jahre wechselnd.	♂ eiförm. gedrängte Kätzchen, rot — später gelb. ♀ 1—6 gestielte aufrechte haselnußgroße violette Zapfen, im Juni.	In kleinen hellbraunen Zapfen eine hartschalige, dicke rote fast unbeflügelte Nuß, wohlschmeckd. Reift nach 18 Monaten.	Lichtpflanze, Gebirgsbaum, auf frisch. u. feucht. Boden, große Reproduktionskraft, hoh. Baum mit glatter Rinde.
Je 2 lange dunkle straffe Nadeln aus einer Scheide — alle 3 Jahre wechselnd — düstere Benadelung.	♂ Kätzchen gelb, bis 25 mm lang, gestreckt, ♀ Kätzchen meist paarweis, schön rot, an der Spitze der Maitriebe, Mai—Juni.	Zapfen 8 cm, stiellos, gelbbraun — glänzend, die großen lang geflügelten Samen beiderseits nebl. grau, öfter gefleckt. Okt. 2. Jahres.	Lichtpflanze, mit d. Boden anspruchsl. langsamwachs. hoher Baum mit sperrigen Ästen und grober dunkl. Borke. Meist Baum 2. und 3. Größe.
Kammförm. stehende flache einzelne an der Spitze eingekerbte Nadeln — unten mit 2 weißen Streifen — alle 8 Jahre wechselnd. Stumpfe Baumkrone. (Im Alter sicherer Unterschied von 38.)	♂ Kätzch. oval — grünl. gelb auf der Unterseite des vorigen Triebes, ♀ zierl. hellgrüne Zäpfchen auf der Oberseite der vorjähr. Mitteltriebe, stets nur an den obersten Quirlästen am Wipfel; im Mai.	Große aufrechtstehende walzige Zapfen m. großen braunen fast 3 kantigen terpentinhaltigen Samen, der eng mit den großen braunen Flügel verwachsen. September. Die Schuppen fallen einzeln ab, die Spindel bleibt noch längere Zeit stehen.	Schattenpflanze, auf ziemt. tiefgründigem frischem kräftigem Gebirgsboden, große Reproduktionskraft, in der Jugend sehr langsamwüchsig, später schnellwüchsig. Baum 1. Größe mit weißgrauer Rinde. Im Hochwald und Plenterbetrieb meist mit anderen Holzarten gemischt; natürliche Verjüngung.
Einzelstehende 4 kantige straffe Nadeln — rings um die Zweige stehend — alle 7 Jahre wechselnd. Spitze Baumkrone.	♂ Kätzchen groß — gestielt — rot — später gelbl. an den vorjährigen Trieben. ♀ Kätzchen zierlich — hochrot — aufrecht an der Spitze der neuen Triebe, nach der Befruchtung grün und hängend im Mai.	Langer hängend. Zapfen mit dünnen Schuppen. Der rotbraune, an der Spitze gedrehte Same in einer löffelartigen Vertiefung des Flügels. (Sicheres Kennzeichen von 33.) Im Oktober, fliegt im Winter ab.	Schattenpflanze, auf frisch. Gebirgsboden und in lustfeuchtem Klima, ziemt. Reproduktionskraft; zuerst langsam, später schnellwüchsig, Baum 1 Größe mit roter oder grüngrauer Rinde. In reinen und gemischten Hochwaldbeständen mit künstl. und natürl. Verjüngung. Verbreitetster Waldbaum des Gebirges.
Jährlich abfallende weiche grüne kleine Nadeln an 1 jähr. Trieben einzeln — an älteren in Büscheln.	Die breiten grüngelb. — oft nach unten gekrümmten ♂ Kätzchen am 2 u. mehrj. Holze, die ♀ aufrecht, ziemlich große hellrote Köpfchen an Kurztrieben; mit Blattausbruch.	Kleine aufrechte Zapfen mit lederartig. Schuppen, kleinen 3 eckigen hell glänzenden gelblichen mit dem Flügel verwachsenen Samen, der sehr schlecht, oft erst nach Jahren ausfliegt.	Lichtpflanze, liebt kräftigen, ziemt. tiefgründigen Gebirgsboden, bedeut. Reproduktionskraft, Bäume 1. Größe mit meist säbelförm. Wuchs. und graubrauner Borke, deren Schuppen gekrümmt sind.

C. Forstliche Bestimmungstabelle aller wichtigen winterlichen

Nr.	Namen	Blatt resp. Knospe	Blumenstand
1	Ligusterstrauch. Ligústrum vulgáre.	**Zweigeschlecht. Blüten mit 2 freien Staubgefäßen und** Gegenstd., längl. lanzettl.-ganzrand. **wintergrün**, grüne angedrückte Seitenknospen.	Endständig weiße Straußrispe.
2	Flieder. Syringa vulgáris.	Gegenständig, herzförmig, ganzrandig; Knospen grün mit gestielten Schuppen, an der Spitze stets paarweis.	wie vor.
3	Corneliuskirsche. Córnus más	**Zweigeschlecht. Blumen mit 4 freien** **Gegenstd.**, eiförm. zugespitzt mit oben zusammenlauf. Nerv., Seitenknosp. feinfilzig — abstehb., Blütenknosp. gelbl., kugl., gestielt.	Kleine gelbe Dolde mit 4-blättr. Hülle am Grunde.
4	Roter Hartriegel. Córnus sanguínea.	Wie vor.; breiter und kurzhaarig, am Rande wellig, Seitenknospen lang — angedrückt, die letzten Schuppen blattartig.	Flache weiße Trugdolde — **ohne Hülle**.
5	Weißer Hartriegel. Córnus alba.	Wie vorige, nur unten **weiß behaart**.	wie vor.
6	Stechpalme. Ilex aquifolium.	Wechselständ., **glänzend**, lederig, stachlig gezähnt, wintergrün.	Kurzgestielte weiße Dolde — auch Büschel.
7	Pfaffenhütchen oder Spindelbaum. Evónymus europaeus.	**Blüten mit freien Staubgefäßen und doppelter** Gegenständg., lanzettl. fein gesägt — Knosp. abstehend, 4-kantige Endknospen. Die auffallenden grünen Zweige sind 4-kantig und mit grauen Leisten besetzt.	Gablige gelbgrünliche Trugdolden.
8	Warz. Spindelbaum. E. verrucósus.	Wie vor., nur längl. — eirund, Triebe mit Warzen.	wie vor.
9	Kreuzdorn. Rhámnus cathártica.	Wechselständ., eirund — fein gesägt, zugespitzt, — Nerven konvergierend, Knospen schwarzbraun — spitzig, fein bewimpert. Die Dornen stehen kreuz-gegenständig.	Gelbgrüne Büschel in den Blattwinkeln.
10	Faulbaum (Pulverholz). Rhámnus frángula.	Wechselständig, oval, ganzrand. zugespitzt. Nerven parallel, Knospen nackt — gefaltete filzige Blätter bildend.	Wie vorige.
11	Schwarze Johannisbeere. Ribes nigrum.	5-lappig, gesägt, **unten drüsig behaart**, Knospen mit filzigen Schuppen und gelben Öldrüsen.	Hängende weichhaarige Traube mit langen Deckblättchen.
12	Gemeiner Efeu. Hédera hëlix.	5-lappig, lederig — glänzend; 3—5-eckig — an den blühenden Zweigen oval, ganzrandig, **wintergrün**.	Grünl. weiße Dolde. Im Herbst.
13	Heckenkirsche. Lónicera xylósteum.	Stumpf — eirund, weichhaarig; Seitenknospen weit abstehend — innere Schuppen lang behaart.	Je 2 gelbl. ob. rötl. Schmetterlingsblüten auf einem Stiele.

Bestimmungstabelle der wichtigsten strauchartigen Holzgewächse. 69

strauchartigen Holzgewächse im sommerlichen und Zustande.

Blüte und Frucht	Blüte-zeit	Bemerkungen
doppelten 4-zähnigen oder 4-spaltigen Blütendecken, selten nackt.		
Blumenkrone trichterig, 4-spaltig, 1 Stemp. — Kelch 4-zähn. — **weiß**, schwarze 2-fächr. Steinfrucht.	Juni—Juli.	Guter **Heckenstrauch**, auch i. Gebüschen, das gelbliche Holz von Drechslern gesucht.
Wie vorige, aber größer, violett bis weiß, stark riechend, Frucht 2-fächr. Kapsel mit 4 hängenden Samen.	April—Mai.	Baumstrauch, namentl. in Gärten — wild an Zäunen u. Gebüsch. Guter Stock- und Wurzelausschlag. Hartes wertv. Holz.
Staubgefäßen und 4-teiliger Krone.		
4-zähn. Kelch mit 4-blättr. **gelber Blumentrone**, 1 Griffel; eirunde **rote Steinbeere** mit 2 Samen.	Vor Blattausbruch.	Strauch bis kleiner Baum mit **vorzügl.** Drechslerholz, liebt **Kalk**, durch Stecklinge leicht zu vermehren.
Wie vorige, aber **weiße Blumenkrone**, Frucht **schwarze** Steinbeere.	Mai—Juli.	Strauch mit aufrecht. im Herbst **blutroten** Zweigen, im übrigen wie vorige.
wie vor., aber weiße Beeren.	wie vor.	dito, viele Zweige immer rot.
Radförmige **weiße** 4—5 teil. Blumenkr. in 4—5-zähn. Kelch, 4 Stemp. Narben ohne Griff., rote 3-sam Beeren; Samen liegt über.	Juni—Juli.	**Immergrüner** Strauch ob. kl. Baum, schattenliebend — m. vorzügl. feinem Holz, häufig in nordd. Wäldern auf frisch. Bod.
Blütendecke (5-spaltiger Kelch und 1- oder 5-blättriger Krone).		
Gelb-grünl. 4—5-blättr. Blumenkrone zwisch. 4—5-teil. auf einer Scheibe stehend. Kelch, 1 Stemp; sehr auffallend. **orangegelb**. Mant. um rosenrot. Kapseln mit weiß. Samen.	Mai—Juni.	Überall verbreiteter kleiner Baum oder Strauch mit **auffallenden grünen 4-kant. Zweigen**, das blaßgelbliche Holz feine **Drechslerware**.
Grünl. **rot punktierte** Blüte, schwarz. Samen mit **blutrotem** Mantel.	wie vor.	dito, doch Zweige **rund** u. m. **braun. Warzen**.
Gelbgrüne 4-blättr. Blumenkrone in vierspaltigem Kelch, **schwarze** erbsengroße Steinbeere.	wie vor.	Hoher Strauch mit gegenstnd. Ästen und Dornen an der Spitze; das weiße rotgeflammte Holz fest u. schwer — von Schreiner und Drechsler sehr gesucht. Rinde zum Gelb- und Braunfärben geeignet.
Weiße, 5-blättr. Blumenkr. in 5-spaltig. Kelch mit rötl. Staubgef.; erst **rote**, dann **schwarze** Steinbeere.	wie vor.	Mittl. Strauch in feuchtgründ. Buschholze, oft wuchernd. **Wurzelbrut**. Das weiche leichte Holz zu Pulverkohle gesucht, Rinde zum Gelbgerben.
In weichhaarig **glockenförm.** Kelch die rötl. 5-blättr. Blumenkrone — schwarze wanzenartig riechende vielsamige Beere.	wie vor.	Kleiner Strauch an feuchten waldigen Orten und an Bächen; riecht stark.
Grünl. weiße 5—10-blättr. Blumenkrone aus einer Scheibe, 5—10 Staubgefäße am Rande derselben, schwarze 5—10-fächrige Beerenfrucht im Frühling.	Aug.—Sept.	**Immergrüner** Kletterstrauch in schattigen Wäldern, an Felsen und Stämmen rankend, die **giftigen** Beeren reifen im folgenden Mai.
Gelbl. weiße — nicht quirlständ. 2-lippige röhrige Blüte mit einem Höcker am Grunde, weichhaarig: rote 4-sam. Zwillingsbeere.	Mai—Juni.	Aufrecht. Strauch in Hecken u. an Waldsäumen mit **sehr hartem** zu Pfeifenrohr, Peitschenstöcken usw. sehr gesuchtem Holze.

Nr.	Namen	Blatt resp. Knospe	Blumenstand
14	Jelängerjelieber. Lonicēra caprifōlium.	Die oberen Blätter zu rundlichen Scheiben verwachsen, sonst länglich zugespitzt — gegenständig; die scheinbare Endknospe gepaart, nicht blühend. Triebe rüdw. zottig behaart.	**Sitzende** gelbe oder rötliche **Köpfchen** und **Quirle** in den Blattwinkeln.
15	Gaisblatt. Lonicēra periclymenum.	Eiförm. stumpf, die obersten Blätter nicht verwachsen, Triebe kahl.	Wie vor.,ab. b. **endständ.** weiße **Köpfchen** gestielt.
16	Schneeball. Viburnum ōpulus.	Gegenständig, 3—5-lappig, gezähnt, Blattstiele **kahl und mit Drüsen**, Knosp. glänz., angedrückt, braun-grünlich.	Endständige weiße Trugdolden.
17	Wolliger Schneeball. Viburnum lantāna.	Gegenständig, breit eiförmig, gesägt — runzlich — unten und Stiele filzig, **ohne Drüsen**, Seitenknospen frei — mehlig, aufrecht.	wie vor.
18	Gem. Holunder. Sambūcus nigra.	Gegenstb., unpaarig gefiedert, die 5 Fliederblätter gesägt, Knosp. kegelf., abstehb., violett kreuzständig, 2—4 übereinander.	Endständige weiße Trugdolbe mit 5 Ästen.
19	Traubenholunder. Sambūcus racemōsa.	Wie vor., Knospe groß-kuglig, Endknospe paarweis.	Ästige gelbe Rispen oder Trauben.
		Vollständige regelmäßige zwei=	
20	Heidekraut. Callūna vulgāris.	Kl. Nadeln mit Schuppen, 4-reihig um den Stengel dachziegelartig gestellt, immergrün.	Einseitig rötliche Träubchen.
21	Heidelbeere. Vaccinium myrtillus.	Klein — eirund — gesägt, Knospe klein — grünlich.	Einzelne nickende Blüten.
22	Rauschbeere. Vaccinium uliginōsum.	Klein — eirund, ganzrandig, unten grau, immergrün.	dito. **gipfelständig zu mehreren.**
23	Preißelbeere. Vaccinium vitis idāēa.	Klein, lederig, ganzrandig, **spitz**, gerollt, unten **punktiert**, immergrün.	Gipfelständige überhängende weiße Träubchen.
24	Moosbeere. Vaccinium oxycóccos.	Klein — ohrförm., am Rande umgeschlagen — **unten grau**, immergrün.	2—3 langgestielte rote Blüten an der Spitze der Zweige mit roten Stielen.
		Vollständige 5=blättrige oder	
25	Sumpfporst ob. Kienporst. Ledum palustre.	Lineal — am Rande umgerollt — unten rostfarbig, filzig, immergrün.	Gipfelständige weiße Dolde.
		Vollständige Blumen mit 5=blättriger Krone und vielen am	
26	Traubenkirsche. Prūnus pādus.	Ellipt. gesägt — runzlig — 5-zeilig; die Blattstiele 2-drüsig, Knosp. spindelförmig mit braunen runzl. an b. Spitze weißl. Schuppen.	Lange überhäng. weiße Traube.
27	Schwarzdorn. Prūnus spinōsa.	Längl. eirund, gesägt, unten behaart. Kleine halbkuglige Blütenknospen gehäuft über der Blattnarbe, Seitenzweige senkrecht abstehend und in Dornen auslaufend.	Einzelne oder zu 2—3 an den Seiten.
28	Weißdorn. Cratǣgus oxyacantha.	Verkehrt — eirund — 3—5-lappig — eingeschnitten — gesägt — kahl, Knospe rundlich kahl — glänzend braun.	Weiße Dolde — auch Doldentraube.

Bestimmungstabelle der wichtigsten strauchartigen Holzgewächse.

Blüte und Frucht	Blütezeit	Bemerkungen
Langröhrige gelbliche oder rötliche Blumenkrone mit 2-lippig. zurückgebog. Saum in einen 5-zähn. Kelch; orangefarbige eirunde Beere.	Mai—Juni.	Wild nur in **Süddeutschland**, wohlriechende **Schlingpflanze**.
Wie vorige, jedoch **rote birnförmige Beeren**.	Juni—Aug.	An Zäunen und im Laubholze häufige **Schlingpflanze** in feucht. Waldniederung.
Weiß, die inneren glocken- und röhrenförmig. Zwitterblätter fruchtbar, die äußeren Randblätter mit breitem Saum **unfruchtb.**, länglich **rote Beeren**.	Mai—Juni.	Strauch — selten Baum, in feuchten Hecken und Wäldern.
Weiße **gleich große fruchtbare** Blüten, klein — glockig, flach, eirunde — bei der Reife **schwarze** eßbare Beeren.	Mai.	Hoher Strauch in Hecken und Vorhölzern auf Lette- und Kalkboden; die dicken Schößlinge zu Pfeifenrohren, Stöcken gesucht. **Rinde korkig**.
Radförm., fünfsp. **weiße** Blumenkrone stark riechend, **schwarze Beeren**.	Juni—Juli.	Kleiner Baum oder Strauch mit großem **weiß. Mark** und sehr hart. gelbl. vorzügl. Drechslerholz, an feucht. Orten sehr häufig.
dito, aber gelbl.-weiße Blüten, rote Beeren.	April—Mai.	Ein im Gebirge auf Steinschutt u. Schlagflächen häufiger Strauch mit gelb. Mark.

Geschlechtige Blüten mit 8 Staubgefäßen.

Glockige 4-spalt. **rötliche Blumenkrone** nu länger, 4-teilig. Kelch, 1 Stemp.; Früchte: 4-fach. Kapseln in der dürren Blumenkrone.	Juli—Sept.	Gerbstoff und Wachsharz haltender kleiner Strauch, auf **sonnigem Sandboden** oft **wuchernd**; kennzeichnend für arm. Boden.
Auf einem Scheibchen stehend: **kugeliges** langrandig. grünes rötlich angelaufenes **Glöckchen**; schwarze Beeren, oben ein Nabel, im Juli.	Mai.	Sehr kleiner Strauch mit **scharfkantig.** Ästen, auf sandigem und auf Gebirgsboden stets in etwas beschatteten Lagen (Bestandslücken oder zu lichten Beständen).
dito, weißrötlich eiförmige Krone in 5-zähn. Kelch; blaue, etwas schleimige Beeren.	Mai—Juni.	dito, aber größer mit grauen **runden** Ästen auf Moorboden.
Weiße glockige Blumenkrone in 4-zähn. Kelch; rote Beeren.	Mai—Juli.	Klein, Strauch mit runden Ästen, im Gebirge auf feuchtem lockerem Boden und in der Ebene auf quelligem Sandboden an sonnigen Stellen. Oft doppelte Ernte.
Purpurrote Blumenkr. mit 4 zurückgerollt. Zipf. — **sternförm.**! 8—10 Staubgef. wie bei all. Vaccinien. **rote Beeren**.	Juni—Aug.	Kleiner Strauch mit fadenförmigen **kriechenden** Stämmen und Ästen, im Moos auf Torfboden.

5-spaltige Blumen mit 10 Staubgefäßen.

Weiß, radförm. 5-blättrige Blumenkrone in kleinem 5-zähn. Kelch, 1 Stempel; Frucht: 5-fächr. Kapsel.	Mai—Juli.	Kleiner niederliegender Strauch mit rostfilzigen Zweigen und betäubendem Duft, an sumpfigen Moorstellen. **Giftig**.

Schlunde oder Rande der Kelchröhre befestigten Staubgefäßen.

Weiße 5-blättr. Blumenkrone; Früchte: kleine schwarze herbschmeckende Kirschen.	Mai vor Blattausbruch.	Kleiner Baum oder sehr hoher Strauch m. schwärzl. stink. Rinde, überall in feucht. Niederungen; sehr wertvolles Tischlerholz.
Weiße rundliche Kronenblätter; Früchte: schwarze blau bereifte kuglige aufrechte herbe Steinbeeren.	April—Mai vor Blattausbruch.	Dorniger Strauch mit schwärzlicher und sehr festem Holz, Strauchholz in Gradierwerken. Auf sonnigem, steinig. Boden. Sehr gesuchtes Drechslerholz.
Weiße rosenförm. 5-blättr. Blumenkrone ebenso wie die Staubgef. am Schlundringe des Kelches befestigt, Kelchröhre kahl. 2 Stempel; haselnußgroße rote Steinfrüchte.	Mai—Juni.	Kl. Baum ob. Strauch 1. Ordn. mit weiß. Rinde u. viel. Dorn. auf besserem Bod., sehr fest. feinfaser. vorzügl. Drechslerh, Gradierwerkst., auch zu lebenden Hecken geeignet.

Nr.	Namen	Blatt resp. Knospe	Blumenstand
29	Himbeere. Rubus idaeus.	3—5-zählig gefiedert — unten weißfilzig, Knospe spitz, kegelförmig abstehend auf starkem Kissen.	**Lockere weiße Doldentraube.**
30	Brombeere. Rubus fructicōsus.	3—5-fingerig — seltener einfach, unten öfter behaart, wintergrün.	Rötlich-weiße Rispe oder Dolbentraube.
			Schmetterlingsblumen, 6—10 Staubgefäße,
31	Goldregen. Cytisus labúrnum.	3-fingerig, Fingerbl. elliptisch, Knospe weißfilzig, silberglänzend, Seitenknospen abstehend.	Große gelbe, **hängende** Traube seitenständig.
32	Schwarzer Goldregen. Cytisus nigricans.	Wie vor., Fingerbl. lanzettl., Knospe wie vor., doch schwärzlich, weichhaarige Zweige.	**Stehende,** rotblütige Traube, **gipfelständig.**
33	Färberginster. Genista tinctōria.	Lanzettlich einfach, am Rande flaumig, immergrün.	Gipfelständige gelbe ährenförmige Trauben.
34	Besenpfriem. Spartium (Sarothamnus) scopárium.	3-fingerig, auch einfach, die Blättchen eiförmig, weichhaarig, immergrün.	Gelbe Schmetterlingsbl., einzeln an den Seiten der Zweige.
35	Stechginster (Heckensame). Ulex europaeus.	Obere Blätter einfach, lineal — **dornspitzig,** die unteren 3-zähl., immergrün.	Einzeln in den Blattwinkeln, gelb.
			Unvollständige 1=geschlechtige getrennte
36	Gem. Hasel. Córylus avellāna.	2-zeilig, rundlich, herzf. mit kurzer Spitze, — doppelt gesägt, Blattstiele mit Nebenbl., Knosp. stumpf — abgerund. — Triebe **flaumhaarig und mit roten Borstenhaaren.**	♂ Kätzch. walz. hängend; ♀ sehr klein, knospenförmig.
			Unvollständige 1=geschlechtige getrennte
37	Sandborn. Hippóphaë rhamnoīdes.	Lineal — lanzettlich, **unten silberweiß,** wechselständig, fast sitzend, Knospen buchtig — rostbraun glänzend.	♂ in U. Kätzchen mit Büscheln, ♀ in röhrenf. Silberhaar. Blütenhülle.
38	Gem. Wacholder. Junipérus communis.	Pfriemenf. Stehende Nadeln, alle 5 Jahre wechselnd, stechend, zu 3, immergrün.	♂ in kugl. gelben Kätzchen; ♀ einzeln in ringförmiger offener Becherhülle.
39	Eibenbaum. Taxus baccáta.	Lineal — flach — oben glänzend dunkelgr. — unten hellgrün, immergrün.	wie vor.

Bestimmungstabelle der wichtigsten strauchartigen Holzgewächse. 73

Blüte und Frucht	Blütezeit	Bemerkungen
5-blättr. weiße Blumenkrone mit schmalen **keilförmigen** Kronenblättern u. mehr als 5 Stemp.; rot. Beerenhaufen.	Mai—Juni.	1 m hoher Strauch auf **feuchtem** Boden in lichten Laubhölzern. — Wurzelbrut — oft wuchernd auf Schlagflächen.
Wie vorige, doch kleine rötlich weiße Blüte mit **eirunden** Kronenblättern; **schwarzer** glänzender Beerenhaufen.	Juli—Aug.	Oft lästiges Unkraut auf frischem feucht. besserem Boden, mit bogigen glatten, grün. bis rot. Schößling. mit gekrümmt. Stacheln.

meist in zwei (seltener in 1 Büschel) verwachsen.

Blüte und Frucht	Blütezeit	Bemerkungen
Schmetterlingförmige Blumenkrone mit 5 Blättern, von denen die 2 unteren zu einem Kiel (Schiffchen) zusammengewachsen — **gelb** in 5-zähn. Kelch; Frucht: lineale seidenhaarige vielsamige Hülse. Giftig.	Mai—Juni.	Kleiner Baum oder hoher Strauch mit grüner Rinde im Gebirge des südöstlichen Deutschlands, viel in Anlagen usw., auch verwildert. In allen Teilen der Pflanze das **höchst giftige** Cytisin.
Wie vorige, nur **kleinere** rote Blüten, behaarte Hülsen.	Juni—Juli.	Bis 2 m hoher Strauch mit weichhaar. Zweigen. auf Heiden (Kiefernwald) und an **trocknen** Waldrändern und Gebüschen.
Wie vorige, jedoch **kahle** Hülsen.	wie vor.	Kl. Strauch mit runb. **gerieften** Stengeln — niederlieg. und dann aufftrebend. Häufig auf Schläg., sandig, Heiden, trocknen Triften. Das Kraut zum Färben verwandt.
Wie vorige, jedoch groß, sattgelb; sehr lang. schneckenförm. gewundene Griffel; Früchte: schwarze Hülsen — an den Nähten zottig gewimpert.	Mai—Juni.	Aufrechter, 1—2 m hoher Strauch mit grünen, oft blätterlosen, scharfkantigen, steifen Zweigen, auf **trocknem** sand. und sandigem Lehmboden, **Lichtpflanze**, oft lästig. Wucherholz, als Wildfutter, Brenn- und Besenmaterial verwertbar.
Wie vorige, gelb — rauhhaarig; Frucht: **sehr kurze aufgedunsene** Hülse mit wenig Samen.	wie vor.	Kleiner Strauch mit **gefurchten** spitzen stechenden grünen Zweigen; auf sandigen Heiden (guter Heckftrauch!).

Blüten auf demselben Stamm.

Blüte und Frucht	Blütezeit	Bemerkungen
Auf den Schuppen der gelblichen Kätzchen 8 nackte Staubgef., ♀ im Fruchtknoten mit **2 roten fadenförmigen Narben**; Steinnüsse von blattartiger Becherhülle umschlossen.	März.	Sehr hoher Strauch mit fein behaarten braunen Ästen und Blüten. Boden im Nieder- und Mittelwald; sehr gesucht zu Bandstöcken. Klärholz in Brauereien usw.

Blüten auf verschiedenen Stämmen.

Blüte und Frucht	Blütezeit	Bemerkungen
♂ 4 kurzgestielte 2-fächrige Staubbeutel roftfarbig; ♀ ein freier eiförm. Fruchtknoten mit zungenförmiger Narbe (**silberweiß**).	April—Mai.	Hoher Strauch **mit roftfarbigen bis silberweißen Trieben** und starken Dornen an feuchtsandigen Küsten und Flußufern.; Hecken- und Grabierholz.
♂ Kätzchen mit schildförmigen Deckblättern, auf deren Unterseite 4—7 Staubbeutel; ♀ ein Zäpfchen — nachher zu einem Beerenzapfen auswachsend, die blauen Beerenfrüchte reifen 2 Jahre.	April.	Stehender gern pyramidal wachsender Strauch, öfter zum Stamm sehr langsam aufwachsend auf frisch. humos. Boden; Drechslerholz. Zweige zum Räuchern, Beeren als Arznei und Gewürz gesucht.
Wie vorige, Frucht fleischig, **hochrot**, August desselben Jahres. Giftig.	wie vor.	Kl. Baum u. Strauch, namentl. im Kaltgeb. von langsam. Wuchs, selt. in d. Ebene. Laub, Zweige, Samen **giftig**; härtestes schwerstes zähestes Holz Europas.

§ 58. Das dritte große Naturreich, das Mineralreich, wird in dem ersten Teil der Fachwissenschaften, nämlich in der Standortslehre, und zwar in deren erstem Teile, der Bodenlehre, so ausführlich und eingehend besprochen werden, daß es in den Grundwissenschaften, um Wiederholungen zu vermeiden, nicht mehr besonders behandelt werden kann. Es wird deshalb auf die betreffenden Paragraphen der Standortslehre verwiesen.

B. Mathematik.

Benutzte Werke.

v. Hallerstein: Lehrbuch der Mathematik.
Baur: Niedere Geodäsie. Berlin. Parey.
Baur: Holzmeßkunde. Berlin. Parey.
Dr. Pietsch: Katechismus der Feldmeßkunst. Leipzig. Weber.
Kunze: Anleitung zur Aufnahme der Waldbestände. Berlin. Parey.
Grothe: Forstliche Rechenaufgaben. Berlin. Julius Springer.
Schwappach: Holzmeßkunde.

a) Zahlenlehre.

§ 59. **Rechnen mit Dezimalbrüchen (zehnteiligen Brüchen).**

Jeder Bruch, dessen Zähler eine ganze Zahl, dessen Nenner 10 oder ein Vielfaches von 10 ist, nennt man einen zehnteiligen oder Dezimalbruch. Der Bequemlichkeit wegen läßt man beim Schreiben den Nenner fort und deutet ihn dadurch an, daß man im Zähler von rechts nach links soviel Stellen durch ein Komma (Dezimalstrich) abschneidet, als der Nenner Nullen haben würde. Die Ziffern links vom Komma sind die Ganzen, rechts vom Komma die Dezimalstellen, d. h. sie drücken einen Bruch aus, dessen Zähler die betreffenden Ziffern, dessen Nenner eine 1 und außerdem so viele Nullen bilden, wie der Zähler Ziffern hat.

Sollten im Zähler nicht genug Ziffern oder keine Ganzen vorhanden sein, so ergänzt man sie durch Nullen. Die erste Stelle rechts vom Komma steht immer in der Stelle der Zehntel, die zweite in der Stelle der Hundertstel usw.

z. B. $213\frac{24}{100}$ schreibt man als Dezimalbruch 213,24;
$2132\frac{4}{10} = 2232,4$ usw. $\qquad \frac{23}{1000} = 0{,}023;$
$\frac{234}{100} = 2{,}34; \quad \frac{234}{10} = 23{,}4.$

Addieren von Dezimalbrüchen. Dezimalbrüche werden addiert, indem man die Brüche so untereinander schreibt, daß sämtliche Kommas genau untereinander stehen, worauf man die Brüche wie ganze Zahlen addiert und nur das Komma stehen läßt.

Subtrahieren, Multiplizieren und Dividieren von Dezimalbrüchen.

z. B. 3564,121
1,2
5430,003
62,102
2000,9

11058,326 = $11085\frac{326}{1000}$.

Subtrahieren von Dezimalbrüchen. Man verfährt ähnlich wie beim Addieren, d. h. man schreibt die abzuziehenden Zahlen genau mit den Kommas untereinander und füllt, wenn die Stellen rechts vom Komma in beiden Brüchen nicht gleich sein sollten, dieselben durch Nullen aus, die das Vorhandensein von Stellen andeuten.

z. B. 17,04 — 2,005 783 = 17,040 000
— 2,005 783

15,034 217

oder z. B. 301,00572 — 101,01 = 301,00572
— 101,01000

199,99 572.

Multiplizieren von Dezimalbrüchen. Zwei Dezimalbrüche werden multipliziert, indem man sie wie ganze Zahlen multipliziert und dem erhaltenen Produkt soviel Dezimalstellen (rechts vom Komma!) gibt, als beide Faktoren zusammen haben. Reichen die Ziffern nicht aus, so werden sie durch Nullen ergänzt.

z. B. 2,10 · 3,1   oder   2,3 · 0,04
210   0,092
630

6,510

Der erste Dezimalbruch in obigem Beispiel (2,10) hat zwei Dezimalen, der zweite (3,1) eine Dezimale, folglich muß das Produkt 2 + 1 = 3 Dezimalen haben.

Ein Dezimalbruch wird mit 10, 100 usw. multipliziert, indem man einfach das Komma um soviel Stellen von links nach rechts rückt, als der Multiplikator Nullen hat.

z. B. 40,72 · 100 = 4072; da 100 zwei Nullen hat, so rückt das Komma zwei Stellen von links nach rechts, also hinter 2; oder
2,1 357 801 · 100000 = 213 578,01.

Dividieren von Dezimalbrüchen. Dezimalbrüche werden dividiert, indem man Divisor und Dividend durch Zufügen von Nullen gleichstellig macht und dann verfährt wie mit ganzen Zahlen; beim Überschreiten des Kommas im Dividenden muß dasselbe auch sofort im Resultat gesetzt werden.

z. B. 0,5 : 0,35?   5 : 0,35?

0,50 : 0,35   5,00 : 0,35
50 : 35 = 0,7.   500 : 35 = 0,07.

Ein Dezimalbruch wird durch 10, 100, 1000 usw. dividiert, indem man das Komma um soviel Stellen von rechts nach links rückt, als obige Zahlen Nullen haben. Sollten die vorhandenen Nullen nicht ausreichen, so setzt man soviel Nullen vor, als erforderlich sind.

z. B. 1000 : 0,567 = 0,000567.

Umwandlung von Brüchen in Dezimalbrüche. Wie oben bereits angedeutet wurde, ist jeder Bruch als eine Division des Nenners in den Zähler anzusehen; führt man diese Division aus, so kann man jeden Bruch in einen Dezimalbruch verwandeln; man hängt bei echten Brüchen dem Zähler soviel Nullen an, daß die Division möglich ist, und schreibt soviel Nullen, als man angehängt hat, als erste Stellen des Quotienten hin. Zwischen die ersten Nullen kommt das Komma.

z. B. $\frac{5}{125}$ in einen Dezimalbruch zu verwandeln?

125 : 500 = 0,04;

geht die Division nicht auf, so kann man sich durch Anhängen von Nullen an den Zähler und fortgesetzte Division dem wahren Werte bis zu jeder gewünschten Genauigkeit nähern.

Abkürzen von Dezimalstellen. Die letzte Stelle, bei welcher man abkürzen muß oder will, wird um 1 erhöht, sobald die folgende Stelle 5 oder größer als 5 ist; ist die folgende Stelle kleiner als 5, läßt man die letzte Stelle unverändert.

z. B. 3,4157 würde bei 5 abgekürzt lauten 3,416 (7 ist größer als 5), dagegen 3,4154 unverändert 3,415 (4 ist kleiner als 5). 3,4155 abgekürzt 3,416, weil 5 ebenfalls erhöht.

§ 60. Einfacher Regeldetri-Dreisatz.

Alle Aufgaben der einfachen Regeldetri bestehen aus drei gegebenen Gliedern, zu welchen das vierte Unbekannte gesucht werden soll. Bestandteile einer solchen Aufgabe sind:

1. das Frageglied (gewöhnlich mit einem ? oder x bezeichnet); 2. das Haupt- oder Parallelglied, welches mit dem Frageglied gleiche Benennung hat; 3. zwei bedingende Glieder.

Die gegebenen Größen stehen nun in den Regeldetri-Aufgaben in einem bestimmten Verhältnisse; nehmen dieselben gleichmäßig zu oder ab, so stehen sie im geraden (direkten) Verhältnisse und die Verhältnisse selbst

Einfache Regeldetri.

sind im ersten Falle steigend, im letzteren fallend; steigt aber das eine Verhältnis, während das andere fällt, so sind dieselben ungerade zusammengesetzte (indirekte) Verhältnisse, z. B. je mehr Zeit zu einer Arbeit, desto weniger Arbeiter sind erforderlich. Wir lösen alle diese Aufgaben durch Schluß, wie es am einfachsten aus den folgenden Beispielen hervorgeht. Das Ergebnis unserer Schlüsse ordnen wir gleich auf einem gemeinsamen Bruchstriche an. Es ergibt dies den sogenannten Ansatz. Alles weitere ist dann einfache Multiplikation und Division.

Beispiel: Eine Festung hat Proviant für 1600 Mann auf $5\frac{1}{2}$ Monat; wie lange würden mit demselben Vorrat 4800 Mann reichen?

1600 Mann reichen . . . . . $\frac{11}{2}$ Monate

1. Schluß: Also 1 Mann 1600 mal solange . $\frac{11 \cdot 1600}{2}$

2. Schluß: Aber 4800 Mann nur den 4800. Teil der Zeit . . . . $\frac{11 \cdot 1600}{2 \cdot 4800} = 1\frac{5}{6}$ Monate.

Beispiel: 6 Zimmergesellen fertigen einen Dachstuhl in 8 Wochen 3 Tagen an; wieviel Gesellen muß der Meister anstellen, wenn die Arbeit in 2 Wochen 5 Tagen fertig sein soll?

Um in 51 Tagen fertig zu werden, gebraucht man Gesellen . . . 6
„ in 1 Tage „ „ „ gebraucht man 51 mal soviel $= 6 \cdot 51$
„ in 17 Tagen „ „ „ gebraucht man nur den 17. Teil $= \frac{6 \cdot 51}{17}$
$= 18$

Beispiel: 7 Buch Zeichenpapier kosten 5 M.; was kosten 9 Buch?

Wir schließen zunächst von der Mehrheit auf die Einheit und dann auf die andere Mehrheit.

7 Buch kosten . . . . 5 M.

1 „ kostet also den 7. Teil . . . . $\frac{5}{7}$

9 „ also 9 mal so viel . . . . $\frac{5 \cdot 9}{7} = 6\frac{3}{7}$ M.

Erfahrungsgemäß bieten diese Aufgaben dem aus der Volksschule Hervorgegangenen Schwierigkeiten, wenn an Stelle der benannten Zahlen (1, 2, usw.) unbenannte Zahlen (a, b, x, y usw.) treten. Fragestellung und Rechnung bleiben aber ganz dieselben.

Beispiel: a Holzhauer arbeiten c rm Holz auf;
Wieviel Holz werden x Holzhauer aufarbeiten?

a Holzhauer arbeiten c rm auf . . . . . . = c

1 „ wird also den aten Teil aufarbeiten = $\dfrac{c}{a}$

x „ werden xmal so viel schaffen . . = $\dfrac{c \cdot x}{a}$ (Ergebnis)

Weitere Übungsaufgaben.

1. Wenn man täglich 60 Pf. ausgibt, so reicht man 7 Wochen 4 Tage; wie lange reicht man, wenn man täglich nur 40 Pf. ausgibt? (11 Wochen $2^1/_2$ Tag!)
2. 27 Arbeiter brauchen zu einer Arbeit $7^1/_2$ Tag; wie lange brauchen zu derselben Arbeit 12 Arbeiter? ($16^7/_8$ Tag!)
3. Ein Saal soll mit Decken belegt werden. Liegt der Stoff 0,6 m breit, so sind 50,75 m nötig; wieviel m braucht man, wenn der Stoff a. 0,9; b. 0,65; c. 1,05; d. 1,18 m breit liegt? (a. 33,833; b. 46,846; c. 29; d. 25,805 m.)
4. $51^1/_3$ m $1^3/_4$ m breites Zeug wird gegen $1^2/_3$ m breites umgetauscht; wieviel erhält man? (53,9 m.)
5. Aus einer Kiefer können 25 Bretter von $4^1/_2$ cm Stärke geschnitten werden; wieviel erhält man, wenn dieselben $3^3/_4$ cm dick werden sollen? (30 Stück.)
6. Ein Fuhrmann ladet auf ein Pferd 10 Scheffel Weizen; wieviel auf 2 Ochsen, wenn 3 Pferde soviel ziehen als 4 Ochsen? (15 Scheffel.)

§ 61. Zusammengesetzte Regeldetri.

Zusammengesetzte Regeldetri-Aufgaben entstehen, wenn sie aus mehr als 3 — also z. B. aus 5, 7, 9 usw. gegebenen Gliedern bestehen, zu welcher das 6., 8., 10. usw. unbekannte Glied gesucht werden soll.

Da in diesen Aufgaben immer eine Zahl vorkommt, die mit der gesuchten gleichartig ist, außerdem aber je zwei gleichartige, so enthalten die Aufgaben immer eine ungerade Zahl von Gliedern.

Wir lösen diese Aufgaben ebenfalls durch Schluß in derselben Weise.

Beispiele:

1) 9 Mädchen stricken in 18 Tagen 54 Paar Strümpfe, wieviel Paar stricken 12 Mädchen in 4 Tagen?

9 Mädchen stricken in 18 Tagen 54 Paar . . = 54

1 „ strickt „ 18 „ den 9. Teil . = $\dfrac{54}{9}$

1 „ „ „ 1 Tage davon den 18. Teil . = $\dfrac{54}{9 \cdot 18}$

12 „ stricken „ 1 „ 12mal so viel . = $\dfrac{54 \cdot 12}{9 \cdot 18}$

12 „ „ „ 4 Tagen 4 „ „ „ . = $\dfrac{54 \cdot 12 \cdot 4}{9 \cdot 18}$

Durch „Heben" wird die Ausrechnung des Ansatzes vereinfacht:

$$\frac{\overset{6}{\cancel{54}} \cdot \overset{2}{\cancel{12}} \cdot 4}{\underset{3}{\cancel{9} \cdot \cancel{18}}} = \frac{6 \cdot 2 \cdot 4}{3} = 16 \text{ Paar.}$$

2) 4 Pflüge bearbeiten in $3\frac{1}{2}$ Tag. $8\frac{3}{4}$ ha Kulturfläche; in wieviel Tag. können mit 5 Pfl. $12\frac{1}{2}$ ha bearbeitet werden?

4 Pflüge brauchen zu $8^3/_4$ ha $\frac{7}{2}$ Tage . . $= \dfrac{7}{2}$

1 Pflug braucht zu $8^3/_4$ ha 4 mal so lange $= \dfrac{7 \cdot 4}{2}$

5 Pflüge brauchen den 5. Teil der Zeit . $= \dfrac{7 \cdot 4}{2 \cdot 5}$

Diese Zeit gebrauchen 5 Pflüge zu $8^3/_4$ ha

Mithin zu 1 ha den $8^3/_4$ Teil der Zeit $= \dfrac{7 \cdot 4 \cdot 4}{2 \cdot 5 \cdot 35}$.

„ „ $12^1/_2$ „ $12^1/_2$ mal so lange . $= \dfrac{7 \cdot 4 \cdot 4 \cdot 25}{2 \cdot 5 \cdot 35 \cdot 2} = 4$ Tage.

Weitere Übungsaufgaben.

1. Wieviel verdienen 8 Arbeiter in 10 Wochen bei täglich zweistündiger Arbeit, wenn 20 Arbeiter in 12 Wochen bei täglich fünfstündiger Tätigkeit 1000 M. verdienen? ($133^1/_3$ M.)

2. An einem Wege haben drei Abteilungen gearbeitet, und zwar 16 Mann 10 Tage, 20 Mann 12 Tage und außerdem noch 25 Mann. Sie erhalten zusammen 1350 M., wovon die dritte Abteilung 550 M. bekommt; wie lange hat sie gearbeitet? (11 Tage.)

§ 62. Zinsrechnung.

Verborgt man an einen anderen Geld, so nennt man diese Summe Kapital, der Verleiher heißt Gläubiger, der Beliehene Schuldner.

Für die Hergabe des Kapitals hat der Schuldner dem Gläubiger eine Vergütung zu zahlen, welche man Zinsen (Interessen) nennt. Die Bestimmung, wieviel Mark Zinsen von je 100 M. Kapital in einem Jahre zu zahlen sind, nennt man Zinsfuß oder Prozente (lat. pro centum — fürs Hundert), gewöhnlich p. c. oder % oder v. H. (vom Hundert) bezeichnet.

Ein Kapital verzinst sich zu $4\frac{3}{4}$ v. H. heißt, je 100 M. bringen in 1 Jahr $4\frac{3}{4}$ M. Zinsen. Die Zinsrechnung hat es mit 4 Größen zu tun und zwar: Kapital, Zinsen, Zeit und Zinsfuß. Drei Größen müssen stets gegeben sein, die vierte wird gesucht; ist die Zeit nicht bestimmt, so wird immer ein Jahr genommen und zwar zu 360 —, der Monat zu 30 Tagen.

Einfache Zinsrechnung.

Das Frageglied ist von zwei bedingenden Gliedern abhängig; wir lösen diese Aufgaben nach Art der einfachen Regeldetri.

a. Die Zinsen werden gesucht.
(Gegeben sind Kapital, Zinsfuß und Zeit.)

1. Wieviel betragen die Zinsen von 532 M. zu 4 v. H.?

100 M. bringen 4 M. . . . = 4

1 „ bringt den 100. Teil . = $\dfrac{4}{100}$

532 M. bringen 532 mal so viel = $\dfrac{4 \cdot 532}{100}$ = 21,28 M.

2. Ein Haus — für 7600 M. gekauft, — verzinst sich zu $5\frac{1}{2}$ v. H.; wieviel Ertrag bringt es jährlich?

100 M. bringen $5\frac{1}{2}$ M. . . . = $\dfrac{11}{2}$

1 „ bringt den 100. Teil . = $\dfrac{11}{2 \cdot 100}$

7600 „ bringen 7600 mal so viel = $\dfrac{11 \cdot 7600}{2 \cdot 100}$ = 418,0 M.

Wie man sieht, wiederholt sich stets das Glied: $\dfrac{\text{Zinsfuß}}{100}$. Man kann dieses als Dezimalbruch schreiben, z. B. $\dfrac{4}{100}$ = 0,04.

Das heißt: Um die Jahreszinsen zu finden, ist das Kapital mit dem in einen hundertteiligen Dezimalbruch verwandelten Zinsfuß zu multiplizieren.

b. Das Kapital wird gesucht.
(Gegeben: Zinsen, Zeit und Zinsfuß.)

1. Wieviel Geld müßte man zu $4\frac{1}{2}$ v. H. ausleihen, wenn man jährlich $31\frac{1}{2}$ M. Zinsen beziehen will?

Um $4\frac{1}{2}$ M. Zinsen zu erhalten, muß man 100 M. ausleihen

„ 1 „ „ „ „ braucht man nur den $4\frac{1}{2}$. Teil auszuleihen.

„ $31\frac{1}{2}$ „ „ „ „ muß man $31\frac{1}{2}$ mal so viel ausleihen.

$$\dfrac{100 \cdot 2 \cdot 63}{9 \cdot 2} = 700 \text{ M.}$$

Weitere Übungsaufgaben.

Von welchem Kapital erhält man:

4 M. 25 Pf. Zinsen zu 5 % (85 M.). 12 M. 80 Pf. Zinsen zu 4 %? (320 M.)
23 „ — „ „ „ $4\frac{1}{2}$ „? (512 „). 37 „ $45\frac{1}{2}$ „ „ zu $5\frac{1}{2}$ „? (681 M.)

c. Die Zeit wird gesucht.

(Gegeben: Kapital, Zinsen und Zeit.)

Wann tragen 1000 M. zu 5 % 125 M. Zinsen?

Um 5 M. Zinsen zu tragen, müssen 100 M. 1 Jahr stehen,
„ 1 „ „ „ „ brauchen 100 M. nur den 5. Teil der Zeit zu stehen.
„ 125 „ „ „ „ müssen 100 M. 125 mal so lange stehen.

Solange müssen 100 M. stehen, also 1000 M. nur den 10. Teil der Zeit.

$$\frac{1 \cdot 125}{5 \cdot 10} = 2{,}5 \text{ Jahre.}$$

Weitere Übungsaufgaben.

Berechne die Zeit, in welcher die Zinsen die Höhe des Kapitals erreichen, wenn letzteres a. zu 5, b. zu 4, c. zu 6, d. zu $4\frac{1}{2}$, e. zu 3,2, f. zu 3,3, g. zu 4,9% verliehen ist? (a. 20, b. 25. c. $16\frac{2}{3}$, d. $22\frac{2}{9}$, e. $31\frac{1}{4}$, f. $30\frac{10}{33}$, g. $20\frac{20}{49}$ Jahre.)

d. Der Zinsfuß wird gesucht.

(Gegeben: Kapital, Zinsen und Zeit.)

Zu wieviel % muß man 800 M. ausleihen, um jährlich 36 M. Zinsen zu bekommen?

Wir fragen nach den Zinsen, welche 100 M. bringen! Wenn 800 M. Kapital 36 M. Zinsen bringen, so bringen 100 M. den 8. Teil von 36 M. = $4\frac{1}{2}$ M.; das Kapital ist also zu $4\frac{1}{2}$ % verliehen.

Ansatz: 800 M. Kapital geben 36 M. Zinsen,
1 „ „ gibt den 800. Teil
100 „ „ „ 100mal so viel Zinsen

$$? = \frac{36 \cdot 100}{800} = 4\tfrac{1}{2} \text{ M.}$$

Weitere Übungsaufgaben.

Bei wieviel % sind die Zinsen a. $\frac{1}{4}$, b. $\frac{1}{5}$, c. $\frac{1}{8}$, d. $\frac{1}{10}$, e. $\frac{1}{20}$, f. $\frac{1}{25}$, g. $\frac{1}{30}$, h. $\frac{1}{50}$ des Kapitals? (a. bei 25, b. 20, c. $12\frac{1}{2}$, d. 10, e. 5, f. 4, g. $3\frac{1}{3}$, h. 2%).

Zinseszins.

Hebt man von einem beispielsweise auf der Sparkasse liegenden Kapital die jährlichen Zinsen nicht ab, so werden diese zum Kapital geschlagen und bringen ihrerseits ebenfalls Zinsen. Man spricht dann von Zinseszinsen. Auf Grund einer Berechnung, die hier nicht angegeben werden kann, erhält man für die Ermittlung der Summe, auf welche das Kapital mit Zins und Zinseszins nach einer bestimmten Zeit angewachsen ist, eine ganz allgemein gültige Formel. Bezeichnet man das Anfangskapital mit K, den Zinsfuß mit p, die Zahl der Jahre mit n und die gesuchte Summe mit S, so lautet die Formel immer: $S = K \times 1{,}0 p^n$. Also z. B.: Auf welche Summe sind 1000 Mark nach 3 Jahren bei 3% mit Zins und Zinseszins angewachsen? $1000 \cdot 1{,}03^3 = 1092{,}727$ M.

§ 63. Die Proportionen.

Unter Proportion versteht man die Gleichsetzung zweier Verhältnisse z. B. a : b = c : d; oder in Zahlen z. B. 3 : 4 = 6 : 8 und liest sie: a verhält sich zu b wie c zu d, während man unter Verhältnis den Quotienten zweier gleichartiger Größen versteht, das man entweder wie in obigem Beispiel a : b oder Bruchform $\frac{a}{b}$ schreiben kann. Wie oben ersichtlich, setzt sich jede Proportion aus 4 Gliedern, den sog. Vordergliedern a und c und den sog. Hintergliedern b und d, oder den äußeren a und d und den inneren b und c zusammen; man bezeichnet sie auch wohl in ihrer Reihenfolge als erstes (a), zweites (b) usw. Glied.

Regeln: a) In jeder Proportion ist das Produkt der äußeren Glieder gleich dem Produkt der inneren Glieder, also in der Proportion 3 : 4 = 6 : 8 ist $3 \cdot 8 = 4 \cdot 6$ und ebenso das Produkt der inneren Glieder gleich dem der äußeren z. B. $8 \cdot 3 = 6 \cdot 4$.

b) Die Größe jeden Gliedes findet man, indem man mit dem ihm zugehörigen Gliede in das Produkt der anderen Glieder dividiert; zugehörige Glieder sind die äußeren und inneren sowie die vorderen und hinteren, z. B. $3 = \frac{4 \cdot 6}{8}$. Ist ein Glied der Proportion unbekannt, welches wir wie üblich x nennen, und sind die anderen 3 Glieder bekannt, so kann man dasselbe nach unserer Regel leicht berechnen, z. B. x : 4 = 6 : 8, dann ist $x = \frac{4 \cdot 6}{8} = 3$ oder 3 : x = 6 : 8, dann ist $x = \frac{3 \cdot 8}{6} = 4$ oder $3 \cdot 4 = x : 8$, dann ist $x = \frac{3 \cdot 8}{4} = 6$, schließlich 3 : 4 = 6 : x, dann ist $x = \frac{4 \cdot 6}{3} = 8$.

c) Eine Proportion bleibt ungeändert, wenn man ihre Glieder mit derselben Zahl multipliziert oder dividiert z. B. 3 : 4 = 6 : 8 ist ebensoviel wie 9 : 12 = 18 : 24 (alle Glieder mit 3 multipliziert) oder wie 3 : 4 = 6 : 8, nachdem ich die zweite Proportion 9 : 12 = 18 : 24 wieder durch 3 dividiert habe.

Ausziehen von Quadratwurzeln.

Man versteht darunter, aus einer gegebenen Zahl die Zahl herauszurechnen, welche die Länge des Quadrates ergibt, dessen Inhalt jene Zahl bedeutet, z. B. 81 qm = dem Quadrat mit Seiten von je 9 m. Suche ich nun diese Quadratseite aus 81, so ziehe ich die Wurzel aus. Die Wurzeln der Quadratzahlen von 1—10 sind ohne weiteres zu finden durch Division mit ihren Grundzahlen z. B. $8 \cdot 8 = 8^2 = 64$. $\sqrt{64} = \frac{64}{8} = 8$ (das Wurzelzeichen = $\sqrt{\ }$: lies: „Wurzel aus" ...). Bei mehrstelligen Zahlen verfährt man nach folgenden Regeln:

1. Teile die gegebene Zahl von rechts nach links zu je 2 Stellen ab.
2. Suche die Quadratwurzel der Abteilung am weitesten links und schreibe sie rechts hin.
3. Ziehe ihr Quadrat von dem 1. Abteil ab und ergänze den Rest durch die nächsten beiden Zahlen von oben.
4. Verdopple die zuerstgefundene Quadratwurzel und setze das Resultat links vor die nach Nr. 3 gefundene Zahl.
5. Untersuche, wie oft die doppelte Quadratwurzel in dieser Zahl enthalten ist, wenn du die letzte Ziffer unbeachtet läßt.
6. Schreibe das Ergebnis oben rechts an und hinter der doppelten Quadratwurzel links. Multipliziere die ganze neue Zahl links mit der zuletzt gefundenen Zahl und ziehe das Resultat von der nach Nr. 3 gefundenen Zahl ab.

Bei größeren Zahlen verdopple das bisherige Ergebnis und beginne von Neuem wie bei Nr. 4.

z. B. $\sqrt{5{,}29} = 23$ oder $\sqrt{77{,}61{,}61} = 881$

```
          4                    64
4 (3) : 129         16 (8) : 13 61
        129                 13 44
                  176 (1) :  17 61
                             17 61
```

Wer sich eingehender über alle für den Förster nötigen Berechnungen unterrichten will, wird auf das vortreffliche Buch: „Forstliche Rechenaufgaben von O. Grothe, 5. Aufl., Berlin, Julius Springer, hingewiesen.

b) Geometrie.

Die Geometrie ist die Lehre von den Punkten, Linien, Flächen und Körpern. Sie wird eingeteilt in die Planimetrie oder Flächenlehre und die Stereometrie oder Raumlehre.

§ 64. Planimetrie.

Seit 1873 ist in Deutschland wie auch in den meisten andern Staaten das metrische Maßsystem gesetzlich eingeführt. Einheit des Längenmaßes ist das Meter, d. h. die Länge des von der Normal-Eichungskommission aufbewahrten Eisenstabes (Normalmeter) bei 4^0 C. Da man besonders auf dem Lande noch oft mit alten Maßen rechnet, sind die wichtigsten in ihrer Beziehung zum Metermaß unten angegeben*).

Längenmaße.

Die Einheit ist das Meter.

1 Meter (m) = 10 Dezimeter (dm),
1 Dezimeter = 10 Zentimeter (cm),
1 Zentimeter = 10 Millimeter (mm),
1 Meter = 100 Zentimeter,
1 Kilometer (km) = 1000 Meter (7,5 Kilometer = 1 deutsche Meile).

Flächenmaße.

Die Einheit bildet das Quadratmeter, d. h. ein Quadrat, dessen Seiten 1 Meter lang sind.

1 Ar (a) = 100 Quadratmeter (qm); ein Quadrat, dessen Seiten 10 Meter lang sind.
1 Hektar (ha) = 10000 „ = 100 Ar; ein Quadrat, dessen Seiten 100 Meter lang sind.

---

*) Alte Maße in Preußen (alte Provinzen):
a) Längenmaße:
1 Fuß = 12 Zoll = 0,3138535 Meter,
1 Rute = 12 Fuß = 144 Zoll = 3,766242 Meter,
1 Elle = 25,5 „ = 0,6669368875 Meter.
b) Flächenmaße:
1 Morgen = 180 Quadratruthen = 2553,22 qm,
(1 ha also = 3,92 Morgen).
c) Körpermaße:
1 alter Scheffel = 3072 Kubikzoll = $\frac{16}{9}$ Kubikfuß.
= 54,9615 Liter,
1 Neuscheffel = 10 Metzen = 50 Liter,
1 Klafter = 6 · 6 · 3 = 108 Kubikfuß = 3,3389 Kubikmeter.

Maße und Gewichte. Vermessung von Flächen.

Körper und Hohlmaße.

Die Einheit ist das Kubikmeter oder ein Würfel, der 1 Meter lang, 1 Meter breit und 1 Meter hoch ist.

1 Kubikmeter (cbm) = 10 · 10 · 10 Kubikdezimeter (cdm) und gleich 100 · 100 · 100 = 1 Million Kubikzentimeter (ccm).

Die Einheit der Hohlmaße in zylindrischer Form ist ein Kubikdezimeter, Liter genannt, gleich 1 Tausendstel eines Kubikmeters.

100 Liter (l) = 1 Hektoliter (hl).

Gewichte.

Die Einheit des metrischen Gewichtes ist das Kilogramm oder das Gewicht des in einem Würfel von $\frac{1}{10}$ m Seitenlänge enthaltenen destillierten Wassers bei + 4° C.

50 Kilogr. (kg) oder 100 Pfund = 1 Zentner.
1000 „ = 1 Tonne (t) = 20 „

Der tausendste Teil eines Kilo = 1 Gramm (g).

$\frac{1}{10}$ Gramm = 1 Dezigramm (dg).

$\frac{1}{100}$ „ = 1 Zentigramm (cg).

$\frac{1}{1000}$ „ = 1 Milligramm (mg).

§ 65. Vermessung von Flächen.

Über die Messung von Linien vergl. § 70.

Bevor wir zur wirklichen Flächen-Vermessung übergehen können, müssen wir uns mit einigen Größenverhältnissen von Flächen mit den sie begrenzenden Linien und Winkeln bekannt machen.

Unter einem Winkel versteht man die Neigung von zwei sich schneidenden Linien; die den Winkel bildenden Linien heißen seine Schenkel, der Schneidepunkt Scheitel. Zwei auf einer geraden Linie durch eine dritte schneidende Linie gebildete Winkel heißen Nebenwinkel; sind dieselben gleich, so heißen sie rechte Winkel, die schneidende Linie steht in diesem Falle senkrecht auf der durchschnittenen.

Zwei rechte Winkel (Winkel = ⌳) mit gemeinschaftlichem Schenkel (f. Abb. 41) bilden einen gestreckten oder flachen Winkel, dessen beide Schenkel eine Gerade bilden. Die Größe der Winkel richtet sich nach der Größe der Neigung ihrer Schenkel und wird nach „Graden" gemessen; der rechte Winkel hat 90 Grad (90°); der Grad wird in 60 Minuten, die Minute in 60 Sekunden geteilt*). — Einen Winkel von 33 Grad 27 Minuten 6 Sekunden schreibt

---

*) Der ganze volle Kreis hat mithin $4 \times 90 = 360°$ oder $360 \times 60 = 21600'$. Es gibt aber auch ein Verfahren, welches den Grad in 100 Minuten einteilt.

man in der Meßkunst 33° 27′ 6″. Nach dieser Einteilung werden sämtliche zu messende Winkel bezeichnet.

Alle nicht rechten Winkel nennt man schiefe Winkel, welche wieder, wenn sie größer sind als ein rechter, stumpfe Winkel (siehe Abb. 42 Winkel a c b), wenn sie kleiner als ein rechter sind (Abb. 42 Winkel b c d), spitze Winkel genannt werden. Alle Winkel werden stets so bezeichnet, daß der Scheitelpunkt (Abb. 43 der Punkt c) in der Mitte genannt wird. Die Summe zweier Nebenwinkel ist immer gleich zwei Rechten oder gleich 180°; ist die Größe eines Nebenwinkels bekannt, so findet man die Größe des anderen Winkels durch Subtraktion des bekannten Winkels von 180°;

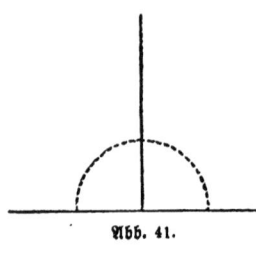

Abb. 41.

z. B. ∡ b c d = 43° 24′ 7″, so ist
∡ b c a = 136° 35′ 53″.

Der Winkel a c d (Abb. 42) ist ein Beispiel des flachen Winkels = 180°. Denkt man sich die Linie b c (Abb. 43) über den Punkt c hinaus bis zu e verlängert, so entstehen jenseits von a d zwei neue Winkel a c e und d c e, welche zusammen ebenfalls 180° oder zwei Rechte betragen; folglich sind die vier Winkel um c herum gleich 360°. Hätte man nun durch Drehung

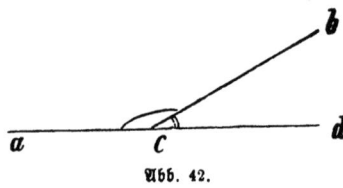

Abb. 42.

eines Winkelmeßinstruments in c den in Abb. 43 mit einem Haken versehenen überstumpfen Winkel d c e = 220° 13′ 11″ gefunden, so würde sich die

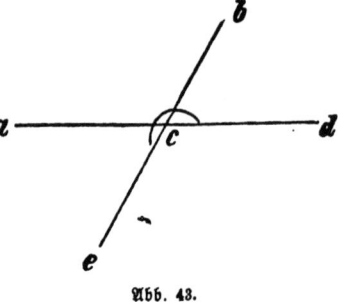

Abb. 43.

Größe des übrigbleibenden Winkels d c e durch Subtraktion des überstumpfen Winkels d c e von 360° berechnen lassen;

also 360° — 220° 13′ 11″ = 139° 46′ 49″.

Das Verhältnis der Winkel b c a und b c d in Abb. 42 drückt man dadurch aus, daß man sagt: sie ergänzen sich zu zwei Rechten, das Verhältnis der vier Winkel um den Punkt c herum (Abb. 43): sie ergänzen sich zu vier Rechten.

Die beiden Winkel b c d und a c e in Abb. 43 heißen Scheitelwinkel, ebenso b c a und d c e.

Je zwei Scheitelwinkel sind sich immer gleich, b c d = a c e oder b c a = d c e.

§ 66. Die Dreiecke.

Durchschneiden sich drei gerade Linien (Gerade!) in drei Punkten, so entsteht das Dreieck (Abb. 44). Nach der Größe der Seiten unterscheidet man gleichschenklige Dreiecke, wenn zwei Seiten einander gleich sind, oder gleichseitige Dreiecke, wenn alle drei Seiten gleich sind; ihnen gegenüber stehen die ungleichseitigen Dreiecke.

Nach der Größe der Winkel unterscheidet man rechtwinklige Dreiecke, in welchen ein Winkel ein rechter, stumpfwinklige Dreiecke, in welchen ein Winkel ein stumpfer, spitzwinklige Dreiecke, in welchen alle Winkel spitz sind.

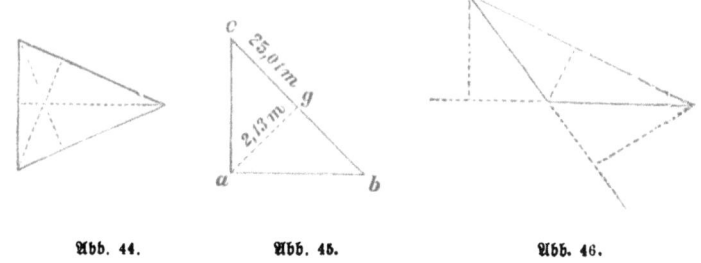

Abb. 44.   Abb. 45.   Abb. 46.

In dem rechtwinkligen Dreieck heißt die dem rechten Winkel gegenüber liegende Seite Hypotenuse, die denselben einschließenden Seiten heißen Katheten.

Für die Messungen sind folgende wichtige Sätze über die Dreiecke zu beachten.

Im Dreiecke sind sämtliche Winkel zusammen gleich zwei Rechten; sind deshalb zwei Winkel bekannt, so ergibt sich der dritte durch Subtraktion ihrer Summe von 180°.

Im gleichschenkligen Dreiecke sind die Winkel an der Grundlinie (dritte ungleiche Seite) einander gleich. Im gleichschenkligen rechtwinkligen Dreieck ist jeder spitze Winkel = 45°. Im gleichseitigen Dreiecke sind alle Winkel gleich; jeder ist also gleich $\frac{2}{3}$ Rechte = 60°.

Im rechtwinkligen Dreieck ist die Hypotenuse größer als jede Kathete, da in jedem Dreieck immer dem größeren Winkel eine größere Seite gegenüber liegt. Ein über der Hypotenuse errichtetes Quadrat ist gleich der Summe der beiden über den Katheten errichteten Quadrate. (Pythagoräischer Lehrsatz!)

Unter Höhe eines Dreiecks ist das von der Spitze auf die Grundlinie gefällte Lot zu verstehen; dasselbe fällt, wie die umstehenden Abbildungen zeigen, da man jede Seite als Grundlinie annehmen kann, beim spitzwinkligen Dreieck (Abb. 44) in jedem Falle in das Dreieck, beim rechtwinkligen Dreieck (Abb. 45) fällt nur das auf die Hypotenuse (c d) gefällte in das Dreieck; beim stumpfwinkligen Dreieck (Abb. 46) bei den den stumpfen Winkel einschließenden Seiten außerhalb des Dreiecks, nur das Lot vom stumpfen Winkel aus fällt innerhalb.

Der Inhalt eines jeden Dreiecks ist gleich dem Produkt aus Grundlinie und Höhe dividiert durch 2, oder gleich der halben Grundlinie mal der Höhe oder gleich der halben Höhe mal der Grundlinie, z. B. in Abb. 45. J = Inhalt.

$$J = \frac{ag \cdot bc}{2} = \frac{2{,}13 \cdot 25{,}01}{2} = \frac{53{,}27}{2} \text{ qm} = 26{,}60 \text{ qm, oder } J = \frac{ag}{2} \cdot bc$$

oder $= \frac{bc}{2} \cdot ag$, wobei natürlich immer dieselbe Flächengröße herauskommen muß; man wählt immer die Faktoren, die sich durch zwei teilen resp. am bequemsten berechnen lassen.

§ 67. Die Vielecke.

Mehr als drei Gerade schneiden sich in mehr als drei Punkten; je nach der Anzahl der sich schneidenden Linien erhält man Vierecke, Fünfecke, Achtecke usw., wobei zu bemerken ist, daß die Zahl der Durchschnittspunkte oder Ecken genau der Zahl der Linien entspricht.

Am wichtigsten sind die Vierecke, welche nach der Beschaffenheit der Seiten und Winkel in folgende Arten zerfallen:

Abb. 47. 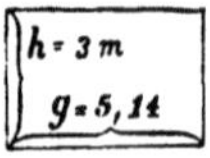   Abb. 48. 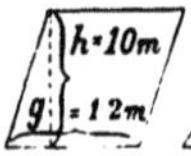   Abb. 49. 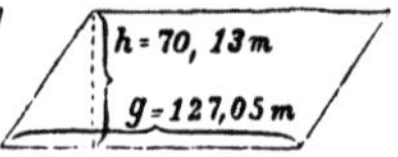   Abb. 50.

1. **Parallelogramme** — bei welchen je zwei gegenüberstehende Seiten parallel (||) sind:

Hiervon gibt es nachstehende Arten:

 a. Das Quadrat, bei welchem alle Seiten gleich und alle Winkel rechte sind. (Abb. 47.)
  Inhalt = Grundlinie mal Höhe oder Seite mal Seite.
   = 3,04 · 3,04 = 9,2416 qm.

Die Vielecke.

b. Das **Rechteck**, bei welchem nur je zwei gegenüberliegende Seiten gleich und alle Winkel rechte sind. (Abb. 48.)
Inhalt = Grundlinie mal Höhe = dem Produkt zweier anstoßender Seiten.
g · h = 5,14 · 3 = 15,42 qm.

c. Der **Rhombus** (Raute), bei welchem alle Seiten gleich und die Winkel schiefe sind. (Abb. 49.)
Inhalt = Grundlinie mal Höhe (Höhe = jeder beliebigen Senkrechten zwischen der Grundlinie und der ihr gegenüberliegenden Seite.)
g · h = 12 · 10 = 120 qm.

d. Das **Rhomboid**, bei welchem nur je zwei gegenüberliegende Seiten gleich und die Winkel schiefe sind. (Abb. 50.)
Inhalt = Grundlinie mal Höhe.

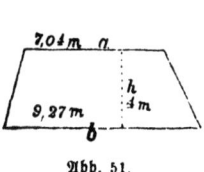

Abb. 51.

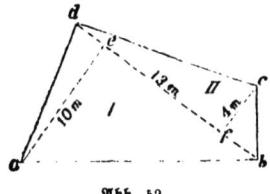

Abb. 52.

g · h = 127,05 · 70,13 = 8910,0165 qm = 8910,01 qm.
= 0,8910 ha.

Merke: Bei allen Parallelogrammen ist der Inhalt gleich dem Produkt aus Grundlinie mal Höhe.

2. **Trapez**, bei welchem nur zwei Seiten parallel sind. (Abb. 51.)
Inhalt = dem Produkt aus der halben Summe der beiden parallelen Seiten und der Höhe resp. aus der Mittellinie und Höhe.

$$= \frac{a+b}{2} \cdot h = \frac{7,04 + 9,27}{2} \cdot 4 = 32,62 \text{ qm oder:}$$

Mittellinie $= \frac{7,04 + 9,27}{2} = \frac{16,31}{2} =$ rund 8,16 · 4 = 8,62 qm.

3. **Trapezoid**, bei welchem kein Paar Seiten parallel ist. (Abb. 52.)
Um diesen Inhalt zu berechnen, verbindet man zwei (beliebige!) gegenüberliegende Ecken, z. B. b und d durch die „Diagonale" bd und berechnet die so entstandenen beiden Dreiecke nach der bekannten Formel für sich und addiert die gefundenen Inhalte.

з. B. $abd = \triangle I \cdot J = \dfrac{ae}{2} \cdot db = 5 \cdot 13 = 65$ qm

$bcd = \triangle II \cdot J = \dfrac{cf}{2} \cdot db = 2 \cdot 13 = 26$ „

Sa. = 91 qm.

Die Verbindungslinie von je zwei gegenüberliegenden Ecken in den Vier= und Vielecken heiß Diagonale.

In jedem Vieleck beträgt die Summe sämtlicher Winkel, wenn man deren Summe mit n bezeichnet, 2 n—4 Rechte; die Anzahl sämtlicher Diagonalen $\dfrac{n\,(n-3)}{2}$, im Siebeneck also $\dfrac{7\,(7-3)}{2} = 14$.

Den Inhalt eines Vielecks findet man, indem man dasselbe in Dreiecke, Parallelogramme oder Trapeze zerlegt, nach obigen Formeln die Inhalte der einzelnen Stücke berechnet und dieselben schließlich zusammen addiert (vergl. oben unter 3 und § 72).

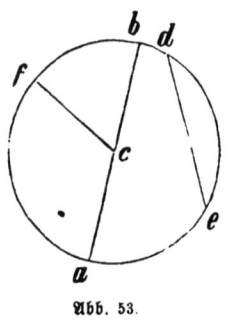

Abb. 53.

Der Kreis. Denkt man sich eine auf beiden Seiten begrenzte Linie in derselben Ebene um einen ihrer Endpunkte gedreht, so entsteht eine krumme Linie (Kreislinie), welche vom Drehpunkt (Mittel= punkt oder Zentrum) überall gleich weit entfernt ist. Die Fläche heißt Kreis, jede Verbindungslinie zwischen Zentrum und Kreislinie, auch Peripherie genannt, Halbmesser oder Radius; bilden zwei Halbmesser eine gerade Linie, so heißt diese Durch= messer. Jede Linie, die zwei Punkte der Peripherie verbindet, ohne durch das Zentrum zu gehen, heißt Sehne.

In Abb. 53 ist a b ein Durchmesser, f c ein Radius, d e eine Sehne. Alle Radien desselben Kreises, ebenso alle Durchmesser sind unter sich gleich; der Radius ist die Hälfte des Durchmessers; alle Kreise mit gleichem Radius sind einander gleich. Der Durchmesser teilt den Kreis in zwei Halbkreise. Das Verhältnis des Durchmessers zum Umfang ist bei allen Kreisen ein ganz bestimmtes, nämlich = 1 : 3,14159 oder abgekürzt = 3,14 oder etwas un= genauer als unechter Bruch = $\dfrac{22}{7}$. Diese Verhältniszahl wird Pi genannt und π geschrieben. Hat man also den Durchmesser eines Baumes = 57 cm gefunden, so ist der Umfang = 57 · 3,14 = 178,98 cm. In gleicher Weise findet man den Durchmesser aus dem gemessenen Umfang durch Division mit 3,14. Nennt man den Radius r, so ist der Umfang des Kreises = $2r\pi$ und sein Inhalt = $r^2\pi$, z. B. r = 5 cm, so ist J = 25 · 3,14 = 78,50 □ cm.

§ 68. Vermessungen mit Instrumenten.

Flächen können nur wieder durch Flächen gemessen werden, deshalb nimmt man als Flächenmaße die Quadrate der Längenmaße; hat man eine Fläche z. B. mit einem Metermaß vermessen, so wird die Fläche als Inhalt Quadratmeter haben, hätte man sie mit Ellen oder Fußen gemessen, so würde das Resultat Quadratellen oder Quadratfuße bilden usw.

Um irgend welche Vermessungen von Flächen ausführen zu können, muß man Meßinstrumente haben. Diese bestehen in ihrer einfachsten Form in Meßbändern oder Meßlatten, den Signalstangen und den Winkelinstrumenten.

a) Instrumente zur Linienmessung.

Das Meß- oder Stahlband besteht aus einem dünnen 20 m langen Stahlstreifen, welcher in Meter, Dezimeter und Doppel-Dezimeter geteilt ist und um ein hölzernes Kreuz gewickelt werden kann. Die Dezimeter sind gewöhnlich durch Öffnungen, die 2 Dezimeter durch kleine, die Meter durch große Messingblättchen bezeichnet. Es gibt jedoch noch andere Formen.

Zum Gebrauch dieses Bandes sind zunächst die etwa 1,5 m langen unten mit Eisenschuhen und einem Riegel versehenen Bandstäbe, dann 10 etwa 1 Bandglied lange, unten spitze, oben mit einem Öhr versehene eiserne Stäbchen (Zähler, Zählpflöckchen, Sticken) nebst 2 größeren Ringen zum Transport derselben nötig; ferner ein genau 5 halbe Meter langer mit Dezimalteilung versehener Stab — das Anschlagmaß — zum Messen kleiner Linien und endlich eine Anzahl 3—6 m langer rot und weiß angestrichener oder mit rot und weißen Fähnchen versehener Stäbe — die Signalstangen —, Meßfähnchen.

Für kleinere Messungen benutzt man gern das handlichere kleine Kapsel-Meßband, das in verschiedenen Längen (5, 10, 20 m) vorkommt, aus schmalem dünnem Stahl oder gefirnißtem Band besteht und an einer Rolle (oft mit Schnepper) in einer Kapsel aus Leder oder Messing aufgerollt werden kann.

Die Meßlatten sind runde 5 m lange und entweder durch verschiedene Farben oder durch eingeschlagene Messingnägel (bei je 0,10 m 1 Nagel, 0,50 m 2 Nägel, 1 m 3 Nägel) eingeteilte Latten. Sie finden in bergigem Terrain und bei kleinen Flächen Verwendung.

b) Instrumente zur Winkelmessung.

Der Winkelspiegel wird zum Abstecken rechter Winkel gebraucht; seine Form ist aus nebenstehender Abb. 54 ersichtlich. Das dreieckige, vorn offene Gehäuse hat in den Seitenwandungen oben bei a und b Visieröffnungen; unter denselben sind auf jeder Innenseite (durch a a und b b angedeutet) zwei kleine

Spiegel angeschraubt, die genau unter einem halben rechten Winkel gegeneinander geneigt sind.

In ähnlicher Weise ist das **Winkelprisma** konstruiert und wird ebenso gehandhabt wie der Winkelspiegel; es hat jedoch den Vorteil voraus, daß es unveränderlich und unzerbrechlich ist; die Spiegel des Winkelspiegels lösen sich leicht mit ihren Schrauben und müssen häufiger auf ihre Richtigkeit geprüft werden. Das Winkelprisma ist ein Glasprisma mit Handgriff, dessen Grundflächen gleichschenklig rechtwinklige Dreiecke in einer Metallfassung bilden.

Um einen rechten Winkel auf einer Linie zu suchen, z. B. zum Punkt d außerhalb der Linie a c (Abb. 55), stelle man sich auf diese mit dem Gesicht nach c zu und halte den Winkelspiegel senkrecht so an die Nase, daß das eine Auge durch die vordere Öffnung und die Visieröffnung b die in c stehende Meßfahne sieht. Geht man nun auf der Linie vorwärts nach dem Punkt b

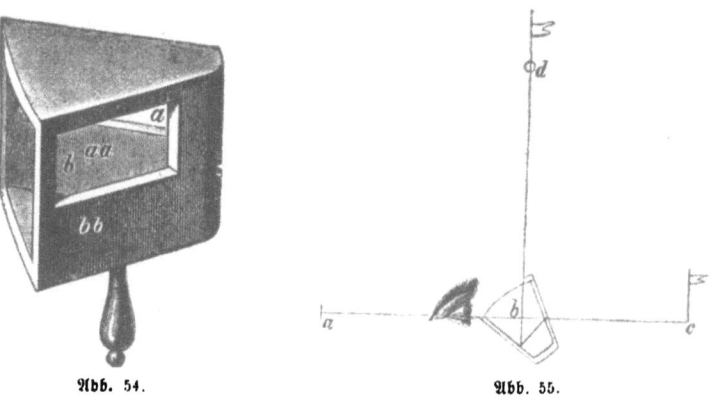

Abb. 54.   Abb. 55.

zu, so wird die Meßfahne bei d bald in dem unter der Visieröffnung b liegenden Spiegel erscheinen; je nachdem man nun vorwärts oder rückwärts geht, wird die sich spiegelnde Fahne bei d bald der anvisierten Fahne bei c sich nähern, bald wieder sich entfernen; in dem Augenblick jedoch, wo sie genau übereinander stehen, so daß die Fahne bei c die Verlängerung der Fahne bei d zu sein scheint, hat man den rechten Winkelpunkt gefunden und läßt genau zwischen die beiden Füße und lotrecht unter dem Spiegel eine Signalstange einstecken; die Linie b d steht dann in b senkrecht auf a c.

Wie wir später sehen werden, ist das Abstecken von rechten Winkeln von der größten Wichtigkeit für die praktische Messung; der vorbeschriebene Winkelspiegel ist neben dem Winkelprisma das handlichste und beste derartige Instrument, allerdings gibt es auf sehr weite Entfernungen nicht ganz so scharfe Resultate wie das im übrigen nicht so handliche Winkelkreuz, das in seiner einfachsten Form — die sich jeder leicht selbst herstellen kann —, aus zwei etwa 30 cm langen, genau rechtwinklig zusammengenagelten Linealen (Abb. 56) besteht, auf welchen wieder in genau gleichem Abstande von der Mitte des Kreuzes e und in genau rechten Winkeln zueinander die Stifte a, b, c und d genau senkrecht eingebohrt sind; zur bequemeren Handhabung wird das Kreuz auf einen mit eiserner Spitze versehenen Stock aufgesteckt oder besser aufgeschraubt. Durch kreuzweises Einvisieren von a nach b resp. von c nach d richtet man rechte Winkel, dagegen durch Visieren, z. B. von e nach c und b auch halbe rechte Winkel ein. Denselben Zwecken dient auch die Winkeltrommel.

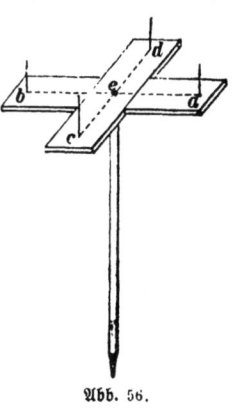

Abb. 56.

Schließlich kann man auch auf die einfachste Weise durch Linienmessung sich rechte Winkel abstecken. Man haue drei ganz gerade dünne Stangen oder nehme Latten von 3 m, 4 m und 5 m Länge, lege die 4 m lange Latte auf a b (Abb. 57), auf welcher der rechte Winkel nach o zu bestimmt werden soll, etwa nach c e; in c lege man nach dem Augenmaß im rechten Winkel die 3 m lange Latte nach dem Punkt o zu an, schließlich legt man die 5 m lange Latte so zwischen die Endpunkte d und e, daß die drei Latten ein festgeschlossenes Dreieck c d e bilden, dann ist nach dem pythagoräischen Lehrsatz (§ 66) c d senkrecht auf c e (resp. a b), da ja $3^2 + 4^2 = 5^2$, und man hat c d nur bis o zu verlängern; ebenso kann man auch das Mehrfache von 3, 4 oder

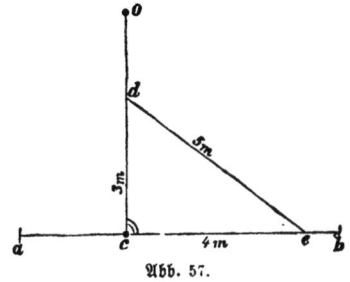
Abb. 57.

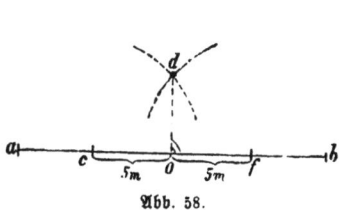
Abb. 58.

5 m nehmen, z. B. 9, 12, 15 m lange Stangen oder hanfene Schnuren, das Meßband usw. Noch einfacher bei ganz kleinen Linien ist folgendes Verfahren:

Auf der Linie a b soll in einem beliebigen Punkte, z. B. in o (Abb. 58), eine Senkrechte errichtet werden; man messe von o nach a und b zu zwei gleiche Linien, z. B. je 5 m ab und bezeichne die gefundenen Punkte c und f mit Stäbchen; dann nehme man eine mehr als 5 m lange Schnur, befestige sie bei c und beschreibe einen Halbkreis, ebenso verfahre man bei f; der Schnittpunkt beider Halbkreise, z. B. bei d, steht im rechten Winkel zu o.

Um andere als rechte oder halbe rechte Winkel zu messen, gibt es noch verschiedene, nach Graden eingeteilte, komplizierter konstruierte Winkelinstrumente, z. B. die Boussole, den Theodoliten usw., deren Beschreibung übergangen werden muß, da hier nur die einfachsten Vermessungen behandelt werden können.

§ 69. Abstecken von Linien im Felde.

Gesetzt, die im Freien abgesteckte Linie a b (Abb. 59) soll über b hinaus verlängert werden, so nehme man eine dritte Fahne in die Hand, gehe nach der Verlängerung etwa in c und visiere, die Fahne senkrecht vor die Nase haltend, über b nach a hin; man verändert nun seinen Standpunkt so lange, bis alle drei Fahnen sich genau decken; ebenso hat man es mit d von b aus zu machen.

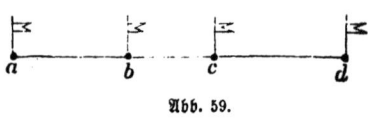

Abb. 59.

Sollte nun zwischen den festen Punkten a und c ein Punkt b einvisiert werden, so schickt man, nachdem man sich in a oder c aufgestellt hat, einen Gehilfen in die Richtung des anderen Punktes und visiert dessen Fahne nach dem anderen Endpunkte, immer mit der Hand nach rechts oder links winkend, ein; decken sich die Fahnen, so macht man eine Handbewegung nach unten, und die Fahne wird dort genau senkrecht eingesteckt; man vermeide hierbei möglichst alles Rufen, da Winken bei Entfernungen stets verständlicher ist.

Merke: Alle Signalstangen sind stets genau senkrecht einzustecken.

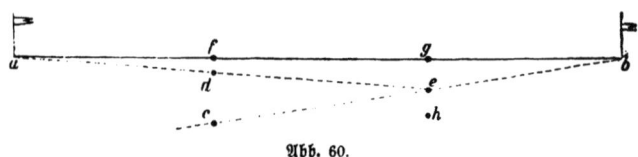

Abb. 60.

Eine gerade Linie a) über einen Berg oder b) durch einen dichten Wald abzustecken.

a) Gegeben sind die Punkte a und b (Abb. 60); wegen eines Berges kann man weder von a nach b noch umgekehrt sehen; einige Zwischenpunkte (f und g) sind mit a und b in eine gerade Linie zu bringen.

Man geht in Begleitung eines Gehilfen und mit einem recht hohen Signal in der Hand in die vermeintliche Richtung der auszusteckenden Linie, der eine

Abstecken gerader Linien.

etwa nach c und der andere nach h, bis man von c aus nach b und der Gehilfe von h aus nach a sehen kann; nun richtet man den Gehilfen von c aus nach b ein, so daß er etwa nach e zu stehen kommt; dann richtet der Gehilfe nach a ein, so daß man nach d zu stehen kommt, und so wird weiter fortgefahren, bis man schließlich von beiden Endpunkten Deckung hat und nach f und g gekommen ist, d. h. g f a und f g b in gerader Linie liegen. Hier werden die Signale eingesteckt.

b) Ist das Terrain, wie in zusammenhängenden Wäldern, ganz un= übersichtlich und soll z. B. ein neues Gestell irgendwo zwischen 2 bestimmten Punkten durchgeschlagen werden, so schickt man einen Gehilfen (Abb. 60 a) von dem Anfangspunkt a der projektierten Schneiße nach deren Endpunkt b. Der Gehilfe muß sich nun in irgend einer Weise bemerkbar machen (durch Signalblasen, Rufen, Anzünden eines Feuers usw.), dann fluchtet man nach den Signalen durch Rückwärtseinrichten eine gerade Linie nach b zu ein. Kommt man nun nicht bei b heraus, sondern z. B. bei c, dann wird die richtige Linie a b wie folgt gefunden:

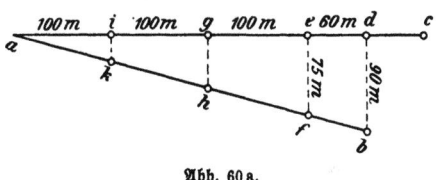

Abb. 60a.

Man mißt die Längen der Linien a e und a d. Sie seien z. B. 300 und 360 m.

Man stecke auf a c in Entfernungen von je 100 m (in dichtem Bestande in kürzeren Abschnitten) Signalstangen, also in i, g und e; zwischen e und c nimmt man nach b den rechten Winkel und mißt die Senkrechte d b z. B. 90 m. Die Richtpunkte zwischen a und b finde ich nun, indem ich von i, g und e weitere Senkrechte nehme, deren Längen ich berechne. Im $\triangle$ a b d verhalten sich f e (die gesuchte Senkrechte von e nach f): b d = a e : a d oder f e : 90 = 300 : 360, dann ist $\frac{fe}{90} = \frac{300}{360} = 300 \cdot \frac{90}{360} = 300 \cdot 1/4 =$ 75 m; ebenso verhalten sich g h : b d = a g : a d = $\frac{gh}{90} = \frac{200}{360} = 200 \cdot \frac{90}{360} = \frac{200}{4} = 50$; in gleicher Weise berechnet man i k. Die berechneten Maße mißt man auf den Senkrechten e f, g h und i k ab, steckt in die Punkte k, h und f Signalstangen und haut nach diesen die Schneiße durch.

§ 70. Messung von geraden Linien.

Mißt man mit dem Meßband, so ist dasselbe zunächst daraufhin nachzusehen, ob das Band nicht verdreht usw. ist; hierauf steckt jeder Bandzieher seinen Endring an den Bandstab und der vordere nimmt den Ring mit den 10 Zählern und geht in die Richtung der mit Signalstangen vorher bezeichneten Linie; der hintere Bandzieher setzt nun den Stab fest im Anfangspunkt ein und richtet mit Handbewegungen den vorderen so ein, daß dessen Stab genau mit dem nächsten Signal eingerichtet steht; der Punkt wird in der Erde bezeichnet, das Band mit beiden Händen am Bandstabe gerade gewuchtet und dann so straff als möglich am Stabe an dem betr. Punkt eingesteckt; dann holt man einen Zähler, nimmt den Stab heraus und steckt den Zähler genau in das Loch, tritt einen Schritt seitwärts und geht weiter; hat der hintere Bandzieher den Zähler erreicht, so ruft er laut: „Halt", setzt seinen Stab an Stelle des Zählers und hängt diesen an seinen Ring; soviel Zähler er am Ringe hat, soviel ganze Bandlängen sind gemessen; der Rest wird an den Gliedern abgezählt. Beim Wechseln der Zähler, wenn alle 10 abgegeben sind, ist genau aufzupassen, auch zu beachten, ob nicht ein Zähler verloren ist; in diesem Falle muß die Linie von neuem gemessen werden.

Abb. 61.

Befinden sich kleine Hindernisse in der abzumessenden Linie, durch welche man nicht hindurchmessen kann, z. B. Gebäude, kleine Teiche, starke Bäume usw., so verfährt man wie folgt: In nebenstehender Abb. 61 liege in a d ein Teich T; dann nehme man am Ufer etwa bei b sowie etwa 20 m vorher etwa bei x mit dem Instrument nach derselben Seite rechte Winkel mit den genau gleich langen Schenkeln x z und b u, die so lang sein müssen, daß man bequem an dem Ufer vorbei visieren und vorbeimessen kann; hierauf errichtet man hinter dem Teiche etwa in c und y entweder wie vorher die mit x z und b u gleich langen Lote c v und y w oder noch einfacher, man verlängert die Verbindungslinie z u durch Einvisieren über u hinaus soweit wie der Teich lang ist, z. B bis v, und nehme dann einen rechten Winkel nach a d hinüber = v c als Kontrollinie; dieselbe muß genau ebenso lang sein als b u, wenn man richtig eingerichtet hat. Nun mißt man u v resp. z w̄, welche Linien als Parallelen zwischen Parallelen selbstverständlich genau so lang sein müssen als b c resp. x y.

Aus obigem ist gleich ersichtlich, daß man durch Messung der parallelen Linie fast jedes Hindernis in der Messungslinie umgehen kann, sowie in welcher Weise man die Parallellinien konstruiert; man legt einfach an den geeigneten Punkten rechte Winkel mit genau

Messung von geraden Linien.

gleich langen Schenkeln an und verbindet deren Endpunkte durch eine Parallellinie.

Bei sehr großen Hindernissen wird das Verfahren jedoch ungenau, weil das Abstecken der rechten Winkel mit sehr langen Schenkeln zu ungenau wird.

Für den Fall, daß auch die Parallellinie nicht gut zu überblicken ist (u v in Abb. 61), verfährt man wie folgt:

In der Linie a d liegt ein unzugänglicher mit hohen Bäumen dicht bestandener Sumpf, dessen Länge b c (Abb. 62) in Messungslinie a d direkt nicht zu messen ist. Aus irgend einem Grunde, z. B. weil kein Winkelinstrument vorhanden, kann die bequemere Parallellinie h i nicht gewählt werden; dann

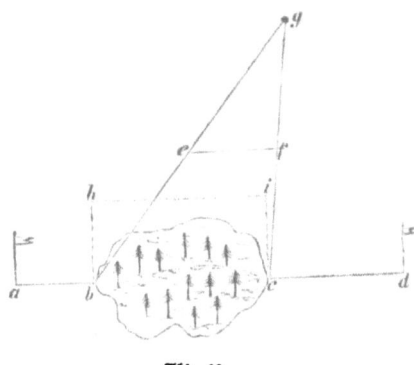

Abb. 62.

suche einen bequemen Punkt seitwärts, von dem aus du nach b und nach c hin sehen kannst, etwa g, miß g b und g c, teile die gefundenen Maßzahlen durch einen gemeinschaftlichen Zähler, z. B. 5, miß die gefundenen Zahlen von g aus auf g b und g c ab, etwa g e und g f, und miß dann die Linie e f; sie wird ebenfalls gleich sein $1/5$ von b c, mithin die gesuchte Linie b c = 5 mal e f sein; z. B. g b = 100 m, g c = 80 m; dividiert durch 5 gibt $\frac{100}{5} = 20$ und $\frac{80}{5} = 16$, mithin g e = 20 m und g f = 16 m; e f gemessen = 15 m, mithin b c = 5 · 15 oder 75 m.

Für den Fall, daß von der direkt nicht meßbaren Linie a b (Abb. 63) nur der Punkt b zugänglich ist, weil zwischen a und b ein Hindernis, z. B.

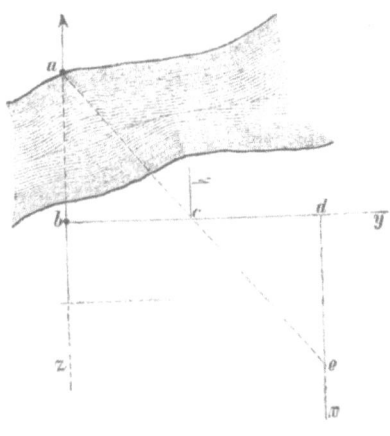

Abb. 63.

ein unüberschreitbarer Fluß liegt, so lege zu der Visierlinie a b den rechten Winkel in b und trage auf einem beliebigen Punkt des Lotes b y, z. B. von c aus, die genau gleich langen Linien b c und c d ab und laffe in c eine Meßfahne aufstellen; dann nimm zu b d in d wiederum einen rechten Winkel und suche auf d x einen Punkt, etwa e, von dem du über c hinweg a sehen kannst, dann ist d e genau so lang als a b; sollte von b aus wegen Geländehindernissen ein Lot auf a b nicht möglich sein, so kann natürlich auch jeder beliebige Punkt in der Verlängerung von a b nach z zu, soweit bis das Lot genommen werden kann, gewählt werden. Die Richtigkeit des Verfahrens ist leicht aus der Kongruenz der beiden Dreiecke a c b und e c d zu beweisen.

§ 71. Messung von krummen Linien.

Jede krumme Linie verwandelt man dadurch, daß man an den Hauptkrümmungspunkten Pfähle einschlägt, z. B. a, b, c, d, e (Abb. 64), in eine gebrochene Linie, indem man annimmt, daß die zwischen den Eckpunkten a, b, c usw. liegenden Linien a b, b c usw. gerade sind; man hat dann nur von Punkt zu Punkt zu messen, um die Größe der Linie zu finden; eine derartig gemessene Linie, z. B. eine Grenzlinie, kann man jedoch nicht in Karten eintragen, dazu verfährt man wie folgt:

Abb. 64.

Man visiert zunächst zwischen den Endpunkten a und h die gerade Linie aus und vermißt sie; sobald man zu den seitwärts liegenden und vorher bezeichneten Brechungspunkten b, c, d usw. in rechte Winkel kommt, was mit dem Winkelspiegel resp. Winkelkreuz, bei unwichtigeren Messungen allenfalls auch nach dem Augenmaß, festzustellen ist, bezeichnet man den Fußpunkt des Lotes mit seiner Maßzahl in a h, z. B. bei dem Lot b mit 5 m, mißt mit dem kleinen Anschlagsmaß das Lot nach b und trägt dessen Maß ein; wie aus der Zeichnung ersichtlich, entweder unter das Lot oder auch an dessen Endpunkt; kommen in kleinen Zeichnungen zu viel Zahlen dicht nebeneinander, so daß Platz fehlt, so macht man einen längeren Haken seitwärts und schreibt an dessen Endpunkt die betreffende Zahl. Ebenso verfährt man bei allen anderen Punkten; der Punkt, von wo aus man in a h abgelotet hat, ist stets mit einem Signal genau zu bezeichnen, damit man ihn schnell und sicher wiederfindet, wenn man weiter messen will. Um nun zu bezeichnen, welche Winkel mit dem Instrument, welche nach dem Augenmaß genommen wurden, macht man bei ersteren am Fußpunkte zwei, bei letzteren nur ein Häkchen (vergl. die Abbildung). Ist die Linie fertig gemessen, so unterstreicht man die letzte Maßzahl.

Zur Kartierung hat man dann nur die gerade Linie auf Papier zu bringen, die Maße auf dieser, der sog. „Standlinie oder Konstruktions=

linie", mit Zirkel und Maßstab abzugreifen, mittels rechtwinkliger Dreiecke resp. des Transporteurs von den Fußpunkten aus die Lote einzutragen und deren Maße auf ihnen wie vor abzugreifen. Die Verbindungslinie der Lotendpunkte ist die krumme Linie.

§ 72. Vermessung eines Grundstückes.

Soll irgend eine Vermessung vorgenommen werden, so muß man sich zunächst die vorhandenen Karten verschaffen und die auf diesen festgelegten Grenzen in der Natur abstecken, indem man das Grundstück umgeht, die krummen Grenzen in ihren Krümmungen möglichst zu Geraden ausgleicht und an ihren angenommenen Endpunkten nach der Reihenfolge numerierte Pfähle einschlägt. Hierauf entwirft man sich eine möglichst getreue Handzeichnung. Nun sucht man sich durch das Grundstück eine möglichst bequeme Konstruktionslinie, z. B. von Pfahl II bis Pfahl VI (in Abb. 65) auszufluchten, die so gewählt wird, daß man von ihr nach allen Grenzpfählen am bequemsten messen und sehen kann. Ist dies geschehen, so fängt man z. B. von II an zu messen und bezeichnet mit Hilfe des Winkelspiegels oder Winkelkreuzes den Punkt auf Linie II nach VI, der zu Pfahl III im rechten Winkel liegt; nachdem man die Maßzahl des Punktes notiert, mißt man nach Pfahl III hinüber, während dessen auf der Hauptlinie an dem Punkte, von dem man abmißt,

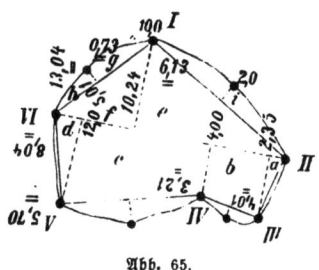

Abb. 65.

ein Signal sehr genau eingesteckt wird. In gleicher Weise macht man es mit den übrigen Pfählen IV, I und V. Alle diese Konstruktionslinien werden nur gestrichelt; auf die eben angegebene Weise hat man sich das Grundstück in 4 Dreiecke und 2 Trapeze zerlegt, deren Inhalte man nach den bekannten Formeln unter Zugrundelegung der gefundenen Maßzahlen für Grundlinie und Höhe, wie aus untenstehender Berechnung ersichtlich, berechnet und zusammen addiert, um den ganzen Inhalt zu finden. Ist das Grundstück von krummen Linien begrenzt (siehe Abb. 65), so steckt man an den stärkeren Krümmungspunkten ebenfalls Pfähle ein, mißt das größte in dasselbe beschriebene Vieleck und legt in derselben Weise, wie dies bereits mit den Endpunkten von der Hauptkonstruktionslinie aus geschah, die Hauptkrümmungspunkte von den Verbindungslinien aus unter rechten Winkeln fest (schneidet oder bindet sie ein!).

Die auf diese Weise erhaltenen neuen Figuren berechnet man als Dreiecke für sich, indem man die nur wenig gekrümmten Linien als Gerade annimmt; ganz schwache Krümmungen, z. B. von II nach III oder V nach VI, betrachtet man als Gerade und läßt sie, falls nicht größere Genauigkeit erforderlich, außer acht, da sie bei ihrer Ausmessung doch nur äußerst kleine Dreiecke geben würden! — schließlich addiert man alle Inhalte zum Inhalte des Vielecks.

Beispiel zu Abb. 65.

Berechnung des Flächeninhalts.			Abbildung	Produkt
a = 2,35 · 4,01 235 940 9,4235 = rd. 9	b = 4,01 3,12 7,13 · 1,65 (4,0—2,35) 3565 4278 713 11,7645 = rd. 12	c = 3,12 5,70 8,82 · 8 (12 — 4) 70,56 = rd. 71	a b c d	9 12 71 6
d = 5,70 · 1,04 2280 570 5,9280 = rd. 6	e = 10,24 · 6,13 3072 1024 6144 62,7612 = rd. 63	f = 10,24 · 2,80 (13,04 — 10,24) 8192 2048 28,6720 = rd. 29	e f g	63 29 4
g = 5,01 · 0,73 1503 3507 3,6573 = rd. 4	h = 0,73 · 3,03 (8,04 — 5,01) 219 219 2,2119 = rd. 2	i = 10,0 · 2,0 20	h i	2 20
		Summa	·	216

NB. Der ganze Bogen i ist nur als ein Dreieck berechnet und die übrigen Bogen zwischen III/IV, IV/V und V/VI bleiben wegen ihrer Geringfügigkeit außer Berechnung.

dividiert durch 2 = 108
J = 108 qm = 0,0108 ha

Um eine Karte von dem so gemessenen Grundstück anfertigen zu können, trägt man die Konstruktionslinien II—VI auf ein Kartenblatt und greift nach dem gewünschten oder vorgeschriebenen verjüngten Maßstabe, z. B. 1:5000 oder 1:2500, den man sich bei einem Mechaniker oder in einem Zeichenwarengeschäft kaufen kann, die Linien auf Grund der Handzeichnung nach den Maßen genau so ab, wie man sie draußen gemessen hat. Die Verbindungslinien der Grenzpunkte geben schließlich das Bild des Grundstücks auf der Karte.

Den Flächeninhalt des Teiches T zu bestimmen, der in seinem Inneren direkt nicht meßbar ist (Abb. 66).

Vermessung eines Grundstückes.

Man visiert die das Ufer berührende Linie a b aus und errichtet in a b mit Hilfe des Winkelspiegels Senkrechte, welche die Ufer ebenfalls berühren; in d errichtet man wiederum nach b c zu eine das Ufer berührende Senkrechte d c; den Inhalt des so um den Teich konstruierten kleinsten Rechtecks berechne aus dem Produkt von a b · a d; dann errichte von sämtlichen Umfangslinien auf alle Krümmungspunkte Senkrechte, wodurch die Dreiecke und Trapeze 1—12 entstehen. Nachdem auf bekannte Weise ihre einzelnen Inhalte berechnet und addiert sind, zieht man den Gesamtinhalt von dem vorher berechneten Inhalt des Umfassungsrechtecks ab und erhält in der Differenz den gesuchten Flächen= inhalt des Teiches T.

Hat man größere Flächen zu vermessen, bei denen die Senkrechten von der zu legenden Konstruktionslinie aus vielfach zu lang werden würden, oder wenn die Grenzlinien sehr viele Krümmungspunkte haben, so legt man Hilfskonstruktionslinien an, z. B.: die große Brandfläche A a b B

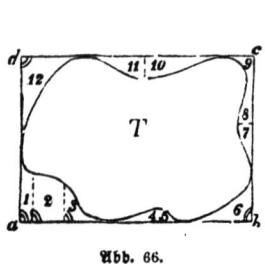

Abb. 66.

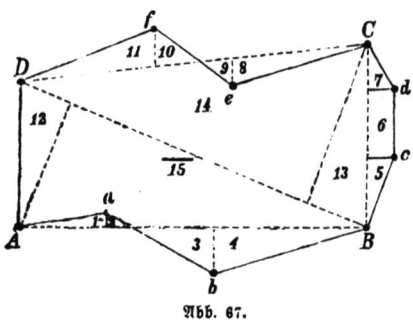

Abb. 67.

c d C e f D (Abb. 67) ist genau mit Meßband und Winkelspiegel zu messen. Konstruiere das der Grenzlinie möglichst nahe liegende Viereck A B C D durch Signale und miß die Konstruktionslinie B D mit den Senkrechten nach C und A (um das Viereck auftragen zu können); dann miß A B, B C und C D mit sämtlichen Senkrechten nach den vorher bezeichneten Krümmungspunkten und berechne die entstandenen Figuren.

Zunächst berechne das Viereck A B D C aus Figuren 12 + 13 + 14 + 15; hierzu sind zu addieren die Figuren 3 + 4 + 5 + 6 + 7 + 10 + 11 und zu subtrahieren die Figuren 1 + 2 + 8 + 9, um den gesuchten Flächeninhalt zu finden.

Aus obigen beiden Beispielen ist zu ersehen, wie man in schwierigeren Fällen sich leicht durch Konstruktion praktischer Hilfslinien helfen kann.

Zum Schluß sei noch hervorgehoben, daß man auf geneigtem Boden nicht die geneigte Linie, sondern die zugehörige Horizontale zu messen hat, in= dem man das Meßband usw. stets wagerecht hält und vom Endpunkte durch ein Lot den Punkt auf der Erde bestimmt, von dem aus man wieder die Wagrechte anlegen kann usw., wie dies aus nebenstehender Abb. 68 ersichtlich ist. Man nennt diese Art Messung „Staffelmessung". Zur Staffelmessung nimmt man aber besser Meßstäbe (§ 68a). Man kann bei dieser Staffelmessung übrigens auch Höhenunterschiede bestimmen, indem man die Längen der einzelnen Lote mit dem Maßstock mißt und sie schließlich addiert; also der Höhenunterschied zwischen N und A beträgt N D + C B.

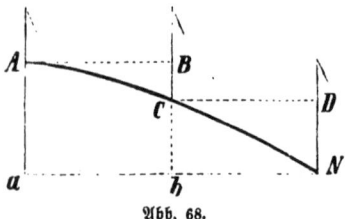

Abb. 68.

§ 73. Das Teilen der Grundstücke (Felderteilungslehre).

Bei Abgrenzung von Kulturflächen, von Schlägen, Austausch von Grundstücken, bei Verpachtungen kommt der Forstmann öfter in die Lage, von größeren Flächen kleinere Flächen von einem bestimmten Inhalt abgrenzen zu müssen. Wie hierbei zu verfahren, wird am besten aus den folgenden Beispielen klar werden:

In Abb. 69 soll von a b c d an Seite a b und zwar an den Punkten e und f ein Rechteck von 105,8 qm Größe abgeteilt werden.

Miß e f = 23 m, dividiere 105,8 durch 23, um die Höhe 4,6 m zu erhalten, errichte die Senkrechten e h und f g von je 4,6 m Länge und ziehe h g, so ist e f g h = 105,8 qm, denn Höhe = 4,6 m mal Grundlinie = 23 m = 105,8 qm.

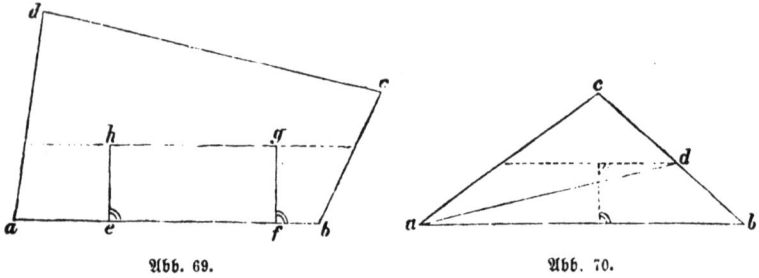

Abb. 69.   Abb. 70.

In Abb. 70 soll von a b c ein Dreieck von 58,8 qm abgetrennt werden.

Miß zunächst a b = 29,4 m, multipliziere die gesuchte Fläche 58,8 qm mit 2 und dividiere das Produkt 117,6 mit 29,4 = 4 m, welches die Höhe des gesuchten Dreiecks sein muß, da, wenn man obige Zahlen einsetzt, die gesuchte Fläche herauskommt, nämlich

$$J = g \cdot \frac{h}{2} = 58{,}8 \text{ oder } 29{,}4 \cdot \frac{h}{2} = \frac{2 \cdot 58{,}8}{29{,}4} = 4.$$

Teilen der Grundstücke. Nivellieren.

In einem beliebigen Punkte von a b errichte nun eine 4 m lange Senkrechte und nimm von ihrem Endpunkte wieder eine Senkrechte nach einer Dreiecksseite — etwa nach d, verbinde a d, so ist a d b das gesuchte Dreieck von 58,8 qm Größe, da $\frac{\text{Grundlinie mal Höhe}}{2} = 58{,}8$ qm.

In Abb. 71 soll von a b c d an a b eine Kulturfläche in Form eines Trapezes von 17616 qm abgegrenzt werden.

Diese Aufgabe läßt sich genau nur mit Hilfe der höheren Mathematik lösen, in der Praxis verfahre man nach folgender Näherungsmethode:

Miß a b = 353 m und dividiere mit 350 in 17616 = 50 m; bei zusammenlaufenden Trapezseiten wie hier nimmt man die Meßzahl etwas knapper — hier also etwa nur 350 als Divisor — bei auseinanderlaufenden etwas reichlich (etwa 356). Diese 50 m trägt man als Senkrechte auf a b = x y ab und nimmt auf x y von y aus die Senkrechten auf a d und b c zu, welche Linie = e f = 327 m Länge man mißt; nun ist a b e f = $\frac{353 + 327}{2} \cdot 50 = 17000$ qm,

also um 616 qm zu klein; nun beträgt 327 in 616 = etwa 2 m, um welche x y zu verlängern ist, um das ziemlich genau 17616 qm große Trapez a b h g zu erhalten. Hat man beim ersten Versuch eine zu große Fläche erhalten, so ist das Lot und die Fläche in gleicher Weise zu verringern.

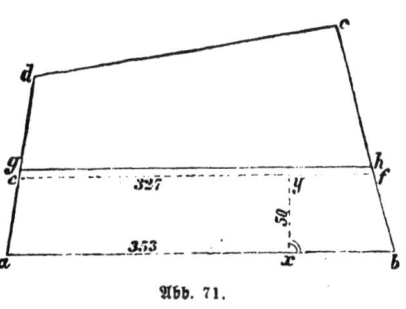

Abb. 71.

§ 74. Nivellieren oder Abwägen des Bodengefälls.

Beim Ziehen von Gräben, beim Bau von dauernden Wegen in den Revieren usw. kommt der Forstmann öfter in die Lage, das Gefäll des Bodens ermitteln zu müssen. Zunächst muß man die abzuwägende Linie durch fortlaufend numerierte Pfähle in gleichlange Stationen (z. B. 50—100 m) einteilen. Neben die Stationspfähle schlägt man über dem Boden kleine Pfähle ein, die alle gleich hoch über dem Boden hervorragen, und untersucht dann durch Horizontalvisieren, um wieviel von je 2 Pfählen der eine höher im Terrain steht als der andere; aus der Schlußberechnung aller Stationshöhenunterschiede findet man den Höhenunterschied des Anfangs- und Endpunktes der zu nivellierenden Linie. Bei kürzeren Linien sind natürlich keine Stationen nötig.

Da die genaue Beschreibung des Verfahrens zu viel Raum erfordern würde, so sei nur so viel erwähnt, daß zwischen je zwei Stationspunkten ein Nivellierinstrument zum Horizontalvisieren (Kanalwage, Setzwage, Libellenfernrohr usw.) in genau wagerechter Richtung, auf den Pflöcken der Stationen eine mit Meter= und Zentimetereinteilung versehene sogenannte Nivellierlatte genau senkrecht aufgestellt werden, und man nun die Latten anvisiert und den anvisierten Punkt auf der Latte durch einen beweglichen Schieber, dessen Auf- und Abwärtsschieben man dem Gehilfen durch Handzeichen angibt, festlegt. Bei Fernrohrinstrumenten kann man mittels des Fadenkreuzes in denselben sofort den Punkt auf der Latte selbst ablesen*).

Hat man z. B. die Höhe des Visierpunktes der Latte in A = 2,75 m gefunden (siehe Abb. 72), so läßt man in derselben Weise die Latte in b aufstellen, visiert und findet die Höhe des Punktes in b = 0,24 m; der Höhenunterschied der Punkte A und b würde = 2,75 — 0,24 = 2,51 m oder das Gefäll von b nach A = 2,51 m betragen. Da man immer in der Mitte der ersten Station anfängt und stets rückwärts und vorwärts visieren muß, so nennt man die Lattenhöhen, die nach dem Anfangspunkt der Messung liegen, die hinteren, die entgegengesetzten die vorderen Lattenhöhen, das Schlußresultat, d. h. den Höhenunterschied von Anfangs= und Endpunkt erhält man,

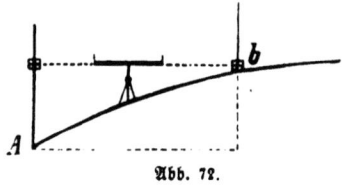

Abb. 72.

indem man alle vorderen, ebenso alle hinteren Lattenhöhen zusammenaddiert und die Summe der vorderen von der Summe der hinteren Lattenhöhen abzieht. Das Steigen bezeichnet man mit + (Plus), das Fallen mit — (Minus) vor der Zahl. Die nähere Ausführung eines Nivellements wird aus folgendem Beispiel ersichtlich:

Es ist in Abb. 73 der Höhenunterschied zwischen Punkt 1 und 7 festzustellen; die Linie 1—7 wird zunächst in der Entfernung von je 30 m in die Stationen 2, 3, 4 usw. geteilt, die mit numerierten Pfählchen und dicht daneben mit bis an den Boden eingeschlagenen Pflöckchen zum Aufstellen der Nivellierlatte besetzt werden. Dann stelle das Instrument in a, die Nivellierlatte genau senkrecht in 1 auf und visiere nach 1; hierauf geht der Gehilfe mit der Latte nach 2 und man visiere vorwärts nach 2; hierauf gehe mit dem Instrument nach b und visiere erst rückwärts nach 2 und — nach-

---

*) Das für Messungen, welche nicht absolute Genauigkeit erfordern (Wegebau), handlichste und einfachste Instrument ist das von Bose. Zu beziehen von Spörhase in Gießen.

Nivellieren.

dem der Gehilfe vorwärts nach 3 gegangen ist — auch nach 3 und so fort — bis das Instrument auf allen übrigen Zwischenpunkten c d e und f nach rückwärts und vorwärts visiert hat. Die Maße trage in folgende Tabelle ein:

Stations- punkt	Ablesung		Höhenunterschied		Ganzer Höhen- unterschied	Bemerkungen
	rückw. cm	vorw. cm	+ cm	— cm	cm	
a	8	60	—	52	— 52	
b	40	50	—	10	— 62	
c	60*	24	36	—	— 26	* Teichufer.
d	32	60	—	28	— 54	NB. Die Entfernung
e	50	15	45	—	— 9	von Station zu Sta-
f	50	20	30	—	+ 21	tion beträgt 30 m.
	240	229	111	90		
	21		21			

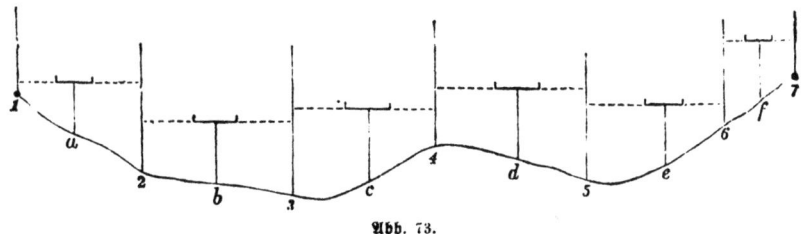

Abb. 73.

Die Länge der Stationen richtet sich nach dem Instrument; je weiter man visieren kann, desto länger nimmt man die Stationen.

Um das Gefäll in Prozenten angeben zu können, hat man einfach folgende Proportionen anzusetzen:

z. B. die Stationslänge $= 75$ m, Gefäll $= 1{,}27$ m:

auf 75 m Länge $= 1{,}27$ m Gefäll
„ 100 „ „ $= x$
$75 : 100 = 1{,}27 : x$

$$x = \frac{1{,}27 \cdot 100}{75} = 1{,}69\%.$$

Das Kurtieren eines Nivellements geschieht in der Weise, daß man auf dem Kartenblatte eine horizontale Linie (Normalhorizontale) anlegt, auf dieser die Stationen nach dem Maßstabe aufträgt und das Steigen und Fallen auf den auf den Stationspunkten errichteten Senkrechten abgreift und die abgegriffenen Punkte schließlich verbindet (Abb. 74).

Da die Differenzen der einzelnen Höhenpunkte im Verhältnis zu den Stationslängen meist nur gering sind, so erhält man unter Beibehaltung desselben Maßstabes kein anschauliches Profil auf der Karte; deshalb wählt man für die Höhen stets einen größeren Maßstab, z. B. Längenmaß 1 : 5000, Höhenmaßstab aber 1 : 200.

Ebenso vermeidet man nach unten gehende (—) Senkrechte, weshalb man zur Senkrechten des Anfangspunktes mindestens so viel Meter in runden Zahlen (5, 10 .. m) addiert, als die größte nach unten anvisierte (—) Senkrechte lang ist (der Horizont wird „gehoben").

Große Vermessungen werden meist nur von den akademisch gebildeten Forstbeamten ausgeführt; die unteren Beamten haben nur kleine Vermessungen und Nivellements, z. B. auf Schlag= und Kulturflächen, Pachtgrundstücken, bei Wege= und Grabenarbeiten usw. vorzunehmen, weshalb die Besprechung beschränkt werden konnte. Wer sich weiter unterrichten will, muß dieses an der Hand besonderer Lehrbücher tun, die vorn genannt sind.

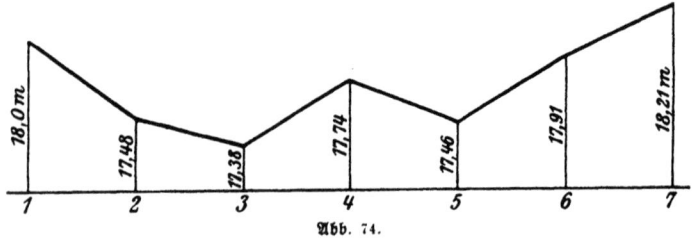

Abb. 74.

§ 75. Höhenmessen.

Das Messen von Baumhöhen kommt in der Praxis zur Ermittelung des Massengehaltes stehender Bäume und ganzer Bestände häufig vor. Ein beliebtes Instrument dazu ist der Faustmannsche Spiegelhypsometer*), welcher aus einem Brettchen mit einer Visiervorrichtung und einem kleinen Pendel besteht; hat man die Spitze des Baumes anvisiert, so kann man mit Hilfe eines kleinen Spiegels die Höhe des Baumes direkt ablesen; sie wird durch den Faden des Pendels an der Einteilung des Brettchens angezeigt, deren Teilstriche mit entsprechenden Zahlen versehen sind.

Einfacher kann man die Höhe eines Baumes mit Hilfe eines gleichschenklig rechtwinkligen Dreiecks messen, das man sich selbst z. B. aus Zigarrenkistenholz zurechtschneidet, wie aus Abb. 75 ersichtlich:

---

*) Praktischer, aber teurer ist der Weisesche Höhenmesser. Alle Höhenmesser sind bei Spörhaase=Gießen, Wilh. Goehlers=Freiberg (Sachsen), Reiß=Liebenwerda zu haben.

Der zu messende Baum sei c d; nun entfernt man sich genau in der Horizontalen (also nicht bergauf oder bergab!) soweit vom Baum, die Spitze desselben immer im Auge behaltend — wie man seine Höhe einschätzt z. B. 26 m und visiert über das Dreieck nach der Baumspitze d; kann man sie nicht über e g hinweg bei genau senkrechter Haltung der Seite g f sehen, so geht man so lange vorwärts resp. rückwärts, bis e g d eine gerade Linie bildet, und steckt einen Stock senkrecht zwischen die Füße in a ein; dann ist die horizontale Entfernung a c = Baumhöhe; nun visiert man noch über die Grundlinie des Visierdreiecks e f in der Horizontale den Punkt h am Baum an, den ein Gehilfe anschalmt. Im △ e h d ist e f = f g und f g || hd, mithin e f : f g = eh : hd. Da nun e f g ein gleichschenkliges △ ist, so muß auch e h d ein solches, mithin e h = h d sein; in dem Rechteck a c h e ist e h = a c. Messe ich schließlich a c mit dem Meßband z. B. 26,9 m, so ist dies die Höhe des Baumes c d, nachdem man noch die Länge c h hinzu addiert hat.

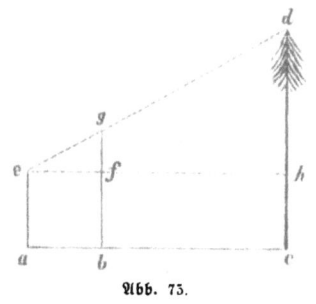

Abb. 75.

Hat man die Durchschnittshöhe eines Bestandes zu ermitteln, so mißt man die Höhen der Normalbäume der Durchmesser- resp. Altersklassengruppe und nimmt daraus das Mittel; bei ungleichaltrigen Beständen bildet man Höhenklassen und schätzt oder mißt die einzelnen Stämme in diese ein. Hat man an Berghängen Baumhöhen zu messen, so muß man sich in horizontaler Entfernung aufstellen, nicht ober- oder unterhalb des zu messenden Baumes.

§ 76. Körperlehre oder Stereometrie.

Unter Körper versteht man jeden nach allen Seiten hin von ebenen oder krummen Flächen oder von beiden zusammen begrenzten Raum.

Ein Körper, der von zwei parallelen Grundflächen und so viel Parallelogrammen, als die Grundflächen Seiten haben, eingeschlossen ist, heißt Prisma oder Säule (Abb. 76). Je nachdem die Grundflächen Drei-, Vier-, Fünf- usw. Ecke sind, ist das Prisma ein drei-, vier-, fünf- usw. seitiges. Die Höhe des Prismas ist die Senkrechte zwischen beiden Grundflächen. Der Inhalt ist gleich dem Produkt aus Grundfläche und Höhe. Je nachdem die Seitenflächen senkrecht oder schief auf den Grundflächen stehen, unterscheidet man gerade oder schiefe Prismen; ist die Grundfläche ein Parallelogramm, so heißt das Prisma Parallelopipedon; sind die Grund- und Seitenflächen Quadrate, so heißt das Prisma Würfel.

Ein gerades Prisma, deſſen Grundflächen Kreiſe ſind, nennt man Zylinder oder Walze. Die Verbindungslinie der Mittelpunkte der Grund= flächenkreiſe heißt Achſe und iſt gleich der Höhe und Länge des Zylinders. Der Inhalt iſt ebenfalls gleich Grundfläche mal Höhe (Abb. 77).

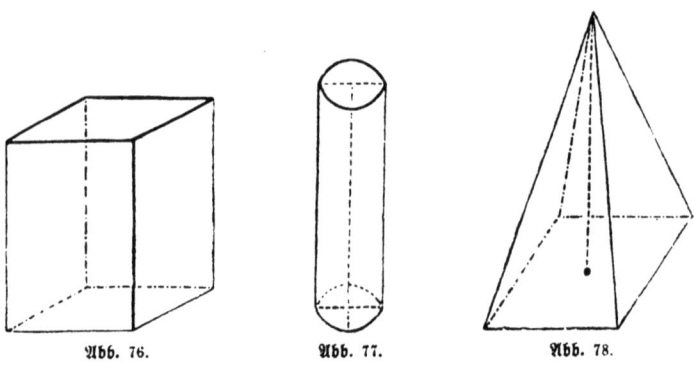

Abb. 76.   Abb. 77.   Abb. 78.

Ein Körper, deſſen Grundfläche ein Drei=, Vier=, Fünf= uſw. Eck iſt und der von ebenſo vielen Dreiecken eingeſchloſſen wird als die Grundfläche Seiten hat, heißt Pyramide (Abb. 78). Eine Senkrechte aus der Spitze auf die Grundfläche bildet die Höhe. Man unterſcheidet nach der Seitenzahl der Grundfläche 3=, 4=, 5= uſw. ſeitige Pyramiden.

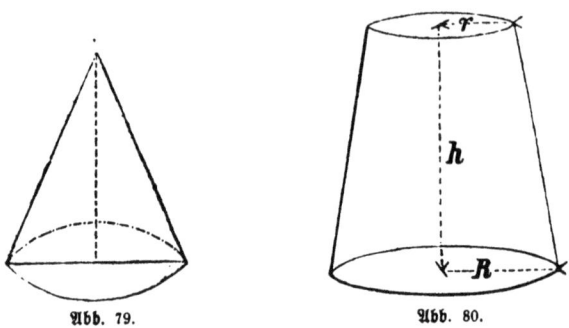

Abb. 79.   Abb. 80.

Beſteht die Grundfläche der Pyramide aus einem Kreis, ſo heißt der Körper ein Kegel (Abb. 79). Der Inhalt von Pyramide und Kegel iſt gleich dem Produkt aus Grundfläche und Höhe dividiert durch 3.

Legt man in einem Kegel durch einen Punkt der Höhe einen Schnitt parallel zur Grundfläche, ſo entſteht der abgeſtumpfte Kegel (Abb. 80),

Inhalt von Kegel und Pyramide. Berechnung von prismatischen Körpern.

dessen Inhalt (J), wenn man den Radius des oberen Kreises mit r, den des unteren mit R und die Höhe mit h bezeichnet, gleich ist:

$$J = (R^2 + Rr + r^2)\frac{\pi \cdot h}{3};$$

sind z. B. durch Messung mit der Kluppe für den Durchmesser eines so gestalteten Baumabschnittes gefunden: unterer Durchmesser = 80 cm, oberer Durchmesser = 40 cm, Länge des Abschnitts = 100 cm (h), so würde sich aus obiger Formel ergeben (R und r = ½ der Durchmesser):

$$(40^2 + 40 \cdot 20 + 20^2) \cdot \frac{3{,}14 \cdot 100}{3} = 2800 \cdot 104{,}7$$
$$= 2800 \cdot 105 \text{ (abgekürzt)}$$
$$= 294\,000 \text{ Kubikzentimeter} = 0{,}294 \text{ cbm.}$$

Diese Methode ist auch anzuwenden, wenn man ohne Tafeln den Inhalt eines Baumstammes ermitteln will. Einfacher ist jedoch, wenn man nur den halben mittleren Durchmesser mit sich selbst multipliziert, die gefundene Quadratzahl mit 3,14 und dieses Produkt mit der Länge des Stammes multipliziert.

§ 77. Berechnung von prismatischen Körpern.

Die Einheit des Körpers, mit welchem alle Körper gemessen*) werden, ist der Würfel oder Kubus, d. h. ein vierseitiges gerades Prisma, dessen sämtliche Flächen Quadrate sind. In Deutschland ist als Einheitsmaß das Kubikmeter vorgeschrieben, also ein Würfel, dessen Länge, Breite und Höhe = 1 Meter ist; Körper, die kleiner als ein Kubikmeter sind, werden in Dezimalbruchteilen desselben ausgedrückt.

Ein Holzschichtmaß ist z. B. solch ein vierseitiges Prisma, dessen Inhalt durch Multiplikation der Maßzahlen von Länge, Breite und Höhe gefunden wird.

Ist ein Schichtmaß z. B. 4,00 m lang, 1,75 m breit und 2,63 m hoch, so beträgt der Inhalt

$$4{,}00 \cdot 1{,}75 \cdot 2{,}63 = 18{,}410 \text{ Kubikmeter.}$$

Um die Höhe eines Schichtmaßes oder irgend eine andere Dimension zu finden, wenn der Inhalt und zwei andere Dimensionen gegeben sind, hat man einfach mit dem Produkt der bekannten Dimensionen in den Inhalt hineinzu-

---

*) Linien werden mit Linien, Flächen mit Flächen gemessen, Körper können ebenfalls nur mit Körpern gemessen werden. Zum Ausmessen der Flächen nehmen wir das Quadrat (Quadratmeter), zum Ausmessen der Körper wählen wir den Würfel (vergl. § 76) des Kubikmeter.

dividieren. Wäre z. B. gefragt, wie hoch wird ein Schichtmaß von 18,41 Kubikmeter Inhalt, 4 Meter Länge und 1,75 Meter Breite aufgesetzt, so würde man dies finden, wenn man mit 4,00 · 1,75 rund 7,00 in 18,41 hineindividierte; man erhält wie oben 2,63 Meter, mithin müßte das Schichtmaß 2,63 Meter hoch gesetzt werden. Für die Praxis merke folgende aus obigem leicht ersichtliche Regel: „Man erhält die gesuchte dritte Dimension für 1 rm am schnellsten, wenn man mit dem Produkt der beiden bekannten Dimensionen in 10000 dividiert." Z. B. die Kieferknüppel sollen im Jagen 88 c 83 cm lang und in Schichtmaßen von 1—4 m ausgehalten und 1,3 m hoch gesetzt werden; wie breit sind sie zu setzen?

1,3 · 0,83 | 10,000 | = 92,7 = rund 93 cm, mithin ist das Schichtmaß von 1 rm = 93 cm breit, von 2 rm = 1,86 cm breit usw. aufzusetzen. Probe: 1,3 · 0,83 · 0,93 = 1,0035 rm rund 1,00 rm.

Werden Schichtmaße an Berglehnen aufgesetzt, so muß die Entfernung der Stützen stets horizontal gemessen werden, worauf streng zu halten ist.

In ähnlicher Weise werden die Inhalte von Gräben als prismatische Körper berechnet, ebenso Sand- und Steinhaufen usw.

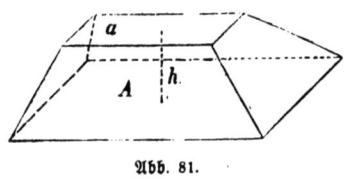

Abb. 81.

Die sog. Pontons, deren Form aus Abb. 81 ersichtlich und die häufig z. B. als Torfmieten, Stein- oder Kieshaufen an Chausseen usw. zur Berechnung kommen können, berechnet man aus dem Produkt der halben Summe der beiden Grundflächen mit der Höhe, also $J = \dfrac{A + a}{2} \cdot h$; sind a und A z. B. Rechtecke, so berechnet man deren Flächeninhalt aus dem Produkt zweier anstoßender Seiten usw. Die Höhe mißt man am bequemsten außerhalb, indem man z. B. einen Stock auf den Kieshaufen parallel zur Erde legt und dessen senkrechte Entfernung vom Boden ermittelt. Schneller führt zum Ziel die Multiplikation der Höhe und der „mittleren" Oberfläche.

Den Inhalt kleinerer unregelmäßiger Körper findet man am leichtesten, indem man dieselben in ein würfelförmiges und mit Wasser oder feinem trockenem Sand gefülltes Gefäß tut; den Stand der Füllmasse mit dem Körper darin merkt man mit einem Strich an; dann nimmt man den Körper vorsichtig heraus und gießt mit einem Gefäß von bekanntem Inhalt wieder soviel Füllmasse zu, bis der Strich erreicht ist. Dieses Verfahren wird bei sehr genauen Derbholzgehaltsermittelungen von Schichtmaßen angewandt. Man hat hierzu auch eigene mit Gradeinteilung versehene Gefäße, die sog. Holzmesser oder Xylometer konstruiert.

§ 78. **Berechnung der Masse von Bäumen und Beständen.**

Die in der Körperlehre besprochenen Lehrsätze und Formeln finden durch den Forstmann ganz besondere Anwendung bei der Berechnung der Masse von Bäumen und Beständen. Man faßt die Lehre von der Ermittlung der Baum- und Bestandsmasse, wozu noch die Ermittlung des Zuwachses kommt, auch unter der Bezeichnung Holzmeßkunde zusammen.

Holzmaße.

Die Einheit für die Holzmaße bildet der Würfel des Meters. Dieser heißt in fester Holzmasse Festmeter (fm), dagegen mit losen Holzstücken ausgefüllt, wie in allen Schichtmaßen, Raummeter (rm).

Um Raummeter in Festmeter zu verwandeln, wie dies zur Buchung und gleichmäßigen Schätzung in der Praxis oft nötig wird, muß man die Anzahl der Raummeter je nach den Sortimenten reduzieren, z. B. Derbholz-Raummeter mit $\frac{7}{10}$ multiplizieren, weil gespaltenes Holz mehr Raum einnimmt; will man dagegen Festmeter in Derbholz-Raummeter verwandeln, muß man ihre Anzahl mit $^1/_7$ multiplizieren, weil ja ungespaltenes Holz entsprechend weniger Raum einnimmt.

Z.B. 87 Raummeter Derbholz sind $= 87 \cdot \frac{7}{10} = \frac{609}{10} = 60{,}9$ Festmeter.

87 Festmeter $= 87 \cdot \frac{10}{7} = \frac{870}{7} = 124\frac{2}{7} = 124{,}29$ Raummeter Derbholz. Reiser I. Kl. und Stockholz reduziert man mit 0,4, geringere Reiser mit 0,2.

Täglich fast wird der Forstbeamte vor die Aufgabe gestellt, den Inhalt eines liegenden Stammes festzustellen, oft aber auch ist es nötig, den Festgehalt eines Stammes zu ermitteln, ohne daß dieser zunächst gehauen wird. Sehen wir, welche Hilfsmittel für beide Aufgaben zur Verfügung stehen.

Ganze Baumstämme haben bei abgeschnittener Spitze, in welchem Zustand dieselben in unseren Schlägen ausgehalten zu werden pflegen, die Form eines abgestutzten Kegels, nur daß sie in ihrer wirklichen Form etwas von der normalen Kegelform durch Aus- und Einbuchtungen resp. abnormen Wuchs abzuweichen pflegen. Derartig abgestutzte Bäume werden in der Praxis aus dem Produkt der Mittelfläche und ihrer Höhe berechnet (vergl. § 76), indem man annimmt, daß das Zuviel unter der Mittelfläche und das Zuwenig über der Mittelfläche sich zum Zylinder ausgleichen, mithin, daß man es also mit einem Zylinder zu tun hat, dessen Grundfläche gleich der Mittelfläche ist. Dies Verfahren ist das gewöhnliche und genügt vollständig für die Praxis.

Ist es jedoch nötig, z. B. bei Taxationen, einen Probestamm genau oder ein sehr wertvolles Nutzstück zu berechnen, so teilt man in gleich lange (1 bis

2 Meter) Stücke, berechnet jeden Abschnitt aus Mittelfläche und Länge und addiert die Inhalte der einzelnen Teile. Zweige, Wurzeln und Äste werden, wie gleichzeitig bemerkt sein mag, entweder in Prozenten geschätzt, oder sie werden aufgearbeitet, gemessen, berechnet und schließlich nach ihrem Festgehalte zum Inhalt des Stammes addiert.

Bekanntlich enthalten unsere Taschenkalender und die gebräuchlichen sog. Kubiktabellen z. B. von Behm oder von Kunze*) Tabellen, in welchem die Multiplikation von Länge × Kreisfläche gleich ausgeführt ist. Hat man daher Länge und Mitteldurchmesser eines Stammes ermittelt, kann man den Festgehalt ohne weiteres aus der Tabelle entnehmen.

Nicht ganz so einfach gestaltet sich die Massenermittlung am stehenden Stamm. Zunächst ist die Messung des Mitteldurchmessers ja unmöglich. Daher legt man der Berechnung den Durchmesser in Brusthöhe (1,3 m über dem Boden) zugrunde.

Ein Verfahren zur annähernden Feststellung der Derbholzmasse des stehenden Stammes ist folgendes:

Man mißt resp. schätzt den Durchmesser des Baumes in Brusthöhe, z. B. 47 cm, streicht die letzte Zahl, hier also 7 ab und erhebt die bleibende Zahl 4 in das Quadrat = 16; von der Quadratzahl streicht man von rechts nach links wiederum eine Dezimale ab und erhält somit 1,6. Dies ist der Festgehalt des Baumes = 1,6 fm. Bei allen Zehnern, z. B. 50, 60, 70 usw. cm Durchmesser erhält man den Festgehalt genau in den Quadratzahlen 2,5, 3,6, 4,9 fm. Je weiter sich das Maß des Durchmessers in den Einern von den Zehnern entfernt, um so ungenauer wird das Resultat, d. h. um so größer wird die Quadratzahl und man muß sich dann durch Interpolation (Einschaltung) helfen; im obigen Beispiel liegt der Durchmesser 47 cm näher bei 50 als bei 40, mithin näher beim Quadrat von 5,0 = 25 als beim Quadrat von 4,0 = 16; man wird also dementsprechend den Festgehalt nicht auf 1,6 fm annehmen, sondern auf etwa 2,3 fm; in gleicher Weise würde man beim Durchmesser von 43 cm den Festgehalt auf etwa 1,8 fm, von 45 cm auf 2,1 fm, von 49 cm auf 2,4 fm usw. annehmen. Bei den in der Mehrzahl im Walde vorkommenden Stärkeklassen haubaren Holzes von 30—70 cm Durchmesser stimmt die Berechnung ziemlich genau, bei schwächeren Durchmessern haben die Stämme verhältnismäßig einen geringeren, bei stärkeren Durchmessern verhältnismäßig höheren Festgehalt; außerdem bedingen die Faktoren der Höhe und der Form eine Änderung des Festgehalts; je höher

---

*) H. Behm: Kubik-Tabelle zur Bestimmung des Inhalts von Rundhölzern. (Springer-Berlin).

Friedrich Kunze: Hilfstafeln für Holzmassen-Aufnahmen. (Parey-Berlin).

Berechnung des Bauminhalts. Formzahl. 113

und schwächer, desto weniger, je kürzer und stärker, desto mehr Festgehalt hat der Stamm verhältnismäßig, ebenso, wenn er nur wenig nach oben dünner wird, also eine hohe Formzahl hat. Die obige Berechnung gilt nur für mittlere Verhältnisse.

Will man den Inhalt eines stehenden Stammes genau ermitteln, so mißt man seinen Durchmesser in Brusthöhe, und entnimmt einer Tafel (Taschenbuch) die zugehörige Kreisfläche g oder berechnet sie nach der Formel vom Inhalt des Kreises. Sodann ermittelt man die Baumhöhe h auf die im § 75 gelehrte Weise. Würde man nun einfach diese Stamm-Grundfläche mit der Höhe multiplizieren, so würde man einen großen Fehler machen, da man dann einen Zylinder über der Grundfläche in Brusthöhe erhielte, dessen Inhalt natürlich weit größer ist, als der des Stammes (Abb. 82), denn der Baum hat mehr oder minder die Gestalt eines Kegels.

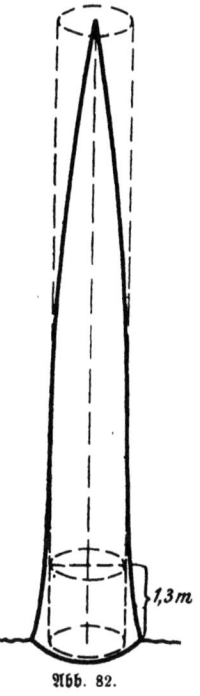

Abb. 82.

Hätte man z. B. den Kubikinhalt des wirklichen Stammes durch Messung nach der Fällung = 0,98 m, den der Walze über derselben Grundfläche durch Berechnung = 1,36 gefunden, so würde sich der Stamm zur Walze verhalten wie 0,98 : 1,36. Um nun die Zahl zu finden, mit welcher man den Stammzylinder (1,36) multiplizieren müßte, um den wirklichen Stamminhalt zu finden, hat man 0,98 durch 1,36 zu dividieren, und mit diesem Quotienten = 0,72 hätte man 1,36 zu multiplizieren, um den wirklichen Stamminhalt = 0,979, abgekürzt = 0,98 zu finden, wie es ja unsere Rechnung bestätigt. Diese Zahl, die also weiter nichts ist, als der Quotient aus Stamm dividiert durch **seine** Stammwalze oder welche in Zahlen das Verhältnis der wirklichen Stammform zu einer Baumwalze von gleicher Grundfläche und Höhe ausdrückt, heißt **Formzahl**.

Es verhält sich der Inhalt des Zylinders zum Inhalt des Kegels wie 3 : 1 (vergl. ihre Inhaltsformeln in § 76), also würde ein Kegel $\frac{1}{3}$ = 0,33 eines Zylinders von gleicher Höhe und gleicher Grundfläche sein, d. h. die Formzahl des Kegels ist = 0,33. Da nun Stämme selten so stark abfallen, daß sie richtige Kegel darstellen, ebensowenig aber so vollholzig sind, daß sie einen Zylinder bilden, so wird sich die Formzahl der Baumschäfte zwischen 0,33 (Kegel) und 1,00 (Zylinder, bewegen; die Formzahl wird um so größer, d. h. der Stamm um so vollholziger sein, je mehr sie sich 1,00 nähert. Ein Stamm mit der Formzahl 0,78 ist demnach bedeutend vollholziger oder hat eine bessere (höhere) Formzahl als ein Stamm mit der Formzahl 0,41. Unsere Waldbäume schwanken gewöhnlich in ihren Formzahlen zwischen 0,40—0,60.

Je nachdem man in die vorher ausgeführten Berechnungen nur den Baumschaft (Stamm) einbezieht, oder nur das Derbholz, oder schließlich die ganze oberirdische Masse des Baumes, erhält man die Schaftformzahl, Derbholzformzahl oder Baumformzahl.

Durch Untersuchung unendlich vieler Probestämme der verschiedenen Holzarten in den verschiedenen Altersabstufungen hat man eine große Menge von Formzahlen für ein bestimmtes Alter, einen bestimmten Durchmesser und bestimmte Höhe festgestellt und daraus Durchschnittswerte berechnet. Diese sind in Tafeln zusammengestellt, so daß man sie ohne weiteres aufschlagen kann, wenn man Höhe und Durchmesser des Baumes festgestellt hat. Es ist dann die Masse (m) = Brusthöhenkreisfläche (Querfläche) × Höhe h × Formzahl (f), also $m = g \cdot h \cdot f$. Zur noch größeren Erleichterung ist diese Ausrechnung in den sogenannten Massentafeln*) gleich ausgeführt, so daß wir hier sofort die Derbholz- oder Baummasse eines Baumes entnehmen können, wenn uns sein ungefähres Alter, sein Brusthöhendurchmesser und seine Höhe bekannt sind.

Hat man nun die Holzmasse eines stehenden ganzen Bestandes aufzunehmen, so kann man einmal ganz so verfahren wie oben für den Einzelstamm gezeigt wurde. Man mißt alle Stämme in Brusthöhe und addiert die gefundenen Kreisflächen zur sog. Bestandes-Querfläche (G), ermittelt durch eine Reihe von Messungen die Bestandsmittelhöhe (H) und entnimmt schließlich den oben erwähnten Maßtafeln die Bestandsformzahl F; denn auch diese Durchschnittsformzahlen für einen ganzen Bestand im gegebenen Alter und bei gegebener Standortsklasse, sind ermittelt. Es erübrigt sich dann nur noch die Multiplikation:

$$G \times H \times F = M \quad \text{(Bestandsmasse).}$$

Oder man mißt die Durchmesser des Bestandes und ermittelt für jede Durchmesserstufe die zugehörige Höhe. (Anleitung hierzu in der Massentafel). Dann schlägt man in der Tafel für jeden Durchmesser nebst zugehöriger Höhe den Festgehalt des Einzelstammes nach und multipliziert ihn mit der Stammzahl der Durchmesserstufe. Es ergibt sich der Festgehalt der ganzen Durchmesserstufe und aus der Addition aller Stufen die Gesamtsumme des Bestandes.

Ist schließlich ein Bestand sehr gleichmäßig, so kann man nach dem Augenschein einen Stamm ausfindig machen, welcher nach Durchmesser, Höhe

---

*) Grundner-Schwappach, Massentafeln zur Bestimmung des Holzgehaltes stehender Waldbäume und Bestände. (Parey-Berlin).

und Form als Modellstamm dienen kann. . Man entnimmt seinen Inhalt aus der Tafel und multipliziert mit der Stammzahl. (Hiebsertragschätzung für Reste eines Altbestandes!)

Da es nun meist zu umständlich sein wird, alle Stämme eines Bestandes zu messen, sucht man sich gewöhnlich Probeflächen aus (Probeflächenverfahren), die ein möglichst genaues Bild des ganzen Bestandes geben, mißt ihre Flächen aus, ermittelt genau den Massengehalt und findet dann die Masse des ganzen Bestandes, die mit x bezeichnet werden mag, einfach aus folgender Proportion:

Probefläche : Gesamtfläche = Probeflächenmasse : x

$$x = \frac{\text{Gesamtfläche} \cdot \text{Probeflächenmasse}}{\text{Probefläche}}$$

Beispiel: Probefläche = 5 Ar, Gesamtfläche 15 Hektar
Probeflächenmasse = 30 Festmeter
$5 : 1500 = 30 : x$
$$x = \frac{1500 \cdot 30}{5} = 9000 \text{ Festmeter}.$$

Man hat durch Aufnahme von sehr vielen Beständen unserer Hauptholzarten im verschiedenen Alter und auf den verschiedensten Standorten Durchschnittswerte für die Holzmasse auf 1 ha ermittelt. Diese finden sich abgestuft nach Standortsklassen (siehe § 110) und Alter in den sogenannten Ertragstafeln. Zu ihrer sachgemäßen Anwendung gehören noch mancherlei Erwägungen. Der Förster kommt kaum in die Lage sie anwenden zu müssen, soll aber wenigstens ihre Bestimmung kennen*).

Zur Messung des Durchmessers bedient man sich eines Schiebemaßes, der bekannten Kluppe; zur guten Kluppe gehört, daß beide Schenkel senkrecht zum Maßstab stehen und daß der bewegliche Schenkel sich ohne Schlottern und Klemmen bequem verschieben läßt. Es verdienen solche Kluppen den Vorzug, welche gegen die Nachteile des Schwindens und Quellens des Holzes durch Federn geschützt sind. Beim Gebrauch des weniger praktischen Meßbandes ist sehr darauf zu achten, daß es genau senkrecht zur Achse des Baumes umgelegt wird und die Teilung sich auf der Innenseite des Bandes befindet (für genaue Untersuchungen). Für die Notierung bei der Aufnahme ganzer Bestände legt man sich ein Manual an, in welches die Stämme nach Holzarten, Stärke- und Höhenklassen schematisch geordnet so eingetragen werden, daß man sie zu 5 gruppiert. Am übersichtlichsten ist es, 4 Striche neben-

---

*) Schwappach: Ertragstafeln der wichtigeren Holzarten. (Neumann-Neudamm). Eine handliche Zusammenstellung. Auszugsweise auch im Waldheil-Kalender Teil II (daselbst).

einander und einen Strich quer durch dieselben zu machen z. B. ||||| = 5 oder
$\begin{smallmatrix} 0 & & 0 \\ & \boxed{\times} & \\ 0 & & 0 \end{smallmatrix}$ = 10. (Abb. 83).

Abb. 83. **Kluppmanual.** Jag. 3. Abteilung a.

d in Brusthöhe cm	Kiefer	Im ganzen Stück	Gemessene Höhen m	d in Brusthöhe cm	Buche (Überhälter)	Im ganzen Stück	Gemessene Höhen m
20	||||| ||||| ||||| ||||| ||	22	16, 18	48	||||| ||||	9	26, 26
24	||||| ||||| ||||	14	16, 18, 18	52	||||| ||||| |||	13	28, 30
28	||||| ||||| ||||| ||	17	18, 20	56	||||| ||||	9	30, 30
32	||||| ||||| |||	13	20, 20, 21	60	|||	3	29, 30
36	||||	4	20, 24				

Beim Messen des Durchmessers mit der Kluppe ist zu beachten, daß man das Gabelmaß nicht zu locker und nicht zu fest andrückt, daß man den liegenden Stamm genau in der Mitte mißt und daß man, da nur selten ein Stamm genau rund ist, denselben am schwächsten und stärksten Durchmesser, also über Kreuz mißt; befinden sich in der Mitte Unebenheiten am Stamm, so mißt man den Stamm in gleichen Abständen ober- und unterhalb der Mitte; aus mehreren Messungen ist dann stets das Mittel zu nehmen; überschießende Bruchteile von Zentimetern werden gewöhnlich außer acht gelassen. Beachte auch, daß der Stammdurchmesser höchstens doppelt so groß sein darf als die Länge der Schenkel.

Bei der Massenaufnahme von Beständen verfährt man folgendermaßen: Je ein Beamter nimmt 2—3 verständige Arbeiter, die — nachdem sie eingehend unterwiesen sind — die Kluppen zu führen haben; jeder erhält ein großes Kreidestück, womit er jeden gemessenen Stamm ankreidet, sich selbst macht er über der Brust einen Strich, an welchem er stets die Kluppe anzulegen hat. Gemessen wird immer nach derselben Richtung hin, z. B. nach N., S. usw. Während des Kluppens werden mit dem Höhenmesser gleich für die niedrigsten, mittleren und stärksten Durchmesser die Höhen gemessen. Nach Beendigung der Messungen trägt man die Durchmesserstufen (man nimmt meistens solche von je 4 cm zusammen, also 8—12 cm, 12—16 cm usw.) mit ihren Stammzahlen ein und schreibt ihre mittlere Höhe darüber. Schließlich berechnet man die Masse nach einem der vorher angegebenen Verfahren. Will man noch die Reisig- und Stockholzmasse feststellen, so muß man diese an gefällten Probestämmen oder aus bekannten gleichartigen Hiebsergebnissen ermitteln und nach ihren Prozentverhältnissen zusetzen.

Praktischer Teil.

II. Fachwissenschaften.

A. Standortslehre.

Literatur:

Grebe: Gebirgskunde, Bodenkunde und Klimalehre.
G. Heyer: Bodenkunde und Klimalehre.
Ramann: Bodenkunde.
Fraas: Geologie, Sammlung Göschen.
Brauns: Mineralogie, Sammlung Göschen.

§ 79. Einleitung und Begriff.

Die Holzpflanzen sind an ihren Standort gebunden und in ihrer ganzen Entwicklung und Fortpflanzung von den durch die drei Faktoren desselben — **Boden, Lage und Klima** — vermittelten Lebensbedingungen abhängig. Demnach verstehen wir unter „Standortslehre" die Lehre von den Bedingungen für das Wachstum der Holzarten, soweit sie von Boden, Lage und Klima bestimmt werden. Da die Bedeutung der Lage des Standorts in seinem Klima liegt, so behandeln wir die Standortslehre nur in zwei Hauptgebieten, nämlich:

1. Der Lehre vom Boden.
2. Der Lehre vom Klima.

I. Die Lehre vom Boden.

§ 80. Entstehung und Zusammensetzung des Bodens.

Wie man mit ziemlicher Sicherheit annehmen kann, ist der erste Zustand unserer Erde ein heißflüssiger gewesen. Es sprechen dafür ihre kugelige an den Polen abgeplattete Form, die kristallinische Form vieler Gesteinsarten, die diese nur bei langsamem Erstarren aus einem flüssigen Zustand annehmen konnten, ferner die übereinstimmend beobachtete Wärmezunahme nach dem Erdinnern (um 1^0 C. bei 30 m), die heißen Quellen und die Vulkane, welche noch heute heiße flüssige Massen auswerfen.

Da der Weltraum, in welchem sich die Erde um die Sonne bewegt, eine niedrigere Temperatur hat als die größte auf der Erde beobachtete Kälte (etwa

60° C.), so mußte der Erdkörper sich durch Wärmeausstrahlung an seiner Oberfläche abkühlen und erstarren. Die erstarrende Kruste zog sich bei der Abkühlung zusammen, übte dadurch einen enormen Druck auf die noch nicht erstarrten Massen aus, barst zuweilen und drängte durch so entstandene Risse beträchtliche Massen des noch flüssigen Erdinnern hervor: erste Durchbrüche (Eruptionen). Endlich mußte sich der die Erde umgebende Wasserdampf im Verhältnis der fortschreitenden Abkühlung auf der Erdoberfläche tropfbarflüssig niederschlagen, welche Niederschläge zur Bildung von stehenden und fließenden Gewässern Veranlassung gaben.

§ 81. Nach den Lagerungs- und Strukturverhältnissen sind es wahrscheinlich:

1) Die kristallinischen Schiefergesteine (das Urgebirge):
    a) älterer Tonschiefer (Feldspat, Quarz, Glimmer, Chlorit),
    b) Glimmerschiefer (Glimmer und Quarz),
    c) Gneis (Quarz, Kalifeldspat und Glimmer),

welche als erstes Erstarrungsprodukt angesehen werden müssen, weil sie immer zu unterst liegen, von allen später abgelagerten (neptunischen) Massen überdeckt und von allen Eruptiv- (d. h. aus dem Erdinnern hervorgebrochenen) Gesteinen durchbrochen sind.

Charakteristik: mehr oder minder schieferiger Bau und unregelmäßige Schichtung.

§ 82. Die Niederschläge aus der Atmosphäre sammelten sich in den Mulden und Vertiefungen der Erdhülle zu Seen und Meeren, welche auf die unter ihnen gelagerten Gesteinsarten zerstörend und auflösend wirkten; es fanden mmer neue Durchbrüche statt und bewirkten Flutungen und Strömungen, welche die mechanisch und chemisch aufgelösten Erdteilchen durcheinander mengten, vielfach wegschwemmten, sie jedenfalls aber nach eingetretener Ruhe zu verschiedenen Perioden in gewisser Gesetzmäßigkeit übereinander ablagerten. So wurden:

2) die sog. Flöz- und aufgeschwemmten, sedimentären Gebirge gebildet. Hierher gehören:

Grauwacke und jüngerer Tonschiefer, Steinkohle, Rotliegendes, Zechstein, bunter Sandstein, Lias und Jura, Quadersandstein und Kreide, Braunkohle, Diluvium und Alluvium.

Charakteristik: Deutlich geschichtet, Konglomerate*), Sandsteine, Tone, Mergel und Kalksteine mit versteinerten vorzeitlichen Pflanzen und Tieren.

---

*) Konglomerat nennt man ein Gestein, welches aus verkitteten abgerollten, runden Gesteinsstücken gebildet ist.

Die Flötz- und Durchbruchsgesteine.

Besonders wichtig, weil in Norddeutschland am meisten verbreitet, sind die beiden letzten Formationen (Formation=Schichtung derselben Bildungsperiode) Diluvium und Alluvium; sie sind die letzten und neuesten Ablagerungen. Das Diluvium besteht aus Sand, Tonarten, Mergel, Lehm, Geröllen, Geschiebe, Steinblöcken (erratische Blöcke) usw. und ist **vor unserer Zeit** aus Ablagerungen der Gletscher zur Eiszeit und aus damaligen Flüssen entstanden.

Das Alluvium ist aus heutigen Erdablagerungen aller Art, z. B. als Dünen, Flugsand, Niederungen in Überschwemmungsgebieten, Aueböden, Anschwemmungen an Meeren, Seen, Strömen und Flüssen usw. gebildet oder wird noch in unserer Zeitrechnung gebildet.

§ 83. Neben den Niederschlägen aus dem Wasser fanden, wie schon erwähnt, noch fortwährende Durchbrüche statt. Die aus dem Erdinnern drückenden Massen hoben die Gesteine, welche sie durchbrachen, verrückten ihre ursprünglich horizontalen Lagen in mehr oder weniger geneigte und verstürzte Stellungen und gaben so die wesentlichste Veranlassung zum Aufbau unserer heutigen Gebirge und Berge. Die erstarrten Massen sind körnig, massig, ohne jegliche Schichtung und bilden:

3) die sog. Eruptiv- oder Durchbruchsgesteine, welche sich folgendermaßen ordnen:

a. Granitische Eruptionen, deren Hauptgestein der Granit, ein kristallinisch körniges Gemenge von Feldspat, Quarz und Glimmer*), und der viel weniger vorkommende Syenit (Hornblende und Orthoklas) bildet.

b. Die Grünstein=Eruptionen, mit den Hauptgebirgsarten Diabas und Diorit, von vorherrschend unrein grüner oder graugrüner Farbe; beide kommen körnig, dicht und schiefrig vor.

c. Die Porphyr=Eruptionen, sehr verbreitet, eine gelblich weiße oder graue tonige Grundmasse mit eingesprengten Körnern von Quarz und Orthoklas (Feldspat mit vorherrschendem Kaligehalt).

d. Die basaltischen Eruptionen, eine bläulich schwarze dichte Masse, sehr fest, mit auffallenden gelbgrünlichen Kristallen (Olivin). Unterabteilungen sind: Phonolith und Trachyt.

e. Die vulkanischen Eruptionen der noch tätigen oder noch nicht lange erloschenen Vulkane; dazu gehören Lava, basaltische und trachytische Massen, Bimssteine, Tuffe usw.

Nachdem endlich die Erde ihre heutige Oberfläche erhalten, das Wasser sich in gewisse Grenzen (Meere, Seen, Flüsse) zurückgezogen hat und die

---

*) Der Feldspat ist perlmutter= und porzellanglänzend, fleischfarbig, grünlich oder weißlich. Der Quarz ist glasähnlich, meist ungefärbt, gibt mit dem Stahle Funken. Der Glimmer ist blättrig, weich, metallisch silber= und goldglänzend.

Wirkungen des unterirdischen Feuers sich auf wenige Punkte (Vulkane) beschränken, finden doch auch noch heute Veränderungen statt, z. B. durch Verwitterung der Gesteine, durch Überschwemmungen, durch die Hand des Menschen (Erdbauten), im Alluvium usw.

§ 84. Der Verwitterungsprozeß.

Auf dieser festen, von oben genannten Gebirgsarten gebildeten Erdhülle liegt nun das, was wir im eigentlichen Sinne „Boden" nennen, nämlich die obere lockere Erdschicht, welche dem Waldwuchse vorzugsweise zur Anwurzelung und Ernährung dient. Sie besteht in der Regel aus Erden und Steinen, die sämtlich Verwitterungsprodukte der oben aufgeführten Gesteinsarten sind untermischt mit Resten von Pflanzen und Tieren.

Unter „Verwitterung" versteht man die allmähliche Auflösung von Felsboden in fruchtbaren Boden unter der Einwirkung von Wasser, kohlensäurehaltigen Stoffen und anderen chemischen Verbindungen, dem Sauerstoff der Luft, von Frost, Hitze und den atmosphärischen Niederschlägen in ihren mechanischen und chemischen Einflüssen. Mechanisch wird das Gestein durch Wechsel von Frost und Hitze aufgelockert, namentlich die beim Gefrieren des in die Ritzen eingedrungenen Wassers mit großer Kraft stattfindende Ausdehnung, welche die Ritzen und Spalten auseinandersprengt. Durch die Gewalt der fließenden Gewässer wird das Gestein noch weiter zerkleinert und den Tälern vielfach als Geröll und Geschiebe zugeführt.

Unter dem Einfluß des Luftsauerstoffes und kohlensäurehaltigen Wassers werden die Gesteine nach und nach auf chemischem Wege verändert und weiter zersetzt; nur Quarz widersteht der Verwitterung und bleibt als Sand zurück, nachdem die übrigen Verwitterungsprodukte ausgewaschen sind.

Bei der eben erklärten Verwitterung werden vielfach die für die Pflanzen nötigen Nährsalze gebildet, die von den Wurzeln als wässerige Lösung aufgesogen und dann in den Pflanzenkörper übergeführt werden. Die hauptsächlichsten Erdarten sind:

§ 85. Der Sand.

Der Sand besteht aus kleinen Quarzkörnern, die ein Verwitterungsprodukt der besonders quarzführenden Gebirgsarten (Granit, Gneis, Glimmerschiefer, gewisser Porphyre usw.) sind. Gesellt sich zum Quarz ein Bindemittel, so entsteht der Sandstein. Je nach Art des Bindemittels unterscheidet man: Kalk-, Ton-, Kieselsandstein usw. Untergeordnet eingewachsen kommt der Quarz vor als „Horn- und Feuerstein, Kieselschiefer usw.". Reiner Quarzsand ist ganz unfruchtbar, wenn nicht etwa Feldspat- oder Glimmerteile darin sind; man nennt solche graue Quarzböden „Bleisand".

Der Sandboden besteht in den seltensten Fällen aus reinen Quarzkörnern, (z. B. sog. „Flugsand"). Meist kommt er mit Beimengungen von Erdarten (Lehm, Ton, Kalk, Humus usw.) vor und heißt dann lehmiger, toniger usw. Sand; jemehr er davon, namentlich an Humus enthält, um so fruchtbarer wird er. Sandboden nimmt und verliert sehr schnell Feuchtigkeit, er erwärmt sich schnell, verliert aber die Wärme bald wieder. Er ist Hauptträger der Lockerheit im Boden und wird hierdurch in den Bodenmengungen sehr bedeutungsvoll. Man erkennt die Sandbeimengung im Boden teils schon durch das Auge, teils fühlt man die scharfen Quarzkörner beim Zerreiben zwischen den Fingern deutlich heraus; Sand fühlt sich immer rauh an. Scharfen grobkörnigen Sand nennt man Kies.

§ 86. Der Ton, Mergel und Lehm.

Der Ton ist eine dichte, feinerdige, leicht abschlämmbare Masse und besteht aus etwa 43% Tonerde, 43% Kieselsäure und 14% Wasser. Rein kommt er selten (als sog. Porzellanerde, Kaolin) vor, meist ist er mit anderen Erdarten, ferner mit Eisen usw. gemischt, wodurch er verschieden gefärbt wird. Er ist ein Verwitterungsprodukt der besonders feldspathaltigen Gebirge (Porphyre, Tonschiefer usw.) oder stammt aus dem tonigen Bindemittel vieler Flötzgebirge oder findet sich auch in letzteren als besonderes Tonlager vor. Unter Tonboden versteht man nur solchen Boden, der über 70% Ton enthält.

Der Ton ist in Wasser unlöslich, auch nicht durch mineralische Säuren zersetzbar, also ebenfalls unfähig, allein Pflanzen zu ernähren. Seine Bedeutung liegt im geraden Gegensatze zum Sande in seiner Bindigkeit. Er saugt große Wassermengen auf, hält sie aber fest; trocknet er dennoch aus, so wird er nicht wieder locker, sondern äußerst fest, ja steinhart, schwindet zusammen, wird rissig und berstet. Ebenso saugt er alle fruchtbringenden, chemischen Bestandteile begierig auf und hält sie zur Ernährung der Pflanzen fest. Seine Fruchtbarkeit hängt von seinem Krümelzustand und der Art seiner Mengung mit anderen Bodenarten ab, die den Krümelzustand verbessern.

Ist der Ton mit etwas Kalk und mit Sand gemengt, so nennt man ihn Mergel; doch unterscheidet man je nach dem Vorherrschen von Sand, Ton usw. tonigen, sandigen usw. Mergel; derselbe ist besonders fruchtbar und findet sich in den jüngeren Sandstein- und Kalkformationen; die Farbe ist weißlichgrau; er ist nicht zu formen.

Im feuchten Zustande fühlt der Ton sich klebrig, weich und fettig an, klebt an der Zunge und hat einen eigentümlichen Geruch; er läßt sich leicht formen und brennen. (Töpferton.)

Eine äußerst wichtige Abart des Tones ist der Lehm, worunter man eine Mengung versteht von schwach kalkhaltigem Ton (40%) mit feinstem Sand

(60%), der durch Eisenverbindungen gelb bis bräunlich gefärbt ist. Zum Unterschied vom Ton ist er magerer anzufühlen, schwindet beim Austrocknen nicht so stark, läßt sich formen. Schiefrigen Lehm nennt man Lette. Lehm ist fruchtbar, frisch und meist reich an Kalisalzen, auch fehlen selten Phosphate; daher ist er für die Vegetation sehr günstig. Durch größere oder geringere Sandbeimengungen entstehen zahlreiche Übergänge zum Sandboden (lehmiger Sandboden und sandiger Lehmboden).

Tonboden ist naßkalt, streng, undurchlässig, zur Säurebildung geneigt und dem Pflanzenwuchs erst dann günstig, wenn er mit anderen Erdarten in richtigem Verhältnis gemengt vorkommt (vergl. die Bestimmungstabelle zu § 100).

§ 87. Der Kalk.

Die Bedeutung des Kalkes liegt im Gegensatz zu den bereits genannten Erdarten, die hauptsächlich physikalisch auf die Ernährungsfähigkeit des Bodens wirken, in seiner chemischen Wirkung. Der kohlensaure Kalk (Kalk im gewöhnlichen Sinne) zersetzt und zerlegt die übrigen mineralischen Bodenbestandteile, die Pflanzenabfälle, die Streu- und Humusbeimengungen und wandelt sie in Pflanzennahrung um. Er ist daher von den genannten Bodenarten am tätigsten; im allgemeinen locker, warm, doch zur Trockenheit neigend.

In physikalischer Beziehung steht er in der Mitte zwischen Sand und Ton, er nimmt das Wasser ziemlich leicht auf, ist durchlässig und trocknet mäßig schnell, erhärtet dann aber nicht zu Klumpen, sondern zerbröckelt. Er ist kenntlich am Aufbrausen beim Begießen mit starken Säuren (z. B. Scheidewasser), am Geruch und der weißlich grauen Farbe. Kalkboden ist im allgemeinen fruchtbar; er kommt ebenfalls immer in Untermengung mit anderen Erdarten, namentlich mit Ton und Lehm vor, von dem gewöhnlich seine Fruchtbarkeit abhängt. Der Kalkboden (mit 30 % kohlensaurem Kalk) ist ein Verwitterungsprodukt der sehr verbreiteten Kalkgebirge, in welchen der Kalk in den verschiedensten Formen auftritt; den kristallinisch körnigen und politurfähigen Kalk nennt man „Marmor", den dichten Kalk „Kalkstein", schiefrigen Kalk „Kalkschiefer", porösen Kalk „Kalktuff", schwefelsauren Kalk „Gips" usw. In der Geologie treten die Kalke unter den verschiedensten Namen auf: Zechstein-, Jura-, Lias-, Muschel-, Wellen- usw. Kalk, Dolomit usw.

§ 88. Eisenverbindungen im Boden.

Von großer Wichtigkeit für die Ernährung sind noch die Eisenverbindungen im Boden, sowie die auflöslichen Salze.

Die Eisenverbindungen finden sich in den meisten Bodenarten, besonders im Tonboden; sie sind kenntlich an ihrer braunroten Farbe und am rauhen Bruch. Ihr günstiges oder ungünstiges Verhalten hängt von ihrer Löslichkeit oder Unlöslichkeit ab, welche wieder von der chemischen Verbindung des Eisens mit größeren oder geringeren Mengen Sauerstoff und Wasser abhängt. Bisweilen lockern Eisenverbindungen den zu bindigen Ton und machen ihn wärmer, anderseits geben sie zu lockerem Boden oft größere Bindigkeit und wasserhaltende Kraft. In zu nassem oder in saurem Moor- und Sumpfboden sammeln sich jedoch leicht übermäßig Eisenverbindungen an und schaden durch Bildung des bekannten „Wurzelrostes" oder durch Zuführung von zu viel Eisen an die Pflanzen. Der Forstkultur sehr hinderlich ist der sog. „Raseneisenstein", ein Gemisch von Sand, Ton, organischen Bestandteilen und phosphorsaurem wasserhaltigen Eisenoxyd, von brauner Farbe in kleinkugliger, erzartiger Beschaffenheit, der nesterweis oder in großen Bänken vorkommt, die eventuell herausgebrochen werden müssen, um eine Kultur zu ermöglichen. Dies wird jedoch zu teuer, falls der Raseneisenstein (bis zu 60 % Eisen) nicht verhüttet werden kann, was wieder nur bei massenhaftem Vorkommen möglich wird. Liegt er tiefer, ist der Boden öfter noch zur Wiesenkultur geeignet. Offenbar nachteilig tritt das Eisen im Sandboden auf, wenn es demselben in der Stärke von etwa 10 % und darüber beigemengt ist; es bildet dann den bekannten scharfroten „Fuchssand", der ganz unfruchtbar ist.

Der Kultur hinderlich ist auch der sog. „Ortstein", der aus Sand (meist sog. Bleisand) mit humosen oder eisenschüssigen Bindemitteln und etwas Eisenoxyd besteht. Er kommt in zusammenhängenden Schichten oder Nestern von etwa 40—30 cm Stärke meist in geringer Tiefe (15—30 cm) auf armem Sandboden vor und zerbröckelt, an die Oberfläche gebracht, zu fruchtbarer Erde, während der Raseneisenstein erzartig bleibt. Der Ortstein hindert das Eindringen der Pflanzenwurzeln, hält das Eindringen atmosphärischer Niederschläge zurück und verschließt den Obergrund gegen das kapillare Aufsteigen des Grundwassers. Er muß deshalb für die Kultur durchbrochen werden.

§ 89. Die auflöslichen Salze im Boden.

Die auflöslichen Salze sind das Ergebnis der unaufhörlichen chemischen Tätigkeit des Bodens unter dem Einflusse der atmosphärischen Luft, namentlich ihres Sauerstoffs, der Kohlensäure, des Ammoniaks, der Salpetersäure usw., der Bodenfeuchtigkeit und der Verwesung der Pflanzenabfälle. Obschon die Menge der auflöslichen Salze nur gering ist ($1/2$—1 %), so sind sie doch für die Ernährung von der allergrößten Wichtigkeit und von ihrem Vorhandensein hängt die Fruchtbarkeit ab. Deshalb sind viele tonige Bodenarten so fruchtbar, weil sie die auflöslichen Salze vorzüglich in sich aufnehmen und festhalten und sie vermittels ihrer Feuchtigkeit den Wurzeln als Nahrung zuzuführen; deshalb hat der Kalkboden so große Nährkraft, weil er die Bildung der auflöslichen Salze ungemein befördert, deshalb verhält sich der Sandboden so ungünstig, weil er nur sehr wenig lösliche Verbindungen erzeugen kann und das Wasser, den Hauptvermittler der Zuführung der löslichen Salze an die Wurzeln, zu schnell verdunstet. Hieraus erhellt ferner die große Wichtigkeit einer Bedeckung des Bodens mit Waldabfällen, weil diese die Feuchtigkeit halten und durch ihre Verwesung eine Bildung und Zuführung der nährenden auflöslichen Salze ermöglichen. Solche Salze sind: kohlensaures Kali, Natron, Kalk, Eisensalze, Kalk- und Magnesiasalze usw.

§ 90. Die Bodenmengungen.

Die genannten Hauptbodenarten: Sand, Ton und Kalk finden sich fast nie in ganz reinem Zustande, sondern sind immer mehr oder weniger durcheinander gemengt, so ihre Vorzüge miteinander austauschend und gegenseitig ergänzend. Je nachdem nun die eine oder andere Bodenart vorherrscht, spricht man von sandigem, tonigem und kalkigem Boden: man nennt z. B. einen Tonboden mit etwas Sand gemengt einen sandigen Tonboden, einen Tonboden etwa zur Hälfte mit Sand gemengt Lehmboden: überwiegend mit Sand gemengt tonigen Sandboden usw. Ist der Boden im richtigen Verhältnis mit den anderen Bodenarten gemischt, die seine etwaigen Nachteile möglichst aufheben, so wirkt eine jede Mischung günstig auf das Wachstum; herrscht jedoch eine Hauptbodenart zu sehr vor, so wirkt sie oft nachteilig, dann wird z. B. der sandige Boden zu trocken, der tonige zu naß und kalt und der kalkige zu hitzig und trocken, namentlich — wenn zu der ungünstigen Bodenmischung noch eine ungünstige Lage kommt; in solchen Fällen erhalten wir einen „schlechten Standort". Am günstigsten wirkt aber — wie wir sehen werden — die Durchmengung mit den Zersetzungsprodukten der Bodendecke.

§ 91. Steiniger Boden.

Der Boden besteht nicht immer aus feinkörniger Erde, sondern ist oft mit kleinen und größeren Steinen durchmengt. Man unterscheidet Kies-, Grandboden und Grus. Der erstere besteht aus kleinen unzersetzbaren rundlichen Kies- oder quarzigen eckigen Gesteinsbrocken (Grand). Bei Grobkies haben die Körnchen 2,5—4,0 mm, bei Feinkies 1,5—2,5 mm Durchmesser; Grand sind unter 2 cm starke kantige Quarzstücke, Grus 4—6 cm starke eckige Grundgesteinsbrocken. Ist dieser Boden ohne genügende Erdbeimengungen, so kann er die Feuchtigkeit nicht genug halten, hat auch zu wenig Nahrung für eine Waldvegetation. Ein mäßiges Vorkommen von kleinen Steinen ist dagegen entschieden günstig, namentlich in jedem schweren Boden, da dieselben der Kultur keine wesentlichen Hindernisse bereiten und den Boden lockern.

Außerdem kommt in Gebirgen häufiger ein großsteiniger Waldboden (Gerölle) vor, meist mit einem dichten Überzug von Deckmoosen. In seinen mit Erde ausgefüllten Gesteinslücken finden wir nicht selten gute Buchen-, Tannen- und namentlich Fichtenbestände; man muß sich hüten, diese kahl abzutreiben, weil dann die Bodendecke schwindet und die Kultur aus der Hand mit den größten Schwierigkeiten verbunden ist. Hier ist Plenterbetrieb am Platze.

§ 92. Zersetzungserscheinungen (Humusbildungen) der Bodendecke.

Auf dem bewachsenen Boden sammelt sich durch Abfall von Blättern, Trockenästen und durch Absterben der Bodenvegetation eine Bodendecke, die dem mineralischen Boden aufliegt. Wie alle organischen Wesen verfällt sie der Zersetzung; bald schnell, bald langsam, bald vollkommen, bald unvollkommen. Eine vollkommene Zersetzung nennen wir „Verwesung", die nicht vollkommene „Vermoderung"; wird bei der Vermoderung die Luft mehr oder weniger abgeschlossen, so tritt die „Vertorfung" ein. Geschieht dies auf dem trocknen Waldboden, so entsteht „Trockentorf"; im Wasser, in Mooren usw. entsteht dagegen der als Brennmaterial vielfach genutzte „Moortorf".

Die vollkommene Verwesung tritt im Walde selten, nämlich nur auf besonders tätigem und fruchtbarem Boden wie Aueboden, auf, wo die jährlichen Abfälle vom Boden fast ganz verzehrt werden. Dies ist dann auch die Quelle ihrer großen Fruchtbarkeit. Viel verbreiteter sind die Vermoderungsvorgänge. Bei gehemmtem Luftzutritt zersetzt sich die aus pflanzlichen und tierischen (Würmer, Insekten usw.) Überresten entstehende Bodendecke unter dem Einfluß von Wärme, Feuchtigkeit und Pilzen (Bakterien!) in Kohlensäure und Wasser; aber es bilden sich daraus auch noch organische, kohlenstoffreiche Zersetzungsprodukte, die sich zu geringeren oder größeren Massen nach und nach ansammeln, also nicht „verwesen", sondern nur vermodern; der Vorgang ist also eine unvollkommene Verwesung. Wird die Moderschicht schließlich von der Luft noch mehr abgeschlossen, so daß die obere Bodendecke sich nur noch unvollkommen zersetzen kann, so „vertorft" sie. Die Moderschichten nannte man früher „Humus", den oberen Trockentorf „Rohhumus". Die heutige Wissenschaft nennt Moder die zerkleinerte unvollkommen verweste (humifizierte) Bodenstreu, welche dem Mineralboden (Mutterboden) lose aufgelagert ist und sich ziemlich leicht weiter zersetzt.

Der Boden erhält durch den Moder bessere Krümelung und Durchlüftung; seine Fruchtbarkeit wird erhöht; eine solche dünne Moderschicht schützt gegen die Wärme- und Kälteschwankungen (kühlt resp. wärmt) und gegen die Verhärtung durch heftige Regengüsse; hält auch die Niederschläge längere Zeit fest vermöge ihrer Aufsaugungsfähigkeit.

So günstig nun eine richtige Vermoderung die Fruchtbarkeit des Waldbodens beeinflussen muß, so schädlich wirkt meistens der „Trockentorf", weil er die Bodendecke sich nicht zersetzen läßt; im Gegensatze zur erdigen, krümligen Beschaffenheit des Moderbodens besteht der „Trockentorf" aus dicht gelagerten, zusammenhängenden, deutlich erkennbaren, gar nicht oder nur unvollkommen zersetzten Pflanzenresten von fasriger Beschaffenheit, die meist verfilzt sind und so den Boden gegen Luftzutritt abschließen. Trockentorf bildet sich meist auf ärmeren (Sand=!) Böden und beweist immer, daß die Bodenkraft zurückgeht.

Die Moderbildungen haben, da sie dem Mineralboden unmittelbar aufliegen, natürlich einen großen Einfluß auf diesen, da sie sich mit ihm nach und nach mengen und so die sog. „Modererden", auch wohl „Humuserden" genannt, bilden. Sie machen Sandboden bindig, frisch und fruchtbar, mindern die Hitze des Kalkbodens, die nasse Kälte des Tonbodens, kurz: sie mildern die ungünstigen Eigenschaften derselben. Bei allen fördern sie die so wichtige Krümelstruktur und gesunde Feuchtigkeitsverhältnisse sowie die Atmung der Wurzeln.

§ 93. **Zersetzungserscheinungen im Nassen** (Schlamm, Moor, Torf).

Während die eben geschilderten Humusbildungen im Trocknen vor sich gehen, gibt es auch eine Anzahl humoser Bildungen im Nassen, die wir als Schlamm, Moor und Torf (nach v. Post) unterscheiden können.

Schlamm ist eine Ablagerung von grauen bis schwarzen Massen in Seen und Flüssen mit klarem sauerstoffreichem Wasser ohne deutliche Struktur, der hauptsächlich aus verwesten Wasserpflanzenresten und dem Kote von Wassertieren besteht.

Moor entsteht stets unter stehendem oder träge fließendem Wasser mit einer reichen schwimmenden Flora, deren verweste Teile sich als schwärzliche Humusmassen ablagern, in welchen sich ebenfalls keine Pflanzenteile mehr erkennen lassen. Moorböden enthalten mindestens 20 % humose Stoffe und meist viel Kalk, aber wenig Kali und Phosphorsäure, weshalb bei ihrer Kultur diese Stoffe künstlich zugesetzt werden müssen (Moorkulturen!). Man unterscheidet Flach= oder Grünlands= und Hochlandsmoore.

a) **Grünlandsmoore** oder **Flachmoore** entstehen vom Rande stehender oder langsam fließender kalk= und pflanzenreicher Gewässer aus; namentlich kommen Binsen, Seerosen, Rohr, Schilf und schwimmende Moosarten vor; die bei der allmählichen langsamen Verwesung dieser Wasser= und Sumpfpflanzen gebildeten Moor= und Torfschichten füllen das Wasserbecken bis oben aus, und sobald sich dann saure Gräser auf dessen Oberfläche einfinden, ist die Bildung des Grünlandsmoors beendet und es entsteht nach und nach durch weitere Austrocknung (oft auch künstliche Entwässerung) und Ansiedlung anderer Pflanzen eine Wiese, oder bei Besiedlung durch Holzpflanzen ein Bruch.

b) **Hochlandsmoore** entstehen entweder aus verarmten und vertrocknenden Grünlandsmooren oder auf Senkungen usw. mit reichen Trockentorfschichten und auf zur Versumpfung neigenden nassen undurchlässigen Untergrundschichten (Ton, Felsbildungen, Raseneisenstein usw.); auf ihnen wachsen zuerst charakteristische Torfmoose (Sphagnumarten), später charakteristische Gräser (Wollgras), schließlich die Heide, Sumpfporst, Krüppelbirken und Kiefern. Diese Hochlandsmoore sind (daher der Name) immer in der Mitte am höchsten, die Grünlandsmoore aber am Rande.

Die Vertorfung auf trockenem Wege ist oben erklärt. Torf im eigentlichen Sinne entsteht in den Mooren, besteht aus verwesten Pflanzenstoffen, hat hell- bis tiefschwarzbraune Farbe, lockeres bis dichtes Gefüge und wird getrocknet als Feuerungsmaterial usw. benutzt. Er ist von sehr verschiedener Beschaffenheit, je nach den Pflanzenstoffen, aus welchen er besteht (Sumpfmoose, Sauergräser, Heidepflanzen usw.), nach seinem Gehalt an Humuskohle und Humussäure, nach dem Grade seiner Zersetzung, namentlich aber nach seinem größeren und geringeren Gehalt an erdigen Bestandteilen; je weniger er von letzteren enthält, desto wertvolleres Brennmaterial liefert er. Man unterscheidet gewöhnlich folgende Torfarten:

1. **Pech- oder Specktorf.** Er ist schwarz-dunkelbraun, dicht, schwer, stark zersetzt und bildet meist die untersten Lager der Moore.

2. **Fasertorf.** Er besteht aus lockerem noch deutlich erkennbarem hellgefärbtem Pflanzengewebe und bildet meist die oberen Lager der Moore.

3. **Sumpf- (Bagger-) Torf.** Er befindet sich meist als schwarzer zähflüssiger Schlamm auf dem Grunde der Grünlandsmoore und Sümpfe, wird ausgeschöpft und im Hand- oder Fabrikbetrieb zu Torfsoden verarbeitet.

Frische Torfsoden haben noch 70—90%, lufttrockene immer noch 20—25% Wassergehalt.

Physikalische Eigenschaften des Bodens.

§ 94. Die unendlich verschiedenartige Zusammensetzung des Bodens bringt natürlich sehr verschiedene Bodenwirkungen hervor; außerdem beeinflussen den Boden noch seine physikalischen Eigenschaften, von denen als die bedeutendsten folgende fünf hervorzuheben sind: 1. Bodenmächtigkeit und Gründigkeit, 2. Bodenfeuchtigkeit, 3. Bodenbindigkeit, 4. Bodendurchlässigkeit, 5. Bodenneigung.

§ 95. 1. Bodenmächtigkeit.

Unter Bodenmächtigkeit oder Gründigkeit versteht man die Tiefe, bis in welche die Baumwurzeln einzudringen vermögen.

Man unterscheidet bei dem naturgemäß geschichteten Waldboden, wie er sich unter dauerndem Schlusse gebildet hat, zwei Schichten:

a) die Nahrungsschicht, d. h. den eigentlichen Herd der Ernährung,
b) darunter liegend den Untergrund.

a) Die Nahrungsschicht.

Bei dieser kann man im normalen Zustande wieder drei Schichten deutlich unterscheiden: oben den Trockentorf, der allmählich zartfaserig wird und in den älteren schon erdigen Verwesungshumus (Moder) übergeht, in der Mitte liegt das eigentliche Keimbett, ein feines mit Humuslösung geschwängertes graues oder schwarzes Erdgemenge (Mullerde), endlich zu unterst der eigentliche Wurzelraum, in welchem die noch in Verwesung begriffenen Humusteile fehlen, fast reine Erde (Feinerde), die sog. „Dammerde". Diese drei Schichten sind die hauptsächlichsten Ernährer des Pflanzenlebens: ihre Tiefe oder Mächtigkeit hängt ab von der Lage, vom Grundgestein, der Bewaldung resp. dem Kulturzustand.

b) Untergrund.

Der Untergrund besteht aus festem Fels, zertrümmertem Gestein oder in der Ebene aus bindenden Tonschichten, aus Sand, Kies, Lehm, Kalk, Ortstein usw. (vergl. §§ 82—88).

Von der tieferen oder flacheren Lage des Untergrundes hängt die sog. Gründigkeit des Bodens ab, welche man nach der Tiefe, in welche die Baumwurzeln einzubringen vermögen, anzusprechen pflegt etwa als:

sehr flachgründig unter und bis 15 cm
flachgründig „ 30 „
mitteltiefgründig „ 60 „
tiefgründig „ 120 „
sehr tiefgründig über 1,2 Meter tief

Die meisten Waldbäume begnügen sich mit einer Wurzeltiefe von 30—60 cm, während als äußerstes Maß wirksamer Bodentiefe 1,50 m anzunehmen ist. Im allgemeinen ist jeder tiefgründige Boden dem Wachstum günstig, flachgründiger Boden wird leicht trocken, bietet oft nicht genügenden Wurzelraum und paßt nur für Holzarten mit flach streichenden Wurzeln.

§ 96. 2. Bodenfeuchtigkeit oder Frische.

Sie ist von der allergrößten Wichtigkeit für den Pflanzenwuchs, da ohne sie keine Pflanze keimen, wachsen und gedeihen kann. Die Feuchtigkeit ist nicht nur selbst Nahrungs- und Baustoff, sondern dient auch zum Ersatz der großen Wassermengen, welche die Pflanzen ununterbrochen verdunsten. Sie löst die

Nährstoffe auf und führt sie den Wurzeln zu, sie reguliert die Bodentemperatur wie die Bodenzusammensetzung, indem sie strengen Boden mildert, zu losen Boden bindet, warmen Boden kühler, schweren Boden wärmer macht.

Je nach der Feuchtigkeit unterscheidet man:

a) **dürren** Boden (er zerstäubt beim Zerreiben und trocknet nach starkem Regen in 24 Stunden bis 0,3 m Tiefe aus),

b) **trockenen** Boden (zeigt noch geringe Bindigkeit beim Zerreiben und trocknet etwa nach einer Woche bis 0,3 m aus),

c) **frischen** Boden (hinterläßt Feuchtigkeit in der Hand und trocknet selbst im Sommer nie über 0,2 m aus),

d) **feuchten** Boden (tropft beim Zerdrücken und trocknet nie über 30 cm Tiefe aus),

e) **nassen** Boden (tropft von selbst aus der Hand und trocknet selbst in der Oberfläche nie aus).

So vorteilhaft das richtige Maß von Feuchtigkeit ist, so schädlich wirkt ein Übermaß; es führt zur Versumpfung, verursacht Wurzel- und Stammfäule, versauert und erkältet den Boden, befördert das Auffrieren und erschwert das Keimen und Anwurzeln.

Stehende Nässe ist allen Waldgewächsen nachteilig, oft tötlich. Sie wird herbeigeführt durch undurchlässigen Untergrund, der hauptsächlich durch hochanstehenden Gebirgsboden, feste Tonschichten, verkittete Kieslager, Ortstein, Raseneisenstein usw. bei mangelhaftem Abfluß gebildet wird. Quellen der Bodenfeuchtigkeit sind die Niederschläge (Regen, Tau, Nebel) und die Grundfeuchtigkeit resp. das Grundwasser, worunter man das über undurchlässigen Schichten angesammelte Wasser versteht. Das Vermögen, Wasser in sich aufzunehmen und zu halten, hängt, wie schon oben erwähnt, von der Zusammensetzung, namentlich der Krümelstruktur des Bodens ab.

Mit der Feuchtigkeit des Bodens hängt auch seine Wärme auf das innigste zusammen. Je feuchter ein Boden ist, desto kälter ist er zumeist, weil einmal das Wasser ein schlechter Wärmeleiter ist, besonders aber, weil das Wasser durch seine Verdunstung dem Boden viel Wärme entzieht (vergl. § 108). Aus demselben Grunde ist ein trockner Boden warm. Also nasser und kalter Boden, trockner und warmer (hitziger) Boden sind gleichbedeutend. Tonboden ist gewöhnlich kalt, Sand- und Kalkboden warm, letzterer oft hitzig; entsprechend verhalten sich ihre Mengungen.

Ferner hängt die Wärme von der Lage und Farbe des Bodens ab: West- und Südhänge sind wärmer als Ost- und Nordhänge, die dunklen Bodenarten wärmer als die helleren.

Die Wärme des Bodens begünstigt die Keimung, den Harzreichtum, die Fruchtentwicklung und die Gerbstoffentwicklung (Schälwälder). In bezug auf

Feuchtigkeit machen die Holzarten sehr verschiedene Ansprüche; Bodentrocknis ist jedoch immer ungünstig.

§ 97. 3. Bodenbindigkeit und 4. Bodendurchlässigkeit.

Unter Bindigkeit ist der größere oder geringere Zusammenhang des Bodens zu verstehen. Die Bindigkeit hängt von der Zusammensetzung des Bodens ab. Ton bindet, Kalk bindet mäßig, Sand lockert, Humus mäßigt resp. befördert die Bindigkeit wie Lockerheit. Ein steiniger Boden mäßigt ebenfalls die Bodenextreme in vieler Beziehung und macht den Boden lockerer und frischer, ebenso verhält sich ein eisenhaltiger Boden mäßigend. Feuchtigkeit lockert zu bindigen und bindet zu lockeren Boden, der Frost lockert durch die sich bildenden Eiskristalle. Wärme lockert den Boden. Einen hervorragenden Einfluß auf die Bodenlockerung haben die lebenden und absterbenden Wurzeln, da sie die unteren Bodenschichten mit der Luft verbinden.

Bindungsgrade.

Die Bindigkeit bezeichnet man durch folgende Ausdrücke:

a) Fest. Zeigt den höchsten Grad des Zusammenhangs. Beim Trocknen rissig und blätterig, etwas tiefer steinhart. Schollige Struktur. (Tonboden.) Im Nassen formbar, klebrig, glitschig. Läßt sich, völlig trocken, nicht in kleine Stücke zerbrechen.

b) Streng (schwer). Etwas weniger zusammenhängend, beim Trocknen aber tief rissig, schwer zerbröckelnd. Bröcklige klumpige Struktur. (Lehmiger, kalkiger Ton- und Mergelboden, also Boden, in dem Ton überwiegt.) Läßt sich, völlig trocken, in kleine Stücke zerbrechen.

c) Mild (mürbe.) Nicht rissig, leicht zerkrümelnd und Feuchtigkeit aufnehmend. Krümlige Struktur. Günstige Mischungen von Ton-, Kalk- und Lehmboden mit Sand, also Boden, in welchem Sand oder Kalk überwiegt.

d) Locker. In feuchtem Zustande noch zu ballen, zerfällt aber beim Trocknen. Feinkörnige Struktur. (Lehmiger Sandboden, sandiger Mergel, Boden, in welchem Sand überwiegt).

e) Lose. Mit dem geringsten Grad von Bindung. Pulverige Struktur.

f) Flüchtig. Der Boden weht vor dem Winde.

Ein milder, resp. lockerer Boden ist am günstigsten für unsere Waldbäume, er wird am besten gewonnen und erhalten durch richtigen Schluß des Bestandes. Er wirkt deshalb so günstig, weil er das günstigste Verhältnis zu Feuchtigkeit und Wärme schafft resp. erhält und den Wurzeln die besten Entwicklungsbedingungen bietet.

Bodendurchlässigkeit. Bodenneigung.

4. Bodendurchlässigkeit.

Je nach dem Grade der Durchlässigkeit für Wasser sind zu unterscheiden:
  a) durchlässige (Sand)
  b) ziemlich durchlässige (sand. Lehm, lehm. Sand)
  c) schwerer durchlässige (Lehm)
  d) undurchlässige Böden (Ton).

§ 98. 5. Bodenneigung.

Bodenneigung, auch Böschung genannt, ist die Neigung des Bodens gegen die Wagerechte. Das Profil der Böschung A C (Abb. 84) wird erhalten, wenn man durch C eine Horizontalebene legt und von A aus auf dieselbe das Lot A B fällt; das entstandene rechtwinklige Dreieck A B C, nach welchem man die Böschung bestimmt, heißt das Böschungsdreieck. Die Hypotenuse A C ist die Böschungslinie, die horizontale Kathete B C heißt Ausladung, die senkrechte Kathete A B die Höhe der Böschung, während der die Neigung angebende Winkel a der Böschungswinkel heißt. Die Bezeichnung der Böschungen kann nun auf zweierlei Weise geschehen.

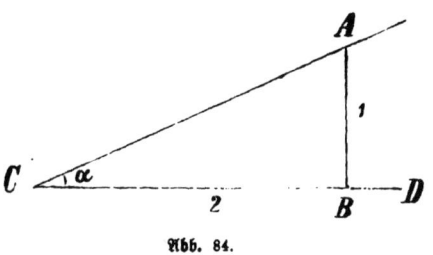

Abb. 84.

1. Durch einfache Angabe des Neigungs= (Böschungs)=winkels in Graden, Minuten usw. Man spricht z. B. von einer Böschung von 23⁰ 12′ 3″. Sie wird durch ein Höhenmeßinstrument ermittelt oder geschätzt.

2. Oder durch Angabe des Höhenunterschiedes auf 100 m der Horizontalen. Ist im obigen Beispiele C B = 100; A B = 5, so beträgt das Neigungsprozent (Gefällprozent, Steigungsprozent) 5. Ermittlung erfolgt ebenfalls durch Messung oder Schätzung.

Man nennt eine Bodenneigung also je nach ihrem Neigungswinkel zur Horizontale oder nach dem Neigungsprozent:

eben oder fast eben bis zu . .	5⁰ oder	8 %	Neigung
sanft oder schwach geneigt .	6—10⁰ „	9—16 %	„
abschüssig (lehn)	11—20⁰ „	17—32 %	„
steil	21—30⁰ „	33—48 %	„
sehr steil oder schroff . .	31—45⁰ „	49—70 %	„
Felsabsturz über	45⁰ „	70 %	„

Die Neigungen bei größeren Berglehnen usw. werden mit Meßinstrumenten (gewöhnlicher Theodolit, Hoßfelds Wagebretttchen, Wasserwage usw.)*) gemessen; hat man solche Instrumente nicht, so kann man obiges einfaches, allerdings etwas ungenaues Verfahren anwenden.

Die Extreme in der Bodenneigung sind dem Waldbau schädlich; Senkungen rufen Versumpfung hervor, sehr steile Hänge leiden unter Abschwemmen, es entstehen Erdstürze, Erdrutschungen, sie sind auch schwer anzubauen und abzuholzen, während die Ebene und mäßige Neigungen dem Wachstum der Holzarten günstig sind, da sie dem Wasser bequemen, aber nicht zu starken Abfluß verschaffen, die Wechselwirkungen zwischen Atmosphäre und Boden namentlich die Aufnahme aller Feuchtigkeit erleichtern und so die Verwitterung befördern.

§ 99. Beurteilung des Bodens.

Zur genauen Beurteilung des Bodens sind ausgebreitete chemische und physikalische Kenntnisse erforderlich (die hier nicht vorausgesetzt werden dürfen), wir können uns daher nicht ausführlich, sondern nur mehr mit der praktischen Seite derselben befassen.

Man beurteilt den Boden am richtigsten durch Untersuchung seiner Schichten oder Beurteilung dessen, was er hervorbringt, d. h. der auf ihm stockenden Bestände und Pflanzen.

§ 100. a) Die Untersuchung des Bodens selbst.

Zunächst belehrt uns seine Abstammung über die Beschaffenheit des Untergrundes**), seine mineralische Zusammensetzung darüber, ob wir es mit einem mineralisch kräftigen oder armen Boden zu tun haben.

Hierauf müssen wir den Boden selbst genau mit unseren Sinnen, mit den Augen, dem Geruch, durch Befühlen und eventuell mit dem Geschmack prüfen.

Tongehalt gibt sich durch große Bindigkeit, fettiges Anfühlen, Anhängen an der Zunge resp. Lippe, Wasserhaltung, Tongeruch zu erkennen, im trockenen Zustande durch Rissigkeit und Blätterung. Beim Schaben mit dem Fingernagel im feuchten Zustand zeigt er Glanz, hat bläulichgraue Farbe.

Sandboden erkennt man an Lockerheit, Rauheit und Knirschen beim Verreiben mit der Hand, sieht hellgelb bis weiß aus.

Kalkboden ist bemerklich durch helle graue Farbe, Zerbröckeln, Mittelbindigkeit, Aufbrausen beim Begießen mit Salzsäure, Kalkgeruch.

---

*) Alle zu forstlichen Messungen gebräuchlichen Instrumente bezieht man gut und preiswürdig von Spörhaase-Gießen oder Reiß-Liebenwerda.

**) Für den größten Teil Preußens gibt es sog. geologische Karten. Aus diesen kann das Grundgestein einer Örtlichkeit ersehen werden.

Eisenbeimengung erkennt man an der schwarzen bis rotbraunen Farbe, an der rauhen Bruchfläche; stagnierendes eisenhaltiges Wasser an seiner buntschillernden Oberfläche.

Sofort sichtbar wird der Grad der Steinbeimengung und der Humusgehalt; letzterer ist an der schwärzlichen Farbe, Leichtigkeit, Lockerheit und an seinem modrigen Geruch kenntlich.

Die Prozentsätze der Mengung findet man leicht durch den sog. **Schlämmversuch**. Man füllt eine Bodenprobe in eine große zylindrische Glaskruke, gießt genügend Wasser hinein, rührt tüchtig um und untersucht, mißt oder wiegt, nachdem die umgerührten Bodenarten sich nach dem Gesetz der Schwere abgelagert haben, die Lagerungsschichten und berechnet danach die Prozentverhältnisse der einzelnen Bodenteile.

Die Tiefgründigkeit, Bindigkeit und mittlere Feuchtigkeit findet man durch **Bodeneinschläge bis auf den Untergrund** resp. durch den ganzen Wurzelraum. Am besten lernt ein Forstmann seinen Boden jedoch durch aufmerksames Beobachten bei Kulturen, Graben- und Wegebauten, beim Stockroden usw. kennen; hierbei hat er reichlich Gelegenheit zu untersuchen, zu prüfen, vergleichende Beobachtungen anzustellen und danach seine Wirtschaftsmaßregeln zu treffen.

Zur genauen Bestimmung des Bodens nach seinen einzelnen Bestandteilen diene die nachstehende Tabelle (Seite 134, 135), wobei bemerkt wird, daß die Fruchtbarkeit eines Bodens von der Menge und dem Grad der Löslichkeit aller darin enthaltenen Pflanzennährstoffe abhängt.

§ 101. b) **Beurteilung nach der Bodenflora.**

In gewisser Weise läßt sich die Güte eines Bodens auch wohl nach den Pflanzen beurteilen, welche sich freiwillig einfinden, jedoch nur unter Berücksichtigung der anderen Einflüsse auf den Pflanzenwuchs wie Lage, Klima, Bewirtschaftungsart usw. Sind diese günstig, so wird ein schlechterer Boden besser produzieren und umgekehrt. Es ist also hier eine gewisse Vorsicht nötig.

Nichtsdestoweniger sollen einige Pflanzen aufgezählt werden, welche meist für charakteristisch gelten:

1. **Kalkpflanzen**: Viele Orchideen und Anemonearten, Klee, Wicke, wilde Rosen, Schneeball, Waldrebe, Elsbeere.

2. **Sandpflanzen**: Heidekraut, Heidelbeere und Angergräser Aira canescens und flexuosa (Drahtschmeele). Sandhafer auf Dünen (Elymus arenarius), Carex-Arten, See-Kreuzdorn (Hippóphaë rhamnöides); hierher gehört auch, besonders auf Kieselboden, die Preißelbeere, der Besenpfriem und Ginster, die Strohblume, Katzenklee, Königskerze u. a.

Boden-Bestimmungstabelle nach Thaer und Schübler.

Nr.	Benennungen der Bodenarten			Bestandteile in 100 Teilen				Verhalten dieser Böden zur Waldvegetation
	Klassen	Ordnungen	Arten	Ton	Kalk	Humus	Sand	
1	Tonboden	kalkloser kalkhaltiger	mittelkräftig „	über 50 „ 50	0 0,5—5		⎫ ⎬ ⎭	günstig für **Eiche u. Hainbuche**; auf kalkhaltigem Boden gedeihen noch **Buche, Fichte u. Tanne**; starker **Graswuchs** bei genügender **Tiefgründigkeit** resp. Frische für **alle Holzarten sehr günstig**. Auf besserem Boden Graswuchs — auf ärmerer Heide.
2	Lehmboden	kalkloser kalkhaltiger	„ „	30—60 dito	0 0,5—5			
3	Sandiger Lehmboden	kalkloser kalkiger	„ „	20—30 dito	0 0,5—5			
4	Lehmiger Sandboden	kalkloser kalkiger	„ „	10—12 0—10	0 0,5—5			**nur unter günstigen Standortsverhältnissen** noch für Laubholz und Hochwald, sonst **Kiefer** — auf frischem Boden **Fichte vorherrschend**.
5	Sandboden	kalkloser kalkiger	„ „	dito dito	0 0,5—5		⎫ ⎬ Übrige	**fast nur Kiefernböden**; bei größerem Humus- und Feuchtigkeitsgehalt auch andere Nadelhölzer und anspruchslose Laubhölzer, Heide- und Beerkräuter.
6	Mergel	toniger lehmiger sandiger	„ „ „	über 50 30—50 20—30	5—20 dito dito	0,5—1,5*		**die besten Böden für alle Laubhölzer**, ausgenommen Erlen und Weiden; auch die Nadelhölzer gedeihen gut; die nicht geselligen Laubhölzer, z. B. Ahorn — Esche — Rüster, finden sich häufig ein. Sehr starker Graswuchs — oft lästig beim Anbau.
		Lehmmergel Sandmergel	toniger lehmiger sandiger	10—20 über 50 30—50 20—30	dito 5—20 dito dito			
		humoser				über 5		

Bodenbestimmungtabelle.

7	Kalkboden	toniger lehmiger sandig. Lehm= kalkboden lehmig.Sand= kalkboden	mittelkräftig „ „ „	über 50 30—50 20—30 10—20	über 20 Teile	für **Buchen, Ahorne, Ulmen, Eschen, Beerbäume** usw. der beste Boden. Fichte, Tanne, Lärche, Schwarz= und Zirbelkiefer gedeihen gut; geringere Neigung zum Graswuchs; trocknet leicht aus, deshalb stets sorgfältiger Schutz und guter Schluß erforderlich; Vorsicht beim Abtrieb, möglichst plentern.
8	Humus= boden	humoser aufslösl. mit. der Humus unauflösl., verkohlter oder saurer Humus unauflösl. faftigePflan= zenstoffe	toniger lehmiger sandiger toniger lehmiger sandiger toniger lehmiger sandiger Torfboden Moorboden	über 50 30—50 20—30 über 50 30—50 20—50 über 50 mit oder ohne Kalk	0,5—1,5 über 5 mit oder ohne Kalk mit oder ohne Kalk	für **Laub= und Nadelhölzer** — aus-genommen Kiefer — ausgezeichnet. Starker Graswuchs. für **Fichten, Erlen, Birken**, auch **Zirbelkiefer**, weniger für Kiefer. Heidelbeerüberzug. für **Fichte, Erle, Schwarzbirke**. Starker Überzug von Heide, Heidelbeeren oder Torfmoosen.

Aufzuführen ist noch der **Ortstein** (§ 88), stets in geringer Tiefe und Mächtigkeit; eine durch Eisenbeimengung rötlich bis schwärzlich gefärbte und durch ein organisches Bindemittel verhärtete Sandschicht, welche bei der Kultur durchbrochen werden muß und an der Luft **zu guter Erde zerbröckelt**; ferner die **Rasenstein** — eine erzartige meist blasige — aus kohlen= und phosphor= saurem Eisenoxyd mit einigen organischen Substanzen bestehende Bodenart; muß überall durchbrochen werden und **zerbröckelt nicht**.

---

*) **Arme** Böden haben nur 0—0,5 und **reiche** Böden 1,5—5 Teile Humus, wonach man die oben aufgezählten Bodenarten noch je in 3 Unterarten, nämlich — **arme** — **mittelkräftige** (vermögende) und **reiche** Böden einteilen kann. Im übrigen ist bei Benutzung obiger Tabelle zu beachten, daß das Gedeihen der Holzarten weit weniger von der chemischen Zusammensetzung als von dem **physikalischen Verhalten des Bodens** — namentlich vom Feuchtigkeitsgehalt, von der Lockerheit und Tiefgründigkeit abhängt. Vergl. §§ 94 ff.

3. **Lehm- und Tonboden:** Besonders gute Grasarten Anthoxantum odoratum Ruchgras, Holcus mollis Honiggras, Avena pratensis Wiesenhafer, Aira caespituosa Rasenschmeele, Schachtelhalm usw.

4. **Sehr humosen Boden** zeigen an: Brennessel, Distel, Sauerklee, Kreuzkraut. Im Halbschatten in sich zersetzender Bodendecke: Himbeere, Fingerhut, Einbeere, Waldmeister usw.

5. **Torfboden:** Sumpfheide, Rauschbeere, Sumpfheidelbeere, Kienporst, Wollgras (Eriophorum vaginatum).

6. **Auf nassem und saurem Boden:** Binsen, Riedgräser, Schilfe, Schafthalme und die Sumpfmoose (Equisétum, Sphágnum).

II. Die Lehre vom Klima.

§ 102. Unter „Klima" verstehen wir die Gesamtwirkung aller in der Atmosphäre vorgehenden Erscheinungen, wie Frost und Hitze, Regen und Schnee, Tau und Reif, Sturm und Gewitter usw. Die Lehre vom Klima erklärt uns die Witterungserscheinungen und ihren Einfluß auf den Wald.

§ 103. Die atmosphärische Luft.

Die Luft ist stets in demselben Verhältnis aus den beiden Urstoffen, Sauerstoff und Stickstoff in mechanischer (nicht chemischer) Menge zusammengesetzt, und zwar stets aus etwa $\frac{1}{5}$ Sauerstoff und $\frac{4}{5}$ Stickstoff; daneben finden sich noch in wechselnden Mengen zahlreiche Gase, z. B. Wasserdampf, Kohlensäure (Kohlendioxyd), Ammoniak, Salpetersäure usw. Von größter Bedeutung für den Wald ist ferner ihr Wassergehalt, der großen Schwankungen unterworfen ist. Von ihm rühren alle Niederschläge: Tau, Nebel, Regen, Reif, Schnee, Hagel her. An festen Bestandteilen kommt in großen Mengen noch der Staub, meist in fein verteilter Form vor.

§ 104. Bedingungen des Witterungswechsels.

Bekanntlich wechselt das Wasser beständig. Die Ursache davon liegt in der ungleichen Erwärmung der Erde durch die Sonne. Die Sonne erwärmt am stärksten, wenn sie ihre Strahlen senkrecht entsendet, je schiefer die Sonnenstrahlen auffallen, desto mehr büßen sie an Kraft ein: daher ist es am Äquator am wärmsten, an den Polen am kältesten. Die größte Wärme wird an der Erdoberfläche hervorgerufen, hierdurch dehnen sich die erdauflagernden Luftschichten aus, werden leichter und steigen in die Höhe, die kälteren Luftschichten sinken nieder, um dann denselben Vorgang durchzumachen. Hierdurch entsteht die Bewegung der Luft, sie ist ein stetes Auf- und Niederwallen, das durch die Gestaltung des Bodens, die Erdumdrehung, ungleiche örtliche Erwärmung usw. auch seitliche Abweichungen erhält, welche die Winde hervorrufen. Die erste Ursache für die verschiedene Wärmeeinwirkung ist der Tag- und Nachtwechsel, ferner der Wechsel der Jahreszeiten, bedingt durch die verschiedentliche Stellung der Erde bei ihrem Laufe um die Sonne, schließlich die verschieden starke Erwärmung am Äquator und an den Polen.

§ 105. Luftwärme.

Wie aus dem Vorhergehenden erhellt, wird die Luftwärme durch die Jahres- und Tageszeit bedingt, ferner durch die geographische Lage (heiße, gemäßigte, kalte Zone), schließlich durch die Höhe über dem Meeresspiegel (Ebene, Gebirge). Die Temperatur (Erwärmungsgrad) nimmt erfahrungsmäßig bei größerer Erhebung über dem Meeresspiegel allmählich ab, im großen Mittel um etwa 0,5° C bei je 100 m Steigung, bis sie in unseren Alpen bei etwa 2900 m die Region des ewigen Schnees erreicht; in heißeren Gegenden in höherer Lage und umgekehrt.

Mit dieser Temperaturabnahme in den Höhenlagen hängt die Ausbreitung des Pflanzenwuchses aufs innigste zusammen. Die Grenze des deutschen Waldbaues liegt bei einer Jahres-Durchschnittstemperatur von 5° C.

Eine mäßige Wärme ist für unsere deutschen Waldgewächse am förderlichsten; starke Hitze oder Kälte stören eine gedeihliche Entwickelung. Die Wärme erregt die Keimung und Knospung, unterstützt die Aufnahme von Nahrungsstoffen und deren Umbildung und befördert die Verdunstung. Manche Holzarten verlangen mehr Wärme; so die meisten Laubhölzer und die Kiefer; die anderen Nadelhölzer und die Birke verlangen weniger Wärme. Warme Lagen befördern die Blüten- und Fruchtbildung wie die Holzproduktion und erhöhen den Harz- und Gerbstoffgehalt.

Kältere Lagen haben einen langsameren Wuchs, geben dafür aber meist festeres und dauerhafteres Holz. Größere Wärme befördert die Zersetzung der Bodendecke, die Verdunstung jeder Bodenfeuchtigkeit und vermehrt somit die fruchtbaren Niederschläge, trocknet dagegen den Boden aus.

Große Hitze steigert die Fähigkeit der Luft, Wasserdämpfe aufzunehmen und ruft eine zu starke Verdunstung und damit Trocknis hervor; hierdurch wird die Vegetation gestört, die Pflanzen erschlaffen, vertrocknen und sterben schließlich aus Wassermangel ab (verwelken!).

Große Kälte wirkt am schädlichsten, wenn sie (als Spätfrost) im Frühling bei der Keimung und Knospung auftritt und die jungen und zarten Pflanzenteile vollsaftig und noch nicht gehörig verholzt sind. Besonders leiden unter Spätfrost die zarten Laubhölzer, Buche, Eiche, Ahorn, Esche, Erle; die Triebe sterben ab und sind dann kenntlich an der rostbraunen bis schwarzen Farbe, die oft weithin die jungen Schonungen und Kulturen bedeckt.

Am gefährlichsten sind zuglose Winkeltäler, Buchten und Kessel, sog. Froftlöcher; auch solche Löcher, wie sie innerhalb der Bestände durch Wind- und Schneebruch, falsche Hiebsführung usw. entstehen; sie strahlen die Wärme aus, die kalten Luftschichten lagern sich fest auf ihnen ab und es erfrieren alle zarten Pflanzen, da kein günstiger Luftzug sie retten und wärmere Luft zuführen kann. Schädlich wirkt in jungen Saaten auch das sog. Auffrieren; es entsteht dadurch, daß die Feuchtigkeit bei plötzlich eintretender Kälte zu Eiskristallen erstarrt, sich ausdehnt und mit dem Boden die jungen noch flach bewurzelten Sämlinge in die Höhe hebt, welche dann beim Zurücksetzen des Bodens auf der Oberfläche liegen bleiben und verdorren, am meisten in Moor-, Ton- und Kalkboden.

Eine andere Wirkung des Frostes ist das Zersprengen starker Stämme durch sog. Frostrisse. Bei sehr heftiger Kälte ziehen sich die äußeren saftreichen Holzlagen schnell zusammen, das trocknere und dichtere Innere gibt nicht so schnell nach, so daß die Stämme in Längsrissen bersten, oft mit lautem Knall (bei Eiche, Buche, Rüster usw. häufig, wo sie noch lange Zeit, nachdem sie überwallt sind, als die bekannten am Stamme herablaufenden Wülste kenntlich bleiben; gut spaltiges Holz reißt leichter).

§ 106. Luftfeuchtigkeit.

Durch unaufhörliche Verdunstung*) des auf der Erde befindlichen Wassers (aller Gewässer, feuchter Erde usw.) erhält die Luft ihre Feuchtigkeit. Je nach ihrem augenblicklichen Wärmegrad kann sie in sich verschiedene Mengen dieser Feuchtigkeit aufnehmen. Warme Luft faßt mehr Wasserdunst als kalte. Wenn daher eine mit Wasserdunst gesättigte warme Luft abgekühlt wird, was z. B. geschieht, wenn der Wasserdunst vermöge seiner Leichtigkeit in höhere kältere Luftschichten aufsteigt oder von kälteren Winden berührt wird, so muß sich der überschüssige Teil in sichtbare Wasserbläschen, den Wasserdampf**), verdichten, welchen wir, wenn er hoch in der Luft ist, Wolken, wenn er auf der Erde lagert, Nebel nennen. Verdichten sich durch schnelle Abkühlung

---

*) Wasser verdunstet, indem es sich mit freier Wärme verbindet und in dieser Verbindung Gasform annimmt; es entsteht dann aus dem Wasser der unserm Auge unsichtbare „Wasserdunst". Ebenso wie die großen Wassermassen verdunsten auch feuchte und nasse Körper durch Verbindung mit Wärme; sie trocknen. Bei solchen Verbindungen verschwindet in dem Maße, wie Wasserdunst entsteht, Wasser und Wärme; die verdunstenden Körper erkalten und trocknen.

**) Wasserdampf besteht aus Wasserbläschen, die so leicht sind, daß sie sich in der Luft schwebend erhalten und unserem Auge sichtbar werden; er ist durch Abkühlung verdichteter und somit sichtbarer Wasserdunst (Wassergas). Die Luft vermag nur eine für jede Temperatur derselben fest bestimmte Menge Wasserdampf zu fassen.

größere Massen dieser Wasserbläschen zu Wassertropfen, so fallen sie als solche nieder — es regnet.

Der Tau bildet sich, wenn die am Tage stark erwärmte Erdoberfläche und die auflagernden Luftschichten sich nachts durch Wärmeausstrahlung bis unter ihre Wasserdampfkapazität (Dampffassungskraft), den sog. Taupunkt abkühlen, d. h. so weit, daß ein Teil des in der Luft enthaltenen Wasserdunstes sich in Tropfen an den bis dahin erkalteten Gegenständen absetzt. Da die Abkühlung am stärksten an sehr spitzen und an rauhen Gegenständen stattfindet, so taut es am stärksten im Grase und auf rauhem Boden. Wird die ausgestrahlte Wärme durch Beschirmung, wie Bäume, tiefliegende Wolken usw. zurückgeworfen, so findet keine Abkühlung bis zum Taupunkt statt, d. h. es taut unter solchen Verhältnissen nicht. Bekanntlich wirkt der Tau durch seine allmähliche und tief eindringende Befeuchtung sehr günstig auf den Pflanzenwuchs.

Schlägt sich der Wasserdampf an bis unter den Gefrierpunkt erkalteten Gegenständen — ohne erst flüssig zu werden — direkt in fester Form nieder, so entsteht der „Reif". Eine besonders schädliche Art des Reifes ist der sog. Rauhreif oder Duft, welcher dadurch entsteht, daß Nebel sich auf stark erkältete Kronen und Zweige niederschlägt und reifartig festfriert. In größerer Masse beschwert er die Zweige und gibt Veranlassung zum bekannten Duftbruche.

Schnee entsteht, wenn der in der Luft befindliche Wasserdampf gefriert; er wird dann so schwer, daß er als feste Masse (in sechsseitigen Kristallen) auf die Erde zurückfällt. Je kälter es ist, um so feinkörniger fällt er, daher die Schneebruchgefahr in höheren (kälteren) Lagen weniger groß ist.

Der Schnee wirkt als wärmende Bodendecke günstig, ebenso als Erzeuger von Feuchtigkeit. Schädlich wirkt er, namentlich im Gebirge dadurch, daß sich große Massen auf den Bäumen, besonders in Fichtenbeständen, ablagern und dieselben niederdrücken (Schneedruck) oder niederbrechen (Schneebruch). Am meisten leiden darunter Hänge und rotfaule Bestände. (Vergl. Forstschutz.)

Die Entstehung des Hagels ist noch nicht genügend aufgeklärt. Glatteis entsteht, wenn nach Frost warmer Regen oder Nebel fällt und als Eiskruste am kälteren gefrorenen Boden auffriert. Graupeln sind unter dem Einflusse von Stürmen und niedriger Temperatur (nahe dem Gefrierpunkte) zu Kugeln geballte Schneeflocken.

§ 107. Wie alle anderen Körper, so übt auch die atmosphärische Luft einen Druck auf ihre Unterlage aus, mithin auf die Erdoberfläche mit allem, was darauf befindlich. Je nach der Windrichtung, nach der Temperatur, dem Feuchtigkeitsgehalte der Luft, insbesondere nach der Erhebung über der Meeres=

fläche ist der Luftdruck sehr verschieden und wird durch ein Instrument, das bekannte **Barometer** (Schweremesser), gemessen, welches uns den wechselnden Druck der Luft durch das Steigen und Fallen des Quecksilbers in der Röhre anzeigt. Ein plötzlich starkes Fallen des Barometers zeigt Sturm an; die Süd-, die Südwest- und Westwinde bringen uns wärmere, **leichte**, mit Wasserdünsten geschwängerte Luft, der Druck derselben läßt nach, das Barometer fällt, und wir haben Regenwetter zu erwarten; umgekehrt bringen die Nord- und Ostwinde uns kältere, **schwerere**, trockene Luft und damit meist schönes Wetter, der Luftdruck wird stärker und das Barometer steigt.

Die Luftwärme wird durch das bekannte **Thermometer** (Wärmemesser) gemessen. Der Zwischenraum zwischen dem Gefrierpunkt und Siedepunkt, die durch Eintauchen in schmelzenden Schnee und kochendes Wasser festgestellt sind, wird in 80 Teile (Réaumur), oder in 100 Teile (Celsius) geteilt, so daß bei 0 der Gefrierpunkt, bei 80 resp. 100 der Siedepunkt sich befindet. Da die Wärme bekanntlich alle Gegenstände ausdehnt, die Kälte dieselben zusammenzieht, so steigt und fällt das Quecksilber in der Glasröhre nach dem Wechsel von Wärme und Kälte und wir können an der Einteilung ablesen, um wie viel es kälter und wärmer geworden ist; abgekürzt 15° R = Réaumur, 15° C = Celsius. Zu wissenschaftlichen Zwecken darf jetzt nur das Celsius-Thermometer gebraucht werden. 80° R = 100° C oder 4° R = 5° C.

Der **Blitz** (drei Arten: Zickzack-, Flächen- und Kugelblitz) ist ein elektrischer Funken im großen, welcher durch Ausgleichung entgegengesetzter Elektrizitäten entweder zwischen zwei Gewitterwolken oder einer Gewitterwolke und der Erde entsteht, im letzteren Falle sagt man: es schlägt ein. Der Donner entsteht infolge der plötzlichen und gewaltigen Ausdehnung, welche die Luft durch den durch sie hinzuckenden heißen Blitzstrahl erleidet und durch das unmittelbar darauf folgende Zusammenstürzen der Luftmassen nach den durch die Ausdehnung stark verdünnten Luftschichten hin. Das Geräusch wird durch die vielfachen Echos an Wolken, Bergen usw. verstärkt und verlängert. Die Entfernung des Gewitters kann man leicht berechnen, indem man genau die Sekunden zählt, welche zwischen Blitz und Donner vergehen; jede Sekunde entspricht einer Entfernung von etwa $1/3$ Kilometer; bei 3 Sekunden ist das Gewitter also 1 Kilometer, bei 22 Sekunden eine deutsche Meile entfernt.

Die Blitzschlagwirkungen sind außerordentlich verschieden. Meist werden alleinstehende Bäume oder Überhälter getroffen, es kommen aber auch unberechenbare Abweichungen vor; oft schlägt der Blitz in die Krone, oft in einen Ast, aber auch an beliebigen Stammteilen ein; manchmal fährt er fast unmerkbar am Stamm entlang, dann wieder reißt er unter arger Zersplitterung des Holzes klaffende Risse; bald fährt er senkrecht, bald in Spirallinien am Stamm herunter; meist bleibt er aber in der Rinde oder in den äußeren Stammteilen; es ist auch beobachtet worden, daß der Blitz sich spaltet und mehrere Bäume beschädigt. Oberflächliche und schmale Blitzrinnen über= narben leicht, nach schweren Verletzungen gehen aber die Stämme ein. Oft beobachtet man auch ein nachträgliches Absterben von Stämmen in der nächsten Umgebung.

Gewitter entstehen bei sehr schneller Verdichtung des in der Luft reichlich enthaltenen Wasserdampfes durch plötzliche Abkühlung, z. B. wenn bei großer Hitze, wo die Luft am meisten Wasserdampf fassen kann, plötzlich sich ein kälterer Wind (Nord= oder Ostwind) erhebt, oder wenn der Süd= oder West= wind in Nord= oder Ostwind umspringt.

Das Wetterleuchten steht im Zusammenhange mit entfernten Ge= wittern, deren Donner man wegen zu großer Entfernung (über 25 Kilometer) nicht hören kann, oder es ist der Widerschein von unter dem Horizonte be= findlichen Gewittern. Der Regenbogen entsteht bei gleichzeitigem Regen und Sonnenschein, indem sich die schrägen Sonnenstrahlen im herabfallenden Regen nach bestimmten Gesetzen brechen oder zurückgeworfen werden und so Farben= erscheinungen hervorrufen (die sieben Regenbogenfarben).

Auf ähnlichen Gesetzen beruhen die Morgen= und die Abendröte, wie auch die sog. Höfe um Mond und Sonne; befindet sich die Sonne morgens und abends am Rande des Horizontes (Winkel von 18^0), so fallen die Strahlen sehr schräg auf die Erde und werden durch besonders zahlreich in der Luft befindliche Dunstbläschen so verändert, daß der gesamte umgebende Himmel rot gefärbt erscheint.

Morgen= und Abendröte beweisen einen großen Wassergehalt der Luft und lassen, wenn sich kältere Winde aus ihrer Richtung her aufmachen, auf Niederschläge schließen.

Die Höfe (Ringe) um den Mond, wie auch die selteneren Höfe um die Sonne erklärt man durch die Beugung der Strahlen an den in der Höhe der Atmosphäre befindlichen Dunstkügelchen und Eiskristallen; sie stellen ebenfalls, wenn Abkühlung eintritt, Regen in Aussicht.

§ 108. Luftbewegung.

Die Luftbewegung entsteht durch ungleiche Erwärmung und dadurch bedingte ungleiche Dichtigkeit oder Schwere der Luftschichten.

So entsteht durch das Abfließen der kalten schweren Luftschichten vom Norden und Süden der Erdkugel nach dem Äquator der Polarstrom und von diesem zurück durch das Abfließen der warmen leichten Luft nach den kälteren Polen der Äquatorialstrom. Durch die Drehung der Erde von Westen nach Osten um die eigene Achse (in 24 Stunden, wodurch die Länge des Tages bestimmt ist) wird der erste zum Nordost=, der zweite zum Südwestwind ab=

gelenkt. Da nun mit der allmählichen Abkühlung des Äquatorialstromes ein Sinken in höheren Breiten verbunden ist, so kommt er naturgemäß mit dem Polarstrom häufig in Konflikt, und solche Länder, die in diesen Breiten liegen, wie z. B. Deutschland und andere Länder der gemäßigten Zone haben unter dem Kampfe der südwestlichen und nordöstlichen Luftströmungen zu leiden. Daher ist es bei uns viel windiger und regnerischer als im Süden oder Norden.

Außer diesen großen Weltwinden gibt es noch viele Lokalwinde, die durch die Verschiedenheit der Bodengestaltung, durch den Wechsel von Berg und Tal, von Wasser und Land hervorgerufen werden. Ist die Luftbewegung eine besonders heftige, so nennen wir sie Sturm; Stürme entstehen am häufigsten bei schroffem Temperaturwechsel, bei Gewittern und nach starken Niederschlägen, also im Frühling und Herbst, wo Sommer und Winter um die Herrschaft kämpfen. Sie sind dem Walde immer verderblich, namentlich wenn sie bei großer Feuchtigkeit (Tauwetter nach Frost) und damit verbundener Lockerheit des Bodens auftreten.

Mäßige Winde sind notwendig, um die Nachteile der Temperaturextreme auszugleichen. Die herrschenden Winde bei uns sind die **Westwinde**. Über das atlantische Meer herwehend haben sie viel Feuchtigkeit, bringen meist Regen und wirken deshalb günstig auf trockene Bodenarten und Lagen. Sie arten aber auch häufig in Stürme aus, deshalb muß sich der Forstmann am meisten vor ihnen schützen (vergl. Forstschutz). Die über Asien und das europäische Flachland wehenden Ostwinde haben ihre Feuchtigkeit meist auf dem langen Landwege bereits abgegeben und wehen bei uns nicht nur trocken, sondern auch — aus kälteren Gegenden kommend — kalt und scharf. Der Ostwind hagert deshalb den Boden aus und zerstört häufig die zarten Triebe sowie die Fruchtansätze, hindert auch oft das Gedeihen der Saaten.

Ein ähnlicher rauher Wind ist der Nordwind, er artet auch leicht in Sturm aus und bringt häufig Schnee und unfreundliches Wetter. Da er jedoch seltener und unbeständig weht, so ist er nicht von großer Wichtigkeit, ebenso wie der warme seltene Südwind. Dieser ist allezeit weich, mild und fruchtbar, deshalb dem Forstmann nur erwünscht, zumal seine ursprüngliche Wärme in richtiger Weise für uns durch die vorlagernden Alpen gemäßigt ist.

§ 109. Die verschiedenen Klimate in Deutschland.

Nach den verschiedenen Einflüssen der herrschenden Winde, der durchschnittlichen Feuchtigkeit und Wärme, welche wieder durch die Lage (geographische Lage, Höhenlage) und Exposition (Neigung einer Fläche gegen die Himmelsgegend z. B. Westhang, Nordostlage) bedingt wird, hat meist jeder Ort sein eigenes Klima, das je nachdem günstig oder ungünstig auf das Gedeihen der Waldgewächse einwirkt; man spricht demnach von einem milden

(Sommermonate überwiegen), einem gemäßigten (Sommer und Winter gleich lang) und rauhen (Winter länger als Sommer) Klima. Das milde Klima ist für Deutschland im Süden und Westen vertreten; anhaltende strenge Winter gehören zu den Seltenheiten; Wein und Obst wie edlere Laubhölzer (echte Kastanie, Walnuß) gedeihen vortrefflich (10 bis 12° C. Durchschnittstemperatur und 7 Monate Vegetationszeit). Das gemäßigte Klima zeigt schon strengere Winter, hat keinen eigentlichen Weinbau und keine edleren Obstsorten im Freien, ist aber doch dem Anbau unserer Hauptholzarten noch sehr günstig. Es ist das verbreitetste in Deutschland (7—9° C. Durchschnittstemperatur und 6 Monate Vegetationszeit). Das rauhe Klima ist hauptsächlich im Norden und Osten unseres Vaterlandes und in höheren Gebirgslagen vertreten; der Winter dauert im höheren Gebirge bei uns länger als die milde Jahreszeit, die eigentliche Vegetationsperiode ist auf etwa ein Drittel des Jahres beschränkt. Der Obstbau hört auf, Getreidebau ist auf das geringste Maß zurückgeführt, die Waldbäume zeigen ein mäßiges, in den höchsten Lagen nur noch ein krüppelhaftes Gedeihen.

§ 110. **Die Standortsgüte.**

Das Zusammenwirken des Bodens, der Lage und des Klimas, welche den Standort ausmachen, ist ein so mannigfaches, daß dadurch eine große Verschiedenheit bedingt wird, welche man für die Praxis wohl in Klassen geteilt hat, sog. Standortklassen, die die Gesamtwirkung des Standorts auf die Bestandsentwicklung angeben sollen; ihre Beurteilung erfolgt aber nach der Produktionsfähigkeit an Holz, wie sie sich in der Höhe, Stärke und im Schluß der Bestände ausdrückt; man bezeichnet sie mit römischen Zahlen; diese Klassen haben jedoch eine verschiedene Bedeutung bei den verschiedenen Holzarten; Kiefernboden ist geringer wie Eichen- und Buchenboden; Kiefernboden II kann z. B. Eichenboden III resp. III—IV entsprechen. Deshalb muß man bei den Bodenklassen, oft auch Bonität genannt, stets die Holzart beifügen, z. B. Ei. II, Bu. IV.

Bekanntlich macht jede Holzart ihre besonderen und meist ganz charakteristischen Ansprüche an den Standort; diese zu erkennen und zu befriedigen gehört zu den wichtigsten, zugleich aber schwierigsten Aufgaben des Forstwirts. Im nächsten Teil, dem Waldbau, wollen wir untersuchen, wie er diese Aufgabe zu lösen hat.

B. Waldbau.

Literatur.

Carl Heyer: Waldbau.
Burkhard: Säen und Pflanzen.
Gayer: Waldbau.
Wagner: Waldbau.
W. Weise: Leitfaden für den Waldbau.
Fürst: Die Pflanzenzucht im Walde.
Dittmar: Der Waldbau*).

§ 111. Einleitung.

Der Waldbau lehrt die Begründung und Erziehung von Holzbeständen. Die Begründung der Bestände erfolgt entweder auf künstliche Weise durch Saat oder Pflanzung, oder unter Benutzung von vorhandenen Beständen auf natürliche Weise, indem man ihre abfallenden Samen oder die nach dem Hiebe erfolgenden Stockausschläge benutzt.

Ebenso verschieden wie die Begründung ist die Erziehung der Bestände, die im allgemeinen vom Standort und dem erstrebten Zwecke abhängt; man erzieht beispielsweise die Bestände entweder nur zu kurzem Buschholze oder zu mächtigen Stämmen oder zu Beständen, die beides vereinigen, d. h. dicht zusammen und im Gemenge Buschholz und Stämme von allen möglichen Stärken und Höhen in sich begreifen.

Bevor wir in die eigentliche Besprechung des Waldbaues treten, wird es nötig sein, die besonders wichtigen Begriffe und sachlichen Ausdrücke zu erklären:

Kulturen nennt man die künstlich hergestellten Saaten und Pflanzungen, im Gegensatz zu den auf natürlichem Wege entstandenen „Verjüngungen". Diese wieder gehen hervor aus dem Aufschlag bei ungeflügeltem, und dem Anflug bei geflügeltem Samen. Sobald sich die Kulturen so schließen, daß man nur mühsam hindurchkommt, nennt man sie „Dickungen"; aus den „Dickungen" entwickeln sich, sobald sie sich von den absterbenden Trockenästen so reinigen, daß die Stämmchen zur Geltung kommen, zunächst „geringe Stangenhölzer" (bis etwa 10 cm Stärke), beim Laubholz auch Gertenholz genannt, dann „älteres Stangenholz" (bis 25 cm Stärke); bei weiterer Zunahme des Durchmessers und der Höhe tritt das „Stangenholz" in das „Baumholzalter", von dem man wieder mehrere Stufen, „geringes" (bis etwa 35 cm), „mittleres" (bis etwa 50 cm) und „Altholz" (über 50 cm Durchmesser), zu unterscheiden pflegt. Unter „Bestand" versteht man jeden durch Holzart, Alter und wirtschaftliche Besonderheit ausgezeichneten Waldteil; er heißt „rein", wenn er aus nur einer

---

*) Speziell für Forstlehrlingsschulen.

Holzart, „gemischt", wenn er aus mehreren Holzarten besteht; kommen andere Holzarten in der „Haupt= oder herrschenden" Holzart nur vereinzelt vor, so sind sie „eingesprengt"; ein Bestand heißt „geschlossen", wenn er bei normaler Stammzahl die Fläche vollständig beschirmt; ist die Beschirmung weniger dicht, so heißt der Bestand „licht", ist der Kronenschluß locker, so daß sich die Zweigspitzen nicht berühren, so ist der Bestand „raum"; ist der Schluß hier und da unterbrochen, z. B. nach Stürmen, Schneebruch, so wird der Bestand „lückig". „Vorwüchse" nennt man die in Kulturen und natürlichen Verjüngungen schon vorher aus Samenabfall entstandenen oder einzeln erwachsenen und daher größeren Pflanzen oder Pflanzengruppen; „Protzen", Sperrwüchse, Wölfe nennt man solche Pflanzen oder Bäume, die ihre Altersgenossen im Wuchs über= flügeln, ihre Nachbarn unterdrücken oder beeinträchtigen und selbst zumeist schlechte Stammformen aufweisen.

§ 112. Die Betriebsarten.

Die bestimmte Art und Weise, Bestände zu begründen, zu erziehen und zur Nutzung zu bringen, nennt man Betriebsart. Man hat hauptsächlich drei Betriebsarten:

1. Den Hochwaldbetrieb. Jeder Bestand ist aus Kernpflanzen ent= standen und wird nach seiner Nutzung wieder durch Kernpflanzen begründet. (Kernpflanzen sind Pflanzen, die aus dem Samenkorn hervorgehen.)

2. Den Niederwaldbetrieb. Jeder Bestand ist aus den Ausschlägen der Stöcke, der Wurzeln oder der Schaftstummel des vorher genutzten Be= standes hervorgegangen. Nach der Nutzung vollzieht sich die Neubegründung in derselben Weise.

3. Den Mittelwaldbetrieb. Er ist eine zusammengesetzte Waldform von Niederwald und Hochwald auf derselben Fläche. Im Mittelwald be= findet sich demnach über gleichaltrigem Unterholz aus Stockausschlag Ober= holz aus Kernpflanzen.

Diese drei Hauptarten haben mannigfache Unterformen. So der Hoch= wald z. B. den Kahlschlag, Femelbetrieb u. a. m. Über den Plenterbetrieb, auch eine Hochwaldform, vergl. Seite 147, 148.

Zum Niederwald gehören auch der Kopfholz= und Schneidelholzbetrieb.

§ 113. Umtrieb, Betriebsklasse.

Der Hauptunterschied dieser drei Betriebsarten liegt neben der Ver= schiedenheit ihrer Begründung in der Verschiedenheit der Nutzungszeit,

d. h. in der Verschiedenheit des Umtriebes. Unter Umtriebszeit eines Bestandes versteht man den Zeitraum von seiner Gründung bis zu seinem vollständigen Abtriebe*). Die gewöhnliche Umtriebszeit schwankt für den Hochwald etwa zwischen 80—120 Jahren, beim Niederwald etwa zwischen 10 und 20 Jahren, abgesehen von abnorm hohen und abnorm kurzen Umtrieben zu gewissen Zwecken und bei gewissen Holzarten. Im Mittelwald hat man natürlich für das Unterholz die für den Niederwald, für das Oberholz die für den Hochwald gebräuchliche Umtriebszeit, obwohl ja bei dem plenternden Aushieb des Oberholzes ein Umtrieb im eigentlichen Sinne nicht zur Anwendung kommt.

Unter Betriebsklasse versteht man die Gesamtheit der nach gleicher Betriebsart und mit derselben Umtriebszeit bewirtschafteten Bestände — ohne Rücksicht auf ihre Lage oder ihren Zusammenhang —, für welche ein besonderer Etat (Hiebssatz) aufgestellt wird (im Taxationswerk und Hauungsplan). In einer Oberförsterei, welche Fichten- und Kiefernbestände mit verschiedener Umtriebszeit hat, gibt es also eine Betriebsklasse Kiefer und eine Betriebsklasse Fichte.

§ 114. Die Wahl der Umtriebszeit richtet sich meist nach der Verwertung der Bestände, seltener wird sie bedingt durch allgemeinere Interessen, z. B. Schutzmaßregeln für den Verkehr usw. Man wählt für die Holzarten meist die Umtriebszeit, in welcher sie den höchsten Ertrag an Geld resp. an Holz, öfter auch an Holz für bestimmte Gebrauchszwecke (z. B. für Grubenholz usw.) geben, wenn nicht gewisse rechtliche Verhältnisse, wie Servituten usw. und eigentümliche Rücksichten (Standort, Schutz, Absatz, Marktlage usw.) eine andere Umtriebszeit vorschreiben. Die Umtriebszeit teilt man gewöhnlich in sog. Perioden ein, d. h. Zeitabschnitte von gewöhnlich 20 Jahren beim Hochwald, von 3—10 Jahren beim Niederwald. Diese Perioden dienen als Anhalt für die Bewirtschaftungsweise resp. für die Abnutzung der Bestände. Ist die Umtriebszeit z. B. auf 100 Jahre festgesetzt, so teilt man diese in 5 Perioden von je 20 Jahren und legt in die letzte (5te) Periode alle Bestände, die am spätesten zur Nutzung kommen, d. h. in der Regel die jüngsten; in die erste Periode legt man alle hiebsnotwendigen Bestände, die zunächst genutzt werden sollen, d. h. in der Regel die ältesten resp. die schlechtwüchsigsten und auf längere Zeit unhaltbaren. In der Mitte liegen nach der Reihenfolge die II., III. und IV. Periode.

---

*) Ich wähle diese kurze und klare Definition im Interesse des leichteren Verständnisses meines Leserkreises, obwohl mir bewußt ist, daß sie nicht genau paßt; für Fortgeschrittenere erkläre ich sie dahin: sie ist der Zeitraum, innerhalb dessen planmäßig alle zu einer Betriebsklasse vereinigten Bestände einmal zum Abtrieb kommen.

§ 115. Über die Wahl der Holzarten.

Die Holzarten machen bekanntlich die verschiedenartigsten Ansprüche an den Standort, d. h. den Boden, die Lage und das Klima, und deshalb sind diese drei Faktoren bestimmend für die Wahl der zu erziehenden Holzarten. Welcher Art diese Ansprüche sind, muß ein aufmerksames Beobachten der Hölzer auf ihrem derzeitigen Standort ergeben; die einen verlangen einen tiefgründigen und milden Boden, viel Feuchtigkeit und Wärme, großen Schutz gegen Gefahren, die andern begnügen sich mit flachgründigem und unfruchtbarem Boden, sind weniger empfindlich gegen Feuchtigkeit und Trockenheit, gedeihen noch gut in den rauhesten Lagen (Fichte, Birke), kurz sind ebenso genügsam wie die anderen anspruchsvoll sind. Zu den anspruchsvollsten Hölzern gehören meist die wertvolleren, während die genügsameren oft auch geringeren Wert haben. Öfter ist bei der Wahl das Bedürfnis der Umgegend maßgebend; sind z. B. in einer Gegend reiche Kohlenlager entdeckt, so wird man sich den Anbau von Holzarten angelegen sein lassen, welche zum Grubenbau erforderlich sind. Ist man bei gleich günstigem Standort zwischen zwei Holzarten zweifelhaft, so wird man die wählen, die den höchsten Geldertrag liefert, oder, ist dieser gleich, diejenige, deren Anbau am bequemsten ist usw. Oft geben auch örtliche Gefahren, Sturm-, Wasser- und Frostgefahr, Gefahr von Insekten und anderen Tieren usw. den Ausschlag.

§ 116. Wahl der Betriebsarten.

Die Betriebsart hängt zunächst von der Holzart ab. Die Nadelhölzer eignen sich nur für den Hochwald oder als Oberholz im Mittelwald; für den Niederwald eignen sich alle Laubhölzer mit guter Ausschlagskraft, für den Mittelwald eignet sich jede Holzart, sobald das Nadelholz oder schlecht ausschlagendes resp. nicht Schatten ertragendes Holz zu Oberholz, Lichtholzarten nicht zu Unterholz gewählt werden.

Zum Hochwald wird man Holzarten nehmen, die den langen Hochwaldumtrieb aushalten und dabei hohe und wertvolle Holzmassen liefern. Demnach sind zum Hochwaldbetriebe unsere Hauptholzarten Eiche, Buche, Kiefer, Fichte und Tanne vorzüglich geeignet. Die meisten übrigen Holzarten können im Hochwaldbetriebe bewirtschaftet werden, ob jedoch mit Vorteil, wird die spätere Besprechung der einzelnen Holzarten ergeben. Der Hochwaldbetrieb im eigentlichen Sinne ist eine verhältnismäßig kostspielige Betriebsart, weil zwischen Saat und Ernte ein großer Zeitraum liegt, man also sehr lange warten und viele Gefahren bestehen muß, ehe man einen Gewinn erzielt. Der Besitzer einer sehr kleinen Waldfläche wird deshalb gern die Unterform des Plenterwaldes oder Blenderwaldes wählen. Dieser ist eine Bestandsform, bei welcher neben und durcheinander in einzelner gruppen-, horst- oder auch flächenweiser Mischung eine Holzart oder mehrere Holzarten in allen Altersklassen auf derselben Fläche stehen. Die Nutzung erfolgt in der Regel derart, daß die jeweils stärksten (ältesten) Stämme, Gruppen, oder Flächenanteile gehauen werden. Die Verjüngung erfolgt natürlich oder künstlich. Nachteile sind bei ihm: mangelnde Übersicht, hohe Anforderungen an den Wirtschafter, hohe Werbungs- und namentlich Rückerlöhne, die Notwendigkeit vieler Abfuhrwege, große Fällungsschäden; er erzeugt ebenso wie der Mittelwald im freien Stande Oberbäume mit niedrigen, zu starken Kronen, die unteren Bestandsglieder leiden unter oberer und seitlicher Beschirmung; es wird im Verhältnis zu dem hohen Prozentsatz an Reis- und an Brennholz ebenfalls zu wenig Wertholz erzeugt; nur der horstweis gemischte Plenterwald hilft diesem Übelstande ab! Vorteilhaft ist der Schutz, den er gegen alle Gefahren bietet, wie überhaupt seine Berechtigung hauptsächlich in seiner Eigenschaft als Schutzwald auf ungeschützten Berghöhen und -Rücken, an windgefährdeten Küsten und auf sonst gefährdeten Lagen zu suchen ist. Für kleine Besitzer befriedigt er ebenso wie der Mittelwald am besten vielseitige Holzbedürfnisse, er befriedigt am besten die Ansprüche an die Waldschönheit (in der Nähe großer Städte, von Badeorten usw.) und ist daher meist die Betriebsform des Parks; er erhält und vermehrt mit dem Mittelwald am besten die Bodengüte, weil in ihm nie größere Flächen bloßgelegt werden. Gute Ergebnisse gibt er nur auf besserem Standorte (Laubholzböden)*).

Man kann das Gesagte dahin zusammenfassen: der Hochwaldbetrieb wird mit Nutzen nur in solchen Wäldern angewandt, die groß genug sind, um eine ordnungsmäßige Hochwalds-Einrichtung mit jährlich gleichen und lohnenden Erträgen zuzulassen. Gewisse Standorte erlauben keinen Hochwaldbetrieb mit Kahlschlag, z. B. ganz steile Hänge oder ganz flachgründiger und exponierter Boden, während umgekehrt rauhere Lagen ihn erfordern können. Verlangt der Markt hauptsächlich Bau- und stärkere Nutzhölzer, so wird man, wenn es sonst die Verhältnisse erlauben, den Hochwaldbetrieb einführen. Überhaupt sei hier gleich hervorgehoben, daß für die Betriebsart in ähnlicher Weise wie für die Umtriebszeit einer der wichtigsten Bestimmungsgründe die Absatz- und Verwertungsverhältnisse sind. Unter Umständen gebieten auch Verpflichtungen, Servituten usw. die Betriebsart, zuweilen auch die benachbarte Bewirtschaftungsart und sonstige örtliche Verhältnisse.

---

*) Eine besondere Form des Plenterbetriebs, die die angeführten Nachteile vermeiden will, ist der sog. „Blendersaumschlag". — Fortgeschrittene mögen die sehr lesenswerten Bücher von Wagner zur Hand nehmen: „Die räumliche Ordnung im Walde", „Das System des Blendersaumschlages".

Wahl der Betriebsarten.

Für die Einführung des Niederwaldes ist im allgemeinen das Umgekehrte maßgebend, was für den Hochwald maßgebend ist. Zunächst sind nur solche Hölzer tauglich, die an den Stöcken oder Wurzeln gut ausschlagen, d. h. die meisten Laubhölzer; ganz ausgeschlossen sind die Nadelhölzer. Je mehr Ausschlagsfähigkeit nun eine Holzart hat und je wertvoller sie dabei ist, um so geeigneter ist sie zum Niederwald. Obenan steht die Eiche, dann folgen in der Reihenfolge ihrer Tauglichkeit Erle, Weide, Ahorn, Esche, Ulme, Hasel, Akazie. Die Birke gibt nur auf zusagendem Standort, dann allerdings oft vorzügliche Erträge. In letzter Reihe sind zu nennen: Linde, Pappel, Eberesche und Buche, welche letztere wegen geringer Ausschlagsfähigkeit sich am wenigsten eignet. Außerdem eignen sich noch alle Straucharten zum Niederwald, sie kommen dann in demselben eingesprengt vor, haben aber meist keine hohe forstliche Bedeutung.

Der Niederwald eignet sich auch für die kleinste Waldfläche, vorzüglich für einzelne Parzellen. Er ist passend für flachgründigen Boden, indem der große Wurzelstock mit seinen weitgehenden Wurzeln bequem die verhältnismäßig geringe oberirdische Holzmasse ernähren kann. Auf ganz steilen Hängen ist er neben dem Plenterwald beliebt, da er eine bequemere Abnutzung und Wiederkultur gestattet und den Boden schützt. Er ist auch angebracht, wo starke Nachfrage nach den schwächsten Nutz- und Brennholzsortimenten herrscht, und in allen Fällen, wo es dem Besitzer auf möglichst baldige Ernte aus seinem Walde ankommt, also für Besitzer kleiner Waldgrundstücke. Im allgemeinen hat der Niederwald, weil er fast nur Reisigholz erzeugt, in bezug auf Werts- und Massenerzeugung wenig Berechtigung; ausgenommen ist die Anlage von Weidenhegern und der Eichenschälwald, falls angemessene Rindenpreise ihn lohnend machen. Er fordert stets besseren Boden!

Schon die geringe Verbreitung des Mittelwaldes (auch zusammengesetzter Betrieb genannt), ebenso die in jüngster Zeit vielfach vorgenommenen Überführungen von Mittelwald in andere Betriebsarten beweisen, daß er sich keines großen Beifalls mehr unter den Forstwirten zu erfreuen hat. Dies liegt zunächst darin, daß der Mittelwald große Ansprüche an den Boden macht; nur ein guter und tiefgründiger Boden kann unter dem unvermeidlichen Drucke des Oberholzes noch lohnendes Unterholz hervorbringen und den großen Ansprüchen, welche die im Verhältnis zu Hoch- und Niederwald größte Bestockung des Mittelwaldes in bezug auf Ernährung macht, nachhaltig genügen. Der Mittelwald ist also auf den guten und besten Standort beschränkt, welcher heute mehr und mehr von der Landwirtschaft beansprucht wird. Die richtige Bewirtschaftung des Mittelwaldes ist mit großen Schwierigkeiten verknüpft, die namentlich den Privatforstwirt wohl bedenklich machen können; denn mit der Größe der Schwierigkeiten steht die Gefahr durch Fehler in gleichem Verhältnisse, die sich im Ausbleiben der Erträge und in Verschlechterung des Bodens rächen. Ein großer Nachteil liegt jedenfalls darin, daß der Mittelwald in seinem Unterholz und breitkronigem Oberholz zuviel Reisig resp. Brennholz hervorbringt, welches heute bei der Konkurrenz der Kohle meist wenig Wert hat. Der Hochwald bringt unter gleichen Verhältnissen unzweifelhaft viel mehr und besseres Nutzholz, auch höhere Derbholzmassen vom ha.

Unter besonderen örtlichen Umständen ist der Mittelwald vorteilhaft, da er am besten von kleinen Flächen vielseitige Ansprüche an die verschiedensten Holzsortimente befriedigt; er gibt die bequeme Gelegenheit zur gleichzeitigen Erziehung der stärksten wie schwächsten Nutzsortimente auf den verhältnismäßig kleinsten Flächen.

Gründung der Bestände.

I. Natürliche Verjüngung.

§ 117. Unter natürlicher Verjüngung ist die Verjüngung der Wälder durch Samenfall oder Ausschlag zu verstehen, wie sie z. B. in ursprünglicher Form im Urwald vor sich geht. Auch in der geregelten Forstwirtschaft ist diese Art der Bestandsbegründung bei gewissen Holzarten in Anwendung, zumal bei Holzarten, die in der Jugend den Schutz ihrer Mutterbäume gegen Frost und Hitze verlangen, wie z. B. Buche und Tanne.

Die Aufgabe des Forstwirts besteht darin, die Entwicklung des Samens, seine Verteilung und Keimung und die Entwicklung des Jungwuchses im Schutz der Mutterbäume durch richtige Schlagführung zu befördern, oder bei der Verjüngung durch Ausschlag im Niederwald und Mittelwald die Ausschlagsfähigkeit der Stöcke zu begünstigen und zu erhalten.

Je nachdem nun die Samenbäume auf der zu verjüngenden Fläche selbst oder am Rande derselben stehen, unterscheidet man zwischen einer Naturbesamung durch den Schirmbestand und einer solchen durch den Seitenbestand. Die erstere hat eine weit ausgedehntere Anwendung, es wird deshalb haupsächlich von ihr in den folgenden Kapiteln die Rede sein.

§ 118. **a. Natürliche Verjüngung durch Samenabfall.**

Die Bestandsverjüngung durch Samenfall kann mit sämtlichen Holzarten vorgenommen werden, doch findet sie auf großen Flächen bei uns im wesentlichen nur bei Rotbuche und Weißtanne, weniger bei der Eiche, Hainbuche, Esche, Birke, Erle usw. und bei den übrigen Nadelhölzern statt. Nur die erstgenannten beiden Holzarten erfordern die natürliche Verjüngung, weil sie in der Jugend dringend eines Schutzes gegen Frost, Dürre, Unkraut usw. bedürfen, den ihnen der künstliche Anbau in den meisten Fällen nicht gewährt.

Vorbereitungshiebe.

Um eine gute natürliche Verjüngung zu erhalten, hat man in dem zu verjüngenden Bestande anzustreben:

1. Erziehung reichlich tragender Samenbäume,
2. Herstellung eines guten Keimbettes, der sog. Bodengare;

und nach erfolgtem Samenabfall

3. Schutz beim Keimen und Anwachsen,
4. Unschädliches Herausschaffen aller dem jungen Bestande schädlich werdender Mutter- und Schutzbäume.

Dies Alles erreicht man nur durch eine richtige Schlagführung. Man unterscheidet bei Einteilung und Durchführung der natürlichen Verjüngung drei Arten von Hieben: die Vorbereitungshiebe, den Besamungsschlag, die Nachhiebe. Für das Gebiet des Preußischen Staates hat die Verjüngung der Tanne nur untergeordnete Bedeutung.

Als Beispiel wollen wir daher in folgendem besonders die natürliche Verjüngung der Rotbuche näher besprechen.

§ 119. 1. Die Vorbereitungshiebe.

Sie haben den Zweck: a) Die Samenentwicklung hervorzurufen und zu begünstigen. b) Das Keimbett vorzubereiten.

Die Samenentwicklung begünstigt man durch Lockerung des dichten Kronenschlusses, damit die Einzelkrone voller und kräftiger wird, mehr Knospen ansetzt und Licht, Wärme und die Niederschläge freier auf die Samenerzeugung einwirken können. Bei Führung der Vorbereitungshiebe ist große Vorsicht nötig, um nicht den Boden freizulegen und dadurch auf schlechterem Boden Verangerung oder Zurückgehen, auf gutem Boden Verunkrautung herbeizuführen. Unter Begünstigung von Bäumen mit gutem und kräftigem Wuchse und voller hoch angesetzter Krone nimmt man nach und nach in verschiedenen Hieben soviel Stämme, namentlich unterdrückte und schlechtwüchsige weg, daß durch das noch lose zusammenhängende Laubdach genügend Licht und Niederschläge auf den Boden fallen, um eine schnellere und tiefer gehende Zersetzung der Bodendecke zu bewerkstelligen und den Boden gar, d. h. fertig zur Aufnahme des Samens zu machen. Wohl zu merken ist jedoch, daß Vorbereitungshiebe nicht Regel sind, sondern nur da eingelegt werden, wo es die oben angegebenen Zwecke erfordern. Tritt ein Samenjahr ein, ehe der Boden die richtige Gare — kenntlich an leichter Begrünung — erreicht hat, so muß man künstlich durch Pflügen, Grubbern, Hacken, Eggen auf Streifen oder Plätzen, Schweineeintrieb usw. nachhelfen. Der Vorbereitungsschlag entnimmt etwa $1/5$ bis $1/3$ der Stämme des noch geschlossenen Bestandes.

§ 120. 2. Besamungsschlag.

Er hat den Zweck, eine gleichmäßige reichliche Besamung zu bewirken und die Keimung und das Anwachsen zu beschützen. Die Samenschläge werden am vorteilhaftesten im Sommer ausgezeichnet, wenn man aus Beobachtung des Fruchtansatzes (bei Kiefer der vorgebildeten Zapfen) auf guten und reichlichen Samenfall sicher rechnen kann. Sobald der Herbst die Früchte voll ausgereift hat (vom November ab), legt man den Schlag ein, indem man die Samenbäume, namentlich solche, welche den meisten und besten Samen tragen, in regelmäßigen kurzen Zwischenräumen stehen läßt, auch wo es erforderlich ist, hier und da, noch einige Schirmbäume. Eine Hauptregel bei der Stellung des Samenschlags ist, zur Vorsicht eher etwas zu dunkel als zu licht zu stellen. Eine zu lichte Stellung läßt sich nie wieder gut machen und gefährdet den Erfolg, die zu dunkle ist immer durch Nachlichtung zu bessern. Als Anhalt für den Grad der Lichtung mag noch dienen, daß Holzarten mit dichtem Laubdach (Buche, Tanne, Fichte) dunkle Schlagstellungen verlangen, ebenso verlangen in dichtem Schlusse erwachsene Bestände dichtere Stellung, weil sie vermöge ihres schlanken Wuchses und schwacher hoch angesetzter Krone den Anwuchs schlechter schützen können, auch leicht unter Sturmgefahr leiden. Wichtig ist auch der Standort für die Schlagstellung. Frische und kräftige, zu Unkraut neigende Böden (Kalk und Lehm), ebenso arme und trockene Bodenarten müssen dunkler gehalten werden, ebenso die der Sonne und aushagernden Winden besonders ausgesetzten Süd- und Westlagen. Die Stellung muß jedenfalls so bleiben, daß die Samenbäume die ganze Fläche reichlich mit Samen überwerfen können. Daraus folgt, daß bei schwerem Samen (Eiche, Buche) die Zweige der Samenbäume sich überall berühren müssen, bei Holzarten mit geflügeltem Samen können sie soweit auseinander stehen, wie der Samen auch unter ungünstigsten Verhältnissen noch fliegen kann --- etwa bis zu halber Baumlänge auseinander.

§ 121. Auszeichnen des Samenschlages, Pflege der Verjüngungen.

Das Auszeichnen der herauszunehmenden Bäume erfolgt stets im belaubten Zustande, weil man dann erst das sicherste Urteil über Schluß, Verhältnis von Licht und Schatten, Gesundheit der Stämme usw. hat, meist im Spätsommer —, indem man den Bestand strichweise durchgeht und die Bäume, welche herausgenommen werden sollen, immer nach derselben Himmelsrichtung hin anplätzen oder anreißen läßt; das erstere geschieht meist in Brusthöhe oder am Wurzelanlauf mit der Axt, das letztere mit dem Reißhaken. Bei unzuverlässigen Holzhauern tut man gut, die Bäume auch noch mit dem Waldhammer anzuschlagen resp. zu numerieren. Ist die Zahl der herauszunehmenden Bäume größer, so bezeichnet man besser die stehen bleibenden Stämme, z. B. bei Kiefern, Birken, Erlen durch Umbinden von Wischen.

Das Fällen, Aufarbeiten und Rücken des Holzes muß vor dem Aufgehen des Samens (etwa Mitte — Ende April) beendet sein, auch muß man beim Fällen die stehen bleibenden Stämme vor Beschädigung schützen. Ist vor dem Frühjahr eine Abfuhr nicht zu bewirken, so muß jedenfalls vor beginnender Keimung alles Holz aus dem Schlage resp. an Abfuhrwege gerückt werden, die nötigenfalls im Schlage selbst auszuzeichnen sind.

Bodenverwundungen zur Aufnahme des Samens sind nur bei noch nicht vorhandener Bodengare, bei Verangerung und Verunkrautung des Bodens nötig. Sie geschehen vor dem Samenabfall mit Hacken, Harken, Eggen, Pflügen, Grubbern usw. plätze- oder streifenweis.

Es sind allerlei Geräte zur Bodenverwundung erfunden, z. B. der Grubber von Balthasar, die dänische Rollegge usw.; schlechte Bodenstellen sucht man durch künstliche Düngung, namentlich mit Kalk, Gips oder Scheideschlamm (20 Zentner pro ha) zu verbessern; jedenfalls ist das früher übliche lange Abwarten von Nachbesamungen heute nicht mehr zu dulden.

Vor dem Samenabfall ist auch der Eintrieb von Schweinen sehr zu empfehlen, welche den Boden lockern und viel Ungeziefer (Mäuse) vertilgen; nur nicht an steilen Hängen und auf feuchten Stellen. Der Schweineeintrieb erspart oft jede künstliche Bodenverwundung.

§ 122. 3. Die Nachhiebe.

Zweck dieser meist stufenweis folgenden Nachhiebe in den übergehaltenen Mutterbäumen ist es, den Nachwuchs nach und nach an den Freistand und die damit verbundenen Gefahren zu gewöhnen. Die letzte Räumung nennt man Abtriebsschlag, auch Abräumungsschlag.

Die schattenertragenden Holzarten bedürfen einer sehr vorsichtigen und allmählichen Lichtung; je lichtbedürftiger eine Holzart ist (kenntlich an der lichteren Belaubung), desto schneller muß man lichten und abtreiben.

Bei der Buche umfassen die Nachhiebe in der Regel einen Zeitraum von etwa 10—20 Jahren, bei Kiefern und Eichen ist gar kein Lichtschlag nötig; man soll bei hinreichendem Anflug sofort den Abtriebsschlag einlegen; Der Zeitpunkt für die übrigen Holzarten liegt in der Mitte beider Abtriebszeiten.

Die Nachhiebe erfolgen am besten so, daß man jährlich oder in kurzen Abständen nach dem Bedürfnis des Anwuchses die verdämmenden Stämme einzeln heraushaut; stets ist jedoch reiflichste Überlegung nötig, da sich ein unnötig weggenommener Stamm nicht wieder ersetzen läßt. Den richtigsten Anhalt für die Fortführung der Nachhiebe gibt das Verhalten des Anwuchses; bleibt dieser gesund und im freudigen Gedeihen, so ist die Schlagführung richtig; jedes abnorme Verhalten des Jungwuchses muß ein Fingerzeig für Verbesserung der Hiebsführung sein. Sind die Pflanzen gedrückt, von dünnem schwächlichem Wuchse, kränkelndem Ansehen (fleckige Blätter, spindelige Knospen, zurückgehender Höhentrieb usw.), so hat man zu dunkel gehalten; zeigt sich Überhandnehmen des Unkrautes, namentlich kennzeichnender Lichtpflanzen, Schaden durch Frost und Hitze (Sonnenbrand, verödete Bodenstellen), so hat man zu licht gestellt.

Man beginnt zu lichten, wenn der Aufschlag den Schutz entbehren kann (bei Schattenholzarten bei $\frac{1}{4}$ — $\frac{1}{3}$ Meter Höhe etwa). Kann die Lichtung nicht jährlich mit einzelnen Stämmen, gewissermaßen plenternd, — sondern nur in bestimmten Jahreszwischenräumen (3—5 Jahre) schlagweise erfolgen, so fällt in diese Zeit der erste Lichtschlag. Man lichtet dann schlagweise weiter, bis man bei etwa Manneshöhe des Anwuchses den Abtriebsschlag einlegt.

Im allgemeinen entnimmt man die kranken, schlechtesten und darnach die stärksten Stämme zuerst.

Das Fällen und Aufarbeiten der Stämme darf nur bei weichem Wetter oder Schnee und unter sorgfältigster Schonung des Jungwuchses geschehen. Schonungsmaßregeln sind:

a) Durch den Schlag sind in der kürzesten Richtung, jedoch unter Vermeidung der besonders gutwüchsigen resp. der schlecht fahrbaren Partien, nach den Gestellen Abfuhrwege abzustecken, an welche das Holz gerückt (Langholz mit zweirädrigen Rückwagen, z. B. dem Neuhauser Rück= oder dem Ahlborn=schen Blochwagen) und das Brennholz möglichst hoch (bis 1,5 m) aufgesetzt wird, um Platz zu sparen.

b) Stark und tief beastete Stämme sind womöglich vor dem Fällen zu entästen; die Fallrichtung ist so zu wählen, daß weder der Aufschlag, noch Nachbarstämme beschädigt werden; sind zu dichte Aufschlaghorste vorhanden, so kann man mitten in diese hinein einzelne Stämme mit hoch angesetzten Kronen werfen; die Stämme sind nicht zu schleifen, sondern zu rollen.

c) Die Abfuhr aus dem Schlage muß vor dem Blattausbruch beendet sein; auf feuchtem Boden erfolgt dieselbe am besten bei Frost, sonst möglichst bei Schnee. Namentlich auf schnellste Abfuhr der starken Stämme ist zu halten.

Sämtliche Weichhölzer, soweit sie hindern und schlecht verwertbar sind, sind zu entfernen oder doch zu beschränken. Alle nicht nutzbaren, jedenfalls alle vereinzelten Vorwüchse sind möglichst schnell wegzunehmen, namentlich wenn sie schlecht und sperrwüchsig sind oder durch Randverdämmung schaden.

Schlußbemerkung.

Wo keine vollständige Besamung stattfindet, hilft man möglichst schnell durch Saat oder Pflanzung nach, da man mit dem Warten auf nachfolgende Sprengmasten zu viel Zeit verliert, der Boden sich verschlechtert und eine zu ungleichwüchsige Verjüngung entsteht. Bei diesen Nachbesserungen ergibt sich eine vorzügliche Gelegenheit, um entsprechende Holzarten einzusprengen; ganz besonders geeignet zu Saaten sind die Stocklöcher, die wegen ihres Humusreichtums und gründlichster Bodenlockerung den Pflanzen das Anwachsen am meisten erleichtern, auch billig zu kultivieren sind. Größere Stellen mit abweichenden Bodenverhältnissen werden horstweis mit den dazu passenden Holzarten kultiviert.

§ 123. Natürliche Verjüngung durch Ausschlag.

1. Die Niederwaldwirtschaft.

Das Kennzeichen dieser Betriebsart ist, daß die Holzarten nicht einmal, sondern in meist kurzen Perioden öfter genutzt werden, indem man das oberirdische Holz möglichst dicht am Boden wegnimmt und die nachhaltig aus dem Stocke erfolgenden Ausschläge in gleicher Weise behandelt.

Begründung von Niederwaldbeständen. Über die tauglichen Holzarten, ihre Umtriebszeit usw. verweisen wir auf die Einleitung (§ 115). Die verschiedenen Laubhölzer besitzen in ihren Wurzelstöcken ein sehr verschiedenes Ausschlagsvermögen; einige schlagen fast ausschließlich nur von dem senkrecht absteigenden Wurzelstocke aus, man nennt solche Ausschläge Stockloden, andere erzeugen nur sog. Wurzelloden oder Wurzelbrut, d. h. Ausschläge aus den mehr wagerecht streichenden Wurzeln (Tagwurzeln)*). Stockloden treiben: Rotbuche, Weißbuche, Linde, Eiche, Schwarzerle, Birke, Esche, Ahorn.

Stock- und Wurzelloden zugleich treiben: Akazie, Weißerle, Rüstern, Aspe, Pappeln, die meisten Weiden und Straucharten.

Als Niederwald-Holzarten kommen hauptsächlich Eiche, Erle, Akazie und Weide in Betracht.

Läßt man einen Stumpf beim Hiebe stehen, so treiben die Ausschläge teils aus dem Stumpfe, teils unterirdisch; durch einen recht tiefen Hieb

---

*) Die Fortpflanzung durch Ausschlag entspringt aus der Fähigkeit, durch Bildung von Adventivknospen (§ 53) am Stammreste den verlorenen oberirdischen Stammteil zu ersetzen, oder aus der Fähigkeit, an den Wurzeln Blattknospen zu erzeugen und diese zu oberirdischen Längstrieben zu entwickeln. In beiden Fällen gründen sich Ernährung und Wachstum der neuen Stämmchen auf die fortdauernde Wurzeltätigkeit der Mutterpflanze. Sobald die neuen Pflanzen durch Bildung von Wurzelknospen sich selbständig bewurzeln, so werden sie unabhängig.

kann man jedoch alle geeigneten Holzarten zu einem tiefen Stock=
ausschlag zwingen, was immer die Regel bilden muß.

Durch ein frühzeitiges sorgfältiges Abschneiden, sog. Stummeln (ganz glatter und schräger Schnitt dicht über der Erde) der Kernstämmchen, wie man die zur Ergänzung des Niederwaldes dienenden Pflanzen im Gegensatz zu den Stockloden usw. nennt, läßt sich die Ausschlagskraft erhöhen. Die Masse und Güte des Ausschlags hängt vom freien Zutritt der Sonne, dem Standort und dem Maße der Feuchtigkeit ab. Durchforstungsstöcke schlagen oft gar nicht oder doch viel schlechter aus, weil es ihnen an Licht fehlt.

Die Ausschlagsfähigkeit der Stöcke nimmt mit dem Alter ab; die Loden sind weniger kräftig und bleiben kürzer. Man kann aber diesem Übel in etwas durch einen recht tiefen Hieb abhelfen, weil dann die Ausschläge sich oft unterhalb bewurzeln und bald zu selbständigen Pflanzen ausbilden.

Eine Hauptregel beim Niederwaldhiebe ist deshalb für alle Fälle ein möglichst tiefer Hieb. Alte Stöcke sind nicht mehr selbst abzutreiben, sondern die aus ihnen getriebenen Loden sind dicht am Stocke wegzunehmen. Die kürzeste Dauer haben Birken= und Rotbuchenstöcke. Gute Ausschläge können noch erwartet werden:

bei Eiche bis . . . . 100 Jahren,
„ Schwarzerle, Weißbuche, Rüster, Esche, Ahorn bis 50 „
„ Weißerle, Akazie, Linde bis . . . . . . 30—45 „
„ Pappeln, Weiden, Birken bis . . . . 20—25 „

Um reichlichere Holz= und Gelderträge zu erzielen, läßt man jedoch am besten die Stöcke nicht die äußersten Grenzen erreichen. Je besser der Stand= ort, desto länger und besser ist die Ausschlagsfähigkeit.

Da jeder Stock in der Regel viele Ausschläge treibt, so ist eine räum= liche Stellung erwünscht; der durchschnittliche Verband der Stöcke schwankt je nach der Holzart und den örtlichen Verhältnissen zwischen 1,5—3 m, um in den Reihen das Schlagholz bequem rücken zu können und reichlich Wachsraum zu schaffen; ein noch engerer Verband bis zu 1 m und noch weniger herunter ist gestattet bei Buschholzbetrieb mit den kürzesten Um= trieben, namentlich bei Weidenhegern. Die Anlage erfolgt am besten durch Pflanzung in regelmäßigem Verbande und zwar durch Stummelpflanzung bei höherem als 15jährigem Umtriebe ist Reihenpflanzung in 2,5—3 m=Ver= band angebracht, wenn der Standort nicht zu feucht und der Wuchs nicht zu langsam ist. Zwischen den Reihen pflanzt man dann gern vorübergehend bodenbessernde Hölzer (Kiefer, Lärche, Strobe, Akazie usw.), wo sich dieses Raum= oder Füllholz nicht von selbst anfindet. Die eingesprengten gut=

entwickelten Kernwüchse kann man hier und da zum höheren Umtrieb über=
halten, sobald sie nicht verdämmen (sog. Niederwald mit Überhältern).

Verjüngungs=Schlagrichtung. Die Niederwaldbestände werden zur
Vermeidung der Frostgefahr und Aushagerung stets im Westen angehauen, und
der Schlag wird am besten von Südwest nach Nordost weitergeführt; an Berg=
wänden wird vom Fuß nach dem Gipfel gehauen.

Hiebszeit. Die beste Hiebszeit ist im allgemeinen nach Weggang des
Schnees, also vom Winterausgang bis zum Eintritt der Saftzeit, etwa von
Mitte Februar bis zum Mai; erfahrungsmäßig treiben die Stöcke in dieser
Zeit die reichlichsten und besten Loden. Ausnahmsweise muß man hauen:
Erlen in Sümpfen bei Frost, Schälhölzer in der Saftzeit, bessere Nutzhölzer
ebenfalls schon im Herbst, Weiden im Dezember.

Der Hieb geschieht stets mit einer ganz scharfen Axt, Beil und Heppe
möglichst tief, ganz glatt und schräg von oben nach unten und mit
der Schnittfläche nach Norden; auf den Hieb ist die größte Aufmerksamkeit
zu richten; splittrige und wagerecht gehauene Stockflächen faulen leicht ein, da
sich das Wasser in den Unebenheiten hält.

Das gefällte Holz muß unter allen Umständen (dies ist beim Verkauf
gleich zur Bedingung zu machen), falls ein vollständiges Rücken nicht statt=
findet, vor Laubausbruch, also spätestens bis zum Mai aus dem Schlage ge=
räumt werden. Vergl. bei Eichenschälwald.

Die Schlagausbesserung umfaßt den Ersatz der abgestorbenen wie
der schlechtausschlagenden Stöcke. Sie geschieht am besten durch ältere Pflanzen,
selten durch Stecklinge und Senker. Saat ist nicht zu empfehlen, da sie
leicht verdämmt wird. Näheres bei den einzelnen Holzarten.

§ 124. 2. Kopfholzbetrieb.

1. Unter Kopfbäumen versteht man Laubholzstämme, die meist als Setz=
stangen gepflanzt und deren Schaft in der Jugend in einer geringen Höhe
(1—2 m) abgenommen wurde, um die im Umkreise der Abhiebsstellen ent=
stehenden Ausschläge periodisch (alle 1—5 Jahre) nutzen zu können.

Der Kopfholzbetrieb beschränkt sich hauptsächlich auf ständige Viehweiden
und Viehruhen, auf Überschwemmungsgebiete, wo der Stockausschlag des Nieder=
waldes gefährdet wäre, und auf Flußufer zur Abwehr des Eisgangs. Auch
außerhalb der Wälder findet man ihn viel in holzarmen Gegenden, an Wegen,
Rainen, Gräben, auf Weiden, Angern und Wiesen.

Zu diesem Betriebe taugen nur gut ausschlagende Laubhölzer, ausge=
nommen Rotbuche, Erle, Birke, Aspe. Am besten eignen sich dazu die Baum=
weiden, Hainbuchen, Pappeln, Linden und Feldahorn. Man benutzt die Aus=

schläge zu Futterwellen, Erbsen- und Deckreisig, von Weiden auch zu Schippenstielen, Reifstangen, Flechtruten, Bindeweiden und Faschinen.

Die Anlage geschieht am besten in weitem Verbande (5—10 m) mittels Setzstangen oder Heisterpflanzung; der Kopf wird in einer Höhe von etwa 1—2 m weggenommen und dann der Stamm je nach Holzart und Bedürfnis in 1—5jährigem Umtrieb genutzt. Futterwellen dürfen erst im August gehauen werden, im übrigen werden die Loden dicht und glatt am Stamme im November bis April geschnitten.

§ 125. 3. Schneidelholzbetrieb.

Er unterscheidet sich vom vorigen Betrieb dadurch, daß die Bäume erst in natürlicher Höhe ihres Kopfes und ihrer Seitenzweige beraubt werden. Der Schneidelbetrieb liefert gutes Futterlaub, das ebenfalls im August abgehauen und in Bündeln getrocknet wird; die Stämme geben später beim Abtriebe oft besonders gutes maseriges Möbelholz. Eichen, Rüstern, Ahorn, Eschen, Erlen und Pappeln sind die besten Schneidelholzbäume. Die Triebe werden meist alle 3—6 Jahre ganz glatt am Stamme mit der Heppe weggenommen.

II. Künstliche Verjüngung.
§ 126. Saat oder Pflanzung.

Man hat bekanntlich zweierlei Mittel, um auf künstlichem Wege Bestände zu erziehen, die Saat und die Pflanzung.

Welche von beiden Arten in jedem Falle anzuwenden ist, hängt von den örtlichen Verhältnissen ab. Die Saat ist das naturgemäße und meist billigere Verfahren, liefert pflanzenreichere Bestände und deshalb höhere Vorerträge. Sehr gebräuchlich ist sie noch bei Eiche und Kiefer, doch ist die Saat auszuschließen:

1. auf verangertem, magerem, steinigem, undurchlässigem nassem und sehr armem Boden, d. h. da, wo die Kultur mit besonderen Schwierigkeiten und mit Gefahren zu kämpfen hat;
2. auf Boden, der dem Auffrieren ausgesetzt ist oder zu Unkraut neigt,
3. für viele dazu ungeeignete Holzarten z. B. Pappel, Weide, Birke, Rüster und ähnliche Holzarten.

Man greift wohl auch notgedrungen zur Saat, wenn man sehr ausgedehnte Blößen schnell in Bestand bringen soll, weil sie in solchem Falle die erforderlichen bedeutenden Pflanzenmengen nicht schaffen lassen, die Arbeitskräfte fehlen, oder die Kosten sehr hohe würden. Kann man also den Samen billig beschaffen, hat man geeigneten Standort, ist die Beschaffung von Pflanzenmaterial mit Schwierigkeiten verbunden, sind keine örtlichen Gefahren für die

Saat vorhanden, wie Vögel, Mäuse, Frost, Nässe, Unkraut usw., so greift man namentlich bei Eiche und Kiefer lieber zur Saat. Die Pflanzung ist Regel in folgenden Fällen:

1. Wo die oben genannten Gefahren die Saat verbieten.
2. Wenn Samenmangel herrscht.
3. Bei fast allen Nachbesserungen.
4. Wo man den Bestand schneller in Schluß bringen und sehr kräftige Pflanzen erziehen muß.
5. Im Niederwald- und Kopfholzbetrieb.

Holzsaat.

§ 127. Beschaffung des Samens.

Sicher geht man beim Selbstsammeln des Samens. Das Selbstsammeln geschieht erst, nachdem man sich von der Güte und vollkommenen Reife, auch von der Reichhaltigkeit sorgfältig durch Untersuchung überzeugt hat. Man nehme den Samen nur von ganz ausgewachsenen, guten, gesunden, nicht zu gedrängt stehenden Stämmen auf kräftigem Standort; man vermeide drehwüchsige Stämme, da dieser Fehler leicht durch den Samen forterbt. Das Wetter muß beim Sammeln trocken sein. Sollen die Stämme noch längere Zeit stehen bleiben, so müssen sie vor allen unnötigen Verletzungen beim Sammeln (durch Steigeisen, Anprällen Abbrechen der Äste usw.) geschützt werden. Am besten gewinnt man den Samen in den Schlägen von den gefällten Bäumen, ist dies nicht möglich, so achtet man darauf, daß die Sammler die Zweige nicht nach unten, sondern stets nach oben biegen, weil sie dieselben im ersteren Falle leicht abbrechen oder abreißen. Der erste abfallende Same ist meist schlecht, jedenfalls muß er erst ordentlich ausreifen. Am besten läßt man in Akkord sammeln und scheidet bei der Abnahme allen schlechten Samen und jegliche Unreinigkeiten aus.

Die wissenschaftlichen Forschungen und die praktischen Versuche, die im letzten Jahrzehnt über den Einfluß der Herkunft des Saatgutes angestellt sind, haben den außerordentlich großen Einfluß der Herkunft unserer Waldsamen auf die spätere Entwicklung der Pflanze ergeben. Besonders um den großen Bedarf von Kiefernsamen zu decken, sind viele Zapfen aus Belgien, Rußland und Frankreich eingeführt. Abgesehen davon, daß diese vielfach von schlechtwüchsigen Bäume stammten, oder nicht reif waren, zeigen die daraus hervorgehenden Pflanzen und Bestände bei uns weniger gutes Wachstum. Auf die Herkunft des Samens ist daher besonderer Wert zu legen. Mehrere große Firmen haben sich der Aufsicht des Deutschen Forstwirtschaftsrates unterworfen und weisen die Herkunft des angebotenen Samens bei ihren Angeboten nach.

Muß man daher den Samen kaufen, so wende man sich nur an die bekannten großen Firmen, bedinge vor der Ablieferung die deutsche Herkunft, Reinheit und Keimprozente; jedenfalls ist der Same stets rechtzeitig zu proben. Die Staatsforstverwaltung liefert die Nadelholzsamen aus eigenen Samendarren.

§ 128. Aufbewahren des Samens.

Der gewonnene Samen muß so aufbewahrt werden, daß er seine Keimkraft behält, die ja sehr bald bei allen Samen leidet. Man verfährt bei den wichtigsten Holzarten auf folgende Weise:

Die gesammelten Eicheln werden (nachdem sie vollkommen getrocknet sind) bis zur Herbstsaat in bedecktem luftigem Raume (auf Tennen, Böden), sonst im Freien unter Schutzdächern und unter Ziehung von Umfassungsgräben gegen Tiere, dünn, nicht über 30 cm hoch in Mengung mit gleichviel trocknem Sand aufgeschüttet und, falls es nötig ist, zur Vermeidung der Erhitzung gründlich umgeschippt. Hat man keine Mäuse oder Auffrieren oder Überschwemmung zu fürchten, so ist Herbstsaat die Regel, da die Überwinterung schwierig ist. Beim Überwintern hat man auf trockene Lagerstätte zu achten, damit die Eicheln sich nicht erhitzen und schimmeln oder zu früh keimen.

Bei häufigen und reichen Masten lohnt sich die Anlage des „Alemannschen Schuppen", einer 2 m breiten und 30 cm tiefen längeren Grube, die mit einem auf dem Boden stehenden mit Giebelluken versehenen Rohrdach überdacht ist. Am meisten habe ich jedoch bewährt gefunden die Aufbewahrung auf einer trockenen Stelle im ständigen Kampe, wo die gut getrockneten Eicheln 1—2 m breit auf eine 10 cm hohe trockne Sandschicht 7 cm hoch aufgeschichtet werden, darauf wieder 5 cm Sand, auf diese 7 cm Eicheln usf. bis etwa 40 cm hoch. Eine Schutzgrube gegen Mäuse, seitliche und obere starke Bedeckung mit Laub und Gezweig schützen gegen Frost und Tiere (Fasanen, Krähen, Eichhörnchen usw.).

Bucheckern werden wie die Eicheln durch Auflesen, Abschütteln mit langen Haken oder Abklopfen in untergehaltene Tücher gesammelt und durch Werfen und Sieben von den Hülsen gereinigt.

Das Aufbewahren geschieht wie bei den Eicheln. Jedenfalls müssen die Bucheln wie alle anderen Samen vor dem Aufbewahren erst gründlich getrocknet werden. Um sich von der Keimfähigkeit zu überzeugen, keimt man die Bucheckern vor der Aussaat durch sog. Malzen an. Einige Tage vor der Aussaat feuchtet man nämlich die Bucheln auf Zement- oder Steinböden recht naß an, schaufelt sie in 40—70 cm hohe Kegel und bedeckt sie dann mit

Aufbewahren des Samens.

Säcken. Diese Operation, ein- bis zweimal wiederholt, wird bei der Mehrzahl den weißen Keim hervorlocken, welches den geeignetsten Zeitpunkt zum Säen anzeigt. Die Bucheln, die nicht keimen, werden entfernt.

Weißbuchen- (Abb. 85, 86) und Eschensamen (Abb. 87) wird im Spätherbst, wenn das Laub abgefallen ist, durch Pflücken gesammelt; der erstere wird gedroschen, der letztere behält die Flügel bei der Saat. Ist die

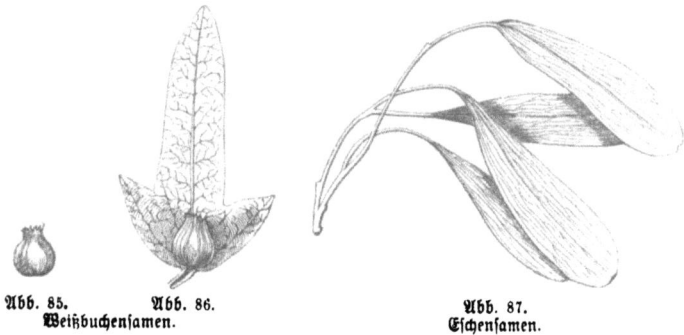

Abb. 85.   Abb. 86.   Abb. 87.
Weißbuchensamen.   Eschensamen.

Herbstsaat unmöglich, so bewahrt man den Samen in 30 cm tiefen Gräben auf. Man schüttet ihn hier mit trockenem Sand vermengt etwa 30 cm hoch auf, bedeckt ihn flach mit ganz trockenem Laub und dann bis zum Rande der Grube mit Erde. Wählt man die Grube 60 cm tief, so macht man mehrere Schichten, z. B. unten 10 cm Sand, 7 cm Samen, dann je 7 cm Sand und Samen; über der letzten Schicht aber Laub und mindestens 15 cm

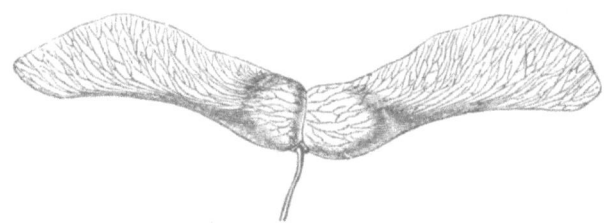

Abb. 88.   Spitzahorn.

Erde. Beide Samen pflegen überzuliegen, d. h. erst im zweiten Frühjahr zu keimen. Zur Sicherheit sieht man jedoch schon im ersten Frühjahr nach, ob vielleicht ausnahmsweise eine Keimung stattgefunden hat; in diesem Fall muß natürlich sofort gesäet werden.

Ahornsamen (Abb. 88, 89) gewinnt man im Oktober, wenn die Flügel braun sind, durch Abschütteln und bewahrt ihn nötigenfalls in Säcken in trockenen, aber nicht austrocknenden Räumen, besser noch mit Sand vermengt

in Erdgruben wie Eschensamen, wie überhaupt alle Sämereien — die Nadel=
hölzer ausgenommen — sich am besten mit trocknem Sand vermengt in trocknen
Erdgruben überwintern lassen.

Rüstersamen (Abb. 90, 91) reift bereits im Mai oder Juni; er wird
abgestreift oder unter den Bäumen zusammengefegt und sofort ausgesäet, da
er die Keimkraft sehr bald verliert. Vor
dem Sammeln ist jedoch durch Zerquet=
schen mit den Fingernägeln erst zu unter=
suchen, ob soviel fruchtbarer Samen vor=
handen, daß das Sammeln lohnt; öfter
ist aller Samen taub.

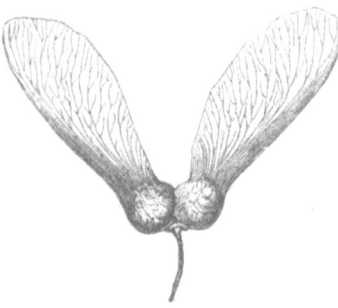

Abb. 89. Bergahorn.

Birkensamen (Abb. 92) wird
Ende August und im September mit den
braunen Zäpfchen gesammelt, die zur
Gewinnung des Samens erst getrocknet,
dann zerrieben und durchgesiebt werden.
Vor unvermeidlicher Überwinterung muß
der Samen gut getrocknet und dann in Haufen auf dem Boden aufbe=
wahrt werden. Öfteres Umschippen ist erforderlich, da er sich sehr leicht erhitzt.
Regel ist sofortiges Säen.

Erlensamen (Abb. 93) reift im Oktober, wird aber erst im Novem=
ber mit den braun gewordenen Zapfen gesammelt, zerrieben, an warmen
Orten ausgesiebt, auf gebretterten Böden ausgebreitet und öfter umgeschippt.

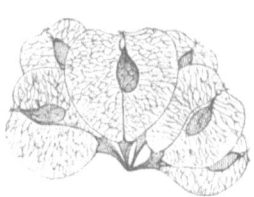

Abb. 90. Feldrüster.

Abb. 91. Flatterrüster.

Birken= und Erlenzapfen sammelt man am liebsten von gefällten Bäumen.
An Gräben und Teichen wird Erlensamen auch im Frühjahr aus dem Wasser
gefischt, muß aber dann sofort gesäet werden.

Weißtannensamen gerät fast jährlich und wird im September von
Steigern gepflückt, bevor die Schuppen von den Spindeln fliegen. An mittel=
trocknen und mittelwarmen Orten aufbewahrt, fallen die Schuppen bald ab;
den Samen reinigt man durch Sieben. Bei der Aufbewahrung ist große

Aufbewahrung des Samens. 163

Vorsicht nötig, da der Same leicht erhitzt, leicht austrocknet und sich nur mit
Not bis zum nächsten Frühjahr hält; öfteres Umschippen ist unerläßlich.

Ein hl Zapfen wiegt 30—40 kg und liefert etwa 2,5 kg entflügelten
Samen, der etwa 25 kg je hl wiegen muß.

Fichtensamen (Abb. 94) wird durch Abbrechen der Zapfen von Oktober
bis März von Kletterern oder durch Pflücken im Schlage gewonnen. Die Zapfen
werden durch Sonnenwärme oder durch Feuerwärme in sog. Samendarren
oder Klenganstalten künstlich vom Samen befreit, der dann in Säcken ge=
droschen und nachher durchgesiebt wird. Er behält die Keimkraft drei bis
vier Jahre; frischer Samen ist jedoch, wie bei allen Holzarten, stets der beste.

Flügelsamen hält sich besser als reiner Samen, doch darf er der Luft
nicht zu sehr ausgesetzt werden.

Ein hl Zapfen gibt etwa 1,5—2 kg reinen Samen, der etwa 46 kg
je hl wiegen muß.

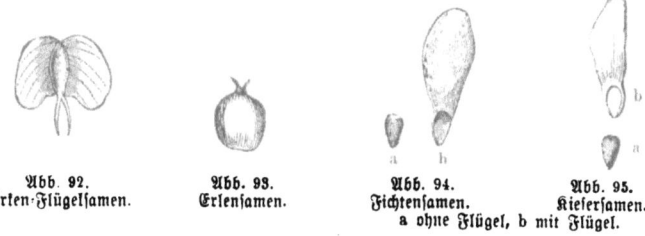

Abb. 92.   Abb. 93.   Abb. 94.   Abb. 95.
Birken-Flügelsamen.   Erlensamen.   Fichtensamen.   Kiefersamen.
a ohne Flügel, b mit Flügel.

Kiefernsamen (Abb. 95) gewinnt man ebenso, nur läßt man die Zapfen,
damit sie sich leichter öffnen, erst vom Dezember ab sammeln. Zum Aus=
klengen ist mehr Wärme erforderlich, auch ist der Same viel empfindlicher
und hält bei gewöhnlicher Aufbewahrung nur schwer 2, sehr selten 3 Jahre
seine Keimkraft; deshalb ist erste Regel, nur frischen Samen auszusäen.

1 hl Zapfen gibt etwa 0,8 kg reinen Samen, der je hl etwa 48 kg
wiegt.

Lärchensamen. Die sich schwer öffnenden Zapfen werden im Nach=
winter gepflückt, gedarrt und in besonderen Schwingfässern gereinigt; auch
Sonnendarren haben guten Erfolg.

1 hl Zapfen gibt etwa 2,5 kg Samen, der je hl etwa 50 kg wiegt.
Lärchensamen hat eine sehr schlechte Keimkraft, deshalb ist vor der Aussaat
Einquellen (24 Stunden in warmem Wasser) zu empfehlen.

Das Einquellen der Sämereien hat im allgemeinen ungünstigen Einfluß.
Keinesfalls kann durch solche künstlichen Reizmittel schlechter Samen gut ge=
macht werden; jedenfalls ist Vorsicht geboten. Am besten ist es noch, die

Sämereien 30—40 Stunden in dünnes Kaltwasser zu legen, — das auf höchstens 50⁰ C erhitzt wird, bis die guten Körner alle untergesunken sind. Den gequellten Samen soll man aber nicht bei trockenem Wetter säen.

§ 129. Prüfung des Samens.

Gute Eicheln haben eine gleichmäßig bräunliche glatte Schale, der Kern ist äußerlich gelblich weiß und zeigt beim Zerschneiden inwendig eine frische Wachsfarbe. Der Kern muß die Hülle ganz ausfüllen. Man schüttet auch wohl die Eicheln in Wasser; die, welche schwimmen, sind meist schlecht.

Buchenkerne prüft man ebenso wie Eicheln. Hainbuchensamen muß aufgeschlagen einen gesunden und frischen Kern enthalten. Eschensamen wird aufgeschnitten und muß sich im Innern frisch, weich und bläulich-weiß zeigen. Guter Ahornsamen zeigt beim Ablösen der äußeren Schale im Innern frische grüne Samenlappen. Rüster-, Birken- und Erlensamen muß einen mehligen

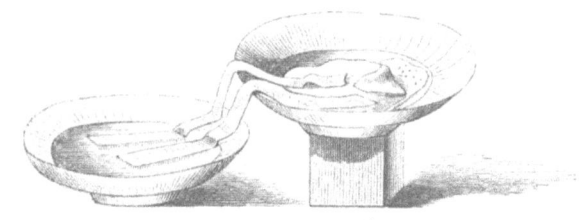

Abb. 96. Lappenprobe.

Kern und beim Zerdrücken ölige Feuchtigkeit haben. Guter Weißtannensamen zeigt beim Durchschneiden vollen und frischen Kern und stark terpentinartig riechendes Öl. Den übrigen Nadelholzsamen prüft man durch sog. Keimproben, die stets mit großer Aufmerksamkeit und Vorsicht auszuführen sind.

Es sind zu diesem Zweck eine Menge Hilfsmittel ersonnen. Hier folgen nur einige, die ganz einfach und überall anwendbar sind. Die sog. Topfprobe besteht darin, daß man mitten aus dem zu prüfenden Samen 100 Körner nimmt und diese gleichmäßig in einen mit leichter Garten- und Lauberde gefüllten Blumentopf einsäet. Der Topf muß an einem gleichmäßig warmen hellen Ort stehen und im Untersatz stets Wasser haben. Die keimenden Pflänzchen werden herausgezogen und ihre Anzahl wie der Tag des Keimens wird notiert, bis nach 3—5 Wochen das Keimen aufgehört hat.

Die sog. Lappenprobe (Abb. 96) ist die beste. Man schlägt 100 bis 300 Körner in einen doppelten Fries- oder Flanellappen von 50 cm Länge und 20 cm Breite so ein, daß die Körner in der Mitte und die Enden des Lappens in zwei mit Regenwasser gefüllten Untertassen liegen. Durch Be-

Prüfung des Samens. Säen.

obachten und Notieren des Keimens, wie oben, erhält man die Keimfähigkeit, die in Prozenten ausgedrückt wird. Keimen z. B. von 100 77 Körner, so hat der Samen 77% Keimkraft. Die bei der Lappenprobe entwickelten Keimlinge sind nicht gleichwertig, nur die schnell gekeimten, kräftigen, lang bewurzelten geben gute Pflanzen; hiernach muß man sein Keimergebnis bewerten*).

Die Probe muß in einem recht hellen, gut ventilierten, durchschnittlich 28⁰ C. warmen Raum vorgenommen werden, wenn man höchste Keimresultate erzielen will.

Bei diesen richtig durchgeführten einfachen Keimproben beträgt nach Gayer das Keimprozent etwa:

75—80% bei Fichte und Schwarzkiefer, 65—70% bei Kiefer, Esche, Hainbuche, Eiche; 50—60% bei Tanne, Buche, Edelkastanie, Ahorn, Akazie, Linde; 45% bei Ulme (sehr hoch!); 35—40% bei Erle; 30—35% bei Lärche; 20—25% bei Birke.

Im allgemeinen wird die Güte aller Samenarten bedingt durch ihren Reife= grad, durch Größe, Gewicht, Alter, Herkunft, Reinheit, Farbe, Glanz, Geruch, Vollkörnigkeit und Frische im Innern usw., welche als wichtige Faktoren vor dem Gebrauch zu prüfen sind; besondere Vorsicht ist bei dem durch den Handel, bezogenem Birken=, Erlen= und Lärchensamen, ferner bei Ulmen=, Eschen= und Tannensamen nötig; man bezieht deshalb die Sämereien nur von alten und als reell erprobten Samenhandlungen. Bei der Prüfung ist sowohl die Keim= energie wie auch alle Unreinigkeit stets in Prozenten zu ermitteln und mit in Rechnung zu stellen; wenn man nur gute Körner untersucht, erhält man viel zu hohe Keimprozente; auch muß man die Keimprobe lange genug ausdehnen (2—4 Wochen). Die Keimkraft hält sich im allgemeinen nicht über die ge= wöhnliche Auflaufzeit des Samens im Freien hinaus; länger halten sich bei vorsichtiger Aufbewahrung die öl= und wasserarmen, aber stärkemehlreichen Samen (Esche, Hainbuche, Fichte, Lärche). Alle einfachen Keimproben ergeben natürlich keine absolut zuverlässigen Ergebnisse.

Wer daher nicht selbst prüfen will, kaufe die Sämereien etwa 6 Wochen vor Gebrauch und schicke sie der Waldsamenprüfungsanstalt in Eberswalde ein; von Nadelholz mindestens je 100 g, von Laubholz entsprechend große Proben. Für die von der Staatsforstverwaltung verwendeten Samen ist diese Prüfung vorgeschrieben.

---

*) Vergl. auch die bahnbrechende Schrift von Haack: Über die Keimung und Bewertung des Kiefernsamens nach Keimproben. Springer=Berlin.

§ 130. Das Säen.

Beim Säen ist darauf zu achten, daß man die richtige Saatzeit, Saatmethode und Samenmenge wählt. Über die richtige Zeit belehrt uns die Natur am besten; es ist im allgemeinen die Zeit, in welcher die Bäume von selbst ihren Samen fallen lassen; wir säen nur dann zu anderen Zeiten, wenn wir durch die Verhältnisse (Wirtschaftsführung, Gefahren durch Tiere, durch das Wetter, Arbeitermangel) dazu genötigt werden. Als Regel betrachte man, schon um das lästige und verlustdrohende Überwintern zu vermeiden, für die Laubhölzer die Herbstsaat, für die Nadelhölzer die Frühjahrssaat. Ist für Eicheln und Bucheln große Gefahr durch Mäuse oder Wild, für Bucheln auch durch Fröste zu fürchten, so säe man im Frühjahr. Birken und Rüstersamen säet man sofort nach erlangter Reife. Die Frühlingssaat nimmt man an trocknen und sonnigen Orten bald nach Abgang des Schnees vor, im allgemeinen von Ende März bis zum Buchenlaub=Ausbruch; für die Herbstsaat empfehlen wir Oktober; sie richtet sich übrigens nach der Reife und dem Abfall des Samens, dem Eintritt des Frostes oder Schnees, nach Arbeiterverhältnissen usw.

§ 131. Saat-Methoden.

Man unterscheidet „Voll=" und „stellenweise Saat". Erstere ist die kostspieligste, sie verlangt am meisten Bodenbearbeitung, Samenmenge und Zeitaufwand und wird deshalb fast gar nicht mehr angewandt. Bei letzterer unterscheidet man Streifen=, Plätze= und Punktsaat; sie ist die allgemein gebräuchliche, weil sie bei billiger Herstellung meist auch bessere Erfolge liefert. Den Nachteil, daß nicht auf der vollen Fläche Pflanzen erzogen werden, wiegt sie dadurch auf, daß sie in ihrem lichterem Stande kräftigere Pflanzen und schnelleren Zuwachs erzielt. Der größten Verbreitung erfreut sich die Streifensaat mit ihren Unterarten, der Furchen= und Rillensaat. Die Rillensaat wird meistens nur in Saatkämpen angewandt; gehen die Streifen nicht über die ganze Fläche, sondern werden durch unbesäte Stellen unterbrochen, so sprechen wir von Stückstreifen. Plätzesaat empfiehlt sich besonders bei Nachbesserungen (in Samenschlägen), ferner auf sehr trocknem und magerem Boden, in rauhen und steinigen Lagen, auch wohl, um Kosten zu sparen; die Punktsaat (Einstufen) beschränkt sich meist auf den schwersten Samen (Eiche, Buche) besonders bei Unterbau und Nachbesserungen in natürlichen Verjüngungen; sie besteht einfach darin, daß mit einer schmalen Hacke eingeschlagen, der Boden gehoben und darunter der Samen gelegt wird, so daß gewissermaßen nur ein Punkt gemacht wird; auf bindigem Boden ist auch der von Th. Hartig eingeführte Saatdolch zu empfehlen.

§ 132. **Samenmenge.**

Sie richtet sich:

1. Nach dem Standort. Auf fruchtbarem und frischem Boden säet man dünner als auf trockenem, magerem und steinigem oder auf heißem und rauhem, zu Unkraut und Auffrieren neigendem Boden.

2. Nach der Bodenzubereitung. Auf sorgfältig bearbeitetem Boden säet man dünner.

3. Nach den örtlichen Gefahren. Ist Wild-, Mäuse-, Vogelfraß, Insekten-, Frostschaden usw. zu befürchten, so säet man dichter.

4. Nach der Samengüte. Je besser und frischer der Same, je weniger gebraucht man; Same, der älter ist als ein halbes Jahr, bringt schon $\frac{1}{5} - \frac{3}{5}$ Ausfall, alle schwach keimfähigen Körnern liefern schlechteres Material. Je größer und schwerer der Samen relativ ist, um so weniger gebraucht man natürlich davon und umgekehrt.

5. Nach der Wurzelbildung gewisser Holzarten. Von Holzarten, die früh eine Pfahlwurzel oder starke Herzwurzel entwickeln, kann man verhältnismäßig weniger Samen nehmen, weil sie erfahrungsmäßig durch die tiefe Bewurzelung gegen die meisten Gefahren viel mehr geschützt sind. Am widerstandsfähigsten nach der Saat ist die Eiche, dann folgen Buche, Ulme, Esche, Ahorn, Erle, Hainbuche, Birke. Die Nadelhölzer stehen in dieser Beziehung in folgender Reihenfolge:

Kiefer, Lärche, Fichte; Tanne (Tanne hat sehr schlechte Keimkraft).

Die nachfolgenden Angaben über Samenmengen sind nur annähernde Mittelzahlen und bedürfen nach obigen Gesichtspunkten mehr oder weniger der Ergänzung. Sie beziehen sich nur auf gut trocknen Samen mit normaler Keimkraft:

1. Eichen: Breitwürfige Vollsaat 10 hl oder etwa 800 kg je ha. Streifensaat: Streifen 0,5 m breit und 2—1,5 m Entfernung von Rand zu Rand, 3—6 hl je ha. Einstufen 4 hl je ha. 1 hl wiegt etwa 72 kg, hat etwa 22000 Eicheln (schwankt sehr).

2. Buchen: Vollsaat 4 hl oder 250 kg je ha unter Schutzbeständen $\frac{1}{2} - \frac{2}{3}$ soviel. 50—70 cm breite Streifen, 1,25 m entfernt, 2—2,5 hl je ha. Löchersaat in 60 cm² Verband. 1 hl pro ha. 1 hl Bucheln wiegt 50 kg mit 215000 Stück. Bei Vollmast liefert 1 ha etwa 24 hl Bucheln

3. Hainbuchen: Vollsaat 50 kg, Streifensaat von 50 cm Breite und 1,5 m Entfernung 35 kg je ha. 1 hl abgeflügelter Same wiegt 50 kg. Keimt meist erst im zweiten Jahre.

4. Eschen: Vollsaat 35—60 kg*), Streifensaat in obigem Verband 20 kg je ha. 1 hl wiegt 16 kg. Keimt meist erst im zweiten Jahre.

5. Ahorn: Vollsaat 50 kg, Streifensaat im obigem Verband 20 kg je ha. 1 hl wiegt 14 kg.

6. Rüstern: Vollsaat 30—40 kg, Streifensaat im obigem Verband 20 kg je ha. 1 hl wiegt 6 kg.

7. Erlen: Vollsaat 20 kg, Streifensaat im obigem Verband 14 kg je ha. 1 hl wiegt 30 kg.

8. Birken: Vollsaat 35—50 kg, Streifensaat im obigem Verband 20 kg je ha. 1 hl wiegt 10 kg.

9. Kiefern: Vollsaat 5—7 kg abgeflügelter Samen, Zapfensaat 9 hl, bei Streifen- und Plattensaat in obigem Verband 2—3 kg je ha, bei Maschinensaat in Streifen nur 2—2,5 kg. 1 hl Zapfen gibt 0,8 kg Samen. Samenjahre alle 3—6 Jahre. Preis schwankt sehr je nach Ernte.

10. Fichten: Vollsaat 16 kg, Streifen- und Plätzesaat in obigem Verband 4—6 kg je ha. 1 hl Zapfen = 1,5 kg Samen. Samenjahre etwa alle 6 Jahre; Preis stark schwankend.

11. Tannen: Vollsaat 50—75 kg, Streifensaat in obigem Verband 30 kg je ha. 1 hl Zapfen gibt 3 kg Samen. Samen fast jährlich. 1 kg Samen kostet etwa 60 Pf.

12. Lärchen: Vollsaat 15—20 kg, Streifensaat in obigem Verband 8 kg je ha. 1 hl Zapfen gibt 2,5 kg Samen; Samenjahre häufig.

Man prägt sich die Samenmengen der Nadelhölzer am besten nach folgendem Verhältnis ein: Kiefer braucht die geringste Samenmenge (7 kg), Fichte und Lärche etwa das Doppelte der Kiefer, Tanne etwa das Achtfache der Kiefer bei Vollsaaten.

Bei streifen- und platzweisen Saaten vermindert sich die Samenmenge im Verhältnis der verwundeten Fläche. Beanspruchen die Streifen, Plätze usw. z. B. nur $\frac{2}{3}$, $\frac{1}{2}$, $\frac{1}{3}$ usw. so viel als die Gesamtfläche, so nimmt man auch nur $\frac{2}{3}$, $\frac{1}{2}$, $\frac{1}{3}$ der für die Vollsaat bestimmten Samenmenge, doch pflegt man zur Sicherheit der so berechneten Samenmenge noch 10—20% hinzu zu geben.

Samenmengen für Saatkämpe.

1. Eiche: Vollsaat 0,30 hl, Rillen 30 cm Entfern. 0,20 hl je ar
2. Buche: „   0,24 „   „   „   0,12 „ „ „

---

*) Wo zwei Zahlen angegeben sind, bezieht sich die erstere auf die günstigen, die zweite auf die ungünstigen Verhältnisse; die mittleren Quantitäten ergeben sich hieraus von selbst.

Samenmenge. Bodenbearbeitung.

3. Hain=
buche: Vollsaat 0,24 hl, Rillen 30 cm Entfern. 1 kg je ar
4. Ahorn: „   „   „   „   „   1,2 „ „ „
5. Esche: „   „   „   „   „   1   „ „ „
6. Rüster*):   „   „   „   „   „   1   „ „ „
7. Erle: „   „   „   „   „   1,5—2 „ „ „
8. Kiefer**): „ f. Jährl. 2 kg   „   0,7—1 „ „ „
9. Fichte: 1—1,5 „ „ „
10. Tanne: 3—4   „ „ „
11. Lärche: Vollsaat   1,5—2 „ „ „

Die zu gemischten Vollsaaten für jede Holzart erforderliche Samenmenge bestimmt sich nach dem erstrebten Mischungsverhältnis resp. nach dem Ver= hältnis der Güte der Samenarten.

§ 133. Boden-Bearbeitung.

Jede Bodenbearbeitung hat den Zweck, dem Samen ein günstiges Keim= bett zu bereiten und den jungen Pflanzen ein gutes Anwachsen zu sichern; sie erreicht dies durch die Entfernung etwaigen der Besamung nachteiligen Boden= überzugs und durch Lockerung des Bodens.

Entfernung des Bodenüberzugs.

Zur Entfernung des Bodenüberzugs bedient man sich bei starkem Unkraut, wie Heide=, Heidel= und Preißelbeere, Ginster usw. entweder einer starken Sense mit kurzem und starkem Blatte oder man plaggt ihn mit der Hacke ab, wie es auch mit schwächerem Kraut, Gras und Moos geschieht. Ist es mög= lich, die Arbeit gegen Abgabe des Materials machen zu lassen, z. B. in streu= armen Gegenden, so ist dies entschieden ratsam, wenn der Boden nicht so arm ist, daß man den Überzug zum Bodenschutz und zur Bodenverbesserung ge= braucht. Kann man das Material nicht abgeben, so bleibt es entweder zur Seite der Streifen liegen, um dort zu verrotten, oder man bringt es auf Haufen und läßt es zur Düngung für Forstgärten oder Saatkämpe in Kompost= haufen verwesen, oder man brennt oder schmort es zu Rasenasche, die ein vor= treffliches Düngmittel bietet. Der Hieb ist unter allen Umständen vor der Samenreife des Unkrautes zu bewirken.

Ganz große und sehr stark verkrautete Flächen kann man wohl auch durch Absengen vom Unkraut befreien. Dieses muß jedoch unter Beobachtung größter Vorsicht vorgenommen werden und hat immer sehr starken Graswuchs zur Folge.

---

*) Bei sofortiger Aussaat.
**) Je enger man die Rillen wählt (man geht bis zu 8 cm Entfernung her= unter), um so mehr Samen muß natürlich genommen werden, vorausgesetzt, daß der Kamp gut gedüngt und bearbeitet ist.

Einen nur benarbten nicht sehr bindigen Boden, der ziemlich eben und frei von größeren Steinen und Wurzeln ist, verwundet man vorteilhaft mit Grubbern oder leichten Eggen und Pflügen. Auf sehr unebenem Boden mit vielen Stöcken, großen Steinen und Vorwüchsen bedient man sich der Rode=
hacke, Hacke und Harke, auf leichterem Boden solcher mit hölzernen auf schwererem mit eisernen Zinken; auch bei Moosüberzug leistet die Harke die besten Dienste. Soll der Bodenüberzug, namentlich streifenweis, ganz beseitigt werden, nimmt man den zweischarigen Waldpflug.

§ 134. Lockerung des Bodens.

Die künstliche Bodenlockerung wird mit Hacke, Rodehacke, Harke, vielerlei Spaten, allerlei Eggen, Grubbern, leichten und schweren Pflügen vorgenommen, möglichst immer schon im Herbst, namentlich auf allen schweren Bodenarten. Die Wahl dieser Werkzeuge richtet sich nach dem Grade der Lockerung, die man erreichen will, nach der Bodenbeschaffenheit und nach der zu kultivierenden Holzart. Sehr abhängig ist man auch von der Gewohnheit der Arbeiter, die nur ungern ein althergebrachtes Werkzeug aufgeben. Die Hacke gebraucht man zu mehr oberflächlichen Bodenarbeiten, namentlich zum Aufhacken von Streifen, Platten und Löchern auf leichtem Boden; besonders erfolgreich auf ungenügend vorbereitetem Boden in Samenschlägen ist das grobschollige Umhacken vor Abfall des Samens, aber so, daß die Schollen aufrecht stehen. Die Anwendung des Spatens ist wegen ihrer Kostspieligkeit fast nur auf Forstgärten, Saat- und Pflanzenkämpe d. h. auf das Rajolen von kleineren Flächen und Streifen beschränkt. Sehr verbreitet und allein anwendbar ist der Gebrauch des Pfluges, sobald es sich um eine tiefgehende und gründliche Bodenlockerung auf großen, ebenen, steinfreien, nicht zu sehr verunkrauteten Flächen handelt; die Spatenarbeit würde hier zu teuer werden, da ihre Kosten sich zur Pflug=
arbeit wie 4 : 1 verhalten.

Die Lockerung des Bodens betrifft entweder die ganze Fläche (sehr selten) oder nur Teile derselben, je nachdem man Voll=, Streifen=, Platten=, Löcher= oder Rillensaaten vornehmen will. Je trockner der Boden ist, um so tiefer lockert man im allgemeinen, da sich tief gelockerter Boden frischer hält. Von Natur lockere und lose Böden lockere man nicht; diese muß man sogar oft binden (Flugsand).

Die Vorteile jeder Bodenlockerung liegen in Folgendem.

1. Sie befördert die weitere Verkrümelung und Zersetzung des Bodens und löst so besser seine mineralischen Nährstoffe; sie befördert den Luftwechsel im Boden, die Aufnahme von fruchtbaren Gasen, namentlich von Kohlensäure und Ammoniak, erleichtert das Eindringen aller Niederschläge, verhindert ihr Abfließen (auf Bodenneigungen), sie nimmt besser den Wasserdampf der Luft

Bodenbearbeitung zu Vollsaaten. Mitfruchtbau.

auf, hält alle Feuchtigkeit besser und vermindert die Verdunstung; kurz, durch die Bodenlockerung bleibt der Boden weit frischer, auch wird er fruchtbarer.

2. Sie erleichtert den Pflanzenwurzeln das Eindringen und Ausbreiten, und zwar um so mehr, je besser gelockert wird.

§ 135. Bodenbearbeitung zu Vollsaaten. Mitfruchtbau.

Bei Vollsaaten nimmt man, um Kosten zu sparen, hier und da entweder vorher oder gleichzeitig landwirtschaftlichen Fruchtbau vor. Der Vor- oder Mitfruchtbau empfiehlt sich nur auf kräftigem stark verunkrautetem Boden, indem durch die mit dem Fruchtbau verbundene Umarbeitung die nötige Bodenlockerheit ohne Kosten erzielt und gleichzeitig der Boden gründlich von Steinen und großem Gewürzel gereinigt wird. — Je nach der Bodengüte und den wirtschaftlichen Verhältnissen der Umgebung überläßt man das Land unentgeltlich oder gegen einen geringen Pachtzins oder endlich gegen das dabei gewonnene Stockholz. Auf ärmerem Boden ist der Fruchtbau nicht statthaft, auch nicht lohnend, wie die während der Kriegszeit angestellten Versuche ergaben; ein Voranbau ist selbst bei kräftigem Boden nur 2—3 Jahre zu gestatten. Im letzten Jahre läßt man nur genügsamere Körnerfrucht (Hafer, Buchweizen) bauen. Die rascheste und vollkommenste Lockerung des Bodens wird durch den Kartoffelbau bewirkt, der sich ohne Schaden mehrere Jahre hintereinander betreiben läßt und am besten das Unkraut beseitigt; er ist auch als Zwischenbau am geeignetsten. Der Fruchtbau wird am häufigsten bei Eiche und Kiefer angewandt. Die tiefe Bodenlockerung für Vollsaaten gewinnt man durch Pflüge, entweder auf leichtem stein- und wurzelfreiem Boden mit dem Ackerpfluge, sonst mit dem Waldpfluge, der ein doppeltes Streichbrett hat. Ist der Boden stark schollig, so ist ein nachfolgendes Übereggen erforderlich.

Gute Waldpflüge liefert die Maschinenfabrik von Eckert, Berlin N. und Ed. Schwarz & Sohn in Berlinchen.

§ 136. Bodenbearbeitung bei Streifensaaten.

Dabei ist die Richtung, die Entfernung, die Breite und Bearbeitung der Streifen zu beachten. Sie werden meist von Osten nach Westen, jedenfalls aber senkrecht auf die Gestelle oder Abfuhrwege gerichtet. An Hängen werden die Streifen wegen der Gefahr des Abschwemmens stets horizontal gelegt und auf der Talseite womöglich mit einem kleinen Schutzwall versehen. Bei der Entfernung des Bodenüberzugs soll man tunlichst die Humuserde belassen. Der unzersetzte Rohhumus oder Trockentorf muß beseitigt oder mit dem Mutterboden gründlich durchgehackt werden.

Die Entfernung der Streifen stets von Mitte zu Mitte gerechnet richtet sich nach der Wüchsigkeit der Holzart, der Bodengüte und den Kulturmitteln; bei schnellwachsenden Holzarten nimmt man die weitere Entfernung von 1—2*) Meter; auf zur Verangerung geneigtem Boden, der einen schnelleren Schluß erfordert, nimmt man einen engeren Verband. An Bergabhängen empfiehlt sich 1—1,3 Meter Entfernung, da auf der geneigten Fläche verhältnismäßig größerer Wachsraum vorhanden ist als auf der ebenen Fläche; die üblichste Entfernung der Streifen ist etwa 1,3 Meter. Die weiteste Entfernung von 3—5 Metern ist zu wählen, wenn man später zwischen den Streifen eine andere schnell wachsende Holzart nachziehen will.

Die Breite der Streifen schwankt gewöhnlich zwischen 0,3 bis 1,5 Meter; die breitesten Streifen sind auf sehr zu Unkraut neigendem Boden, namentlich auf Heide- und mit üppigem Beerkraut bewachsenem Boden zu wählen. Werden die Streifen mit Pflügen gezogen, so beschränken sie sich häufig auch nur auf die Breite der Pflugschar, wobei man die Entfernung der Streifen entsprechend vermindern muß; diese Unterart nennt man dann Furchen. Je breiter die Streifen, desto weiter ist gewöhnlich ihre Entfernung voneinander.

Die Bearbeitung der Streifen richtet sich nach der Bodenbeschaffenheit. Auf leichtem Boden genügt häufig ein bloßes Abschürfen mit der Hacke ohne oder mit folgendem leichten Durchhacken; auf festerem Boden muß jedoch noch eine tiefere Bearbeitung, z. B. mit dem Untergrundpflug oder dem Dampfpflug folgen; auf ärmerem Boden und kleinen Flächen ist das Unkraut gehörig auf dem Streifen auszuklopfen und das Kraut zur Gewinnung von Komposterde oder Rasenasche zu verwenden.

Auf festem Boden oder sehr ausgedehnten Flächen, ferner wenn die Holzart (z. B. Eiche) eine tiefere Lockerung verlangt, arbeitet man, je nachdem, mit leichteren oder schwereren Pflügen.

§ 137. Ausstreuen des Samens.
Allgemeine Regeln.

Nachdem nach obigen Regeln die Saatzeit und Bodenbearbeitung gewählt, der Samen geprüft und die Samenmenge bestimmt ist, ist das Ausstreuen nach folgenden allgemeinen Gesichtspunkten vorzunehmen:

1. Zum Ausstreuen des Samens wählt man die zuverlässigsten und nur geübte Leute, die das Säen unter unausgesetzter Beaufsichtigung des Försters im Tagelohn bewirken; Frauen sind für die Handsaat vielfach geschickter als Männer.

2. Vor dem Aussäen ist der Samen zweckmäßig in verschiedene kleinere Haufen für Unterabschnitte der ganzen Fläche einzuteilen, um so einen Anhalt

---

*) Die hier angegebenen Zahlen passen nur für mittlere Verhältnisse; unter gewissen Voraussetzungen kann resp. muß die Entfernung der Streifen resp. ihre Breite je nachdem bald größer bald geringer genommen werden.

zu gewinnen, daß der Samen ausreicht und die ganze Fläche gleichmäßig stark besät wird. Bei Streifensaaten macht man, wenn die Fläche klein ist, so viel Häufchen, als Streifen vorhanden, bei größeren Flächen nimmt man mehrere Streifen für ein Samenhäufchen zusammen; bei Plätze- oder Löchersaat macht man je nach der Größe erst 3, 4, 5 usw. Häufchen und berichtigt die Größe der übrigen nach den bei der Aussaat der ersten Haufen gewonnenen Erfahrungen.

3. Das Auswerfen der kleinen Samen geschieht meistens mit der Hand wie bei der Getreidesaat, oder aus einer Flasche, durch deren Korken ein hohles vorn abgeschrägtes Rohrstück gesteckt ist. Die Säer sind vorher zu kontrollieren und einzuüben, daß sie zu jedem Auswurfe die richtige und immer gleiche Samenmenge greifen. Das Auswerfen des Samens ist bei möglichst windstiller Witterung vorzunehmen; sobald sich stärkerer Wind erhebt, sind die Leute anzuweisen, den Samen näher gegen den Boden auszuwerfen; bei stürmischer Witterung darf gar nicht gesäet werden. An Bergwänden ist horizontal zu säen. Schwerer Samen (Eicheln, Bucheln) wird gelegt. Der Beamte soll sich nur mit der Aufsicht befassen, nicht etwa selbst für längere Zeit mitsäen. Das ist stets in Tagelohn, nie in Akkord auszuführen.

Bei Streifensaaten im einigermaßen ebenen Gelände leisten die verschiedenen Sämaschinen*) vorzügliche Dienste. Erforderlich ist aber ganz besondere Aufmerksamkeit auf den stets guten Zustand der Maschine; sie empfehlen sich nur für den leichteren und abgeflügelten Nadelholzsamen sowie für sorgsam vorbereiteten Boden. Bei kaum einem anderen Waldgeschäft ist eine solche Gewissenhaftigkeit, Treue und unausgesetzte Aufmerksamkeit des Beamten notwendig wie bei dem Geschäft des Säens; der Beamte soll stets gegenwärtig sein und mit der größten Sorgfalt alles überwachen, da jeder Fehler sich nachher schwer rächt.

§ 138. Unterbringen des Samens.

Nur die schweren Samen (Eichel, Buchel) verlangen eine tiefere Bedeckung mit Erde.

Die Stärke der Bedeckung richtet sich bei allen Holzsamen nach der Größe der Samen, ferner nach der Art der Keimung und der Schwere des Bodens; er wird im allgemeinen mit mittelschwerem Boden so hoch bedeckt, als er stark ist, mit schwerem Boden verhältnismäßig dünner und umgekehrt. Ein zu starkes Bedecken ist entschieden zu vermeiden, da nicht nur das Keimen verzögert und erschwert wird, sondern auch die Pflanzen sich nicht

---

*) Bei vorgenommenen vergleichenden Versuchen arbeitete am besten die Drewitzsche Kiefernsaat-Drillmaschine „System Tietze". Billig und gut arbeiten auch die verbesserten Hackerschen Sämaschinen u. a. m.

so kräftig entwickeln. Die Eichel fordert je nach der Schwere des Bodens eine Bedeckung von 3—6 cm, die Buchel bis zu höchstens 4 cm; die Hainbuche, Ahorn, Esche und Tanne dürfen nur leicht bedeckt werden (1—3 cm), den übrigen Samen harkt man mit Rechen unter, so daß er sich mit der oberen Erdkrume leicht vermengt; bei Erlen- und Birkensamen ist ein nachheriges Anwalzen oder Festtreten erforderlich. Auf sehr trocknem Boden ist Vertiefung, auf sehr nassem Boden Erhöhung des Keimbetts erforderlich (durch Rabatten, Hügel, Grabenauswürfe usw.). Am besten bedient man sich beim Bedecken der Harke, da alle anderen Bedeckungsarten ihre Mängel haben. Die meisten Sämaschinen bedecken den Samen selbsttätig.

§ 139. Schutzmaßregeln für die Aussaat empfindlicher Holzarten.

Um schattenbedürftige und empfindliche Holzarten, z. B. Buche, Tanne, Fichte usw. gegen Frost und Hitze zu schützen, kann man folgende Maßregeln anwenden:

1. **Fruchtbeisaat.** Mittelgroße und kleine Holzsamen werden voll, gleichzeitig mit leichtem Getreide (Roggen, Hafer) ausgesät und untergeeggt; doch muß man die Fruchtbeisaat entsprechend schwächer nehmen als bei der Landwirtschaft, auch muß die Ernte unter Schonung der Holzpflanzen ausgeführt werden, am besten nur mit der Sichel.

2. **Voranbau von raschwüchsigen bodenbessernden und lichtkronigen Holzarten.** Die hierzu geeignetste Holzart sind die Kiefer und die Lärche, wenn es sich um die Saat von Buche und Tanne handelt. Man pflanzt in weitem Verbande (reihen- und plätzeweis) und bringt nach 10—20 Jahren die empfindliche Holzart unter. Nach und nach wird der Schutzbestand entfernt. Für den Anbau von Eiche, Kiefer und Fichte leistet auch die Birke als Schutzholz gute Dienste.

3. **Die Anlage der Saaten unter vorhandenen alten Schutzbeständen der gleichen oder auch anderer Licht-Holzarten.** Der durch den Voranbau erstrebte Schutz ergibt sich am besten und einfachsten, wenn ein älterer Bestand oder Reste eines Bestandes bereits vorhanden.

Je nach dem Schutzbedürfnis und dem Standort hat man den Schutzbestand verschieden dicht zu halten und jedenfalls die rechtzeitigen Nachlichtungen nach dem Bedürfnis der heranwachsenden Saat nicht zu versäumen. Zu Schutzbeständen eignen sich fast alle unsere wichtigeren lichtkronigen und dabei bodenbessernden Waldbäume, namentlich Lärche oder Kiefer, vorausgesetzt natürlich, daß ihnen der Standort zusagt. Im Osten wird es öfter die Birke und Hainbuche sein.

§ 140. Schutz der Saaten.

Ist die Saat nach obigen Angaben ausgeführt, so muß sie unausgesetzt beobachtet werden, ob nicht Gefahren ihr Gedeihen in Frage stellen. Solche Gefahren bringen:

1. Der Unkrautwuchs. Bei Vollsaaten beseitigt man das Unkraut durch Ausrupfen mit der Hand, **vor der Samenreife** unter Umständen auch wohl durch vorsichtiges und hohes Abmähen oder Absicheln, wenn die Pflanzen noch klein genug sind. Bei Streifensaaten läßt man das Unkraut auf den Zwischenbänken absicheln, bei Rillensaaten hacken, in den Streifen selbst verfährt man wie bei Vollsaaten.

Je öfter in den Saatstreifen unter gleichzeitiger Beseitigung allen Unkrauts gelockert werden kann, um so freudiger müssen sie gedeihen; zuweilen gelingt die kostenlose Lockerung gegen Abgabe des Grases usw. auf den Zwischenstreifen.

2. Samenfressende Tiere. Diese muß man töten oder verscheuchen; gegen Wild, Weidevieh und Menschen schützen Einzäunen oder verstärkter Abschuß des Wildes, auch Stolperdrähte und sperrige Strauchhindernisse welche dem Rot- und Rehwilde die Wechsel verleiden, gegen Mäuse Vergiften oder vorheriger Umbruch der Fläche durch Schweine. Als erprobtes Mittel gegen Vögel ist das Vergiften des Samens mit Bleimennige zu empfehlen. Man verfahre dabei wie folgt: 7 kg Samen schütte man dünn in einem wasserdichten Troge aus und streue darüber 0,5 kg Bleimennige; dann rühre man mit einem Holzspan, noch besser mit beiden Händen die mit etwa $\frac{1}{2}$ Liter verdünntem Leimwasser bebrauste Masse tüchtig um; ist der Samen gleichmäßig durchgefärbt, so nehme man wiederum 0,5 kg Mennige und $\frac{1}{2}$ Liter Leimwasser und menge so lange, bis jedes Samenkorn mit einer roten Kruste überzogen ist. Schließlich wird der Samen auf Laken ganz dünn ausgebreitet und an der Sonne getrocknet. In derselben Weise werden auch größere Quantitäten auf gebretterten Böden unter Umschippen gefärbt, indem man auf die zu färbende Samenmenge stets $\frac{1}{7}$ des Gewichts Bleimennige und $\frac{1}{7}$ in Litern Wasser berechnet, welche — wie oben beschrieben — in zwei Hälften beigemengt werden. Da Mennige giftig ist, so ist Vorsicht zu empfehlen, namentlich darf man keine Wunden an den Händen haben.

3. Fehlstellen der Saaten sind rechtzeitig nachzubessern; am besten durch Pflanzung und zwar mit überzähligen Pflanzen aus der Kultur selbst.

Bei Samen, die überliegen oder schwer keimen (Kiefer, Eschen, Hainbuchen, Nüssen usw.), muß man mindestens zwei Jahre mit den Nachbesserungen warten. Man hüte sich vor zu vielem Nachbessern und denke dabei an die künftige Entwicklung des Bestandes, die alle kleinen Lücken bald und bestimmt zuwachsen läßt. Ist der Bestand 1 m und darüber hoch, so dürfen nur noch große Lücken und zwar nur mit Pflanzen von derselben Wuchsenergie nachgebessert werden, die ebenso hoch sind wie der Bestand.

4. Gegen Abschwemmen an Hängen schützt das Ziehen von Horizontalgräben, damit das Regenwasser gehalten wird.

§ 141. Holzpflanzung.

Über die Frage, ob im gegebenen Falle Saat oder Pflanzung zu wählen ist, entscheidet das im § 126 Gesagte; sie ist immer nur örtlich zu lösen.

Die Pflanzung hat der Saat gegenüber den Nachteil, daß man sich das Material erst mit besonderer Mühe beschaffen muß, was in der Regel mit nicht unbedeutenden Kosten, Gefahren und Umständen verbunden ist.

Beschaffung des Pflanzenmaterials.

Zur Beschaffung der Pflanzen gibt es drei Wege:

1. Man benutzt schon vorhandenes Pflanzenmaterial aus Freisaaten, natürlichen Verjüngungen usw. sog. "Wildlinge".
2. Man erzieht sich das Pflanzenmaterial in sog. "Kämpen" (Pflanzschulen).
3. Man kauft die Pflanzen aus dem Handel.

§ 142. Benutzung schon vorhandener Pflanzen, Transport und Verpackung der Pflanzen.

Am wohlfeilsten ist es für den Forstwirt, wenn er seine Pflanzungen mit Wildlingen aus möglichst nahe gelegenen jungen Saaten, natürlichen Verjüngungen oder Schlägen herstellen kann. Bei der Auswahl der Pflanzen muß sorgfältig verfahren werden; es sollen zum Ausheben der Wildlinge nur die zuverlässigsten und tüchtigsten Arbeiter verwandt werden. Die zu benutzenden Pflanzen müssen gute geschlossene Bewurzelung, namentlich recht viele Zaserwurzeln, gute Beastung und eine gerade, recht kräftige (stufige!) Form haben, dürfen nicht beschädigt und müssen vollkommen gesund sein; dies erkennt man an der Länge und Stärke der letzten Triebe und an den kräftigen Knospen. Werden die Pflanzen ohne Ballen, d. h. ohne die den Wurzelstock umgebende und ihm anhaftende Erde ausgestochen, so müssen sie vor dem Transport sofort eingeschlagen werden; selbst die Ballenpflanzen sollen dicht zusammengetragen und, falls sie nicht an demselben Tage benutzt werden, an den Seiten ringsum mit Erde beworfen werden. Werden die Pflanzen aus Schlägen mit Schutzbäumen entnommen, so gebe man Pflanzen, die recht frei stehen, den Vorzug. Bei Ausheben hüte man sich vor dem Beschädigen der auszuhebenden wie der etwa stehenbleibenden Pflanzen; namentlich muß der Spaten weit genug ab und tief genug eingestoßen werden; die Pflanzen sollen erst, nachdem sie vollkommen gelockert und losgestoßen sind, ausgehoben, nicht etwa mit Gewalt losgerissen werden. Je jünger und kleiner die Wildlinge sind, desto bequemer, billiger und sicherer ist ihr Verpflanzen; zu versetzende Wildlinge sollen über der Erde nicht stärker als höchstens $1^1/_2$ cm sein. Das beste Alter ist das von 2—4 Jahren, in höherem Alter wird das Auspflanzen immer schwieriger, kostspieliger und gefahrvoller. Der Transport aller Pflanzen wird bei geringer Entfernung in Körben, auf Tragbahren, zweirädrigen Hand- oder Schiebkarren ausgeführt; Ballenpflanzen sollen nie am Stämmchen getragen werden, sondern mit der flachen Hand unter dem Ballen, weil sonst leicht die Erde abfällt; Pflanzen mit entblößten Wurzeln werden zusammengebunden und mit feuchtem Moos umgeben. Bei weitem Transport werden Wagen benutzt, dabei müssen die Pflanzen gegen Reibung und Austrocknen durch Einfüttern des Bodens und der Wände der Wagen mit feuchtem Moos, Streu oder Erde und öfteres Anfeuchten unterwegs geschützt werden.

Bei weiterem, namentlich Eisenbahntransport ist eine sorgfältige und je nach der Größe verschiedene Verpackung erforderlich.

1. **Kleine Pflanzen:** 1—2jährige Laubholz- und Nadelholzpflanzen versendet man am besten in groben Weiden- (Kartoffel-) körben, in welche man sie — die Wurzel nach innen —, nachdem der Boden mit feuchtem Moos bedeckt und inmitten ein Strohwisch senkrecht eingelassen ist, horizontal kranzförmig dicht einschichtet; oben deckt man wieder reichlich feuchtes Moos ein und näht den Korb mit Sackleinwand zu.

2. **Mittelgroße Pflanzen** verpackt man in Doppelbunden, indem man etwa 4 Wieden (Birken, Weiden) oder starken Zaundraht 20—30 cm entfernt parallel auf dem Boden legt und darüber — die Wieden senkrecht kreuzend — recht dichte frische Fichtenzweige und zuletzt ein feuchtes Moospolster; nun legt man die Pflanzen, Wurzel gegen Wurzel gekehrt, dicht übereinander, in jedes Doppelbund die gleiche Zahl (50, 100 usw.), deckt sie wieder ringsum mit feuchtem Moos und Fichtenzweigen und schnürt das Bund mit Hilfe der unterlegten Wieden und mit Bindedraht so zusammen, daß auch die an beiden Seiten heraussehenden Wipfel geschützt bleiben.

3. **Große Pflanzen** (Halbheister, Heister usw.) werden je nach ihrer Stärke zu 5—20 Stück um eine 3 m und mehr lange Tragstange herum verpackt, indem man auf eine entsprechend große Lage von Fichtenzweigen ein feuchtes, dickes Moospolster oder alte Säcke und auf diese die Pflanzen legt; sind die Wurzeln gut und allseitig mit Moos eingefüttert und bedeckt, so schnürt man das ganze Wurzelbündel mit Bindedraht fest so zusammen, daß die überragenden Fichtenzweige auch noch den Stamm schützen.

Vor dem Einpflanzen müssen überflüssige, zu lange oder beschädigte Wurzeln und Zweige, jedoch unter sorgfältigster Schonung der kleinen Faserwurzeln, mit glattem nach unten schrägen Schnitt weggenommen werden; auch stellt man sie gern erst noch 24 Stunden ins Wasser. Im allgemeinen zeigt der Wildling, besonders der Nadelhölzer, nicht die Wuchsfreudigkeit der im Kamp erzogenen Pflanzen, da wir die Faserwurzeln niemals unvermindert ausheben können.

§ 143. Erziehung der Pflanzen.

Die Erziehung von Pflanzen erfolgt in Kämpen, die man Saatkämpe nennt, wenn darin nur gesät wird und die jungen Pflanzen direkt zu den Kulturen verwandt werden, Pflanzkämpe, wenn die Pflanzen vor der Verwendung noch ein oder mehrere Male umgepflanzt: „verschult" werden.

Man unterscheidet ständige und Wanderkämpe. Letztere werden in nächster Nähe der Pflanzstelle oder auf der Kulturstelle selbst stets nur für vorübergehende Nutzung angelegt, erstere sind für langjährige Nutzung bestimmt und werden mit besonderer Sorgfalt angelegt und gepflegt.

§ 144. Anlage von Wandersaatkämpen.

Wander= (vorübergehende) Kämpe werden, wie erwähnt, in der nächsten Nähe von den zu bepflanzenden Flächen angelegt. Zunächst ist die richtige Stelle nach Boden und Lage zu wählen. Der Boden muß kräftig, tiefgründig, nicht stark bindig, frisch und humos, frei von großen Steinen, Nässe und Bodensäuren sein; die Lage soll eben oder nur sanft geneigt, frostfrei, dem Luftzuge etwas ausgesetzt und gegen örtliche Gefahren jeder Art möglichst geschützt sein, wobei man den Besonderheiten jeder Holzart Rechnung tragen muß. Man legt sie deshalb gern an nach Osten vorstehendes Holz gegen Frostgefahr, doch nicht unter die Traufe und soweit davon ab, daß der Kamp nicht verdämmt werden kann; Nord= und Osthängen gibt man den Vorzug, Sandboden muß gegen Süden und Westen gegen Dürre durch angrenzendes hohes Holz geschützt sein (Südwestecken). Die Form sei, wenn eine kostspieligere Verzäunung nötig wird, die genau quadratische. Die Kampfläche wird im Herbst zunächst gesäubert und von allen größeren und bei der weiteren Bearbeitung hinderlichen Stöcken, Wurzeln und Steinen befreit; alles kleinere Holz, was nicht verwertet werden kann, namentlich kleinere Wurzeln, Äste, Abfälle usw., werden zu Dungasche verbrannt. Vor der Bearbeitung wird, falls der Boden nicht fruchtbar genug ist, etwaiger Dung (entbehrliche Dammerde, Moorerde aus Senkungen angrenzender Bestände, Holzasche, Kompost) gleichmäßig ca. 5—10 cm hoch ausgestreut und dann die Fläche etwa 20—40 cm tief sorgfältig umgegraben oder bei etwas flacherer

Bearbeitung nur mit einer schweren Umbruchshacke umgehackt, wobei streng darauf zu halten ist, daß der vorhandene Humus und die obere Bodenschicht nach unten zu liegen kommt. Noch besser erreicht man den Zweck des Unterbringens der nährkräftigen oberen Bodenschicht durch das sogenannte Rajolen*), wie folgt: man zieht an einer Seite des Kampes am äußersten Rande einen Graben von der Tiefe der gewünschten Bodenlockerung und zieht unmittelbar hinter dem ersten einen zweiten, dritten, vierten Graben usw. in der Weise, daß der Auswurf des folgenden Grabens in den vorhergehenden Graben geworfen wird. Je längere Wurzeln man erzielen will, desto tiefer muß die Bodenbearbeitung gemacht und die Nährschicht gelegt werden. Der Kamp muß im Frühjahr zum Zweck der vollkommenen Lockerung und Ebnung und zur Beseitigung aller Unreinlichkeit noch einmal durchgespatet und überharkt werden. Größere Kämpe (größer als 10 **ar**) werden durch Steige, die nach einer Schnur getreten, in entsprechende Beete geteilt. Auf leichtem und trockenem Boden ist das Anwalzen (Antreten, Anklopfen) desselben sehr zu empfehlen.

Parallel mit der schmalen Seite des Kampes oder des Beetes werden nach der Schnur (mit einer schmalen Hacke, dem dreikantigen Rillendrücker usw.) Rillen gezogen, deren Tiefe sich nach der Größe des Samens richtet; sie werden in der Regel handbreit gemacht. Bei kleinen Samen sind sie etwa 2—3 cm tief, bei großen Samen, und wenn Büschelpflanzen erzogen werden sollen, bis etwa 6 cm tief (Eicheln, Nüsse). Die Entfernung der Rillen richtet sich im allgemeinen nach der Holzart und der Zeitdauer bis zur Verpflanzung, sie schwankt zwischen 8 cm (Nadelholz) und 30 cm (Eiche). Bleiben die Pflanzen 1 Jahr stehen, so macht man die Rillen etwa 10 cm, bei 2 Jahren etwa 20 cm, bei 3 Jahren etwa 30 cm von einander entfernt. Das Besäen der Rillen erfolgt im Frühjahre so dicht, daß fast Korn an Korn zu liegen kommt; maßgebend bleibt jedoch das erzielte Keimprozent; bei 70—80% säet man dünn, 50—60% dick, bei weniger sehr dick. Die dichte Saat in den Rillen liefert die größte Pflanzenzahl und läßt das Unkraut in den Rillen nicht aufkommen, bedingt aber meist schwächere Pflanzen. Bei ganz großen Samen (Eicheln und Nüssen) kann man 3—6 cm und mehr auseinander legen. Eine größere Tiefe der Saatrillen empfiehlt sich gegen das Auffrieren wie auch zur Ansammlung von Feuchtigkeit (auf trocknem Boden) auch lassen sich die durch den Frost gehobenen Pflänzchen leichter wieder mit Erde bedecken. Die Erdbedeckung entspricht stets der Samengröße, am besten ist das Übertrümeln mit loser Komposterde; bei leichter Bedeckung ist Anklopfen der Erde

---

*) Das Rajolen empfiehlt sich nur für größere Pflanzen und Kämpe, die mindestens 10 Jahre dauern sollen, also mehr für ständige Kämpe.

geboten (mit dem Rücken der Hacke). Man hüte sich vor einer zu starken Erdbedeckung.

Wenig gebräuchlich in Saatkämpen sind noch die Vollsaaten (bei Birken, Erlen und Kiefernballen); sie müssen im gegebenen Falle sehr dünn sein, wenn die Pflänzchen länger als ein Jahr stehen sollen. Der Ballenkamp erfordert einen bindigen Boden.

Alle Bodenarbeiten für Saatkämpe müssen spätestens im Herbst vorher gemacht werden und grobschollig bis zum Frühjahr liegen bleiben, damit der Boden sich setzen und durchwintern kann; sehr vorteilhaft ist es, wenn die Fläche vorher 1 Jahr lang, nie länger, zum Kartoffelbau in Pacht gegeben oder zur Stickstoffsammlung mit Lupinen oder Hülsenfrüchten besät wird; dies ist besonders für Laubholzkämpe und auf verwildertem Boden empfehlenswert.

Die Bewehrungen und Umhegungen der Kämpe richten sich nach den Gefahren durch Tiere und Menschen, öfter sind sie ganz entbehrlich oder es werden nur Gräben und die allerleichtesten Vermachungen nötig, um ein achtloses Betreten und Verstampfen durch Menschen und Tiere zu verhüten. Hierzu werden ringsum einige Pfähle eingeschlagen und mit einer oder zwei Stangen verbunden. Ist bei starkem Rot= und Rehwildstande ein Verbeißen zu befürchten, so müssen etwa 1,5—2 m hohe Flechtzäune angelegt werden. Am besten läßt man die 1—2 m entfernten Pfähle mit leichtem Durchforstungsreisig resp. Wacholder wagerecht dicht durchflechten, um ein Durchkriechen des kleinen Wildes zu vermeiden. Sollte ein Überfallen des Wildes beobachtet sein, so läßt man in 0,5—1 m Höhe über dem Zaun noch 1—3 Querlatten, die sog. „Sprungplatten" annageln. Die nach unten geflochtenen Zäune welche am besten aus den geputzten Ästen alter Fichten hergestellt werden, sind sehr dauerhaft, aber unpraktisch, wenn Hasen und Kaninchen zu fürchten sind, da die einzelnen Spriegel sich auseinander zwängen lassen und so ein Durchkriechen des kleinen Wildes ermöglichen. Etwas teurer, aber dauerhafter sind Lattenzäune, deren Höhe und Lattenweite sich nach dem Bedürfnis richten muß. Billiger sind die Splißzäune, zu welchen man anbrüchige Nadelholzstämme in 1,3 bis 1,5 m lange Rollen zerschneiden und aus diesen die erforderlichen Splisse reißen läßt; die Splisse werden in derselben Weise befestigt wie beim Lattenzaun, auch je nach Bedürfnis mit Sprunglatten versehen. Holzzäune, — wie oben beschrieben — werden nur noch in Gegenden mit schlechtem Holzabsatz gemacht; im übrigen macht man jetzt Drahtzäune, deren Höhe, Maschenweite und Drahtstärke nach der Dauer und den Wildarten sich richten muß. Will man sie wiederholt verwenden, so muß der Draht im Bade gut verzinkt und 1,6 mm dick, die Maschenweite so eng sein, daß das Wild mit dem Kopf nicht hindurch kommen, und so hoch sein, daß es nicht überfallen kann! bei Rotwild bringt man stets über dem Gatter noch einige Spanndrähte resp. Sprunglatten an.

Gegen samenfressende Vögel helfen Vogelscheuchen, Windklappern, öfteres Abschießen, dichtes Bedecken mit leichtem Deckreisig, am besten Vergiften des Samens mit Bleimennige (vergl. § 140).

Auf geneigten Flächen muß man gegen Abschwemmung oberhalb des Kampes auf der Bergseite einen etwa 30 cm tiefen und ebenso breiten Fanggraben, eventl. auch noch vor der Aussaat einen oder mehrere Gräben durch den Kamp ziehen lassen.

Ein besonderes Augenmerk ist auf das Unkraut zu richten. Es soll im Sommer frühzeitig, wenn sich noch wenig Unkraut zeigt, ein öfteres Ausjäten oder Hacken, stets bald nach einem Regen, stattfinden, um es im Keime zu ersticken. Hiermit verbindet man zweckmäßig auch das Ausjäten (Pikieren) aller schlechten und zu dicht stehenden Pflänzlinge, namentlich aus der Mitte der Reihen. Bedecken der Beete zwischen den Reihen mit Moos, Laub (10—15 cm hoch, nicht Birken- oder Eichenlaub) oder mit Brettern verhindert die Entwicklung des Unkrautes, erhält den Boden frisch und schützt zugleich gegen Auffrieren und Insekten (Eierablegen der Maikäfer); dieses Bedecken der Kämpe zwischen den Pflanzenreihen und zwar sofort nach dem ersten Jäten sollte nie versäumt werden (im Juni); hierbei muß man jedoch auf Mäuse und sonstiges Ungeziefer achten, das sich namentlich im Herbst und Winter gern darunter versteckt und schadet. Zu vermeiden ist die Verwendung von Kiefernnadelstreu in Kiefernkämpen wegen der Gefahr des Einschleppens des Schüttepilzes.

§ 145. Pflanzkämpe.

Pflanzkämpe werden ganz in derselben Weise angelegt wie die Saatkämpe, nur daß man je nach der Holzart und der Größe der zu verschulenden Pflanzen in der Wahl des Ortes und der Bearbeitung des Bodens, auch in dem Schutz gegen Gefahren und in der Pflege sorgfältiger ist. Die größte Sorgfalt erfordern Laubholzpflanzkämpe, namentlich wenn man starke Heister erziehen will. Das Nähere darüber findet sich bei der Besprechung der einzelnen Holzarten am Schluß des Waldbaues und im § 147. — Der Wanderkamp kann so gewählt werden daß er auf der zu bepflanzenden Fläche liegt. Bei Entnahme der Pflanzen bleiben die nötigen Pflanzen im gewünschten Verbande stehen. Sehr häufig wird man davon Gebrauch machen können, wenn es sich um den Unterbau eines Bestandes oder den horstweisen Voreinbau einer Holzart handelt. Man lasse sich aber nicht verleiten, den Kamp mehrfach zur Pflanzenerziehung zu benutzen und dann ohne genügende Düngung auszupflanzen. Die Kultur würde kümmern, da die Jungpflanzen dem Boden viel mehr Nährstoffe entziehen als der ältere Bestand.

§ 146. Anlage von ständigen Kämpen (Forstgärten).

Bei der Wahl des Ortes für einen ständigen Kamp nimmt man, soweit es irgend die Standortsverhältnisse gestatten, auf die Nähe der Wohnung des mit der Aufsicht und Pflege betrauten Beamten, bequeme Verbindung mit den Verwendungsorten und auf die Nähe von Wasser Rücksicht; auch soll man sich die Heranziehung oder Ausbildung eines zuverlässigen und tüchtigen ständigen Arbeiterpersonals angelegen sein lassen. Der Wohnsitz dieser Leute darf daher auch nicht zu weit entfernt sein.

Die Forstgärten bilden in der Regel eine Vereinigung von Saat- und Pflanzkämpen, da sie jedem Bedürfnis dienen sollen; ferner bieten sie das Mittel, um seltenere Holzarten zu Waldverschönerungen, zur Bepflanzung von Wegen und Plätzen, auch wohl zur Befriedigung des Publikums zu erziehen, falls diese Holzarten sonst in der Gegend schwer zu beschaffen sind; ferner sollen sie älteres Pflanzenmaterial verschiedener Holzarten liefern, wenn dieses nur in geringer Menge erforderlich wird.

Man suche sich eine möglichst geschützte Lage (§ 144) mit einem guten Mittelboden aus; ist der Boden zu gut, so pflegen die Pflanzen nach dem Umsetzen auf ärmere Böden zu kümmern. Beabsichtigt man die Erziehung von starkem Pflanzmaterial, so muß der Garten groß genug sein, da die Pflanzen bei jeder Verschulung weiter gesetzt werden müssen. Die Form sei das Quadrat, weil man dabei an Zaunkosten spart. Der Garten wird durch ständige Wege, worunter mindestens ein einspuriger Fahrweg mit einer Wendestelle sein muß, in Quartiere zerlegt. Die Umfriedigung muß dauernd und fest sein — mit Flecht-, Latten-, Gitter- oder Drahtzäunen (§ 144). Vor der eigentlichen Bearbeitung des Kampes sollte immer ein einmaliger Kartoffelbau zur gründlichen Beseitigung des Unkrautes oder Gründüngung mit Lupinen, eventl. auch Kunstdüngung, vorhergehen; sonst ist die Behandlung des Bodens dieselbe, nur noch sorgfältiger wie bei Wanderkämpen. Die Wege, mit Ausnahme der kleinen und stets wechselnden Beetwege von 0,3 m Breite, müssen sorgfältig von Unkraut gereinigt oder mit Kies und Schlacken dauernd befestigt werden. In einer Ecke des Gartens, besser aber an der äußeren Umzäunung soll ein schattiger ständiger Platz zur Aufbewahrung und Bereitung der Dungerden und Komposthaufen eingerichtet werden, da das Düngen (vergl. § 147) sich selbst auf fruchtbarstem Boden nicht umgehen läßt. Auf diese Stelle bringt man zunächst alles ausgejätete Unkraut, soweit es keine ausschlagenden Wurzeln und keinen reifen Samen enthält, die Rasenerden, Rasenaschen und Holzaschen (von allem Wurzelwerk gewonnen usw.), alles nicht mehr brauchbare Decklaub, Abschurf von Chausseen und Wegen, Humuserde aus Mulden und Gräben usw. (vergl. § 148).

Dieses Material wird nach Bedarf noch durch Buchen= und anderes Laub (nur nicht von Eiche und Birke!) sowie Farrenkraut usw. vermehrt. Im Herbst werden die Komposthaufen wie folgt bereitet. Unten legt man eine Schicht Unkraut, darauf eine Schicht Holzasche oder künstliche Dungsalze, die so ausgewählt werden, daß sie stets die dem Boden fehlenden Nähr=stoffe ersetzen, darauf eine Schicht Buchen= oder anderes Laub, darauf eine Schicht künstlichen Düngers, und zwar auf kalkarmem Boden von gebranntem Kalk, auf kali= oder phosphorarmem Boden von Kalisalzen und Phosphaten usw., darauf wieder Laub oder Unkraut, schließlich gute Walderde als Deckschicht. Dieser Komposthaufen ist jährlich zweimal (im Frühjahr und Herbst) sorgfältig umzuschaufeln. Da der Kompost wenigstens zwei Jahre gebraucht, um gar zu werden, so muß immer ein fertiger, ein werdender und ein neuer Haufen bereitet sein, dessen Größe sich nach dem Jahresbedarf richtet. Man ge=braucht je ar Saatbete etwa 3 cbm, je ar Schulfläche etwa 4 cbm jährliche Düngung (auf gutem Boden etwas weniger, auf schlechtem etwas mehr).

Außer gegen die schon beim Wanderkamp erwähnten Gefahren sind in den Forstgärten besondere Vorsichtsmaßregeln gegen allerlei Ungeziefer nötig, damit es nicht festen Fuß faßt.

Mäuse fängt man durch in die Saat=Rillen eingegrabene Töpfe, falls das Vergiften sich verbietet; Maulwürfe in besonderen Fallen und am frühen Morgen durch Ausheben mit der Hacke beim Aufstoßen. Gegen Erdflöhe, die oft in Saatkämpen lästig werden, hilft das Bestreuen der Rillen mit Tabak=staub oder das Bestecken mit Reisig, da diese Flöhe keinen Schatten vertragen können. Bedecken ist auch gegen Frost (Spätfröste) zu empfehlen, ferner empfiehlt sich in geschützten Lagen die Erzeugung künstlicher Rauchwolken in windstillen Frostnächten durch Anzünden von feuchtem Reisig; zarte Holzarten, bedecke man im ersten Winter und in den ersten Wochen nach der Aussaat mit schwach beschwertem Reisig.

§. 147. Künstliche Düngung.

In der Hauptsache beschränkt sie sich noch auf die Kämpe, da die sich immer wiederholenden Auspflanzungen dem Boden die Nährstoffe entziehen; aber auch bei der Aufforstung armer Kiefernböden versucht man durch Grün=düngung mit Lupinen, denen Kainit, Thomasmehl und Chilisalpeter beigegeben wird, die jungen Kulturen über die ersten Jugendgefahren (Schütte, Verbiß usw.) hinweg= und zu schnellerem Schluß zu bringen.

In den Kämpen muß sich die Düngung nach der Bodenart und den Holzarten, die erzogen werden, richten; man düngt auf Sandboden anders als auf Lehmboden. Nach ihrem Ursprung unterscheidet man tierische, pflanzliche, mineralische und Menge=Dünger. Tierischer Dünger ist leider meist zu teuer, aber von vorzüglicher Wirkung, wenn man auf Sandboden nicht den hitzigen Pferde= und Schafdünger nimmt; verdünnte Jauche, stets nach Regen, ist sehr zum Begießen, auch der Komposthaufen zu empfehlen. Der Pflanzendünger wird meist als Gründüngung mit Lupinen und Hülsenfrüchten angewendet, wodurch der Boden gelockert und mit Stickstoff, den sie in sich sammeln, angereichert wird. Forstmeister Gareis erzielte gute Erfolge, indem er im Juni die Kampfläche pflügte und eggte, pro ar 2,5 kg Wicken und 2,5 kg Sommererbsen säte und eineggte, dann im September zur Blütezeit, nachdem sie niedergewalzt und pro ar mit je 4 kg Thomasmehl und 5 kg Kainit bestreut waren, unterpflügte und im Frühjahr kultivierte; von Lupinen sät man 3 kg und gibt 3—6 kg Kainit und 2—3 kg, in kalkarmem Boden aber sogar 5—10 kg Ätzkalk bei. Dem Kalk ist wohl die bedeutendste Rolle zuzuschreiben; er wird viel als direktes Pflanzennährmittel gebraucht, namentlich aber hat er größte Bedeutung in chemischer, biologischer und physikalischer Beziehung zur Durchführung aller die Fruchtbarkeit des Bodens bedingenden Vorgänge; er beschleunigt alle Verwitterungsprozesse, namentlich der kalihaltigen Mineralien, er verhindert die Verbindung schwer löslicher Eisen=, Phosphor= und Tonverbindungen; alle Nährstoffe werden durch ihn aufgeschlossen; er befördert die Krümelstruktur und Porösität des Bodens, lockert ihn und beugt der so schädlichen Verdichtung vor; er befähigt verarmte (Kiefern=) Böden eventl. auch wieder Laubholz zu tragen. Bei solchen Aufgaben wird der Boden jedoch sehr bald wieder „kalkarm", da nach anfänglich großen Erfolgen, die die durch den Kalk stark beschleunigte Nährstoff=Auflösung herbeiführte, ein Mangel eintritt. Deshalb muß neben Kalk stets noch eine reichliche Düngung mit den erforderlichen anderen Nährstoffen (Kali, Stickstoff, Phosphorsäure usw.) stattfinden, will man dauernden Erfolg in den Kämpen haben. Die Mineraldüngung ist also mit besonderer Fachkenntnis und mit Vorsicht anzuwenden, da sie sonst schädlich wirken kann; am besten wirkt sie in den Kämpen jedenfalls in Vermengung mit Kompost. Alle diese Mittel sollen dem Boden die verlorenen Nährstoffe, namentlich Kali, Phosphorsäure und Stickstoff ersetzen. Welche Mengen an Mineraldüngung verbraucht werden, richtet sich zu sehr nach den lokalen Verhältnissen, als daß man allgemein gültige Zahlen angeben könnte. Am besten belehren kleine Düngungsversuche. Man hat:

    a) für die Stickstoffzufuhr:

        Schwefelsaures Ammoniak

        Chilisalpeter (natürlicher Salpeter)

        Norge Salpeter (künstlicher Salpeter).

Die rasch und vorübergehend wirkende Salpeterdüngung wird aber für die Forstpflanzen mit ihrer langen Vegetationszeit nicht empfohlen.

b) für die Phosphorzufuhr:
Superphosphat
Thomasschlacke

c) für die Kalizufuhr:
Karnallit (9—11 % Kali)
Kainit (12—15 % Kali)
Kalisalz (20—24 % Kali).

Die Zugabe von Kainit darf nicht unmittelbar vor der Saat erfolgen.

d) Für die Kalkzufuhr:
Ätzkalk (für schwere Böden)
Mergel (für mittlere und leichte Böden)
Scheideschlamm aus Zuckerfabriken.

Auf armen Kiefernböden hat man verschiedentlich gute Erfahrungen mit Zwischenbau von perennierender Lupine gemacht, der pro ha etwa 6 Ztr. Kainit und 3 Ztr. Thomasphosphatmehl beigegeben wird. Auf Sandboden ist das Aufbringen von Moorerde meist von bestem Einfluß, die dann mit dem Boden beim Graben vermengt werden muß; die Beigabe von Moorerde ist übrigens auch bei der Pflanzung 1 jähriger Kiefern auf schlechtem Boden sehr zu empfehlen. Will man kümmernden Saat= oder Pflanzenbeeten schnell aufhelfen, so bestreut man sie im November mit 4 kg Ammoniak=Superphosphat, das flach unterzuharken ist. Der Dünger ist im allgemeinen beim Graben in die Tiefe zu bringen, in welcher sich die Pflanzenwurzeln ausbreiten sollen, also in etwa 20 cm Tiefe. Als Obenaufdüngung hat sich außer dem Ammoniak=Superphosphat, zweimaliges Ausstreuen von je 1,5 kg Chili Anfang Mai und Juli, bewährt. Zu weiterem Studium empfehle ich: Dr. Helbig, „Über künstliche Düngung im Walde" 2. Aufl. 3 M. bei Neumann, Neudamm.

§ 148. Verschulen von Laubholzpflänzlingen.

Das Verfahren ist ein verschiedenes, je nachdem man Loden — bis 1 m hoch, oder Halbheister, 1—2 m hoch, oder Heister über 2 m hoch, erziehen will; man will dabei für die spätere Verpflanzung durch Beschneiden zu langer Wurzeln ein geschlosseneres Wurzelsystem herstellen.

Zur Lodenerziehung werden am besten einjährige, bisweilen auch zweijährige Sämlinge vorsichtig ausgestochen und dann zunächst abgeschüttelt.

Etwa beschädigte oder zu lange (über 20 cm), auch sehr krumm gewachsene Wurzeln, aber niemals gesunde Faserwurzeln, werden mit einem scharfen, schrägen und glatten Schnitt gekürzt, ebenso werden alle Zwiesel und alle beschädigten Zweige schräg und glatt, möglichst die Schnittfläche nach unten gerichtet, vor einer Knospe weggeschnitten. Hierauf werden die so vorbereiteten Pflänzchen auf etwa 30 cm tief umgegrabenen Beeten in nach der Schnur gezogenen etwa 40 cm entfernte und 20 cm tiefe Furchen, 20—30 cm voneinander entfernt, eingepflanzt oder man pflanzt sie in 30—40 cm Quadratverband in entsprechende Löcher.

Zur Halbheistererziehung werden die Loden in gleicher Weise noch einmal umgepflanzt, nur wählt man dann eine Entfernung von 60 cm und sucht bei dem Beschneiden der Zweige auf eine künftige gute Krone hinzuwirken. Oder man verpflanzt die Sämlinge erst im 2. bis 3. Jahre und gibt ihnen von vornherein den weiteren Abstand von 40—60 cm; weniger empfiehlt sich das Ausheben der auf obige Weise erzogenen Lodenpflanzen in der Weise, daß man nur eine um die andere Lode heraushebt, die übrigen aber zu Halbheistern weiter wachsen läßt. Es sind bei dieser Methode zu große Beschädigungen der stehenbleibenden Pflanzen zu befürchten.

Zur Heistererziehung ist ein mindestens 40 cm tiefes Umgraben nötig. Die etwa 1 m hohen Loden werden unter Ausmerzen alles schlechten Materials vorsichtig ausgehoben und in vorher gemachte etwa 30—50 cm im Viereck haltende Pflanzlöcher in 70—100 cm Quadratverband verpflanzt.

Zur Heistererziehung untauglich sind Pflanzen mit rübenartigen langen Pfahlwurzeln, mit nur wenig Faserwurzeln oder schlecht gewachsenen Wurzeln, Pflanzen mit dicken unförmlichen Seitenästen, mit mangelhaftem Höhenwuchs und schlechter, auch zu schlaffer Schaftform. Besonderes Augenmerk ist auf eine gute Bewurzelung zu richten.

In reichen Samenjahren verschult man auch wohl Keimlinge von Stellen, wo sie zu dicht stehen, namentlich von Buchen, Ahornen, Eichen und Hainbuchen, im Sommer. In der Regel verschult man im Frühjahr vor dem Treiben, nur sehr früh treibende Hölzer schon im Herbst vorher.

§ 149. **Beschneiden der Pflanzen und Pflege des Kamps.**

Beim Beschneiden beschränke man sich nur auf zu lange, schlechte und beschädigte Wurzeln, auf Beseitigung von Gabel= resp. Quirlbildungen in der Krone und von beschädigten oder zu lang resp. schlecht gewachsenen Zweigen. Es darf nie mehr als ein einziger Höhentrieb bleiben. Dünne oder rutenförmige Triebe schneidet man zurück, jedesmal, wie überhaupt bei allen Zweigkürzungen, vor einer kräftigen Knospe mit schräger, nach unten gerichteter Schnittfläche.

Falls man im Garten nicht genug Sämlinge oder Loden zum Verschulen hat, greift man wohl auch zu Wildlingen, die dann aus den Saatstreifen sorg=

Beschneiden der Pflanzen usw. 187

fältig ausgewählt und behandelt werden müssen; jedenfalls sind nur besonders
kräftige und gut bewurzelte Pflanzen zu wählen.

Bei der erstmaligen Verschulung beschneidet man sehr wenig, bei den
folgenden Verschulungen stärker (siehe auch folgenden Paragraphen); auch muß
stets, sobald dies nötig wird, an den stehenden Pflanzen in den Beeten bis
zu ihrer Auspflanzung beschnitten werden. Man kann das ganze Jahr hin=
durch beschneiden, nur nicht im Frühjahr zwischen Laubausbruch und

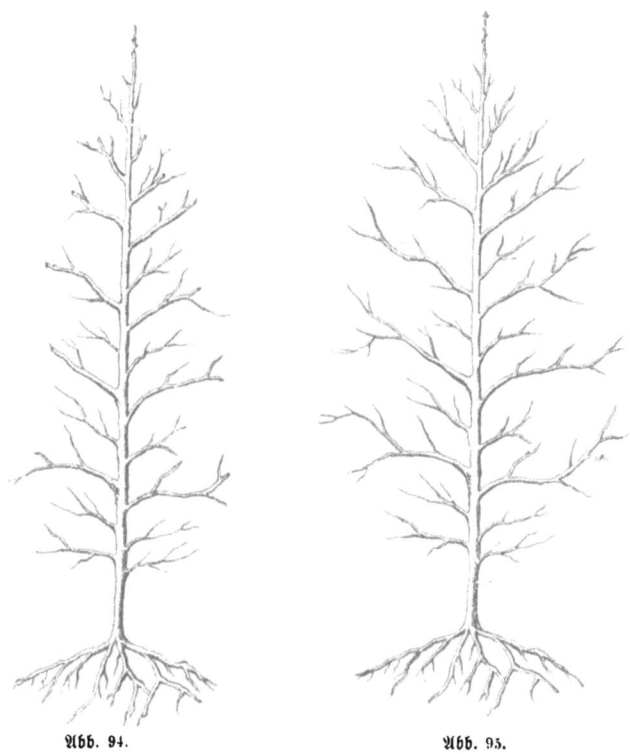

Abb. 94. Abb. 95.

Verholzung der Triebe. Alle Äste werden (am besten mit der Dittmarschen
Ast= und Baumschere) glatt und dicht am Stamme weggenommen, Höhen=
und Seitentriebe immer dicht über einer Knospe mit glattem, schräg nach unten
gerichtetem Schnitt gekürzt. Entsprechend der späteren Baumform läßt man
bei älteren Laubholzpflanzen die unteren Zweige am längsten und beschneidet
die höher stehenden Zweige immer etwas kürzer, so daß die Kronenform
annähernd die Form eines Kegels erhält (Abb. 94 und 95). Wenn keine

anderen Rücksichten ein besonderes Beschneiden der Krone vorschreiben, so soll man diesen sog. Pyramidenschnitt (Abb. 94) der besseren und normalen Kronenausbildung wegen als Regel beibehalten*). Man beschränke das Schneiden nur auf das Notwendigste; kann es ganz vermieden werden, um so besser. Je früher man beschneidet, um so weniger Arbeit verursacht es; viel kann man schon durch zeitiges Ausbrechen von Knospen und krautigen Trieben in den Kämpen vorarbeiten, ehe sie sich zu störenden Zweigen entwickeln.

Die Pflege der Beete erstreckt sich auf das Freihalten von Unkraut durch fleißiges Durchhacken. Sehr empfehlenswert ist in den Forstgärten das Streuen von Laub zwischen die Pflanzenreihen, wenn keine Mäuse und Erdinsekten zu befürchten sind (vgl. § 144). Das häufigere Durchhacken des Kampes fördert das Wachstum ungemein; ebenso empfiehlt es sich, zarte Holzarten, z. B. Buche, Erle, Lärche, Birke, Rüster, Fichte usw. mit Schutzgittern im Saat- wie im jungen Verschulungsbeet zu schützen. Man fertigt hierzu 3 m lange und 1 m breite Stangenrahmen, über welche in je 33 cm Entfernung 2 mm starker verzinkter Draht lose mit Krammen befestigt ist, zwischen welchen dicht dürre Zweige gesteckt werden. Bis zum Aufgehen des Samens legt man sie flach auf die Beete, später, wie auch bei Verschulungsbeeten, stellt man sie entweder schräg auf oder legt sie auf 1 m hohen Stangengerüsten, die nach Bedarf eventuell noch erhöht werden, über die Beete.

§ 150. Verschulen von Nadelholzpflanzen.

Das Verschulen bildet die Regel bei Fichte, Tanne, Lärche und Weymutskiefer, kommt jedoch auch bei fast allen anderen Nadelholzarten vor. Fichten verschult man am besten einjährig sofern sie lang genug (5 cm) sind, mit entblößter Wurzel in 15 cm voneinander entfernte Gräbchen, mit 10 cm Zwischenraum nach der Schnur oder dem Pflanzbrett so tief, daß die Wurzeln sich nicht umbiegen. Sollen mehr als dreijährige Pflanzen erzogen werden, so nimmt man den Abstand in den Gräbchen entsprechend weiter. Beim Einpflanzen sind die Wurzeln gehörig auszubreiten. Zweijährige Fichten verschult man namentlich gern im Gebirge oder da, wo die einjährigen noch zu klein geblieben sind.

Bei Weißtanne verschult man 1—3 jährige Pflanzen, doch wählt man etwas weiteren Verband und etwa 25 cm entfernte Rillen mit 8—12 cm Pflanzenabstand, da die Weißtanne erst später ausgepflanzt zu werden pflegt.

---

*) Der Pyramidenschnitt wird auch als Regel beim Verpflanzen und Verschulen aller größeren Laubholzpflanzen und der Lärche angewandt.

Lärchen verschult man zu Loden in 20—25 cm □=Verband; doch erzieht man auch ältere Stämmchen bis zur Heistergröße, wozu man dann einen weiteren Verband bis zu 0,7 m im Quadrat zu wählen hat (die Lärche liebt überhaupt räumliche Pflanzung); Wehmutskiefern werden ebenso wie die übrigen Kiefernarten nur einjährig verschult.

Bei allen Nadelhölzern werden nur die Wurzeln beschnitten, einzige Ausnahme bildet die Lärche, welche wie Laubhölzer beschnitten wird.

Die kleinen Pflanzen verschult man entweder nach der Schnur mit dem Setzholz (Pflanzdolch), oder mit dem Pflanzbrett, einem schmalen Brett von der üblichen Beetlänge, welches auf beiden Seiten in zwei der gebräuchlichsten Verbände mit so schmalen Einschnitten versehen ist, daß die Pflänzchen darin hängen können. Man legt dann das Brett an den Rand kleiner Gräbchen mit senkrechter Wand, hängt die Pflanzen ein, breitet die Wurzeln über einen zu diesem Zweck im Graben geformten kleinen Hügel und bedeckt sie mit der Erde des Gräbchens. Manche neuerdings angepriesenen, mehr oder weniger komplizierten Verschulungsmaschinen haben sich meist nicht bewährt, mit Ausnahme der von Oberförster Hacker in Uhošt (Böhmen) zu beziehenden Hackerschen Verschulungsmaschine, die auf leichterem Boden vielfach gute Dienste getan hat.

Pflanzung im Freien.

§ 151. Verschiedene Arten der Pflanzen.

Man unterscheidet:

1. Die Pflanzung von bewurzelten Pflanzen und unbewurzelten Pflanzen, sog. Stecklingen.

Die bewurzelten Pflanzen können sein:

a) Ballenpflanzen, d. h. solche, die mit einem Erdballen ausgehoben und verpflanzt werden, und Pflanzen mit entblößter Wurzel.

b) Kernpflanzen (aus Samen hervorgegangen) und Stummelpflanzen, welche dicht oberhalb des Wurzelknotens gestutzt sind.

2. Die Pflanzung von Einzelpflanzen und Büscheln; bei letzterer 2—5, selten mehr Pflanzen in einem Loche.

3. Die Pflanzung nach einer bestimmten räumlichen Ordnung, welche man Verband nennt, und — ungeregelte Pflanzungen. Bei der Pflanzung im Verbande unterscheidet man je nach der Anzahl der Pflanzen und der Figur, die sie bilden, einen Dreiecks=, Quadrat= und Reihenverband.

§ 152. Vorzüge der Pflanzung im Verbande.

1. Schnellste Arbeit, weil die größte Ordnung herrscht.
2. Genaue Berechnung der erforderlichen Pflanzenmengen.

3. Größte Sicherheit, fehlende oder ausgegangene Pflanzen zu ersetzen.
4. Ermöglichung der gleichmäßigen Mischung von Holzarten.
5. Erleichterung bei der späteren Auszeichnung von Ausläuterungen und Durchforstungen.
6. Erleichterung beim Forstschutz und der Jagd, infolge der geraden und leicht zu übersehenden Reihen der Verbandspflanzungen.
7. Die Möglichkeit gleichzeitiger Nebennutzungen.

§. 153. Wahl des Verbandes.

Bei der Wahl des Verbandes, also der Entfernung der Pflanzen, müssen folgende Erwägungen mitsprechen.

1. **Der Zweck, den man mit der Pflanzung erreichen will.**

a. Man legt das Hauptgewicht auf die Erziehung von gutem Bau- und Nutzholz. Zu diesem Zweck muß je nach der Holzart, dem Standort und den örtlichen Gefahren der Verband so gewählt werden, daß, ohne Rücksicht auf alle Vor- und Nebennutzungen, möglichst bald ein guter Schluß erzielt wird, der die Bodenkraft erhält und mehrt, das Holz möglichst astrein und langschäftig erwachsen läßt und ohne Nachteil für Güte und Schönheit des Holzes die größte Nutzholzmasse liefert. Im großen ganzen wird dieses ein Verband sein, der je nach Holzart usw. zwischen 1 m und 2,50 m im □ liegt.

b. Man legt Gewicht auf reichlichere Vornutzungen. In diesem Falle ist ein engerer Verband zu wählen, weil man dann mehr Durchforstungserträge gewinnt. Die reichlichsten Vornutzungen liefert jedoch die Saat, nach ihr erst der enge Verband.

c. Man hat auf Nebennutzungen Rücksicht zu nehmen. Hier ist die Reihenpflanzung, und zwar je nach der gewünschten Ausdehnung der Nebennutzung, mit geringerer oder größerer Entfernung der Reihen am Platze. Sie bietet zwischen die Reihen auf die längste Zeit Acker-, Gras- und Weidenutzung.

Die weitesten Verbände nimmt man bei der Bepflanzung von Weideplätzen, Wiesen und Wegen; soll eine Fläche dauernd auf Gras genutzt werden, so gestattet dies nur eine Heisterpflanzung von 10—20 m Verband, bei vorübergehender Nutzung einen solchen von 3—10 m, Alleebäume setzt man etwa mit 10 m Zwischenraum.

Der weitere Verband von 3 m und mehr empfiehlt sich, wie wir früher gesehen haben, für den Niederwald, zur Oberholzerziehung im Mittelwalde, zur Untermischung verschiedener Holzarten, in dem man die langsamwüchsigeren

Verbandspflanzungen.

in weitem Reihenverband zuerst kultiviert, endlich wenn man vorübergehend ein Bodenschutzholz vorher oder gleichzeitig einmischt.

2. Die Mittel, die zu Gebote stehen.

Hat man ungeübte oder ungeschickte Arbeiter oder unzuverlässiges Aufsichtspersonal, so ist man öfter gezwungen, die in der Anlage einfachere Reihen-, resp. Quadratpflanzung auch da anzulegen, wo die Dreieckspflanzung besser wäre.

Das Alter des Pflanzmaterials ist bestimmend für die Entfernung der Pflanzen im Verbande; so pflanzt man ein- bis zweijährige Pflanzen im Verbande bis 1,3 m, drei- bis vierjährige in 1,2—1,5 m Loden und Halbheister in 1,2—2,5 m. Der Heisterverband schwankt von 2,0—10 m, üblich ist meist ein Verband von 2,00—4,00 m.

Eine meist zutreffende Regel ist: Man pflanzt:

1 m hohe Pflanzen in bis 1 m² Verband[1]),
1—2 „   „   „   „   „ 1—2 „   „
2—3 „   „   „   „   „ 2—3 „   „

wobei man jedoch bei Freikulturen nur ausnahmsweis unter 1 m² hinuntergeht.

Die Büschelpflanzung gestattet einen weiteren Verband als die Einzelpflanzung. Nicht selten sind die Kulturgelder Veranlassung, einen engeren oder weiteren Verband zu wählen. Bei beschränkten Mitteln greife man zum weiteren Verbande, da er weniger Pflanzen und somit auch weniger kostspielige Pflanzarbeit verlangt.

Eine Pflanzung in 1 m Verband z. B. ist doppelt so teuer als eine in 1,5 m, viermal so teuer als eine in 2 m, hundertmal so teuer als eine in 10 m Verband ausgeführte Pflanzung.

Der Standort gibt in zweifelhaften Fällen stets den Ausschlag für Art und Weise des Verbandes. Auf gutem und frischem Boden und in mildem Klima gedeihen alle Holzarten bei weiterem Verbande am besten, ebenso auf lockerem und der Verödung nicht ausgesetztem Boden. Zu beachten ist aber auf besseren Böden die Gefahr durch Gras- und Unkrautwuchs, der durch engeren Verband begegnet werden kann. Magerer Boden verlangt den schnellsten Schluß, deshalb engeren Verband, nur Kiefer, Lärche und Birke gedeihen selbst auf schlechtem Boden in weiterem Verbande besser. Wo Gefahren durch Sturm, Schneebruch, Insekten usw. drohen, muß man einen Verband wählen, der die kräftigsten und stufigsten Pflanzen liefert.

---

[1]) Manche Nadelhölzer, namentlich Fichte machen eine Ausnahme, wie aus den bezüglichen Besprechungen zu ersehen; sie werden vielfach auch in 1,2—1,5 m²- Verband gepflanzt.

Der gebräuchlichste Verband für den Hochwald und für kleinere Pflanzen ist der 1—1,3 und 1,5 m Verband; man erlangt mit ihm frühzeitigen Schluß, gutes Nutzholz und den besten Ertrag an Haupt= und Vornutzung. Der weitere Verband von 2, 2,5 und 3 m ist geboten bei Mittel- und Großpflanzen, wenn man vorzugsweise Brennholz und minder feines Nutzholz, eine schnelle Erstarkung der Einzelstämme und etwa gleichzeitige Weide= und Grasnutzung, aber wenig Durchforstungsholz anstrebt.

§ 154. Regellose Pflanzung.

Sie ist nur ein Notbehelf, wenn die schon stark mit natürlicher Verjüngung, Vorwüchsen oder mit Terrainhindernissen, wie Felsblöcken usw., bedeckte Fläche die Verbandspflanzung unmöglich macht. In ausgedehnter Weise kommt sie bei der Ergänzung des Mittel= und Plenterwaldes sowie in natürlichen Verjüngungen zur Geltung und findet naturgemäß bei der Begründung von Mischbeständen Anwendung, wo es gilt, den verschiedenen Holzarten die geeigneten Standortsanteile zuzuweisen.

§ 155. Herstellung des Pflanzenverbandes.

Der Verband wird in der Regel mit zwei Schnuren hergestellt, die je nach der gewählten Entfernung mit Holzpflöckchen oder Zeugstückchen gezeichnet sein müssen; die eine dient zur Richtschnur, das heißt, sie bestimmt die Abstandsweite der Pflanzreihen. Die andere — die Pflanzschnur — trägt die Zeichen für die in den Reihen zu fertigenden Pflanzlöcher. Die Schnuren müssen, um sie vor Nässe und dem daraus folgenden Verkürzen zu schützen, geteert werden; die Schnurpflöcke nimmt man am besten von Weißbuchenholz und beschlägt sie oben mit einem eisernen Ring, unten mit einer eisernen Spitze. Nach dem Gebrauch dürfen die Schnuren nicht aufgewickelt, sondern müssen etwa wie Waschleinen zusammengefaßt werden, weil sie sonst sich verlängern. Für kleinere Flächen (Kämpe usw.) ist die verstellbare 30 m lange Pflanzkette von Bär zu empfehlen, deren Ringe verstellbar sind, um sofort jeden beliebigen Verband herstellen zu können. (Zu beziehen von Osk. Krautmann, Erlbach bei Zwickau).

Quadratverband. Hat man im Revier die Jageneinteilung, so lehnt man sich an die Gestelle an. Bei Distriktseinteilung oder bei Kulturflächen von unregelmäßiger Gestalt muß man in früher gezeigter Weise, **um** (Abb. 96) — oder wenn Terrainschwierigkeiten dies verbieten — **in** (Abb. 97) die unregelmäßige Fläche mit einer Kreuzscheibe oder dem Winkelspiegel das größte rechtwinklige Viereck abstecken, dessen beide zusammenstoßende Seiten A B und A D nach der mit gleicher Einteilung versehenen Richt= und Pflanzschnur bestickt werden. Auf sehr großen Flächen legt man sich mit der Kreuzscheibe

Herstellung des Pflanzennetzes.

usw. zuerst ein größeres Quadratnetz als Anhalt fest, indem man von einem Endpunkt des Rechtecks (Abb. 96), z. B. von A nach B und D hin gleich lange Linien abmißt und von deren Endpunkten z. B. E und F mit der Kreuzscheibe parallele Fluchtlinien über die ganze Fläche einvisiert. Auf diesen Linien hat man dann Entfernungen gleich A E und A F usw. abzumessen und die Kreuzungspunkte, z. B. K, K, K durch Signalstangen zu bezeichnen. Innerhalb der einzelnen Quadrate, z. B. K A E F ist dann der Verband sehr einfach herzustellen.

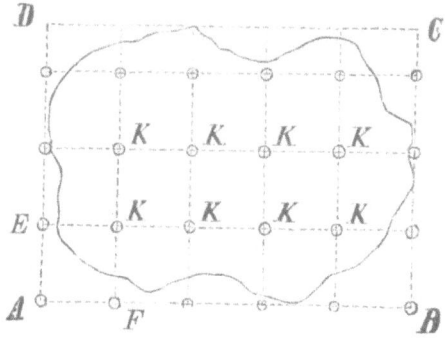

Abb. 96.

Bei Dreiecksverband (Abb. 98) ist die Entfernung der Reihen voneinander um $\frac{1}{15}$ geringer als die Entfernung der Pflanzen in den Reihen, da die erstere durch die Höhe, die letztere durch die Grundlinie des gleichseitigen Dreiecks, das dem Verbande zugrunde liegt, dargestellt wird. Da sich nun im gleichseitigen Dreieck die Grundlinie zur Höhe verhält wie 1 : 0,866, so ist bei der Einteilung der Richtschnur, um die richtige Entfernung der Reihen voneinander zu bestimmen, die ge-

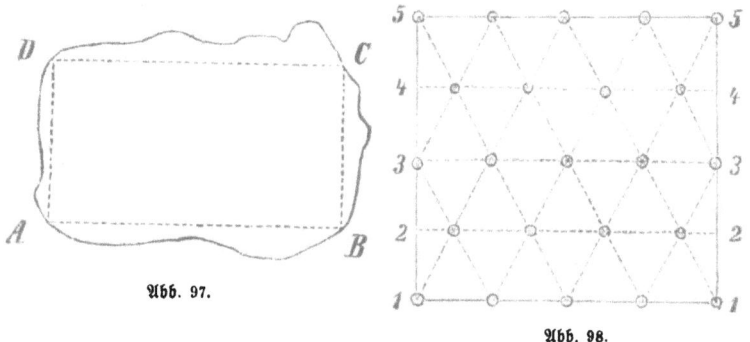

Abb. 97.

Abb. 98.

wählte Pflanzweite mit 0,866 zu multiplizieren. Soll also der Dreiecksverband in 1 m Verband ausgeführt werden, so beträgt der Reihenabstand 1 · 0,866 m oder bei 1,5 m Verband 1,5 · 0,866 = 1,299 m usw.

Wie aus obenstehender Abb. 98 des Dreiecksverbandes hervorgeht, stehen die Pflanzen der Reihen 1, 3, 5 und dann wieder die Pflanzen der Reihen

Westermeiers Leitfaden. 12. Aufl.

2, 4 usw. senkrecht übereinander. Die Richtung der Pflanzen stellt man am besten dadurch her, daß man die nach dem gewählten Verbande eingeteilte Pflanzschnur durch Zeichen von anderer Farbe und zwar genau in der Mitte zwischen zwei Pflanzzeichen noch einmal teilt. Angenommen, die verschiedenen Farben der Zeichen sind rot und weiß, so hat man bei dem weiteren Abstecken der Löcher bei jeder folgenden Reihe in jedes Anfangsloch das Zeichen der anderen Farbe einzustecken; hat das 1. Loch der 1. Reihe ein weißes Zeichen gehabt, so bekommt das 1. Loch der 2. Reihe das rote Zeichen, das 1. Loch der 3. Reihe wieder das weiße, das erste Loch der vierten Reihe wieder das rote Zeichen usw.

Auf ebenso bequemem Wege kann man sich den Verband durch das Anlegen von Modellfiguren aus Holzstäben, Latten usw., die genau die Größe des Verbandes haben, verschaffen; man hat die Modellfiguren nur einfach weiter zu legen, um die Pflanzpunkte zu bestimmen.

Der Verband bei der Reihenpflanzung unterscheidet sich vom Quadratverband nur dadurch, daß die Richtschnur nach der gewünschten Entfernung der Reihen, die Pflanzschnur nach der gewünschten Entfernung der Pflanzen in den Reihen eingeteilt wird, mithin beide verschiedene Einteilung haben.

Die Herstellung des Verbandes wird so zeitig angefangen, daß er ganz oder teilweis vor Beginn der Kultur fertig ist. Die Pflanzstellen werden mit einem Hackenschlag genau bezeichnet.

§ 156. Berechnung der Pflanzenmengen.

Man berechnet die Pflanzenmenge für eine gewisse Einheit, z. B. je Hektar, indem man das Produkt der Entfernung von je zwei Pflanzen in vertikaler und horizontaler Richtung in Quadratmetern ausdrückt und mit diesem Produkt in die Quadratmeterzahlen (10000) des Hektar hineindividiert.

Beim Quadratverband hebt man die Entfernung zweier Pflanzen in das Quadrat und dividiert damit in die Fläche, z. B. bei 1,5 m Quadratverband beträgt die Anzahl der Pflanzen je Hektar

$$1{,}5 \cdot 1{,}5 = 2{,}25; \quad \frac{10000}{2{,}25} = 4444 \text{ Stück.}$$

Beim Reihenverband multipliziert man die Pflanzenentfernung in den Reihen mit dem Abstand zweier Reihen und dividiert mit dem Produkt in die Fläche, z. B. bei 1,5 m Entfernung der Reihen und bei 0,75 m Entfernung der Pflanzen in den Reihen beträgt die Pflanzenzahl pro Hektar:

$$1{,}5 \cdot 0{,}75 = 1{,}125; \quad \frac{10000}{1{,}125} = 8888 \text{ Stück.}$$

Beim Dreiecksverband beträgt die Pflanzenmenge 1,15 (genau 1,15475) mal so viel als beim Quadratverband, daher muß man den gewählten Dreiecksverband in das Quadrat erheben und dann in die mit 1,15 multiplizierte Fläche hineindividieren.

Beispiel: Der Dreiecksverband beträgt 1,5 m; die Fläche von einem Hektar beträgt 10000 Quadratmeter, diese mit 1,15 multipliziert, gibt
$$10000 \cdot 1{,}15 = 11550 \text{ Quadratmeter.}$$
$$\frac{11550}{1{,}5 \cdot 1{,}5} = \frac{11550}{2{,}25} = 5132 \text{ Stück.}$$

Umgekehrt berechnet man eine ausgepflanzte Fläche durch Multiplikation der verwendeten Pflanzen mit ihrem Standraum, z. B. 4444 Eichen sind in 1,5 qm Verband gepflanzt, wie groß ist die Fläche? $1{,}5 \cdot 1{,}5 = 2{,}25 \cdot 4444 = 9999$ qm rund = 1 ha.

Bedeutet F die Fläche, E die Pflanzenentfernung, so berechnen sich die Pflanzenzahlen nach den Formeln für den Quadratverband $= \dfrac{F}{E^2}$, für die Reihenpflanzung $\dfrac{F}{E \cdot e}$ (e = die Entfernung der Reihe), für den Dreiecksverband $= \dfrac{1{,}15 \cdot F}{E^2}$. Alle gebräuchlichen forstlichen Taschenbücher enthalten übrigens eine Tabelle, aus der die Pflanzenmengen für einen beliebigen Verband ersehen werden können.

§ 157. Pflanzzeit.

Über die Jahreszeit, in welcher zu pflanzen ist, entscheidet natürlich in erster Linie die Sicherheit des Anwachsens der Pflanzen, in zweiter Linie kommen die Beschaffenheit der Pflanzen (Loden oder Heister, mit oder ohne Ballen), der Standort, vorhandene Arbeitskräfte und der Kostenpunkt in Betracht.

Die gebräuchlichste Pflanzzeit ist die Zeit der Vegetationsruhe, also vom Abfall bis zum Wiederausbruch des Laubes mit Ausnahme der Zeit, in welcher die Tage kurz sind und Frost oder Schnee die Arbeit von selbst verbieten; nur Erlenpflanzungen in nassen Brüchern nimmt man zur Zeit des niedrigsten Wasserstandes, also im Herbst vor. Es fragt sich nun, ob die Pflanzung am Anfang oder am Ende dieser Periode, d. h. im Herbst oder Frühjahr gemacht werden soll.

Für die Herbstpflanzung spricht das günstige Verhalten des Bodens. Der Boden ist nicht so naß und ungefügig, die Erde sackt sich während des Winters besser im Pflanzloch um die Wurzeln, die Pflanze hat Muße, sich an ihren neuen Standort zu gewöhnen und sich von den nachteiligen Einflüssen der Umpflanzung zu erholen, ehe die Vegetationsperiode eintritt; sie wird standfester. Bei Ballenpflanzen hält der Ballen besser im Herbst.

Gegen die Herbstpflanzung spricht die Befürchtung, daß die Pflanzen die Gefahren des Winters nicht überstehen werden. Größere Pflanzen leiden von den Winterstürmen, alle Pflanzen, die von besserem Standort, namentlich aus guten Kämpen, auf ärmeren Boden und in rauheren Standort verpflanzt werden müssen, unterliegen besonders leicht den Gefahren durch Frost und Auffrieren, Sturm und Nässe; Wild und Mäuse schaden den Herbstpflanzungen mehr als den Frühjahrspflanzungen, kleine Pflanzen frieren im Winter auf.

Im Herbst sind gewöhnlich Arbeitskräfte schwer zu haben, auch werden die Arbeiten wegen der Kürze der Tage teuer, wenn man nicht Stundenlohn gibt, den man stets vorher fest ausmachen muß.

Für die Frühjahrspflanzung fallen die eben aufgezählten Gefahren fast ganz weg, auch sind gewöhnlich die Arbeitskräfte wohlfeiler und leichter zu beschaffen. Deshalb ist die Frühjahrspflanzung beliebter und wo eine oder mehrere der oben genannten Gefahren besonders schädlich werden, muß sie Regel sein.

Ist jedoch, wie im Gebirge, der Frühling sehr kurz oder sind sehr große Flächen zu kultivieren, so macht man teils Herbst-, teils Frühjahrspflanzung. Man dehne jedoch bei Laubhölzern namentlich auf trockenem Boden die Pflanzung ohne Not nicht ganz bis zum Laubausbruch aus, am besten nur bis etwa 14 Tage vor diesem. Nadelhölzer (ausgenommen Lärche) vertragen die Umpflanzung noch bis zum Treiben, häufig auch noch, wenn sie schon getrieben haben (Kiefer), einige Wirtschafter ziehen das Pflanzen von schon treibenden Nadelholzpflanzen sogar vor.

Empfehlenswert ist jedenfalls, wo dies irgend angeht, eine Teilung der Kulturarbeit in der Art, daß man im Herbst die Bodenarbeit, im Frühjahr die Saat- und Pflanzarbeit vornimmt.

§. 158. Anfertigung der Pflanzlöcher.

Auf vielen Standorten ist es möglich, die Pflanzlöcher bereits im Herbst vorher zu machen und man sollte dies stets tun, wenn nicht örtliche Bedenken es verbieten, da die ausgehobene Erde durch Überwintern viel fruchtbarer wird. Solche Bedenken sind: Zu lockerer Boden (z. B. Sand), der fortgeführt wird und leicht seine Frische verliert, Tonboden, der sich fest zusammensetzt, nasser Boden, der die Löcher mit Wasser füllt, und Mangel an Arbeitskräften. Walten diese oder andere Bedenken nicht ob, so soll man die Pflanzlöcher stets im Herbst anfertigen lassen, besonders nötig ist es für Heisterpflanzungen und Nachbesserung älterer Laubholzpflanzungen.

Nassen Boden muß man vorher entwässern, zu leichten Boden (Flugsand) durch Kupierzäune (vergl. § 173), Bedecken mit Strauch, Heidekraut, Plaggen usw. binden, starken Unkraut- und Beerkrautüberzug vor der Samenreife ab-

Anfertigung der Pflanzlöcher.

mähen oder abbrennen, Vorwüchse, große Steine, auf Schlägen alles Holz, vorher entfernen lassen.

Löcher für Ballenpflanzen sollen mit denselben Werkzeugen angefertigt werden, mit denen die Ballen ausgehoben sind, und in ihrer Größe und Form möglichst genau der Größe und Form der Ballen entsprechen, um das zeitraubende Ausfüllen zwischen Ballen- und Lochwand zu vermeiden. Besonders eignen sich zu Ballenpflanzungen der Heyersche Hohlbohrer (Abb. 99), zu beziehen von L. Schaum in Kl. Linden bei Gießen und zum Löchermachen der eiserne Spiralbohrer (Abb. 100) und allerlei Formen von Spaten; zu beziehen von Gebr. Dittmar, Heilbronn.

Der Heyersche Hohlbohrer schiebt die Ballen automatisch heraus und reinigt den Zylinder. Als ein die Arbeit recht verbilligendes Werkzeug kann ein dem obigen ähnliches Werkzeug empfohlen werden: der „Splettstößersche Zangenbohrer", der in 3 Größen à 10, 15 und 20 cm Lochweite von Bach u. Mahlow, Berlin N., Sophienstraße 32, bezogen werden kann. Er hebt zylinderförmige Löcher von obigen Weiten aus, in welche Kleinpflanzen (1 jährige Kiefern und alle kleinen Nadel- und Laubhölzer) hineingesetzt und mit der Zylindererde ringsum eingefüttert werden können. Die Wurzeln erhalten so eine naturgemäße Lage in lockerem Boden, die Arbeit geht sehr schnell und billig vorwärts, wenn der Boden nicht zu sehr verunkrautet ist.

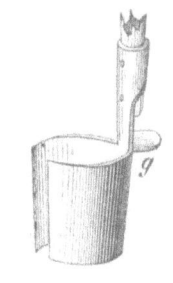

Abb. 99.

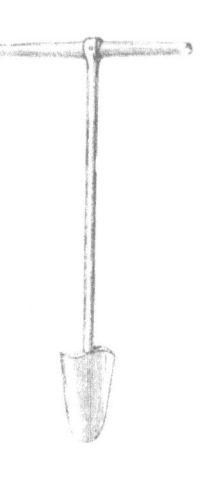

Abb. 100.

Löcher für Pflanzen mit entblößter Wurzel müssen an Weite und Tiefe die durchschnittliche Ausdehnung des Wurzelstocks etwas übertreffen.

Man sticht in genau gleicher Entfernung vom Zeichen, das bei Herstellung des Verbandes gemacht ist, mit dem Spaten die Größe des Loches quadratisch (bei Hügelpflanzung kreisförmig) ab, macht durch die Mitte einen Kreuzstich, schält den Bodenüberzug flach ab, und legt ihn gegenüber hin; hierauf gräbt man das Loch in der Weise aus, daß die obere gute Erde rechts und die untere schlechtere Erde links vom Loch zu liegen kommt, hüte sich jedoch tunlichst, die Erde auf Beerkraut usw. zu werfen, weil sie in diesem leicht verkrümelt und schwer wieder abzuschippen ist. Bei sehr trockenem Boden müssen die

Löcher tiefer, bei nassem Boden flacher als gewöhnlich gemacht werden: im Nassen wird ein kleiner Hügel aus Erde dicht neben dem Pflanzloch gemacht. Um eine recht tiefe Lockerung zu erhalten, durchwühle man den Boden des Pflanzloches noch stets tüchtig mit dem Spaten, so tief als möglich. Zur Bodenlockerung ist auch zu empfehlen der Wühlspaten von Spitzenberg, der, wie alle Spitzenbergschen Kulturgeräte, von Franke u. Co., Berlin SW., Dessauerstr. 6, zu beziehen ist.

§ 159. Einsetzen der Pflanzen.

Vor dem Einsetzen müssen alle ballenlosen Pflanzen, die nach dem Ausheben nicht ganz unmittelbar eingepflanzt werden, in Erde eingeschlagen werden. Man zieht zu diesem Zwecke Gräben mit schrägen Wänden, legt in diese die Pflanzen dicht aneinander und bedeckt die Wurzeln ganz mit feiner Erde; man kann so Reihe hinter Reihe einschlagen. Große Pflanzen (über 1,5 m) stellt man besser in Gräben mit senkrechten Wänden dicht Reihe an Reihe aufrecht hin.

Es ist durchaus zu vermeiden, entweder die ganze Kulturfläche oder nur einen größeren Teil derselben im voraus mit den Pflanzen belegen zu lassen, ohne sie einzuschlagen. Ein unbeschütztes Freiliegen namentlich in der Sonne, bei warmem Wetter oder gar bei scharfem Ostwind, 10—15 Minuten lang, genügt vollständig, um die kleinen Faserwurzeln, die Hauptträger der Ernährung, oder die dieselben bedeckenden Nährpilze zu töten oder wenigstens so zu erschlaffen, daß ein längeres Siechtum der Pflanze die Folge ist. Man legt also am besten nur soviel Pflanzen vorher in die Löcher, als **sofort** verpflanzt werden können.

Bei dem Verpflanzen großer Heister, wozu man stets zwei Pflanzer nimmt, von denen einer den Stamm hält, der andere im Loch arbeitet, wird der Bodenüberzug meistens zu unterst in das Pflanzloch gelegt, sorgfältig zerstoßen und angetreten. Auf dieses Rasenbett wird zunächst von links eine schwache Schicht der schlechteren Erde gelegt und hierauf das Loch von rechts mit soviel guter Erde gefüllt, als zur Bedeckung der Wurzeln nötig ist. Nachdem diese Erdschicht geordnet und in der Mitte hügelförmig so weit erhöht ist, wie die Pflanze stehen soll, wird der Stamm mitten darauf gestellt und mit den meisten Zweigen nach Süden gerichtet (gegen Sonnenbrand), worauf seine genaue Einrichtung in die Verbandsreihen vor- und seitwärts erfolgt; dann werden die Wurzeln in ihrer natürlichen Lage über den Lochhügel gebreitet und mit lockerer Erde bedeckt, während der Stamm sanft auf- und niedergerüttelt wird, damit die Erde sich zwischen den Wurzeln einfüttert. Um alle Höhlungen zwischen und unter den Wurzeln zu vermeiden, greift man nötigenfalls noch mit der Hand unter die Wurzeln, um den Boden dazwischen zu bringen.

Alle Wurzelverschiebungen müssen sofort wieder geordnet werden. In dieser Weise füllt man immer mehr Erde von rechts nach, rüttelt den Stamm, ordnet die Wurzeln und nimmt schließlich die schlechtere Erde von links dazu. Von Zeit zu Zeit muß die Erde mit der Hand fest angedrückt und schließlich oben leicht mit beiden Füßen angetreten werden; das Fest**stampfen** taugt gar nichts. Hat man Pflänzlinge mit Pfahlwurzeln usw., so muß man im Hügel erst ein Loch machen, in welches man die Hauptwurzel versenkt; wenn Pflänzlinge ein ungünstiges Wurzelsystem, z. B. wenige tiefgehende Wurzeln haben, so kann man natürlich keinen Lochhügel machen.

Auf trocknem Boden ist es geraten, anstatt den Rasenplaggen im Loche zu zerstampfen, um seinen Humus zu gewinnen, denselben mit den Wurzelfilz nach oben zur Erhaltung der Frische um den Pflänzling zu legen, aber nie dicht heran; an Hängen legt man ihn auf die Talseite, in solchen Lagen macht man immer einen kleinen Damm (Wasserkranz) zur Erhaltung der Feuchtigkeit; ebenso auf trocknem Boden für Mittel- und Großpflanzen um die Pflanzlöcher.

Auf den Winden ausgesetzten Flächen legt man den eingeknickten Rasenplaggen als Stütze (sog. Stuhl) gegen die Stämmchen (auf der der Windrichtung entgegengesetzten Seite) oder man pfählt die Heister an.

Die Hauptsache beim Einpflanzen ist, daß der Stamm auf die Dauer so tief zu stehen kommt, wie er gestanden hat, was man ja leicht an der frischeren Farbe des Holzes am Wurzelhalse sehen kann. Auf lockerem Boden und bei kleinen Pflanzen pflanzt man etwas tiefer und zwar um so mehr, je kleiner die Pflanzen sind. Bei kleinen Pflanzen sind überhaupt bei weitem nicht soviele Umstände nötig, doch muß man bei ihnen auf die natürliche Lage der Wurzeln und das Ausfüttern derselben achten.

Ballenpflanzen müssen gehörig mit der Hand eingefüttert und namentlich am Rande angetreten werden, damit nirgends zwischen Loch- und Ballenwand ein Zwischenraum bleibt; besonders die Südseite muß gut gedeckt werden.

§ 160. Schutz der Pflanzen.

Auf nassem Boden hat man auf gehörige Entwässerung, auf trocknem Boden auf gehörige Zuführung von Feuchtigkeit durch Vertiefung der Erde um den Stamm oder Binden der Frische durch Wasserkränze, Bedecken mit Laub, Moos und Rasenplaggen zu achten. Das Begießen nach der Pflanzung ist, wenn die Geldmittel es gestatten, aber auch nur dann, auf sehr trocknem Boden zu empfehlen, ebenso das Anschlämmen (Eintauchen kleiner Pflanzen in einen dünnen Lehmbrei).

Gegen Weidevieh müssen alle Pflanzungen in Schonung gelegt werden (durch Aushängen von Tafeln und Strohwischen, leichte Bewährungen oder durch Gräben); schlanke Heister werden an Pfähle gebunden, indem man ihre Rinde durch Unterlegen von Moos, Umwickeln mit Stroh, Werg usw. möglichst gegen Reibungen schützt, gegen Wild hilft Scheuchen, Abschießen, Umdornen der größeren Pflanzen, sowie Anstreichen kleiner Pflanzen; gegen Fegen und Schlagen Bestreichen der Rinde mit einer Mischung aus $\frac{1}{3}$ Rinderblut, $\frac{1}{3}$ Kalk, $\frac{1}{3}$ Schweinejauche in der Dichte von Ölfarbe (vgl. § 202).

Auf rechtzeitige Nachbesserungen der Pflanzungen durch gutes Material ist besonders zu achten; doch ist es besser, man macht die Pflanzung gleich im Anfang so gut wie möglich und bringt etwas mehr Geldopfer, als daß man sich auf etwaige Nachbesserungen verläßt. Jede Nachbesserung ist unverhältnismäßig viel teurer als die Neukultur, abgesehen von dem Übelstand, daß man ungleiche Altersstufen erhält und Nachbesserungen besonders unter Beschädigungen durch Tiere zu leiden haben.

Einige besondere Pflanzmethoden für gewisse Holzarten und Verhältnisse, wie die v. Manteuffelschen Hügelpflanzung, die Heyersche Hohlbohrerpflanzung, die Pflanzung mit dem Butlarschen Eisen, v. Alemanns Klemm- und Klapppflanzung findet man in der Besprechung der einzelnen Holzarten am Schluß des Waldbaus.

§ 161. Pflanzung von Senkern.

Unter Senkern oder Ablegern versteht man Zweige, welche man, ohne sie vom Mutterstamme zu trennen, in den Boden einlegt, sobald sie Wurzeln getrieben haben, absticht und dann entweder auf ihrem Standort stehen läßt oder weiter verpflanzt. In dieser Weise lassen sich sämtliche Laubholzarten vermehren, einige mit besonderer Sicherheit und Schnelligkeit.

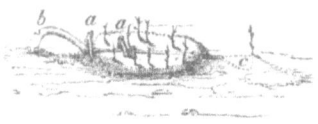

Abb. 101.

Zuweilen wird diese Kulturart beim Niederwalde angewandt und zeichnet sich durch ihre Billigkeit aus. Man wendet das Ablegen bei Zweigen bis zu 7 cm Stärke an.

Bei stärkeren Stangen werden die Wurzeln auf der entgegengesetzten Seite der Biegung 15—20 cm vom Stämmchen entfernt abgestochen, der Stamm wird umgebogen, in einen kleinen Längsgraben gelegt, mit Haken befestigt und leicht mit Erde bedeckt. Läßt sich das Stämmchen schlecht biegen, so kerbt man es leicht ein (b Abb. 101). Größere Zweige werden ganz weggenommen, die kleineren aber 10—20 cm hoch in guter Verteilung so mit Erde und Rasenstücken bedeckt, daß die Zweigspitzen etwa 20 cm aa Abb. 101) aus der Erde hervorragen. Man kann auf diese Weise leicht bis 30 Ableger aus einem einzigen Stämmchen erziehen, die nach wenig Jahren von Samenpflanzen nicht mehr zu unterscheiden sind. Schwächere Stämmchen und Wurzelausschläge werden umgebogen, festgehackt oder mit Rasenplaggen belegt und nur schwach mit Erde bedeckt. Im zweiten, besser noch im dritten Jahre sind die Ableger zum Verpflanzen geeignet. Die beste Zeit zum Absenken ist das Frühjahr kurz vor Laubausbruch.

Über Stecklinge, Setzstangen usw. vergl. Weidenheeger.

§ 162. Schlußbemerkung über das Pflanzen.

Sehr häufig wird beim Pflanzen der Fehler gemacht, daß man alles zur Verfügung stehende Pflanzmaterial verwendet. Der Forstbeamte hat ganz besondere Sorgfalt auf nur durchweg gutes und gesundes Pflanzmaterial zu verwenden und vor jeder Kultur entweder selbst oder durch einsichtige und zuverlässige Arbeiter die Pflanzen einer genauen Prüfung zu unterwerfen, um alle kranken, verstümmelten und schlechtgewachsenen Pflanzen, sowie solche mit übermäßiger oder abnormer Wurzel- und Zweigbildung auszusondern; **lieber pflanze man gar nicht als schlechte Pflanzen.**

Liegt die Kultur an älteren Beständen, so muß man mit derselben 3—6 m vom Bestandesrande abbleiben, so daß die Pflanzen nicht verdämmt werden können und nicht unter der Traufe stehen.

Vor der Pflanzung wie überhaupt vor Beginn jeder Kultur ist alles gehörig vorzubereiten. Die Kulturgeräte sind nachzusehen und eventl. vorher auszubessern, die Arbeiter sind frühzeitig zu bestellen und nötigenfalls vorher mit Anweisungen zu versehen. Die größte Pünktlichkeit ist beim Beginn und Aufhören wie bei den Arbeitspausen einzuhalten; der Förster soll der erste und letzte auf der Kulturfläche sein, um namentlich bei Tagelohnarbeit das rechtzeitige Anfangen und Aufhören der Arbeit zu kontrollieren. Vor Beginn der Kultur, unter Umständen an jedem Morgen, ist eine genaue Arbeitseinteilung vorher zu entwerfen und jedem Arbeiter oder jeder Arbeitergruppe kurz und deutlich zu bezeichnen, was sie zu tun ha. Eine Abteilung hat z. B. das Ausheben der Pflanzen, eine andere das Zusammensetzen und Einschlagen der ausgehobenen Pflanzen, die dritte den Transport, die vierte das Einschlagen auf der Kulturfläche, die fünfte das Beschneiden, die sechste das Löchermachen, falls dieses nicht vorteilhafter schon vorher besorgt ist, die siebente das Zutragen von Pflanzen, die achte das Einpflanzen usw. auszuführen. Am besten verwendet man dieselben Leute immer wieder zu denselben Arbeiten, damit sie Fertigkeit erlangen.

Alle diese Arbeiten müssen genau ineinander greifen; es darf keine Abteilung auf die andere warten und so die kostbare Zeit verschwenden. Wenn 30 Arbeiter auch nur eine Minute müßig sind, so beträgt der Ausfall sofort eine halbe Stunde oder der Geldverlust bei einem Tagelohn von 2 Mark pro Mann und 10 stündiger Arbeitszeit 10 Pf., bei 10 Minuten 1 Mark!

Am Abend sind die Kulturgeräte nachzusehen, damit etwaige Ausbesserungen sogleich vorgenommen werden können oder schadhaftes Werkzeug durch gutes ersetzt wird; man muß deshalb immer einige Reserve=Werkzeuge auf der Kultur haben. Zu den leichteren Arbeiten verwendet man die billigere Kinder= und Weiberarbeit; nur zu schwererer Arbeit Männer.

Alle Arbeiten, die nicht besonderer Aufmerksamkeit bedürfen und deren Güte dabei leicht zu kontrollieren ist, läßt man im Akkord machen, namentlich Erdarbeiten, Transport usw., Säen, Pflanzen, Ausheben und Beschneiden läßt man im Tagelohn machen. Die Löhne sollen immer so hoch gezahlt werden, daß die Leute willig zur Arbeit kommen. Schlechte Löhne verbittern nur die Arbeiter und verführen zu schlechten Leistungen. Es ist zu erwägen, ob nicht unter Berücksichtigung, einmal der alten treuen immer wiederkehrenden Waldarbeiter, dann auch der geschickten und besonders fleißigen Arbeiter bessere als die Durchschnittslöhne gezahlt werden können, etwa in der Weise, daß Arbeiter, die 3, 6 usw. Jahre hintereinander arbeiten, eine allmählich steigende Wochenprämie, besonders fleißige und geschickte Arbeiter aber 10—20 % höhere Löhne erhalten. Um Beschwerden vorzubeugen, muß dies aber vor der Annahme den Leuten mitgeteilt werden. In einigen Revieren liegen bereits günstige Erfahrungen vor.

Während der Pflanzung sind die Pflanzen stets auf die richtige Tiefe und Festigkeit ihres Standes zu kontrollieren. Halbheister und Heister müssen federn, wenn sie mit dem Finger weggeschnellt werden, kleinere Pflanzen dürfen sich nicht leicht ausziehen lassen; die richtige Tiefe untersucht man, falls sie nicht sofort auffällt, indem man mit dem Finger die Erde um den Stamm etwas wegnimmt und das Merkzeichen des früheren Standes resp. die obersten Wurzeln aufsucht. Vor allen Dingen ist ein zu tiefes Pflanzen zu verhüten. Nur die Kiefer macht davon eine Ausnahme. Die schlecht gepflanzten Stämme müssen sofort von demselben Pflanzer noch einmal gepflanzt werden. Tut der Beamte seine Schuldigkeit ganz, so hat er während der Arbeit auf der Kulturstelle keine müßige Minute, da er unausgesetzt kontrollieren soll. Sein Stand soll immer hinter der Arbeiterkolonne sein.

Sehr wichtig ist das Auftreten des Beamten den Arbeitern gegenüber. Er muß Freundlichkeit und Strenge in richtige Verbindung bringen, vor allem aber immer entschieden sein und sich die Achtung der Arbeiter bewahren oder erzwingen. Der Beamte hat sich unter allen Umständen des Mitarbeitens zu enthalten, da seine Zeit reichlich durch die Beaufsichtigung und Anweisung der Arbeiter in Anspruch genommen ist. Auf das Arbeiternotizbuch als Grundlage der Löhnungen ist die größte Sorgfalt zu legen. Nachlässige Arbeiter, die man zunächst nicht entlassen kann oder will, bestraft man am besten durch Lohnabzüge, hilft das nicht, durch rechtzeitige Entlassung mit allen ihren Folgen.

§ 163. Pflege der Bestände bis zur Haubarkeit.

Die erste Pflege, die den jungen Kulturen zuteil wird, ist die rechtzeitige Nachbesserung und Ergänzung, die fortgesetzt werden muß, so lange der Bestand eine Nachbesserung zuläßt, d. h. so lange die nachgebesserten Pflanzen nicht verdämmt werden; Pflanzungen werden im ersten Jahre, Saaten erst im zweiten bis dritten Jahre nachgebessert, da oft noch Samen nachträglich aufläuft, namentlich bei Kiefer. Die fernere Pflege hat zum Ziel, ein möglichst wertvolles Holz zu erzeugen und die Bestände in kürzester Zeit der vorteilhaftesten Nutzbarkeit zuzuführen. Auf die normale Entwicklung eines Bestandes läßt sich nur schwer direkt einwirken, vielmehr meist nur indirekt durch Schutz gegen Verdämmung, durch Unterhaltung einer angemessenen räumlichen Stellung der Stämme und durch Erhaltung und Verbesserung der Bodenkraft (Bodenpflege § 92), direkt allenfalls durch geeignete Entastung im jugendlichen Alter, um besonders schöne und schaftreine Stämme zu gewinnen. Das Hauptpflegemittel ist also die Axt, die während des ganzen Umtriebes vom Dickungs- bis zum Baumalter nicht ruhen darf. Um „Gruppen" gegen Aushagerung zu schützen, belegt man ihre Ränder auf einem 6—10 m breiten Streifen mit dem vom Hiebe verbliebenen Abfallreisig; die der Süd- und Südwestsonne preisgegebenen windempfindlichen Randbäume umwickelt man auf 3—6 m Höhe mit demselben Material (mit Blumendraht). Ebenso kann man alle von Wind und Sonne leidenden Bestandsränder „bereisern", auch gefährdete Kulturen so bedecken. Das Wild meidet derartig geschützte Flächen. Die Kosten sind nicht erheblich.

Je nach dem Alter und Zustand des Bestandes unterscheidet man bei der Pflege des Waldes zweierlei Pflegehiebe, nämlich den Läuterungshieb und den Durchforstungshieb; schließlich dienen diese Hiebe auch noch Zwecken des Forstschutzes, indem Krankheiten und Insektenschäden vorgebeugt werden soll.

§ 164. Der Läuterungshieb (Reinigungshieb).

Man versteht darunter die Herausnahme von Holz aus Dickungen oder ganz jungen noch nicht gereinigten Stangenhölzern, die zu dichten Wuchs haben oder unter Verdämmung durch fremde Holzarten oder unter Seitendruck leiden. Der Läuterungshieb muß selbst mit Geldopfern zeitig genug eingelegt werden, namentlich wenn allerlei Weichhölzer, Birke, Aspe, Salweide, Faulbaum usw. zu wuchern drohen; er ist eine Erziehungs= maßregel, die, wie jede Erziehung, auch Opfer fordert.

Bei der Ausläuterung hat man besonders auf das Freihauen der viel= versprechenden Stämme zu achten; oft kann man gegen Abgabe des Materials die Ausläuterung kostenfrei bewirken lassen, dann darf aber Unterweisung und Aufsicht nicht fehlen.

Große Vorsicht ist nötig, wenn die Hauptholzart im Drucke der ver= dämmenden Hölzer oder im eigenen zu dichten Stande schlaff aufgewachsen ist, damit ein Umlegen derselben oder die Gefahr durch Regendruck, Schnee= und Duftbruch verhütet wird. In solchen Fällen empfiehlt sich ein Einstutzen der verdämmenden Holzart, oder doch eine weniger starke und dafür sehr bald wiederkehrende ganz allmähliche Läuterung.

Sind aus irgend welchen Gründen in solchen jungen Beständen sog. Wald= rechter oder Überhälter stehen geblieben, die verdämmen oder keinen Zuwachs mehr zeigen, so müssen sie, wenn ihre Herausnahme nicht zu umgehen ist, vorher entästet und entgipfelt werden, ebenso müssen unbedingt alle stark vorwüchsigen, **sperrigen** und verdämmenden Stämme frühzeitig, sobald sie die Nachbarn irgendwie belästigen oder wenn sie aussichtsvollen guten Unterwuchs haben, her= ausgehauen werden. Beim Fällen, Aufarbeiten und Rücken ist jede Schonung des Jungwuchses anzustreben. Entstandene größere Lücken sind sofort durch Heisterpflanzung von schattenertragenden Holzarten nachzubessern; kleine Lücken wachsen bald von selbst wieder zu. Es ist ein grober Fehler, diese zuzu= pflanzen, da sie doch bald ein Opfer der Verdämmung werden.

Die Waldrechter (Überhaltstämme) haben meines Erachtens keine Be= rechtigung. Sie lassen bald im Lichtungszuwachs nach, zeigen Zopftrocknis und Rindenbrand, neigen zu Sperrwuchs, verdämmen den jungen Nachwuchs, können dessen Umtrieb meist nicht aushalten und verursachen bei der Her= ausnahme Schwierigkeiten, hohe Kosten und Fällungsbeschädigungen. Aus= nahmen bilden besonders gute Stämme an Wegen und Gestellen, die obige Übelstände nicht zeitigen und aus Gründen der Waldschönheit stehen bleiben sollen (Naturdenkmäler).

Durchforstungshiebe.
§ 165. Allgemeines.

1. Durchforstungen sind planmäßige Hiebe, welche aus Beständen vor deren Abtriebe oder Anhiebe zur Verjüngung abkömmliche Stämme entnehmen. Es folgt diesen Hieben keine Kultur.

Durchforstungen sind Vornutzungen[1]), da sie vor der eigentlichen Hauptnutzung schon einen Ertrag gewähren, während man in dieser Beziehung die Läuterungs= und Reinigungshiebe zu den Kulturmaßregeln rechnen muß, denn man erwartet von ihnen weniger Ertrag als Vorteile für den bleibenden Bestand.

Der Zweck der Durchforstungen ist ein doppelter. In **erster Linie** ist die Durchforstung eine Maßregel zur Pflege der Bestände, um durch die vorgenommenen Durchhiebe einen höheren Massen= und Wertzuwachs am zukünftigen Haubarkeitsbestand unter Erhaltung und Kräftigung der Boden= güte zu gewinnen; in zweiter Linie will man Vorerträge an den auf anderem Wege schwerer zu gewinnenden schwachen Nutzholzsortimenten für den Markt haben.

Der Wert der Bestände liegt ja nicht nur in den Abtriebserträgen, sondern auch in den Erträgen während ihrer ganzen Lebensdauer; je früh= zeitigere und je höhere Erlöse wir den Beständen entnehmen können, um so höher ist die Rentabilität; hierzu können und sollen uns die Durchforstungen verhelfen. Sie sind gewissermaßen die frühzeitig eingehenden Zinsen des An= lagekapitals.

§ 166. Verschiedene Durchforstungsarten.

Wir sagten, daß die Durchforstung die abkömmlichen Stämme eines Bestandes entnimmt. Dies werden aber nach Holzart, Standort, Wirtschaftsziel und Bestandesalter immer ganz verschiedene Stämme sein. Daraus ergeben sich so viele Durchforstungsarten, man sagt „Durchforstungsgrade", daß es unmöglich ist, sie in einer Darstellung alle zu erfassen. Wohl aber lassen sie sich in einige große Gruppen einordnen nach der Art, wie sich die entnommenen Stämme grundsätzlich auf die verschiedenen Entwicklungsstufen verteilen, die man unter den Gliedern eines Bestandes unterscheiden kann. Damit bei allen Versuchen und Beobachtungen nun eine gleichmäßige allgemeingültige und all= gemeinverständliche Darstellung erfolgen kann, hat der Verein der Forstlichen Versuchsanstalten zunächst jene oben erwähnten Entwicklungsstufen eingeteilt und bezeichnet, und da diese immer mehr Eingang finden, muß auch der praktische Forstmann ihre Bedeutung kennen. Man teilt alle Glieder eines Bestandes wie folgt ein:

---

[1]) Den Vornutzungen gegenüber steht die Hauptnutzung, welche im Abtriebsertrag des Bestandes am Ende der Umtriebszeit resp. in Aushieben während der 1. Periode besteht; in den preußischen Staatsforsten gehören außer der 1. Periode rechnungsmäßig noch zur Hauptnutzung solche Hiebe in früheren Perioden, die mehr als 5 v. Hdrt. des ganzen Bestandes wegnehmen oder eine Neukultur erfordern.

I. **Herrschende Stämme.** Diese umfassen alle Stämme, welche an dem oberen Kronenschirm teilnehmen, und zwar:
1. Stämme mit normaler Kronenentwicklung und guter Stammform. (Abb. 102 a Nr. 2, 5, 10, 12, 15, 17, 20, 23).
2. Stämme mit abnormer Kronenentwicklung oder schlechter Stammform. Hierher gehören:
   a) eingeklemmte Stämme (3, 18),
   b) schlechtgeformte Vorwüchse (7),
   c) sonstige Stämme mit fehlerhafter Stammausformung, insbes. Zwiesel (7, 21),
   d) sogen. Peitscher (11),
   e) kranke Stämme aller Art.

II. **Beherrschte Stämme.** Diese umfassen alle Stämme, welche an dem oberen Kronenschirm nicht teilnehmen.

In diese Gruppe sind zu rechnen:

3. Zurückbleibende aber noch schirmfreie Stämme (1, 13).
4. Unterdrückte, aber noch lebensfähige Stämme (4, 6, 9, 16, 19).

} Für Boden- und Bestandspflege in Betracht kommend.

5. Absterbende und abgestorbene Stämme, für Boden- und Bestandspflege nicht mehr in Betracht kommend (8, 14, 22). Auch niedergebogene Stangen gehören hierher.

§ 166. Mit Hilfe dieser Einteilung der Bestandsglieder kann man die verschiedenen Hauptdurchforstungsgrade ziemlich genau umschreiben. Die Forstlichen Versuchsanstalten tun dies wie folgt:

I. **Gewöhnliche Durchforstung (Nieder-Durchforstung).**

1. **Schwache Durchforstung.** Diese bleibt auf die Entfernung der abgestorbenen und absterbenden Stämme, sowie der niedergebogenen Stangen (Klasse 5) und kranker Stämme beschränkt und findet in der Praxis kaum mehr Anwendung.

2. **Mäßige Durchforstung.** Diese erstreckt sich auf die abgestorbenen und absterbenden, niedergebogenen, unterdrückten Stämme, die Peitscher, die gefährlichsten schlechtgeformten Vorwüchse, soweit sie nicht durch Ästung unschädlich zu machen sind, und die kranken Stämme (Klasse 5, 4 und ein Teil von 2).

3. **Starke Durchforstung.** Diese entfernt allmählich alle Stämme der Klassen 2 bis 5, sowie auch einzelne der Klasse 1, so daß nur Stämme mit normaler Kronenentwicklung und guter Schaftform in möglichst gleicher Verteilung verbleiben, welche nach allen Seiten Raum zur freien Entwickelung

Westermeiers Leitfaden für die Försterprüfungen. 12. Aufl.

Zu Seite 206.

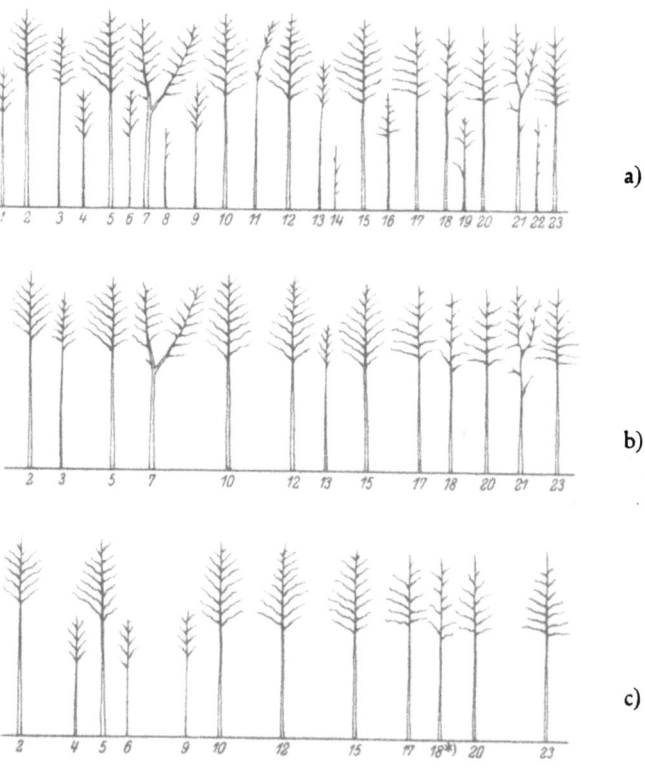

a)

b)

c)

Abb. 102 a—c.

ihrer Kronen haben, jedoch ohne daß eine dauernde Unterbrechung des Schlusses stattfindet.

Für 1. und 2. gelten noch folgende Grundsätze:

a) In allen Fällen, in denen durch Herausnahme herrschender Stämme Lücken entstehen, können daselbst etwa vorhandene unterdrückte oder zurückbleibende Stämme belassen werden. Selbstverständlich aber nur dann, wenn sie lebensfähig sind.

b) Bei der Entfernung gesunder Stämme der Klasse 2 mit schlechter Kronenentwickelung oder Schaftform ist mit derjenigen Beschränkung zu verfahren, welche durch die Rücksicht auf die Beschaffenheit und den Schluß des gesamten Bestandes geboten ist.

II. Hochdurchforstung.

Diese ist ein Eingriff in den herrschenden Bestand zum Zwecke besonderer Pflege dereinstiger Haubarkeitsstämme unter grundsätzlicher Schonung eines Teiles der beherrschten Stämme. Hiervon sind 2 Grade zu unterscheiden:

1. Schwache Hochdurchforstung. Diese beschränkt sich auf den Aushieb der abgestorbenen und absterbenden, niedergebogenen, ferner der schlechtgeformten und kranken Stämme, der Zwiesel, Sperrwüchse, Peitscher, sowie derjenigen Stämme, welche zur Auflösung von Gruppen gleichwertiger Stämme entnommen werden müssen. Es werden also entfernt: Klasse 5, ein großer Teil von Klasse 2 und einzelne Stämme von 1. Die Entfernung der schlechtgeformten Vorwüchse und der sonstigen Stämme mit fehlerhafter Schaftform, insbesondere der Zwiesel, kann, wenn solche Stämme in größerer Anzahl vorhanden sind, zur Vermeidung zu starker Schlußunterbrechung auf mehrere Durchforstungen verteilt werden. Auch empfiehlt es sich, die bei der ersten Durchforstung verbleibenden Stämme dieser Art durch Aufästung oder Beseitigung von Zwieselarmen vorläufig unschädlich zu machen.

Dieser Grad kommt vorwiegend für jüngere Bestände in Betracht.

2. Starke Hochdurchforstung. Dieser Grad erstrebt unmittelbar die Pflege einer verschieden bemessenen Anzahl von Haubarkeitsstämmen. Zu diesem Zwecke werden außer den abgestorbenen, absterbenden, niedergebogenen und kranken Stämmen auch alle diejenigen entnommen, welche die gute Kronenentwicklung der Haubarkeitsstämme behindern, also Klasse 5 und Stämme der Klassen 1 und 2.

Dieser Grad erscheint hauptsächlich für die älteren Bestände geeignet.

Die Durchforstungen erstrecken sich also grundsätzlich auf die Entnahme abgestorbener und absterbender, im Wachstume nachlassender, kranker oder in bezug auf Krone oder Schaft nicht regelmäßig geformter oder auch solcher Stämme, welche trotz guter Schaft- und Kronenform auf die verbleibenden wertvolleren und aussichtsvolleren Stämme schädlich einwirken. Sie entfernen also die Stämme der Klassen 5 bis 2 zum Teil oder ganz, Stämme der Klasse 1 aber nur ausnahmsweise, ohne jedoch eine dauernde Schlußunterbrechung zu bezwecken.

§ 167. Welcher von den verschiedenen Durchforstungsgraden nun im Einzelfalle der richtige ist, hängt von vielen Umständen ab, die nur am Orte selbst beurteilt werden können. Jeder Wirtschafter muß seine Beobachtungen machen und seine Erfahrungen sammeln. Bei Besprechung der einzelnen Holzarten wird angegeben werden, welche Durchforstungen für die betreffende Holzart nach den bisherigen Untersuchungen vorteilhaft erscheinen.

Im allgemeinen sei noch erwähnt:

Wenn wir von Durchforstung sprechen, ist immer die gewöhnliche oder Niederdurchforstung gemeint, und zwar ist das, was der Forstbeamte Jahr für Jahr auszeichnet, in der Regel die mäßige Durchforstung.

Die schwache Durchforstung, ich möchte sie Holzhauerdurchforstung nennen, kommt wohl nirgends mehr mit dem Willen des Wirtschafters zur Ausführung.

Die Hochdurchforstung bezeichnen wir immer ausdrücklich als solche.

Die angefügten Zeichnungen, welche natürlich nur einen Schnitt durch einen Bestand darstellen können und daher unvollkommen bleiben müssen, mögen immerhin dazu dienen, dem Anfänger ein ungefähres Bild von den verschiedenen Stammklassen und Durchforstungsgraden zu geben.

Die Auszeichnung von Durchforstungen ist eine der allerwichtigsten Aufgaben des Forstmannes. Er kann unendlich nützen und unendlichen Schaden anrichten. Vielen wird ein besonders guter „forstlicher Blick" zu Hilfe kommen; aber alle können durch Fleiß, Aufmerksamkeit und Übung wenigstens befriedigende Durchforster werden.

Spezielles.

Das Auszeichnen hat in derselben Weise, wie im § 121 beim Auszeichnen der Samenbäume vorgeschrieben ist, tunlichst im laubgrünen Zustande (im Spätsommer) zu erfolgen. Die Bestandsränder sind, wo ein Auswehen, Austrocknen oder Aushagern zu befürchten ist, wenig oder gar nicht zu durchforsten. Die Stämme müssen so gehauen werden, daß über der Erde kein Stubben bleibt, **also so tief als möglich**, und so, daß das Hauende dahin zeigt, wohin das Holz gerückt werden soll. Langsames strichweises Durchgehen des Bestandes. Erster Blick von allen Seiten nach der Krone, zweiter Blick nach Stammausformung, dritter Blick auf die Stammverteilung und die in der Nachbarschaft bereits ausgezeichneten Stämme. Darauf erst Entscheidung.

Die Nadelhölzer, die nicht in dem Grade wie die Laubhölzer Schattenblätter und Knospen entwickeln, durchforstet man gewöhnlich schwächer, da sie den durch die Lichtung geschaffenen Raum mit ihren Kronen nicht so bald wieder füllen können; am wenigsten kann dies die Kiefer. Ungünstige Standorte durchforstet man vorsichtiger; auch im Mittelwald und Niederwald sollen die Durchforstungen die Erträge erhöhen, da ja ganz unzweifelhaft jede Durchforstung den Zuwachs am stehen gebliebenen Holze vergrößert.

In zweiter Linie faßt man den Nebenbestand ins Auge. Mit ihm wird verschieden verfahren, je nach Holzart und Durchforstungsgrad. Im allgemeinen können wir sagen, daß bei Lichtholzarten eine stärkere Erhaltung des lebensfähigen, überwachsenen Nebenbestandes notwendig und auch möglich sein wird. Bei Schattenholzarten wird man sich oft davon überzeugen können, daß es für die Pflege des Hauptbestandes und für den Bodenzustand ganz gleichgültig ist, ob bestimmte Stämme des Nebenbestandes entnommen werden oder nicht. Man wird sie meistens des Durchforstungsertrages wegen hauen.

Das tote und absterbende Material ist zu entfernen, wo durch seinen Verbleib Gefahren drohen (Insekten, Feuer), also in der Regel beim Nadelholz. Man beachte aber, daß auch das verwesende Holz dem Walde Nährstoffe zurückgibt und die Bodendecke lockerer und und luftiger macht. Wo also eine Gefahr nicht zu befürchten und ein Erlös nicht zu erwarten ist, erscheint der Verbleib des Trockenholzes im Bestande vorteilhaft.

Der Beginn und die Wiederkehr der Durchforstungen richtet sich, wie im vorigen Paragraphen erörtert ist, hauptsächlich nach dem Bedürfnis des Bestandes. In der Regel durchforstet man alle 5—10 Jahre jeden Bestand, in der 2. Hälfte der Umtriebszeit seltener.

§ 168. Entästungen.

Die Entästungen haben den Zweck, den Bäumen eine bessere Stammform zu geben, zuweilen auch den, verdämmende oder sonst belästigende Äste z. B. an Wegen, Grenzen usw. zu entfernen. Entästungen werden in der Zeit der Saftruhe, am besten von November bis Januar möglichst bei frostfreiem Wetter vorgenommen, sonst auch im Juni, weil dann die Überwallung sofort beginnt.

Große Astwunden bestreicht man, um Fäulnis zu verhüten, bei den Laubhölzern stets mit Steinkohlenteer[1]) oder — falls bei diesem Risse entstehen — mit Bleiweiß an. Alle wegzunehmenden Äste werden **ganz glatt und dicht** am Stamme weggenommen; längere Äste werden vorher erst bis auf 0,5 m

---

[1]) Gut bewährt ist der „Präparierte Steinkohlenteer" von C. Weil u. C. in Lindenhof b. Mannheim.

vom Stamm gekürzt, um Reißen und Abbrücken der Rinde zu vermeiden. Aststummel dürfen nie stehen bleiben. Wird mit Hauinstrumenten (Beil, Heppe) entästet, so ist der Ast, falls er nicht gekürzt wird, vorher unten auf ein Drittel seiner Stärke einzukerben, um Stammsplitterungen zu vermeiden; über armstarke Äste soll man im allgemeinen ohne Not nicht mehr wegnehmen, bei Birken nur bis 2 cm starke, bei Eiche bis zu 10 cm starke Äste. Schwache Äste entfernt man mit einem an einer Stange befestigten Stoßeisen; sehr empfehlenswert ist beim Entästen auch die Stangensäge (Ahlerssche Flügelsäge[2])). Die periodische Wegnahme von trocknen und halbtrocknen Ästen mit Ahlers Flügelstangensäge ist namentlich für kleinere Betriebe unbedingt zur besseren Nutzholzausformung zu empfehlen, insbesondere bei den schwerer sich reinigenden Nadelhölzern; es wird dann sicher astfreiere Bretterware erzogen; Grünästungen über 10 cm Aststärke haben dagegen vielfach zu Fäulnis im Innern geführt. Man soll jedoch nur solche Stämme entästen, welche unzweifelhaft vorzügliche Nutzstämme geben werden, und diese bereits in der Jugend bezeichnen; selbstverständlich müssen sie dann auch stets in den Durchforstungen besonders berücksichtigt werden. Wenn hohe Stämme zu entästen sind, bedient man sich wohl der Steigeisen oder des Steigrahmens von „Zehnpfund"; am besten sind leichte Leitern, die durchschnittlich bis zu den ersten Starkästen reichen müssen, so daß von da aus die Kronen erklettert werden können. Für die große Praxis kommen Entästungen kaum in Frage.

§ 169. Bodenpflege

Sie steht in innigem Zusammenhange mit der Bestandspflege und erstreckt sich auf Erhaltung, Mehrung und richtige Verarbeitung des Humus, auf die Sorge für Lockerung des Bodens und Erhaltung der Bodenkraft, wie sie durch einen angemessenen Durchforstungsbetrieb unter sorgsamer Vermeidung plötzlicher Freistellungen und zu dichten Bestandsschlusses sowie durch schnellen und angemessenen Verjüngungsbetrieb sicher zu erreichen ist. Bestandsränder, die vom Winde durch Auswehen des Laubes oder von Aushagerung durch Sonne leiden, erhalten Nadelholzschutzmäntel oder werden dunkler gehalten, zu lichte Bestände müssen rechtzeitig unterbaut werden, jeder Streudiebstahl muß energisch verhütet, jede schädliche Streuabgabe möglichst abgestellt oder auf das geringste Maß beschränkt werden. Schweineeintrieb ist das vorzüglichste Mittel zur gleichzeitigen Lockerung des Bodens, Festigung und Durcharbeitung des Humus wie zur Vertilgung schädlicher Insekten. Die Waldweide ist mög-

---

[2]) Zu beziehen (wie alle forstlichen Instrumente und Werkzeuge) für 11 M. von Dominikus in Remscheid. Ist sehr zu empfehlen; sie entästet vom Boden bis auf 7 m Höhe.

lichst zu beschränken, da namentlich größeres Weidevieh den Humus festtritt und der Bodenlockerung entgegenarbeitet, abgesehen von dem schädlichen Verbeißen.

Stagnierende Nässe ist durch Anlage von Sammel= und Abführungs= gräben zu entfernen (vgl. Forstschutz), doch sei man hierin recht vorsichtig. An trocknen Hängen ist das Wasser und Laub in schachbrettartigen Parallelgräben von 30—40 cm Breite und Tiefe zu fangen. Man vermeide zu hohe Umtriebe, namentlich bei Lichtholzarten, mische gefährdete Holzarten mit weniger gefähr= deten, unterbaue Lichtholzarten mit Schattenhölzern, exponierte Lagen be= handle man im Plenterbetrieb z. B. Bergköpfe, Höhenzüge, steile, flachgründige, steinige Hänge; man lege gefährdete Bestandsränder (nach Süden und Westen) nicht bloß resp. erhalte dort die Abfälle durch grobscholliges Behacken, man unterlasse zu große Kahlschläge, sorge für schnelle Wiederkultur von Blößen, schnellsten Schluß der Kulturen u. dergl. mehr.

Das wichtigste Pflegemittel ist jedoch die Erhaltung eines dauernd guten Kronenschlusses, der ohne schützenden Unterbestand oder Unterbau nie stark unterbrochen werden darf. Zu dichter Bestand ist auszulichten und untätiger Boden soweit freizustellen, daß „Bodengare" eintritt, die sich durch normalen Humus und eintretende Begrünung kennzeichnet.

Haben sich durch mangelhafte Bestands= und Bodenpflege schädliche Trockentorfschichten gebildet, so müssen diese, falls sie sehr mächtig sind, bei der Kultur beseitigt werden oder sie müssen bei geringerer Stärke mit dem Mineralboden vermengt werden. Ein aufmerksamer Wirtschafter weiß aber schädliche Trockentorfbildungen durch rechtzeitige Lichtung zu dichten Bestands= schlusses und sonstige Maßregeln, die eine vollkommene Zersetzung der Pflanzen= abfälle herbeiführen, vorzubeugen.

§ 170. Die Pflege der Waldesschönheit.

Literatur: v. Salisch, Forstästhetik. Springer, Berlin.

In den letzten Jahrzehnten hört und liest der Forstmann von den Be= strebungen zur Pflege der Schönheit des Waldes, auch Forstästhetik genannt. Es ist nun gar nicht so leicht zu sagen, was schön und was unschön ist, denn das hängt ja von den Anschauungen und dem Empfinden des Einzelnen ab. Im großen und ganzen wird in unserem Wirtschaftswalde das allzu Gleich= förmige und daher das Auge Ermüdende als unschön empfunden, wie z. B. aus= gedehnte gleichalte regelmäßig bestockte Stangenorte, große Kahlschläge, sehr lange gerade verlaufende Wege u. a. m. Schön findet die Mehrzahl der Menschen die Abwechselung im Waldbilde, den Wechsel von Farben und Formen und eine gewisse Natürlichkeit, die wenigstens den Schein hervorruft, als ob Menschenhand hier nicht mitgewirkt habe. Der Förster ist an seine Pläne und Vorschriften gebunden und kann seinen Bezirk nicht so herrichten und erhalten, wie er es vielleicht schön finden würde, und wie es der Parkbesitzer beispielsweise ausführen kann. Aber er kann doch ganz im Rahmen seiner dienstlichen Tätigkeit mancherlei besonders zur Erhaltung der Schönheit seines Waldes beitragen. Oft finden sich gerade an den Rändern der begangenen Wege seltsam vom Winde geformte Stämme, die das Auge auf sich ziehen, und Pfaffenhütchen, Schneeball und Vogelbeere mit ihren lebhaften Blüten- und Fruchtfarben übernehmen manchmal gern die Aufgabe, an Wald- und Wegerand den Einblick in die langweiligen Reihen des gleichmäßigen Bestandes zu hindern. Jene auffallenden Randstämme schone man tunlichst bei Durchforstungen, hier gebe man dem Unterholze Licht und Schutz gegen Frevel.

Es bedarf manchmal nur eines ganz kleinen Umweges, um einen notwendigen Weg so zu führen, daß er eine schöne freie Aussicht erschließt, sei es im Gebirge weit ins Land hinaus, sei es in der Ebene nur auf eine stille Waldwiese. Fast jeder Beamte hat in seinem Pflanzkamp ein Plätzchen, wo er unschwer einige Roteichen, Roßkastanien, Blaufichten oder dergleichen ansehnliche Bäume erziehen kann, und findet nachher sicher eine geeignete Bodenstelle an den Kreuzungen großer Wege oder seitlich des Weges in den Verjüngungen und Kulturen, wo er sie einzeln oder gruppenweise einsprengen kann. In unserer Norddeutschen Tiefebene finden wir häufig große Steine, die sogenannten Findlinge oder erratischen Blöcke, die noch aus der Eiszeit der Erde hier liegen. Sie werden heute als Mauersteine usw. meist sehr gesucht und verschwinden immer mehr. Besonders große oder eigenartig geformte sollte man dem Walde als Schmuck erhalten.

Das sind nur einige wenige Punkte, und der Forstmann, der seinen Wald liebt, wird leichtlich noch unzählige Gelegenheiten finden, schützend und fördernd für die Waldesschönheit zu wirken. Es gehört dazu auch die Pflege der Tierwelt, besonders der seltenen Arten, die bei uns auszusterben drohen. Jeder lege dem jungen Forstmann und Jäger ans Herz, sie unbedingt zu schonen. Der Forstmann ist schließlich in allererster Linie dazu berufen, sich den Schutz und die Mehrung unserer Singvögel angelegen sein zu lassen, die nicht nur unseren Wald beleben, sondern auch hervorragenden Nutzen für Land- und Forstwirtschaft bringen. Über den Schutz und die Pflege unserer Vogelwelt werden ab und zu besondere Lehrgänge abgehalten an denen auch Forstbeamte teilnehmen*).

---

*) Vergl. auch: v. Berlepsch, der Vogelschutz.

Flugsand und Ortsteinkultur.

§ 171. a. Dünenbau.

Flugsand findet sich am häufigsten am Meeresgestade, wo er bekanntlich, nachdem er vom Meere ausgespült ist, zur Bildung der Dünen Veranlassung gibt. Damit diese dem weiteren Vordringen des Meeres einen wirksamen Damm entgegensetzen können, muß man sie eventuell nach Bildung künstlicher Vordünen durch Einbau von 2—3 m entfernten Parallel=Strauchdünen, in welchen sich der Sand festsetzen kann, mit irgend welchen Gewächsen binden und so Veranlassung zur Bildung einer festen Bodendecke geben, die Stürmen und dem Meere Trotz bieten kann. Am geeignetsten sind zur ersten Befestigung die drei Grasarten Ammophila arenaria L. das Sandrohr, Elymus arenarius L. der Sandhafer, und Carex arenaria Sandsegge, welche in Kämpen erzogen, in 0,5 m Quadrat= oder Dreiecksverband auf die mit einer sanften Böschung versehenen Vordünen in Büscheln (3—5 Halme) das ganze Jahr hindurch, am besten aber im Oktober, mit dem Keilspaten gepflanzt werden. Ist der Boden gebunden, so tut die Anpflanzung von Aspenloden zur weiteren Befestigung vorzügliche Dienste resp. die von 1 jährigen Kiefern in Rechtecken, die durch kleine Strauchwälle oder Heideplaggen oder Schilf=zäune gebildet werden.

Im Schutze der gebundenen älteren Hinterdünen haben öfter die Kulturen mit Erlen, Pappeln, Weiden, Kiefern, der Seestrandskiefer, oder falls Bäume nicht fortkommen können, die Anlage von Akazien=Niederwald, Hollunder (Sambucus nigra), Bocksdorn (Lycium barbarum), Sanddorn (Hippophaë rhamnoïdes) gute Erfolge gezeigt.

An den Ostseeküsten hat sich auf den von Sandgräsern in obiger Weise gebundenen Dünen die Reihenpflanzung (in 1 m und 0,3 m Verband) von einjährigen Kiefern in schwacher Untermischung mit Birke und Weißerle bewährt, namentlich auf sehr flüchtigem Boden, nachdem die Fläche reihenweis mit Heideplaggen bedeckt war.

§ 172. b. Binden des Flugsandes im Binnenlande (Binnendünen).

Der Flugsand findet sich häufig in größeren Flächen namentlich im öst=lichen und nördlichen Deutschland in der Nähe von versandenden Flüssen oder auf ganz unfruchtbarem Sandboden vor. Um die Gefahr der weiteren Verbreitung desselben zu verhüten, muß er oft mit großen Geldopfern befestigt werden. Bei nicht zu losem Flugsande kann man auf kleinen Flächen gleich mit Kiefernballenpflanzung in 1 m² Verband (vergl. § 189) vorgehen, auf Sandboden mit frischem Untergrunde pflügt man auch mit Erfolg Pappeln= und Weidensetzlinge ein. Die Kultur muß immer an der gefährdeten Wind=

seite beginnen, nachdem man diese vorher durch einen Strauch-Zaun geschützt hat.

Ist dagegen der Boden sehr locker und beweglich, so muß man ihn vor der Kultur künstlich befestigen. Folgende Kulturmethode empfiehlt Forstmeister Meschwitz (Tharand. Jahrbuch Bd. 32 Heft 2) als ausgezeichnet bewährt. Die aus Kiefernreisig zwischen etwa 1—2 m entfernten 7 cm starken Pfosten etwa 0,8 m hoch geflochtenen Zäune werden in 5—10 ar großen Karrees aufgestellt, um den Flugsand zu binden. Nach zwei Jahren werden im engen Verbande mit dem Buttlarschen oder Wartenbergschen Eisen- resp. Klemmspaten usw. in den unvorbereiteten Boden Löcher gestoßen, mit Kompost- oder Moorerde gefüllt und 1—2 jährige Kiefern, die mit dünnflüssigem Lehmbrei angeschlemmt waren, fest eingeklemmt; längs der Zäune werden 2 jährige Birken und Weißerlen in gleicher Weise eingeklemmt. Ist der Boden nicht zu flüchtig oder Schutz vorhanden, so bindet man ihn auch durch das schräge Einstecken oder einfache Auflegen von Kiefernzweigen und bepflanzt ihn mit 1 jährigen Kiefern. Diese Zweige werden bald dichter, bald dünner gesteckt resp. gelegt, aber immer mit dem Hauende gegen die herrschende Windrichtung; am Rande führt man (gegen die Windrichtung) einen Flechtzaun auf. Immer muß man mit der Kultur warten, bis der Boden hinlänglich gebunden ist.

An Stelle der gemeinen Kiefer hat man auch die Pflanzung von ein- bis zweijährigen pinus rigida-Pflanzen, von Banks- und Krummholzkiefern angewandt, weil sie auf solch armen Böden oft noch freudig wachsen und nicht von Frost und Schütte gefährdet sind.

§ 173. Ortsteinkultur.

Wie bereits früher auseinandergesetzt ist, besteht der Ortstein aus Sandstein, der durch wachshaltigen Heidehumus verkittet und mit Eisenoxyd durchsetzt ist. Er wirkt durch seine Festigkeit, Undurchdringlichkeit und Undurchlässigkeit störend auf den Pflanzenwuchs. Er zieht sich in mehr oder weniger ausgedehnten etwa 10—30 cm starken Schichten meist in geringer Tiefe unter dem Boden hin und verbietet ein Eindringen der Wurzeln, namentlich der Pfahlwurzel, verhindert das Eindringen der Niederschläge und das Aufsteigen des Grundwassers. Das einzige Mittel dagegen ist ein gründliches Durchbrechen der Ortsteinschicht, das diese zutage fördert und zur Hervorbringung von Pflanzenwuchs wieder geeignet macht.

Die gewöhnliche Methode ist das Umpflügen mit dem Dampfpflug oder einem Schwingpfluge in 1—2 m breiten Streifen mit 1,5—2 m Entfernung im Lichten. Ebenso zu empfehlen, aber teurer ist das Rajolen in mindestens 1 m breiten Streifen. Die umgebrochenen Stellen werden nach vorherigem Eggen und Anwalzen mit 1 jährigen Kiefern in 1 m² Verband bepflanzt (mittels Klemm- oder Handspatpflanzung); auf besserem Boden pflanzt man auch andere Holzarten (Eiche, Esche, Birke, Fichte usw.) horst- oder bänderweis zwischen die Kiefern. Das löcherweise Durchbrechen des Ortsteins oder ein solches in schmaleren Streifen hat sich nicht bewährt, da der Ortstein durch Neubildung diese Löcher schließt.

In ähnlicher Weise wie der Ortstein setzt eine andere Bildung, der Raseneisenstein, der Kultur oft große Hindernisse entgegen; er kann jedoch nicht wie der an der Luft zerbröckelnde und dann meist wieder kultivierbare und fruchtbare Ortstein in der Erde bleiben, sondern muß wegen seiner vollständigen Unlöslichkeit und Eisenhärte unbedingt entfernt werden. Wegen seines großen Eisengehaltes (bis zu 60 Prozent) wird das Raseneisenerz auch wohl zur Eisengewinnung verhüttet. Der Raseneisenstein wird, sobald seine Kultur trotz der enormen Kosten für nötig erachtet werden sollte, gewöhnlich rabatten- oder plätzeweise durchbrochen und der Ausbruch abgefahren, worauf man erst mit der Kultur beginnen kann. Auf Raseneisenstein treibt man aber besser Wiesenkultur; liegt er aber flachgründig, bildet er Unland.

§ 174. Gemischte Bestände.

Das in den vorhergehenden Abschnitten Gesagte bezog sich in erster Linie auf reine Bestände, d. h. Bestände, die von einer Holzart gebildet werden. Diese Form herrscht heute bei uns vor, hauptsächlich infolge des Eingreifens des Wirtschafters, welcher die Entstehung reiner Bestände erstrebte. Von Natur aus aber sind die gemischten Bestände, d. h. solche, in denen in derselben Abteilung verschiedene Holzarten zusammen erzogen werden, wohl die häufigere Form. Mit wenigen Ausnahmen, die durch ganz besondere Standortsverhältnisse begründet werden, schafft die Natur, sich selbst überlassen, immer eine gewisse Mischung der Holzarten. Heute mehren sich die Stimmen, welche die Einschränkung der ausgebreiteten Kahlschlagwirtschaft und der daraus entspringenden Ausbreitung der reinen Bestände fordern. Es werden für den gemischten Bestand in der Regel folgende Hauptgründe angeführt:

1. Die Möglichkeit besserer Ausnutzung und leichterer Erhaltung der Bodenkraft.
2. Höhere Massenerträge durch bessere Ausnutzung des Wuchsraumes.
3. Höherer Geldertrag durch Erzeugung mannigfaltiger Hölzer.
4. Größere Sicherheit gegen Sturm, Frost, Feuer, Insekten und Pilze.

Alle diese Gründe sind immer nur bedingt zutreffend. Wo die Bodenbeschaffenheit innerhalb einer Wirtschaftsabteilung wechselt, kann im gemischten Bestande jeder einzelnen Holzart die ihr besonders zusagende Bodenart angewiesen werden. Es betrifft dies ebenso die Verschiedenheit nach der Bodenzusammensetzung, wie nach Feuchtigkeitsgrad und Lage. Die Mischung von tiefwurzelnden und flachwurzelnden Arten, ist geeignet, die Nährstoffe verschieden tiefer Bodenschichten auszunutzen. Reine Bestände von Lichtholzarten lassen den Boden unter sich zurückgehen, die Beigabe von Schattenholzarten kann dem entgegen wirken (Eiche mit Buche; Kiefer mit Buche oder Fichte). Die räumliche Stellung, zu der die Lichtholzarten schon im mittleren Bestandsalter neigen, ergibt einen erheblichen unausgenutzten Wuchsraum, der durch Beimischung spitzkroniger schattenertragender Holzarten verwertet werden kann und dann auch natürlich die Bestandsmasse erhöht.

Lassen die wechselnden Boden- und sonstigen standortlichen Verhältnisse die Erziehung verschiedener, am Orte gesuchter hochwertiger Holzarten zu, so kann der Geldertrag des gemischten Bestandes den des reinen erheblich übertreffen: (Buche mit Eiche (und Esche); Buche mit Lärche; Erle und Esche). Es kommt hinzu, daß einzelne geschätzte Holzarten sich an vielen Orten der Anzucht in reinen Beständen widersetzen (Lärche), oder ihre Ausformung im reinen Bestande zu wünschen übrig läßt (Esche, Ahorn), während ihre Erziehung einzeln und gruppenweise in Mischung mit anderen Holzarten noch Erfolg verspricht.

Die Mischung flachwurzelnder und tiefwurzelnder Holzarten gibt eine gewisse Sicherheit gegen die Sturmgefahr und vermeidet im schlimmsten Falle wenigstens häufig die Vernichtung des gesamten Bestandes.

Die Mischung von Laub- und Nadelholz mindert die Feuersgefahr. Wird die Mischung zu diesem Zweck künstlich hergestellt, so erscheint das Laubholz in breiten Streifen als Einfassung oder Unterbrechung des Nadelholzes. Streifen von der Breite weniger Pflanzreihen sind natürlich wertlos.

Die Beigabe frostharter Arten in besonders gefährdeter Lage schützt die weniger widerstandsfähigen, besonders wenn die harte Holzart vorwüchsig ist (Hainbuche mit Eiche).

Insekten und Pilze, deren Leben an eine bestimmte Holzart gebunden ist, werden durch die Mischung in ihrer Ausbreitung unter Umständen beschränkt; schließlich können sie im Mischbestande nicht völlige Vernichtung bringen.

Der Hauptvorzug des gemischten Bestandes bleibt, daß er unter den weitaus meisten Verhältnissen das Naturgemäße darstellt, welches allein auf die Dauer sich lebensfähig erhalten kann.

Die Zusammensetzung des richtig gemischten Bestandes aus Holzarten, die jede an ihrer Stelle die günstigsten Lebensbedingungen vorfindet, und der frisch und aufnahmefähig bleibende Boden bringen es mit sich, daß alle Holzarten im naturgemäß gemischten Bestande geneigt sind, sich natürlich und leicht zu verjüngen. Der Mischbestand führt in den meisten Fällen vom Kahlschlag und der künstlichen Bestandesbegründung zur sicheren und billigen Naturverjüngung. Der Wirtschafter hat es dabei in der Hand, die Zahl der Holzarten zu ergänzen und in gewissem Maße die Ausbreitung der einen oder anderen zu begünstigen; immer aber unter Beobachtung der von der Natur gegebenen Fingerzeige. Die wechselnden Standortsbedingungen wirken auch auf die Art der Verteilung der einzelnen Holzarten im gemischten Bestande. Man spricht von Einzelmischung, von gruppen= horst= und flächenweiser Mischung. Verschwindet eine Holzart planmäßig während des Umtriebes, so war ihre Beimischung vorübergehend, anderenfalls ist sie bleibend. Die Mischung kann gleichaltrig und ungleichaltrig sein.

Das Schwergewicht liegt heute weniger bei der Begründung von Misch= beständen auf freier Fläche durch künstliche Kultur, als bei der Umwandlung reiner Bestände in gemischte und der sachgemäßen Behandlung oder auch Besserung vorhandener natürlicher Mischbestände. Für alle diese Fälle all= gemein gültige Regeln aufzustellen ist bei der unendlichen Mannigfaltigkeit der standörtlichen Verhältnisse nicht möglich. Die nachfolgenden Sätze, welche sich auf das Verhalten der einzelnen Holzarten zueinander beziehen, geben aber einige grundsätzliche Anhaltspunkte. Erwähnt sei noch, daß auch alle anderen hier nicht erwähnten Holzarten (Hainbuche, Birke, Linde, Aspe usw.) im Mischbestande als Schutz= und Treibhölzer eine große Bedeutung gewinnen können.

1. Die Mischung schattenertragender[1]) Holzarten ist möglich, wenn sie gleiches Wachstum haben, oder die langsam wachsende gegen die schnell wachsende geschützt wird, entweder:

a) durch Voranbau der langsam wüchsigen Holzart;
b) durch Anbau derselben in überwiegender Ausdehnung;
c) durch Begünstigung bei der natürlichen Verjüngung (Vorverjüngung);
d) durch Ausästen, Entwipfeln und Aushauen der vorgewachsenen Holzart.

Solche Mischungen sind:

---

[1]) Gayer: Waldbau, gibt den Waldbäumen, mit den lichtbedürftigsten anfangend, folgende Reihenfolge: „Lärche, Birke, Kiefer, Aspe, Eiche, Esche, Kastanie, Ulme, Schwarzerle, Schwarzkiefer, Ahorn, Weißerle, Linde, Weymuts= kiefer, Hainbuche, Fichte, Buche, Weißtanne, Eibe". Er rechnet zu den echten Lichtholzarten vorzüglich: Lärche, Birke, Kiefer, Eiche, Aspe, zu den ent= schiedenen Schattenhölzern: Weißtanne, Buche, Fichte, Hainbuche. Die übrigen zwischen diesen beiden Gruppen stehenden Holzarten neigen bezüglich ihres Lichtbedarfes entschieden zu den Lichtholzarten, sie bilden gleichsam die 2. Stufe derselben. Übergangsholzarten von Licht= und Schattenholzarten lassen sich schwer bezeichnen, am meisten gehören noch Linde und vielleicht Weymutskiefer hierher.
Kraft stellt in derselben Reihenfolge folgende Skala auf: Kiefer, Schwarz= kiefer, Lärche, Birke, Stieleiche, Traubeneiche, Weymutskiefer, Fichte, Hainbuche, Linde, Ulme, Esche, Ahorn, Tanne, Buche. Feuchte Atmosphäre und frischer Boden verleihen ein größeres Schattenerträgnis.

a) **Weißtanne mit Fichte** im Verhältnis von 2 : 1, auch 1 : 1, die Tanne schützt die Fichte vor Sturm.

b) **Tanne und Buche.** Eine vorzügliche Mischung. Sie sind im allgemeinen gleichwüchsig, die Tanne schiebt sich mit ihrer Baumform sehr gut in die Buchen ein, sie machen gleiche Ansprüche an den Standort.

c) **Fichte und Buche.** Nur dann zu mischen, wenn der Buche ein Vorsprung gegen die Fichte gegeben wird. Es geschieht dies zumeist durch Vorverjüngung der Buche und Auspflanzen der Fehlstellen mit Fichte.

2. Schattenertragende (dichtkronige) Holzarten können mit lichtbedürftigen dann gemischt werden, wenn die lichtbedürftigen einen Vorsprung haben und behalten. Z. B.

a) **Fichte mit Eiche.** Die Eiche muß einen großen Vorsprung vor der später sehr viel schnellwüchsigeren Fichte haben. Die Mischung eignet sich nur für sehr frischen Standort, wo die Fichte ihren sehr großen Wasserbedarf decken kann, ohne die Eiche zu benachteiligen. Die Lücken zwischen den künstlich oder natürlich begründeten Eichenhorsten werden mit Fichte ausgepflanzt, wo sich nicht etwa Anflug findet.

Ähnlich wie die Eiche verhalten sich noch Ahorn, Ulme, Esche, Hainbuche und Elsbeere, deshalb ist die gleichaltrige Mischung zu vermeiden; die Fichte überholt alle diese Holzarten unter normalen Verhältnissen nach 10—20 Jahren und unterdrückt sie dann.

b) **Fichte mit Kiefer.** Eine von Natur auf großen Flächen in Norddeutschland vorkommende Mischung. Die künstliche Begründung erfolgt durch Saat oder Pflanzung. Die Anteile der Holzarten werden durch die Bodenverhältnisse bestimmt: (Frische).

c) **Fichte mit Tanne** ist eine günstige Mischung; die Tanne verhält sich, den oben genannten Laubhölzern und der Kiefer gegenüber ähnlich wie die Fichte.

d) **Buche mit Eiche.** Sehr gute Mischung; sie sind in der Jugend fast gleichwüchsig, doch ist im allgemeinen der Eiche ein Vorsprung zu geben (Vorverjüngung, Einstufen im Bu=Samenschlag usw). Später erfordert die Wirtschaft große Aufmerksamkeit. Ausästen, Köpfen der Buche, Begünstigen der Eiche bei Durchforstungen usw. Was das Mischungsverhältnis anbetrifft, so kann man auf Eichenstandort beide in gleichem Verhältnis anbauen, auf schlechterem läßt man die Buche vorherrschen und nimmt Eiche je nach dem Boden.

Ahorn, Ulme, Esche, Elsbeere usw. sprengt man gern als Heister horst=, bänder= oder gruppenweis ein, die Weichhölzer, namentlich Aspen und Saalweiden, muß man in den Buchenschlägen im allgemeinen als Feinde der Buche behandeln; kommen sie vereinzelt vor, so duldet man sie wohl, da sie vor

Froſt ſchützen und eine gute Vornutzung gewähren; es iſt aber große Vorſicht nötig, damit ſie ſich nicht ausbreiten; wo Aſpen gut bezahlt werden, und die Nachfrage wird immer größer (zu Streichhölzern, Waggons, Koffern uſw.), iſt ſie jedoch zu pflegen, am beſten im Einzelſtand, da ſie den Umtrieb der meiſten Holzarten nicht aushält, ſie liefert dann wertvolle Vorerträge.

e) **Buche mit Kiefer.** Vorzügliche Miſchung. Die Kiefer bleibt immer etwas vorwüchſig, ohne zu verdämmen, ſchützt gegen Froſt und Hitze und gedeiht zu beſonders ſchönen, allerdings oft grobringigen Stämmen. Man ſprengt die Kiefer im Abtriebsſchlage mittels Saat oder Pflanzung ein.

f) **Buche mit Lärche.** Faſt eben ſo gut wie Buche mit Kiefer, nur macht die Lärche mehr Anſprüche an den Standort, daher iſt größere Vorſicht nötig, auch hält ſie ſelten durch, da ſie in Deutſchland doch ein Fremdling geblieben iſt und ſich nicht an unſeren Standort gewöhnen will. Die Miſchung erfolgt namentlich im Gebirge durch Einzelpflanzung in die Buchenverjüngungen.

3. Lichtbedürftige Holzarten dürfen zu dauernden Miſchungen in der Regel nicht verbunden werden, weil leicht der Boden ſich verſchlechtert. Ausnahmen:

a) Auf ſehr kräftigem Boden, wo unter dem dünnen Schirm der lichtbedürftigen Holzarten keine Bodenverſchlechterung zu fürchten iſt, z. B. **Erle mit Eſche, Erle mit Birke, Eiche mit Kiefer**. Die langſamer wachſende Holzart muß ſtets einen Vorſprung haben.

b) Auf armem, vorzüglich dem Nadelholz gewidmetem Boden miſcht man wohl Kiefer mit Birke, wenn man für den Markt und zum Schutz gegen Gefahren durchaus ein Laubholz haben muß. Ferner miſcht man in Laubhölzer, namentlich in Eichen, die Lärche, Kiefer und Birke vorübergehend ein, weil ſie gegen Froſt ſchützen und günſtige Treibhölzer ſind.

Gemeine Kiefer mit Weymutskiefer wird jetzt viel empfohlen: Die Weymutskiefer iſt auf beſſeren Böden geeignet die letzten Lücken der Kulturen oder Verjüngungen auszufüllen, wo ſie nicht zu ſehr unter dem ihr eigentümlichen Roſtpilz (Blaſenroſt) leidet. Gegen den Rehbock muß ſie beſonders geſchützt werden. Die Nadeln zerſetzen ſich ſchwer.

c) **Kiefer mit Eiche**. Nur auf beſten Kiefernböden zuläſſig. Die Beigabe der Eiche erfolgt in der Regel durch Voranbau im älteren Kiefernbeſtande. Bekannt ſind im Oſten die ſog. **Mortzfeldſchen Löcher**, d. h. Löcherhiebe von 5—50 ar Größe, die in Kiefernbeſtände geraume Zeit vor deren Abtrieb eingelegt werden. Dieſe Löcher werden dann mit Eiche bepflanzt oder beſät. Das Verfahren ergibt wirtſchaftliche Schwierigkeiten, wenn nicht andere bodenſchützende Holzarten (Buche, Hainbuche) zu Hilfe kommen.

5. Ob die einzusprengenden Holzarten einzeln, horst=*), gruppen= oder reihenweise stehen sollen entscheiden in erster Linie die standörtlichen Verhältnisse. Einige Anhaltspunkte mögen hier folgen.

1. Wenn bei sehr wechselnder Bodengüte größere Flächen und Plätze vorkommen, die sich allein oder doch vorzugsweise für bestimmte Holzarten eignen, soll man diese hier in Horsten und Gruppen anbauen, z. B. Eschen und Erlen auf den frischen bis feuchten, Pappeln auf nassen Stellen, Eichen in kleinen besonders fruchtbaren Mulden, Fichten auf Steinköpfen, Kiefern auf ärmerem Boden usw. Handelt es sich um eine Lichtholzart, so ist aber in jedem Falle auch in diesen Gruppen und Horsten die Beimischung eines Bodenschutzholzes anzustreben, wenn dieses auch nur unter= und zwischenständig bleibt.

2. Wenn eine langsam wachsende lichte Holzart neben einer schnell wachsenden schattenertragenden kultiviert werden soll, z. B. Eichen in Fichten= und Buchenbeständen, gibt man den Gruppen oder Horsten größere Ausdehnung.

Bei dauernder Mischung werden die vermengten Hölzer mit gleichem Umtriebe, bei zeitweiser mit ungleichem Umtriebe behandelt; in letzterem Falle dient eine Holzart entweder als Schutz= oder als Treibholz, das weggenommen wird, nachdem der Schutz entbehrlich oder der Boden gebessert worden ist. Wird eine Holzart unter einer anderen erst künstlich angebaut, wenn diese einen ganz erheblichen Vorsprung im Höhenwachstum hat, so sprechen wir von Unterbau.

Wie aus dem Gesagten ersichtlich, besitzen die gemischten Bestände eine große Vielseitigkeit, erfordern aber vom Wirtschafter nie nachlassende Beobachtung und Aufmerksamkeit. Die Arbeit wird größer, aber dankbarer und interessanter als beim Kahlschlagbetriebe. Ein öfterer Wechsel des wirtschaftenden Beamten wirkt aber nachteiliger, da die örtliche Erfahrung im Verhalten der Holzarten zueinander zunächst nicht zu ersetzen ist.

Mittelwaldbetrieb.
§ 175. Allgemeines.

Unter welchen Bedingungen der Mittelwaldbetrieb berechtigt erscheint, ist bereits bei der Wahl der Betriebsarten § 116 erörtert worden. Der Mittelwald besteht bekanntlich aus plenterartig zu nutzendem, verschiedenaltrigem Hochwald und unter diesem stehendem gleichaltrigem Ausschlagswald; er zeigt also ganz besondere Formen des Mischbestandes.

---

*) Der Begriff: „Horst" und „Gruppe" schwankt. Wir verstehen unter „Horst" die größere Fläche, unter „Gruppe" die kleinere Fläche; wenn man sich in ihre Mitte stellt — kann man im belaubten Zustand noch bequem alle Ränder sehen.

Zu Unterholz taugen alle zu Niederwald brauchbaren Holzarten mit Ausnahme der entschiedenen Lichtpflanzen.

Zu Oberholz eignen sich alle baumartigen Holzarten, am besten im allgemeinen die lichtkronigen; die Laubhölzer folgen, wenn man mit den lichtkronigsten anfängt, in folgender Reihe: Birke, Aspe, Erle, Esche, Ulme, Eiche, Ahorn, Linde, Hainbuche, Buche. Die Nadelhölzer eignen sich nur zu Oberholz: die Kiefer wächst als Oberbaum sperrig.

Die Umtriebszeit des Unterholzes schwankt gewöhnlich zwischen 10 und 30 Jahren, die Umtriebszeit des Oberholzes ist klassenweis ein Vielfaches (2—7 usw. faches) der Umtriebszeit des Unterholzes. Die jüngste Klasse wächst zugleich mit dem eben abgetriebenen Niederwaldbestande auf; man hat also am Ende eines Unterholzumtriebes von 20 Jahren auf der ganzen Fläche derselben Wirtschaftsfigur (Jagen, Abteilung, Schlag), gleichmäßig verteilt, aber überall durcheinanderstehend bis 40, 60, 80, 100 usw. jähriges Oberholz. Nach dem ersten Abtriebe des Unterholzes heißen die übergehaltenen Stämmchen **Laßreiser** oder **Laßreidel**, im 2. Umtriebe **Oberständer**, nachher starke Bäume. Noch jüngere Stämme als Laßreiser, die aber zur Rekrutierung des Oberholzes bestimmt sind, nennt man **Kernloden**, sobald sie aus dem abgefallenen Samen oder Nachpflanzungen hervorgehen.

Nach der Zahl der Jahre des Unterholzumtriebes wird der Mittelwald blockweise in gleich große Schläge geteilt, auf welchem jedesmal gleichaltriges Unterholz und verschiedenaltrige Oberholzklassen stehen, z. B. bei 20 jährigem Umtrieb in 20 Schläge; in jedem Jahre wird ein Schlag genutzt, das Unterholz treibt man ganz, das Oberholz nur teilweis und zwar in der Regel nur die älteste Klasse, Anbruchhölzer oder verdämmende Stämme ab, je nach Bedarf.

§ 176. Anlage und Betrieb von Mittelwäldern.

Mittelwälder lassen sich am besten aus Niederwald in der Weise erziehen, daß man bei jedem Abtriebe des Unterholzes eine angemessene Zahl Laßreiser überhält oder Heister neu pflanzt, bis die gewünschte Anzahl Oberholzklassen hergestellt ist. Die Richtung der Schläge ist wie beim Niederwald von Westen nach Osten. Man muß stets auf eine möglichst unschädliche Herausnahme des Oberholzes bei weichem Wetter und Schnee sehen; am besten läßt man sehr sperrige Oberbäume vorher entästen. Zu Laßreisern wählt man immer gesunde, stufige und schön gewachsene Kernloden. Während des Unterholzabtriebes werden sie sorgfältig ausgesucht und mit Grasbändern bezeichnet, nicht angeschalmt. Zuerst wird im Schlage im Herbst das Unterholz kahl abgetrieben und dann erst das Oberholz ausgezeichnet, weil man sonst keinen Überblick hat.

Wurzel- und Stockloden nimmt man zu Oberholz nur notgedrungen, da sie leicht (nach etwa 50 Jahren) kernfaul werden. In Ermangelung von Kernloden pflanzt man Heister, da kleinere Pflanzen bald verdämmt werden.

Stark verdämmendes Oberholz muß immer gelichtet werden, selbst wenn es augenblicklich weniger gutes Nutzholz verspricht, oder man muß es entästen (bis höchstens 7 cm Aststärke).

Bei dem immer mehr sinkenden Werte des schwachen Brennholzes und dem geringen Nutzwert des meist sperrigen Oberholzes wird der Mittelwald immer unrentabler.

§ 177. Der Lichtungsbetrieb.

Wie wir bei Besprechung der Durchforstungen gesehen haben, scheut man sich heute, namentlich bei der Hochdurchforstung, nicht mehr, auch energisch in den herrschenden Bestand einzugreifen, um seinen Massen- und Wertzuwachs durch Konzentrierung desselben auf die besten Stämme zu heben. Denselben Zweck verfolgte resp. verfolgt auch der sog. „Lichtungsbetrieb", nur mit dem Unterschiede daß er den Boden- und Schaftschutz nicht auf dem natürlichsten und billigsten Wege durch Erhaltung des lebensfähigen Neben- und Unterbestandes wie die Hochdurchforstung sich verschafft, sondern durch Anbau eines Bodenschutzholzes, das dieselben Aufgaben zu erfüllen hat wie der Neben- und Unterbestand bei der Hochdurchforstung; der Lichtungsbetrieb muß also unter Darbringung von erheblichen Opfern an Geld und Zeit künstlich erst das heranziehen, was bei Einlegung der Hochdurchforstung in normalen Beständen bereits da ist. Wir haben deshalb meist in der Hochdurchforstung heute ein viel besseres Mittel in der Hand, die Ziele des Lichtungsbetriebes zu erreichen.

Besonderes unserer wichtigsten Waldbäume.

Die Eiche. Quercus.

§ 178. Allgemeines.

Über den Unterschied der beiden wichtigsten Eichenarten Quercus robur, die Traubeneiche, und Quercus pedunculata, die Stieleiche, vergl. die Tabelle (§ 57). Die Stieleiche ist der Baum der Ebene und des feuchten Niederungs(Aue-)Bodens, die Traubeneiche kommt auch im Gebirge und in rauhen Lagen und nebst qu. rubra, der amerikanischen Roteiche, auch auf geringerem Boden fort. Beide Arten gehen oft ineinander über und zeigen in ihrem forstlichen Verhalten keine sehr wesentlichen Verschiedenheiten, nur kann die Traubeneiche erheblich mehr Schatten ertragen.

Standort. Der wichtigste Faktor des Standortes ist für die Eiche der Boden; geringerer, namentlich trockner und wenig kräftiger Boden setzen der Kultur der Eiche ihre Grenzen. Am besten gedeiht sie auf dem humosen und fetten Marschboden und in fruchtbaren Flußniederungen (Stieleiche), in gutem Lehm= und humosem frischen Sandboden wie auf dem durch Steingrus gelockertem Bergboden geringer Höhenlagen (Spessart). Das Haupterfordernis für die Eiche ist Bodenfrische und einige Tiefgründigkeit; entschieden flach= gründiger Boden taugt nicht für die Pfahlwurzel der Eiche.

Betriebsarten. Die Eiche durchläuft alle Betriebsarten; sie bildet im Hochwald reine Bestände und ist den meisten Waldbäumen auf besserem Boden ein willkommenes Mischholz, aus diesem Grunde gedeiht sie auch vor= züglich im Plenter= und Mittelwald. Im Mittelwalde ist sie der wertvollste und beliebteste Oberbaum und im Niederwalde gibt sie die wertvollsten und ver= möge ihrer ausgezeichneten Ausschlagsfähigkeit die sichersten Erträge.

Eichenhochwald (Unterbau).

Reine Eichenbestände, die man gewöhnlich in dem hohen Umtriebe von 160—200 Jahren erzieht*), finden sich im allgemeinen nur in dem frucht= baren und frischen Niederungsboden, weniger und da schon immer in weit geringerer Güte auf Mittelboden. Auf mittlerem Standort erzieht man die Eiche stets in Untermischung mit Buche, Kiefer, Tanne, Weimutskiefer, seltener mit Fichte und anderen Holzarten; ein geeignetes Bodenschutzholz ist für die sich früh lichtstellende Eiche immer, selbst auf günstigstem Boden sehr vorteilhaft.

Beim Unterbau unter Eichen ist mancherlei zu beachten; es gibt wohl keine andere Holzart, die einen solchen Boden= und Stammschutz verlangt als die Eiche, daß sie sich so licht stellt und zur Wasserreiserbildung neigt. Der geeignete Zeitpunkt zeigt sich dadurch an, daß die Eichen sich unten „begrünen". Ganz verlichtete Eichen, ob jung oder alt, namentlich wenn sie, was ja leider dann meist der Fall, schlechte Formen haben, soll man nicht mehr unterbauen, sondern sie lieber abtreiben und durch Neukultur ersetzen.

Am besten ist der Buchen=Unterbau durch Saat oder Kleinpflanzung. Die Saat empfiehlt sich in Mastjahren, wo die Bucheln billig sind; solche Gelegenheit muß man ausnutzen, um alte schutzbedürftigen Bestände (auch Kiefer auf geeignetem Boden) mit Bucheln zu besäen, entweder durch Einstufen oder auf Hackstreifen oder Plätzen. Sind die Bucheln knapp, so pflanzt man 2—3jährige Buchen, möglichst aus Naturverjüngungen (Kampfpflanzen werden

---

*) Auf Standort I. Klasse erreicht die Eiche bei aufmerksamster Bestands= pflege mit 160 Jahren etwa einen Brusthöhendurchmesser von 60 cm und damit ihre beste Nutzfähigkeit.

teurer!), in 1—1,5 qm; hat man reichlich Pflanzen, bevorzugt man Büschel. Zur Pflanzung ist für Buchen der Herbst besser, weil die Winterfeuchtigkeit das Anwachsen erleichtert; schlecht bewurzelte Buchen soll man nie verwenden.

In dem Maße, wie der Unterbau hoch geht, muß man natürlich die Eichen lichter stellen; also etwa alle 10 Jahre alle schlechten sperrigen Eichen fortnehmen; nachher ist auch der Unterbau nach den Regeln der Nieder=durchforstung zu pflegen, um auch aus ihm noch Werte zu ziehen. Versagt die Buche, so hat oft der Unterbau mit Hainbuche Erfolg, die man aber besser nur säet, weil ihr Samen immer billig zu haben ist.

Die natürliche Verjüngung reiner Eichenbestände, wozu sich besonders die Traubeneiche gut eignet, erfordert eine lichtere Stellung im Samenschlage, die schon durch richtigen Durchforstungsbetrieb und vor Samenabfall durch Boden=verwundung vorzubereiten ist; etwa 2 Jahre nach Eintritt der Besamung erfolgt der Abtrieb der Samenbäume, da die Eiche als Lichtpflanze sonst unter Verdämmung des Schirmbestandes empfindlich leiden und der Aufschlag zu sehr geschädigt würde. Die Fehlstellen der natürlichen Eichenverjüngungen ergänzt man je nach den standörtlichen Verhältnissen durch Buche, Kiefer, Hainbuche, Fichte, und gehe damit recht weit, um gleich das so erwünschte Schutzholz zu begründen. Es ergibt sich hierbei Gelegenheit, auch andere Holzarten (Esche, Ahorn usw.) und erwünschte Ausländer einzusprengen..

Die künstliche Verjüngung der Eiche erfolgt durch Saat oder Pflanzung, möglichst in Untermischung mit anderen Holzarten; an einem Orte sprechen die Verhältnisse mehr für die Saat, am anderen mehr für die Pflan=zung, selbst für die Pflanzung von stärkstem Pflanzmaterial; in anderen Fällen kann man zwischen Saat und Pflanzung wählen: wobei für die Saat die geringeren Kosten, eine reichliche und meist sehr gut zu verwertende Vor=nutzung, dichter Stand und daraus folgende gute Stammform, sowie gleich=zeitige bequemste Erziehung von Pflanzenmaterial sprechen.

§ 179. Eichensaat.

Wo nicht Gefahren durch Mäuse und Wild (Rot-, Reh-, Schwarzwild, Dächse) oder mangelnde Arbeitskräfte es verbieten, sollen Eichensaaten im Herbst ausgeführt werden. Die Eiche ist wegen ihrer Pfahlwurzel noch mehr wie die Kiefer für eine gründliche und tiefe Bodenlockerung dankbar; am üblichsten ist die Furchen= und Streifensaat, dann die Saat auf Plätzen und das Einstufen. Guter nicht zu graswüchsiger Boden bedarf weniger der ein=dringenden Bodenlockerung, feuchten und lettigen Boden kultiviert man am besten durch Aufhöhung mittels Beet= und Rabattenkultur. Ein Übermaß von Feuchtigkeit schadet den Eichensaaten in gleichem Maße wie zu trockner Boden;

doch vermag sie vorübergehende Bodennässe und Überschwemmung sehr gut zu ertragen.

Besonders häufig wird bei der Eiche auf den Aue-Böden die landwirtwirtschaftliche Mitbenutzung angewandt, welche eine starke und gründliche Lockerung, Mengung und Reinigung des Bodens bewirkt, den Unkrautwuchs, für den die Eiche sehr empfindlich ist, hindert und durch den Fruchterlös, der jedoch den Boden nicht zu sehr angreifen darf, die höheren Kulturkosten deckt. Hack- auch wohl Blattfrucht, namentlich in der Form von Zwischenfruchtbau in den 2—3 m entfernten Saat- oder Pflanzenreihen ist da am besten, wo es auf Lockerung und Reinhaltung des Bodens ankommt. Für den Voranbau kommen besonders Hafer und Kartoffeln in Frage. Nicht selten findet auch, nachdem bereits Eichen gesät und gepflanzt sind, eine Übersaat von Getreide, auf schwerem Boden auch wohl von Flachs statt. Man kann den Fruchtbau im Walde so lange betreiben, als er lohnend ist und den Boden nicht entkräftet. Die Ernte muß selbstverständlich unter größter Schonung der Eichenpflänzchen nur mit der Sichel und mit hoher Stoppel bewirkt werden.

Eine andere Art der landwirtschaftlichen Mitbenutzung ist der Grasschnitt zwischen weitständigeren (3 m und darüber) Eichenkulturen, der deshalb weniger zu empfehlen ist, weil er den Boden nicht lockert und ihn doch angreift, auch leichte Beschädigungen der Pflanzen durch Unvorsichtigkeit bei der Nutzung mit sich bringt, die Frostgefahr erhöht und den Boden von Luft und Niederschlägen abschließt.

Zu der bei der Eiche nötigen tieferen Bodenlockerung wendet man den Untergrunds- oder Wühlpflug (Hacken) an oder das Doppelpflügen, indem ein gewöhnlicher Feldpflug vorangeht und ein tiefer gehender und stärker bespannter Umbruchs-(Schwing-)Pflug in derselben Furche nachfolgt; dem Pfluge folgen dann Kinder, welche die Eicheln dünn 10—20 cm weit in einer etwa 3—4 cm tiefen Rille andrücken und zuharken. Hat man nur flachgehende Pflüge (auf lockerem Boden) nötig, so legt man die Eicheln ebenso ein und läßt sie von dem zurückkommenden Pfluge bedecken. Ist Kartoffel- oder Hackfruchtbau vorhergegangen, so wird der Boden abgeeggt, recht breitwürfig mit Eicheln besäet und wieder zugeeggt. Ist Getreidebau mit gründlicher Bodenlockerung vorausgegangen, so besäet man die Stoppeln und pflügt die Eicheln flach unter. Auf frisch gepflügtem Boden wird mit der breitwürfigen Eichelsaat meist gleichzeitig etwas Frucht (Hafer) ausgesäet. Sehr verbreitet ist auch die Rillensaat, wo in dem voll bearbeiteten Boden mit einer schmalen Hacke nach der Schnur 1—1,5 m entfernte handbreite Rillen gezogen, mit Eicheln belegt und 4 cm tief eingeharkt werden. Auf altem Waldboden erfolgt meist die Saat oder Pflanzung in gegrabenen Streifen.

Westermeiers Leitfaden. 12. Aufl.

Am wohlfeilsten stellt man diese dadurch her, daß man mehrere Pflugfurchen unmittelbar nebeneinander legt. Auf schwierigem Boden können in 1—1,5 m Entfernung mit dem Untergrundspflug (nachdem ev. vorher der Bodenüberzug mit dem flach arbeitenden Waldpfluge entfernt ist) Furchen gezogen, und wie oben beschrieben ist, besäet werden. Plätze und Löcher von 0,3—0,8 m Quadratgröße fertigt man mit Rodehacke und Spaten an. Vielfach verbreitet ist bei Eichenkulturen das sog. Einstufen, d. h. das Einlegen von 1—3 Eicheln unter eine kleine, mit der gewöhnlichen Kartoffelhacke gehobenen Erdscholle; es ist die billigste Kulturmethode; sie paßt jedoch nur für lockeren (Vorbereitungs= schlag der Buche), niemals für stark verunkrauteten Boden. Auf bindigem, reinem Boden empfiehlt sich auch der Pflanzbolch zum Einstufen, der unten mit einem Querstift versehen ist, damit die Eicheln in die richtige Tiefe kommen.

Die Beet= und Rabattenkultur, nur für feuchten Boden, besteht darin, daß man in je 5 m Entfernung 1 m breite und etwa 0,5 m tiefe Parallel= gräben aushebt (je nach dem Feuchtigkeitsgehalt), den Erdauswurf auf die Zwischenfelder bringt und diesen nach Umgraben der so gebildeten Rabatten besäet oder bepflanzt.

Sehr dankbar ist die Eiche für ein Schutz= und Treibholz, zu welchem sich vorzüglich Birke und Hainbuche eignet, die man deshalb gern auf den Balken zwischen den Saat= und Pflanzenreihen in etwa 1—2 m Entfernung als Loden einpflanzt; sie schützen vor Frost und bringen, wenn die Eichen selbständig geworden sind, wertvolle Vornutzungen.

Für Eichensaatkämpe ist zu bemerken, daß die Rillen nach 30 cm tiefem Umgraben und guter Düngung durchschnittlich 4—6 cm tief, handbreit und 25—30 cm voneinander entfernt gezogen werden. Besondere Sorgfalt ist auf die Unkrautreinigung und häufige Lockerung zwischen den Reihen mit der Hacke sowie auf das Ausstreuen von Laub zwischen den Saatrillen zu legen; man gibt die Kampfläche gewöhnlich für ein Jahr in Kartoffelkultur. Man legt die Eicheln ziemlich dicht aneinander; es ist übrigens nach der Versuchen von Fürst und Kienitz gleichgültig, ob die Eicheln bei der Aussaat quer oder mit der Spitze nach oben oder unten gelegt werden. Die Samenmenge schwankt — je nach der Größe der Eicheln, nach der Rillenentfernung, ob man Eichel an Eichel oder ob man sie mit je 2—5 cm Entfernung legt, nament= lich aber nach der Güte — zwischen 15—30 l pro ar.

Für sorgsame Pflege ist die Eiche besonders dankbar. Dichte Saaten durchläutert man fleißig durch Wegschneiden aller schlechtwüchsigen Stämme, in Pflanzungen wirke man durch öfteres Wegschneiden der Zwiesel und störender Äste auf gute Kronenform hin; bei den Durchforstungen sorge man immer, daß der künftige Hauptbestand freie Kronen behält; starke Stämme erzielt man durch sorgsame Umlichtungen, wobei der Boden durch Unterbau oder Hoch=

durchforstung zu schützen ist; letztere ist namentlich geeignet, die Eiche vor Bildung von Wasserreisern zu bewahren.

§ 180. Verschulung von Eichen.

Sehr wichtig ist für die Eichenzucht die Anlage von Pflanzkämpen, da verschulte Eichenpflanzen das übrige Pflanzenmaterial meist übertreffen.

Man unterscheidet Lodenpflanzkamp und Heisterpflanzkamp. Der Lodenpflanzkamp hat den doppelten Zweck, Loden für die Kultur und Loden zur Verschulung für die Heisterkämpe zu gewinnen. Man nimmt zum Lodenkamp 1—2 jährige Eichen, kürzt nötigenfalls die Pfahlwurzel (auf etwa 15 cm, jedoch möglichst unterhalb von etwaigen Verzweigungen), auch zu lange Seitenwurzelstränge und entfernt alle überzähligen Gipfeltriebe. Zur Erziehung von 1 m hohen Loden gehören 2—3 Jahre und etwa 30 qcm Wachsraum pro Lode. Zur Erleichterung der so notwendigen Kampreinigung und Lockerung wählt man gern die Reihenpflanzung in 20 : 30 oder 25 : 35 cm Verband. Zur Erziehung von Heistern werden die etwa 1 m hohen Loden in 60—90 cm Quadratverband nochmals verpflanzt, nachdem zu lange Wurzeln und Triebe, Gabel- und Quirlbildungen nach den früher erwähnten Regeln entfernt sind. Für Erziehung von Halbheistern genügt der 50—70 cm Quadratverband. Nächst der unablässigen Reinhaltung und Lockerung des Bodens und dem nachherigen Bestreuen der Zwischenreihen mit Laub, muß man im Kamp durch fleißiges Beschneiden und Ausbrechen von Knospen und Trieben, so lange letztere noch krautig sind, auf die künftige Stamm- und Kronenform des Heisters unablässig hinwirken. Auf gutem bindigem Boden ist die Wurzelbildung meist geschlossen genug, so daß eine zweite Verschulung sich erübrigt; in diesem Falle ist der erste Verband gleich weiter zu wählen (0,7—1 m).

Für die Pflanzung von Eichen verweisen wir auf das in den §§ 147 u. ff., 160, 171 Gesagte.

Im allgemeinen pflanze man nur im Notfalle, z. B. bei Ausfüllung kleiner Bestandeslücken, starke Heister; sie sind teuer und gehen oft aus; man bevorzuge 1—2 m hohe Pflanzen.

§ 181. Eichenschälwald (Niederwald).

In der Ausschlagsfähigkeit und deren Dauer wird die Eiche von keiner Holzart übertroffen; sie eignet sich deshalb vorzüglich zum Niederwald. Solchen Eichenniederwald, der hauptsächlich zur Rindennutzung angelegt wird, nennt man Eichenschälwald. Warme und milde Lagen, sanfte Süd- und Westhänge in frostfreien Tälern erzeugen die gerbstoffreichste Rinde, während Nord- und Osthänge mehr Massenproduktion haben; da, wo der Wein gut gedeiht, wächst die beste Eichenrinde. Nicht geeignet zum Eichenschälwalde ist der magere sandige Flachlandsboden, am besten ist der fruchtbare Niederungsboden und der kräftige Bergboden. Zur Erlangung guter Glanzrinde ist der 15—20 jährige Umtrieb am vorteilhaftesten.

Man legt Eichenschälwälder mittels Saat und Pflanzung an wie beim Hochwalde. Im allgemeinen wendet man fingerdicke Pflanzen aus Saaten oder Kämpen, auch wohl Wildlinge in weiterem Verbande (mindestens 2 m) an; besonders günstig verhalten sich Stummelpflanzen, die jedoch so tief abgestummelt werden müssen, daß der Stummel höchstens 3 cm lang bleibt. Man stummelt entweder unmittelbar vor dem Einpflanzen oder besser erst einige Jahre nach demselben. Ein lichterer Stand gibt bessere Rinde, die dick, fleischig und markig sein muß. Weichholz muß nach wenigen Jahren ausgeläutert werden, fremde Hölzer dürfen keinesfalls verdämmen; auf geringerem Boden wird die Einsprengung von Schutz- und Treibholz (Kiefer, Birke und Lärche) in Reihen zwischen die Eichenreihen neuerdings empfohlen. In vielen Gegenden wendet man das Überlandbrennen (Hainen) mit Fruchtbau auf Eichenschälschlägen an.

Eichenschälschläge werden zur Saftzeit im Mai oder bei Eintritt des zweiten Saftes im Juli geführt. Man schält die Stangen entweder liegend (meistens) oder stehend.

Im ersten Falle zerhaut man die Stangen zu Prügeln, klopft die Rinde und schlitzt sie mit Beil oder Heppe der Länge nach bis auf den Splint ein und löst sie dann mit dem meißelförmigen nach oben etwas gekrümmten Lohschlitzer rundum ab. Wo die Rinde gut bezahlt wird, schält man auch noch die Spitzen und Äste bis zur Daumenstärke herab (Gipfellohe). Nutzstangen werden im Ganzen geschält.

Man darf an einem Tage nicht mehr Stangen fällen, als man schälen kann, weil am folgenden Tage die Rinde nicht mehr so gut geht. Zum Trocknen wird die geschälte Lohe, ihre äußere Seite nach oben, auf dachförmige Gabelgerüste ziegelartig aufgelegt und sofort nach dem Trocknen abgefahren, da Regen der Rinde sehr schadet. Sollen die von unten zuvor entästeten Stangen stehend geschält werden, so kerbt man sie vorher rundum unten ein, so daß sämtliche Bastfasern durchschnitten werden, schlitzt mittels der Heppe oder des Reißeisens und Löffels die Rinde möglichst hoch von oben an dem Stamm herunter ein und löst dann die Rindenbänder von unten nach oben ab, wo sie zum Trocknen hängen bleiben. Der Abtrieb des Holzes erfolgt erst bei oder nach Abnahme der Rinde. Die Reife der Rinde erkennt man am Aufreißen derselben unten an der Stange.

Ein Hauptaugenmerk ist auf schrägen möglichst ganz glatten und tiefen Hieb der Stöcke zu richten, auch sollen diese zum Schutze sofort mit dem Abfallreisig bedeckt werden.

Der Verkauf der Lohrinde geschieht meist schlagweis und zwar mit Holz und Rinde oder es wird nur die Rinde nach dem Gewicht vor dem Einschlag, seltener nach dem Einschlag verkauft. In ersterem Fall fällt die Werbung dem Käufer zu. Die Qualität der Rinde hängt vom Alter und Standort ab. Rauhe Rinde ist wertloser als glatte Rinde (Spiegelrinde). Unter mittleren Verhältnissen erhält man pro ha etwa 40 rm Holz und 70 Ztr. Rinde. Die schlechten Rindenpreise bei steigenden Werbungskosten stellten die Rentabilität des Eichenschälwaldes in Frage, weil die Einführung von allerlei Ersatzmitteln, in erster Linie des südamerikanischen Quebracho (spr. Kebrátscho), die teurere und langsamer wirkende Lohgerbung mehr verdrängte. Es begann im großen Maßstabe die Umwandlung der Eichenschälwaldungen in Hochwald. Während des großen Krieges trat infolge der unterbrochenen Zufuhr der Ersatzmittel ein starker Bedarf an Eichenrinde und damit eine bedeutende Preissteigerung ein. Es ist aber nicht anzunehmen, daß dieser Umschwung von Dauer ist.

Die Rotbuche. Fagus sylvatica L.

§ 182. Allgemeines.

Keine andere Holzart ist so abhängig von günstigen Standortsverhältnissen, namentlich von der Bodenart, wie die Buche. Am meisten sagt der Buche ein mineralisch kräftiger Boden zu, besonders der Kalkboden, ferner der frische humose Sandboden bei lehmiger oder mergeliger Unterlage, das luftfeuchte Küstenklima und im Gebirge bunter Sandstein, Tonschiefer und Grauwacke wie die jüngeren Durchbruchsgesteine. Sie gedeiht besser an Nord= und Ost=seiten als an Süd= und Westseiten (die schlechteste Lage ist die Südwestseite), besser an Hängen als auf Plateaus und Bergrücken. Sie steigt bei uns im Gebirge bis zu etwa 6—800 m hinauf, nach Norden geht sie bis Dänemark und dem mittleren Schweden, nach Osten bis etwa zur Weichsel. Nässe und Überschwemmung kann sie nicht vertragen.

Betriebsarten. Die gebräuchlichste Betriebsart für die Buche ist der Hochwald, im Mittelwalde wird sie nur angebaut, wenn ein dichter Oberstand ein schattenertragendes Unterholz bedingt.

Die Buche ist der erste Vertreter der schattenertragenden Holzarten. Unsere jetzige Buchenhochwaldsform zeigt fast durchweg die natürliche Ver=jüngung in Besamungs= und Lichtschlägen. Es kann daher in dieser Beziehung auf das in dem Kapitel über natürliche Verjüngung §§ 119 bis 123 Gesagte verwiesen werden. Speziell die Buche betreffend bleibt darüber nur noch folgendes nachzuholen:

§ 183. **Vorbereitende Durchforstungen.**

Ein Vorbereitungsschlag soll nur gestellt werden, wenn es die Verhältnisse dringend erfordern. Er wird geführt, um:

a) den Boden für die Ansamung vorzubereiten.

b) die Bäume zur Samenbildung durch Umlichtung ihrer Kronen vorzubereiten.

Die vorbereitenden Hiebe sollen ihren Anfang womöglich bereits mit der letzten Durchforstung nehmen, die man in Berücksichtigung einer durchgreifenden Humuszersetzung und besserer Lichtstellung der künftigen Samenbäume kräftiger einzulegen pflegt. In allmählichen Aushieben, die besonders solche Stellen betreffen, wo sich viel Rohhumus (Trockentorf) angehäuft hat oder eine Kronenspannung resp. Stammpressung stattfindet, erstrebt man eine solche Lockerung — nicht etwa Unterbrechung — des Kronenschlusses, daß der Humus sich zersetzen und richtige Bodengare (Begrünung) eintreten kann, die sich durch das Erscheinen eines schwachen Bodenüberzuges anzeigt. In diesem Falle ist der Boden reif und zur Aufnahme der Mast bereitet.

Stark angesammelte Laub- und Modermassen müssen unbedingt entfernt werden, sie werden entweder an Bodenerhöhungen gebracht, die wenig Humus haben, und dort sofort grobschollig untergehackt oder in den Saatkämpen und Komposthaufen als Dungmittel verwendet; Moosdecken müssen entfernt, verhärteter Boden, Kohl- und Staubhumus müssen mit der Hacke grobschollig (so daß die Schollen aufrecht stehen) bearbeitet und gelockert werden; auf ungenügend vorbereiteten Boden werden im Sommer vor dem Samenabfall Schweine eingetrieben oder es wird der Boden streifenweise oder in Plätzen umgehackt oder mit Grubbern (von Ingermann, Balthasar, Bözels Waldpflug, dänische Rollegge) gelockert und nach dem Abfall der Mast tüchtig quer übergeeggt (auch mit umgekehrten Eggen).

Auf leichterem sandigem Buchenboden, dessen Humus leicht schwindet und der unter der Gefahr einer Bodenverschlechterung leiden würde, auch auf hitzigem Kalkboden, der den Rohhumus ohne Beihilfe zu zersetzen vermag, unterläßt man meist die Vorbereitungshiebe; bei Beendigung derselben sollen die Zweige stets sich noch berühren.

Unsere Wirtschaft ist im allgemeinen noch zu träge in der Vorbereitung des Bodens; wo ungünstige Bodenverhältnisse vorliegen, muß der Boden stets bearbeitet, ja eventuell noch mit etwa 20 Ztr. Kalk pro ha gedüngt werden; rühmenswerte Beispiele (Dänemark) beweisen die großen Erfolge derartiger Nachhilfen.

§ 184. Samenschlag und die Nachhiebe.

Das Lichtmaß des Samenschlages richtet sich ganz nach den Standorts= verhältnissen. Frischer und sehr graswüchsiger Boden, sowie frostgefährdete Lagen und Kalkböden werden dunkel gehalten. Die lichteste Schlagstellung und raschen Nachhieb verlangt der trockene und unkräftige Buchenboden, den man aber lieber in Nadelholz überführt.

Schlechtgewachsene, kranke und kronenreiche Stämme, soweit deren Her= ausnahme versäumt sein sollte, wie schwere Nutzholzstämme nimmt man gern schon bei der Samenschlagstellung heraus, tief beastete Stämme müssen, wo sie nicht zu schützen haben, entästet werden (§ 171). Bei allen Nachhieben greift man immer zuerst nach den schwersten und nach allen schlechten Stämmen, da sie bei späterer Herausnahme größeren Schaden verursachen würden resp. keinen guten Wertzuwachs mehr erzeugen; alle gutwüchsigen Stämme spart man aber am besten als Schirmbäume bis zum Abtriebsschlage auf, wo sie dann unter der Gunst größeren Freistandes meist zu wertvollem Starkholze herangewachsen sind.

Der Samenschlag wird stets im Winter nach einem genügend reichen Mastjahr geführt. Man nimmt etwa $1/5 - 1/4$ der Stämme heraus. Dann folgt die Periode der Nachhiebe in dem verbliebenen Mutter= und Schutzbestand, die den Zweck verfolgen — den Buchenaufschlag in allmählicher Freistellung im Wachstum zu begünstigen und gegen Frost und Dürre abzuhärten. Die Hiebe richten sich durchaus nach dem Stande der Verjüngung und können je nach dem Standort und den örtlichen Verhältnissen 12—20 Jahre dauern, bis im sog. „Abtriebsschlag" die Verjüngung ganz geräumt werden kann. Beim sog. Femelbetriebe dauert die Verjüngung, welche nicht gleichzeitig auf der ganzen Fläche eingeleitet wird, planmäßig 20—40 Jahre.

§ 185. Schlagnachbesserungen.

Sie sind selten ganz zu entbehren, doch sollen sie nur auf das genau er= mittelte Bedürfnis beschränkt werden. Sie bestehen in den oben erwähnten Boden= arbeiten zur Verbesserung des Keimbettes und in Einsprengung anderer Holz= arten auf den größeren Fehlstellen. Wünscht man noch mehr Buchen, so empfiehlt sich die Nachbesserung durch Pflanzen von Wildlingen aus den zu dicht stehenden Horsten im Schlage selbst (Ballenbüschel) und mit den vorher erwähnten Mischholzarten, die je nach Maßgabe ihres schnelleren oder lang= sameren Wachstums in den verschiedenen Verjüngungsabschnitten einzu= sprengen sind.

§ 186. Künstliche Pflanzenzucht von Buchen.

Wo das Gelingen der natürlichen Buchenverjüngungen zweifelhaft ist und gute Wildlinge fehlen, — ist man zuweilen genötigt, für die Nachbesserungen, ja sogar für Neukulturen junge Pflänzlinge (nur 2—3 jährige Büschel und Loden) künstlich in Kämpen zu erziehen, abgesehen von dem Bedarf des Unterbaues. Zu den Buchensaatkämpen sucht man guten und alten abgerobeten Waldboden an Stellen, die gegen Spätfröste geschützt sein müssen, oder unter einem lichten Altbestande aus. Es genügt eine spatentiefe Umarbeitung. Der Kamp wird in handbreiten etwa 15—20 cm entfernten nur 2—3 cm tiefen Rillen mit etwa 0,2—0,3 hl Bucheln pro ar im Herbst, bei Gefahren erst Ende April besäet. Die Bucheln sind vor der Saat durch tüchtiges Überbrausen und öfteres Umschaufeln anzukeimen (§ 129, Bucheln.) und nach dem Aufgehen bis zum Ansatz der Keimblätter zu häufeln. Das Bestecken mit Schutzreisig oder Bedecken mit Schutzgittern (vergl. § 150), sobald die Keimlinge erscheinen, darf bei der großen Empfindlichkeit der Buche gegen Frost und Dürre nie versäumt werden. Zur Erhaltung der Bodenfrische und Lockerung bestreut man später die Felder zwischen den Rillen mit Laub usw. Im zweiten Jahre, bei guter Entwicklung schon im ersten Jahre nach der Saat, können die Buchen ausgepflanzt werden. Neuerdings hat man auch kräftige Buchenkeimlinge (aus den Verjüngungen) im Juli mit dem Setzholze verpflanzt, die meist gut gediehen sind. Steter Schutz gegen Mäuse, Häher und Eichhörnchen ist nötig; kotyledonenkranke (Buchenkeimlingspilz) Bucheln müssen sofort ausgezogen und verbrannt werden; es dürfen die Kämpe dann auch nicht länger benutzt werden.

Zuweilen werden zur Erziehung von besonders kräftigem älterem Pflanzmaterial, etwa für die Parkwirtschaft (Blutbuche) ähnlich wie bei der Eiche auch Pflanzkämpe angelegt. Bei dem Verschulen der Buche hat man ganz besondere Vorsicht gegen das Austrocknen der feinen Wurzeln anzuwenden, auch muß man das Beschneiden auf das allernotwendigste beschränken. Da die Buchenrinde außerordentlich empfindlich ist, so muß man den Schaft der Pflänzlinge möglichst rauh beastet lassen und ihn immer so in das Pflanzloch setzen, daß die meisten Äste nach Süden gerichtet sind; ebenso ist der Fehler des zu tiefen Pflanzens, das stets Kränkeln, oft den Tod herbeiführt, ängstlich zu vermeiden. Recht beliebt sind bei der Buche Büschel-, namentlich Büschel-Ballenpflanzungen, welche auf trocknem schlechterem Boden und in rauhen und windigen Lagen die Regel bilden sollen. Werden unter solchen Verhältnissen Buchenloden oder Büschel mit entblößter Wurzel gepflanzt, so soll man denselben eine Einfütterung mit humoser Pflanzerde geben. Auf lockerem besserem Boden in frostfreien Lagen ohne Graswuchs hat die Spatenklemmpflanzung mit kleinen Buchen recht gute Erfolge, ganz besonders beim

Unterbau unter lichten Eichen-, Kiefern- und Lärchenschirmbeständen der besseren Böden; im anderen Falle wendet man auf ungelockertem Boden den Keispalten (Abb. 123) oder das Pflanzbeil für die Klemmpflanzung an; für kleine Ballenpflanzen ist der Heyersche Hohlbohrer (Abb. 112) das vorzüglichste Instrument. Die Klemmpflanzungen haben aber immer ihre Bedenken wegen der Wurzelvergewaltigung.

Die Pflanzungen werden am besten im Frühjahr vor dem Schwellen der Knospen ausgeführt.

Sehr wichtig für die Buchendickungen sind die Ausläuterungen von Weichhölzern, von Hainbuchen*) und allerlei Stockausschlägen, wie später ziemlich kräftige Durchforstungen unter Schonung des lebensfähigen Unterstandes und Vermeidung zu plötzlicher Freistellung der sich allmählich herausbildenden herrschenden Stämme (Schwache Hochdurchforstung).

Nach Beendigung des Haupthöhenwachstums (etwa im 60. Jahre) ist den Kronen der herrschenden Stämme genügend Entwicklungsraum zu schaffen, derart, daß nach 6—10 Jahren der Kronenschluß wieder hergestellt ist.

Die reinen Buchenbestände haben in den letzten Jahrzehnten des vorigen Jahrhunderts sehr an Fläche verloren, da der Brennholzbedarf mit der leichteren und billigen Erreichung der Steinkohle zurückging, und die Nutzholzausbeute bei der Buche gering war. Inzwischen hat sich die Verwendungsfähigkeit des Buchenholzes sehr erweitert und es hat sich im Kriege gezeigt, daß wir keine unserer Holzarten zu sehr zugunsten einer anderen zurücksetzen dürfen. Viel empfehlenswerter als die völlige Umwandlung ist daher die Mischung unserer Buchenbestände mit Nutzholzarten je nach den Standortsverhältnissen. Im Westen werden es meist die Eiche und Fichte, im Osten die Kiefer sein, die leicht und sicher eingebracht werden können. Auch fast alle anderen Holzarten finden eine zusagende Stelle.

§ 187. **Die Schwarzerle.** Alnus glutinosa. L.

Die Schwarzerle ist hauptsächlich die Holzart der Brücher; überall sucht sie die feuchten humusreichen Bodenarten auf und gedeiht noch auf schlammigem Bruchboden, wenn er kein stehendes Wasser hat. Ohne eigentliche Pfahl- oder Herzwurzel weiß die Erle doch mit feinen, langen und starken Wurzelsträngen genügend festen Fuß auf ihrem meist lockeren und feuchten Boden zu fassen. Sie ist im ganzen eine genügsame Holzart, so daß man sie auch außerhalb

---

*) Man beachte aber, daß die Hainbuche in Frostlagen oft von selbst an Stelle der gefährdeten Buche tritt.

ihres eigentlichen Standorts, wenn der Boden nur frisch und humos genug ist, an Flußrändern, Böschungen und in den Dünen, sowie überall im Hochwald auf feuchten, aber nicht auf versumpften Stellen horstweis mit gutem Erfolg anpflanzen kann.

Die Hauptbetriebsart ist der Niederwald mit dem verhältnismäßig hohen Umtriebe von 40—60 Jahren, auf schlechterem Boden muß man die Umtriebszeit verkürzen: der höhere Umtrieb hat bei ihrer Neigung zu früher Lichtstellung öfter sinkenden Massenertrag und unvollständige Ausschlagsfähigkeit zur Folge. Zur Erziehung von stärkerem Nutzholz läßt man ab und zu beim Abtriebe vereinzelte Laßreidel stehen, doch nur sehr vereinzelt, am besten an den Rändern, da die Erle als Lichtpflanze gegen jeden Schirm empfindlich ist. In Bruchwäldern hängt die Hiebszeit vom Eintritt stärkeren Frostes ab, da meist nur ein solcher diese zugänglich macht; bei sehr starkem Frost darf man Nutzholz aber nicht fällen, da die Erle leicht spittert. Auf zugänglichem Standort haut man im Herbst oder Frühjahr. Oft ist man gezwungen, hohe Stöcke stehen zu lassen, damit diese nicht ersäuft werden; am vorteilhaftesten ist jedoch wie bei allen Ausschlaghölzern ein möglichst tiefer glatter und schräger nach Norden gerichteter Hieb.

Der künstliche Anbau geschieht nur durch Pflanzung, da die Saat durch Graswuchs, gegen den die Erle besonders empfindlich und der auf den in Frage kommenden Standorten besonders üppig ist, erstickt wird oder durch Auffrieren zu sehr leidet.

Hat man von dem meist reichlich erfolgenden Anflug nicht genug Wildlinge, so muß man künstliche Pflanzen erziehen.

Sehr empfehlenswert ist für Anlage von Saatkämpen das Ziehen von Gräben, deren Breite und Entfernung sich ganz nach dem Wasserstande richtet; den Aushub verteilt man auf den Zwischenfeldern (Rabatten) dünn mit Harken und besät ihn ganz dicht in 15 cm entfernten handbreiten Rillen mit 2 kg oder breitwürfig mit 4 kg Erlensamen pro ar. Der Samen ist stets vorher mit Schnittprobe streng zu prüfen. Die Gräben stehen am besten mit einem fließenden Graben, der unterhalb des Kampes eine Stauvorrichtung hat, in Verbindung, so daß man den Wasserstand im Kamp in der Hand behält: er muß möglichst dicht unter der Oberfläche gehalten werden. Das Keimbett des Erlensamens darf nie locker sein, sondern muß vor der Aussaat stets mit der Walze, kleinen Brettchen oder Schaufeln usw. gedichtet oder auch festgetreten werden, auch verträgt der Same nur die allerleichteste Erdbedeckung; am besten ist überkrümeln desselben mit Humuserde mit folgendem Festklopfen. Auf Moorboden empfiehlt sich Mengen des Bodens mit Sand. Das Bedecken der Beete mit dünnem hohl liegendem Reisig oder Schutzgittern wie bei der Buche. Für kleine Verhältnisse genügt meist das Wundmachen von Grabenrändern, die mit Erlen bestockt sind, um genügend brauchbare Wildlinge zu erzielen.

Zur Verschulung wählt man zweijährige Pflanzen und gibt ihnen je nach der Größe 30—40 cm im Quadrat Wachsraum. Von den ballenweis ausgestochenen Pflanzen sucht man die kräftigen aus und pflanzt sie mit entblößter Wurzel ein, nachdem man zu lange Wurzeln gekürzt hat; das Beschneiden der Zweige ist nicht ratsam, höchstens kann man sehr störende Gipfelunregelmäßigkeiten regulieren. Erle und Birke wollen möglichst wenig beschnitten werden. Abgefrorene oder sonst beschädigte Pflanzen können gestummelt werden.

Sollten sich in den Kämpen Binsen und dergl. Unkräuter einstellen, so ist dies meist ein Zeichen der Versauerung des Bodens; das beste Vorbeugungsmittel dagegen ist die oben beschriebene Rabattenkultur; hat man diese versäumt, so soll man in Kämpen, die noch längere Zeit zur Benutzung stehen, nicht mehr zögern, so schnell wie möglich nachträglich Gräben anzulegen und die Beete zu übersanden.

Die sonstige Behandlung ist dieselbe wie bei anderen Saatkämpen; man verschult im Frühjahr und verpflanzt die guten und kräftigen Pflanzen nach 1—2 Jahren, die schwächeren nach 3 Jahren ins Freie. Aufmerksamkeit gegen die Blattkäfer ist geboten.

Brücher werden, sobald sie zugänglich sind, im Herbst, sonst im Frühjahr mit Loden, ev. auch mit Wildlingsloden, bepflanzt. Ein besonderes Verfahren ist die Alemannsche Klappflanzung. Man sticht dabei im Herbst den Bodenüberzug in einem entsprechend großen Plaggen auf 3 Seiten durch, an der 4. Seiten bleibt er fest am Boden; der abgestochene Plaggen wird nun bis auf etwa zwei Drittel in der Mitte eingekerbt und zurückgeklappt. Auf die so entblößte Erde wird die Lode aufgesetzt, die Wurzeln werden mit wenig Erde bedeckt und dann wird der Plaggen wieder zurückgeklappt und angedrückt, so daß der Kerb die Pflanze vollständig umschließt.

Auf nassem Boden wendet man auch die Beet- und Rabattenkultur oder die Pflanzung auf Sätteln an, die durch den Auswurf von 0,60 m breiten und 2—3 m entfernten entsprechend tiefen Parallelgräben gebildet werden. Von Vorteil ist es, wenn man den Wasserstand in den Gräben durch Stauvorrichtungen regeln kann.

Billiger und ebenfalls von gutem Erfolge ist auf solchen Standorten meist die Pflanzung auf 60 cm breiten und 30 cm hohen, mit Sand vermengten Hügeln, in welche die Pflanze, nachdem der Hügel in der Mitte auseinandergeschoben ist, so eingesetzt wird, daß sie noch etwa eine Hand hoch Erde unter sich behält und etwas tiefer als vorher zu stehen kommt. Schließlich wird der Hügel mit den umgekehrten vorher abgestochenen Rasenplaggen gegen das Auffrieren belegt. Bei Pflanzung in lockere Erde muß überall unbedingt zum Schutz gegen das Auffrieren mit Plaggen gedeckt und die Moorerde stets mit Sand vermengt werden.

§ 188. **Die Esche.** (Fraxinus excelsior).

Ihr Verbreitungsgebiet deckt sich in Deutschland ungefähr mit dem der Rotbuche, doch geht sie beträchtlich weiter nach Osten als diese. Sie verlangt einen kräftigen feuchten Boden, kommt aber auch auf nassem noch gut fort, wenn das Grundwasser in Bewegung ist. Sie bildet kaum größere reine Bestände und ist meist nur Mischholz für Buche, Eiche und Erle. Im Osten finden wir sie meist auf den höheren Stellen der Erlenbestände, in Mitteldeutschland im Mittelwalde der Flußniederungen und in Westdeutschland an den Nord= und Osthängen in Buchenbeständen.

Sie verjüngt sich auf gutem Standort frühzeitig und leicht auf natürlichem Wege, sofern man für genügendes Licht sorgt. Der Same, welcher im Oktober reift, fällt im Frühjahr. Er liegt ein Jahr über und wird in 30 cm tiefen Gräben mit einer Decke von Laub und Erde aufbewahrt. Im Kampe sät man in Rillen, 1,5 kg je ar. Erdbedeckung 2 cm. Nach einem Jahre Verschulung in 30 (Loden) bis 75 cm $\square$=Verband (starke Heister). Künstliche Bestandsbegründung in der Regel nur durch Pflanzung; hier und da durch Saat auf Grabenaushub. Junge Pflanzen sind frostempfindlich, daher Vermeidung von Frostlöchern. Bestandspflege frühzeitig durch Schnitt, besonders der zahlreichen Zwiesel, hervorgerufen durch die Eschen=Zwieselmotte.

§ 189. **Die Weide (Salix) und Pappel (Populus).**

a) **Die Weide.**

Die Weide ist hauptsächlich die Holzart der Flußufer und Stromniederungen. Ihr Wert besteht teils in ihrer Verwendungsfähigkeit zur Befestigung von Böschungen und Flußrändern und zum Fangen von Schlick und Sand an den Ufern, teils in dem vorzüglichen Nutzholzertrage der Kulturweiden. Die weniger wertvollen Waldweiden finden sich dagegen fast auf allen Standorten in und außerhalb des Waldes und mit allen Holzarten, oft als lästiges Mischholz ein und fordern dann bei den Ausläuterungen besondere Aufmerksamkeit, falls man nicht vorzieht, sie für den Winter als vorzügliches Wildfutter aufzusparen: kultiviert und gepflegt werden sie selten. Zu den weniger wertvollen Waldweiden gehören namentlich die bekannte Saalweide, Salix caprea (namentlich in Fichten und Buchen), die Wasserweide, S. cinerea, und die als niedriger Strauch vorkommende Ohrweide, S. aurita. Die Saalweide erreicht meist Baumhöhe und gibt dann ein ziemlich gutes (leichtes weiches) Nutzholz und von den Weiden das beste Brennholz; zu Kopfholz und zu Stecklingen ist sie nicht geeignet; da sie bald wuchernd auftritt, so muß man sehr vorsichtig gegen sie sein. Die Wasserweide kommt hauptsächlich auf feuchtem Boden und auf Bruchboden vor; sie hat ebenso wie die auf frischem und feuchtem Standort überall vorkommende Ohrweide nur geringen Nutzwert.

Die wichtigen Kulturweiden (vergl. Tabelle § 57) verlangen einen sehr frischen Boden (keinen feuchten, den sie nur vertragen, aber nicht verlangen!); auf trockenem Boden (Sand) kommt nur die kaspische Weide gut fort. Am besten gedeihen sie in den Schlickniederungen mit periodischen Überschwemmungen; stagnierendes, namentlich saures Wasser vertragen sie absolut nicht. Zu den Kulturweiden gehören Salix alba, vitellina, russelina (verbreitetste Kopfweiden) Salix triandra, viminalis, purpurea (die drei besten Korbweiden), Salix helix, acutifolia, caspica, auch noch gute Korbweiden und Bandstöcke; letztere wegen ihrer großen Wurzelverbreitung vorzüglichstes Befestigungsmittel von Ufern und Böschungen (längs der Eisenbahnen); im Handel kommen jedoch noch eine Masse anderer mehr oder weniger guter Kulturweiden vor, die aus natürlichen oder künstlichen Kreuzungen entstanden sind.

Die Weiden werden durch Pflanzung von Stecklingen und Setzstangen*) kultiviert. Zu ersteren nimmt man die besten, im Frühjahr kurz vor dem Setzen geschnittenen, ein- bis zweijährigen auf 25 (schwerer Boden) bis 35 cm (leichter Boden) Länge glatt gekürzten Schößlinge, welche dann im Bunde gebunden und sofort verwendet werden. Sie werden mit der durch ein Leder geschützten Handfläche oder mit Hilfe des Vorstechers (Abb. 103) bis an die Schnittfläche — das dicke Ende unten — schräg oder senkrecht im Reihenverband von 10 : 50 cm eingesteckt. Diese Kulturmethode ist nur auf 50—60 cm tief rioltem Boden zu empfehlen, womöglich nach kurzer landwirtschaftlicher Vornutzung. Setzstangen nimmt man im Frühjahr von 4- bis 6jährigem Holze, entästet und kürzt sie dann auf 3 Meter mit glattem Hieb, wobei das untere Ende keilförmig zugespitzt wird; man steckt sie dann vorsichtig etwa 60 cm tief ein, ohne die Rinde zu verletzen; bei strengerem Boden macht man stets Pflanzlöcher wie bei Heisterpflanzungen. Sollen sie hohe Stämme werden, so läßt man natürlich die Krone daran.

Abb. 103.

Abb. 104.

*) Man kann „bekronte" und „unbekronte" Stecklinge und Setzstangen unterscheiden und nennt wohl die bekronten Stecklinge und Setzstangen „Schnittlinge resp. Setzreiser". Von den Unbekronten nennt man „Stecklinge" solche von 0,3—1 m, Setzstäbe von 1—2 m und Setzstangen von über 2 m Länge.

Auch werden die Stecklinge auf lockerem oder spatentief gelockertem Boden in 40—50 cm Quadratverband schräg einzeln tief (Abb. 104) eingesteckt; falls Flutandrang zu befürchten ist, müssen die Stecklinge wasserabwärts gerichtet sein. Um Rindenbeschädigung beim Einstecken zu vermeiden, sticht man mit dem Spaten (Klemmpflanzung) oder dem Weidenpflanzer ein Loch vor; die untere (dickere) Schnittfläche des Stecklings muß unbedingt fest aufsitzen; es dürfen keine Höhlungen vorhanden sein. In feuchtem Boden werden die Stecklinge häufig auf 50 cm tief rajolten Rabatten gepflanzt, die durch ein richtig angelegtes Grabensystem mit Schleusen am Ein- und Abfluß gebildet werden, das dem Wasserstand genau angepaßt sein muß. Die Bodenlockerung muß bei Weidenkulturen mindestens so tief gehen, daß der Setzling ganz in gelockertem Boden steht; am besten ist jedoch immer, 2 Spaten tief zu rajolen.

Auf lockerem, namentlich sandigem Boden wendet man wohl auch die sog. Nesterpflanzung an. Man gräbt in 1—1,3 m Verband ein 30—40 cm im Quadrat haltendes Pflanzloch und belegt dasselbe ringsum mit 3—8 Stecklingen; ein Loch wird mit dem Auswurf des folgenden Loches ausgefüllt und die Erde vorsichtig angetreten.

Bei allen Weidenkulturen ist besonders auf das Reinhalten von Unkraut zu achten. Man pflanzt am besten im Frühjahr bis zum Juni hin. Der erste Schnitt erfolgt nach 1—2 Jahren und dann je nach der Verwendung alle Jahre oder, falls man Bandstöcke erziehen will, alle 3—4 Jahre. Die Weide ist immer möglichst tief zu schneiden. Man schneidet von Dezember bis April, wobei man jedoch darauf zu achten hat, daß die früh geschnittenen Ruten abgetrocknet, zusammengebunden und unter Dach mit Stroh bedeckt aufbewahrt werden; im Frühjahr (Ende März) werden dann die Bunde 4 Wochen lang, 10 cm tief in Wasser gestellt und nachher mit sog. Klemmen weiß geschält. Dies Verfahren hat den Vorzug, daß die Stöcke eine bessere Ausschlagskraft behalten, die bei oft wiederholtem Schnitt zur Saftzeit bald nachlassen würde. Tief riolte Weidenheger mit reguliertem Wasserstand halten bei richtiger Behandlung 20—25 Jahre aus. Der Reinertrag kann je Hektar 150—300 Mark und mehr erreichen. Auf ärmerem Standort, der jährlichen Überschwemmungen nicht ausgesetzt ist, ist öftere Düngung mit Kalisalzen, Phosphaten, Kompost, oder Stalldünger erforderlich, sobald der Wuchs nachläßt. Wenn schließlich bei jährlichem Schnitt der Ertrag nachläßt, so muß die Fläche vor Wiederkultur einige Jahre landwirtschaftlich bei bester Düngung bestellt werden. Danach geben die Weiden dann immer wieder gute Erträge. Nachbesserungen müssen sofort folgen. In ständigen Überschwemmungsgebieten empfiehlt sich auch die Pflanzung von 1,5 m hohen Stecklingen, die man bei der Durchläuterung der Kopfweide gewinnt. Die Kopfweiden schneidet man vom November bis März so dicht wie möglich am Stamm.

b) Die Pappel. (Populus).

Es kommen nur die Schwarzpappel populus nigra und die Kanadische Pappel p. canadensis (monilifera) für den Anbau in Betracht; alle übrigen werden nur in Parks oder an Wegen gepflanzt. P. nigra und canadensis werden von Unkundigen leicht verwechselt, doch haben sie folgende charakteristische Unterscheidungen: Die Blätter von canad. sind dreieckig, die Basis bildet eine gerade Linie, die von nigra sind an der Basis stumpf- bis rechtwinklig und viereckig; die ♂ Kätzchen sind bei canadensis 8 cm, bei nigra nur 4 cm lang, ebenso sind die ♀ Kätzchen von canadensis noch einmal so lang (bis 15 cm); die Knospen von nigra sind lang, spitz, klebrig und duften nach Harz, die von canadensis sind kleiner und glatter — ohne starken Duft; die Zweige und Triebe von canadensis haben charakteristische weiße Flecke, der Stamm hat lange Borkenrisse, der von nigra ist netzförmig gerissen; nigra treibt Wurzelbrut, canadensis nicht. Das Holz von nigra hat dunkelbraunen, das von canadensis hellbraunen Kern. Beide Pappeln haben vorzüglichen Stockausschlag, wachsen sehr schnell zu guten Nutzstämmen, lassen sich leicht mit Stecklingen und Setzstangen kultivieren und haben wenig Feinde. Da sie in kürzester Zeit gesuchtes und teuer bezahltes Nutzholz liefern, so kann ihr Anbau, der viel zu wenig gewürdigt wird, auf frischem bis feuchtem Boden, aber auch auf besserem Sandboden nur dringend empfohlen werden.

Kultur: Man scheidet von jungen Trieben 30 cm lange, etwa 4 mm starke Stecklinge, die oben über einer Knospe horizontal gekürzt und unten keilförmig zugespitzt werden; dann steckt man sie im Kamp in 30—40 cm Verband auf tief umgegrabene Beete so ein, daß nur noch die obere Schnittfläche zu sehen ist; nach 2—3 Jahren werden sie ausgepflanzt; braucht man stärkeres Material, so wählt man 40—60 cm Verband! verschult wird nicht. Diese bewurzelten Pflanzen nimmt man für ungünstigere Verhältnisse (Sandboden, Wiesen pp.), da sie sicherer wachsen. Im allgemeinen aber kommt man auch mit hohen Stecklingen (1,5 m) und Setzstangen aus! Das Material soll man nie von alten Bäumen, sondern stets von eignes dazu aus Setzstangen erzogenem Kopfholz wählen. Hierzu nimmt man 3—4 m lange gut ausgewachsene 3 cm starke Kopfausschläge, entästet sie bis auf eine kleine Krone von etwa 0,5—0,7 m Länge, spitzt sie unten keilförmig zu und steckt sie, nachdem man mit einem Stock ein entsprechendes Loch vorgebohrt hat, etwa 60 cm tief in die vorher ausgegrabenen und wieder zugeworfenen Löcher von 0,6 m Tiefe und 0,5 m Breite, die in 2—3 m² Verband gegraben waren. Herbstpflanzung hat immer den Vorzug, falls sie nicht örtliche Gefahren verbieten. Gegen Wild muß man Schutzgitter oder Dornen resp. Reisig umlegen, auch hilft ein öfterer Anstrich mit einem Gemisch aus Kalkmilch, Rinderblut und Leim, ziemlich dünnflüssig; gegen Mäuse streiche man bis 40 cm hoch mit einem Gemisch aus Kienteer und zinnoberroter Bleimennige (nicht Eisenmennige). Um schneller gute Setzstangen zu erzielen, durchläutere man die Ausschläge der Kopfpappeln öfter durch Beseitigung aller Schwächlinge, dann erhält man in 3—4 Jahren von jedem Kopfe 4—6 Stangen. Die Kultur mit Setzstangen ist ebenso! Auf fruchtbarem lockerem geschütztem Boden z. B. Flußanschwemmungen habe ich mit gutem Erfolge auch schon 1—1,5 m hohe Stock= und Kopfausschläge in 1 m² ohne jede Vorbereitung in den Boden gesteckt (0,3 m tief), nach 2 Jahren ein um die andere als bewurzelte Pflanzen verwendet und so Anzucht und Kultur vereinigt.

Empfehlenswert ist der Anbau der Pappel — canadensis ist übrigens bei weitem wertvoller — in allen feuchten Mulden und Senkungen, an Wegen, Bächen, Gräben, ferner in etwa 50 m entfernten Reihen auf nassen Wiesen als Nebennutzung, auch als Oberholz im Mittelwald, über Niederwald und Weidenhegern. Je weiter der Verband, desto ästiger wächst sie. Sie verträgt das Schneideln und Entästen, doch schlagen die Astwunden zuerst immer wieder aus, auch recht engen Verband (bis 1,5 m), fordert dann aber Durchforstungspflege, da sie ausgesprochenste Lichtpflanze ist.

Bei dem hohen Wert des Pappelholzes und den vielen geeigneten Standorten, die oft für keine andere Holzart so gut passen, sollte man mehr Wert auf den Anbau der beiden Pappelarten, aber auch auf die Erhaltung und Pflege der Aspe legen, die heute ebenfalls gut bezahlt wird. Man hat auch versucht Pappeln und Aspen auf folgende, freilich recht mühsame Art aus Samen zu erziehen: Sobald der Samen Ende Mai abzufliegen beginnt, werden die Welleklümpchen aufgesammelt oder gepflückt, möglichst bei trübem Wetter. Man prüft die Wolle, ob auch genügend ovale gelbe Körnchen darin sind; ist dies nicht der Fall, so hat der Samen keine Keimkraft. Nun wird die Wolle ganz dick in 2 cm breite und 12 cm entfernte Rillen auf Saatbeete leise angedrückt, stark angebraust und dünn mit feinen Sand bestreut, schließlich dicht mit Zweigen bedeckt. Der Same läuft schon nach einer Woche auf; die Pflänzchen werden den ganzen Sommer über feucht gehalten und durch eingesteckte Zweige geschützt. Im nächsten Frühjahr werden sie in 25 bis 30 cm Reihenverband verschult. Gegen Schnecken, Erdflöhe, Regenwürmer bestreut man die Pflänzchen mit Kienruß, Kalkstaub, Asche usw.

§ 190. Die falsche Akazie, Robinie. (Robinia pseudacacia).

Die Robinie, meist fälschlich Akazie genannt, ist eigentlich ein nordamerikanischer Baum, aber seit beinah 300 Jahren bei uns heimisch. Mit Ausnahme des äußersten Ostens und der Gebirge von etwa 300 m aufwärts ist sie heute in ganz Deutschland verbreitet. Sie sei hier erwähnt, weil sie dem Kleinwaldbesitzer im Niederwaldbetriebe frühzeitig hohe Erträge an vorzüglichem kleinem Nutz= und Schirrholz liefern kann. Sie ist dazu besonders geeignet, weil ihre Ausschlagskraft und die Fähigkeit Wurzelbrut zu treiben sehr groß sind. Der Boden muß locker sein. Die Erträge steigern sich mit der Bodenkraft. Auf Schutthalden, Dämmen und Böschungen befriedigt sie noch; ebenso als Unterholz in verlichteten Beständen auf nicht zu armen Standorten. Der Same reift im Oktober, wird oft und reichlich erzeugt und behält sehr lange seine Keimkraft. Sammeln erfolgt mit den Schoten, die gedroschen werden. Aussaat im Kampe in 20 cm entfernte Rillen, 1 kg je ar, nachdem Spätfrostgefahr vorüber. Erdbedeckung 3—5 cm. Starke Pflanzen können gleich aus dem Saatbeet verwendet werden, sonst Verschulung auf etwa 60 cm. Kulturen nur durch Pflanzung. Die Robinie ist Stickstoffsammler und bessert den Boden. Sie leidet durch Frühfröste, da die Triebe spät verholzen; Hase und Kaninchen schälen gern im Winter die glatten Triebe. (Beigabe in Remisen). Bestandspflege durch Entfernung der häufigen Zwiesel.

Die Kiefer. Pinus sylvestris L.

§ 191. Allgemeines.

Die Kiefer ist der in Europa verbreitetste Waldbaum, namentlich in Norddeutschland, Skandinavien und Rußland. Sie ist der Baum der Ebene und des Sandes; wo sie sich durch die Kultur in die Berge verirrt hat, zeigt sie viel weniger Gedeihen, zumal ihr hier Schnee, Eis und Sturm noch mehr anhaben können, als in der Ebene. Sie ist die Bewohnerin des großen Tief= und Flachlandes, wo sie sich auf dem tieflockeren Sandboden mit genügender Bodenfrische und Lehmbeimengung am wohlsten fühlt. Ihre Bedeutung liegt in ihrer außerordentlichen Bodengenügsamkeit wie in ihrer Kraft, den Boden zu bessern; strenger und flachgründiger Boden sagen ihr jedoch nicht zu. Dabei wächst sie, namentlich bis zum 40. Jahre etwa, rasch und erzeugt viel und unter Umständen vorzügliches Holz; sie ist für uns der Hauptlieferant nicht nur des Brennholzes, sondern auch des Bau= und Nutzholzes. Die Abwölbung der Krone deutet den Schluß des Höhenwuchses an. Unter normalen Verhältnissen entwickelt die Kiefer stets eine Pfahlwurzel, im anderen Falle bequemt sie sich mit ihrem Wurzelsystem ganz den Bodenverhältnissen an. Eine saftige kräftige dunkelgrüne starre und reiche Venadelung ist stets ein Beweis für den guten Standort. Die Nadeln wechseln alle 3—4 Jahre. Während sie im geschlossenen Stande lange geradschaftige Stämme entwickelt, wächst sie frei leicht sperrig und schon in früher Jugend kuffelig. Solange sie geschlossen bleibt, namentlich im Jugendalter, verbessert sie durch reichen Nadelabfall den Boden, in lichtem Stande und höherem Alter bringen

Gras- und Beerkräuter ein, die Bodengüte sinkt. Deshalb wenn möglich bei höheren Umtrieben frühzeitiger Unterbau! Die Güte und Brennkraft des Holzes hängt von der Schnelligkeit des Wuchses ab; je langsamer die Kiefer gewachsen, desto höher steht sie in dieser Beziehung; je langschäftiger und glattrindiger sie ist, desto besser war die Standortsgüte. So sehr die Kiefer von allerlei Insekten und der ihr eigentümlichen Schüttekrankheit zu leiden hat, so wenig empfindlich ist sie gegen Frost. Schälwunden überwindet sie leichter als das Verbeißen. Als ausgesprochenste Lichtpflanze duldet sie keine Beschattung, am wenigsten Überschirmung, daher sie nur in lichtesten Schlägen mit schnellstem Abtrieb nach 4—6 Jahren natürlich verjüngt werden darf. Die natürliche Verjüngung bietet meist Schwierigkeiten wegen der Empfindlichkeit der Kiefer gegen jede Fällungsbeschädigung und der zu geringen Empfänglichkeit des Kiefernbodens für den Samen. In den östlichen Provinzen hat man aber doch oft befriedigende Erfolge bei reinen Beständen und gute bei Mischung mit anderen Holzarten; vorzuziehen ist meist die künstliche Anzucht. Vom Druck erholt sie sich langsam, aber mit ziemlicher Sicherheit wieder. — Vermöge ihres lichten Baumschlages ist sie neben der Lärche der geschätzteste Schirmbaum für Anzucht der Buche, Tanne und Fichte. Eigentümlich ist ihr die lange Entwicklungszeit von Blüte bis Samenreife, diese dauert 18 Monate; der Same fliegt erst im April nach der Reife, also nach 2 Jahren, ab. Reiche Samenjahre treten etwa alle 8 Jahre ein, jedoch bringt meist jedes Jahr etwas. Die Zapfen läßt man am besten erst im Nachwinter bis März pflücken, da vor Dezember gepflückte Zapfen sich schwer öffnen. Keine Holzart ist von so vielen Gefahren und Feinden heimgesucht, denen wir freilich vielfach durch unsere Kahlschlagwirtschaft selbst die Wege geebnet haben: Wildverbiß, Waldbrände, Wind, Sturm, Eis, Schnee, zahlreiche und sehr gefährliche Insekten, Pilzkrankheiten, Unkraut, Hitze und Dürre und die Schüttekrankheit bringen enormen Schaden und bereiten dem Kiefernzüchter oft schwere Sorgen. Die Vermeidung großer aneinander gereihter Kahlschläge, die Trennung der Altersklassen, die Mischung mit anderen Holzarten, die Besserung armer Bodenklassen durch Anbau von anreichernden Pflanzen (Lupinen usw.) mit gleichzeitiger mineralischer Düngung sind Mittel diesen Gefahren zu begegnen. Hier sind der Zukunft noch große Aufgaben vorbehalten.

§ 192. **Kulturmethoden.**

Die künstliche Nachzucht der Kiefer erfolgt durch Saat oder Pflanzung. Die Arten der Bodenvorbereitung und der dazu benutzten Werkzeuge sind je nach den örtlichen Gewohnheiten und Bodenverhältnissen sehr verschieden. Da aber bei der Pflanzung zumeist nur Kleinpflanzen (1-jährige) zur Verwendung kommen, ist die Vorbereitung für Saat und Pflanzung häufig die gleiche.

Die Bodenbearbeitung erfolgt entweder auf der ganzen Fläche, oder nur auf Teilen dieser in Gestalt von durchlaufenden oder unterbrochenen (Stück=streifen) 30—50 cm breiten Streifen. Auch die nur plätzeweise Bearbeitung kommt zur Anwendung. Der Standort der Kiefer bedingt meist die Möglich=keit zur Anwendung des Pfluges, besonders dann wenn die ganze Fläche bearbeitet werden soll. Geeignet sind die verschiedenen Arten der Waldpflüge*), unter Umständen auch der gewöhnliche Feldpflug. Naturgemäß ist Voraussetzung, daß auf altem Waldboden die Stubben und gröbsten Wurzeln vorher entfernt sind. Findet der Pflug keine Verwendung, so tritt an seine Stelle die Hacke oder auch der Spaten. In starken Trockentorfschichten kann sich der Keim=ling oder die Pflanze nicht bewurzeln, daher müssen starke Schichten bis fast auf den Mineralboden beseitigt werden; bei schwächeren Schichten genügt die Vermengung (Durchhacken) mit dem Boden. Eine Form, welche den Trockentorf in die Erde bringt, verdient stets den Vorzug. Bei sehr un=günstigen Bodenverhältnissen (Moor= und Torfboden, Ortstein usw.) wendet man häufig zuerst einen leichten Wald und nur hinter ihm in derselben Furche den schweren Schwingpflug an, der 40 cm tief geht. Alle Bodenarbeiten sind möglichst im Herbst auszuführen.

Bestandsaaten. Bei der seltenen breitwürfigen Vollsaat rechnet man etwa 5 kg entflügelten Samen auf den Hektar. Bei Streifensaaten genügen im Mittel 3 kg. Die beste Saatzeit ist im Frühjahr, etwa wenn die Birken grün werden. Für alle Streifensaaten hat die Verwendung der Sämaschine besondere Bedeutung. (Vergl. § 173).

Auf trockenem Boden wendet man hier und da noch die Zapfensaat an. Die Bodenbearbeitung ist dieselbe wie für reinen Samen. Die Zapfen (4 bis 7 hl pro ha) werden bei trockenem und sonnigem Wetter auf bearbeitete Streifen ausgesät und, wenn sie sich an den Spitzen geöffnet haben, mit Rechen, stumpfen Besen oder mit hölzernen Eggen, aber nur bei trockenem warmen Wetter 2—3 mal umgekehrt, worauf der Samen eingeharkt und fest=getreten oder gewalzt wird. Es ist dies an und für sich eine vorzügliche Art der Bestandesbegründung, der ein großer Teil unserer jetzt haubaren Bestände

---

*) Gleich empfehlenswert ist der Alemannsche und Eckertsche Waldpflug, welche 14 cm tiefe Furchen liefern, den Bodenüberzug vollständig umklappen und 4—6 cm starke Wurzeln leicht durchschneiden. Bei 8 Stunden Arbeit und 1,2 m entfernten Furchen bearbeiten sie auf ziemlich günstigem Rodeland 1,9 Hektar pro Tag. Der Rüdersdorfer Waldpflug (Oberförster Stahl) bricht nur 1,7 Hektar um. Der amerikanische Meißelpflug eignet sich zum Zusammenpflügen des Bodenüber=zuges, in dessen doppelte Humusschicht dann gepflanzt wird, zum Entfernen von dünnem Bodenüberzug der „Ruchadlo-Pflug". Alle diese Pflüge sind aus der bekannten Maschinenfabrik von Eckert, Berlin O., Weidendamm 37, zu beziehen.

seine Entstehung verdankt. Wo in kleinen Verhältnissen selbst die Zapfen gesammelt werden, empfiehlt sich die Methode.

Früher ist bereits der Kiefernsaat mit gleichzeitigem Feldbau gedacht. Man säet den Kiefernsamen mit beschränkter Einsaat von Sommer-Roggen zusammen oder egget ihn einfach in die Roggenstoppeln im Frühjahr ein. Bei vorherigem Kartoffelbau egget man das Feld im Herbst um und besäet es im Frühjahr. Die Art der Bodenbearbeitung und der Saat erfährt nach örtlichen Verhältnissen und Erfahrungen unzählige Abänderungen. Danach schwanken auch die verwendeten Saatmengen (vgl. § 132).

Pflanzung. Ein- und zweijährige Pflanzen werden mit entblößter Wurzel, **ältere Kiefern nur mit Ballen** verpflanzt.

Pflanzung von einjährigen Kiefern. Die Kiefernjährlinge erzieht man in Saatkämpen auf gutem nahrhaftem und lockerem Waldboden in geschützter Lage. Der Kamp wird möglichst schon im Herbst spatenstichtief umgegraben, auf geringerem Boden ist zu düngen. Die Beete werden in handbreiten, 10 bis höchstens 20 cm entfernten Rillen im Frühjahr mit 0,5 bis 1 kg Samen pro ar besäet und (womöglich mit humoser Erde) 1 cm hoch bedeckt. Frühzeitig im Herbst, ehe kalte Nächte eintreten, ist ein Bestecken mit Schutzreisig, Bedecken mit Schutzgittern. Besondere Sorgfalt ist auf das Reinigen der Kämpe von Unkraut zu legen, wobei aus zu dichten Saaten zugleich (stets bei feuchtem Wetter) schlechte Pflanzen ausgejätet werden. Beim Ausheben zieht man zur Schonung der Wurzeln vor der ersten Rille ein Gräbchen etwas tiefer, als die Wurzeln reichen, setzt auf der andern Seite der Rille den Spaten ein und drückt so die Pflanzen ab. Die Erde schüttelt man ab, indem man die Pflanzen in beiden zusammengehaltenen Händen vorsichtig rüttelt. Die zarten Wurzeln müssen nach dem Ausheben, beim Transport und vor dem Einpflanzen ganz besonders vor Austrocknen durch Einschlagen, Bebrausen, Einlegen in nassen Sand oder feuchtes Moos usw. geschützt werden. Beim Ausheben ist besonders darauf zu achten, daß die zarten Wurzelschwämmchen nicht verletzt werden. Schon treibende Pflanzen kann man unbedenklich verpflanzen. Am passendsten zu Bestandpflanzungen sind kräftige einjährige Pflanzen mit 20 cm langer Wurzel und mindestens drei Knospen in Nähe der untersten Nadeln. Die Art der Pflanzung ist verschieden. Sehr gebräuchlich ist z. B. die folgende:

Man gräbt in 1—1,3 m Quadratverband 30—40 cm im Quadrat haltende Löcher in der Weise aus, daß der Auswurf des folgenden Loches in das vorhergehende Loch geworfen wird; die gute Erde unten, die schlechteste oben. Das so wieder gefüllte Loch wird schwach angetreten. Der Plaggen wird an den Rand des Loches gelegt, falls er nicht auf sehr magerem Boden in zerkleinertem Zustande unten in das Pflanzloch gebracht ist. Mageren Boden sollte man, falls man nicht künstlich düngen kann, wenigstens immer mit der in Kiefernrevieren erhältlichen Moorerde mengen, was bei geringen Kosten das Wachstum sehr fördert. Hierauf werden mit einem Pflanzdolch je nach der Länge der Wurzeln zwei Löcher (meist in gegenüber liegenden Ecken), bei weiterem Verbande auch vier Löcher gemacht und die Pflanzen so tief eingesetzt, daß nur die oberen Nadeln mit den Spitzknospen hervorsehen; vielorts werden auch mit einem Spaten Spalte eingestochen und in diesen Spalt 1—2 Kiefern eingeklemmt! Besser aber ist es, die Pflanzen in den Löchern oder Spalten nicht einzuklemmen, sondern in das Loch (Spalt) die Kiefer einzuhängen, gute Erde (Kompost oder Moorerde) nachzufüllen und sie dann mit der Hand festzudrücken (Handspaltpflanzung). Man vermeidet so Wurzelmißbildungen*). Die Pflanzen werden am besten in Gefäßen, die mit etwas Wasser gefüllt sind, mitgeführt, wo dann die Wurzel vor dem Einpflanzen zur Erleichterung des Einpflanzens mit lockerer Erde bestreut wird. Auf bindigem Boden pflanzt man etwas flacher.

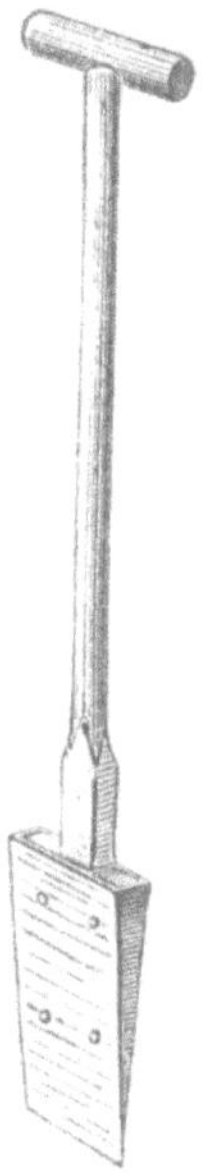

Statt in Pflanzlöcher zu pflanzen, legt man auf leichterem Boden auch wohl 1,5 m entfernte und 30 cm tiefe schmale Gräben an, in welche man die Jährlinge mit Hilfe des Keilspatens (Abb. 105) 30—40 cm entfernt einsetzt; ebenso bepflanzt man ausgepflügte, zusammengepflügte oder aufgehackte Streifen und Furchen. Auf feuchterem Boden, sofern hier überhaupt die Kiefer in Frage kommt, findet meist Hügel= oder Rabattpflanzung statt. Auf lockerem und dabei frischem unkrautfreierem Boden kann man oft mit vorzüglichem Erfolg auf billigstem Wege ohne jede Bodenlockerung mit dem Keilspaten, und besonders mit dem Splettstößerschen Hohlbohrer einjährige Kiefern pflanzen. Unter schwierigen Verhältnissen pflanze man verschulte 2=jährige Kiefern.

Abb. 105.

Die Ballenpflanzung findet ihre Anwendung auf bindigem, moorigem, graswüchsigem, sehr trocknem und armem, zum Auffrieren geneigtem und nicht gelockertem Boden, auf dem Flugsande, bei Engerlingfraß und für Nachbesserungen, überhaupt für schwierige Verhältnisse. Der gewöhnliche

---

*) Die Ansichten über das tiefe Pflanzen der einjährigen Kiefern gehen vielfach auseinander. Manche pflanzen die Kiefern bis an die Spitzknospen, manche nur die untersten Nadeln mit ein! Alle oft mit gleich gutem Erfolge. Auf sehr losem Boden wird die sehr tief gepflanzte Kiefer leicht zugeweht, die sehr flach gepflanzte oft entblößt. Die Art des Pflanzens hängt jedenfalls von der Bodenbeschaffenheit ab.

Verband beträgt 1—1,3 m² oder in Reihen in 1,5 zu 1 m. Zur Erziehung von Ballenpflanzen kann man auch in natürlichen Verjüngungen in Zweifingerprisen sehr dünn die vorher übererdeten Stubbenränder, die dazu sehr geeignet sind, übersäen, und die Pflanzen an Ort und Stelle verwenden. Auf frischem bindigem Boden nimmt man auch gern die Ballenpflanzen aus den jungen Anflugkiefern in lichten Altbeständen, die in den ersten Jahren allerdings oft geringen Wuchs zeigen, nach erfolgter Anwurzelung aber meist gut wachsen. Man kann selbst schlecht aussehende Kiefern nehmen, wenn sie nur gute Wurzeln haben. Das Wichtigste ist in den Ballenkämpen, **den Boden nicht zu lockern.** Neuerdings empfiehlt man auch Erziehung der Ballenpflanzen durch Verschulung von einjährigen Kiefern auf bindigem abgeplaggtem (nicht gelockertem) Boden in etwa 16 cm □=Verband. Die Ballenpflanzen werden sorgsam ausgehoben, in die mit dem Spiral- oder Hohlbohrer resp. mit dem Spaten gemachten Löcher eingesetzt, eingefüttert, besonders an dem Lochrande festgestopft und sanft angetreten. Im Sandboden setzt man die Ballen tiefer ein, auf Moorboden pflanzt man mit Sandfüllung unter Erhöhung der Plätze. Den Plaggen legt man stets auf den Lochrand an die Sonnen-, Tal- oder Windseite, je nach der Geländeform.

Mit etwaigen Nachbesserungen darf bei der Kiefer nicht gewartet werden, da die so lichtbedürftige Pflanze sonst im Seitenschatten der Nachbarn nicht aufkommen kann; bei Pflanzungen gleich, bei Saaten im 3. Jahre (wegen Nachlaufen des Samens).

Kleine Lichtstellen soll man lieber nicht mehr aufbessern, da sie sich später doch bald schließen; in Saat- und Pflanzenreihen läßt man 1—2 m lange Lücken unberücksichtigt, in älteren Kulturen entsprechend größere Lücken.

Zur Erleichterung des Spritzens gegen die Schütte ist es gut, alle Saatstreifen in den ersten Jahren sorgfältig von Gras und Unkraut frei zu hacken oder zu schneiden. Für Behacken ist die junge Kiefer sehr dankbar.

In zu stark besäten Kulturen muß schnell der Läuterungshieb eingelegt und nötigenfalls wiederholt werden. — Auf ärmerem Boden treibt man die Kiefer oft schon mit 60 Jahren ab, der gewöhnliche Umtrieb ist jedoch der 80 bis 120 jährige; die Erziehung von Starkholz erreicht man am besten durch Überhalten von gutwüchsigen Abteilungen, oder im Lichtwuchsbetrieb mit Unterbau von Buchen oder Stroben; bei letzterem ist jedoch zu beachten, daß der Lichtstandszuwachs der Kiefer höchstens 10 Jahre dauert, da alte Kiefern ihre Krone und damit das Ernährungsvermögen nicht vermehren.

Guter Schluß ist für die Bildung guten Nutzholzes (vollholzig, astrein, langschäftig, gleichmäßige feinringige konzentrisch gewachsene Jahrringe) sehr wichtig.

Die Fichte. Picea excelsa.
§ 193. Allgemeines.

Die Fichte ist hauptsächlich der bestandbildende Baum des Gebirges, nur im Osten und Norden von Deutschland bildet sie auch in der Ebene ansehnliche, reine oder mit anderen Holzarten gemischte Bestände; in jüngster Zeit hat sich ihre Kultur sehr erweitert, sie ist auch in das Hügel= und niedere Bergland, sowie auf die besseren frischen und bindigen Boden der Ebene herabgestiegen; auch die Küste zeigt wegen ihrer Luftfeuchtigkeit gute Bestände. Sie hat eine sehr flach streichende Bewurzelung, die sie zum Hauptopfer der Stürme macht, und erträgt Schatten, wie ihre dunkle und nur alle 5—7 Jahre wechselnde Benadlung anzeigt; bei ihrer Lang= und Geradschäftigkeit wie dichtem Stande gibt sie auf sehr geeignetem Standorte weit höheren (bis zum doppelten) Massenertrag als die Kiefer. Groß ist ihre Reproduktion von beschädigten oder verbissenen Zweigen und Ästen, dagegen vermag sie Schälwunden oder Entnadlung durch Raupenfraß nur schwer zu überwinden. An den Boden macht sie Anspruch auf Frische und einige Bindigkeit; zur Bodenverbesserung eignet sie sich gut, auch trägt sie vermöge ihres weiten Wurzelgeflechts zur Austrocknung von feuchtem Boden bei; doch wird sie auf zu feuchtem Boden leicht, auf früherem Ackerland immer rotfaul. Wegen mancherlei Gefahren (Wind= und Schneebruch, Wildschaden usw.) empfiehlt sich auch für die Fichte, wo irgend der Standort es zuläßt, Beimischung anderer Holzarten, in der Ebene von Kiefer, Lärche und Buche, im Gebirge von Tanne und Buche. In geschützten Lagen läßt sie sich gut natürlich verjüngen, wenn der Graswuchs nicht zu stark ist. Der Same keimt im Moospolster leicht; die Nachhiebe entnehmen stets die tiefbeasteten Stämme nach Bedürfnis des Jungwuchses, nach 10—15 Jahren erfolgt Kahlabtrieb. Beim Kahlschlagbetrieb müssen des Seitenschutzes wegen die Schläge schmal und möglichst von SW gegen NO geführt werden. der Umtrieb wird abgesehen von ungünstigem Standorte, in der Regel verhältnismäßig niedrig, etwa auf 80 Jahre bemessen werden. Die vielseitige technische Verwendbarkeit der Fichte schon bei schwächerem Durchmesser bringt es mit sich, daß besonders Privatwaldbesitzer diese Holzart in Umtrieben von nur 40—60 Jahren bewirtschaften. (Telegraphenstangen, Papier= und Grubenholz, Hopfenstangen.)

§ 194. Kulturmethoden.

Samenjahre pflegen unregelmäßig, etwa alle 4—6 Jahre, geringere alle 2—3 Jahre einzutreten; man erkennt sie vorher an den Blütenknospen. Die Zapfen sammelt man durch Abpflücken den ganzen Winter hindurch.

Gegen den Rüsselkäfer, den man im Gebirge nicht so bequem bekämpfen kann (§ 214), gönnt man den Schlägen 2—4 Jahre Ruhe, bevor man kultiviert, jedenfalls bis die Stöcke vertrocknet sind, wenn man sie nicht roben kann.

Fichtensaaten werden wegen Gras- und Unkrautgefahr seltener ausgeführt und dann in Form von Plätzesaaten in rauhen und steinigen Lagen resp. auf Stubbenlöchern, seltener zur Ergänzung natürlicher Verjüngungen. Der Boden wird in ersterem Falle im Herbst sorgfältig umgehackt und mit 6—8 kg Samen pro Hektar besäet, die ebenso behandelten Streifen besäet man mit 5 kg Samen.

Zur Gewinnung von Pflanzen legt man gemeiniglich Saat- und Pflanzkämpe an.

Die Saat- und Pflanzkämpe werden in der Nähe der Kulturfläche auf gutem Boden in windgeschützter Lage angelegt. Den Bodenüberzug und allen Abfall schmort man gern zu Rasenasche für die Komposthaufen zusammen und läßt diese mit Plaggen bedeckt und stark mit Kompost vermengt den Winter über verrotten. Die Bodenbearbeitung geht nur spatentief; der Boden wird gegraben oder etwa 20 cm tief mit der Breitrodehacke gehackt; an Hängen zieht man oberhalb einen kleinen Fanggraben, bei größerer Gefahr der Abschwemmungen auch noch durch den Kamp zwei Diagonalgräben. Nachdem die Bodenoberfläche geebnet, werden 5—7 cm breite und (von Mitte zu Mitte) 10—15 cm entfernte Rillen gezogen und mit etwa 1—1,5 kg Samen pro ar besäet, der dann etwa 1 cm stark bedeckt wird.

Gegen Auffrieren, Dürre und Wind, auch zur Ansammlung von Feuchtigkeit vertieft man gern die Rillen etwas und bedeckt ihre Zwischenräume mit Moos. Aufgefrorene Pflanzen müssen behäufelt werden. Bei schlechtem Wuchs in den Rillen tut das Düngen mit Komposterde gute Dienste. Von Unkraut müssen die Kämpe sorgfältig gereinigt werden, meist dreimal im Sommer.

Die Verschulung aus dem Saatkamp, wozu auch allerlei Hilfen erdacht sind, wie z. B. das Verschulungsbrett, erfolgt in der Regel 2 jährig, seltener erst 3 jährig, und zwar in dem sehr engen Reihenverband von 10—15 cm, nur bei größeren Pflanzen etwas weiter. 3—4 jährige verschulte Fichten verwendet man unter schwierigen Verhältnissen, auf günstigem Standort erreicht man dasselbe mit den sehr viel billigeren unverschulten 2—3 jährigen Fichten. Dann sind diese jedoch vorher in den Saatrillen durch rechtzeitiges fleißiges Ausziehen aller Schwächlinge zu kräftigen. Das Ausheben und Verbringen geschieht in festen mit feuchtem Moos umlegten Ballen, aus denen dann die Pflanzen mit entblößter Wurzel auf der Kulturfläche ausgepflanzt werden; gegen Austrocknen sind die Fichtenwurzeln fast ebenso empfindlich wie die Kieferwurzeln.

Pflanzung. Man pflanzt mit Vorteil nur bis höchstens 5 jährige Pflanzen; der Zahl nach kommt Einzel= und Büschelpflanzung vor.

Die nur noch wenig gebräuchliche Büschelpflanzung beschränkt man gewöhnlich auf rauhe Lagen, oder solche, die durch starken Graswuchs, Frostgefahr, starken Wildverbiß, Rüsselkäferfraß gefährdet sind. In rauhen Lagen haben die Büschel in sich mehr inneren Schutz. Sobald die Büschel etwa 1 m hoch gewachsen sind, schneidet man gern die größte Pflanze frei, wodurch ein schneller Schluß der Kultur bewirkt wird, und gewisse Übelstände der Büschel wie langsames Wachstum, schlechter Stamm beseitigt werden.

Gegen den Schneebruch hilft nur die kräftige verschulte Einzelpflanze, im weiteren Verbande*).

Im Gebirge, namentlich in den höheren Lagen mit nur kurzem Frühling und auf feuchtem Boden muß man oft schon im August, sonst im September und Oktober pflanzen; ohne diese Notstände pflanzt man jedoch lieber im Frühjahr kurz vor dem Treiben, vorzugsweise auf trockenem Boden und in Frost= und Windlagen. Etwas getriebene Pflanzen können ohne Schaden noch verpflanzt werden. Verbände von 1,3—1,5 m im □ sind die gebräuchlichsten. Die geeignetsten Werkzeuge beim Pflanzen sind: zum Ausstechen der Spaten, zum Pflanzen die Hacke, zum Löchermachen auf schwierigem Terrain die Rodehacke, sonst auch der Spaten. Am gebräuchlichsten ist die Löcherpflanzung, wobei man in dem Pflanzloch einen kleinen Hügel von der guten Erde aufwirft, auf diesem die Wurzel der Fichte sorgsam ausbreitet und dann mit guter Erde bedeckt. Ganz besonders hat man sich vor dem zu tiefen **Pflanzen zu hüten.** Die flach wurzelnde Fichte verlangt nur eine flache Bedeckung. Das leichte Anwachsen der Fichte verleitet oft zu wenig sorgfältiger Ausführung der Pflanzung, was sich bei der weiteren Entwicklung rächt. Sorgfältige Überwachung ist daher auch hier geboten.

Auf feuchtem Terrain wendet man häufig die v. Manteuffelsche Hügelpflanzung an, ebenso auch auf magerem und sehr festem Boden mit durch Gras oder Unkraut verfilztem Überzug. Im Sommer oder Herbst sticht man gute Erde aus, bringt sie auf größere Haufen und schüttelt die gute Erde aus den Plaggen noch darauf, worauf man das Ganze gründlich zu durchmengen hat. Die Plaggen werden eventuell noch zu Rasenasche verbrannt und die Asche wird beigemengt. Im Frühjahr trägt man in Körben diese Erde auf die Kulturfläche und schüttet sie in kleinen Hügeln auf die

---

*) Aus Fichtenpflanzungen in weitem Verbande erzieht man sehr schnell wachsendes und deshalb grobjähriges technisch schlechteres Holz. Das beste Nutzholz liefern wie bei allen Nadelhölzern die Saaten und nach ihnen der enge Verband.

Pflanzstelle; die Kamppflanzen werden so in die Mitte des Hügels eingepflanzt, daß sie bis auf den benarbten Boden reichen können; die Wurzeln werden auf einem kleinen Hügel ausgebreitet, mit Erde bedeckt und schließlich wird der ganze Hügel mit zwei halbmondförmigen Rasenplaggen aus der erste an der Nordseite, der zweite an der Südseite bedeckt. Übrigens läßt sich die Manteuffelsche Hügelpflanzung mit allen Holzarten selbst bis zu Heister=größe auf feuchtem resp. schlechtem Boden mit Erfolg anwenden; nur ist sie immer kostspielig.

Weichhölzer müssen zeitig in Fichtendickungen ausgeläutert werden. Um den Zuwachs der Fichten zu fördern, soll man durchweg ziemlich stark durch=forsten und damit schon beginnen, sobald die Äste bis zu etwa 3 m Höhe absterben; da der Zuwachs von einer guten Kronenentwicklung abhängt, so sollen die Durchforstungen stets eine gute Kronenentwicklung des künftigen Haubarkeitsbestandes, recht gleichmäßig über die ganze Fläche verteilt, im Auge behalten. Die Krone soll stets auf etwa $1/3$ der Stammlänge gehalten werden; alle Fichten mit kümmerlichen und zu kleinen Kronen sind nach und nach zu beseitigen. Recht empfehlenswert ist, wo die Mittel das erlauben, zur Stamm=pflege das Absägen von trockenen und halbtrockenen Ästen dicht am Stamme, um das Einwachsen zu vermeiden. Da die Fichte außerordentlich unter Sturmgefahr leidet, so muß man die Hiebsrichtung stets sorgfältig gegen die herrschende lokale Windrichtung auswählen und die Ränder geschlossen halten; die Fichte ist ein beliebtes Misch= und Unterholz, besonders auch ge=eignet als Windmantel und zur Ausfüllung kleiner Bestandeslücken.

§ 195. **Die Tanne, Weißtanne, Edeltanne** (Abies pectinata).

Die Weißtanne ist mehr ein Waldbaum Süddeutschlands und erst künst=lich nach Norddeutschland übernommen. Für den preußischen Forstmann hat sie daher geringere Bedeutung. Wir finden sie im allgemeinen bei uns nur in Mischung mit der Fichte (Harz, Thüringen, Schlesien). Zur wirklich guten Entwicklung ist kräftiger, tiefgründiger Boden erforderlich. Die Zapfen reifen Ende September und lassen Schuppen und Samen fallen, so daß nur die Spindel am Baume bleibt. Die Weißtanne erträgt und will Schatten. Da=her muß der Kamp zur Erziehung von Pflanzen im Halbschatten liegen. Aussaat von etwa 5 kg je ar in Rillen und Verschulung nach 2 Jahren. Gegen Austrocknen der Wurzel ist die Pflanze sehr empfindlich, daher erfolgt die Kultur am besten durch Ballenpflanzung. Im allgemeinen wird die Tanne fast nur natürlich verjüngt, ganz ähnlich der Buche. Auch in unseren Misch=beständen kann man so vorgehen und die Fichte in die Lücken pflanzen.

Bestandspflege vor allem in der Jugend durch Schutz gegen Überwachsen.

§ 196. Die Lärche (Larix europaea).

Die Lärche ist ein Baum der Alpenländer. In Deutschland sind die Versuche, sie in reinen Beständen anzubauen, meist ganz unbefriedigend ausgefallen. Ihres hohen Nutzwertes wegen ist aber ihre Einmischung in andere Holzarten zu empfehlen, wo die Standortsbedingungen ihr wirklich zusagen. Das sind kurz gesagt: Kräftiger nicht nasser Boden, Sonne, Luft, Licht. Alle engen Täler, Schatten- und Nebellagen fallen somit aus und es bleiben im wesentlichen die sonnigen Hänge der Mittelgebirge und besten Kiefernböden der Ebene. Pflanzenzucht im Kampe wie bei der Kiefer, aber mit 2 kg Aussaat je ar. Verschulung meist 2 jährig im 20 cm □-Verbande. Kulturen erfolgen durch Einzelpflanzung im Herbst oder zeitigem Frühjahr. Je zusagender der Standort, je mehr Widerstandskraft zeigt die Lärche gegen die Hauptgefahren durch Krebs und Motte (vergl. Forstschutz)).

Bestandspflege dauernd und aufmerksam durch ständige Freihaltung der Krone vom Druck des Nachbarbestandes.

§ 197. Die Weymutskiefer, Strobe (Pinus Strobus).

Auch die Weimutskiefer ist ein Nordamerikaner, aber bereits seit mehr als 100 Jahren bei uns angebaut und heute in ganz Deutschland sowohl in reinen Beständen, als besonders als Mischholzart vorkommend. Da ihre langen glatten Nadeln sich sehr schwer zersetzen, scheint der Anbau im Verein mit anderen Holzarten empfehlenswerter. Ihre Ansprüche an den Boden sind bescheiden, doch werden gute Erträge nur auf kräftigerem Boden erzielt. Blüte im Mai-Juni. Samenreife im September und Samenausfall im Oktober des nächsten Jahres. Samengewinnung durch Pflücken der Zapfen.

Aussaat im Kampe wie bei der Kiefer, jedoch 1 kg je ar. Verschulung 1 jährig.

Kultur durch Pflanzung 2 jähriger und älterer Pflanzen.

Feinde der Strobe sind der Hallimasch (bes. in der Nähe von Laubholzstubben), der Weymutskiefernblasenrost und der Rehbock, gegen dessen Schlagen geschützt werden muß.

Bestandspflege vornehmlich durch Entfernung der Pilzkranken. Im reinen Bestande mäßige Durchforstung.

§ 198. Fremdländische Holzarten.

Wir haben in Deutschland verhältnismäßig nur wenige Holzarten, die in großen Beständen rentabel angebaut werden können, etwa nur vier Nadelhölzer und ein halbes Dutzend Laubhölzer. Da unternahm man es vor etwa 40 Jahren mit Unterstützung des Reichskanzlers Fürsten Bismarck — geeignete ausländische Holzarten anzubauen; in den deutschen Staats- und

Privatforsten wurden viele Fremdländer mit wechselndem Erfolge angebaut; es wurde viel gestritten und geschrieben über Wert und Unwert! Mußten doch naturgemäß nach Maßgabe der Verschiedenheiten des Standorts und der richtigen oder unrichtigen, geschickten oder ungeschickten Kultur die Erfolge verschieden ausfallen! Da, wo die Ausländer nach eingehenden sachgemäßen längeren Versuchen weniger leisten als die einheimischen Arten, soll man sie nicht anbauen, sie aber wohl berücksichtigen, sobald sie ebensoviel oder mehr leisten; haben sie dann doch neben angemessenem Ertrage noch den Vorteil, die Waldbilder freundlicher zu gestalten und als willkommene Mischhölzer Nutzen zu bringen.

Anbauwürdig erscheinen bisher auf angemessenen Standorten: Roteiche qu. rubra, Weißesche Fraxinus alba, Spätblühende Traubenkirsche prunus serotina, Schwarze Wallnuß juglans nigra, Weiße Hikory carya alba; von Nadelhölzern: Douglasfichte, Sitkafichte, Lawson=Zypresse chamaecyparis Lawsoniana, Pechkiefer pinus rigida, Bankskiefer p. Banksiana, die japanische Lärche larix leptolepis und auf sumpfigem Boden die Sumpf=Zypresse. Die Einzelmischung hat sich im allgemeinen weniger bewährt, ebenso — wie bereits oben angedeutet — der Anbau im großen; ich empfehle nur den Anbau in kleinen und großen Horsten **bei sorgfältigster Auswahl des passenden Standortes**, namentlich des Bodens, der ja in derselben Wirtschaftsfigur nicht selten wechselt, auch trage man dem Bedürfnis nach Wärme und der Eigentümlichkeit ihres schnelleren oder langsameren Wachstums wie der richtigen Kultur und Pflege sorglich Rechnung.

Qu. rubra, Roteiche. Eine sehr wertvolle Erwerbung. Kommt sowohl auf gutem Laubholz= wie auch bis zu Kiefernboden III. Klasse fort, bei ihrer flachen Bewurzelung selbst auf flachgründigem Boden; sie hat schnellen, schönen Wuchs, zu allen Nutzzwecken geeignetes Holz, außer zur Tischlerei, da es sich schlecht hobelt, nach der Bearbeitung wird das Holz immer härter. Bei ihrem schnellen Wuchs Halb= oder Ganz=Heisterpflanzung in 2—3 m^2; bei ihrem großen Lichtbedürfnis ist starke Durchforstung nötig.

Fraxinus alba, Weißesche. Hat sehr schnellen Jugendwuchs, läßt aber — wie ich hier beobachte — mit etwa 50 Jahren nach. Ihr Holz ist sehr zäh und hart; sie treibt später als excelsior, deshalb frostsicherer, sonst macht sie ähnliche Ansprüche an den Standort wie diese, ist aber genügsamer und verträgt besser Überschwemmungen. Die Blätter sind größer, lockerer, die braunen Knospen haben Silberschuppen.

Prunus serotina, Spätblühende Traubenkirsche. Ihr hartes rötliches Holz wird als beste Tischlerware sehr hoch bezahlt; ist sehr schnellwüchsig, gedeiht bis Kiefernboden III. Klasse, liebt Frische. Man säet die Früchte nach Färbung mit Mennige (gegen Mäuse und Vögel) Korn an Korn in 20 cm entfernte Rillen, schlägt sie fest und bedeckt sie sofort mit Schutzgittern, die später erhöht werden; nach 1 Jahr Verschulung in 40 cm², Auspflanzung 1 m hoch in 1,3 m². Später dunkel halten und gegen Wild schützen.

Juglans nigra, Schwarznuß. Vorzügliches Tischlerholz mit schnellem Wuchs, gedeiht nur auf gutem Eichenboden. Keine Feinde. Am besten Freisaaten in 1,5—2 m entfernten Streifen, Nüsse 50 cm voneinander legen oder kleine Pflanzen setzen; höhere Pflanzen kümmern lange. Zwiesel bis zu 5 m Höhe öfter ausschneiden, bald läutern, stark durchforsten. Nüsse ankeimen in mit Sand vermengtem Pferdebung.

Carya alba, Schuppenrindige Hikory. Bestes Stellmacherholz, fest, sehr zähe. Alles wie bei juglans nigra! aber anspruchsloser und recht empfindlich gegen Frost, langsamer Jugendwuchs, später schnellwüchsiger, deshalb dann noch kräftiger zu durchforsten.

Pseudotsuga Douglasii, Douglastanne. Geht bis Kiefernboden III. Klasse, ist aber dankbar für besseren Boden; Bewurzelung paßt sich jedem Boden leicht an; ihr Holz ist nicht ganz so gut wie unser Fichtenholz, hart, fest, dauerhaft, schwer zu bearbeiten, Rinde zum Gerben tauglich. Von den beiden Spielarten mit grüner und grauer Benadelung hat sich erstere besser bewährt; in Mittel-, und namentlich in Süddeutschland gedeiht ps. D. weniger gut.

Picea sitchensis, Stechfichte. Gutes Holz auf allen Böden, die nicht zu arm sind; leidet in der Jugend unter Frost und Dürre, auch stagnierendem Wasser; besteht aber gut Überschwemmungen, wird wegen ihrer stechenden (oben schön bläulichen) Nadeln nicht verbissen, wächst zuerst langsam, verträgt Seiten-, aber keinen Oberschirm, flache Bewurzelung; 0,8 kg Samen pro ar im Kamp, fleißig hacken, erst im 3. Jahr verschulen, im 4.—5. Jahr ins Freie. Saatbeete unter Schutzgitter. Sie gibt außerordentlich dichte Remisen, da die Zweige lange am Stamm bleiben. Ps. Douglasii und p. sitchensis werden im übrigen wie Fichten behandelt.

Chamaecyparis Lawsoniana. Großer Stamm mit gutem Holz. Liebt denselben Boden wie die Buche, namentlich Kalk- und kräftigen Gebirgsboden, Seitenschatten (also nur kleine Horste), engen Verband, die unteren Seitenäste immer entfernen; hat langsamen Jugendwuchs, leidet leider sehr von Pilzen (agaricus melleus und Pestalozzia). Auf Saatbeete Vollsaat, sorgfältig, auch im Winter bedecken, im 2. Jahr verschulen, im 4.—5. Jahr recht flach auspflanzen in höchstens 10 ar großen Horsten. Ganz ebenso wird Chamaecyparis obtusa behandelt, die viele noch vorziehen; aber nur auf gutem Eichenboden. Beide gegen Mäuse und Hasen mit dem aus Mennige und Teer gemischten Anstrich sowie gegen Fegen schützen.

Pinus Banksiana, Banksfiefer und p. rigida, Pechkiefer (letztere 3=nadlig) nur Bäume 2.—3. Größe; ihre Bedeutung liegt darin, daß sie mit großer Schnelligkeit noch auf ärmstem Sandboden (Flugsand) gut gedeihen, ihn bald decken und hierdurch, besonders rigida, durch sehr starken Nadelfall verbessern, so daß p. silvestris bald (nach 20—30 Jahren) folgen kann; Einzäunung gegen Wild; auch als Schutz= und Treibholz zwischen Kiefern, Kultur wie bei Kiefer; besser nur verschulte 2=jährige Pflanzen benutzen.

Larix leptolepis, Japanische Lärche. Nur auf Eichen= und Buchen= standort, sonst wie unsere Lärche; leidet aber nicht unter Krebs und Motten und ist sehr widerstandsfähig, auch schnellwüchsig. 1,5 kg pro ar Rillensaat, 1=jährige Verschulung, nach 3 Jahren in kleinen Horsten einsprengen.

Zum Schluß weise ich noch auf Taxodium distichum (Sumpf= zypresse) hin, die sich vielfach zum Bepflanzen sumpfartiger Stellen, die sonst ins Unland fallen, bewährt hat. Dichte Aussaat in handbreite Rillen, nach 2 Jahren verschulen.

C. Forstschutz.

Literatur.

Grebe: Waldschutz und Waldpflege.
Heß: Forstschutz.
Altum: Waldbeschädigungen durch Tiere usw.
Ohlschläger und Bernhard: Die Preußischen Forst und Jagdgesetze.
Mücke: Der Preußische Forst= und Jagdschutzbeamte.
Kauschinger=Fürst: Lehre vom Forstschutz.
Rabtfe: Handbuch für den Preuß. Förster.

§ 199. Einleitung und Begriffsbestimmung.

Neben den durch Habgier, Unverstand oder Böswilligkeit des Menschen dem Walde drohenden Gefahren finden wir die Feinde des Waldes in der Natur, und zwar einesteils in den rohen Naturkräften — Sturm, Wasser, Frost, Hitze, Feuer usw. —, andernteils den vielen den Wald beschädigen= den Tieren und Pflanzen. Alle diese Gefahren sind leider vielfach durch falsche Wirtschaft vergrößert. Die Lehre vom Forstschutz behandelt demnach die Maßregeln, durch welche der Wald erhalten und vor allen Gefahren und schädlichen Einflüssen beschützt wird. Sie macht uns mit den drohenden Gefahren bekannt und lehrt uns ihre Abwehr, soweit sie in der Macht des zunächst interessierten Menschen, nämlich des

Waldbesitzers oder dessen Beamten oder des Staates liegt, der durch Gesetze und Polizeimaßregeln die dem Gemeinwohle schädliche Verminderung der Wälder oder ihre Beschädigung zu verhindern hat.

I. Schutz gegen Beschädigungen durch die Natur.
A. Gegen die Naturkräfte.

§ 200. **1. Sturm und Wind** (vergl. § 109).

Wie aus der Standortslehre (§ 109) bekannt ist, entstehen die Stürme durch plötzliche Temperaturveränderungen; sie kommen bei der geographischen Lage von Deutschland meistens von Westen, seltener von Norden her. Jede Gegend pflegt jedoch ihre besonders gefährliche Sturmrichtung zu haben, die mit ihrer eigentümlichen Bodengestaltung (Lage hoch im Gebirge, in Talkesseln, an Talausgängen, in Flußtälern, an Seen, an der Küste, hinter vorliegenden Höhen- und Gebirgszügen usw.) zusammenhängt, gegen welche man sich dann zu schützen hat. Man erkennt die herrschende Sturmrichtung, die nicht selten schon in demselben Revier verschieden ist, an der Rinde der Bäume, die nach der Sturm- und Windrichtung viel rauher und besonders stark mit Moos und Flechten bewachsen ist, ferner an der Fallrichtung von geworfenen oder gebrochenen Stämmen und an den Erdaufwürfen der alten Windbrüche. Der Sturmgefahr am meisten ausgesetzt sind die flachwurzelnden Holzarten (Fichte, Aspe, Birke, Hainbuche und alle Holzarten auf flachgründigem Boden und in den Verjüngungsschlägen); von unseren wichtigen Holzarten leidet am meisten die Fichte; jedoch in ausgesetzten Lagen auch Rotbuchen und Kiefern zuweilen sehr bedeutend. Mit zunehmender Höhe und vorgeschrittenem Alter des Baumes wächst die Gefahr; haubare und angehend haubare, besonders aber stark durchlichtete Bestände oder einzelne übergehaltene Stämme auf Blößen unterliegen am meisten. Lockerer Boden leidet mehr als bindiger, feuchter mehr als trockener. Junge Bestände leiden nur selten.

Der beste Schutz gegen Sturmgefahr liegt in der richtigen waldbaulichen Erziehung und in der richtigen Behandlung sowohl der gefährdeten Holzarten wie der gefährdeten Lage, z. B. das Einsprengen tiefer bewurzelter Holzarten, wie Tannen und Buchen in Fichten. Man hat von vornherein auf besonders kräftiges Pflanzmaterial, auf eine vorsichtige, aber die Stämme des künftigen Haubarkeitsbestandes von vornherein kräftigende und sie räumlicher stellende Durchforstnng, besonders an den ausgesetzten Bestandsrändern (dieses aber nur sehr frühzeitig!) auf feuchtem Terrain auf zeitige Entwässerung vor dem Hiebe und vor allem auf die richtige Hiebsrichtung — stets der bekannten Sturmrichtung entgegen — zu achten. Eine besondere Bedeutung haben in dieser Beziehung die sog. Loshiebe erlangt; eine Art besteht darin, daß längere Zeit vor dem Hiebe an der gefährdeten Westseite in dem alten bald abzutreibenden Bestande selbst ein etwa 20 m breiter Streifen 20—30 Jahre vorher stark durchforstet und dann unterbaut wird, um durch freie Stellung künstlich sturmfestere Randbäume an den Windseiten zu erziehen und gleichzeitig den Boden zu schützen; bei diesem Lichthauen muß man besonders gefährdete (kranke, auffallend flach wurzelnde sowie schlanke Stämme zuerst wegnehmen und die kräftigen und stufigen Stämme frei hauen. Die verbreitetste Art von Loshieb besteht jedoch darin, daß man zur Vorbeuge jüngeres Holz, z. B. 70jährige Fichten, dadurch an dem gefährdeten Westrande schützt, daß man dort einen 30 m breiten Streifen etwa 20—30 Jahre vorher kahl abtreibt und sofort wieder kultiviert; diese Kultur wächst dann gleichzeitig zum Windmantel heran. Loshiebe sind immer dann in sturmgefährdeten Holzarten und Lagen nötig, wenn im Westen älteres Holz der I. Periode z. B. 90jährige Fichten einem jüngeren Bestande z. B. 50jährigen Fichten vorliegt, die ihn nach dem Abtriebe derselben schutzlos den Weststürmen preisgeben. Auf sehr ausgesetzten Gebirgskämmen oder einzelnen Kuppen muß man die Erziehung älteren Holzes in reinen Hochwaldbeständen vermeiden und darf nur Plenterwirtschaft betreiben oder den Umtrieb des Hochwaldes herabsetzen; schließlich müssen bei der Betriebsregulierung planmäßig Hiebszüge gegen die Sturmrichtung vorgesehen werden.

Sind trotz aller Vorsichtsmaßregeln dennoch Windbrüche eingetreten, so muß man dieselben sofort aufarbeiten und zur Vermeidung von Insektengefahr schnell abfahren oder schälen lassen, vergl. § 45 der Preuß. Förster-Dienstinstruktion (Pr. F. D. J. v. 23./10. 68). Zuerst räumt man alle Wege frei, dann arbeitet man das wertvollere ballenlose Wurfholz, zuletzt die mit Ballen geworfenen Stämme auf; es ist nicht nötig, das Holz ganz zu schälen, streifenweises Schälen genügt zunächst (am besten gleich durch den Käufer). Ist alles irgendwie wertvolle Nutzholz verkauft, dann erst geht man an das zersplitterte Holz und die geschobenen Stämme. Man muß unbedingt so schnell wie möglich alles Holz, wenn auch mit Opfern, verkaufen, aus dem Walde schaffen und die Wiederkultur sofort folgen lassen. Unhaltbare lückige Bestände werden abgetrieben, raume Bestände je nach dem Boden mit Fichte, Strobe, Buche, Hainbuche unterbaut, Löcher werden glatt ausgerändert und — wenn klein, mit Schattenhölzern, wenn groß, mit passenden Holzarten ausgebaut, wobei man immer weit genug vom Bestandsrande und der Traufe abzubleiben hat (3—6 m!) Nach der Art des Bruches unterscheidet man Massenbruch, wenn größere Bestandteile (über 0,3 ha), Nesterbruch, wenn kleine Bestandteile zusammenhängend gebrochen sind, oder Einzelbruch, wenn nur einzelne Stämme getroffen sind; ferner unterscheidet man noch Windwurf, wenn der ganze Stamm mit der Wurzel geworfen ist, Windbruch, wenn entweder der Schaft oder der Wipfel gebrochen ist, wobei man wiederum Schaft- und Wipfelbruch unterscheidet. Fortwährende Aufmerksamkeit hat man auf die sog. geschobenen Stämme zu richten, d. h. solche Stämme, die nur aus ihrer Lage gebracht sind, da sie bald kränkeln und so eine Brutstätte der gefährlichen Insekten zu werden drohen. Beim Absägen der geworfenen Stämme ist größte Vorsicht am Platze, da der Wurzelballen (Wurfbose) nach Entlastung meist zurückklappt. Der Stamm ist beim Sägen zu unterstützen, um das Aufreißen zu vermeiden.

Außer als Sturm kann der Wind auch durch Aushagern der Bestandsränder und Wegführung resp. Aushagerung der oberen Bodenschicht gefährlich werden. Man muß die Ränder deshalb bei der Durchforstung auf 30 bis 40 Schritt hin dunkel halten (vergl. § 170), oder an besonders ausgesetzten Rändern sog. Wind- oder Schutzmäntel anlegen. Am besten eignet sich hierzu die Fichte oder die Tanne, von denen man gleich bei der Kultur 3 bis 5 Reihen in 1 m Dreiecksverband am Rand entlang so pflanzt, daß die hinteren Pflanzen immer die Lücken der vorderen Reihen decken. Sind solche Bestandsränder bereits fehlerhaft durchlichtet und schutzlos dem Winde preisgegeben und können Schutzmäntel nicht angelegt werden, so soll man mit Fichten pp. unterbauen oder doch wenigstens den Boden öfter grobschollig umhacken, um das abfallende Laub zu binden und eine Humusbildung zu ermöglichen, so daß keine Verangerung eintritt.

Nach jedem Sturme sind sofort alle Wege nachzusehen, um etwaige Verkehrstörungen zu beseitigen, und dann die Anzahl, der geschätzte Festgehalt der gebrochenen und geworfenen Stämme, die Sturmrichtung und sonstige nähere Umstände dem Revierverwalter nach dem vorgeschriebenen Schema sofort zu melden. (§ 45 Pr. F. D. J.).

§ 201. **2. Gefahr durch Frost, Schnee, Duft und Eis.**

a) Frost (vergl. § 106).

Am schädlichsten wirkt der Frost in der Form der Maifröste (sog. Spätfröste), durch welche die unter Frost leidenden Holzarten (Tanne, Buche, Ahorn, Fichte, Esche, Erle, Akazie, Walnuß und fast alle anderen Holzarten in frühester Jugend) häufig vernichtet oder doch stark beschädigt werden; seltener sind Frühfröste im Herbst (September), welche noch nicht verholzte Triebe gefährden, oder die Winterfröste gefährlich, die den Stamm zersprengen und Frostrisse und schließlich Kern- und Ringfäule erzeugen. — Außer dem Laub, den Gipfel- und Seitentrieben wird häufig die Blüte zerstört. Die einzigen Holzarten, die (mit Ausnahme der frühesten Jugend) fast ganz frosthart sind, sind Kiefer, Hainbuche und Birke, auch salix viminalis, von Fremdländern: Bankskiefer, Pechkiefer, Weymutskiefer, Amerikanische Esche; sie werden deshalb gern an frostgefährdeten Stellen rein oder zum Schutz empfindlicherer Holzarten in Untermischung mit diesem angebaut. Am gefährdetsten sind feuchte Einsenkungen und Ostlagen oder Nordlagen oder windstille von Bestand oder Bergen hoch eingeschlossene Orte, sog. Frostlöcher oder Frostlagen, Kulturen mit Graswuchs, große Kahlschläge, toniger, schneefreier, naßkalter Boden (Moore, Brücher).

Buchen und Tannen verjüngt man natürlich, andere Holzarten schützt man gegen Fröste dadurch, daß man sie unter Schirmbäumen erzieht und daß man die Schläge (namentlich im Niederwald und Mittelwald) von Westen nach Osten führt. Bestandeslücken dürfen, sobald sie Frostschaden zeigen, nur mit frostsicheren Holzarten (Kiefer, Birke, Hainbuche) ausgebaut und empfindlicheren Holzarten müssen reihenweis frostsichere beigemischt werden. In Kämpen schützt man sich durch Bestecken mit Schutzreisig, Decken mit Reisig auf Gabelgerüsten, durch Schutzgitter oder durch den Seitenschutz gegen Osten und Norden vorstehender Bestände und Wahl von frostfreien oder wenigstens gegen Osten geschützten Lagen.

Eine zweite Frostwirkung ist das früher (§ 106) beschriebene Auffrieren auf feuchtem und lockerem Boden. Dagegen hilft Entwässerung und Bedecken des Bodens mit Moos, Streu, Laub, Plaggen, Steinen, Schutzgittern und Sand (in Kämpen besonders), oder Vermeidung der Lockerung auf solchem Boden, indem man nicht säet, sondern Ballen= resp. Hügel= oder Rabattenpflanzung usw. anwendet.

Unter Stammfrost (Frostrisse, vergl. § 106) leiden die Holzarten am meisten in folgender (absteigender!) Reihenfolge: Roßkastanie, Eiche, Buche, Linde, Ulme, Esche, Ahorn, Hainbuche, Aspe, Erle, Birke, welch letztere fast nie leidet; die Blätter, Blüten und Triebe leiden am meisten bei folgenden Holzarten (absteigende Folge!): Esche, Ahorn, Rotbuche, Eiche, Ulme, Linde, Pappel, Erle, Birke, Hainbuche; von den Nadelhölzern: Lärche, Tanne, Fichte, Kiefer.

b) Schnee, Duft und Eis (vergl. § 107).

Der Schnee wird namentlich in den mittleren Gebirgslagen*) durch Überlastung in den Fichtenstangenorten gefährlich, indem er sich in großen Massen auf denselben ablagert und sie in ganzen Flächen nesterweis oder stammweis zusammenbricht; älteren Stämmen bricht er die Kronen ab, Stangenhölzer und junge Schonungen drückt er zusammen; die Folgen sind dieselben

---

*) Die Schneebruchregion erstreckt sich im Harz auf eine Höhe von 400 bis 950 m, in Schlesien auf 600—1200 m, am Rhein bis zu 600 m, in Thüringen bis 500 m herunter.

wie beim Windbruch. Der Schaden wird am größten, wenn nach großem Schneefall Tauwetter oder Regen eintritt und diesem plötzlich Frost folgt, der den nassen Schnee in Eis verwandelt. In gleicher Weise leidet auch die Kiefer, seltener Tanne und Lärche, doch wird die Kiefer meist in weniger gefährdeten Gegenden angebaut. Von Laubhölzern leiden bei frühem Schneefall, wenn noch Laub an den Zweigen vorhanden ist, namentlich bei gleichzeitigem stärkeren Frost: Rotbuche, Erle, Esche, Akazie, Birke, Eiche. Das sicherste Vorbeugungsmittel besteht in sorgfältigster Pflanzung von kräftigem und verschultem Material und zwar nach angestellten Versuchen in einem weiten Verbande von 1,5—1,7 m², der Sturm und Schnee viel besser widersteht, und in sorgfältigster Durchforstung, sowie in Mischung mit anderen Holzarten; in sehr gefährdeten Lagen in Einführung des Plenterbetriebes oder natürlicher Verjüngung, welch letztere sich namentlich in den schweren Schneebruchkalamitäten der Jahre 1886 und 1887 bewährt haben, während sonst fast keine Holzart und keine Kulturmethode verschont blieb. Nach stattgehabtem Bruch hat man zur Vermeidung anderer Gefahren (Insekten, Sturm, Frost) alles kränkelnde Material schnell einzuschlagen und alles gefällte Fichtenholz, wenn es nicht schnell abgefahren werden kann, wenigstens streifenweis zu schälen; den beschädigten Stangenorten kann man durch rechtzeitigen Unterbau resp. Einbau von schattenertragenden Holzarten (Fichten, Tannen, Stroben, Buchen, Hainbuche) helfen; auf Kulturen und in Kämpen, allenfalls auch noch in kleinen, besonders wertvollen Stangenorten empfiehlt sich ein rechtzeitiges Abklopfen nach starkem Schneefall, falls es nicht zu teuer wird.

Gegen Duft- und Eisbruch, der besonders hart die Osträuder trifft, indem dabei die stark behangenen Zweige und Triebe abbrechen (namentlich bei Akazien), sucht man sich durch die schon oben berührte Schlagstellung von Südwest nach Nordost, auch durch hohe und tief beastete Nadelholzschutzmäntel gegen Osten zu schützen; am meisten sind Niederwälder und Oberbäume im Mittelwald, die wintergrünen langnadligen Nadelhölzer (Kiefer) und die Akazie gefährdet.

§ 202. 3. Gefahr durch Hitze und Dürre.

Die Hitze schädigt besonders den Boden, indem sie ihn seiner Feuchtigkeit und Frische beraubt; sie reizt die Pflanzen zu einer erhöhten Wasserverdunstung, die wieder ein Verwelken und schließliches Absterben derselben hervorrufen muß, wenn der Boden durch seine Grundfeuchtigkeit oder atmosphärische Niederschläge nicht zur rechten Zeit für den Ersatz der zu viel verbrauchten Feuchtigkeit sorgen.

Infolge von Dürre und Hitze verwelken Blätter und Blüten, die bereits angesetzten Früchte werden taub und fallen vorzeitig ab, das Laub wird vorzeitig gelb, der Zuwachs geht zurück, es fällt auffallend mehr Trockenholz an, Bäume sterben ganz ab, die Kulturen verwelken, die Saaten gehen nicht auf oder vertrocknen wieder, die schädlichen Insekten vermehren sich, Waldbrände treten häufiger und gefährlicher auf usw. (Trockenjahre 1904, 1917).

Das einzige Mittel gegen diese Gefahr liegt im Binden der vorhandenen Bodenfrische, das uns der Waldbau in den einzelnen Fällen bereits gelehrt hat, nämlich: Vermeidung plötzlicher Freistellungen trockener Bodenarten, tiefe Bodenbearbeitungen, Pflanzen in vertieften Löchern, Belegen der Pflanzlöcher mit Plaggen an den Süd- oder Talseiten, Ausstreuen von Laub, Moos, Nadelstreu und Reisig in die Pflanzenreihen der Kämpe und Kiefernkulturen, öfteres gründliches Behacken derselben, Ballenpflanzung, Wahl einer Kulturmethode, welche den Boden am schnellsten deckt, beim Pflanzen von Heistern — Richten der meisten Belaubung nach Süden, natürliche Verjüngung, Erziehung von Bodenschutzholz und unter Schirmschlag, Wasserpflege, Hemmen der Abflüsse an Hängen durch Ziehen von parallelen Fanggräben pp.

Plötzliches Freistellen und damit verbundene Bodenverschlechterung ruft auch häufig die bekannte Wipfeldürre hervor, der man durch möglichst schnelle Pflanzung einer Bodenschutzholzart begegnen muß.

Am meisten leiden unter Trocknis: Rot- und Weißbuche sowie Fichte und alle Holzarten in der Jugend, die Süd- und Westhänge, kalkige, tonige sowie arme Sandböden, lückige und raume Bestände, namentlich von flachwurzelnden Hölzern.

Der an zartrindigen Holzarten (Rotbuche, Hainbuche, Esche, Jungeiche, Ahorn, junge Fichte usw.) und zwar an Süd- Südwest- und Westseiten der Stämme und Bestände namentlich nach plötzlichen Freistellungen häufig auftretende Rindenbrand, als dessen Folge das durch Platzen der Rinde bloßgelegte Holz abstirbt und anfault — ist eine Folge der direkten Sonnenbestrahlung; man vermeide deshalb an den gefährdeten Orten alle plötzlichen Freistellungen und Aufastungen oder lege Fichtenschutzmäntel an.

§ 203. **4. Gefahr durch Feuer.**

Eine Folge der Dürre im weiteren Sinne ist — wie oben angedeutet — auch das häufigere Vorkommen von Waldfeuern. Man unterscheidet sog. Bodenfeuer, welches im trockenen Bodenüberzuge zu entstehen pflegt und sich dann mit großer Schnelligkeit, indem es die ganze Bodendecke ergreift, weithin verbreitet. Besonders gefährlich wird das Bodenfeuer bei starkem Winde, wo es zuweilen sich auch in die Wipfel verbreitet und diese als sog. Wipfelfeuer zerstört; brennt der ganze Bestand, was nur in Schonungen und jüngeren Stangenhölzern vorkommen kann, so entsteht das Stamm- oder Totalfeuer. Schließlich kommt noch Erdfeuer vor, welches brennbare Erde, namentlich den Torfboden ergreift. Am gefährdetsten sind die Nadelholzwaldungen, besonders ihre Schonungen und ihre jungen Stangenhölzer, namentlich die Kiefern in trocknen Frühjahren und heißen Spätsommern, doch werden auch Laubhölzer heimgesucht, von denen die zartrindigen, namentlich Buche am meisten zu leiden haben. Eichen pflegen wieder auszuschlagen; bei Erlen ist besondere Vorsicht nötig, da diese sehr lange in ihren Stöcken nachglimmen.

Zunächst hat man sich gegen das Feuer durch umfassende Vorbeugungsmaßregeln zu schützen, die entweder polizeilicher oder waldbaulicher Natur sind. Die Polizeimaßregeln umfassen das Verbot und bedrohen mit Strafen:

Das unbefugte Feueranzünden und das Unterlassen des Auslöschens von Waldfeuern seitens der Holzhauer, Hirten, Köhler und des Publikums, das Tabakrauchen in den heißen Monaten im Walde, das Schießen mit Filzpfropfen, das Anzünden von Feldfeuern unmittelbar am Walde, Anlage von feuergefährlichen Anlagen im und am Walde. Beim Anzünden von Kochfeuern der Holzhauer ist streng darauf zu halten, daß der Bodenüberzug in einem Umkreis von mindestens 0,5 m um das Feuer abgeschürft und daß das Feuer nicht eher verlassen wird, bis es entweder ganz ausgebrannt oder doch mit Erde vollständig zugeworfen ist. Über Vermeidung von Waldfeuern vergl. §§ 308, 309, 360[10], 368[6] des Strafgesetzbuches, sowie §§ 44 bis 52 des Feld- und Forstpolizeigesetzes vom 1. April 1880, Förster-Dienst-Instr. für Preußen § 43.

Die waldbaulichen Maßregeln bestehen in Vermeidung von großen zusammenhängenden gleichaltrigen Beständen, in Unterbrechung besonders gefährdeter Bestände durch breite (10—20 m), in den heißen Monaten stets wund zu haltende sog. Feuergestelle, womöglich mit 1—1,5 m breiten Schutzgräben an beiden Seiten, die ev. auch mit perennierenden Lupinen (Lupinus polyphyllus), Wicken usw. zu besäen sind, und in der Anlage von mindestens 5 m breiten Laubholzmänteln (Birke, Akazie, Buche, Hainbuche, Eiche) auf diesen Gestellen und an Bestandesrändern. Die größte Vorsicht ist an den Eisenbahnen nötig. Der Schutz gegen Feuersgefahr durch die Bahnen hat in den letzten Jahren die Aufmerksamkeit besonders beschäftigt. Forstmeister Kienitz-Chorin empfiehlt folgende Schutzstreifen in feuergefährdeten Revieren längs der Bahnen:

„Auf beiden Seiten der Bahn wird ein je 12—15 m breiter Waldstreifen als Schutzmantel durch zwei 1,5 m breite holzfreie Streifen, einer unmittelbar am Bahnkörper, der andere auf der Waldseite, isoliert; die Streifen werden entweder stets wund gehalten oder mit Lupinen, Seradella usw. besäet; sie sollen durch Funken- und Aschenauswurf entstehende Bodenfeuer nicht zur Entwicklung gelangen lassen. Deshalb werden die Schutzmäntel auch noch durch 1,5 m breite Wundstreifen senkrecht zur Bahn meistens in 20 m breite Rechtecke zerteilt. Die Mäntel werden dauernd in 60 jährigem Umtriebe bewirtschaftet; sie dürfen nie zu gleicher Zeit auf beiden Bahnseiten abgetrieben werden; nach dem Kahlabtrieb Wiederkultur mit 1 jährigen Kiefern in 1 bis 1,3 m²; im Dickungs- und jüngsten Stangenholzalter werden bis auf 1,5 m Höhe die untersten Äste entfernt. Bei besonderer Gefahr, namentlich nach dem Abtrieb des ersten Mantels kann ein zweiter etwa 12 m breiter Parallel-Schutzmantel angelegt werden, ebenso da, wo der Bahnkörper höher liegt.

In Schonungen gibt man längs belebter Wege und Gestelle zu beiden Seiten auf 5—10 m Tiefe die Bodenstreu ab und läßt bis auf Mannshöhe alle trocknen unteren Zweige dicht am Stamme entfernen; diese Streifen sind stets wund zu halten. In den heißen Monaten ist von erhöhten Punkten aus das Revier häufig zu überblicken*) und etwaige Arbeiter, soweit es die Natur der Arbeit zuläßt, möglichst im Revier zu verteilen, damit das Feuer sofort nach seinem Entstehen entdeckt werden kann. Sobald Feuer im Revier gemeldet wird, sind folgende Löschmaßregeln anzuordnen und zu ergreifen:

Ist das Feuer noch klein, so versucht man es durch Ausschlagen mit belaubten Zweigen, Bewerfen mit Erde und Abschürfen des Bodenüberzuges rings um dasselbe auszulöschen resp. zu beschränken. Man lasse die Leute beim Ausschlagen nicht nach Belieben, sondern in Kolonnen von je 10 Mann unter einem Führer nach Kommando schlagen, womöglich mit Birken- oder Wacholdersträuchern; man wird dann ganz anderen Erfolg erzielen. Bei größeren Feuern muß man die Mannschaften, deren möglichst viele mit schweren Hacken, Schaufeln, Spaten, Rechen, Äxten auf schnellstem Wege heranzuholen sind, vor und neben dem Feuer unter gleicher Verteilung der Werkzeuge anstellen; die Leute in den Flanken suchen es auszuschlagen und auszuwerfen und verhindern so nicht nur das Umsichgreifen nach beiden Seiten hin, sondern suchen es immer mehr einzuengen, so daß es schließlich eine immer mehr sich verengende Spitze werden muß; die ersteren arbeiten ihm entgegen, indem sie die in seinem Wege liegenden Brennstoffe — Dürrholz, Rohhumus usw. — schleunigst bis auf den Mineralboden entfernen, den Boden abschürfen oder durch Gräben das Feuer zu begrenzen trachten. Hierbei ist immer weit genug vom Feuer anzufangen, damit dasselbe die Löschmannschaften nicht vor beendeter Arbeit überrascht, die Leute sollen immer mit dem Rücken

---

*) Oberförster Seitz hat Feuerwachttürme mit Signaleinrichtungen konstruiert, die über das ganze Revier verteilt werden, und ermöglichen, daß jedes Waldfeuer sofort bemerkt und nach seiner Lage genau bestimmt werden kann.

Gefahr durch Wasser.

dem Feuer zugekehrt arbeiten und den Abschurf an der Feuerseite flach ausbreiten; bei ganz großer Feuern in Schonungen, und wenn der Bestand selbst brennt, legt man Gegenfeuer an, hinter denen man jedoch besonders aufmerksam sein und alle Vorsichtsmaßregeln treffen muß. Bei der Anlage muß man im Rücken breite Gräben, Bäche usw. haben, an denen man das Feuer anlegt und welche natürliche Hindernisse bieten, wenn es etwa zurücklaufen sollte; auch sind hier stets ausreichende Wachmannschaften aufzustellen, die zurückspringende Funken sofort auszuschlagen haben.

Nach jedem Brande ist die Feuerstelle noch längere Zeit zu bewachen, wenn angängig von in der Nähe Arbeitenden, um einen Wiederausbruch zu verhüten; namentlich Trockentorf, Moosdecken und alte Stöcke pflegen oft noch Wochen lang nachzuglimmen. Leute, welche uneigennützig den Ausbruch des Feuers zuerst melden und sich beim Löschen auszeichnen, soll man entsprechend belohnen; erstere jedoch mit einer gewissen Vorsicht.

Erdfeuern kann man nur durch tiefe, die ganze glimmende Erdschicht durchdringende breite Gräben begegnen, Wipfelfeuern durch Fällen von Stämmen, die man streifenweis mit dem Wipfel dem Feuer entgegenwerfen läßt. Nach jedem Feuer ist Bericht zu erstatten und der Entstehungsursache sorgfältig nachzuforschen.

Stark beschädigtes Nadelholz (wenn die Rinde bis auf den Splint verbrannt ist) und Laubholz hat man schnell abzutreiben, damit sich nicht in den kränkelnden und absterbenden Stämmen schädliche Insekten ansammeln, resp. damit die Laubholzstöcke durch Ausschlag für schnellste Deckung des Bodens sorgen können. Ältere Stämme, namentlich von Holzarten mit starker Borke (Eiche, Kiefer) pflegen, wenn die Rinde nur leicht angebrannt ist, weiter zu wachsen; sobald sie jedoch abwelken sollten, müssen sie sofort gefällt und abgefahren werden.

§ 204. 5. **Gefahr durch Wasser.**

Das Wasser wird in der Nähe von Flüssen und Strömen häufig durch Überschwemmungen gefährlich. Gegen große Flüsse werden Deiche und Dämme, deren Ufer mit Weiden zu bepflanzen sind, gebaut, gegen zeitweises Übertreten von kleinen Flüssen und Bächen muß man die genau zu ermittelnden Überfallstellen der Ufer erhöhen und durch Faschinenflechtwerk festlegen; sollte das übergetretene Wasser keinen Abfluß haben und somit Veranlassung zu Versumpfung geben, so ist schleunigst auf dem kürzesten Weg durch einen Abflußgraben für den Rückfluß, dessen Einmündung in den überschwemmenden Fluß oder Bach durch eine Schleuse verschließbar ist, zu sorgen. Auf eine gewisse Befestigung und Pflege der Ufer ist sehr zu achten, namentlich an starken Krümmungen sind Schlemmbäume und Faschinen zu legen und etwaige

Uferunterwaschungen sind rechtzeitig abzubösche, um Unglück und weiteres Umsichgreifen zu verhüten. In anderer Weise wird das Wasser durch plötzliche oder anhaltende Regengüsse oder Wolkenbrüche, namentlich in Saatkämpen auf geneigten Flächen durch Abschwemmungen schädlich. — Hiergegen schützt man sich in den Kämpen durch einen Fanggraben auf der Bergseite und einen resp. zwei Diagonalgräben quer durch den Kamp. An steilen Hängen muß der Fanggraben noch zwei Ableitungsgräben an beiden Seiten des Kampes haben. Alle derartigen Gräben müssen selbstverständlich vor der Bestellung gezogen werden.

Gegen Überschwemmungen müssen im Sammelgebiete der Wässer alle Waldungen erhalten und besonders sorgfältig mit Rücksicht auf Überschwemmungsgefahren bewirtschaftet werden; auf sozialem Wege sind Wassergenossenschaften zu bilden. Preuß. Wassergesetz von 1913.

§ 205. 6. Gefahr durch Nässe und Versumpfung.

Nässe entsteht durch Undurchlässigkeit des Bodens bei mangelhaftem Wasserabfluß, durch Quellen ohne genügenden Abfluß und durch zeitweise Überschwemmungen; besonders sind zur Vernässung geneigt Ton, Lette und strenger Lehmboden, alle sog. schweren Bodenarten und Unterlagerung von Raseneisenstein, Ortstein, Felsen usw.

Versumpfungen bilden sich überall da, wo eine Ebene oder muldenförmig vertiefte Lage und undurchlassender Untergrund das Ansammeln und Aufstauen einer größeren Wassermenge veranlaßt, welches ober- oder unterirdisch (Druckwasser) zuströmen kann. — Um die Nachteile, die durch beide Arten von Bodenzuständen für den Waldbau (krüppelhafter Wuchs, Versäuerung und Verkältung des Bodens, Frostgefahr, Auf- und Ausfrieren der Pflanzen) entstehen, zu entfernen, muß das überflüssige Wasser in Gräben abgezogen werden. Bei nur feuchtem Boden genügen oft einige wenige Gräben, die quer durch die Fläche in der Richtung des größten Gefälles parallel gezogen werden, um den richtigen Bodenfeuchtigkeitszustand herzustellen. Man hüte sich jedoch, gleich zu viele und zu tiefe Gräben anzulegen, weil sonst das Gegenteil, ein zu trockener Boden, der schließlich kulturunfähig wird, entsteht. Alle Entwässerungen sind deshalb vorsichtig nur auf das erforderliche Maß zu beschränken.

Schwieriger ist die Entwässerung von größeren sumpfigen Stellen, wo man meist ein ganzes Grabensystem zu entwerfen hat. Man unterscheidet dabei dreierlei Arten von Gräben:

1. **Sauggräben**, welche die kleinsten sind und das stagnierende Wasser aufsaugen sollen; sie dienen der eigentlichen Trockenlegung.

Entwässerungen.

2. Fanggräben, sind eine größere Art von Nebengräben, die das in den Sauggräben gesammelte Wasser auffangen und die in die Abzuggräben abführen.

3. Abzugsgräben, in welche die Fanggräben das Sammelwasser der Sauggräben in Bäche, Flüsse, Seen usw. ableiten. Sie sind größer als die Saug- und Fanggräben.

Die Entwässerung wird nun in folgender Weise (siehe Abb. 106) ausgeführt:

Man führt den Hauptabzugsgraben A von der niedrigsten nach der höchsten Stelle und folgt dabei der Richtung, in welcher bei hohem Stande das Wasser von selbst abfließt; im andern Falle hat man das Gefälle durch ein Nivellement zu ermitteln. Es genügt für den Abzugsgraben ein Gefäll von $1/2$ bis 1%. Die Breite und Tiefe des Abzugsgrabens richtet sich nach der abzuführenden Wassermenge. Sind Quellen und Tümpel auf der Sumpfstelle, so wird aus diesen das Wasser in besonderen kleineren Abzugsgräben (D) unter einem spitzen Winkel mit dem Gefäll in die Hauptabzugsgräben geleitet. Überall, wo es der nasse Boden nötig macht, werden parallele und sich ev. senkrecht kreuzende Sauggräben (D) gezogen und münden ebenfalls spitzwinklig in die Fanggräben (C) und kleineren Abzugsgräben, die ihretwegen in der Richtung des größten Gefälles spitzwinklig zum Hauptgraben und in gewisser Entfernung voneinander sowie möglichst parallel zueinander gezogen werden.

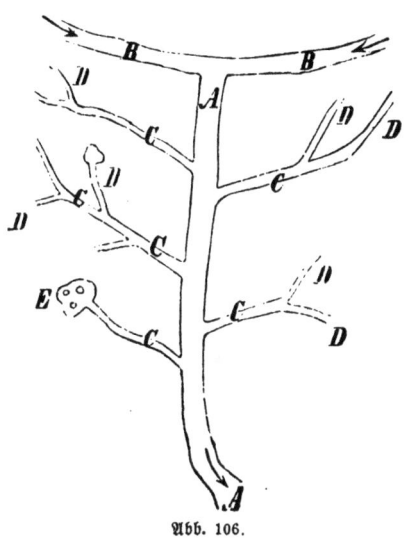

Abb. 106.

Die Fanggräben (C) werden möglichst senkrecht zum Hauptabzugsgraben gelegt. B stellt einen Hauptsammelgraben an einem Hang dar.

Alle diese Grabenarbeiten werden im Spätsommer bei niedrigstem Wasserstande ausgeführt; zuerst wird der Hauptabzugsgraben gestochen, dann die Fanggräben, und zwar arbeitet man immer dem Wasser entgegen, fängt also am weitesten davon an und nähert sich allmählich mit der Grabenarbeit der Sumpfstelle. Vom Hauptgraben aus werden dann die kleineren Abzugsgräben und zuletzt die Sauggräben gestochen. Schließlich mündet man den

Abzugsgraben in den betr. See, Bach usw., welcher das Wasser aufnimmt resp. weiterführt; diese müssen dauernd ein tieferes Niveau als die zu entwässernde Fläche haben.

Wie schon erwähnt, steht die Weite und Tiefe der Gräben im Verhältnis zur abzuführenden Wassermenge, zum beabsichtigten Maß der Trockenlegung und zum ermittelten Gefäll. Für Hauptgräben genügt meist eine Oberweite von 1—1,5 m, für Fanggräben von 0,5—0,7 m und für Sauggräben von 0,3 bis 0,5 m; in Mooren muß die Tiefe bis auf den Mineralboden gehen, je tiefer die Sauggräben, desto besser ziehen sie. Im allgemeinen macht man die Gräben etwa halb so tief als sie breit sind. Die Tiefe hängt auch ab von der Böschung (vergl. § 98). Letztere wird um so schräger angelegt, je lockerer der Boden und je stärker das Gefäll ist; in ganz lockerem Boden macht man die Gräben mehr muldenförmig, in festem Boden (Ton, Torf usw.) macht man die steilsten Wände.

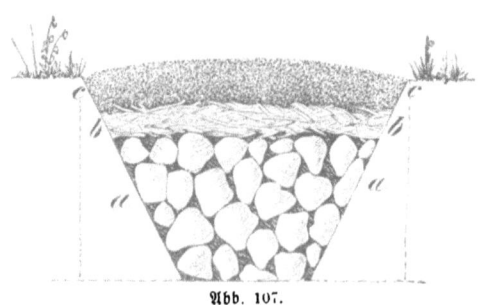

Abb. 107.

Den Grabenauswurf wirft man auf vertiefte Stellen oder man übererdet damit gleichmäßig die ganze Fläche; wenn man ihn wallartig am Rande aufhäuft, geht einmal der Grabenrand öfter der Benutzung verloren, dann kann aber auch leicht der Auswurf wieder in den Graben hineingespült und stehendes Wasser am Abfließen in denselben verhindert werden. Sind die Gräben in Tätigkeit, so müssen sie, so oft es nötig, gereinigt werden, und zwar pflegt man in die Sohle der Gräben kleine Pfähle als Merkmale einzuschlagen, wie tief die Reinigung erfolgen muß. Hier und da werden in die großen Abzugsgräben zum Auffangen des Laubes usw. kleine Flechtwerke oder Holzgitter (Laubfänge) eingelegt. Will man das Grabenterrain selbst noch benutzen, so füllt man die Gräben etwa zur Hälfte mit dauerhaftem Strauch (Eiche, Erle) oder Steinen und bedeckt sie wieder mit Erde; solche Gräben nennt man im Gegensatz zu den offenen Gräben gedeckte Gräben (Abb. 107). Ihre weiteste Anwendung finden letztere in der Drainage der Landwirte.

Den entwässerten Sumpfboden bepflanzt man mit kräftigen und verschulten Pflanzen, wo es noch nötig ist, in Hügeln oder Rabatten; stets jedoch erst, wenn er sich genügend gesetzt hat.

Für die Aufrechterhaltung einer geregelten Wasserwirtschaft, namentlich der Vorflutverhältnisse sind besondere Wassergesetze erlassen, wie das Preuß. Wassergesetz von 1913. Strafbestimmungen zum Schutze der Gewässer und Wasseranlagen finden sich in den §§ 321, 326, 366 Str. G. B., §§ 27 und 31 F. u. F. P. G.

B. Beschädigung durch organische Wesen.
§ 206. 1. Aus dem Pflanzenreich.

Den Kulturen und Ansamungen wird das große Heer der Unkräuter durch Verdämmung der jungen Pflanzen, durch Aussaugen des Bodens, Vergrößerung der Frostgefahr (Gras) und im schlimmsten Falle durch vollständiges Überwuchern der Kulturflächen schädlich, wie: Gras, Ginster, Kreuzkraut, Wucherblume, Farnkräuter, Brombeere, Himbeere, Fingerhut, die Beerkräuter, Heidekraut usw. Als Vorbeugungsmaßregel gegen ihr Erscheinen ist vor allen Dingen das Universalmittel gegen alle Unkräuter, nämlich die Erhaltung eines vollständigen Kronenschlusses zu beachten und Unterlassung jeder Streunutzung; sobald zu viel Licht auf den Boden fällt oder, wie auf Bestandeslücken und Blößen, gar kein Baumschatten mehr vorhanden ist, finden sich oben genannte Forstunkräuter ein. Man vermeide auf unkrautwüchsigem Boden Kahlschläge, halte die Durchforstungen dunkler, ebenso etwaige natürliche Verjüngungen, pflanze Lücken schnellstens wieder zu, kultiviere in engerem Verbande, unterbaue rechtzeitig die sich früh lichtenden Eichen-, Kiefern- und Lärchenbestände usw.

Haben sich die Unkräuter irgendwo angesiedelt, so muß man auf ihre Vertilgung bedacht sein, falls man dieselben nicht etwa zur Bindung zu losen Bodens (Sand) oder von steilen Hängen belassen muß; doch soll man dieselben nicht unnütz wegwerfen, sondern sie entweder zu Rasenasche verbrennen oder sie mit Laub und Erde vermengt zu künstlichem Humus — Komposterde —, deren man stets bei den Kulturen so dringend bedarf, auf Haufen in Untermischung mit allerlei Düngesalzen, den Winter über zusammenrotten lassen, oder sie als Streu verwerten. Bei der Vertilgung des Unkrautes sind folgende zwei Generalregeln zu beobachten:

1. Rechtzeitig und dann energisch mit der Ausrottung vorgehen, ehe das Unkraut zu sehr überhand nimmt und wuchern kann.

2. Alles Unkraut vor seiner Samenreife entfernen.

Die Vertilgungsmittel sind so mannigfach, daß nur das Allgemeine hier angeführt werden kann: alles holzartige Unkraut, was sich durch Wurzelbrut und Ausschläge verjüngt, soll man nicht abschneiden, sondern — womöglich mit allen Wurzeln — ausroden lassen; alles Unkraut, was sich nur durch Samenabfall verbreitet, soll man je nach dem Kulturzustande der Fläche, ab= mähen oder absicheln lassen und zwar jedesmal vor der Reife seines Samens. Wenn Farnkraut lästig wird, so köpfe man dasselbe im Frühjahr mehrmals, bevor es die Blätter entfaltet hat. Brombeeren bewältigt man am schnellsten durch Niederlegen und Übererden, Himbeeren durch tiefes Ab= mähen vor der Beerenreife.

Die größte Aufmerksamkeit gegen Unkrautwuchs ist in feuchtwarmen Sommern nötig; man muß dann besonders rechtzeitig und energisch in seiner Vertilgung sein. Der Graswuchs, der leider auf den Kulturflächen häufiger noch Gegenstand der forstlichen Nebennutzung ist, wird dadurch schädlich, daß er durch tiefe Bewurzelung und seine vielspitzige Oberfläche, die die Verdunstung befördert, den Boden aussaugt und austrocknet, auch den Boden durch die Verfilzung seiner Wurzeln und dadurch bedingte Befestigung seiner Oberfläche gegen Luft und Feuchtigkeit abschließt, sowie die Frostgefahr befördert. Wird nun das Gas, das sonst durch seine Verwesung einen Teil der entnommenen Nährkräfte dem Boden durch Humusbildung wieder zuführen würde, genutzt und entfernt, so kann eine den Kulturpflanzen schädliche Entkräftung des Bodens nicht ausbleiben. Nur die besten und guten Bodenarten gestatten neben der Holznutzung eine gleichzeitige kürzere Grasnutzung. Dazu kommt, daß bei der Nutzung des Grases, die nur durch Rupfen und Sicheln, nie durch Abmähen stattfinden sollte, häufig Holzpflanzen beschädigt werden.

In welcher Weise die schädlichen und verdämmenden Weichhölzer entfernt werden, lehrt die Waldpflege resp. der Waldbau bei Besprechung der Aus= läuterungen und Durchforstungen (§ 167 u. ff.).

Schließlich werden aus dem Pflanzenreiche noch unzählige, häufig nur mikroskopisch deutlich erkennbare Pilzbildungen schädlich; sehr vieles, was wir unter den Krankheiten der Hölzer verstehen — Fäulnis, Krebs, Rost usw. —, läßt sich auf Pilzwucherungen zurückführen und die Wissenschaft ist im Begriff, das Wesen derselben immer vollständiger zu erkennen und uns vielleicht auch spezielle sichere Gegenmittel, was die Hauptsache wäre, anzugeben. Gegen alle Pilzkrankheiten hilft nur aufmerksamste Waldpflege, indem die befallenen Stämme sobald als möglich entfernt werden; zur Vorbeuge vermeide man alle Beschädigungen der Bäume und alles was Bäume oder Bestände in ihrer Entwicklung stört und krank macht.

Folgende Pilzarten werden besonders schädlich:

a) im Nadelholz. Die Schütte.

Einer der verderblichsten ist der die Schütte an der Kiefer hervorrufende Kiefernritzenschorf (Schüttepilz!) Lophodermium pinastri. Es ist das Verdienst des leider auf dem Felde der Ehre gefallenen Kgl. Oberförsters Haack, der jahrhundertlangen Ungewißheit über das Wesen dieser Krankheit durch gründliche Forschung ein Ende gemacht zu haben*). Wir wissen jetzt, daß die Schütte unserer Kiefer ausschließlich auf der Einwirkung des obengenannten Pilzes beruht. Der Pilz befällt die Kiefer in allen Altersstufen, wird aber aus besonderen Gründen nur für die 2 bis etwa 10jährigen verderblich.

Die Gegenmaßnahmen des Forstmannes bezwecken zunächst, der Krankheit vorzubeugen. Es geschieht dies durch Verwendung nur allerbesten heimischen Saatgutes, sorgfältigste Bodenbearbeitung, Verwendung nur kräftigster Pflanzen, Behacken der Kulturen und Ausschneiden des Grases. Zur Verminderung der Ansteckungsgefahr müssen Kämpe entfernt von schüttenden Kulturen und Dickungen angelegt werden. Es darf nicht nebeneinander verschult und gesät werden. Alles zur Verschulung ungeeignete Pflanzenmaterial ist sofort zu vergraben oder zu verbrennen. Auf den Freikulturen ist überdichte Saat zu vermeiden und an besonders gefährdeten Stellen zu pflanzen.

Als bestes Bekämpfungsmittel hat sich: „Bespritzen mit Bordelaiser Brühe" von Mitte Juli bis Ende August, aber nur bei trocknem Wetter und bedecktem Himmel mit der „Deidesheimer Weinbergspritze" oder der selbsttätigen Patentspritze „Syphonia" erwiesen. Damit die Brühe nur den Kiefern zu gut komme, muß alles hindernde Gras und Unkraut von den Saat= oder Pflanzstreifen entfernt werden. (Durch Behacken!) — Man verwendet eine einprozentige Lösung (bei nassem Wetter eine zweiprozentige Lösung!). Ein altes Petroleumfaß wird mitten durchgesägt in 2 Bottiche. In einen Bottich gießt man 50 l Wasser und füllt ca. 1 kg zerstoßenes eisenhaltiges Kupfervitriol (Blaustein!), das man vorher in Bierflaschen aufgelöst hatte, hinein; ebenso löst man 1 kg frischgebrannten Kalk durch Wasseraufgießen zu Pulver und rührt daraus im anderen Bottich Kalkmilch zusammen, die durch ein Haarsieb so lange in die Blausteinlösung gemischt wird, bis sie schön blau ist und blaues Lackmuspapier nicht mehr rot wird. Hiermit wird gespritzt.

Es ist von großer Wichtigkeit, nicht zu früh und vor allen Dingen nicht zu spät zu spritzen. Man sammle im Juli und August mehrmals einige der im letzten Frühjahr von der Schütte geröteten Nadeln. Auf diesen bemerkt man von Ende Juni ab kleine schwarze Striche. Legt man solche Nadeln auf einen mit Wasser gefüllten weißen Teller, so öffnen sich schon

---

*) Vergl. Haack: Der Schüttepilz der Kiefer. Springer, Berlin.

nach Minuten diese schwarzen Flecke und zeigen die Sporenschläuche als weißen Kern. Läßt sich dieser Vorgang an den Nadeln beobachten, muß das Spritzen beendet sein.

Einjährige Kiefern können durch Spritzen nicht geschützt werden, da deren Nadeln mit einem Wachsüberzug versehen sind, der die Brühe nicht annimmt.

Der Kienzopf: Peridermium pini. Der Pilz kommt in der Rinde und im Holze vor; er tötet das Kambium und es entstehen die charakteristischen weithin sichtbaren Einschnürungen und Wülste, die durch Terpentinausscheidung zu vollständiger Verkienung führen. Alle oberhalb der Verkienung liegenden Stammteile, meist kommt nur die Krone in Betracht, sterben ab. Die befallenen Kiefern müssen baldigst herausgehauen werden, ganz besonders aus Schonungen und Stangenorten, wo auch schon Erkrankungen vorkommen.

Der Kiefernbaumschwamm: Trametes pini, der auch an anderen Nadelhölzern auftritt und die Kern- und Ringschäle verursacht. Er kommt nur in über 50 jährigen Kiefern vor und ist äußerlich kenntlich an den braungrauen konsolenartigen Schwämmen, die am Stamm und an Ästen sichtbar werden. Der Pilz macht bei der Kiefer nur Kernholz faul und verbreitet sich in demselben Jahrring nach oben und unten. Der Schwamm verbreitet sich durch seine Sporen von der Konsole auf alle Wundstellen. Die Schwammbäume müssen nach und nach systematisch herausgehauen werden. Das Abstoßen der Konsole und Bestreichen der Pilzstellen mit Leim, was als Radikalmittel empfohlen wurde, hat sich leider nicht bewährt, da sich vielfach an den bestrichenen Stellen doch wieder der Pilz ansiedelte. Zur Vorbeuge ist auf Vermeidung aller Beschädigungen an Stamm und Ästen hinzuwirken.

Der Honigpilz: Agaricus melleus (Hallimasch), an allen Nadelhölzern, aber auch am Laubholz verbreitet. Kenntlich an den im Spätsommer aus alten Stöcken, aus der Rinde wie direkt aus der Erde hervorbrechenden honiggelben, gestielten, hutförmigen, eßbaren kleinen Pilzen, an den weißen Pilzhäuten neben braunen, bandartigen, hohlen, netzartig verzweigten Strängen (Rhizomorpha) unter abblätternder Rinde und an jungen Nadelhölzern am starken Harzausfluß am Wurzelhals und Wurzeln, der sie meist erstickt. Gegenmittel: Schnelle Beseitigung aller toten und pilzkranken Stämme mit den Stöcken, Roden aller verseuchten Stöcke pp., Ausreißen und Verbrennen der verseuchten Pflanzen. Die früher empfohlenen Isoliergräben nützen nichts: im Gegenteil, an den durchschnittenen Wurzeln haften die Pilzsporen erst recht.

Der Wurzelschwamm: Polyporus annosus. Kommt an den meisten Nadelhölzern, namentlich aber an der Kiefer vor! und in solchen Beständen, die auf altem Ackerboden angelegt sind (Ackertannen!). Man erkennt ihn am Harzaustritt der Rinde, an feinen weißen Fäden zwischen Rindenschuppen, an bräunlichen hellberandeten konsol- oder krustenartigen Pilzen, die aus Wurzeln und Stöcken hervorbrechen; das faule Holz zeigt charakteristische schwarze weißumränderte Punkte. Zunächst werden die Wurzeln, dann erst der Stamm befallen, bei Kiefern nur der untere Teil. Gegenmittel wie beim Hallimasch. Die Lücken müssen mit Laubhölzern, je nach Größe und dem Standort der Sterbeherste — Buche, Hainbuche, Roteiche, Akazie, Birke pp. — ausgepflanzt werden. Vorgreifende Hochdurchforstung mit Unterbau.

Der Weißtannen=Hexenbesen: Aecidium elatinum, verursacht an der Weißtanne den Krebs (kugelige rissige Verdickungen an Stamm und Ästen) sowie aus befallenen Knospen die bekannten aufrechten wirren Zweigbüschel, die man Hexenbesen nennt. Der Schaden ist durch Wind= und Schneebruch an den Krebsstellen und Beeinträchtigung der Nutzholzausbeute oft recht groß. Die Krebsstämme müssen eingeschlagen, die jungen Hexenbesen bis Mai aus= geschnitten werden.

b) im Laubholz:

Der Eichenwurzeltöter: Rosellinia quercina. Tötet in Kämpen und Saaten die Wurzeln 1—3 jähriger Eichen, die erst verbleichen, dann ver= trocknen. Wo der Pilz sich stark eingenistet hat, darf man nicht mehr säen, sondern muß über drei Jahre alte Eichen pflanzen; ist er in Kämpen, so darf man nur noch ältere Eichen verschulen und muß neue Kämpe anlegen. Die bleich werdenden Eichen muß man ausziehen oder größere Partien durch Gräben isolieren.

Eine weitere Besprechung der Pilz= und Krebskrankheiten würde zu weit führen. Die Gegenmittel sind z. T. immer dieselben. Die befallenen Bäume und Pflanzen müssen schnell beseitigt werden, ehe der Schaden um sich greift. Sorgsame Pflege der Bestände jeden Alters, namentlich rechtzeitige und gründliche Durchforstungen, schneller Aushieb aller kranken Stämme beugt am besten vor.

2. Aus dem Tierreich.

§ 207. a) Durch Säugetiere.

α) Durch Wild.

Da der Wald sein sämtliches Wild größtenteils selbst zu ernähren hat, so ist es natürlich, daß dieses — teils um Abwechslung in seiner Nahrung zu haben, teils in der Not, namentlich im Winter, wenn es an der gewöhn= lichen Nahrung gebricht — auch die Waldbäume annimmt und durch Zer= treten der Saaten, Verbeißen der jungen Pflanzenknospen und =Triebe, durch Benagen, Schälen (Weichhölzer, Nadelholz, Ahorn, Esche Buche), Schlagen und Fegen der Rinde, durch Aufsuchen der Mast (Eiche, Buche) und Samen nicht selten in erheblicher Weise schädlich wird. Der Schaden richtet sich nach der Größe des Wildstandes, daher muß man auf die Erhaltung eines nur angemessenen Wildstandes bedacht sein, falls man nicht die Mittel hat, den Schaden zu ertragen oder man absichtlich in Gehegen und Tiergärten großer Jagden wegen einen zahlreichen Wildstand halten will. Das gründlichste und billigste Mittel gegen Wildschaden ist natürlich ein verstärkter Abschluß, namentlich von Mutterwild; im anderen Falle muß man die gefährdeten Orte so eingattern (mit altem Telegraphendraht gegen Hochwild, mit Maschendrahtzäunen usw.), daß ein Überfallen, oder wie bei kleinem Wilde, ein Durchkriechen des Wildes nicht mehr möglich ist (vergl. §§ 145, 147). Edle Holzpflanzen, z. B. Eichenheister, muß man, soweit dies die Kulturmittel erlauben, durch Umdornen, Schutzgitter, Anstrich usw. schützen*) oder besonders gefährdete Holzarten (Fichtenstangen an den Fütterungsstellen) mit Kalk oder Teer bestreichen. Sobald hoher Schnee andauernd liegen bleibt, wie dies namentlich im Gebirge der Fall ist, dürfen zur Erhaltung des Wildstandes und zur Vermeidung seiner Beschädigungen Wildfütterungen nicht unterlassen werden. Man füttert Heu, Erbsstroh, Klee, Kartoffeln, Runkeln, Eicheln, Mais, Hafer usw., wobei man darauf zu achten hat, daß das Futter möglichst in viele kleine Haufen verteilt wird, damit jedes Stück Zutritt hat; von den großen Futterhaufen pflegt das schwächere Wild — namentlich beim Rotwilde — vom stärkeren abgeschlagen werden. Man sorge auch möglichst für Wasser in der Nähe der Futterstellen oder lege diese an stets offene Quellen und Bäche; ebenso soll man nie Trockenfutter allein geben, sondern neben Heu z. B. noch Hafer, Kartoffeln, Runkeln, Rüben usw. füttern. Trockenfutter muß stets in gut gedeckten Raufen verabreicht und, sobald es feucht geworden, ausgewechselt werden. Über die Wildfutterfrage gehen heute die Ansichten noch so weit auseinander, daß eine weitere Klärung abgewartet werden muß.

---

*) Gegen das Fegen der Rehböcke lasse ich mit Erfolg auf zwei Seiten der Heister 1 m lange geschälte Prügel schräg einstecken, die zum Schutz gegen Insekten und Verfaulen vorher etwas angekohlt sind; auch hat sich der Anstrich mit einer dickflüssigen Mischung von Leimwasser mit $1/_3$ Schweinejauche, $1/_3$ Rinderblut und $1/_3$ Kalk bestens bewährt, welche im April bei trockenem Wetter (vor Beginn des Fegens!) an den notorisch gefährdeten Pflanzen angebracht wird; gegen das Verbeißen hilft das Bestreichen mit einer Mischung aus 1 Teil Steinkohlenteer, 4 Teilen frischem Kuhdung und soviel Kuhjauche, daß die Masse dickflüssig wird, resp. Raupenleim v. Ermisch aus Burg-Magdeburg oder auch mit bloßem Holzkohlenteer; doch dürfen die Knospen nicht mit gestrichen werden. Gegen das Auswechseln des Wildes hilft das Bestreichen von Randbäumen mit Rinderblut, gegen Schälen (an der Futterstelle) Umbinden von Abfallreisig mit geglühtem Draht oder indem man daselbst Durchforstungsstangen fällen und hohl hinlegen läßt, die dann das Wild lieber annimmt. Diese Mittel helfen jedoch nicht in allen Fällen.

Jedenfalls sorge man für möglichste Abwechslung, stets gute trockene und reinliche Beschaffenheit des Futters; lege auch Salzlecken an und Salzlecksteine aus, da wo das Wild gern steht und wechselt.

Die Futterstellen müssen möglichst abgelegen sein und ruhig gehalten werden (Schutz vor Wilddieben!); das Füttern ist, um Veruntreuungen zu vermeiden, einer strengen Kontrolle zu unterwerfen, auch soll immer zu derselben Tageszeit gefüttert werden. Bei geringerem Wildstande genügt schon das Fällen von Weichhölzern (Aspen, Weiden) und Weißtannen in der Nähe des Standes oder der Wechsel; dieselben sollen auch stets bei anderer Fütterung gefällt werden, da sie als einzig mögliche Gründsung das Wild gesund erhalten und den oft gefährlichen Verdauungskrankheiten im Frühjahr vorbeugen. Neben Waldwiesen und Waldfeldern besäet man auch noch geeignete Gestelle, alte Kämpe usw. mit Seradella, Lupinen, Rübenarten, namentlich aber mit Vogelknöterich und Topinambur. In Revieren mit viel Heide- und Beerkraut genügt es meist, dem Wilde, namentlich wenn der Schnee eine Kruste hat — durch Eggen in der Nähe des Lieblingsstandes die Heide usw. zugänglich zu erhalten. Das Rot- und Damwild wird besonders durch Schälen (rings oder von unten nach oben, Abb. 108, 109, an Fichten, Buchen, Eschen und Eichen usw.) und Schlagen, aber auch durch Verbeißen auf den Kulturen schädlich, das Auerwild durch Verbeißen der jungen Knospen im Kamp, das Schwarzwild durch Übertreten auf die Felder und Aufsuchen der Mast, ist jedoch auf der anderen Seite durch Vertilgung der Mäuse und Insekten und Verwundung des Bodens wieder sehr nützlich, der Hase (Abb. 110 a b) und besonders die Kaninchen durch Benagen von jungen Pflanzen, seltener durch Verbeißen der Triebe. Die Kaninchen soll man auf alle Weise (Abschuß, Tellereisen- und Kastenfallenfang, Frettieren, Vergiften mit Schwefelkohlenstoff, den man in die Röhren bringt) zu vertilgen suchen, da sie sich ungeheuer vermehren und dann sehr schädlich werden können. Das Verbeißen des Rot- und Rehwildes

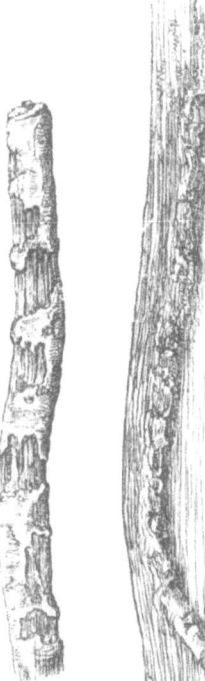

Abb. 108. Ringschälen des Rotwildes.

Abb. 109. Längsschälen des Rotwildes.

274 Schaden durch Mäuse.

hinterläßt eine rauhe Schnittfläche, weil es nur rupfen kann, das von Hase und Kaninchen eine glatte Schnittfläche — wie mit einem scharfen Messer abgeschnitten.

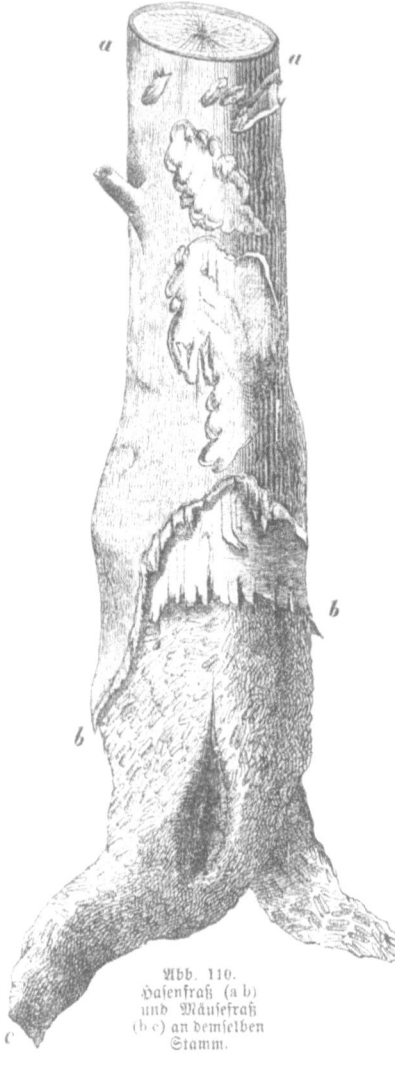

Abb. 110.
Hasenfraß (a b) und Mäusefraß (b c) an demselben Stamm.

Von den vielen Mitteln, es tauchen immer wieder neue auf, die gegen den Verbiß helfen sollen (Umwickeln von Werg, Umbinden von Papier und sog. Knospenschützern, etwa ein Dutzend Anstrichmittel) haben sich fast keine durchaus bewährt; viele schaden sogar den Pflanzen. Sicher hilft nur der richtig angelegte Zaun; doch ist auch als einfachstes und billigstes Mittel der Anstrich mit Kalkmilch zu empfehlen, die mit Rinderblut, Petroleum und Leim streichrecht verdickt, aufgebracht wird. Er muß natürlich — wie fast alle Streichmittel — öfter wiederholt werden und schützt dann einigermaßen gegen Verbeißen, Fegen und Schlagen.

§ 208.
β) Durch Mäuse. (Vergl. § 13.)

Die Mäuse werden durch Benagen der jungen Laubholzpflanzen (Hainbuche, Buche, Eiche, Ahorn, Esche, Rüster usw.) schädlich, welche sie meist über dem Wurzelknoten an der Rinde (3—7 cm hoch) anfressen oder deren Wurzel sie beschädigen (Abb. 110 b c), öfter dringen sie auch in die im Herbst gemachten Eichel= resp. Buchel=saaten und fressen den Samen; nur wenige (m. silvàticus und a. glaréolus) klettern und benagen in der Höhe. In von Mäusen gefährdeten Orten muß man deshalb diese Saaten erst im Frühjahr anlegen. Ein Vorbeugungsmittel ist das Fernhalten von Graswuchs durch dichte Be=

schirmung, da die Mäuse sich hauptsächlich von den Graswurzeln nähren, nur aus Näscherei oder Not Holzpflanzen benagen und bei Schnee unter dem hohl lagernden Grase Unterschlupf finden, sowie das Auslegen von Weichholzreisern; gegen das Benagen bestreiche man die Pflänzlinge mit einem Gemisch aus Kienteer und Bleimennige; die Schonung der Mäusefeinde, der Bussarde, Turmfalken, Eulen, Krähen, Wiesel, Iltis, Hermelin, Igel, des Dachses und des Fuchses ist geboten. Bereits benagte Laubholzloden oder sehr schwache Stangen schneidet man gleich nach Weggang des Schnees über dem Wurzelknoten mit einem glatten schrägen Schnitt möglichst tief ab, damit der Stock wieder frisch ausschlagen kann; ist Überwuchern des Stockes zu befürchten, so behäufele man ihn 20 cm hoch mit Erde, da sich dann unter dem Haufen neue Wurzeln bilden. Sollte der Fraß unterhalb des Wurzelknotens stattgefunden haben, so gibt es keine Rettung. Das Zurückschneiden soll man jedoch nur anwenden, wenn größere (mehr als 5—6 Quadratmeter) Lücken zu befürchten sind. Alle Verstecke der Mäuse — Wacholderbüsche, Laubanhäufungen, Brombeerhecken, dichte Ausschläge usw. — müssen entfernt werden. Als Vertilgungsmaßregeln, aber nur in lockerem sandigen Boden, sind Fanggräben und in diesen Fanglöcher, beide mit ganz glatten, senkrechten Wänden oder eingesenkten und mit wenig Wasser gefüllten Töpfen oder Vergiftung durch arsenik=, strychnin= und phosphorhaltigen Weizen oder mit dem sicher wirkenden Saccharin=Strychnin=Hafer (von Wasmut=Ottensen), der in enge Drainröhren oder unter Strauchhaufen gelegt wird, sehr zu empfehlen, auch Schweineeintrieb, falls dieser sonst zulässig ist. Man lege auch z. B. in Buchenverjüngungen viele kleine Reisighaufen auf Stangen und unter diese die Drainröhren mit strychninvergiftetem Hafer. Die Mäuse sammeln sich massenhaft unter diesen Schutzhaufen und vergiften sich; die toten werden sogar von den lebenden gefressen und so wird ein durchschlagender Erfolg erzielt. Wenn auf benachbarten Feldern sich viele Mäuse zeigen, so sichert man die Schonungen und Dickungen durch an der Grenze gezogene Gräben mit steilen Wänden und Fanglöchern in denselben. Vielfach hat auch die Vergiftung mit dem Löfflerschen Mäusebazillus Erfolg gehabt, der von den Landwirtschaftskammern nebst Gebrauchsanweisung zu beziehen ist. Er hilft aber nicht gegen mus agrarius.

Besonders schädlich werden die der Hausmaus sehr ähnliche auch etwas kletternde Waldmaus (mus silvaticus) und die Wühlmaus (Wasserratte arvicola amphibius) an Stamm und Wurzeln, auf Kulturen, in Kämpen und Jungwüchsen; man fängt sie in den gewöhnlichen Maulwurfsfallen oder vergiftet sie mit Brocken, die aus 6 g Strychnin mit 800 g Roggenmehl gemischt und in die geöffneten und dann wieder sorgfältig verschlossenen Gänge gelegt werden. Die vorzüglich kletternde Rötelmaus benagt gern die Lärchen=

und Laubhölzer in den Spitzen; von benachbarten Feldern wandert häufiger ein die Feldmaus (arvicola arvalis); nach den Mastjahren von 1888 und 1890 ist der Mäuseschaden wieder stärker aufgetreten und hat sich daran auch a. agrestis, die oben schmutzig kastanienbraune, unten grauweiße Feldwühlmaus beteiligt, die in dem Benagen der Wurzeln der a. amphibius und in ihrer Klettergewandtheit a. glareolus fast gleichkommt.

§ 209. b) Durch Vögel.

Von den Vögeln werden besonders die wilden Tauben — die Ringeltaube, die Hohltaube, die Turteltaube —, die Häher, die Finken und die Kreuzschnäbel durch Vertilgen der Nadelholzsamen, sowie von Eicheln und Bucheln (Fasanen) auf den Saaten, den Kämpen und den Bäumen selbst schädlich. Auerwild frißt im Winter die Spitzen der Kulturpflanzen ab. Krähen fallen öfter nachts in Stangenhölzern ein, um zu übernachten; dabei biegen sich die Triebe um und diese wachsen krumm weiter, viele brechen ab. Wenn der Schaden bedeutend wird, so müssen die Krähen möglichst abgeschossen werden oder es wird das für andere Tiere unschädliche Krähengift aus „Jacobs Apotheke in Wildeshausen" ausgelegt. Man schützt sich gegen Vögel durch Bewachen, Ausstellen von Scheuchen, Bedecken des Samens mit Reisig oder Schutzgitter, durch Schießen, am besten aber durch Vergiften der Sämereien mit Bleimennige. (Vergl. § 141).

Auf der anderen Seite soll man sich den Schutz der nützlichen Vögel, die in den §§ 17—25 meist näher charakterisiert sind, dringend am Herzen liegen lassen, indem man ihre Feinde vertilgt und ihre Vermehrung in jeder Weise fördert. (Aushängen der v. Berlepschen Nistkästen bis 1. April). Eine strenge Handhabung des Reichsgesetzes über den Schutz von Vögeln vom 22. März 1888 (R.-G.-Bl. S. 111) und vom 3. Juni 1908 (R.-G.-Bl. Nr. 31) wird dringend empfohlen. (Vergl. auch § 368[11] R.-Str.-G.-B.).

§ 210. c) Durch Insekten.

Von allen erörterten Gefahren ist die Gefahr durch Insektenfraß für den Wald die bedeutungsvollste. Das Laubholz leidet infolge seiner Wiederausschlagsfähigkeit von Insekten erheblich weniger, so daß wir ein Absterben infolge Insektenfraßes nur selten feststellen können; Laubholz kann vollständig entblättert werden und geht doch selten ein, denn entweder schlägt es noch in demselben Jahre mit dem Johannistrieb wieder aus, wenn es ein Vorsommerfraß war (z. B. Schwammspinner, Kahnwickler, Nonne, Maikäfer) oder bei Nachsommerfraß, wenn die Knospen bereits zur Ruhe gekommen sind, schläft es allmählich ein, und schlägt nach der Winterruhe wieder aus.

Es findet beim Laubholze nur ein nach der Stärke des Fraßes größerer oder geringerer Zuwachs verlust oder ein Verlust des Samens statt. Viel mehr leidet das Nadelholz, namentlich Kiefer und Fichte. Wenn bei Nadelholz Kahlfraß eintritt, so folgt Saftersticung und Blaufleckigkeit, die sicherste Todesanzeige, weil dann bereits das Kambium verwest und sich die Verderbnis dem Innern des Holzes mitteilt.

Das Nadelholz ist das ganze Jahr hindurch auf die Tätigkeit der Nadeln angewiesen und muß in seinem Lebensprozeß auf das empfindlichste berührt werden, wenn diese plötzlich fehlen.

Nächst den Blättern sind die Wurzeln von Bedeutung, deren Verlust der Pflanze, sobald sie, z. B. vom Engerling, abgefressen werden, sofortigen und rettungslosen Tod bringt. Glücklicherweise haben wir die tobbringenden Wurzelfresser nur an jungen Pflanzen, deren Ersatz leichter ist als der älterer Bäume. Sobald die Basthaut an Bäumen wie z. B. von den zahlreichen Borkenkäfern ringsum zerstört wird, so muß der Stamm ebenfalls eingehen, weil dann der Saftumlauf zwischen Wurzeln und Krone unterbrochen ist. Beschädigungen von Knospen sind weniger gefährlich, die Blüten- und Fruchtfresser beeinträchtigen oder vernichten nur die Ernte, sie töten den Baum nur dann, wenn gleichzeitiger vernichtender Blattfraß eintritt. Für das Leben des Baumes am ungefährlichsten ist der Holzfraß z. B. vieler Bockkäfer, die nur der Nutzbarkeit desselben schaden.

Im allgemeinen ist der Vorsommerfraß, weil er die Pflanzen in ihrer wichtigsten Entwicklungsperiode stört, immer bedenklicher als der Spätsommer- und Herbstfraß, wo die Knospen für das nächste Jahr bereits gebildet sind und ein Insektenfraß somit weniger Gefahr bringen kann; schlechte Standorte leiden mehr unter Insektenfraß als gute, weil der Baum auf diesen widerstandsfähiger ist und besser wiedererzeuget.

§ 211. Allgemeine Schutz- und Vorbeugungsmaßregeln.

Den Insekten gegenüber ist wegen ihrer geringen Größe und ihrer verborgenen Lebensweise eine ganz außerordentliche Aufmerksamkeit nötig, damit man sie gleich bei ihrem ersten Erscheinen auffindet und die entsprechenden Vorbeugungsmaßregeln ergreifen kann. Bei der ungeheuren Vermehrungsfähigkeit derselben ist frühzeitiges und energisches Einschreiten resp. geeignetes Vorbeugen unbedingte Notwendigkeit, weil bei dem späteren massenhaften Auftreten eine Abwendung nicht immer möglich ist. Namentlich in allen Nadelholzrevieren hat der Forstmann auf folgende Erscheinungen das wachsamste Auge zu richten:

1. Zahlreiches Schwärmen von Käfern und Schmetterlingen, vorzüglich derselben Art und weiblichen Geschlechts.

2. Besonders häufiges Vorkommen der unten näher beschriebenen Insektenvertilger, namentlich der Spechte, Kuckucke, Ichneumonen usw.

3. Auftreten vieler Raupen oder Herabrieseln von Raupenkot, resp. das Auffinden desselben unter den Bäumen, auf Wegen und Gestellen in auffallender Menge.

4. Auffallendes Kränkeln von Stämmen, Dickungen und Kulturen, was sich durch welke Triebe, Licht= und Lückigwerden der Kronen, Grau= und Fuchsigwerden der Nadeln, Herabfallen von Trieben und Nadeln, Wurmmehlerscheinungen, durchlöcherte Rinde oder Harzausflüsse in der Rinde kennzeichnet.

An solchen Spuren können wir auch meistens sofort das Insekt selbst und die Ausdehnung des Schadens erkennen und danach unsere Mittel ergreifen. Ein Hauptvorbeugemittel ist sorgsamste Bestandspflege.

Insektenfraß in Kiefern.

§ 212. Die Kiefer wird namentlich von einigen Schmetterlingsraupen (Spinner, Spanner, Nonne, Eule), zwei Blattwespenraupen, dem großen und kleinen Rüsselkäfer, dem Kiefernmarkkäfer, dem Engerlinge und der Maulwurfsgrille in oft verheerender Weise heimgesucht.

Der Kiefernspinner, Gastropăcha (Lasiocampa) pini O.

Der Schmetterling ist der größte unter den sehr schädlichen, entweder hell rötlich oder gelblich oder dunkel bräunlich oder grau gefärbt; sofort kenntlich ist er an den schneeweißen Halbmondfleckchen der Vorderflügel und an der breiten anders gefärbten dunklen Querbinde. Die Raupen sind stark behaart, meist dunkelbraun und kenntlich an den beiden stahlblauen Nackeneinschnitten. Die Puppe ist dunkelbraun und in einem festen wattenartigen schmutzig weißen oder graubraunen Kokon eingeschlossen. Die Eier sind hanfkorngroß, zuerst grün, später grau, zerbrochen glänzen sie perlmutterartig, der Kot ist sehr groß und dick, dunkelgrün.

Der Spinner fliegt gewöhnlich Mitte bis Ende Juni, legt je 20—60 Eier — im ganzen 300—400 — in kleineren Häufchen in die Rindenritzen, an die Nadeln oder auch um Ästchen, woraus nach etwa 3 Wochen die kleinen Räupchen kommen und sofort die Nadeln befallen. Beim ersten stärkeren Frost (etwa bis — 6°C.) oder anhaltendem naßkalten Wetter im Spätherbst, gewöhnlich nach ihrer 3. Häutung, steigen sie herab und überwintern im Moose am Fuß der Stämme im Umkreis von 0,5—1 m, besonders gern an den Südseiten. Gewöhnlich im April, oft auch früher, bei + 7 bis 9°C.

Durchschnittstemperatur (es hängt dies sehr vom früheren oder späteren Eintritt beständigen warmen Wetters ab) besteigen sie wieder den Baum, bei kaltem Wetter öfter an der Rinde verweilend, und fressen, bis sie sich im Juni, sobald sie ausgewachsen sind, an Nadeln und Zweigen verpuppen. Die Kiefernraupe wird deshalb so gefährlich, weil sie die Nadeln vollständig auffrißt und durch diesen Kahlfraß den befallenen Baum öfter tötet, am häufigsten wiederkehrt, am größten und gefräßigsten, dabei unempfindlich ist und ihrer rauhen Behaarung wegen wenig Feinde hat.

Vorbeugungsmaßregeln: Außer der stetigen Aufmerksamkeit auf den Kot, der groß und dick, 6 mal längsgefurcht und undeutlich 3 teilig ist, auf etwaiges Aufsteigen der jungen Raupen im Spätsommer, Fliegen oder Sitzen von Schmetterlingen im Juli an Stämmen usw. sind in besonders gefährdeten Kieferrevieren — d. h. solchen mit schlechten Boden= und Wuchsverhältnissen —, falls im Herbste nach Eintritt des ersten stärkeren Frostes gründliche Revisionen am Fuße der Stämme im Umkreise von 1 m unter dem Moose Raupen zeigen, Probesammlungen anzustellen. Hierbei wird zuerst das Moos oder die sonstige Bodendecke bei wieder eintretendem mildem Wetter streifen= oder flächenweis (0,5—1 ar groß) von Frauen rings um jeden Stamm aufgedeckt; findet sich keine Raupe, so muß doch mit einem Spänchen nachgescharrt werden, weil die zusammengerollt liegenden Raupen leicht übersehen werden, sich zuweilen auch tiefer einwühlen. Man kann annehmen, daß selbst bei sorgfältigem Probesuchen die 3—6 fache Anzahl übersehen wird. Hierbei findet meist noch die Puppen des Spanners, der Eule, des Kiefern=Schwärmers und die Kokons der Blattwespen. Die Zahl der gefundenen Raupen, die Zahl der untersuchten Stämme und die Größe der abgesuchten Fläche ist genau zu vermerken; findet man in schlechtwüchsigen jungen Standorten mehr wie 20 Raupen, im Altholze mehr wie 40 durchschnittlich pro Stamm resp. mehr wie 15000 pro ha, so muß man die Vertilgung durch Leimringe anordnen. Man muß außerdem in möglichst vielen Revierteilen Probesammlungen anstellen, am besten in etwa 10 m breiten Streifen durch den ganzen Bestand hin.

Vertilgungsmaßregeln: Das einzige Mittel ist das Fangen der im April wieder aufsteigenden Raupen auf rings um den Stamm angebrachten 3 cm breiten und 2—4 mm dick aufgetragenen Raupenleimringen. Zu diesem Zweck müssen die Stämme vorher abgerötet werden, d. h. man läßt bereits im Winter etwa bis Mitte Februar in handgerechter Brusthöhe an 8—10 cm Breite an Stangenholz mit einem zweigriffigen Schnitzmesser, an Altholz aber besser mit dem Borkenhobel von Seitz*) vorsichtig die grobe Borke

---

*) Zu beziehen durch Oberförster Seitz·zu Eckstelle b. Lang=Goßtin.

glatt wegnehmen. Der Anstrich mit Raupenleim*) wird vor Mitte März, überhaupt wenn das warme Wetter ein Steigen der Raupen vermuten läßt, angelegt. Zum Anstrich empfehlen sich ein Spatel oder eine Hohlkelle aus Holz mit bequemem Handgriff und dreieckigen Seitenwänden. Der Leim wird in einem um den Leib befestigten Gefäß mitgeführt. Die vielerlei neu er= fundenen Apparate (Füllmaschinen, Leimschläuche) sind meist unpraktisch und verteuern die Kosten; am besten ist wohl noch der Leimschlauch von Dechert in Oranienburg.

Die Raupen bleiben entweder (die kleineren) auf dem Ringe sitzen oder sie sammeln sich unterhalb des Ringes und wandern dann zurück oder sie sterben (meistens!) infolge der Besudelung mit dem Anstrich, wenn sie den Ring nur berührt haben, weil der Leim an Maul und Beinen sitzen bleibt und Ernährung wie Bewegung unmöglich macht. Man braucht etwa 35 bis 45 kg je 1 ha Leim in 30—90 jährigem Holze. Das Mittel ist völlig durch= schlagend.

Sollten zahlreiche Raupen bereits auf den Bäumen fressen, ohne vorher bemerkt zu sein, so hilft in jüngeren Stangenorten ein kräftiges kurzes An= schlagen mit einer umwickelten Axt (Anprällen) und Auffangen der Raupen in untergehaltenen Tüchern.

Die aus geleimten Beständen oft abwandernden Raupen kann man in Umringgräben nach Art der bekannten Rüsselkäfergräben abfangen.

Die am Tage untätig an den Bäumen sitzenden Schmetterlinge sollen im Juli zur Vorbeuge zerdrückt werden, am besten mit Stöcken, die oben mit Zeug oder Werg fest umwickelt sind.

Die Raupen werden gefressen von Häher, Kuckuck, Pirol, Elster, Ziegen= melker, Meise, Goldhähnchen, Igel, Krähe, Staar und vom Fuchs. Meisen und Staare stellen auch den Puppen, die Eulen und Fledermäuse den Schmetterlingen nach; außerdem haben die Eier in Ichneumonen, Tachinen, Ameisen, Baumwanzen, Raubkäfern (Puppenräuber) usw. ihre Feinde.

Das auffallend häufige Erscheinen von Lauf= und Moderkäfern, besonders jenen der Schlupfwespen und Tachinen ist das sicherste Zeichen dieses wie allen Raupenfraßes. Von den Schlupfwespen sind besonders wichtig: Ichneumon circumflexus, gebogener Ichneumon, die größte in einer Raupe oder Puppe als Made vorkommende Schlupfwespe; Ichneumon globatus, Knäuelichneu= mon, mit seinen im Mai massenhaft auf den Raupen sitzenden weißen zu=

---

*) Raupenleim ist z. B. zu beziehen von Schwindler u. Mützel zu Stettin, Ermisch in Burg b. Magdeburg, Pohlborn in Berlin S., Kohlenufer 1—3 usw. Er muß 2—3 Monate fängisch bleiben, gut streichrecht sein (nicht zu dick oder zu dünn) und muß im Wasser schwimmen. Der Mützelsche Leim hält sich in seinen neuesten Präparaten bis 9 Monate fängisch.

sammengeballten Tönnchen, von dem mehr als 100 Maden in einer Raupe vorkommen. Im ganzen kommen im Spinner etwa 50 Arten Schlupfwespen vor, welche in der Raupe, der Puppe oder den Eiern als Maden leben und sie schließlich töten. Eines der wichtigsten Vorbeugemittel in notorisch gefährdeten Revieren liegt in der Erziehung von gemischten Beständen, d. h. in Einsprengung von Eiche, Buche, Fichte, Akazie, Birke usw., soweit dies der Standort irgend ermöglicht.

§ 213. **Die Eule, Forl= oder Kieferneule. Trachéa (noctua) pinipērda.** Abb. 11, Seite 35.

Ein kleiner Falter; Vorderflügel zimmetrötlich mit graulicher Beimischung und weißen Flecken, Hinterflügel und Hinterleib graubraun mit fadenförmigen Fühlern. Die 16füßige Raupe ist kahl, zuerst schwärzlich —, dann gelblich grün, mit 3—4 weißen und je einem gelben Streifen auf jeder Seite dicht über den Beinen. Die zuerst grüne, später dunkelbraune Puppe ist leicht kenntlich an 2 Spitzen am After. Die halbkugeligen grünen Eier stehen zu 4—10 reihenweis (im Frühjahr) an den Nadeln. Der Kot ist lang und dünn und besteht aus drei Stücken. Auffallend ist die Eule durch ihren frühen Flug, bereits Ende März bis Mitte Mai Sie befällt die jungen Stangenhölzer, auch wohl Schonungen, und die Raupen fressen von Mai bis Mitte Juli nicht nur Nadeln der Triebe bis zur Scheide, sondern sie bohren sich auch in den noch weichen Maitrieb ein. Puppe von Ende Juli bis Ende März unter dem Schirm der Fraßbäume.

Im Gegensatz zum Spinner, der besonders auf schlechtem Boden haust, kommt die Eule auch auf besserem Boden, namentlich in 20—40jährigen Kiefernstangen, selten in Fichten, Stroben usw. vor; selbst kahl gefressene Bestände können sich durch Bildung neuer Scheidentriebe wieder erholen; bilden sich aber Rosetten*) an den Zweigen, so ist das Eingehen wahrscheinlich. Zur Vorbeuge achte man abends im Frühjahre (auf dem Schnepfenstriche!) auf die schwärmenden Falter und untersuche dann später die erreichbaren Maitriebe nach den grünen Eiern oder Ende Mai und Juni nach den Raupen; umgeknickte, welke, verkümmerte, verschrumpfende und entnadelte Maitriebe,

---

*) „Rosetten" nannte zuerst Ratzeburg jene eigentümlichen büschelförmigen Triebbildungen an den Kiefern, welche als Vorboten des Todes aufzutreten pflegen. Einen Anhalt, ob sich der Bestand halten wird, bieten weniger die Menge der noch erhaltenen Nadeln (Ratzeburg), als der Zustand (Größe und Fülle!) der Knospen (Robert Hartig). Jedenfalls treibe man bei Raupenfraß nie vorschnell ab, sondern warte und beobachte möglichst lange, da die Widerstandskraft der Bestände häufig unterschätzt wird und günstiges Wetter viel wieder gut machen, ungünstiges (Dürre) aber auch alles vernichten kann.

häufigeres Auftreten des charakteristischen Kotes am Boden deuten am besten auf das Vorhandensein von Eulenfraß hin. Der Fraß pflegt etwa alle 10 Jahre wiederzukehren.

Das Hauptmittel dagegen ist Schweineeintrieb von Juli ab, wenn die Raupen zur Verpuppung herabkriechen, womöglich von härteren russischen oder polnischen Rassen mit langen Beinen und spitzer Schnauze, da unsere veredelten Schweine nicht mehr geeignet erscheinen. Ist die Gefahr besonders groß, so muß man auch noch die Raupen sammeln, und wenn die Raupe bei eintretendem Futtermangel wandern sollte, Fanggräben ziehen; selbst im Winter treibt man noch Schweine ein, um die Puppen zu vertilgen. Recht wirksam ist das Abprällen vou schwachen Stämmen und Ästen mit umwickelten Axten in untergehaltene Tücher (von Anfang Mai an). Mit der Eule zusammen fressen vielfach Kiefernspanner und Kiefernschwärmer. Das Leimen — Anfang Mai — wie beim Spinner hat verschiedentlich guten Erfolg gehabt!

Durchgreifende Mittel haben wir leider nicht, sondern müssen das beste den vielen Feinden überlassen.

Als nackte Raupe ist die Eule gegen schlechte Witterung empfindlich und hat unter allen Tieren zahlreiche Feinde; von Ichneumonen (Ophion merdarius), Tachinen (Tachina glabrata) und Pilzen wird sie besonders stark befallen; sind die Raupen usw. stark von Parasiten befallen, so bedarf es keiner Gegenmittel, ferner stellen ihr nach: Meisen, Goldhähnchen, Finken, Drosseln, Pirol, Häher; am Boden in der Ruhe: Igel, Dachs, Wildschwein, Spitzmaus, zahlreiche Laufkäfer, namentlich der Puppenräuber.

§ 214. **Der Spanner oder Kiefernspanner. Fidōnia (geometra) piniāria.** Vergl. Abb. 10, Seite 35.

Der männliche Falter hat doppelt gekämmte Fühler und hellgelbe dunkelbraun gefleckte Flügel, das Weibchen dagegen braunrote (fast einfarbige) Flügel und fadenförmige Fühler.

Die grüne, kahle 3 cm lange Raupe hat 10 Füße und einen grünen Kopf, der wie der ganze Leib hell- und dunkelgrün gestreift ist.

Die Puppe unterscheidet sich von der Eulenpuppe nur durch den einspitzigen After. Die grünen Eier sitzen bis zu 5—6, aber auch bis zu 30 an den Nadeln der Krone. Die Raupen fressen von Mitte Mai bis Oktober die Nadeln, an der Kronenspitze beginnend, worauf sie sich hinunterspinnen und meist dicht unter der Bodendecke wie die Eule als Puppen unter dem ganzen Baumschirme zerstreut überwintern. Die Nadeln sind unten meist ganz, oben nur am Rand angefressen; die Triebe sehen grob borstenförmig, das Fraßgebiet sieht von weitem grau bräunlich aus. Die Bestandesränder bleiben meist verschont. Die Falter fallen im Juni, zuweilen schon früher, durch ihren schnellen, taumelnden Flug auf, im Herbst die an langen Fäden schaukelnden Raupen. Die Flugzeit zieht sich oft von Anfang Mai bis Ende Juni hin, Hauptschwarmzeit ist aber im Juni. Der Kot ist klein, unregelmäßig eckig. Fraß besonders an 20—40 jährigen Kiefernstangen. Nach den furchtbaren Verwüstungen in den letzten 16 Jahren (so wurden 1900/03 allein in der Letzlinger Heide etwa 7000 ha kahl gefressen und etwa 1,2 Millionen Festmeter Spannerholz verkauft) müssen wir heute den Spanner als den gefährlichsten Kiefernfeind ansehen. Nach Mitteilungen des Preuß. Ministeriums vom Juli 1908 hat sich am besten die Beseitigung der Bodenstreu bewährt: empfehlenswert ist der parzellenweise Verkauf an die Bevölkerung, wo Nachfrage besteht; sonst räumt man die Spreu bis auf den Rohhumus in 4 m breiten Streifen ab und häuft sie auf lange Bänke. Die bloßgelegten Puppen sterben dann ab oder werden von Krähen, Hähern, Drosseln, Meisen gefressen. Die in den Bänken befindlichen Puppen (verhältnismäßig nur wenige) gehen ebenfalls zugrunde. Hühner- und Schweineeintrieb hat sich im allgemeinen wenig bewährt.

Der Spanner hat fast dieselben Feinde wie die Eule, namentlich: Ichneumonen, Tachinen, Pilze, Raubkäfer, Baumwanzen, Wespen, Ameisen, Drosseln. Man sei auch beim Spannerfraß vorsichtig, ehe man sich zum Abtriebe entschließt.

Zu erwähnen bleibt noch — bevor wir die schädlichen Schmetterlinge verlassen — der Kiefernschwärmer Sphinx pinastri, ein großer grauer mit 3 schwarzen Längsstrichen auf den Vorderflügeln gezeichneter im Frühling fliegender Schmetterling. Die sehr große auffallende nackte Raupe ist grün mit bräunlich rotem Rückenstreif und hat auf dem Schwanz ein Horn. Die große Puppe wird im Winterlager bei den Probesammlungen gefunden. Die Raupe frißt fast den ganzen Sommer über mit anderen Schädlingen zusammen Nadeln, ohne für sich erheblich zu schaden. Ein größerer selbständiger Schaden ist wohl nie bekannt, und die Bedeutung früher sehr überschätzt worden.

§ 215. Die kleine Kiefernblattwespe, Kiefernbuschhorn-Blattwespe. Lophyrus (tenthredo) pini.

Die kleine dicke und gedrungene, etwa Stubenfliegen-große Wespe hat einen braungelb oder braunschwarz gebänderten Hinterleib, das Männchen ist kleiner und bis auf die rotgelben Beine ganz schwarz, sie summt wie eine Schmeißfliege und ähnelt ganz einer dicken Fliege. Die zarten grünweißen wurstförmigen Eier sitzen in der Nadelkante meist oben in der Krone kettenartig übereinander, wie eingesägt.

Die schmutzig gelbgrüne schwerfällig wandernde nackte Raupe hat einen rotbraunen Kopf, 22 Füße und über jedem Fußpaare ein sehr charakteristisches schwarzes liegendes Semikolon (·-). Der Kokon ist schmutzig braun, lederartig und tonnenförmig, im Winter an der Erde, im Sommer am Baum. Die Wespen schwärmen im April und August, haben also doppelte Generation, doch ist dieselbe recht unregelmäßig, vielfach auch nur einfach.

Der Fraß ist leicht daran kenntlich, daß die Nadeln selten ganz abgefressen werden, sondern kleine Stümpfchen überbleiben, meist werden auch nur die vorjährigen Nadeln gefressen, von denen die Mittelrippe meist stehen bleibt, erst in der Not frißt sie kümmernde Maitriebe. Bei der Berührung der Zweige verraten sich die immer in Haufen sitzenden Räupchen durch Emporschnellen des Kopfes.

Der unter den Bäumen liegende Kot hat rhombische Form.

Mit Vorliebe werden unterdrückte schlechtwüchsige freiliegende oder Rand= Bestände befallen, erst bei größerer Ausdehnung greifen die Raupen auch das Innere großer Bestände an und werden dann bei Massenauftreten, da sie kahl fressen, sehr schädlich; in kräftige Schonungen kommen sie fast nie.

Das einzige sichere Mittel ist das Sammeln der Raupen im Mai und Juni oder September und Oktober, wenn die Räupchen noch in Klumpen fressen, indem man die befallenen erreichbaren Zweige in untergehaltene Gefäße oder Tücher abschüttelt oder die Raupen mit Handbrettchen und harten Bürsten zerquetscht oder jüngere Stangen bei kaltem Wetter anprällt, öfter haben sich auch mit Raupenleim bestrichene geschälte Fangstangen bewährt, die während der Schwärmzeit aufgestellt werden.

Die nackte Raupe ist sehr wetterempfindlich und hat ebenso zahlreiche und dieselben Feinde wie die Eulen= und Spannerraupe. Die natürlichen Feinde in der Tierwelt bilden auch hier das Hauptgegengewicht. Mit ihr fressen meist noch andere ähnliche, meist schwer zu bestimmende Blattwespenarten zusammen, z. B. L. rufus, pallidus, socius usw. mit ähnlichen Lebens= und Fraßweisen.

§ 216. Die große Kiefernblattwespe Lyda (tenthredo) praténsis.

Die Wespe ist auf S. 38 beschrieben. Kot und meist auch Nadeln in einem Gespinst in den Zweigen; Kot länglich zylindrisch, fast glattwandig, oben und unten abgerundet. Die Raupe frißt aus ihrem Gespinst heraus die Nadeln, die sie vorher abbeißt, und wandert allmählich von unten nach oben, das Gespinst immer vergrößernd. Der Hauptfraß findet vom Juni bis Mitte August statt; die Wespen schwärmen lebhaft von Mai bis Anfang Juni. Kenntlich ist der Fraß außer an den Gespinsten daran, daß die

Bäume unten ganz kahl gefressen sind, während die Zweigspitzen und die Krone noch benadelt sind. Meist wird junges schlechtwüchsiges Holz, später auch 30—40 jähriges Stangenholz befallen.

Hauptmittel dagegen ist Schweineeintrieb im Herbst und Winter, wo man noch langbeinige spitzschnauzige abgehärtete Rassen hat; oder vorsichtiges Aufhacken des Bodens, um die überwinternden Raupen und Puppen zu vernichten, sowie Schonung der sie vertilgenden Tiere (Meisen, Finken), wozu wir bei größerem Fraße noch die Mäuse und Spitzmäuse rechnen müssen, die nach neueren Beobachtungen die nackt ruhenden Larven und Kokons fressen. Die Wirkung der zahlreichen Feinde ist um so größer, als die Larven mehrere Jahre überliegen. Starker Platzregen beendigt die Kalamität oft sofort. Bei den Spinner-Probesammlungen ist immer auf Lyda zu achten und es sind Maßregeln zu ergreifen, wenn man bei Beginn des Auftretens 10, später 15 Puppen pro qm findet. Ganz ähnlich verhalten sich die ebenso auftretenden Lyda erythrocephala und campestris: erstere frißt jedoch fast nur in Dickungen.

§ 217. **Die Maikäfer.** Melolóntha vulgāris und hippocastani.

Das Männchen unterscheidet sich vom Weibchen durch einen breiteren und längeren Fühlerfächer (♂ 7 blättrig, ♀ 6 blättrig), sowie viel längere Hinterleibsspitze. Der Engerling von M. hippocastani gebraucht meist 5, von M. vulgaris meist nur 4 Jahre zu seiner Entwicklung vom Ei bis zum Käfer, deshalb kehren die Hauptflugjahre nur alle 4—5 Jahre wieder; die Flugjahre sind in den verschiedenen Gegenden verschieden, auch schwankt die Entwicklung je nach Lage und Milde des Klimas. Der Käfer frißt von Kiefern und Fichten gern die männlichen Kätzchen, bevorzugt Laubhölzer, namentlich Eichen, Birken, Pappeln, besonders freistehende Bäume. Der Engerling frißt die Wurzeln aller Holzarten und tötet dieselben bei intensivem Fraß.

Nach den Untersuchungen des Forstrats Feddersen, denen wir im wesentlichen folgen, ist M. hippocastani hauptsächlich der Waldmaikäfer, vulgaris der Feldmaikäfer.

Lebensweise: Die Käfer schwärmen im Mai in der Dämmerzeit eine halbe Stunde vor bis eine Stunde nach Untergang der Sonne; das Weibchen sucht hochliegende warme lockere Stellen zur Eierablage und legt etwa 70 Eier in Gruppen von je 18—27 Stück 8 (frischer Boden) bis 30 (Sandboden) cm tief ab, von denen jedoch nur etwa $\frac{1}{3}$ Engerlinge nach etwa 7 Wochen auskommen; bis Mitte Juli bleiben diese zusammen, um sich dann zum Fraße zu zerstreuen; bei starkem Fraße wandern sie. Sie vermögen die Kiefer in allen Altersstufen, selbst über 100 Jahre alte Stämme, durch Abfressen der Wurzel zu töten; aber auch der Käfer frißt höchst verderblich in den Kronen der meisten Laubhölzer wie auch der Fichte und Lärche. Im September vor dem Flugjahre verpuppen die Engerlinge sich und werden bereits nach einem Monat Käfer, die dann bis etwa 1 m tief in der Erde überwintern.

Am gefährdetsten sind veröbete trockne heiße Heideböden; die Kahlschlagwirtschaft fördert die Ausbreitung.

Vorbeuge: Wirtschaftliche Maßregeln. Große Kiefernkulturen fasse man mit Birkengürteln an Wegen und Gestellen ein, die gute Fangbäume und zugleich Sicherung gegen Waldfeuer bieten. Die Kämpe — eine Hauptbrutstätte — belege man in der Schwärmzeit mit einer dicken Laubschicht und über diese womöglich noch Schilf, was die Weibchen sicher abhält. Komposthaufen sind ebenso zu decken, alle Kulturen mit tiefer Bodenlockerung im Flugjahre zu vermeiden.

Abwehrmaßregeln: Die Vorbeugungsmaßregeln decken sich meist mit den Vertilgungsmaßregeln und bestehen im Sammeln der Käfer in den Flugjahren. Man biete alle Arbeitskräfte (auch die Schulen, Militär usw. wenn irgend möglich!) auf und lasse von früh 4—10 Uhr, an kühlen Tagen fortwährend, die Käfer schütteln, in oben zum Teil verschlossene Blechgefäße (Gießkannen) und Säcke sammeln und dann in großen Kochkesseln töten. Sind die Käfer nicht als Dungmittel, Schweine- oder Hühnerfutter zu verwerten, so menge man sie mit Kalk und vergrabe sie. Das Sammeln geschieht am besten im Akkord für 1 l die je 430 hippocastani- oder 370 vulgaris-Käfer durchschnittlich enthält. Im Juli und August vor dem Flugjahre liegen die Engerlinge sehr flach. Wo die vielen welken Pflanzen, die lockere Erde, viele Maulwurfshügel den Feind verraten, lockere man den Boden mit Kartoffelhacken und sammle die Engerlinge, was nach Fedderfen gute Erfolge hatte. Die Maikäfer haben einen Dungwert von etwa 3 Mk. pro Zentner, sind auch ein wertvolles Beifutter für Schweine und Hühner.

Die Feinde: Maulwurf, Krähen, Stare, Würger, Eulen, Fuchs, Dachs, Marder, Igel, Fledermäuse sind in Fraßgegenden zu begünstigen. Gemeinschaftliches Vorgehen der ganzen Gegend unter Hilfe der Polizeiorgane resp. Erlaß von Polizeiverordnungen ist unerläßlich, wo die Kalamität überhand nimmt.

§ 218. Der große braune Rüsselkäfer. Hylobius abiētis L. (curculio pini R.) Abb. 14, S. 40.

Es ist ein mittelgroßer (6—13 mm) brauner Rüsselkäfer mit gelben abgebrochenen Querbinden. Die Larve lebt unschädlich in den Wurzeln der frischen Stöcke und in Astreisig auf den Schlägen; um so schädlicher wird der Käfer, welcher den ganzen Sommer hindurch an den kleinen Pflanzen (von 2—8 Jahren) viele erbsengroße Plätze in die Rinde frißt, die einen Harzaus=

fluß veranlassen und meist töblich werden; die Wundstellen haben wegen des Harzausflusses ein weiß-grindiges Aussehen. (Ähnlich frißt aber auch öfter Lophyrus pini).

Er frißt am liebsten an Kiefern und Fichten, selten an Lärchen, Tannen und Laubhölzern. Die Fichte ist empfindlicher!

Lebensweise: Sie wechselt mit den örtlichen Lebensbedingungen; die früher allgemein angenommene 2 jährige Generation hat Prof. Eckstein als 1 jährige festgestellt. Nach ihm lebt der Käfer 2 Jahre; schwärmt Mitte Sommer und legt seine Eier im Herbst und Frühjahr in den Wurzeln von Kiefern und Fichten ab. In diesen fressen die Larven sehr lange mit Bohrmehl verstopfte Gänge; nachdem sie längere Zeit noch in einer Wiege geruht haben — verpuppen sie sich etwa im Juni; doch kommen zur Mitsommerflugzeit der jungen Käfer auch noch alte Käfer vor. Die Käfer überwintern in der Nähe der Schläge in Beständen aller Altersklassen von der Schonung ab bis zum Altholze.

Mit ihm gemeinsam fressen in der Kiefer 5 wurzelbrütende Hylesinen, nämlich H. ligniperda, attenuatus, angustatus, opacus und ater (letzterer am gefährlichsten), in Fichten nur H cunicularius.

Gegenmittel. Auf lockerem sandigen Boden werden die Schlagflächen des letzten Winters kurz vor der Kulturzeit im Frühjahr bis April, sobald die Witterung und die Abfuhr der Hölzer es gestattet, durch spatentiefe und spatenbreite Fanggräben mit nach unten abgeschrägten glatten Wänden umgeben, die alle 10 m ein etwa 0,3 m im Kubus haltendes Fangloch mit ebenfalls nach unten abgeschrägten ganz glatten Wänden haben; etwa durch die Schläge führende Wege sind ebenfalls durch Gräben zu isolieren, da gerade auf diesen die Käfer am liebsten überlaufen. Bei etwa noch nicht beendeter Abfuhr sind die Gräben, wenn sie eingefahren werden, stets zu erneuern, namentlich sind alle Brücken (überliegende Reiser, Strauch usw.) zu entfernen. Im Juni des nächsten Jahres sind diese Gräben gegen die im Juli zu erwartenden jungen Käfer wieder fängisch herzurichten und auch zur Sicherheit im folgenden Frühjahr noch einmal zu räumen und fängisch zu halten, so lange Käfer bemerkbar sind. An warmen Tagen sind die Käfer am besten mit kellenartigen großlochigen Blechsieben nötigenfalls täglich aus den Löchern von Frauen in Gießkannen zu sammeln. Die Frauen entfernen gleichzeitig alle Brücken und hüten sich sorgfältig dabei vor Beschädigungen der Grabenwände durch Abtreten und Einreißen mit ihren Kleiderrändern; schlechte Stellen der Gräben sind sofort wiederherzustellen. Die abgelieferten Käfer werden vom Beamten in einem bestimmten Gefäß, in welchem man vorher Probezählungen der darin enthaltenen Käfer vorgenommen hat, nachgemessen, ihre Zahl gebucht, dann werden sie in kochendem Wasser verbrüht und als

Futter für Schweine und Hühner, als Dung usw. verwertet. Ähnlich wirksam sind auch 30—40 cm im Würfel haltende und über die ganze zu schützende Fläche in etwa 10—20 m² Verband verteilte Fanglöcher, besonders in heißen Lagen; in solche legt man auch gern auf den Boden dünne Fichten- und Kiefernzweige; diese Löcher müssen natürlich auch abgesammelt und gepflegt werden. Wo die Gräben nicht gut fangen, z. B. in bindigem Boden (Boden I.—III. Kl), der den Käfern das Heraufkriechen ermöglicht, sowie im Gebirge — lege man im März bis zum 3. Frühjahre reichlich Fangmaterial (Kloben, Knüppel, Reiser, Rinde) mit der angeplätzten Rindenseite an die Erde und in Fichtenrevieren Rindenstücke von April ab auf die Kulturen und in die angrenzenden Bestände, die alle paar Tage (bei warmem Sommerwetter täglich, bei naßkaltem Wetter gar nicht) abzulesen und — so oft die Rinde trocken — bis zum Oktober zu erneuern sind. Die Schläge sind sorgfältig zu roden und alles Brutmaterial, besonders Wurzeln, ist zu entfernen; wo dies nicht möglich, ist eine 1—3 jährige Schlagruhe geboten, ehe man kultiviert; auch sind eventuell Springschläge mit 4 jährigen Zwischenräumen zu führen.

Lassen sich weder Gräben noch Fangmaterial anbringen, so bestreicht man wohl den unteren Schaftteil der Pflanzen, namentlich auch von Laubhölzern, wo diese vom Käfer angenommen werden, im April ringsum mittels kleiner Schuhbürsten mit Ermisch's Raupenleim. Man braucht 1,2 kg pro ha. Spitzenknospen dürfen keinen Leim erhalten.

Mit dem großen Rüsselkäfer findet sich außer den genannten Hylesinen vielfach der graue Rüsselkäfer, Cleonus glaucus. Er ist unschädlich.

§ 219. Die kleinen Rüsselkäfer (Pissodes).

Pissodes (curculio) notatus, Weißpunktrüsselkäfer, Kleiner Rüsselkäfer. Ist nur halb so groß als der vorige, hat einen längeren und dünneren Rüssel, ein helleres Braun, zwei große helle Querbinden, 8 weiße Punkte auf dem Halsschild. Flugzeit Mai—Juli, Larven August, Verpuppung derselben in einer Splintwiege mit Spanpolster im August—September, Auskommen des Käfers im Herbst, Überwintern am Boden im Moos usw.; es kommen aber auch viele Unregelmäßigkeiten vor, so daß Eichhoff sogar eine doppelte Generation annimmt. Wird als Käfer und Larve schädlich, die unter der Rinde, gewöhnlich unter den Astquirlen junger 2—12 jähriger, selten noch älterer kränkelnder Kiefern, wohl auch von Fichten, Stroben und Lärchen, auch in Stangen oft in Zahl von 20—30 zusammen auskommt und dann von oben nach unten immer breiter werdende Gänge unter dem Baste frißt; oder sie kommt in den Zapfen aus und zerstört dann oft einen großen Teil der Ernte. Der Fraß ist im Sommer in den Kiefernschonungen an dem

Rotwerden der Stämmchen und Welken der Triebe kenntlich, welche an den unteren Quirlen Löcher, wie mit schwachem Schrot Nr. 6—7 geschossen, zeigen, und an der Puppenwiege im Splint, die durch ein wulstiges Spanpolster bedeckt wird. Die absterbenden Pflanzen werden mit den Larven etwa im Juli ausgezogen und verbrannt; auch fängt man die Käfer während der Flugzeit von Mai—Juli massenhaft an Kiefernstangen, die in der Nähe der gefährdeten Kulturen und Schonungen an warmen Bestandsrändern gefällt werden. In Stangen und in Altholz frißt der Käfer jedoch weniger schädlich.

Neuerdings wird auch empfohlen, die Käfer in der Schwärmzeit von den befallenen Kiefern fleißig abzulesen und in den Schonungen dickborkige Fangknüppel auszulegen, die womöglich täglich abgesammelt werden.

Pissodes piniphilus. Stangenrüsselkäfer. Die kleinste von den schwer zu unterscheidenden Pissodes-Arten (2,3 mm). Der rostbräunliche Käfer ist fast ganz bedeckt mit weißen Haaren; die für die pissodes sonst charakteristischen zwei Querbinden mehr verwischt, die hintere artet in zwei große rostfarbene Punkte aus. Generation ist von mir (Westermeier) endgültig als 2 jährige festgestellt, während sie bei den übrigen Arten 1 jährig ist.

Er frißt in Stangenholz und nur in dessen gelber abblätternder dünner Spiegelrinde, wie im Gipfel alten Holzes. Sein Fraß fällt, wenn erheblich, durch die vielen weißen Flecke — als wenn die Stämme mit Kalt bespritzt wären — und die kurzen buschigen Triebe sofort in die Augen; er befällt namentlich unterdrücktes Holz — und dies nur soweit die Rinde zart ist; hier findet man die charakteristischen dünnen schwarzen Schnörkellarvengänge unter dem grünem Baste. Sonstige Lebensweise wie bei p. notatus. Der Käfer verursacht unter Umständen sehr bedeutenden Schaden in Kiefernstangenhölzern. Die befallenen Stämme müssen vor der Juni-Schwärmzeit, spätens Anfang Mai — man hat ja ein Jahr Zeit dazu — herausgehauen nnd abgefahren werden, auch muß alles Abfallreisig, in dem ich stets viel Brutmaterial gefunden habe — ausgebracht und verbrannt werden. Mit ihm zusammen frißt auch Hylesīnus minor.

Weniger wichtig ist der zuweilen in Tannen auftretende p. piceae und der an fast allen Nadelhölzern fressende p. pini.

§ 220. **Der schwarze Kiefernmarkkäfer. Hylesīnus pinipérda** (Waldgärtner).

Ein kleiner (4—4,5 mm) behaarter brauner bis schwarzer Käfer, sehr fein gestreift, punktiert und etwas runzlig, vom Borkenkäfer wie alle Bastkäfer dadurch unterschieden, daß er einen etwas spitzer zulaufenden Kopf hat. Der alte Käfer fliegt im frühen Frühjahr an geschlagenes Holz und an kränkelnde stehende Stämme und legt dort unter der Rinde — einen 8—15 cm langen

Lotgang fressend, der unten mit einer charakteristischen Krücke anfängt, — seine 100—120 Eier ab, woraus sich die jungen Käfer Juni—Juli, oft auch wieder im Herbst entwickeln und die jungen Triebe von Kiefernrandbäumen befallen, seltener weit in die Bestände hineinfliegen, die Triebe ausbohren, so daß sie oft abbrechen und mit ihnen herunterfallen. Bei eintretendem Froste bohrt sich der Käfer am Wurzelknoten in den Splint der Bäume, um zu überwintern; seltener bleibt er in den abgefallenen Trieben. Er wird also in dreifacher Weise schädlich: durch Ausbohren der Triebe (am meisten!), Zerstörung der Basthaut mit seinen Larvengängen und Anbohren des Wurzelstocks. Kenntlich ist der Fraß an den im Spätsommer unter Kiefern liegenden zahlreichen hohlen Trieben mit einem Harztrichter und schon von weitem an den stark durchfressenen und lückigen Kronen der Bestandsränder sowie an dem bis 1 cm hohen Bohrmehltrichter auf der Rinde. Bei wiederholtem oder starkem Fraß werden die Stämme wipfeldürr und gehen ein, abgesehen davon, daß meistens die Zapfenernte vernichtet wird. Die vom Markkäfer stark befallenen Kiefern zeigen infolge des Verlustes der jungen Triebe eine eigentümliche, wie beschoren, aussehende Krone, daher Waldgärtner. Besonders häufig in der Nähe von Ablagen und Holzplätzen zu beobachten.

Als bestes Gegenmittel ist das bis Ende Mai zu bewirkende Abfahren aller gefährdeten Hölzer aus dem Reviere und sorgfältige Herausnahme aller kranken und trocknen Stämme zu empfehlen: ist Abfuhr nicht möglich, so muß geschält werden; auch sucht man den Käfer auf gesunden und kranken Fangbäumen, die im Sommer bis Mitte Juli geworfen, sobald sie mit Brut besetzt, zu schälen und dann gleich wieder zu erneuern sind, wie den Borkenkäfer (siehe § 224) zu fangen. Die ersten Fangbäume müssen etwas vor den beiden erwähnten Schwärmzeiten — etwa im März und Ende Juni — mit der ganzen Krone gefällt und bald geschält werden. Die Rinde muß verbrannt werden.

§ 221. Andere Kiefernschädlinge.

a) Bastkäfer. In Kiefern werden noch folgende Bastkäfer (Hylesinus) merklich schädlich: Es wurden bereits in § 218 Abs. 4 und 5 wurzelbrütende Hylesinen genannt, von denen noch speziell der öfters in 2—10 jähr. Kiefernpflanzungen sehr schädliche H. ater genauer zu behandeln ist. Er ist glänzend schwarz, überwintert als Käfer und befällt im Frühjahr die Kulturen, indem er ober- und unterirdisch Stamm und Wurzeln so stark befrißt, daß sie verloren sind.

Gegenmittel: Da die Larven sich in Stöcken und Wurzeln entwickeln, 1—2 jähr. Schlagruhe vor der Wiederkultur, oder Stockrodung und Reinigung der Schläge wie bei H. abietis; auf den Kulturen helfen gegen ihn wie gegen die meist mit ihm zusammen fressenden oben genannten 4 anderen Hylesinen: ausgelegtes Fangmaterial wie beim großen Rüsselkäfer.

Mit H. piniperda zusammen frißt meist h. minor, der kleine Waldgärtner, nur 3—4 mm, rötlich braun mit rostroten Beinen. Schwärmt im Mai, befällt die zartrindigen Teile von Kiefernstangen und Althölzern — sowohl kränkelnde wie gesunde und verursacht Wipfeldürre und Trocknis Die Käfer zerstören die Triebe, die Larven den Bast; an den **doppelarmigen Wagegängen** leicht erkenntlich. Fluglöcher 2 reihig über und unter dem wagerechten Muttergang. Gegenmittel wie bei p. piniphilus.

b) Borkenkäfer werden auf Kiefern nicht merklich schädlich.

c) Wickler. Überall häufige und unter Umständen recht schädliche Kiefernkulturverderber, von denen die unten genannten vier in ihrer Lebensweise ziemlich übereinstimmenden Arten zu erwähnen sind. Sie belegen die Spitzenknospen junger Kiefern mit je einem Ei und die Räupchen höhlen dann die Triebe aus, welche an Umbiegen, Welkwerden und Harzaustritt leicht zu erkennen sind.

Gegenmittel: Sammeln und Verbrennen der Triebe. —

Retinia (tortrix) buolina, Kieferntriebwickler. Vorderflügel ziegelrot mit silbrigen Querbinden und Flecken, fliegt Juni—August; Raupe vernichtet im Frühjahr oft alle Quirlknospen, die halb befressenen Triebe biegen sich und wachsen oft posthornähnlich in die Höhe. R. turionana vernichtet bis zum Herbst die Gipfelknospen; R. duplana zerstört bis Juli die Maitriebe, die Mittsommer welk herabhängen. R. resinella, Harzgallenwickler frißt unter den Quirlen einen Gang bis auf das Mark, wobei eine breiige erbsengroße Harzgalle entsteht; befrißt nur Seitentriebe. 2 jährige Generation.

§ 222. Die Werre (Maulwurfsgrille, Reuterwurm) Gryllotālpa vulgaris.

Die Werre ist als Insekt und Larve von Juli—Oktober in Saatkämpen von Kiefern und Fichten, aber auch an jungen Laubholzpflänzchen in Garten und Feld schädlich. Die Larven sehen den Eltern sehr ähnlich. Man erkennt ihr Auftreten an den zahlreichen einzeln absterbenden Sämlingen und Pflänzchen, an den vielen federkiel= bis fingerdicken Gangaufwürfen und an dem unterirdischen Zirpen (des Männchens) Anfang Juni. Das wirksamste Mittel ist das Aufsuchen und Ausheben der Nester mit ihren 150—300 gelblich weißen Eiern von Anfang Juni bis Anfang Juli in den Saatbeeten oder auf benachbarten Rasenflächen, wo sie sich meist durch plätzweises Welken des Grases verraten. Man verfolgt sorgsam die Gänge immer weiter, bis sie spiralig nach unten gehen, wo man schließlich auf das etwa 10 cm tief liegende mit harter Erdkruste umgebene Nest kommt; auch das Wegfangen in bis auf den unteren Rand der Gänge eingegrabenen Töpfen hat sich in Kämpen gut bewährt.

Insektenfraß in Fichten.

§ 223. **Die Nonne. Lipäris (bombyx) mónacha.**
Abb. 12, S. 36.

Ein mittelgroßer, weißer, im Zickzack dicht schwarz gestreifter Schmetterling mit rosenroten breiten Querbinden am Hinterleib, woran er vor andern ähnlichen Schmetterlingen sofort zu erkennen ist. Die 16 füßige meist rötlich graue lang und dicht behaarte Raupe ist leicht kenntlich an einem sammetschwarzen Nackenfleck auf dem zweiten Ringe und einer dunklen, einen länglich hellen Streifen einschließenden Rückenbinde. Die dunkelbraune, schillernde, mit Haarbüscheln versehene Puppe findet sich zwischen einzelnen Fäden versponnen an Nadeln und Rinde. — Der Kot ist schmutziggrün, dick, walzig mit deutlichen Längsfurchen und Sterneindruck auf dem Querschnitt. Die Nonne fliegt Mitte Juli bis Anfang August abends bis Mitternacht sehr beweglich, legt dann in die Ritzen mittelstarker Rinde in Stangenhölzern und Baumholz 5--15 m hoch — bis zum Beginn der glatten Rinde etwa — 250 nackt überwinternde rötliche und graue Eier in Gruppen zu 10, 30 usw. bis 100 Stück möglichst versteckt ab. Aus diesen entschlüpfen, Anfang April bis Anfang Mai die kleinen Räupchen die je nach dem Standort und Wetter 1—6 Tage neben dem Neste auf der Rinde in taler- bis handgroßen Häufchen, sog. Spiegeln, sitzen bleiben, bevor sie baumen. Bis zur Halbwüchsigkeit spinnen sie. Sie fressen von Mai bis Juli, wo die Verpuppung stattfindet, nicht nur die von ihnen allerdings bevorzugte Fichte, sondern auch ebenso Kiefern und fast alle Laubhölzer und werden besonders dadurch schädlich, daß sie die (Mai-)Triebe, Knospen, Nadeln und Blätter verschwenderisch meist nur anfressen und rastlos immer neue Blätter und Triebe angehen, die dann meist absterben und herunterfallen müssen. Durch dieses unstete Fressen wird die Nonne in so furchtbarem Grade schädlich. In Kiefern frißt sie häufig mit der Forleule und Blattwespe, in Eichen mit dem Schwammspinner und Goldafter, auf Rotbuche mit dem Rotschwanz zusammen. Zuerst zieht sie ältere Stämme vor, bei Ausbreitung des Fraßes greift sie jedoch alles Holz, auch Unterholz an.

Der Fraß dauert meist drei Jahre hintereinander. Da das Insekt auch die Knospen angreift, so tritt nach Kahlfraß meist Absterben der Bestände ein.

Gegenmittel. 1. Das Töten der Raupen kann auf Kulturen, Kämpen und Unterholz vorgenommen werden, wohin die Raupen bei starken

Harzrüffelkäfer. Fichtenbaftkäfer. Fichtenborkenkäfer.

Stürmen und Winden von den benachbarten befallenen Beständen leicht übergeweht werden. Man zerquetſcht ſie am beſten mit Pinzetten, die man ſich ſelbſt aus grobem Draht biegt. Bis Ende Juni ſind ſolche Stellen fort und fort nachzuſehen und event. abzuſuchen.

2. Das Töten der Weibchen. Dieſe ſind leicht durch Größe, Farbe, fadenförmige Fühler und feſtes Sitzenbleiben kenntlich. Man ſucht ſie namentlich in ſolchen dunklen Beſtandsteilen, die in der Nähe von lichten und kahlgefreſſenen Orten ſind, überhaupt im Schatten auf, zerquetſcht ſie oder beſchmiert ſie mit in Raupenleim getauchten, an langen Stangen befeſtigten Lappen. Etwa 5—6 Tage nach dem Erſcheinen der Schmetterlinge ſind ſie dort maſſenhaft zu finden. Das Töten der erſten Spiegel, die man im erſten Frühjahr gleich nach dem Auskriechen zerquetſcht oder beſſer mit Raupenlein betupft, iſt ein gutes Vertilgungsmittel. Als natürliche Feinde haben ſich namentlich bewährt: Kuckuck, der Puppenräuber (Calosóma sycophánta) und die Raupenfliege (Tachina monáchae, silvatica und andere Schmarotzer); Meiſen und Baumläufer vertilgen ſtark die Eier und Puppen.

Ein durchſchlagendes Vertilgungsmittel haben uns leider auch die letzten großen Nonnenfraß-Kalamitäten nicht gebracht, obwohl viele vorgeſchlagen und verſucht ſind; auch die Impfung mit Bakterien und die Forſchung nach den Krankheitserregern der Nonnen iſt erfolglos geblieben. Das wichtigſte Vorbeugemittel liegt in der Erziehung gemiſchter Beſtände.

Der Harzrüſſelkäfer. **Pissodes Harcyniae**. Lebensweiſe wie bei p. notatus (§ 219); befällt kränkelnde 60—100jähr. Fichten und bringt ſie öfter zum Abſterben. Er wird wie p. piniphilus durch die weißen Harzflecke kenntlich, wird in derſelben Weiſe als Larve und Käfer ſchädlich und iſt ihm ebenſo zu begegnen. Die Fangbäume ſind ſchon im April zu fällen und bis Auguſt zu entrinden.

Der ſchwarze Fichten-Baſtkäfer. **Hylesinus cunicularius**. Gedrungen, ſchwarz, grob punktiert, befrißt Wurzel und Stamm 2—6jähr. Fichten, woran ſie oft eingehen. Der Fraß wird kenntlich am Kränkeln der jungen Pflanzen, die dann feines ſchwarzes Bohrmehl an der Fraßſtelle zeigen. Bei ſtarkem Auftreten muß man wie beim großen Rüſſelkäfer Fangkloben, Rinden uſw. auslegen und event. täglich abſuchen laſſen.

§ 224. Der Fichtenborkenkäfer (Buchdrucker).
Bóstrichus (tómicus) typógraphus (vergl. Abb. 13, S. 39)
und andere Fichtenſchädlinge.

Er iſt der zweitgrößte Borkenkäfer, hat eine walzige Form, dicken walzigen Kopf, gelbbraune bis ſchwarze Farbe, hinten am Flügelabſturz 4 Zähnchen und iſt lang gelblich behaart. Der Käfer fliegt im frühen Frühjahr, bohrt sich an dickborkigen Teilen älterer liegender und stehender, am liebsten frisch gefällter Fichten ein und begattet sich hier; dann frißt das Weibchen in dem Baste einen doppel- und dreiarmigen Längsgang, rechts und links nach und nach 30—50, ja bis 100 Eier ablegend. Die auskommenden fußlosen weißen Larven fressen recht- und spitzwinklig zum Muttergang immer breiter werdende Larvengänge, bis sie sich in einer Art Wiege verpuppen. Im Spätsommer und Herbst entwickelt sich eine zweite, ja bisweilen noch eine dritte Generation. An den zahlreichen Fluglöchern, an dem eben beschriebenen Muttergang, an den Larvengängen und an der dünnen Benadelung ist der Fichtenborkenkäfer recht deutlich zu erkennen. Meist fressen mit ihm zusammen noch viele andere Borkenkäfer und Bastkäfer in der Fichte, die jedoch weniger wichtig, an den kleinen Fluglöchern und anders gestalteten Larvengängen, die für jede Art charakteristisch zu sein pflegen, leicht zu unterscheiden sind.

Der Borkenkäfer zieht kränkelndes und frisch gefälltes Holz den ganz gesunden Bäumen vor; an abgestorbenes geht er nie, während er bei großem Fraße weder das gesunde Holz verschont noch ein meilenweites Überfliegen in andere Bestände scheut: er bevorzugt alte Stämme von 80—100 Jahren. Die Gefährlichkeit seines Fraßes liegt in vollständigem Töten der kränkelnden Stämme, die sich ohne ihn vielleicht erholt haben würden. Meist stellt er sich nach anderen Schäden — Windbruch, Schneebruch, Raupenfraß, Feuer usw. — ein, vermehrt sich in den kränkelnden Stämmen ungeheuer schnell und vollendet das von jenen angefangene Vernichtungswerk.

Vorbeugungsmaßregeln. Sie sind das eigentliche Element der Begegnung und bestehen darin, das man den Käfer — besonders nach stattgehabten Schäden — vor seiner Vermehrung abfängt evtl. alles Holz, das nicht bald abgefahren wird, entrindet. Sobald sich die schwärmenden Käfer in nur etwas bedrohlicher Menge zeigen, verleitet man sie auf sog. „Fangbäumen" zum Ablegen der Brut. Das wichtigste Vorbeugungsmittel ist natürlich sorgfältigste Wirtschaftsführung, gute Kulturen, gute Pflege und richtige Hiebsfolge, so daß keine Gefahren entstehen können. Sind diese jedoch eingetreten, so müssen die nicht zu rettenden beschädigten Stämme und Bestände sofort eingeschlagen und womöglich vor den Flugzeiten im Frühjahr und Sommer sämtlich bis auf die zu belassenden Fangbäume entrindet (an kühlen Tagen) und abgefahren werden. Die Rinden sind zu verbrennen.

Fangbäume werden 2—3 Wochen vor den Schwärmzeiten, also etwa Mitte März und Juni, mit allen Ästen an den gefährdeten Orten, namentlich in warmen Lagen, gefällt, in schattigen Lagen aber mit Unterlagen (Steinen, Knüppeln usw.) versehen, damit der Käfer auch von unten anbohren kann. Man benutzt zum Fangen zurückgebliebenes Langholz, event. auch Schichtholz, kränkelnde, unterdrückte, geschobene und gebrochene Stämme usw. Nach dem

Anfliegen hat man auch benachbarte, namentlich nicht ganz gesunde Stämme zu untersuchen. Etwa 4 Wochen nach den Flugzeiten hat man die Fangbäume, sobald man auf ihnen die ersten Verpuppungen bemerkt, über untergelegten Tüchern zu entrinden und die Rinde zu verbrennen, womöglich bei kühlem Wetter.

Je nach den wiederholt auftretenden Schwärmzeiten hat man immer wieder neue Fangbäume an den Bestandsrändern zu werfen — nötigenfalls von Monat zu Monat. Im Innern der Bestände werden liegende Fangbäume ungern angenommen; falls hier keine kränkelnden, geschobenen usw. Fichten vorhanden sind, muß man minderwertige Stämme künstlich beschädigen, um sie als „stehende" Fangbäume zu benutzen. Fangbäume werden übrigens gegen alle Borkenkäferarten angewandt.

Der Nadelholzbohrkäfer, Bostrichus lineatus, tritt wie vorgenannte oft massenhaft nach großen Wind- oder Schneebruchschäden in Fichte und Kiefer auf. Er ist 2—3 mm groß, schwarz, walzenförmig, mit gelben und braunen Linien auf den Flügeldecken. Das Weibchen bohrt einen wagerechten Gang in das Holz kränkelnder Stämme. Aus den abwechselnd oben und unten abgelegten Eiern entwickeln sich die Larven, welche nach oben und unten kurze Gänge fressen. Daraus entsteht mit dem Muttergang der charakteristische Leitergang. Bei Massenauftreten wird das Holz zu Gruben- und Papierholz untauglich.

Gegenmaßregeln wie zu dem vorhergehenden.

Die Fichtenblattwespe. **Nematus abietum**. Blaßbraune 5 mm lange Wespe, die ihre Eier an der Gipfelknospe im Mai ablegt. Die hellgrünen Räupchen leben verborgen zwischen den Nadeln, die sie im Vorsommer abfressen; die oberen Partieen der Fichten werden kahl und zeigen braune Nadelreste, die schließlich abfallen; zwischen den Nadeln fällt der gelbgrüne Kot auf. Die Puppentonne liegt am Boden. Ihr Fraß ist weit verbreitet. An jungen Fichten soll man die Räupchen so oft wie möglich abschütteln; sie können nicht wieder aufbaumen.

In Fichtendickungen wird noch der Fichtenwickler **Tortrix hercyniana** R. (Graphólitha tedella Cl.) schädlich, indem er die Nadeln ausfrißt, doch tötet er die Stämme nicht. Gegen die zahlreichen anderen Borken- und Bastkäfer hilft nur große Aufmerksamkeit auf alles kränkelnde Holz, dann Fällen und Entrinden desselben resp. das Werfen von Fangbäumen kurz vor den Schwärmzeiten. Es müssen deshalb in den Fichtenrevieren, namentlich in jedem Vorsommer, unausgesetzt gründliche Revisionen nach kranken und Wurmmehl, Harzausfluß, Fluglöcher usw. zeigenden Stämmen, die zu untersuchen und nötigenfalls gleich einzuschlagen sind, angestellt werden. Über den auch auf Fichtenkulturen sehr schädlichen großen Rüsselkäfer siehe § 218. Gegen

Rindenwickler, Zapfenzünsler, die Fichtenkotblattwespe haben wir leider keine Gegenmittel.

§ 225. Insekten auf Lärche und Tanne.

Auf der Lärche wird erheblich schädlich die Lärchenminiermotte, Tinĕa laricélla (Abb. 10.), Coleophora laricella H., der kleinste und unansehnlichste aller schädlichen Schmetterlinge. Sie befällt am liebsten 10—40 jähriges Holz, wo man ihren Fraß, bei welchem sich das Räupchen in die Nadeln einbohrt, daran erkennt, daß die Lärchen wie mit weißlichem kurzem Werg bedeckt aussehen. Man kann wenig gegen dieses Insekt tun; das einzige ist Zerquetschung der Raupen und Puppen in ihren Säckchen im April an den jungen und noch erreichbaren wertvollen Lärchen; im übrigen vertilgen die Meisen und Goldhähnchen im Winter sehr viele Raupen; deshalb ist die Schonung der Feinde das beste Gegenmittel. Ebensowenig ist gegen die Lärchenwollaus, Chermes laricis, etwas zu machen, die die Lärchen oft mit ganz schneeigem Flaum bedeckt erscheinen läßt, wie gegen den Lärchenrindenwickler, Tortrix zebeana, der die Zweige mit Gallen bedeckt.

In Tannen wird der krummzähnige Borkenkäfer, Bostrichus curvidens, oft erheblich schädlich. Er ist kenntlich an seinen wagerechten Muttergängen und stimmt in der Lebensweise sehr mit dem Fichtenborkenkäfer überein. Es wird ihm ebenso begegnet. Er frißt auch zuweilen auf Fichten und Lärchen. In beiden Holzarten werden auch noch viele andere Borkenkäfer (Bostrichus chalcographus, amitinus usw.) schädlich; auch treten viele Krebskrankheiten auf, denen man durch rechtzeitigen Aushieb der befallenen Stämme abzuhelfen sucht. Gegen den Tannen-Rüsselkäfer Pissodes piceae hilft nur rechtzeitiger Einschlag und schnellste Abfuhr. Das Entrinden genügt nicht.

Insektenfraß in Laubhölzern.

§ 226. Allgemeines.

Die Laubhölzer ernähren mehr Insekten, aber verhältnismäßig weniger schädliche als die Nadelhölzer. Maikäfer, Werre und Nonne fressen im Laubholz so gut als im Nadelholze, wenn auch weit weniger gefährlich. Der Schwammspinner kommt mehr im Laubholz als im Nadelholz vor. Die Borkenkäfer sind mit Ausnahme des im Eichennutzholz durch seine vielen kleinen Fraßlöcher oft erheblich schädlichen und unter dem Namen „der kleine Wurm" bekannten und gefürchteten Bostrichus monógraphus von keiner Bedeutung; dafür fressen aber ziemlich viel Blatt- und Rüsselkäfer. Am meisten leiden von Insekten Buche und Eiche, dann Esche, Birke, Pappel, Weide und Obst, dann Rüster, Erle und Linde; fast gar nicht Ahorn und Akazie. Es gehört zu den Ausnahmen, daß Insekten Laubhölzer in größerer Ausdehnung töten, meist verursachen sie nur Zuwachs- und Ernteverluste. Keine einzige Raupe frißt nur an einem Laubholze, sondern alle lieben die Abwechselung, wobei einige allerdings einer oder der anderen Laubholzart entschieden den Vorzug geben.

§ 227. **Der Rotschwanz (Bürstenspinner). Dasýchira (Bombyx) pudibūnda L.**

Ziemlich großer, rötlich bis gelblich weißer Schmetterling mit dunkleren Bindestreifen. Die 16 beinige rötlich bis grünlich gelb gezeichnete langhaarige Raupe ist sehr auffallend, vorn mit vier bürstenartigen gelben und hinten auf dem Schwanz einem federbuschartigen roten Haarbüschel (daher der Name „Rotschwanz") und sammetschwarzen Einschnitten. Der Schmetterling fliegt im Juni, die Raupe frißt, anfangs nur skelettierend, später die ganzen Blätter zerstörend, von Juni bis Oktober, worauf sie sich verspinnt und auf dem Boden im Kokon überwintert. Am meisten liebt sie die Buche und zwar älteres Holz; hat sie dieses kahl gefressen, so nimmt sie auch junges Holz oder alle anderen Laubhölzer an. Häufig geht nach ihrem Fraß die ganze Mast zugrunde. Das einzige Mittel dagegen ist wohl das Sammeln der Kokons im Winterlager. Die stark behaarte Raupe hat wenig Feinde, dagegen werden die Kokons im Winter stark von Krähen, Hähern und Meisen vertilgt, auch stellen ihnen viele Moder- und Laufkäfer (Staphylīnus olens, Cárabus violāceus) und Ichneumonen (Ichnenmon balticus, sehr groß) nach. Die Versuche mit Leimringen, die bei dem letzten verbreiteten Auftreten mannigfach gemacht sind, haben sich nicht bewährt. Wir stehen diesem Insekt ziemlich ohnmächtig gegenüber, der Fraß hört nach zwei Jahren meist von selbst auf und die Buchen erholen sich.

§ 228. **Der Eichenprozessionsspinner. Cnethocámpa (Bombyx) processiónēa L. Der Goldafter und der Ringelspinner.**

Ein mittelgroßer schmutzigbraungrauer mit feinen helleren und dunkleren Binden versehener Falter. Die 16 füßige Raupe ist bläulich bis rötlich grau mit rötlich braunen Wärzchen und sehr langen (giftigen!) weißen Haaren versehen. Flugzeit abends im Juli und August, die Eier überwintern an der Rinde der Eichen, die Raupen fressen von Mai bis Anfang Juli in Familien beisammen, indem sie prozessionsweise fortwährend Fäden spinnend weiter wandern und morgens sich in weiße kopfgroße Gespinnste, die sich am Stamme oder in Astgabeln befinden, zurückziehen, um sie abends zum Fraße wieder zu verlassen; seltener fressen sie am Tage. Die Raupe wird in alten und jungen

Eichen erheblich schädlich. Die Gespinste wie im Juli die Verpuppungsballen kann man mit Lumpen oder Graswischen, die oben an Stangen befestigt werden, zerquetschen oder noch besser mit geteerten Wergfackeln, die an Stangen befestigt sind, verbrennen lassen; um die Nester sicher zu entdecken, muß man ganz dicht am Stamme hinaufspähen.

Bei einem Prozessionsraupenfraße, namentlich aber bei seiner Begegnung, sind ganz besondere Vorsichtsmaßregeln für Arbeiter und Publikum nötig, da die Haare der Raupe heftige Entzündungen bei Menschen und Tieren hervorrufen können. Während eines starken Fraßes muß der befallene Ort dem Publikum vollständig verschlossen, den Arbeitern aber muß die Gefährlichkeit der Raupe vorgestellt werden, damit sie Gesicht und Hände durch Einreiben mit Öl oder Fett, den Mund durch Verbinden schützen; bereits entzündete Stellen bestreiche man mit Salmiakgeist oder Sahne, bei Reiz in der Kehle trinke man warme Milch. Bei ernsteren Erkrankungen ist jedoch sofort ärztliche Hilfe zu holen. Die natürlichen Feinde Kuckuck, Baumläufer, Buntspechte, C. sycophanta, Ichneumon instigāta usw. sind zu schonen.

Erheblich schädlich und von den Waldbäumen ebenso wie die vorige die Eiche besonders vorziehend, frißt der Goldafter, Lipäris (Bombyx) chrysorrhoēā, ein mittelgroßer atlasweißer Schmetterling mit dicker rötlich brauner Afterwolle; die dunkelbraune gelbbraun behaarte Raupe hat zwei zinnoberrote Streifen auf dem Rücken. Die Raupen überwintern in den bekannten aus versponnenen Blättern gebildeten faustgroßen Raupennestern und fressen, sobald es warm wird, sehr verderblich Blätter und Blüten der Eichen und Obstbäume bis zum Juni, wo die Verpuppung erfolgt. Einziges Vertilgungsmittel ist das Herabnehmen und Verbrennen der Raupennester im Winter und Frühjahr.

In gleicher Weise schädlich an Eichen, auch anderem Laubholz wie an Obstbäumen tritt der Ringelspinner Gastrópacha (Bombyx) neustria auf. Der gelbliche mit Querband auf den Vorderflügeln versehene Schmetterling schwärmt im Juli und legt seine zahlreichen Eier dicht verkittet ringförmig um die Zweige. Im April kriechen die blau, rot und weiß gestreiften Raupen aus und bleiben gesellig; spinnen auch zum Schutz gegen die Witterung im Frühling bis Vorsommer graue Nester in den Astgabeln. Generation einfach).

Gegenmittel. Abbrechen der mit Eiern belegten Zweige im Winter, Zerquetschen oder Verbrennen der Raupennester mit Stroh- oder Spiritusfackeln, Zerdrücken der noch kleinen in Haufen zusammensitzenden Raupen im Frühjahr.

§ 229. **Der Schwammspinner.** Lipāris (Bombyx) dispar L.

Der Schmetterling hat die größte Ähnlichkeit mit der Nonne, aber keinen roten Hinterleib. Die große lang behaarte Raupe hat 5 Paar blaue und 6 Paar rote Rückenwarzen. Die 200 bis 400 Eier überwintern in Häufchen zusammen und sind mit der schwammartigen braungrauen Afterwolle des Weibchens bedeckt. Der Falter fliegt im Juli—August, die Raupen fressen im Frühjahr und Vorsommer nicht nur alle Laubhölzer, sie befallen auch — allerdings seltener — das Nadelholz. Das Insekt hat in seiner Lebensweise, auch Fraßweise, die größte Ähnlichkeit mit der Nonne, deshalb kann man dieselben Vertilgungsmaßregeln anwenden außerdem, noch Überleimen der Eierschwämme; Ende Mai und im Juni sitzen viele Raupen oft am Stamme und in den Astgabeln haufenweis beisammen — namentlich bei schlechtem Wetter —, wo man sie dann mit Werg- und Mooslappen usw., die nötigenfalls an Stangen befestigt werden, zerquetschen kann; auch das Töten der Weibchen und Betupfen der Eierhaufen mit in Petroleum getränkten Leinwandlappen wird empfohlen.

§ 230. **Der Frostspanner und Blattspanner.** Cheimatōbia (Geomētra) brumāta und Hibernīa (Geomētra) defoliāria L.

Der erstere ist der kleine grauweiße Schmetterling, welcher im Spätherbst und Vorwinter in Laubholzwaldungen und Obstgärten in der Dämmerung schwerfällig herumflattert, um die wurmartigen langbeinigen ungeflügelten langsam am Stamm hinaufkriechenden Weibchen aufzusuchen. Im April bis Mai kommen die 10 füßigen kleinen hellgrünen weiß gestreiften Raupen aus, um Knospen, Blätter und Blüten, auch die jungen Pflanzen von Eichen und Obst so zu zerstören, daß nicht nur die Ernte verloren geht, sondern auch die Bäume ein bis zwei Jahre nachher kümmern, junge Pflanzen, ja auch ältere Bestände zuweilen ganz eingehen. Der dem Winterspanner sehr ähnliche Ch. boreata frißt oft schädlich auf Buchenaufschlag.

Viel größer und lederbraun bandiert ist der Schmetterling des Blattspanners; gut kenntlich ist dessen ziemlich große nackte rotbraune mit schwefelgelben Seitenflecken versehene 10 füßige Raupe und das kleine ganz ungeflügelte Weibchen. Er stimmt in seiner ganzen Lebensweise vollkommen mit dem vorigen überein, wird aber wegen seiner größeren Raupe fast noch schädlicher*).

Die aufbaumenden Weibchen beider Schmetterlinge werden im Herbst auf Raupen-Leimringen gefangen, die nach vorherigem Röten etwa 4 cm breit

---

*) Mit diesen beiden Spannerraupen fressen vielfach mehrere Rüsselkäferarten, namentlich der 5 mm lange metallisch grün glänzende Phyllobius (Curculio) argentatus und Ph. viridicollis — fast so groß, glänzend schwarz, zusammen auf Laubholz und richten besonders auf jungen Pflanzen oft Verwüstungen an.

und 3 mm stark Ende Oktober angelegt werden. Mit ihnen zusammen fressen auch viele andere ähnliche schwerer bestimmbare Raupen.

§ 231. **Der Eichenwickler. Tortrix viridāna** (vergl. § 30).

Ein kleiner grüner Schmetterling; die wenig behaarte 16 füßige Raupe ist dunkelgrün, schwarz punktiert, hat schwarzen Kopf; überwintert im Ei-Zustand. Die Schmetterlinge fliegen im Juni—Juli, die Räupchen fressen im Frühjahr Blätter und Blüten der Eichen, aber auch die anderer etwa eingesprengter Laubhölzer in gefährlicher Weise, so daß die Bestände oft ganz kahl werden (Berliner Tiergarten 1916—1918). Wenn die Räupchen im Juni zur Verpuppung zwischen versponnenen Blättern und Rindenritzen herabkommen, kann man sie in Massen töten. Die Raupen spinnen lebhaft baumauf, baumab, wodurch man auf sie aufmerksam wird. Die natürlichen Feinde, Star, Blaumeise, Drossel, Weidenlaubvogel, Buchfink und namentlich die Waldfledermäuse (v. noctula!) sind zu schonen. Wo einmal eingenistet, kehrt der Fraß alljährlich wieder und entlaubt den Wald. Ein wirksames Gegenmittel haben wir leider nicht; die besten Erfahrungen habe ich noch mit dem Aushängen von Berlepschen Nisthöhlen gemacht.

§ 232. **Verschiedene schädliche Laubholzkäfer.**

Unter der Rinde im Splinte der Eschen fressen noch zwei Splintkäfer, der kleine bunte und gefährliche Hylesinus fráxini (wolkig auf dunklem Grunde) und der größere braunschwarze runzlige glänzende H. crenátus; die an den Bohrlöchern und an den welkenden Maitrieben kenntlichen Randbäume soll man Anfang Juli fällen, entrinden und die in der Rinde befindliche Brut verbrennen. H. crenatus ist weniger gefährlich, da er nur kranke und alte Eschen mit dicker borkiger Rinde befällt. Gegen H. fraxini empfiehlt man auch Fangstangen Ende April und Entrinden derselben nach 2 Wochen, gegen crenatus dickborkigere alte Fangbäume, beide haben in der Regel doppelarmige Wagegänge.

Auf Birken frißt in größeren Lotgängen Eccoptogáster destrúctor Ol. und auf Rüstern der ziemlich große E. scolȳtus F. in lotrechten Muttergängen. Beide sehr ähnlich. Der Fraß ist an den vielen dicht senkrecht untereinander stehenden Löchern kenntlich. Gegenmittel: Fangbäume im August und Entrinden. In Eichennutzholz wird namentlich ein Borkenkäfer, der gefürchtete kleine Wurm Bostrichus monógraphus und der große Wurm, die Larve des größten mit mächtigen Fühlern versehenen rotbraunen Bockkäfers Cerambyx heros (cerdo) gefährlich, die Gänge in dem Eichenholz bohren; in jungen Aspen und Pappeln frißt die Larve des großen gelb und schwarz punktierten Pappelbockkäfers Sapérda carchárias, oft mit der Larve des

Wespenschwärmers Sésia apifórmis zusammen; Holzgänge an jungen Erlen frißt im Marke der Erlenrüsselkäfer Cryptorhýnchus (Curculio) lápathi, schwarz mit breiter weißer Zeichnung namentlich auf Loden und Heistern, die im Juni möglichst tief abgeschnitten und sofort verbrannt werden müssen; seine Generation ist ganz unregelmäßig; auf Kiefern und Birken Brachydéres (Curculio) incānus, der grau bestäubte Rüsselkäfer, ein mittelgroßer grauer Käfer, der massenhaft mit dem großen Rüsselkäfer gefangen wird.

Auf Pappeln, Erlen, Birken, Aspen und namentlich in Weidenhegern fressen noch erheblich folgende Blattkäfer nebst ihren Larven, indem sie die Blätter skelettieren:

Chrysomēla (Lina) tremūlae, blaßroter Käfer mit stahlblauem Halsschilde, auf Aspenwurzelbrut und Purpurweide sehr schädlich, Chr. populi: rot mit schwarzen Flügelspitzen auf Pappeln, Chrysomela (Gallerūca) capreae kleiner, gelblich braun und die etwas größere stahlblaue Chrysomela (Galleruca) alni auf Erlen, Weiden und Birken, Chr. lineola gelbbraun, unten schwarz, Chr. vulgatissima matt grünblau auf Weide. Alle diese Arten sammelt man als Käfer und Larven durch Ablesen, Abklopfen in Tücher oder mit weiten ovalen Blechtrichtern, mit der Kraheschen Fangkanne (zu beziehen von Frl. Krahe, Aachen, Steilgraben 34), oder in untergehaltene Schirme, doch mit Vorsicht, da die empfindlichen Käfer sich leicht herabfallen lassen.

Und die oben beschriebenen schädlichen Waldinsekten genau kennen zu lernen, genügt es nicht, sich deren Beschreibung einzuprägen; dazu ist eine unmittelbare Anschauung nötig, wie sie kleine Handsammlungen bieten, die sich jeder Forstmann selbst in möglichst umfangreichem Maße mit den dazu gehörigen Fraßstücken anlegen sollte.

§ 233. Die nützlichen Tiere.

Ihre Nützlichkeit besteht in der Vertilgung der schädlichen Insekten*); sie schützen den Wald meist wirksamer als Menschen und müssen deshalb vom Forstmann — wie bereits oben vielfach hervorgehoben — gehegt und geschont werden. Zu den forstlich überwiegend nützlichen Tieren gehören viele Raubvögel mit Ausnahme der Falken, Habichte und Sperber, der Adler und des Uhus, sowie der Tauben, Finken und Waldhühner; besonders nützlich sind die

---

*) Nur solche Tiere sind unbedingt nützlich, die entweder direkt von den Menschen zu irgend welchem Zwecke ge- oder verbraucht werden oder den Menschen schädliche Lebewesen beseitigen. Fälschlich hält man z. B. alle Insekten fressende Tiere für nützlich; fressen sie aber nützliche Insekten, so werden sie schädlich, fressen sie für uns gleichgültige Insekten, so sind sie uns ebenfalls gleichgültig. Es gibt im allgemeinen nur wenig wild lebende Tiere, die bei genauer Prüfung unbedingt schädlich oder unbedingt nützlich sind. Deshalb haben wir uns danach zu richten, was sind sie im gegebenen Falle überwiegend?

Höhlenbrüter, die Kletter- und viele Singvögel. Zu ihrer Erhaltung schone man möglichst die alten hohlen Bäume im Revier und hänge v. Berlepschs Nistkästen im Februar aus. Nützliche Säugetiere sind das Schwein, der Igel, der Dachs, der Maulwurf und die Fledermäuse; bei Mäusefraß muß auch der Fuchs geschont werden; ferner sind alle Amphibien mit Ausnahme der gefährlichen Giftschlangen und von den Insekten die Raub-, Lauf- und Moderkäfer, die Schlupfwespen, Wegwespen, Mord- und Florfliegen, Libellen, Spinnen und Ameisen nützlich. Manche Säugetiere und Vögel sind forstlich nützlich, aber jagdlich schädlich und umgekehrt.

II. Schaden durch Menschen.
§ 234. Allgemeines.

Es gehört zu den wichtigsten Dienstpflichten der Forstbeamten, den Wald gegen seinen Hauptfeind, den Menschen selbst, zu schützen, welcher dem Walde durch unberechtigte Nutzungen oder Überschreiten der berechtigten Nutzungen, bös- oder mutwillig, aus Unkenntnis oder Unvorsichtigkeit auf alle mögliche Art und Weise Schaden zufügt. Den Schutz des Waldes gegen Menschen nennt man Forstpolizei; dieselbe gründet sich auf allgemein gültige Straf- oder Forstpolizeigesetze (vergl. das hinten angeheftete Forstdiebstahls- und Forst- und Feldpolizeigesetz) oder auf nur lokal gültige Forst- oder Polizeiverordnungen und Dienstvorschriften, von denen sich der Beamte die genaueste Kenntnis verschaffen muß, um die in jenen Gesetzen und Verordnungen gegen die Übeltäter angedrohten Strafen mit Hilfe des Richters oder der Behörden in Anwendung zu bringen.

A. Übergriffe der Berechtigten.

§ 235. Wo die Wälder noch mit Berechtigungen Dritter (Servituten), wie Holz-, Weide- und vielseitigen Nebennutzungsberechtigungen belastet sind oder wo einzelnen Menschen freiwillig derartige Nutzungen unentgeltlich oder gegen Bezahlung gestattet sind, liegt die Gefahr nahe, daß jene aus Eigennutz die berechtigten oder erlaubten Nutzungen überschreiten (sog. Kontraventionen); daher ist eine unausgesetzte Kontrolle und Beaufsichtigung bei der Ausübung nötig, und der Beamte hat sich von dem Umfang der Berechtigungen aus den vorhandenen Berechtigungsnachweisungen, Urkunden, Verträgen, den bestehenden gesetzlichen oder polizeilichen Bestimmungen über Waldservituten event. durch seinen Vorgesetzten genau zu unterrichten. Wenn Nutzungen unentgeltlich oder gegen Bezahlung gestattet sind, so müssen die betreffenden stets einen Ausweis-(Legitimations-)zettel bei sich führen, der Person, Gegenstand und Umfang der Nutzung genau bezeichnet. Jeder, der in den Staatsforsten ohne Berechtigung (Legitimationszettel) derartige Nutzungen ausübt, ist strafbar (vergl. §§ 40—42 des Feld- und Forst-Polizeigesetz*) und §§ 62 bis 64 der J. f. F).

§ 236. a) Übergriffe Holzberechtigter.

Die Holzkäufer und ihre Fuhrleute sind stets unter aufmerksamer Kontrolle zu halten, da sie sich oft folgende Überschreitungen oder unberechtigte Anmaßungen zu Schulden kommen lassen; das gekaufte Holz fahren sie nicht rechtzeitig ab, so daß es bei den Kulturen belästigt oder schädliche Insekten anlockt, beim Abfahren entwenden sie gern kleinere Nutzhölzer, z. B. Peitschenstiele, zum Aufladen Hebebäume und Schichthölzer oder im Gebirge Hemmscheite, sie wählen kürzere Wege durch Bestände oder Schonungen, fahren nicht auf, sondern neben den Wegen, wenn dies bequemer ist, spannen ihr Vieh während des Aufladens aus und lassen es umherlaufen, so daß es durch Verbeißen und Zertreten schadet, fahren unrichtiges Holz ab und stehlen fremdes Holz dazu, führen den Verkaufszettel nicht bei sich, fahren an unerlaubten Tagen oder Tageszeiten ab usw., kurz, sie verletzen die allgemeinen und besonderen Bestimmungen über die Art und Weise der Abfuhr, wie sie beim Verkaufe und sonst kundgegeben sind.

Auf alle solche Überschreitungen ist streng zu achten, auch wird bezüglich etwaiger Beschädigungen des Waldes in Erinnerung gebracht, was im Waldbau über Räumung der Niederwald- und Buchenbesamungsschläge gesagt ist. Alle Schläge sollen im Interesse des Forstschutzes so zeitig geführt resp. verkauft werden, daß sie im Laubholze vor dem Ausbruch desselben, in Nadelholzbeständen vor Juni geräumt werden können; ist das unmöglich, so muß das Holz gerückt und die Nadelhölzer müssen außerdem noch geschält werden, soweit sie nicht zu Fangbäumen dienen.

Auf sorgfältigste Schonung des Waldbodens ist selbstverständlich ein Hauptaugenmerk zu richten; die Wege und Brücken sind zu diesem Zwecke stets in gutem Zustande zu erhalten und über notwendig werdende Wege- und Brückenverbesserungen ist rechtzeitig dem Vorgesetzten Meldung zu machen.

Die eingehenden Vorschriften für die Staatsforsten hierüber finden sich außer in den Verkaufsbedingungen in der Preußischen Dienstinstruktion für Förster**) vom 23. Oktober 1868, §§ 56—63 und §§ 35, 36, 38, 39, 43 des F. u. F. P. G.

---

*) Wo künftig das Feld- und Forstpolizeigesetz v. 1. April 1880 zitiert wird, geschieht dies mit den Abkürzungen F. u. F. P. G., das Forstdiebstahlsgesetz mit F. D. G., die Dienstinstruktion für Förster mit J. f. F., St. G. B. für „Strafgesetzbuch", A. L. R. für „Allgemeines Landrecht", B. G. B. für „Bürgerliches Gesetzbuch", St. P. O. für „Straf-Prozeß-Ordnung".

**) Zu beziehen sind alle Preußische Instruktionen usw. von Julius Springer, Berlin W Linkstraße.

Die Übergriffe der Berechtigten auf Bau-, Nutz- und Brennholz sind auf Grund der bestehenden Bestimmungen zu verfolgen.

Raff- und Leseholzsammler, denen diese Nutzung freiwillig gestattet ist, sammeln gern stärkeres (über 7 cm) und noch nicht abgestorbenes Holz, bedienen sich unerlaubter Werkzeuge und Transportmittel, sammeln an unerlaubten Tagen und Tageszeiten oder ohne Legitimationszettel oder in Schlägen, bevor ihnen diese ausdrücklich geöffnet sind. Namentlich schädlich ist das unvorsichtige Abbrechen von Ästen in den Kronen (mit Haken), wodurch Verwundungen und damit Fäulnis, Schwarzästigkeit und Schwamm hervorgerufen werden können. Alle derartigen Übergriffe müssen durch die Schutzbeamten verhindert werden (§ 63 der J. f. F.) oder man gibt zuverlässigen Sammlern die Alerssche Flügelsäge in die Hand — wie das anderseits empfohlen wird (vergl. § 171), um Schaden zu verhüten und den Holzwert zu steigern. Kein Berechtigter darf den Gegenstand seiner Berechtigung veräußern oder anders verwerten.

§ 237. b) Übergriffe Weideberechtigter.

Wenn die Waldweide auf Grund von Berechtigungen ausgeübt wird, so gelten die darüber bestehenden besonderen Bestimmungen. Ist sie dagegen unentgeltlich oder gegen Zahlung, wie dies in futterarmen Gegenden oft nicht zu umgehen und im allgemeinen Interesse auch nicht zu verweigern ist, gestattet, so muß sie streng überwacht werden, weil sie sonst dem Walde durch Verbeißen wertvoller Holzarten schädlich werden kann.

Folgende Regeln sind zu beachten:

1. Das Vieh darf nie ohne Aufsicht, sondern nur unter durchaus unbescholtenen und zuverlässigen Hirten weiden, auch nie einzeln, sondern in Herden zusammen.

2. Es darf nur die erlaubte Gattung und Stückzahl Vieh eingetrieben werden, über die Buch zu führen (im Weidebuche) und unausgesetzt Kontrolle zu üben ist. Pferde, Schafe und namentlich Ziegen sind nie zur Waldweide zuzulassen, überhaupt streng zu verfolgen, sobald sie im Walde betroffen werden.

3. Die Gras- und Weidenutzung ist nur vom Mai bis Oktober zu gestatten, die Masthütung vom 15. Oktober bis 1. Februar.

4. Kulturen, Pflanzungen, Brücher, Samenschläge usw. sind, bis sie dem Maule des Viehes entwachsen sind, in Schonung zu legen; auch sind feste Viehruhen in hohem schattigen Holze, wo kein Schaden geschehen kann, anzuweisen. Die Schonungen sind deutlich durch Wische abzugrenzen, welche man auf Stangen steckt oder an angrenzenden Bäumen so hoch anbindet, daß sie schwer zu erreichen sind. Wo Grenzüberschreitungen des Viehes häufig vorkommen oder wenn Vieh viel oder regelmäßig an Schonungen vorbeigetrieben

Übergriffe bei Nebennutzungen usw.

wird, muß man daselbst Zäune errichten oder genügend tiefe Gräben mit Erdauswurf nach der Schonung hin ziehen lassen.

5. Die Weidestriche müssen den Hirten, um Irrtümer und Ausreden abzuschneiden, genau örtlich angewiesen werden. Der Hirt soll in diesen mit dem Weidegang nach einer bestimmten Reihenfolge wechseln. (Vergl. § 64 d. J. f. F., §§ 14, 15, 25, 69, 71 des F. u. F. P. G., § 369⁹ St. G. B., §§ 229, 230, 858—862 B. G. B.).

§ 238. c) Übergriffe bei anderen Nebennutzungen.
(Vergl. auch unten Forstbenutzung.)

Ist die Grasnutzung gestattet durch Verpachtung oder Ausgabe von Zetteln, so müssen bestimmte Distrikte an bestimmten Tagen hierfür geöffnet werden und ist die Art der Nutzung — ob nur gerupft, ob gesichelt oder ob gemäht werden kann, vorzuschreiben. Aus Unachtsamkeit oder aus Rache werden hierbei öfter Pflanzen beschädigt; dies ist scharf zu überwachen und zu bestrafen. (Vergl. F. u. F. P. G. § 24 u. § 63 d. J. f. F.).

Bei Abgabe der Waldstreu ist die allerstrengste Kontrolle zu üben und es sind genau die einzelnen Stellen, wo die Streu entnommen werden kann, anzugeben; solche Stellen sind Laubanhäufungen, Schonungsränder (gegen Feuergefahr), Gräben, Wege und Gestelle, dichte Beer- und Heidekrautstellen, Trockentorfansammlungen, Mulden, bruchige und verangerte Plätze; nie darf eine Stelle im Bestande durch Streuabgabe ganz vom Humus entblößt werden. In Beständen, die jünger als 50 Jahre, ist die Streunutzung auszuschließen, ebenso 5—10 Jahre vor dem Abtriebe; eiserne Harken oder solche mit sehr engen Zinken (unter 6 cm) sind zu verbieten. Bei der Streunutzung soll der Beamte, mehr als bei jeder anderen Nutzung, soweit es irgend möglich ist, persönlich zugegen sein. Bestrafungen nach dem noch gültigen Waldstreugesetz vom 5. März 1843 (für die 6 östlichen Provinzen) und § 96 des F. u. F. P. G., § 63 b J. f. F., § 1⁴ F. D. G.

Beim Sammeln und Pflücken der Waldsämereien werden leicht die Bäume durch unvorsichtiges Anschlagen mit der Axt, durch Herabreißen, Abbrechen und Abhauen der samentragenden Zweige und Gipfel, auch wohl beim Besteigen unnötig und stark beschädigt. Dies muß man durch strenge Aufsicht und das Verbot des Mitbringens scharfer Instrumente verhindern; auch sollen die Zweige nie herunter- sondern stets heraufgebogen werden. Im übrigen siehe J. f. F. §§ 62—64.

Alle unter a—c genannten Übertretungen finden ihre Bestrafung auf Grund des hinten angehefteten Feld- und Forstpolizeigesetzes vom 1. April 1880 oder der daneben noch gültigen besonderen Verordnungen, Gesetze usw., die auf jeder Oberförsterei einzusehen sind; die Übertretungen werden in das Rügebuch eingetragen. Da sie jedoch nur Kontraventionen sind, so dürfen sie nicht in die Forstdiebstahlsstraflisten übertragen werden, sondern gehören in die Kontraventionslisten; wo solche nicht geführt werden, sind besondere Anzeigen zu erstatten. Die Bestrafung erfolgt in der Regel durch die Polizeibehörden (Amtsvorsteher, Bürgermeister) im Strafverfügungsverfahren; wird Widerspruch erhoben, auf Antrag des Amtsanwaltes durch das Schöffengericht.

B. Übergriffe der Unberechtigten.
§ 239. a) Der Grenznachbarn.

In jedem Jahre hat der Schutzbeamte eine genaue Revision der Grenzen vorzunehmen und den betr. Bericht (Rapport) bis Ende Juni dem Oberförster einzureichen. Die Grenzen sind dann eventl. ordnungsmäßig wiederherzustellen. Vor allen Dingen müssen die Grenzen dauernd und deutlich durch Gräben, Grenzsteine, Grenzpfähle oder Hügel usw. festgelegt werden oder es müssen natürliche Grenzen, feste Wege, Flüsse, Schluchten usw. vorhanden sein.

Die Grenzzeichen müssen stets in gutem Zustande und deutlich erkennbar sein, Grenzzüge müssen immer von aufwachsendem oder überhängendem Gebüsch so frei gehalten werden, daß man von einem Grenzzeichen bis zum anderen sehen kann; die Grenzzeichen sollen belaufs- und parzellenweis fortlaufend numeriert sein und auf denselben soll sich ein Orientierungszeichen befinden, in welcher Richtung die nebenstehenden Grenzzeichen zu suchen sind. Die Grenzen sind in besonderen Grenzvermessungsregistern und in Grenzkarten aufzunehmen und müssen von beiden Nachbarn freiwillig, sonst gerichtlich erkannt sein. Von Grenzüberschreitungen, fehlenden oder versetzten Grenzzeichen, Grenzverdunklungen usw. ist sofort dem Vorgesetzten Meldung zu machen. Vergleiche hierüber § 48 der J. f. F.; über absichtliche Beschädigung, Verrückung von Grenzzeichen, Überpflügen, Überschreitung der Grenzen und das Grenznachbarrecht vergl. §§ 274, 303, 370 des Strafgesetzbuches, §§ 24, 30 d. F. u. F. P. G. und §§ 741 ff., 909—911, 919—923 B. G. B.

Folgende gesetzliche Bestimmungen sind noch von Wichtigkeit: Grenzraine oder Grenzgräben sollen zwischen verschiedenen Besitzern 0,31 m — zwischen verschiedenen Feldmarken (Gutsbezirken) 1,26 m bereit sein. Die Mittellinie bildet bei Grenzrainen dann die Grenze. Ein Hügel ist nur dann gültiges Grenzzeichen, wenn unter ihm unverwesliche Merkmale (Glas, Kohlen usw.) liegen. Jeder kann seine Nachbarn zur Grenzerneuerung auffordern; die Kosten tragen die Nachbarn anteilig. Bei jeder Grenzberichtigung sind die Nachbarn, in Streitfällen ist der Richter zuzuziehen, um ein Protokoll aufzunehmen. Fiskalische Grenzgräben sollen ganz auf fiskalischem Boden bleiben, der äußere Bord bildet die Grenzlinie, gewöhnlich 1 m Bord-, 0,3 m Sohlenbreite, 1 m tief (Min.-Verfg. v. 5. 8. 1843).

§ 240. **b) Diebstahl an Nebennutzungen.**

Außer durch die Übergriffe der Berechtigten haben die mannigfaltigen Erzeugnisse des Waldes in viel höherem Maße durch Eingriffe und Entwendungen von seiten fremder durchaus unberechtigter Personen zu leiden. Der Diebstahl an solchen Waldprodukten, wie Gras, Kräutern, Heide, Moos, Laub und anderem Streuwerk, Kienäpfeln, Waldsämereien und Harz wird nach dem Forstdiebstahlsgesetz vom 15. April 1878, § 1[4], dem Holzdiebstahl gleich geachtet und danach bestraft. Das unberechtigte Viehtreiben in Schonungen wird nach § 368[9] des Strafgesetzbuches bestraft, nach demselben Paragraphen auch das unberechtigte Gehen, Fahren und Reiten im Walde, vergl. auch § 9 ff. des F. u. F. P. G. Außerdem bestehen für die verschiedenen Regierungsbezirke gewöhnlich besondere Forstpolizeiverordnungen, wodurch dergleichen und andere Waldbeschädigungen mit Strafe bedroht werden (Beerensammeln, was vielfach nicht bekannt*), oder es finden die Bestimmungen des im Anhang abgedruckten Feld und Forstpolizeigesetzes Anwendung; von diesen Bestimmungen hat sich der Beamte genaueste Kenntnis zu verschaffen.

Vorbeugen kann man dergleichen Entwendungen dadurch, daß man in Gegenden, in welchen ein lebhaftes Bedürfnis nach den verschiedenen Waldnebenprodukten vorhanden ist, diese Nebennutzungen unentgeltlich oder gegen eine gewisse Bezahlung unter der Kontrolle der Beamten und unter der im Interesse des Waldes gebotenen Einschränkung rechtzeitig gestattet. Man wird überhaupt mit einer entgegenkommenden Behandlung, die allerdings nötigen Falles nie der Strenge entbehren darf, welche das Interesse des Dienstes erfordert, meist weiter kommen, als mit einem harten überstrengen unfreundlichen herausfordernden und verletzenden Benehmen. Dieses verbittert das Publikum und reizt es zu Racheakten, unter denen gewöhnlich am meisten der Wald, nicht immer nur der betreffende Beamte zu leiden hat.

§ 241. **c) Diebstahl an Holz.**

Zur Vermeidung oder doch zur Verminderung des Holzdiebstahls soll dem Bedürfnisse des Publikums durch genügenden und rechtzeitigen Verkauf von Nutzholz und Brennholz, sowie durch Gewährung der Entnahme von Raff- und Leseholz Rechnung getragen werden; es sollen die Preise nicht übermäßig hoch gegriffen werden, damit der Kauf auch dem unbemittelten Publikum ermöglicht wird; in armen Gegenden tragen solche Brennholzverkäufe, zu denen nur notorisch unbemittelte Leute zugelassen werden, sehr viel zur Verminderung des Holzdiebstahls bei, auch das Überlassen von Stockholz zur Selbstwerbung.

---

*) Die Polizeiverordnungen, von Sternberg zusammengestellt, zu beziehen von J. Springer-Berlin.

Mit Ausnahme des Diebstahls an geschlagenem Holze aus dem Walde und von Ablagen, welcher unter das Strafgesetzbuch (§ 242) fällt, werden alle Holzdiebstähle nach dem Forstdiebstahlsgesetz vom 15. April 1878 bestraft, das unverkürzt im Anhang angeheftet ist.

Im allgemeinen wird nur hervorgehoben, daß der Beamte jeden Übertretungsfall sofort festzustellen und folgendes zu notieren hat:

1. Zunamen, Vornamen, Stand, Wohnort und Alter des Freblers (genaue Postadresse!).

2. Inhalt der Beschuldigung nach Tat, Gegenstand, Zeit, Ort und allen näheren Umständen, welche eine Erhöhung der ordentlichen Strafe oder eine Zusatzstrafe — namentlich nach §§ 6, 8 des F. D. G. — rechtfertigen, genaue Bezeichnung etwaiger Zeugen und etwaiger in Beschlag genommener Gegenstände sowie des Bestohlenen (genauer Tatbestand).

3. Die Zeit ist namentlich beim Übergang von Tag und Nacht genau festzustellen; die Nachtzeit bedingt erschwerende Strafe und umfaßt die Zeit vom Sonnenuntergang bis Sonnenaufgang (Dunkelheit).

4. Die Angabe des Alters muß besonders erkennen lassen, ob der Frebler über 12 und unter 18 Jahre alt oder älter als 18 Jahre ist, in zweifelhaften Fällen, namentlich bei etwa 12 oder etwa 18 Jahre (sog. kritisches Alter) alten Freblern ist der Geburtsschein zu fordern. Kinder unter 12 Jahren dürfen als Beschuldigte überhaupt nicht in die Spalten 2 und 3 der vorgeschriebenen Strafverzeichnisse eingetragen werden, sondern an ihrer Stelle die nach §§ 11 und 12 des F. D. G. mittel- oder unmittelbar für sie haftbaren Personen; die Namen dieser strafunmündigen (unter 12 Jahre) alten Personen sind in Spalte 5 unter Nr. 1 einzutragen. In jedem Falle, wo Haftbarkeit in Frage kommt, müssen die haftbaren Personen in Spalte 3 unter einem besonderen Buchstaben unter genauester Bezeichnung der Person und ihrer Postadresse eingetragen werden; auch ist festzustellen und in der Anzeige mit anzugeben, ob die Täter die nötige Erkenntnis der Strafbarkeit ihrer Handlungsweise gehabt haben. Dies ist durch geschickte Ausfragung des jugendlichen Forstdiebes meist leicht zu ermitteln. (Vergl. die Beispiele zu § 28 des F. D. G. im Anhang.)

Alle zum Forstdiebstahl geeigneten Werkzeuge, welche der Frebler bei der Zuwiderhandlung bei sich führt, gleichviel, ob sie ihm gehören oder nicht, resp. ob sie wirklich zum Diebstahl benutzt sind oder nicht, sind behufs ihrer Einziehung durch richterliches Urteil abzunehmen. Gegenstand solcher Beschlagnahme können außerdem auch andere zur Beweisführung wichtige Sachen, z. B. die Transportmittel sein.

Man hat streng Beschlagnahme und Pfändung zu unterscheiden. Gegenstände, welche als Beweismittel für eine strafrechtliche Untersuchung bedeutungsvoll sind und der Einziehung unterliegen (§ 15 F. D. G.), sind in Verwahrung zu nehmen oder sonst sicher zu stellen. Gibt die betr. Person solche Gegenstände nicht freiwillig heraus, so bedarf es nach § 94 Str. P. O. der Beschlagnahme, die dem Richter, bei Gefahr im Verzuge aber auch dem Staatsanwalt und **seinen Hilfsbeamten** (Förster usw.) zusteht. Gegen die Beschlagnahme kann der Betroffene jedoch richterliche Entscheidung anrufen. Während die Beschlagnahme also strafrechtlichen Zwecken dient — dient die Pfändung privatrechtlichen Zwecken, namentlich der Sicherstellung der Geldstrafe und des Wertersatzes.

Die Strafverzeichnisse sind für alle im Kalendermonat ermittelten Straffälle als abgeschlossenes Monatsverzeichnis dem Oberförster bis zum 5. des folgenden Monats einzureichen. Muster zu Anzeigen finden sich im Anhange unter § 28 des dort abgedruckten Forstdiebstahlsgesetzes; gleichzeitig werden auch die Kontraventionslisten mit eingereicht, die meist formularmäßig vorgedruckt den Beamten übergeben werden.

In Privatrevieren sind die Verzeichnisse nach § 26 F. D. G. schriftlich und periodisch dem Amtsanwalt einzureichen (in 2 Exemplaren); sie werden ebenfalls nach Art der Muster im Anhang gefertigt.

Sollte der Beamte den Frevler nicht kennen oder Verdacht schöpfen, daß ihm unrichtige Namen angegeben werden, oder wird ihm die Angabe des Namens verweigert, so hat er den Frevler vorläufig festzunehmen und ihn sofort seinem Vorgesetzten oder der nächsten Polizeibehörde zur Feststellung seiner Person zuzuführen*).

§ 242. Die polizeilichen Befugnisse der Forst- und Jagdbeamten.

Neben dem F.F.P.G. u. F.D.G., welche die Forsten und ihre Produkte schützen, sind andere Gesetze erlassen, welche die Beamten den Frevlern gegenüber unterstützen. Es ist namentlich das wichtige Preuß. Gesetz über den Waffengebrauch der Forstbeamten vom 31. März 1837, welches ebenfalls im Auszug hinten angeheftet ist. Als das wichtigste daraus soll hier nur angeführt werden, daß der Beamte bei Angriffen auf seine Person, bei tätlichen oder mit gefährlichen Drohungen verbundenen Widersetzlichkeiten zur Abwehrung des Angriffs und

---

*) Zur näheren Information über unsere Forst- und Jagdgesetzgebung werden empfohlen die bei Julius Springer in Berlin erschienenen preußischen Forst- und Jagdgesetze mit eingehenden Erläuterungen, namentlich das Preuß. Forstdiebstahlsgesetz und das Preuß. Feld- und Forstpolizeigesetz von v. Bülow und Sternberg, sowie „der Preuß. Forst- und Jagdschutzbeamte als Hilfsbeamter der Staatsanwaltschaft" bei J. Neumann in Neudamm von Mücke und „der Forst- und Jagdschutz von Berger" bei M. Wundermann Friedeberg N./M. sowie die vorzüglichen Ausführungen in R. Radtkes Handbuch. Abschn. XI. X. XI.; die vorstehenden Ausführungen sollen nur allgemein orientieren.

Überwindung des Widerstandes — nicht weiter —, sobald er Königl. Beamter oder im Besitze des Waffengebrauchsattestes oder auf das Forstdiebstahlsgesetz vereidigt und nicht auf Denunziantenteil gesetzt ist, auch mit erkennbaren amtlichen Abzeichen versehen resp. in Uniform ist, vom Hirschfänger Gebrauch machen, darf. Vom Gewehr darf er nur dann Gebrauch machen, wenn der Angriff oder die Widersetzlichkeit mit Waffen, Äxten, Knütteln oder anderen gefährlichen Werkzeugen oder von einer Mehrheit, welche stärker als die Zahl der anwesenden Forst- oder Jagdbeamten ist, unternommen oder angedroht wird. Von jedem solchen Falle, namentlich wenn Verwundungen oder Tötungen vorkommen, ist sofort auf schnellstem Wege dem Vorgesetzten resp. der Ortspolizeibehörde oder direkt der nächsten Staatsanwaltschaft Anzeige zu machen, nachdem für die Verwundeten die nötigste Fürsorge getroffen ist. In Abänderung des Art. 3 der Einführungsverordnung zu obigem Waffengebrauchsgesetz vom 17. April 1877 ist durch Min.-Verf. vom 14. Juli 1897 für alle mit dem Waffengebrauchsrecht versehenen Beamten bestimmt, daß auf solche Frevler geschossen werden darf, die auf der Flucht nach erfolgter Aufforderung nicht sofort ihre Schußwaffe niederlegen oder dieselbe wieder aufnehmen, aber nur wo, je nach den besonderen Umständen des Falles, in dem Nichtablegen oder Wiederaufnehmen der Schußwaffen eine gegenwärtige Lebensgefahr für die Beamten zu erblicken ist. Es sollen jedoch auch hier möglichst lebensgefährliche Verwundungen vermieden und Vorsicht gebraucht werden. Maßgebend für die richtige Befolgung dieser Verfügung ist die gewissenhafte Feststellung, ob aus dem Verhalten des fliehenden Frevlers eine Lebensgefahr für den Beamten gefolgert werden kann. Diese wird immer dann vorliegen, wenn der Verfolgte mit seiner Schußwaffe eine nahegelegene Deckung zu gewinnen sucht.

Ferner stehen die Forst- und Jagdbeamten unter dem Schutze der §§ 117 bis 119 des St. G. B., welche den Widerstand gegen dieselben in rechtmäßiger Ausübung des Amtes mit besonderen Strafen bedrohen.

Ebenfalls unter dem Schutze dieser Paragraphen stehen die Forstlehrlinge, welche von einem Königl. Oberförster auf Grund des Regulativs vom 1. Oktober 1905 angenommen sind. Sie sind in allen Forstschutzangelegenheiten als „bestellte Forstaufseher" anzusehen, welche den Forst- und Jagdschutz wie die angestellten Beamten wahrzunehmen haben. Den Waffengebrauch resp. die weiteren Befugnisse der als Hilfsbeamte der Staatsanwälte bestellten Beamten haben sie jedoch nicht. Dagegen stehen sie natürlich unter dem Schutze des § 53 Str. G. B. über die Notwehr. In Ausführung des § 153 Abs. 2 des Deutsch. Ger.-Verfass-Ges. vom 27. Januar 1877 sind **die Revierförster, Hegemeister, Förster, Forstaufseher, Forsthilfsjäger, die auf Forstversorgung dienenden Waldwärter und die Jäger und Oberjäger der**

Klaffe A¹, sofern sie regulativmäßige Anstellungsberechtigung besitzen, durch Minist.-Verf. v. 23. November 1881 zu **Hilfsbeamten des Staatsanwalts** berufen. Durch Minist.-Verf. v. 23. Juli 1883 ist diese Befugnis auch auf die Forstpolizeiserganten ausgedehnt. Alle diese Beamten haben den Anordnungen der Staatsanwälte ihres Landgerichtsbezirks Folge zu leisten.

Daneben sind sie jedoch nach den §§ 98 und 105 der Str.-P.-O. **bei Gefahr im Verzuge** auch selbständig zu Beschlagnahmungen und Durchsuchungen ermächtigt. Dieses selbständige Eingreifen soll sich jedoch im wesentlichen nur auf die Verletzungen der Forst-, Jagd-, Feld-, Fischerei- usw. Gesetze **in ihrem Schutzbezirke** beschränken. Bei **direkter Verfolgung des Täters** (unmittelbar oder nach seinen Spuren), sobald die Gesetzwidrigkeit innerhalb des Dienstbezirks der Beamten begangen und wenn **zugleich eine Verzögerung** die wirksame weitere Verfolgung **unwahrscheinlich** machen würde resp. ein vorherigen Antrag beim zuständigen Richter oder der zuständigen Polizeibehörde **nicht angängig** ist, soll der Beamte auch **außerhalb seines Dienstbezirks Beschlagnahmungen und Durchsuchungen selbständig** vornehmen. In diesen Fällen ist aber baldmöglichst der Ortspolizeibehörde (Amtsvorsteher, Bürgermeister) Anzeige zu machen.

Die beschlagnahmten Gegenstände brauchen dem Eigentümer nicht immer direkt entzogen zu werden, sondern es genügt event., wenn demselben die Beschlagnahme amtlich erklärt und damit die Verfügung über die betr. Gegenstände untersagt wird.

Bei derartigen Beschlagnahmen, die **bei** oder **nach** der Tat sowie im Laufe der Untersuchung seitens der Hilfsbeamten der Staatsanwaltschaft in **den oben erwähnten Fällen** stattfinden können, muß der betr. Beamte innerhalb drei Tagen die Bestätigung des Richters nachsuchen, wenn weder der davon Betroffene noch ein erwachsener Angehöriger desselben anwesend war, oder wenn gegen die Beschlagnahme ausdrücklich Widerspruch erhoben wurde. Bei Forstdiebstählen unterliegen der Beschlagnahme und zwar sowohl **bei der Tat** wie auch **nach derselben** und **selbst noch im Laufe der Untersuchung:** Äxte, Sägen, Messer usw., kurz alle zu einem Forstdiebstahl geeigneten Werkzeuge, welche der Täter **bei sich geführt** hat. (§ 15, 16 F. D. G.); **Tiere und Transportmittel** aber nur, insoweit sie zur **Sicherung der Beweisführung oder des Schadenersatzes** dienen können.

Haussuchungen können gegen Täter oder Teilnehmer, gegen Begünstiger oder Hehler in deren Wohnungen oder in beliebigen anderen Räumen zur **Ergreifung der Person** oder zur **Auffindung von Beweismitteln** gerichtet sein; auch können **die Personen selbst durchsucht** werden. Bei anderen Personen sind nur, wenn verdächtige Umstände vorliegen, Durchsuchungen zulässig und zwar behufs Ergreifung des Beschuldigten oder eines Entwichenen, zur Verfolgung der Spuren einen strafbaren Handlung oder zur Beschlagnahme bestimmter Gegenstände.

Diese Beschränkung findet keine Anwendung auf die Räume, in welchen der Beschuldigte ergriffen ist oder die er auf der Flucht betreten hat. Zur Nachtzeit vom $\frac{1. April}{30. September}$ von 9 Uhr abends bis 4 Uhr morgens und vom $\frac{1. Oktober}{31. März}$ von 9 Uhr abends bis 6 Uhr morgens dürfen Haussuchungen nur bei **Verfolgung bei frischer Tat**, bei **Gefahr im Verzuge**, bei **Ergreifung eines Entwichenen** oder bei **unter Polizeiaufsicht Befindlichen** stattfinden.

Soweit dies möglich, sollen die Hilfsbeamten der Staatsanwaltschaft bei Nichtanwesenheit des Richters oder Staatsanwaltes bei Haussuchungen einen Gemeindebeamten oder zwei Gemeindemitglieder, welche aber nicht Sicherheits- oder Polizeibeamte sein dürfen, zuziehen, auch ist dem von der Durchsuchung Betroffenen auf Verlangen eine schriftliche Mitteilung von dem Grund der Durchsuchung sowie ein Verzeichnis der in Verwahrung oder in Beschlag genommenen Gegenstände nach der Durchsuchung zu übergeben. Der Inhaber der zu durchsuchenden Wohnung resp. sein Vertreter oder ein erwachsener Angehöriger, Hausgenosse oder Nachbar ist möglichst zuzuziehen.

Wird jemand auf frischer Tat betroffen oder verfolgt, so ist, wenn er der **Flucht verdächtig** oder **unbekannt** ist, **jedermann zu seiner vorläufigen Festnahme** befugt; derselbe ist jedoch unverzüglich dem zuständigen Amtsrichter vorzuführen (durch die nächste Polizeibehörde, also Amtsvorsteher, Bürgermeister, nicht Ortsvorsteher).

§ 243. Viehpfändung, Töten und Vergiften von Hunden, die wichtigsten strafrechtlichen Bestimmungen.

Folgende besondere Bestimmungen sind noch zu beachten:

Die Viehpfändung ist zulässig nach den §§ 10, 17, 77—87 des F. u. F. P. G. v. 1. April 1880, ferner nach § 368[9] des St. G. B. Es kann soviel Vieh gepfändet werden, als zur Deckung des Schadens, Ersatzgeldes und der Kosten nötig erscheint. Von jeder Pfändung ist binnen 24 Stunden der Ortspolizeibehörde Anzeige zu erstatten, die dann entscheidet.

Für das Recht zum Töten und Fangen der in fremden Revieren frei umherlaufenden Hunde kommen zuerst in Preußen die Provinzgesetze und dann das Allgem. L. R. II. 16. §§ 64—67 in Betracht; ja! unter bestimmten Voraussetzungen ist das Töten von Hunden auch als Aus=

fluß des Privatrechts nach § 228 B. G. B. gestattet (Legen von Gift). In den alten Provinzen stammen die Prov.-Forst- und Jagdordnungen meist aus dem Ende des 18. und Anfang des 19. Jahrh. Ihre bezüglichen Bestimmungen sind sehr verschieden und jeder Beamte muß sich von den in seiner Provinz geltenden Kenntnis verschaffen. Das A. L. R. verbietet in seinem Geltungsbereich das Umherlaufenlassen von ungeknüppelten Hunden und gestattet das Töten derselben dem Jagdberechtigten; der Eigentümer muß sogar noch Schußgeld zahlen. Während der Jagd bloß überlaufende Jagdhunde und solche Jagdhunde, die an der Grenze nicht mit Vorsatz gelöst sind, können nicht getötet, sollen aber eingefangen werden (Pfandgeld). Der Gegenstand ist ziemlich verwickelt. Zur näheren Information verweise ich auf: „Jos. Bauer: Das in Deutschland geltende Recht, revierende Hunde und Katzen zu töten". 3. Aufl. bei J. Neumann, Neudamm und R. Radtke, Handbuch, das. 4. Aufl. S. 627—636.

Das Legen von Gift gegen Raubzeug, wildernde Hunde und Katzen ist im allgemeinen in Preußen — ausgenommen Provinz Hannover — dem Jagdberechtigten und seinen Beauftragten (Schutzbeamte, Lehrlinge) gestattet, falls dies nicht besondere Verordnungen ausdrücklich verbieten und die Rechte anderer nicht verletzt werden.

Nicht jagdbares Raubzeug kann jeder Besitzer vergiften, dies gilt z. B. unter Umständen sogar vom Fuchs, wo er nicht zum jagdbaren Wild gehört. Jetzt ist er wohl überall jagdbar.

Die Ausübung der Jagd während der Gottesdienststunden ist wenigstens während des Vormittagsgottesdienstes verboten, meist auch während des ganzen Sonntags die geräuschvollen Jagden (Hetz- und Treibjagden).

Das unbefugte Schießen an bewohnten oder besuchten Orten und das feuergefährliche Schießen an Gebäuden ist nach St. G. B. § 367[8] zu bestrafen.

Der unentgeltliche Jagdschein des Forstschutzbeamten berechtigt diesen auch an allen fremden Jagden teilzunehmen.

Der Forstbeamte kann sein Waffenrecht auch außerhalb der Forst gegen widersetzliche Kontravenienten gebrauchen, sobald er in Uniform ist; er kann einen Jagdkontravenienten auch in ein fremdes Revier und zwar mit schußfertigem Gewehr verfolgen.

Die preußischen vereidigten Jagdbeamten sind berechtigt, den verdächtigen Jagdfrevler anzuhalten, nach versteckten Jagdwerkzeugen zu durchsuchen und ihm dieselben eventuell mit Gewalt abzunehmen.

Als Nachtzeit im Sinne des § 293 des Str. G. B. ist die Zeit der Dunkelheit, nicht die Zeit von Sonnenuntergang bis Sonnenaufgang zu verstehen, also auch noch die Dämmerung.

Über die Fischereivergehen vergl. namentlich die §§ 125—130 des Fischereigesetzes vom 11. Mai 1916 nebst den betr. provinziellen Verordnungen sowie Str. G. B. §§ 296, 296a, 370; außer den bereits erwähnten Gesetzen, also §§ 1—18, 23 und 26 des Forstdiebstahlsgesetzes vom 15. April 1878, §§ 1—47, 62—68, 77—81 des Feld- und Forstpolizeigesetzes vom 1. April 1880, dem Waffengebrauchsgesetz von 31. Mai 1837 und den damit im Zusammenhange stehenden Bestimmungen des Strafgesetzbuches §§ 113, 117—119, 211—233 hat der Forstbeamte sich noch mit den §§ 123, 134, 137, 240 bis 243, 257—260, 274, 289, 292—296, 303—305, 308—310, 321, 324, 325, 360, 361⁹, 366, 367, 370, des Strafgesetzbuchs, der Jagdordnung vom 15. Juli 1907, den Bestimmungen der Strafprozeßordnung vom 1. Februar 1877 über Beschlagnahme und Haussuchungen §§ 94, 95, 98, 102—107, über Verhaftungen und vorläufige Festnahme §§ 102—132, deren wesentlicher Inhalt im obigen bereits mitgeteilt ist, namentlich mit den provinziellen und lokalen Polizeiverordnungen über Forstschutz genau bekannt zu machen.

Merke: Bei Verfolgung auf frischer Tat unbekannten Personen gegenüber, bei Gefahr im Verzuge kannst du zu jeder Tageszeit und in alle Räume hin auch allein die strafbaren Handlungen, die in demselben Bezirk begangen sind, in und außerhalb deiner Grenzen verfolgen; in allen zweifelhaften Fällen wirst du im allgemeinen stets richtig handeln, wenn du alles tust, um die Person und alle zur Bestrafung führenden Beweismittel fest resp. sicher zu stellen. In allen schwierigen Fällen hast du stets sofort mündlich oder schriftlich deinem Vorgesetzten resp. der Ortspolizeibehörde oder der nächsten Staatsanwaltschaft zu berichten und weitere Instruktionen einzuholen; bei Gefahr im Verzuge aber selbständig nach bestem Wissen und Gewissen obigen Bestimmungen gemäß sofort energisch und umsichtig zu handeln und erst nachträglich unverzüglich zu berichten.

D. Forstbenutzung.

Literatur.

Gayer: Forstbenutzung.
Hufnagel: Holzverwertung und Holzhandel.
Stötzer: Waldwegebau.

§ 244. Einleitung und Erklärung.

Die Lehre von der Forstbenutzung begreift die Gewinnung, Verwertung und Verwendung sämtlicher Waldprodukte in sich. — Je nachdem nun das Holz als Hauptsache selbst Gegenstand der Nutzung ist oder andere Wald-

produkte — im Verhältnis zum Holze Nebenprodukte genannt —, teilt man die Forstbenutzung iu zwei Hauptteile:
1. in die Holznutzung,
2. in die Nebennutzungen,

In weiterem Sinne gehört noch in die Forstbenutzungslehre eine Besprechung der das Holz und die Nebenprodukte verarbeitenden Gewerbe, die Lehre von den verschiedenen Eigenschaften, Fehlern und Krankheiten des Holzes sowie vom Transport der Walderzeugnisse.

Die technischen Eigenschaften des Holzes.

§ 245. Unter technischer Eigenschaft des Holzes ist die besondere Eigenart zu verstehen, welche eine Holzart nach irgend einer Richtung hin verwendbar und gebrauchsfähig macht, entweder zu Bauholz oder Werkholz aller Art. Es sind nicht nur die verschiedenen Holzarten in ihren technischen Eigenschaften sehr verschieden, sondern sogar eine und dieselbe Holzart hat oft ganz verschiedene Brauchbarkeit, je nach dem Standort, auf dem sie gewachsen ist. So nehmen z. B. Holzhändler die Eichen aus einer Provinz oder aus einem Reviere, ja einem Revierteile lieber als aus einem anderen, z. B. Kiefern auf armem Sandboden sind andere als solche auf frischem lehmigem Sandboden usw. Die Verschiedenheit des Holzes ist begründet in seiner anatomischen und chemischen Zusammensetzung; von ersterer ist das wichtigste in der Botanik § 51 gesagt und es wird hier nur noch einiges zur Vervollständigung über den Gebrauchswert angeführt; man vergleiche auch Spalte 5 der Holzarten-Tabelle (§ 57). Die Erfahrungssätze des Publikums, das namentlich auf Stärke, Geradfasrigkeit, Astreinheit, Vollholzigkeit, Kerngehalt, gleichmäßigen Jahrringbau, Fehlerfreiheit, Gesundheit und guten Wuchs, Marktfähigkeit der Ware sieht — müssen für unsere Wirtschaft vorläufig maßgebender bleiben, als wissenschaftliche Untersuchungen. Um spezifisches Gewicht, Druckfestigkeit und ähnliche Dinge kümmert sich der Käufer meist herzlich wenig.

§ 246. **a) Trockenzustände des Holzes. Gewicht des Holzes.**

In dem frischen Holze beträgt der Wassergehalt bei den harten Laubhölzern etwa 40 % des Grüngewichts, bei den weichen Laubhölzern 50 %, bei den Nadelhölzern sogar bis zu 60 % (nach Th. Hartig) im Winter und wechselt nach der Jahreszeit; er ist im Winter und Frühjahr (zur Zeit des Laubausbruchs) am größten, im Sommer und Herbst am kleinsten; auch im Stamm selbst ist er verschieden, indem er in der Krone oft um die Hälfte größer ist als im unteren Stamm; je jünger das Holz — schwaches Wurzelholz, Zweige, Splint — desto saftreicher ist es. Nach dem Fällen des Holzes verliert es einen Teil des Wassergehalts und man unterscheidet danach:

1. grünes Holz etwa 40—60 % Wassergehalt,
2. waldtrockenes Holz etwa 20—30 % „
3. lufttrockenes „ „ 10—15 % „
4. gedörrtes (absolut trockenes) Holz etwa 0 % „

Frisches Holz, namentlich von schwereren Holzarten, z. B. Buche, Eiche, Ahorn usw. läßt sich besser bearbeiten als trockenes.

Von dem Grade der Feuchtigkeit ist in erster Linie auch das Gewicht des Holzes abhängig. Nach Hufnagel wiegt 1 fm in kg:

	Grün	Waldtrocken	Lufttrocken	Abs. Trocken
Eiche:	1100	890	760	610
Buche:	980	840	720	580
Birke:	840	760	640	520
Erle:	820	700	530	420
Fichte:	730	660	470	400
Kiefer:	800	730	520	450

§ 247. b) Reif- und Splintholz.

Mit dem Wasser- und Saftgehalt des Holzes hängt auch die Unterscheidung von Reif- und Splintholz zusammen; unter ersterem versteht man den inneren abgestorbenen Holzzylinder, unter Splintholz den das Reifholz umgebenden meist schmäleren und noch saftigen jüngeren Holzmantel. Dasjenige Reifholz, welches sich durch dunklere Farbe und besondere Härte auszeichnet, nennt man Kernholz.

Reifholz haben:
Fichte, Tanne, Buche im höheren Alter.

Kernholz haben:
Akazie, Eiche, Feldulme, Esche, Eibe, Wacholder, Lärche und alle einheimischen Kiefernarten.

Splinthölzer, bei denen die Kernholzbildung nur sehr schwer zu erkennen ist, sind:
Ahorn, Birke, Weißbuche, Tanne, Erle, Aspe Saalweide, Buche in der Jugend. Der Splint hebt sich hier von dem Kern nur durch seine große Wasseraufsaugungskraft ab. Das Kernholz älterer Bäume ist bei den meisten Holzarten härter und dauerhafter als Splintholz, letzteres muß deshalb beim Verarbeiten im Interesse der Dauerhaftigkeit oft entfernt werden.

§ 248. c) Widerstandsfähigkeit des Holzes.

Unter Widerstandsfähigkeit versteht man die Fähigkeit des Holzes, allen äußeren Einwirkungen zu widerstehen. Man unterscheidet folgende Arten von Festigkeit:

1. **Die Tragkraft des Holzes.** Es ist dies die Festigkeit des Holzes gegen das Zerbrechen; sie ist die wichtigste für den Bauwert des Holzes, für Zimmerleute und Stellmacher. Diese Art Festigkeit hängt vom Bau und Zusammenhang der Holzfasern ab, indem bei derselben Holzart das lang-, gerad- und gleichfaserig gewachsene Holz stets tragkräftiger ist als das kurz- und krummfaserige, ferner ist gleichförmiger Jahrringbau, Reinheit von eingewachsenen Ästen und abnormen Stellen wichtig für die Tragfähigkeit; allzu große Trockenheit schadet der Tragkraft; je zäher und elastischer das Holz, desto tragfähiger ist es; großer Harzreichtum macht das Holz brüchig; das jüngere Holz und der obere Stammteil ist tragfähiger; Winterholz soll kräftiger sein als im Sommer gefälltes, Ausdämpfen und Auskochen vermindert die Tragkraft.

Das tragfähigste Holz liefern in absteigender Reihenfolge: Eiche, Aspe, Esche, Fichte, Weißtanne; noch beim Bauen als Tragstücke verwendbar sind: harzarmes Kiefernholz und Lärchen. Durchaus tragunfähig und sehr brüchig sind: Buche und Erle.

§ 249. 2. **Festigkeit gegen Zerdrücken, Zerreißen und Zerdrehen.** Man nennt die erste Festigkeit auch „die rückwirkende"; sie kommt bei Säulen, Ständern und Pfosten, beim Wagenbau (Speichen usw.) zur Anwendung und hängt von der Dicke und Geradschaftigkeit der betreffenden Holzstücke ab; dem Zerreißen setzen die Hölzer dieselbe Festigkeit wie dem Zerbrechen entgegen, die Drehungsfestigkeit ist bei schweren, zähen und langfaserigen Hölzern (Eichen, Akazien) am größten.

Nach Gayer ist die Druckfestigkeit das sicherste Kennzeichen für die bautechnische Qualität des Holzes; er stellt als festeste Nadelhölzer hin: Lärche, Fichte, Kiefer, Tanne, Weimutskiefer; Ästigkeit schadet der Festigkeit sehr.

§ 250. 3. **Härte des Holzes.** Unter Härte des Holzes ist der Widerstand desselben gegen das Eindringen von scharfen Werkzeugen zu verstehen. Das Holz ist im allgemeinen um so härter, je spezifisch[*] schwerer es ist, je fester die einzelnen Holzfasern ineinander schließen, je zäher und je trockner es ist und je mehr Harzgehalt es hat. Langfaseriges Holz mit verschlungenem oder welligem Faserverlauf ist härter als gerad- und kurzfaseriges.

Der Widerstand gegen die Axt ist nach der Richtung, in welcher dieselbe einzudringen sucht, sehr verschieden; wenn dieselbe senkrecht auf die Längsfaser geführt wird, so ist der Widerstand am größten, in der Richtung der Längs-

---

[*] Diejenige Zahl, welche angibt, wievielmal so schwer ein Körper ist wie die gleiche Raummenge Wasser von größter Dichte heißt sein spezifisches Gewicht. Z. B. Grünes Eichenholz hat das spez. Gew. 1,1, schwimmt also nicht. Grünes Fichtenholz 0,73, schwimmt.

fasern am kleinsten, letzteren Widerstand bedingt die unten folgende Spalt=
barkeit. Schwere, dicht gebaute und harte Hölzer erfordern leichtere Äxte mit
feinerer sehr gut gestählter Schneide, leichtere, zähfaserige Hölzer schwerere
Äxte; um den Widerstand in senkrechter Richtung auf die Faser abzuschwächen,
wird der Axthieb schief geführt, damit er sich mehr der Spaltrichtung nähert;
es wird gekerbt. Gefrorenes Holz erfordert schwerere Äxte. In der senk=
rechten Richtung wirkt besser die Säge auf die Längsfaser, und zwar je fester,
härter, kurzfaseriger und frischer das Holz ist, desto besser arbeitet die Säge;
einige zähe und locker gebaute leichte Holzarten — Aspe, Birke, Weide, Pappel
— lassen sich dagegen in frischem Zustande, wie auch überhaupt, schlecht
zerschneiden.

Eine Eigentümlichkeit in bezug auf die Härte ist bei der Kiefer zu merken.
Man unterscheidet nämlich oft an der Kiefer die sog. harte und weiche Seite.
Hart ist die mehr nach außen vom Mark aus (ausgebaucht) gewachsene Seite des
Baumes; bei Randbäumen immer die Außenseite, im Bestande meist die Nord=
seite. Die harte Seite ist spaltiger und dauerhafter, ist auch kenntlich an den
rötlichen Spänen. Der Stamm muß möglichst auf die harte Seite geworfen,
das Rundstück auf die harte Seite gelegt werden, da sie dann besser spalten.
Der Spalt soll bei Rundstücken immer die harte und weiche Seite in der
Mitte trennen. Auch bei bogenförmig gewachsenen Fichten unterscheidet man
die „rotharte" Seite, ebenso sind die Fichtenäste auf der Unterseite „rothart".

Unter Zugrundelegung von Noerdlingers Untersuchungen sind folgende
Härteklassen aufgestellt:

Sehr hart:	Hart:	Weich:
Weiß= und Schwarzdorn, Maßholder, Ahorn, Hainbuche, Wald= kirsche, Mehlbeere.	Esche, Platane, Zwet= sche, Akazie, Ulme, Rot= buche, Nußbaum, Birn= baum, Apfelbaum, Els= beere, Stieleiche, Traubeneiche, Vogelbeere.	Fichte, Tanne, Schwarzerle, Weißerle, Birke, Wacholder, Lärche, Schwarzkiefer, Kiefer, Saalweide, alle Pappel= arten, Aspe, die Weidenarten und Linde.

§ 251. 4. **Spaltbarkeit.** Hierunter versteht man die Fähigkeit des
Holzes, sich in der Richtung der Längsfaser durch einen eingetriebenen Keil
trennen zu lassen; die Leichtigkeit, mit welcher diese Trennung in der Richtung
des Keiles vor sich geht, bestimmt den Grad der Spaltbarkeit.

Hauptbedingung für gute Spaltbarkeit ist Gerad= und Langfaserig=
keit (Nadelhölzer und Hölzer mit schnellem Höhenwuchs), Astreinheit, Bau
der Markstrahlen (große Markstrahlen wie bei Buche, Eiche erhöhen die

Spaltbarkeit), Feuchtigkeitsgehalt (frisches ist spaltiger); geschlossener Stand und frischer Boden begünstigen die Spaltbarkeit.

Hemmnisse der Spaltbarkeit sind: eingewachsene Äste, gedrehter Wuchs (namentlich widersonnig, d. h. von links nach rechts), Elastizität, Zähigkeit und Frost.

Den Grad der Spaltbarkeit kann man am stehenden Stamm an folgenden Merkmalen erkennen: langer Schaft, Astreinheit und gleichmäßige Abnahme nach oben, bei grobrindigen Holzarten (Eiche, Kiefer) feinere Rinde, gerades Hinaufsteigen etwaiger vorhandener oder bereits überwallter Rindenrisse, gerader und senkrechter Verlauf der ganzen Rindenbildung usw. (der Borkenrisse); nach Fällung geben Kernrisse und der gerade Verlauf der Fasern an abgehauenen Spänen oder Kloben ein gutes Zeichen für die Spaltbarkeit.

Die Reihenfolge der Spaltbarkeit ist bei den Holzarten nach Gayer folgende:

leichtspaltig:	schwerspaltig:
Erle, Linde, Kiefer, Eiche, Aspe, Tanne, Fichte, Esche, Buche, Lärche.	Ahorn, Pappel, Elsbeere, Schwarzkiefer, Maßholder, Birke, Hainbuche, Akazie, Ulme.

§ 252. 5. **Biegsamkeit.** Hierunter versteht man die Kraft, des Holzes, Formveränderungen zu ertragen, ohne zu brechen. Sie hängt von der größeren und geringeren Dehnbarkeit der Holzfaser ab. Bei der Biegsamkeit unterscheidet man je nach dem Verhalten nach dem Biegen:

α) Elastizität,

wenn das Holz nach dem Aufhören der biegenden Kraft mit größerer oder geringerer Schnelligkeit seine ursprüngliche Form wieder annimmt;

β) Zähigkeit,

wenn das Holz nach dem Biegen in der gegebenen Form verharrt.

Fast jedes Holz besitzt Elastizität und Zähigkeit nebeneinander, doch pflegt eine Eigenschaft bald mehr, bald weniger zu überwiegen, wonach wir dann das Holz je nachdem elastisch oder zähe nennen. Beide Eigenschaften stehen in demselben Stück Holz nicht unabänderlich fest, sondern wechseln besonders nach dem Feuchtigkeitsgehalt. — Trockenheit macht im allgemeinen das Holz elastisch und beschränkt die Zähigkeit, während warme Feuchtigkeit das Holz zähe macht; größerer Harzgehalt erhöht die Zähigkeit, ebenso Abwelken des grünen Holzes auf dem Stocke; Frost hebt Elastizität wie Zähigkeit auf.

Die Elastizität in Verbindung mit der Festigkeit ist, wie wir bereits gesehen haben, wichtig für die Tagkraft, also für das Bauholz, ferner für kleine Nutzhölzer; die Hölzer stehen in bezug auf die Elastizität in folgender Reihenfolge: Akazie, Linde, Aspe, Birke, Ulme, Nußbaum, Eiche, Buche,

Fichte, Esche, Ahorn; schwach elastisch sind: Lärche, Erle, Hainbuche, Tanne, Kiefer, Pappel, Weißerle. — Diese Reihenfolge bezieht sich auf den Trockenzustand der Hölzer (nach Noerdlinger).

Die Zähigkeit hängt mit der Gerad- und Langfaserigkeit und dem räumigen Zellenbau gewisser Hölzer zusammen, weshalb die leichten Hölzer zäher sind als die schweren. Wurzelholz ist zäher als Stammholz und dieses wieder zäher als Astholz, junges Holz und Splintholz ist zäher als älteres Holz und Kernholz, nasser Boden erzeugt oft brüchigeres Holz. Am zähesten sind die Stockloden von Weide, Birke, Hainbuche, Aspe, Esche Eiche, Ulme usw.; in bezug auf Zähigkeit stehen die Holzarten in folgender Reihenfolge: Birke, Aspe, Weide, Lärche, Pappel, Stangen von Eichen, Fichten und Haseln. Auf der Zähigkeit des Holzes beruht seine Verwendung zu Schachtel-, Sieb- und Fruchtmaßfabrikation, Faßreifen, Bindeweiden usw.; die Zähigkeit läßt sich durch Dämpfen erhöhen, worauf die Fabrikation der gebogenen Möbel und das Anfertigen aller gebogenen Bretter (Schiffsplanken, Kutschenkasten usw.) beruht; in durch Wasserdämpfe erweichtem Zustande gebogen und so bis zum Trocknen festgehalten, behalten sie für immer ihre Form, werden auch durch das Dämpfen viel dauerhafter.

§ 253. **6. Dauer des Holzes.** Hierunter versteht man die Widerstandskraft des Holzes allen äußeren zerstörenden Einflüssen aus der Tier- und Pflanzenwelt und den Elementen gegenüber, sowie die Fähigkeit, sich möglichst lange in gebrauchsfähigem Zustande zu erhalten.

Am meisten haben die Hölzer bekanntlich unter Fäulnis zu leiden, welche nach den Untersuchungen der Wissenschaft meist auf der Wucherung mikroskopischer Pilze (vergl. § 49, 202) beruht. Die äußerst feinen Pilzkeimchen gelangen häufig an wunden Stellen in das Holz und bilden sich, sobald sie günstige Keimverhältnisse, namentlich die nötige Feuchtigkeit und Wärme vorfinden, zwischen und in den Holzzellen üppig wuchernd fort, indem sie sich von diesen ernähren, vollständiges Zerfallen der Holzfasern bewirken. Saftvolles oder noch nicht völlig trockenes Holz ist der Fäulnis (seines größeren die Pilzentwicklung fördernden Feuchtigkeitsgehaltes wegen) weit mehr ausgesetzt als trockenes Holz.

Die Dauerhaftigkeit des Holzes hängt im allgemeinen von folgendem ab:

a) Bei derselben Holzart ist das schwerere Holz auch dauerhafter; bei den ringporigen Hölzern (Eiche, Esche, Ulme) ist Holz mit breiten Jahresringen, aber schmalen Porenkreisen und ganz feinen Poren viel dauerhafter (oft um das dreifache!) als solches mit engen Jahresringen; umgekehrt ist Nadelholz mit engen Jahresringen dauerhafter als solches mit breiten Jahresringen.

b) Je günstiger der Standort der ganzen Entwicklung einer Holzart ist, desto dauerhafter wird sie auch sein, weil sie auch schwerer zu sein pflegt, ebenso ist das im freien Stande (Oberholz im Mittelwald usw.) erwachsene Holz dauerhafter als das geschlossen erwachsene.

c) Kernholz ist dauerhafter als Splintholz, Holz von mittlerem Alter ist dauerhafter als junges und sehr altes Holz.

d) Inwiefern die **Fällungszeit** (Herbst, Winter, Sommer) von Einfluß auf die Dauer des Holzes ist, ist noch nicht endgültig festgestellt, doch ist bei Laubhölzern für die Dauer derselben wohl die Winterfällung vorzuziehen. Eingehende Versuche, die natürlich einen langen Zeitraum erfordern, sind wohl angefangen, aber nicht abgeschlossen.

e) Von größtem Einfluß auf die Dauer der Hölzer ist der Ort ihrer Verwendung, ob im Freien oder in der Erde, im Wasser, in geschlossenen Räumen, an dumpfigen, feuchten, trocknen Orten usw.

Die längste Dauer hat das Holz an trocknen Orten, oder aber besonders ganz unter Wasser; im ersteren Falle ist dasselbe möglichst frei von der fäulnisfördernden Feuchtigkeit, im letzteren Falle ist es von der Luft, in welcher die Pilzkeimchen herumschwärmen, abgeschlossen; fauliges und schnellströmendes Wasser ist jedoch schädlich.

Im Wasser dauern am besten: Eichenholz, harzreiches und engringiges Lärchen- und Kiefernholz und Erlenholz; sie können unter Wasser über 1000 Jahre ausdauern.

Bei fortdauernder Berührung mit Wasser und Luft gleichzeitig, wie z. B. Pfähle und die Pfeiler bei Wasserbauten usw., dauert das Holz am wenigsten, daher verwendet man dazu, wenn dies möglich ist, nur das obengenannte Holz, im Notfall auch Fichten- und Tannenholz.

Gegen die Einflüsse der atmosphärischen Luft und der Niederschläge sind am dauerhaftesten die Eiche und die Nadelhölzer, die deshalb beim Häuserbau, zu Zäunen und zu landwirtschaftlichen und Gartenbauzwecken am liebsten verwendet werden.

Im Erdboden dauert das Holz nur kurze Zeit, namentlich in lockerem, feuchtem und warmem Boden, z. B. in Ton, Kalk und ähnlichen Bodenarten. Es dauern außer Eiche und den Nadelhölzern am besten noch Erle und Akazie im Boden. Sehr verderblich für alles Holz sind dumpfige feuchte Räume, z. B. Bergwerke, Keller, Ställe usw., wo das Holz in kürzester Zeit der Fäulnis anheim fällt; an solchen Orten bildet sich auch häufig im Bauholze der gefürchtete Hausschwamm (Merulius lacrymans Jacq.), vor dem nur schnellste Austrocknung der befallenen Hölzer und Anstrich rettet. Sein Vorkommen ist kürzlich auch im Walde in Lagerhölzern, unter alten Brücken usw. leider festgestellt.

Westermeiers Leitfaden. 12. Aufl.

Außer den vielen Fäulnispilzen schaden dem trockenen Holz noch allerlei Käfer und Würmer, namentlich die Totenuhr, Anobium striatum, der Trotzkopf, A. pertinax, und viele andere Bohrkäfer, welche Bau- und Nutzholz (Möbel usw.) zernagen. Die Laubhölzer leiden mehr vom Wurmfraß als die Nadelhölzer.

Das ungünstigste Verhältnis, nämlich wechselnde Feuchtigkeit und Trocknis vorausgesetzt, stellt Gayer folgende Dauerhaftigkeitstabelle auf:

Sehr dauerhaft:

Eiche aus mildem Klima und freiem Stande,
Lärche, wenn sie feinringig und harzreich ist,
Kiefer, wenn sie feinringig und harzreich ist,
Schwarzkiefer, wenn sie feinringig und harzreich ist,
Akazie von warmem Standort steht der Eiche gleich.

Dauerhaft:

Kastanie als Faßholz und im Boden gut, im Trocknen vorzüglich, im Wind und Wetter schlecht,
Ulme, wurmfrei, im Trocknen vorzüglich,
Fichte, wenn sie harzreich ist,
Tanne,
Lärche mit breiten Jahrringen aus warmen Lagen,
Esche, nur im Trocknen gut.

Wenig dauerhaft:

Die breitringigen harzarmen Nadelhölzer sind nur im Trocknen gut, sonst ziemlich vergänglich,
Buche, im Nassen gut, im Trocknen dauerhaft, aber von Würmern sehr heimgesucht,
Hainbuche,
Ahorn, von Würmern ganz frei,
Erle, im Nassen vorzüglich, aber sonst sehr vergänglich und von Würmern gefressen,
Birke im Trocknen gutes Möbel- und Wagnerholz,
Aspe, nur im Trocknen,
Linde, Pappel, Hasel und Weide haben nur im Trocknen einige Dauer.

§ 254. **Mittel zur Erhöhung der Dauerhaftigkeit sind:**

Das Austrocknen entweder auf dem Stamme durch Abwelken oder Liegenlassen nach dem Fällen im Laube oder teilweises oder ganzes Entrinden von Stämmen oder Stammabschnitten.

Schutz vor Feuchtigkeit durch wasserdichte Anstriche mit Karbolineum, Ölfarbe, Kreosotöl, Holzteer, Steinkohlenteer, Firnisse usw., dazu muß das Holz jedoch erst vollkommen ausgetrocknet sein und der Anstrich vollkommen decken.

Das Ankohlen bei der Verwendung im Boden bei Pfählen, Zaunlatten usw.; soll dieses helfen, so muß der in die Erde kommende und 30 cm über demselben befindliche Teil vollständig mit einer starken Kohlendecke umgeben sein.

Das Imprägnieren oder Durchtränken mit fäulniswidrigen chemischen Substanzen, Kupfervitriol, Zinkchlorid, Quecksilberchlorid und kreosothaltigen Stoffen, wie es namentlich bei Eisenbahnschwellen und Telegrafenstangen vorkommt. Man bringt die betr. Substanzen teils durch den hydrostatischen Druck der Flüssigkeit (Verfahren von Boucherie, meist bei Kupfervitriol üblich), teils durch Dampfkraft in hermetisch abgeschlossenem Raum in das Holz. Das Holz muß gesund und mittleren Alters sein, Splintholz durchtränkt sich am besten.

§ 255. d) Schwinden, Quellen und Werfen.

Unter Schwinden des Holzes versteht man seine Raumverringerung durch Wasserverdunstung, unter Quellen die Raumvergrößerung durch Wasseraufnahme. Nachdem das Holz lufttrocken geworden ist, wechselt es stets in Wasseraufnahme und Wasserabgabe je nach dem Feuchtigkeitsgehalte der umgebenden Luft; je größer der Wassergehalt einer Holzart ist, um so mehr schwindet es; am geringsten schwindet das Holz in der Längsrichtung, schon mehr in der Richtung der Markstrahlen, am meisten im Verlaufe der Jahrringe (bis 15 %). In warmen oder geheizten Räumen schwindet das Holz am meisten. Nach Noerdlinger schwinden wenig: Fichte, Lärche, Tanne, Stieleiche, Ahorn, Kiefer, Pappel, Ulme, Kastanie, Esche, Aspe, Akazie — schwinden stark: Erle, Birke, Apfelbaum, Hainbuche, Rotbuche, Kirsche, Linde, Nußbaum.

Da das Holz in verschiedenen Richtungen schwindet, so bekommt dasselbe dabei sog. Trocken- und Schwindrisse, und zwar meist in der Richtung des Radius oder der Markstrahlen; es reißt um so mehr, je schneller es schwindet (je saftreicher es gewesen ist).

Starkes entrindetes Holz reißt mehr als schwaches, am meisten reißen Buche und Esche; man vermindert das Reißen durch langsames Austrocknen der Stämme in der Rinde oder durch nur platzweises Entrinden (Plätzen oder Bereppeln) oder allmähliches Trocknen in Rinde und Laub. Recht gut bewährt fand ich „die Anstrichfarbe der Rheinischen Holzverwertung A. G. Rheinau b. Mannheim", die das Reißen der Laubhölzer in den Schlägen vollkommen verhinderte und jetzt auch auf Holzplätzen viel angewandt wird. In ähnlicher Weise wie durch den Wasserverlust beim Schwinden, verändert sich das Holz auch bei der Wiederaufnahme des Wassers, beim sog. Quellen, wodurch das Werfen und Ziehen entsteht; letzteres steht im gleichen Verhältnisse zum Schwinden und wird namentlich durch Dämpfen und Bähen verhindert. Nadel= und weiche Laubhölzer quellen und werfen sich weniger als die harten Laubhölzer.

§ 256. e) Brennkraft des Holzes.

Hierunter ist die Wärmemenge zu verstehen, die verschiedene Holzarten in unseren Öfen zu entwickeln vermögen, wenn man die gleiche Masse in gleichem Trockenzustande die gleiche Zeit brennen läßt. Von Einfluß auf die Brennkraft einer Holzart ist sein Feuchtigkeitsgehalt — trocknes Holz brennt und heizt am besten, — seine Schwere und Güte — bei derselben Holzart pflegt das schwere und bessere Holz, d. h. solches, was auf gutem Standort erwachsen ist, brennkräftiger zu sein — seine Zusammensetzung und sein Bau — leichtere und harzreiche Hölzer brennen schnell und heiß, schwere still und andauernd —, der Gesundheitszustand — gesundes und Holz von mittlerem Alter ist brennkräftiger als junges und altes resp. krankes Holz.

Noerdlinger stellt die Hölzer in bezug auf ihre Brennkraft in folgende Reihe:

Sehr brennkräftig: Buche, Hainbuche, Birke, Akazie, harzreiches altes Kiefernholz.

Brennkräftig: Ahorn, Rotrüster, Esche, harzreiches Lärchenholz, Kastanie.

Mittelbrennkräftig: Weißrüster, gesundes Eichen= und Kiefernholz, altes Fichtenholz.

Wenig brennkräftig: Tanne, Linde, junges Fichtenholz, Erle*), Eichenanbruchholz, Aspe, Pappel, Weide.

Ein Raummeter gutes trocknes Buchenklobenholz = $6\frac{1}{2}$ Ztr. guter Steinkohle und etwa = 15 Ztr. gutem trocknen Stichtorf; 1 rm do. Nadelholz nur = etwa $4\frac{1}{2}$ Ztr. Steinkohle.

Alles Brennholz (Deputatholz) soll gleich nach der Anfuhr gut zerkleinert und an luftigem Ort aufgestapelt werden; es muß vor dem Gebrauch 1—2 Jahre austrocknen, um seinen richtigen Trocken= und Brennwert zu erhalten.

§ 257. f) Fehler, Schäden und Krankheiten des Holzes.

Hiermit sind die Holzarten in sehr verschiedener Weise behaftet, meistens beeinträchtigen sie die Verwendbarkeit in höherem oder geringerem Grade. Solche Fehler sind:

---

*) Erle ist nach anderweitigen Erfahrungen ein gutes Brennholz mit nachhaltigem milden Feuer; es wird namentlich zur Kaminfeuerung oft gesucht und teuer bezahlt.

Fehler und Krankheiten des Holzes.

1. **Kernrisse**; sie bestehen in feinen Rissen und Klüften, welche radial vom Kern nach dem Splint zu verlaufen; eine besondere Art Kernriß ist der Waldriß, welcher quer durch das Mark und den Kern geht. Kernrisse kommen mehr im unteren Stamm und bei starken Bäumen vor, namentlich bei Buchen, Eichen, Eschen, Rüstern, Kiefern und Hainbuchen; feine Risse schaden weniger, stark kernrissiges Holz wird dagegen zum Bretter= und Bohlenverschnitt untauglich.

Die Ursache ist das Schwinden des Holzes in dem Stamminnern.

2. **Frostrisse** (Eisklüfte). Sie entstehen bei plötzlicher Kälte resp. bei schroffem Temperaturwechsel durch ungleiches Zusammenziehen des Holzes; es sind lange am Stamme herunterlaufende, von der Rinde aus radial nach innen allmählich verlaufende Risse. Besonders leiden darunter starke freistehende mit größeren Markstrahlen versehene gutspaltige Hölzer, am meisten Eichen, Rüstern, Eschen, Linden und Buchen und zwar in den unteren Stammteilen. Frostrisse beeinträchtigen oft den Nutzwert bedeutend, so daß der Stamm klein gespalten werden muß.

3. **Maserholz** besteht in einem wellenförmig verschlungenen Lauf der Holzfaser, entstanden durch örtliche Wucherung vieler Stammknospen, um welche die sich neubildenden Holzfasern herumlaufen müssen, auch wohl durch Stammverletzungen und Ästungen; am ausgebildetsten bei Schwarzpappel, Ulme, Erle, Birke, Ahorn, auch bei Eiche.

Eine Abart der Vermaserung ist das sog. **Wimmerholz**, wo die Holz= faser nur wellenförmig, nie verschlungen verläuft (Buche, Erle, Eiche).

Viele Höcker, Wülste, Auftreibungen usw. bezeichnen bereits am lebenden Stamme solchen unregelmäßigen Wuchs. Wimmerholz ist zu Nutzholz unbrauch= bar, Maserholz ist dagegen bei harten Hölzern zu Möbeln und von den Drechslern oft sehr gesucht.

4. **Drehwuchs** verläuft entweder von der linken nach der rechten Seite des Beschauers rechtsgedreht oder widersonnig oder umgekehrt, er ver= läuft „mitsonnig"; man versteht darunter den spiralförmig um den Stamm gehenden Verlauf der Holz= und Rindenfasern. Gedrehtes Holz ist zu kantigem Schnitt= und Balkenholz ganz unbrauchbar, zu Ganzholz, zu wahnkantigem beschlagenem Bauholz und ganz kurzem Spaltholz dagegen sehr wohl brauchbar. Es ist ein sehr verbreiteter Fehler, seine Ursache ist noch nicht völlig aufgeklärt. Es leiden besonders darunter: Kiefer (manchmal bis zu 60% des Bestandes), Eiche, Rüster, Pappel, Fichte, in geringerem Maße auch Buche und Ulme.

5. **Hornäste** sind in den Schaft eingewachsene Äste und Zweige (Augen!); bei Nadelholz wegen Tränkung mit Harz oft steinhart; sie beeinträchtigen den Wert der Bretter, aus denen die Augen später leicht herausfallen.

6. **Baum- oder Borkenschläge** entstehen durch Rindenverletzungen aller Art und rufen meist Fäulnis hervor oder es vertrocknet der Splint unter der Wunde und es bleibt, selbst wenn Überwallung (Wülste, Kappen) eintritt, ein kurzer Spalt, der das betreffende Stück zu Faßholz und kleinem Schnittholz untauglich macht.

Bei großen Rindenverletzungen, wie sie durch Abbrechen, unvorsichtiges Fällen und Entästen (bei Durchforstungen, im Plenter- und Mittelwaldbetrieb), durch Anreißen von Lachten zur Harzgewinnung, namentlich aber durch das Schälen des Wildes hervorgerufen werden, tritt in der Regel Fäulnis hinzu; solche Stämme werden dann entweder ganz oder doch in der Umgebung der verletzten Stellen zu Nutzholz unbrauchbar; sie geben nur minderwertiges Brennholz, sog. „Anbruchholz". Zur Vorbeuge ist größte Vorsicht beim Aushiebe des Trocken- und Durchforstungsholzes, beim Rücken und Abfahren geboten. Es wird hierin leider sehr viel zum großen Schaden der Holzverwertung gesündigt.

Die Mittel, um Fehler, Schäden und Krankheiten zu verhüten, liegen einzig in der richtigen waldbaulichen Begründung und Pflege der Bestände, vor allem in der richtigen Auswahl des Standorts für jede Holzart und in der Erziehung gemischter Bestände, wo irgend möglich; es werden dann die Waldbäume sich kräftig entwickeln und den Angriffen ihrer zahlreichen Feinde siegreichen Widerstand leisten. Wo sich bei der Fällung an Nutzholzstämmen Fehler zeigen, müssen dieselben aufgedeckt werden, namentlich alle **Überwallungen, Wülste und Kappen müssen freigehauen werden**, damit die Käufer sich von dem Schaden überzeugen können und nicht nachher begründete Beschwerde führen, daß ihnen Fehler verheimlicht seien und ihnen krankes fehlerhaftes Holz als gesundes Holz verkauft sei. Vor allem aber müssen kranke Stämme bei den Durchforstungen und Trockenholz-Aushieben rechtzeitig entfernt und es muß beim Aushieb mit aller Strenge dafür gesorgt werden, daß die gesunden Nachbarstämme nicht beschädigt werden.

I. Holznutzung.

A. Gewinnung des Holzes.

a) Organisation der Holzhauer.

§ 258. 1. Annahme der Holzhauer.

Um das zu fällende Holz in entsprechender Weise vom Boden zu trennen und für den Gebrauch zurichten zu können, muß man zuverlässige und handwerksmäßig eingeübte Holzhauer in ausreichender Anzahl zur Hand haben.

Es hat die größten Vorteile, wenn man immer dasselbe Personal sich erhält, und man sucht deshalb die Holzhauer nicht nur durch guten der Bedeutung und Schwierigkeit der Holzzurichtung entsprechenden Verdienst, sondern auch durch Gewährung mancher Vorteile, wie Überlassung von billigen Pacht= ländereien, von Waldweide und allerlei Nebennutzungen, Gewährung guter Geräte, von Arbeiterwohnungen, ferner durch festere Organisation, Belohnungen usw., vor allem aber durch eine richtige angemessene Behandlung an sich und den Wald zu fesseln resp. sie in eine engere Genossenschaft zu bringen, die ihre Standesehre hoch hält. Man soll seine Forstarbeiter dauernd so stellen und behandeln, daß sie gern arbeiten und gern bleiben. Bei der Annahme von Holzhauern muß man nicht nur auf tüchtige Arbeits= kraft und gute Leistungen sehen, sondern auch auf Unbescholtenheit und Zuverlässig= keit, namentlich müssen sie durchaus ehrlich und nüchtern sein. Ob bei der Annahme mit den Holzhauern schriftliche Verträge mit Kündigungsfrist oder nur mündliche Verabredungen unter Vorbehalt jederzeitiger Entlassung geschlossen oder ob vielleicht ganze Schläge oder der Jahreseinschlag kontraktlich an Unternehmer verdungen werden, hängt von den Arbeitsverhältnissen ab. Die Aufarbeitung durch einen Unternehmer, auch durch den Käufer, falls dieser den Schlag auf dem Stamm gekauft hat, bietet viele Vorteile. Schrift= liche Arbeitsverträge, die die gegenseitigen Verhältnisse ganz klar stellen, sind geboten, wenn man es mit notorisch unzuverlässigen Arbeitern zu tun hat, wie in der Nähe größerer Städte.

§ 259. Die Arbeiterversicherungsgesetze.

Die oben geschilderten Maßnahmen zur Fürsorge der Waldarbeiter können allein nicht helfen; das Bedürfnis einer verstärkten allgemeinen Fürsorge machte sich vor etwa 30 Jahren immer dringender geltend und die endliche Frucht dieser Bestrebungen liegt heute abgeschlossen in der Reichsversicherungsordnung vom 19. Juli 1911 vor. Die Reichsversicherung will den Versicherten und ihren Angehörigen in den durch Krankheit, Unfall, Invalidität, Alters= schwäche oder Tod herbeigeführten Notlagen ein Anrecht auf standesgemäße Fürsorge gesetzlich sicherstellen.

Die Krankenversicherung bietet bis zu 26 Wochen und gegebenenfalls darüber hinaus Krankenhilfe, außerdem Wochenhilfe, Sterbegeld und gegebenen= falls Familienhilfe. Die Versicherung erfolgt bei den Krankenkassen, für die forstlichen Arbeiter bei den sog. Landkrankenkassen. Die erforderlichen Mittel werden durch Beiträge aufgebracht, die zu $1/3$ durch den Arbeitgeber, zu $2/3$ durch den Versicherten gezahlt werden.

Die Unfallversicherung erfolgt bei den Berufsgenossenschaften. An deren Stelle tritt für die forstfiskalischen Waldarbeiter die Kgl. Regierung. Diese, als Arbeitgeber, bringt die Mittel allein auf. (Die in der Dienstland= wirtschaft des Försters beschäftigten Arbeiter sind bei der landwirtschaftlichen

Berufsgenossenschaft zu versichern). Die Unfallversicherung gewährt Krankenbehandlung und Heilmittel und für die Dauer der Erwerbsunfähigkeit eine Rente, die sich nach dem Grade der Erwerbsunfähigkeit richtet. Im Falle völliger Erwerbsunfähigkeit beträgt sie $2/3$ des Jahresarbeitsverdienstes.

Die Invaliden= und Hinterbliebenen= Versicherung erfolgt bei den Versicherungsanstalten. Die Mittel werden durch Beiträge aufgebracht, die in Form der bekannten Klebemarken in den Quittungskarten nachgewiesen, und zur Hälfte vom Arbeitgeber, zur anderen Hälfte vom Versicherten gezahlt werden. Dazu kommt bei Gewährung einer Rente ein Zuschuß von 50 Mark von seiten des Reiches. Die Versicherung gewährt dem Versicherten Invalidenrente, wenn er dauernd erwerbsunfähig wird oder Altersrente vom vollendeten 65. Lebensjahr ab. Weiterhin unter bestimmten Voraussetzungen Witwen= oder auch Witwerrente, Waisenrente, Witwengeld und Waisenaussteuer.

Die eingehendere Darstellung der gesetzlichen Bestimmungen geht über den Rahmen dieses Buches hinaus. Der Beamte wird nicht umhin können, sich darüber in Radtkes Handbuch oder einer der vielen kleinen verständlichen Darstellungen zu unterrichten, die im Buchhandel erschienen sind.

Die **Pflichten des Arbeitgebers resp. seiner Beamten** (Forstbeamten) werden kurz zusammengefaßt:

1. Für die Krankenversicherung: Spätestens innerhalb 3 Tagen sind die Arbeiter unter genauer Angabe des Vor= und Zunamens, Geburtstages und =Jahres, des Tages des Ein= resp. Austritts beim Vorgesetzten oder direkt bei der zuständigen Krankenkasse an= und abzumelden. Bei kleinen Unterbrechungen bleibt der Arbeiter am besten versichert und unterbleiben dann auch die Meldungen. Im Arbeiternotizbuch ist alles zur Meldung Nötige sorgfältig einzutragen, wozu meist besondere Spalten vorgesehen sind. Wird die Arbeit unterbrochen, so ist die Ursache zu vermerken resp. in welches andere Arbeitsverhältnis der Arbeiter übertrat. Die Beiträge werden, falls nicht volle Wochen gearbeitet war, nach Beitragstagen berechnet; Sonn= und Festtage bleiben außer Ansatz; Teile eines Arbeitstages werden voll gerechnet. Bei eintretender Erkrankung werden die Beiträge nur für die ersten beiden Krankheitstage (sog. Karenz) noch berechnet, für die Sonntage aber nicht. Der Arbeitgeber zahlt $1/3$, der Arbeiter $2/3$ und event. noch Eintrittsgeld.

2. Bei der Alters= und Invalidenversicherung ist zu kontrollieren, ob nicht ein anderer Arbeitgeber zum Kleben verpflichtet ist; Kleben muß der, der den Arbeiter in der Woche zuerst beschäftigt hat. Auf den Lohnzetteln sind die Beiträge auf Grund der Eintragungen in den Arbeiterbüchern (nebst den Krankenversicherungsbeiträgen!) zu addieren und vom Lohn=

betrag abzuziehen. Das Einkleben und Entwerten der Marken erfolgt bei der Forstkasse, der die Karten bei der Verlohnung vorgelegt werden.

3. Bei der Unfallversicherung kommt es namentlich auf die rechtzeitige und richtige Anmeldung des Unfalls bei dem Vorgesetzten resp. dem Betriebsunternehmer an, wozu besondere Formulare geliefert werden, deren Vordrucke gewissenhaft und sorgfältig auszufüllen sind. Von jedem Unfall, der eine Arbeitsunfähigkeit von mehr als 3 Tagen oder den Tod zur Folge hat, ist sofort Anzeige zu erstatten (im Staatsforstbetrieb dem Oberförster), in welcher Ort und Datum des Unfalls, die Personalien des Verunglückten, die Art der Verletzung, genaue Schilderung des Unfalls, Verbleib des Verunglückten, die Krankenkasse, der er angehört, und die Zeugen des Unfalls anzugeben sind. Ist die versicherte Person getötet oder so verletzt, daß voraussichtlich der Tod oder eine Erwerbsunfähigkeit von mehr als 13 Wochen eintreten wird, so muß die Ortspolizeibehörde (Amtsvorsteher usw.) eine Unfalluntersuchung vornehmen, an welcher der Betriebsunternehmer oder sein Stellvertreter (Oberförster, Förster) teilzunehmen hat.

4. Haftpflichtversicherung. Unter Haftpflicht versteht man die gesetzmäßige Pflicht, einem anderen den durch ein zufälliges Ereignis verursachten wirtschaftlichen Schaden zu ersetzen. Solche gesetzliche Haftpflicht besteht für die Betriebsunternehmer aller Art, wie Eisenbahnen, Bergwerke, Fabriken, Land- und Forstwirte, Jagdherren usw.; in weiterem Sinne macht aber auch das Bürgerl. Ges.-B. in den §§ 823, 831—840, 842—845 und 874 haftpflichtig für eigene Handlungen und fremde Handlungen (von Angestellten, Gesinde, Haustieren) und von Sachen (Gebäude usw., die einstürzen und schädigen).

Die gesetzliche Haftpflicht ist durch die oben erwähnten Arbeiterversicherungen, insbesondere durch die Unfallversicherungsgesetze eingeschränkt insofern, als die danach versicherten Personen und ihre Hinterbliebenen einen privatrechtlichen Anspruch auf Schadenersatz nur gegen solche Betriebsunternehmer und deren Angestellte erheben können, gegen welche strafgerichtlich ein vorsätzliches Herbeiführen des Unfalls festgestellt ist. Solche Betriebsunternehmer usw. haften dann auch für alle Aufwendungen der Krankenkassen, Gemeinden, Armenverbände usw., die sie für den betr. Unfall gemacht haben; auch grobe Fahrlässigkeit im Betriebe hat dieselben Folgen.

Bei dem großen Umfang der Haftpflicht und ihren oft schweren Folgen ist dringend eine rechtzeitige Haftpflichtversicherung zu empfehlen. So können die Mitglieder des Brandversicherungs-Vereins für Forstbeamte sich bei der Mannheimer Versich.-Gesellsch. gegen Haftpflicht versichern.

§ 260. **2. Unterweisung und Disziplin der Holzhauer.**

Nur selten kann der Beamte allein die Aufsicht über die Schlagführung und die Holzhauer führen; zumal er ja durch den Forst- und Jagdschutz, die Kontrolle der Abfuhr usw. oft behindert ist; deshalb wählt er sich den zuverlässigsten, tüchtigsten, bei seinen Mitarbeitern in entschiedener Achtung stehenden Holzhauer zum Holzhauermeister (Oberholzhauer, Regimenter) aus, der in seiner Vertretung die Aufsicht im Schlage führt, ihm bei der Abnahme des Schlages, dem Numerieren, dem Vermessen und bei anderen Waldgeschäften zur Hand geht, den Lohn erhebt und auf Grund der Lohnzettel verteilt usw., wofür er nicht nur eine besondere — übrigens verschieden bemessene — Vergütung bezieht, sondern auch bei Verteilung der Arbeit, da er meist selbst mitarbeiten muß, und bei sonstigen Gelegenheiten begünstigt wird. Bei der Arbeit im Schlage verteilen sich die Arbeiter in „Rotten oder Sägen" nach eigener Wahl, welche aus zwei bis sieben Mann bestehen, meist eine gemeinschaftliche Säge besitzen, jedenfalls gemeinschaftlich arbeiten. Vor jedem Schlage sind die Holzhauer, besonders aber der Holzhauermeister, auf das genaueste zu belehren, in welcher Weise der Schlag zu führen ist, namentlich welche Art von Nutzhölzern auszuhalten ist. Außer diesen speziellen Belehrungen vor jeder einzelnen Arbeit müssen noch allgemeine Vorschriften über das Aufarbeiten und Rücken der Hölzer, das Aufsetzen und Vermessen, das Aushalten des Holzes, über Anfangszeit und Aufhören der Arbeit und Disziplinarstrafbestimmungen für Vergehen und Versehen gegeben werden, welcher sich die Arbeiter im Walde, bei der Arbeit und gegen ihre Vorgesetzten schuldig machen. Alle diese Bestimmungen werden zusammengefaßt zu der sog. meist von den Regierungen erlassenen Hauordnung, auf welche die Holzhauer bei der Annahme schriftlich zu verpflichten sind. Eine beglaubigte Abschrift erhält der Haumeister, um sie event. jederzeit bei Zweifeln und Streitigkeiten den Leuten zur Einsicht vorlegen zu können.

Die Strafen bestehen in Verweisen, in Lohnabzügen oder in Entlassung; die eingezogenen Geldstrafen werden später zum gemeinen Besten verwendet. Die Verteilung des Schlages unter die Rotten erfolgt am besten durch Verlosung der abgesteckten Teile.

Alles Holz, was von einer Rotte gefällt oder aufgearbeitet ist, wird auch von dieser gerückt und aufgesetzt, wo dann zur leichteren Kontrolle jede Rotte ihr eigentümliches Zeichen (Nummer usw.) an dem von ihr aufgearbeiteten Holz anbringen muß.

An den geltenden Bestimmungen muß seitens des Beamten streng festgehalten werden; im Schlage muß stets die größte Ordnung herrschen, es darf möglichst an einem Tage nicht mehr Holz gefällt werden als aufgearbeitet und aufgesetzt werden kann; vor Anbruch der Nacht, unbedingt aber vor den

Sonn- und Festtagen, soll alles Holz aufgesetzt sein und es darf kein zugerichtetes Stück, was in ein Schichtmaß oder einen Haufen gehört, noch frei umherliegen; das an einem Tage aufgearbeitete Holz ist immer gleich am folgenden Tage auf die Richtigkeit der Maße zu kontrollieren.

Vor vollständiger Beendigung des Schlages darf weder Holz abgegeben noch abgefahren werden, noch dürfen die Raff- und Leseholzsammler daraus Holz entnehmen. Die Holzhauer dürfen zum Feuer nur trocknes und sonst nicht weiter verwertbares Holz verbrauchen; alles Lärmen im Schlage, Zänkereien, Mitbringen größerer Mengen Spirituosen usw. sind strengstens zu untersagen. Abends beim Verlassen des Schlages sind die Holzhauer regelmäßig zu kontrollieren, ob sie nicht unerlaubtes Holz mitnehmen (Feierabendholz!) und daß die Feuer gelöscht sind; auch morgens in der Dämmerung wird vor Beginn der Arbeit oft Unfug verübt.

§ 261. 3. Verlohnung.

Die Verlohnung findet statt nach der Holzwerbungskostentaxe, welche dem ortsüblichen Tagelohn für schwere Arbeit entspricht und die in den preußischen Staatsforsten Vergütung für sämtliche Arbeiten vom Anhiebe bis zur Abnahme des Schlages begreift; neben dem Hauerlohn darf ein besonderes Rückerlohn nur dann gewährt werden, wenn das Holz auf weiter als 50 Schritt gerückt werden muß. Für jede Nummer des Hauungsplanes ist ein gesonderter Lohnzettel aufzustellen, der sämtliche Hauer- und Rückerlöhne für jedes Sortiment einzeln angibt; er wird nach Beendigung und Abnahme des Schlages endgültig festgestellt; vorher kann der Förster jedoch alle 8—14 Tage auf Grund von Vorschuß- und Abschlagslohnzetteln, die vom Vorgesetzten angewiesen werden, durch den Holzhauermeister bei der Kasse Geld erheben und an die Arbeiter verteilen; nie darf der Förster aber mehr verlohnen, als bereits aufgearbeitet ist (vergl. § 50, 51 der J. f. F.). Es ist darauf zu halten, daß der Durchschnittslohn während des Winters ein angemessener bleibt.

b) Werkzeuge der Holzhauer.

§ 262. Zum Fällen, Aufarbeiten und Roden.

α) Zum Fällen und Aufarbeiten.

Die hierzu nötigen Werkzeuge dienen entweder zum Hauen, zum Spalten oder zum Sägen. Hau-Instrumente sind: die Axt, welche zum Bearbeiten im Rohen dient und eine doppelseitige Zuschärfung der Schneide hat, das kurzstielige Beil, welches mehr zum Entästen und Reinigen dient und nur eine Schneidenschärfung hat, und event. die mit einer Hand zu führende kleine und mehr haumesserähnliche Heppe. Axt und Beil bestehen aus der eigentlichen Axt resp. Beil und dem in das Öhr des hinteren Teils

— Haus oder Haube genannt — eingesteckten Helm (Stiel); der Vorderteil der Axt setzt sich aus den beiden zusammengeschweißten Blättern zusammen, die vorn gut gestählt sein müssen und in die Schneide auslaufen. Am meisten empfehlen sich Äxte mit etwas geschwungenem und unten verdicktem (Nase) Helm mit einer von der Schneide sich etwas abwendenden Richtung, weil der Hieb dadurch wurfartiger und kräftiger wird, auch die Arme am wenigsten erschüttert werden. Man hat zuweilen zweierlei Äxte, die leichtere Fällaxt und die schwere Spaltaxt.

Das Beil und die Heppe (Faschinenmesser) kommen hauptsächlich beim Entästen und im Niederwaldhiebe vor.

Zum Spalten bedient man sich der schweren Spaltaxt, sowie eiserner und hölzerner Keile; mit ersteren arbeitet man besser, doch springen sie leichter aus: Es geschieht dies bes. bei großer Kälte, daher legen die Holzhauer die Keile zum Anwärmen ins Feuer oder bestreuen sie mit Asche oder Sand. Die hölzernen Keile fertigen sich die Arbeiter aus zähem Hainbuchen- oder Buchenholz und lassen meist oben einen eisernen Ring umlegen; hölzerne Keile werden mit der Axthaube, eiserne mit eigenen Holzklöppeln eingetrieben. (Stets Holz auf Eisen und umgekehrt).

Abb. 111.

Die Waldsägen unterscheidet man folgendermaßen*):

1. Nach der Art der Befestigung des Griffes:

    A. **Ohrsägen:** an den Enden des Sägeblattes sind Ohre zum Durchstecken der Holzgriffe angenietet (Abb. 111).

    B. **Stiftsägen:** An der Stelle der Öhre sind Stifte angeschweißt, auf welche Holzgriffe aufgetrieben werden (Abb. 112).

    C. **Bügelsägen:** An den Enden des Sägeblattes befindet sich ein rundes Loch, durch welches ein Holzpflock getrieben wird, über den man den hölzernen Bügel spannt (Abb. 113).

    D. **Sägen mit Patentangeln.**

---

*) Wer sich genauer über Sägen und Holzhauergeräte unterrichten will, lese das „Illustrierte Handbuch über Sägen und Werkzeuge der Holzindustrie", zu beziehen von der berühmten Fabrik dieser Brauche: J. D. Dominikus u. Söhne zu Remscheid-Vieringhausen, die auch alle Werkzeuge in guter Qualität liefert.

Sägen.

2. Nach der Form des Sägeblattes:
   A. Gerade Sägen, Rücken und Zahnseite sind gerade oder nur schwach gebogen.
   B. Geschweifte Sägen, bei denen sowohl Rücken= wie Zahnseite bogenförmig sein kann (Abb. 111).

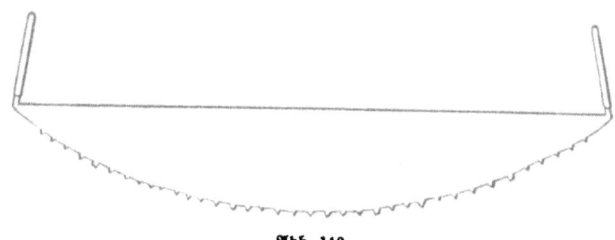

Abb. 112.

Man kann dabei unterscheiden:
   a) Bauchsägen mit geradem Rücken und gebogener Zahnseite (Abb. 112).
   b) Bogensägen mit mehr oder minder auswärts gebogener Zahn= und Rückseite (Abb. 113).

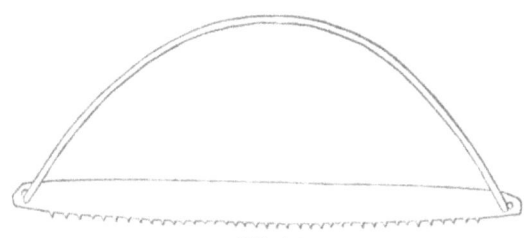

Abb. 113.

   c) Wiegensägen mit ausgebogener Zahn= aber eingebogener Rückseite. Die Stärke der Schweifung wird durch Abweichung der Krümmung von der geraden Linie in Millimetern angegeben (Abb. 111).

 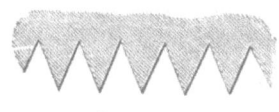

Abb. 114.   Abb. 115.

3. Nach der Art des Zahnbesatzes.
   A. Waldsägen mit M=Zähnen und zwar entweder mit hohen M=Zähnen, wenn der Zahn hoch über der Zahnlückenlinie liegt, oder mit niedrigen M=Zähnen (Abb. 114).

B. **Sägen mit Dreieck-(△)Zähnen.** Es sind dann entweder:
a) die Zähne dicht aneinander gereiht. (Geschlossener Zahnbesatz!) (Abb. 115).
b) Zwischen den einzelnen Zähnen bleiben Räume von der Breite der Zähne. (Räumer Zahnbesatz) (Abb. 114).

Eine Zahnhöhe von 18 mm und eine Zahnbasis von 13 mm bei △Zähnen leisten am meisten.

Das Blatt soll aus Tiegel-Gußstahl und richtig gehärtet sein und muß sich von der Zahnseite nach dem Rücken verjüngen. Zur Verminderung der Reibung und Verbreiterung des Schnittes werden die Sägen geschränkt, d. h. es wird abwechselnd ein Zahn nach der einen, der folgende nach der andern Seite ausgebogen, gewöhnlich um die doppelte Blattstärke; um das Sägemehl besser auswerfen zu können, werden öfter in regelmäßigen Abständen verschieden geformte stumpfe sog. Raumzähne eingefügt (Abb. 116) oder die Blätter werden durchlocht. Diese Löcher in den sog. hinterlochten Sägen liegen genau hinter den Zwischenräumen der Zähne. Sie erhalten beim Nachfeilen der Säge den richtigen Zahnabstand.

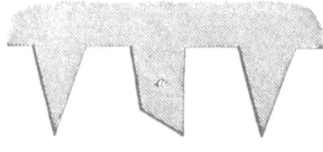

Abb. 116.

Nach den von Geheimrat Dr. Gayer angestellten Versuchen stellte sich als leistungsfähigste Säge eine solche von etwa 1,5 m Blattlänge, etwa 20—22 cm Breite (mit Zurechnung der Rückenhöhlung von etwa 5 cm, um das Klemmen zu vermeiden), mit 17—18 mm Zahnhöhe, 12—13 mm Zahnbasis, einem Zahnausschnitt von dem $2^{1}/_{2}$—3fachen der Zahnflächen, ohne Ausräumer, 2,3—2,5 kg schwer, mit bogenförmigem Zahnbesatz heraus. Hiernach hat die Firma Dominikus-Söhne in Remscheid-Vieringhausen eine Normalsäge „Non plus ultra" fabriziert, die aus feinstem Tiegelgußstahl, doppelt gehärtet, patentgeschliffen, dünn im Rücken, geschränkt, geschärft, also vollständig gebrauchsfähig ist und als gute Säge empfohlen werden kann. Die Versuche haben ferner ergeben, daß alle bisher gebräuchlichen Sägen mehr oder minder große Fehler haben, die ihren Gebrauchswert herabsetzen.

β) **Zum Roden.**

Zu den einfachsten Rodewerkzeugen zur Gewinnung der Stöcke gehören Rodehaue, Spitzhaue und Rodeaxt, Keile, Hebelstangen, Brechstangen, Stemmeisen, Ziehseile, Ziehstangen, Wendehacken und verschiedene Rodemaschinen usw. Die Rodehaue hat eine breite gut verstählte horizontale Schneide und dient zum Aufhacken des Bodens und zum Durchhauen schwacher Wurzeln, auf felsigem Boden muß man noch die Spitzhaue mit keilförmiger Spitze zu Hilfe nehmen. Die Rodeaxt ist die gewöhnliche Fällaxt; meist nimmt man dazu ein abgenutztes Exemplar derselben. Die bekannteste Rodemaschine ist der „Waldteufel", von dem es verschiedene Abarten unter anderen Namen gibt. Alle Rodemaschinen leisten unter Umständen recht gute Dienste. Da sie aber ziemlich teuer und schwer zu transportieren sind, wird sich ihre Anwendung meist auf Reviere beschränken, wo ständig in größerem Umfange gerodet wird.

Neuerdings finden auch verschiedene Sprengmittel (Dynamit, Roburit flüssige Luft usw.) Anwendung.

c) Die Holzfällung.

§ 263. Fällungszeit und Wadel.

Die Hauptfällungszeit, Wadel genannt, fällt gewöhnlich in die sechs Wintermonate, doch kommen im hohen Gebirge, der Unzugänglichkeit bei hohem Schnee wegen, auch wohl Sommerhiebe vor. Läuterungs= und Durchforstungshiebe im Laubholz werden gern im belaubten Zustande — im Frühjahr, manchmal auch im Sommer — ausgeführt; wenn man die Rinde oder zu schälendes Material gewinnen will, so wird meist mit beginnendem Saftflusse gehauen; in Verjüngungsschlägen — Samen= und Lichtschlägen — wird der Hieb im Winter zu einer Zeit geführt, wo dem Aufschlage der geringste Schaden zugefügt wird — also bei Schnee und gelindem Wetter; unzugängliche Erlenbrücher treibt man bei starkem Frost ab, wenn die Eisdecke hält. Stockrodungen werden meist im Sommer ausgeführt. **Bei sehr starkem Frost wie bei Sturm sind alle Fällungen sofort einzustellen.** Bau= und Nutzholz soll bei Beginn der Saftzeit nicht mehr geschlagen werden. Dieser Zeitpunkt macht sich in Deutschland überall im Gebirge und in der Ebene, im Norden wie im Süden durch die Blütezeit der Hasel bemerkbar.

§ 264. Anlegen der Holzhauer.

Die Anweisung und Auszeichnung der Schläge erfolgt immer durch den Oberförster, höchstens bei Durchforstungen ist dem Schutzbeamten insofern freiere Hand gelassen, als er sich nach der allgemein darüber gegebenen Anweisung und Probeauszeichnung richten muß, aber das Auszeichnen der herauszunehmenden Stämme selbständig ausführt.

Bei Kahlhieben wird die Größe des Schlages durch Anschalmen der Grenzbäume vom Revierverwalter genau bezeichnet, bei Lichtungshieben werden die einzelnen herauszunehmenden Stämme mit dem Waldhammer, schwächere mit dem Reißhaken angezeichnet; sollen aber mehr Stämme herausgehauen werden als stehen bleiben, so werden die stehen bleibenden gezeichnet. Die den einzelnen Rotten zufallenden Stämme oder Teile des Schlages werden vom Holzhauermeister an die Rotten verlost, wobei man auf möglichste Gleichwertigkeit der Lose zu halten hat; hierauf wird jede einzelne Rotte noch einmal vom Förster in betreff des Aushaltens von Nutzholz genau instruiert und es werden namentlich die Wege und Plätze, an welche das Holz zu rücken ist, genau angewiesen oder im Schlage mit Signalstangen ausgezeichnet. Ein Los läßt man gewöhnlich übrig, um darin noch die Arbeiter zu beschäftigen, welche früher fertig werden, da eine Verzettelung der Arbeiter immer vom Übel ist.

Besonders wertvolle oder schwierig aufzuarbeitende Stämme werden stets den tüchtigsten Arbeitern angewiesen.

§ 265. Arten der Fällung.

Die gewöhnliche Art der Fällung ist die mit der Axt und Säge. Zunächst wird die Fallrichtung nach dem Hängen der Baumkrone und nach der Richtung, in welcher der Stamm am wenigsten leidet und am wenigsten schadet, sorgfältig ausgesucht, indem man sich mit dem Rücken an den Baum stellt. Auf dieser Seite, der Fallseite, wird der Stamm möglichst tief auf $1/4$ bis $1/5$ seiner Stärke mit der Axt angekerbt (Fallkerb!), dann wird auf der entgegengesetzten Seite ein wenig höher die Säge eingesetzt, hinter welcher, sobald sie tiefer in den Stamm eingedrungen ist, Keile eingetrieben werden, um die Arbeit der Säge zu erleichtern und dem Stamm die Fallrichtung zu bestimmen.

Ausnahmsweise werden Stämme nur mit der Axt gefällt, wobei dann meist ein gleichzeitiges Roden erfolgt, indem die Stämme an der Wurzel tiefer ausgegraben werden. Wird der Stamm nur möglichst tief mit der Axt vom Stocke losgehauen, so nennt man diese Fällmethode „Auskesseln" oder „aus der Pfanne hauen". Die Fallrichtung wird dann durch Ziehen oder Drücken erzwungen.

Das Werfen der Stämme erleichtert man sich auch öfter durch Umlegen von Ziehseilen oder Ansetzen von spitzen hölzernen oder eisernen Druckstangen. Die Fällung mag nun auf die eine oder andere Weise erfolgen, jedenfalls hat der Beamte streng darauf zu halten, daß die Stämme stets so tief als möglich vom Boden getrennt werden und daß so wenig als möglich Holz in die Späne gehauen wird. Die Holzhauer sind unausgesetzt zur größten Vorsicht beim Werfen der Stämme anzuhalten, um alle Beschädigungen am fallenden und stehenden Holze sowie Unglücksfälle zu verhüten.

§ 266. Sortieren des Holzes.

Sämtliches eingeschlagene Holz wird nach den verschiedenen Holzarten getrennt und in zwei Hauptsortimente geteilt, nämlich in Nutzholz und Brennholz; in welche Untersortimente das Nutzholz und Brennholz zerfällt, ist nach dem Bedarf der verschiedenen Gegenden sehr verschieden und richtet sich ganz nach der Nachfrage; es ist die Pflicht jedes Beamten und Waldbesitzers, dem Holzbedürfnisse des Publikums in jeder Beziehung Rechnung zu tragen, um so mehr, weil bei recht vielseitiger Nachfrage der Wald in vielseitigster Weise ausgenutzt und damit der höchste Geldertrag erzielt wird.

Bei einem derartigen Entgegenkommen ist beiden Parteien, dem Publikum und dem Waldbesitzer, in gleicher Weise gedient. Treten also bezügliche Anforderungen von bestimmten Nutzhölzern aus dem Publikum an den Besitzer oder seinen Beamten heran, so soll er ihnen entgegenkommen. Den nächsten Anhalt zur weiteren Sortierung geben in den Staatsforsten die allgemeinen Ministerial- und Regierungsbestimmungen, die für die Reviere gegebenen Holz- und Holzwerbungskostentaxen, die jedem Beamten eingehändigt werden müssen, endlich die speziellen Vorschriften der nächsten Vorgesetzten. An der Hand der darüber erlassenen allgemeinen Bestimmungen werden meistens etwa folgende Sortimente bei der Holzfällung in den Schlägen ausgehalten.

§ 267. a) Sortierung des Nutzholzes.

I. Bau- Nutz- und Werkhölzer.

A. In Stämmen oder Abschnitten.

a) **Wahlhölzer.** Ausgesuchte Hölzer zu besonderen Gebrauchszwecken von vorzüglicher Beschaffenheit, wie Schiffsbauholz, Maschinenholz, Mühlenwellen usw.

b) **Schneidehölzer** zu Sägeblöcken, welche nach ihrem Kubikinhalt von über 2, über 1 und bis 1 Kubikmeter in Blöcke I.—III. Klasse geteilt werden.

c) **Gewöhnliche Rundhölzer,** welche als Bau- und Nutzhölzer nach ihrem Festmetergehalt*) wieder in verschiedene Klassen (I.—V.) geteilt werden.

d) **Schiffs- und Kahnknie.** Gebogene Nutzstöcke aus den Einbiegungen von Wurzeln oder Ästen in den Stamm ausgehalten, zerfallen nach dem Festgehalt in 2 Klassen.

---

*) Es ist in letzter Zeit mehrfach mit Recht vorgeschlagen, das Stammnutzholz allgemein nicht mehr nach seinem Festgehalt, sondern nach der Zopfstärke resp. dem Mittendurchmesser zu klassifizieren, da sich hiernach sein Wert als Brettschneideware richtet. Jedenfalls hat die Sortierung nach dem Festgehalt große Mängel. In Preußen hat man dem jetzt wenigstens beim Laubholz Rechnung getragen.

Westermeiers Leitfaden. 12. Aufl.

B. In Nutzstangen (14 cm und darunter Durchmesser bei 1 m vom unteren [dicken] Stammende gemessen).

a) Zum Derbholze*) gehörend (über 7 bis inkl. 14 cm Durchmesser.

Klasse I—IV von über 7 bis 14 cm Durchmesser und 6 bis 18 m Länge, wozu nur nutzfähige, möglichst fehlerfreie und gesunde Stangen ausgehalten werden; sie werden zu mehreren zusammengelegt: ihr Festgehalt schwankt von 0,04 bis 0,18 Festmeter.

b) Zum Reiserholz gehörend (7 cm und darunter Durchmesser).

Klasse V—X von 4—7 cm Durchmesser und 1,4— 11 m Länge. Sie werden hundertweis oder je zu zehn zusammengelegt und schwankt der Festgehalt von je 100 zwischen 0,60—2 Festmeter.

Diese angegebene Einteilung ist jedoch durchaus nicht fest, sondern kann nach den verschiedenen Ländern, Provinzen usw. verschieden sein, so z. B. nur 3 Sortimente Derbholzstangen und 5 Sortimente Reiserholzstangen usw., jedenfalls sind überall die Holztaxen und Holzwerbungskostentaxen maßgebend, die sich den allgemeinen resp. lokalen Marktverhältnissen anzupassen haben.

Zu den Nutzholzreiserstangen gehören auch noch Buhnenpfähle, Faßband=, Tonnenbandstöcke, große und kleine Bandstöcke, Eimerbandstöcke, Gehstöcke usw., die zu je Hundert zusammengelegt werden und worüber die Holztaxen das Nähere enthalten.

Auch werden hierzu die nach Hunderten oder Zehnern von Bunden ausgehaltenen Faschinen, Bindeweiden, Besenreis, Grabierdorn usw. gerechnet.

C. In Schichtmaßen.

a) Zum Derbholz gehörend.

Schichtnutzholz I. Klasse; fehlerfreie, glatte, geradspaltige Scheite oder Rundstücke von über 25 cm Durchmesser am dünnen Ende.

Schichtnutzholz II. Klasse, fehlerfrei usw., aber etwas weniger glatt. Das Bestreben der Beamten muß darauf gerichtet sein, durch sorgfältigste Auswahl der guten Kloben möglichst viel Nutzkloben auszuhalten.

Schichtnutzholz III. Klasse (Nutzholzknüppel) von über 7—14 cm oberem Durchmesser; namentlich Grubenhölzer.

---

*) Nach den Vereinbarungen für das Deutsche Reich ist Derbholz die oberirdische Holzmasse von über 7 cm Durchmesser inkl. Rinde mit Ausnahme des bei der Fällung am Stock bleibenden Schaftholzes. Nichtderbholz ist die übrige Holzmasse, welche zerfällt: a) in Reisig: Das oberirdische Holz bis inkl. 7 cm Durchmesser am dünnen Ende. b) Stockholz: Das unterirdische Holz und der bei der Fällung am Stock bleibende Schaft.

b) Zum Reiserholz gehörend.

Peitschenstielholz, Pulverholz, grünes Reisig und Weihnachtsbäume.

II. Rinde (vergl. § 280).

a) Zum Reiserholz gehörend.

Rinde I. Klasse, Glanz= oder Spiegelrinde.

„ II. „ rissige Rinde von jungen Stämmen, die in Raum=
metern aufgesetzt wird und wovon 1 Raummeter = 3 Zentner gerechnet wird.

b) Zum Derbholz gehörend.

Rinde III. Klasse von mittleren Stämmen ⎫ werden nach Raummetern verkauft
„ IV. „ „ alten Stämmen ⎭ und haben 0,7 fm Festgehalt.

b) Sortieren des Brennholzes.

I. Derbholz (von über 7 cm Durchmesser am dünnen Ende der Rundhölzer).

Scheitholz von über 14 cm Durchmesser am dünnen Ende des Rund=
holzes, wird ein oder mehrere Male in Scheite gespalten, je nach der Stärke.

Knüppelholz von über 7 bis inkl. 14 cm oberem Durchmesser wird
nicht gespalten, sondern bleibt rund; es darf nie geduldet werden, daß Knüppel
in Scheitholzmaße gelegt werden.

II. Reiserholz (7 cm und darunter Durchmesser am dünnen Ende).

Reiserholz I. Klasse; stärkere Astknüppel, die gereinigt sind, von 5 bis
inkl. 7 cm Stärke und 1 m lang*).

Reiserholz II. Klasse; Stamm= und Astreisig aus Mittel= und Nieder=
wald und Durchforstungen in Raummetern.

Die übrigen Reisigsortimente werden je nach Länge und Güte in Haufen
von 1 qm Stirnfläche und 2—4 m Länge oder in Wellen zu je Hundert von
1 m Umfang und 1—2 m Länge ausgehalten.

III. Stockholz (aus Stöcken und Wurzeln).

Zerfällt gewöhnlich in I. und II. Klasse, je nachdem stärkere Stücke oder
nur geringes Wurzelholz darin enthalten ist.

§ 268. Aufmessen, Aufsetzen und Rücken.

1. Die Vermessung der Nutzenden in ihrer Länge ist so vorzunehmen,
daß diese mit ganzen Metern oder geraden Zehnteln (0,2, 0,4 . .) von Metern
abschneidet; der Punkt, wo abzulängen, soll stets vom Beamten bestimmt werden;

---

*) Alles Brennholz wird in der Regel 1 m lang ausgehalten; sollte jedoch
Nachfrage danach sein, so hält man dasselbe auch in jeder verlangten beliebigen
längeren oder kürzeren Dimension aus, läßt auch wohl das Klobenholz rund (als
sog. „Rollen") liegen, um höhere Preise zu erzielen.

am nächsten geraden Dezimeter über seinem Merkmal wird dann abgesägt. Die Messung beginnt am inneren Ende des Fallkerbes. Am oberen (Zopf=) Ende sind 2—5 cm zuzugeben, um dem Käufer Spielraum beim Zerschneiden zu geben.

2. Der Durchmesser ist auf der örtlich durch einen Schalm zu bezeichnenden Mitte des Stammes oder Stammabschnitts mit der Kluppe, nötigenfalls (bei nicht rundgewachsenen Stämmen) kreuzweis unter Annahme des Mittels beider Messungen zu messen und hier mit Rotstift zu vermerken; überschießende Bruchteile eines Zentimeters werden nicht berechnet. Ist die Mitte des Stammes uneben, so muß gleichweit ober= und unterhalb gemessen und daraus das Mittel genommen werden. Derbholzstangen werden zusammengelegt und numeriert; die übrigen Klassen werden zu vollen Hunderten oder zu Zehnteln vom Hundert zusammengelegt, gezählt und der Stoß numeriert und gebucht, je 10 werden immer durch ein Querholz getrennt; ebenso wird es mit sämtlichen Sortimenten, die nach Hunderten sortiert werden, gemacht.

3. Das Aufsetzen der Brenn= und Nutzschichtmaße geschieht stets nach vollen Raummetern, Bruchteile sind zu vermeiden*). Das Nutzholz soll, wenn größere Posten abzusetzen sind, in jeder vom Besteller gewünschten Schnittlänge ausgehalten und danach die anderen Dimensionen so geändert werden, daß volle Raummeter gesetzt werden. Die Berechnung der anderen Dimensionen wird einfach in der Weise gemacht, daß man die verlangte Scheitlänge z. B. 63 cm mit der vorgeschriebenen Länge oder Höhe, die z. B. 100 cm betragen soll, multipliziert und mit diesem Produkt, also 100 . 63, in den Gesamtgehalt eines Raummeters, der ja 100 . 100 . 100 cm oder 1 000 000 cbcm beträgt, hineindividiert, um die dritte Größe zu finden; sie würde also in diesem Falle abgerundet 159 cm betragen; man kann den Raummeter dann entweder 159 cm hoch und 100 cm lang setzen oder umgekehrt; noch einfacher gestaltet sich die Rechnung, wenn man mit 63 in 10000 dividiert. Die Probe der richtigen Rechnung darf nie unterlassen werden; die Länge, Breite und Höhe miteinander multipliziert muß immer 1 Raummeter oder 1 000 000 cbcm betragen. Gewöhnlich werden jedoch die anderen Dimensionen der genauen Übereinstimmung im Revier wegen fest vorgeschrieben.

Die Schichtmaße werden in Maßen von gewöhnlich 1—4 Raummetern, nur ausnahmsweise mehr (nicht über 20!) aufgesetzt; in Schlägen setzt man zur Vereinfachung der Buchung usw. und zur Ersparung von Stützen möglichst alles

---

*) Durch diese für Staatsforsten geltende Bestimmung geht mancherlei Holz verloren; für Privatreviere empfiehlt es sich, wenigstens einzelne 0,5 rm haltende Schichtmaße setzen zu lassen, um das überzählige Holz zu verwerten. Bei wertvollem Holz (Kloben und Knüppel) und in großen Revieren wird diese Einrichtung die Mühe reichlich lohnen, namentlich in den Totalitätsschlägen.

Holz gleichmäßig z. B. je 4 rm groß, nur die letzten Reste in kleineren Maßen, falls der Markt dies gestattet. Setzt man das Schichtholz in großen Quantitäten ab, so setze man dasselbe stets in großen Maßen = 10—20 rm auf, weil man dabei an Stützen spart und das Numerieren und Buchen sehr vereinfacht. Beim Aufsetzen ist darauf zu achten, daß die Raummaße, um das Einsinken in den Boden und das Anfaulen zu verhüten, auf Unterlagen kommen und, damit die Seitenstützen nicht ausweichen, in mittlerer Höhe (nicht höher) mit hakenförmigen Reisigeinlagen (Ankern) in dem Schichtmaße befestigt werden. Scheit= und Knüppelholz soll man ohne Not nicht über 1,50 m hoch setzen, weil dadurch die Arbeit erschwert und die Gefahr des Einstürzens vergrößert wird.

Die Schichtmaße sollen mit wenig Zwischenräumen zwischen den Holzstücken, also möglichst dicht und regelmäßig, so daß alle Stücke an der Stirnseite in die gleiche Fläche kommen, gesetzt werden; dies erreicht man am besten so, daß die Spaltfläche der Randscheite oben, unten und an beiden Seiten stets nach außen und die krummen Scheite oben liegen. An Berglehnen wird die Länge des Schichtmaßes nicht auf der Bodenneigung, sondern in der Horizontalen gemessen; das Ansetzen des Schichtmaßes an Bäume ist nicht gestattet, weil die Wurzeln und Wurzelansätze meist kein richtiges Maß gestatten, auch die Bäume leiden und die Stöße bei Sturm umfallen.

Regel ist, daß jede Holzart für sich in Raummeter gesetzt wird; sollten jedoch zufällig von einzelnen Holzarten nicht ganze Raummeter gefällt werden (Totalität), so können auch mehrere Holzarten in einen Raummeter zusammengelegt werden; derselbe ist dann nach der Holzart zu bezeichnen, welche überwiegt; das Nummerscheit ist stets von der überwiegenden Holzart zu nehmen, nach welcher gebucht wird.

Das Zusammenbringen des Holzes zu Schichtmaßen wird verschieden bewirkt; wo man das Holz nicht schleifen, oder, wie z. B. an Hängen, werfen oder rutschen kann, bringt man es am besten auf Schiebekarren oder Schlitten, auch wohl auf Tragen zusammen; das Holz aus Dickungen muß meist auf den Armen oder auf den Schultern getragen werden. In allen Schlägen sucht man das Holz so zusammen zu bringen, daß die Schichtmaße in regelmäßige parallele gleichweit entfernte Reihen hintereinander zu stehen kommen, damit die Abfuhr soviel als möglich erleichtert und die Abnahme übersichtlich wird. In Aushieben und Verjüngungsschlägen muß das Holz an die Wege, Gestelle oder an erst auszuzeichnende Wege gerückt werden, um bei der Abfuhr und Abnahme dem stehenbleibenden Bestande oder dem Aufschlage möglichst wenig Schaden zuzufügen. Zum Rücken der Bauhölzer eignet sich der „Neuhauser" und „Albornsche" Rück-Wagen. Die ganze Aufarbeitung des Holzes muß jedenfalls so erfolgen, daß möglichst viel Nutzholz ausgehalten wird und daß dem Holze selbst wie auch den Beständen der geringste Schaden zugefügt wird (vergl. § 52 der J. f. F.) und gleichzeitig dabei der rationell höchste Geldertrag für den Festmeter Holz erzielt wird. Der hohe Nutzholzprozentsatz ist allein nicht maßgebend.

§ 269. Numerieren, Buchen und Abnahme.

Ist ein ganzer Schlag oder ein vom Oberförster bestimmter Teil desselben beendigt, so muß der Förster unter Zuhilfenahme des Holzhauermeisters alles Holz in fortlaufender Reihe mit Nummern versehen. Die Nummer ist bei Bau- und Nutzstämmen auf dem Schnitte am unteren Stammende, daneben oder darunter sind die Abmaße in Bruchform, so daß die Länge in den Zähler, die Stärke in den Nenner kommt, die Kloben-, Knüppel- und Stockholzschichtmaße auf ein in der Mitte der Vorderseite um 10 cm vorzuschiebendes Holzstück (Nummerscheit), bei starkem Reiserholz oder Nutzholzstangenhaufen auf die rechte Seitenstütze (wenn man davor steht!), bei geringem Reisig auf einen vor oder in dem Haufen anzubringenden Pfahl deutlich aufzuschreiben. Die Nummerscheite müssen stets in der Mitte und dürfen nie im oberen Drittel oder gar oben aufliegen; sie werden sonst leicht herausgezogen und verwechselt.

Die Güteklassen der Schichtnutzhölzer werden mit I und II, Anbruchholz mit † auf dem Nummerscheit und im Buche bezeichnet. Das Numerieren selbst geschieht entweder mit Rot- oder Blaustift, Försterkreide von Faber oder Kohle (vom Faulbaum) oder schwarzer Ölfarbe (Kienruß mit gewöhnlichem Brennöl), oder durch Einschlagen der Nummern mit eisernen Stempeln, mit Schablonen, dem Schusterschen Numerierrade, dem Pfitzenmayerschen Stempelapparat (für Buchen), dem Revolver-Numerierschlägel von Goehlers Witwe in Freiberg (Sachsen).

Das numerierte Holz trägt der Beamte in ein tabellenartiges, übrigens verschieden eingerichtetes Nummerbuch, wobei jeder Nutzholzstamm, jedes Schichtmaß, kurz alles, was mit einer besonderen Nummer bezeichnet ist, auf einer besonderen Linie geschrieben wird. Die Reihenfolge der Holzarten bestimmt sich nach der Holztaxe und ist gewöhnlich folgende: Eichen, Buchen und anderes hartes Laubholz, Birken, Erlen (Aspen, Linden, Pappeln, Weiden) und sonstige Weichhölzer, Fichten und Tannen, Kiefern und Lärchen, die in einer Reihenfolge, jede Holzart in sich — gebucht werden. Die Reihenfolge der Sortimente ist: Nutzholzstämme und Stangen, die übrigen Nutzholzsortimente, dann Schichtnutzholz und beim Brennholz: Kloben, Knüppel, Stockholz und Reisig und richtet sich ebenfalls genau nach der Holztaxe; entweder laufen die Nummern sämtlichen Nutzholzes und sämtlichen Brennholzes derselben Hiebsposition fort oder man numeriert beim Brennholz das Derbholz (Kloben und Knüppel) für sich und dann wieder das Nichtderbholz für sich. Jede Holzart wird für sich abgeschlossen und am Schluß eine Zusammenstellung

nach Holzarten geordnet gemacht. Jede Position des Hauungsplanes er=
hält ein Nummerbuch für sich. Alles Holz, was in Abteilungen fällt, die
keine besonderen Positionen im Hauungsplane haben, wird unter „Sammelhieb"
gebucht. Das Holz des Sammelhiebes erhält ebenfalls seine besondere Position
im Hauungsplan und wird ebenso durchnumeriert, wie in den Schlägen, jedoch
getrennt nach Haupt= und Vornutzung.

Unter Zugrundelegung dieses Nummerbuches zählt der Oberförster in
Gegenwart des Försters den Schlag ab und läßt als Zeichen der erfolgten
Abnahme jede einzelne Nummer mit dem Waldhammer anschlagen. Das richtig
befundene oder berichtigte Nummerbuch wird durch Unterschrift abgeschlossen
und dient als Grundlage der weiteren Buchungen und der Verlohnung, später
auch als Anweisebuch für den Käufer und zur Kontrolle der Abfuhr (vergl.
§ 53—55 der J. f. F.). Der Oberförster fertigt Abschriften von den Nummer=
büchern, die als sogen. Abzähltabellen die Unterlagen für den Verkauf, die
Wirtschaftsbücher und die Rechnungslegung bilden.

B. Abgabe des Holzes.
a) Verkauf oder sonstige Abgabe.

§ 270. Der Verkauf des Holzes wird verschieden gehandhabt. Bei
geringwertigem Holze, bei geringen Nutzholz= oder Brennholzsortimenten oder
gewissen Holzarten und Sortimenten, deren Absatz schwierig ist, empfiehlt sich
der „freihändige" Verkauf nach Maßgabe der Taxe. In den preußischen
Staatsforsten darf der freihändige Verkauf niemals unter den Taxpreis her=
untergehen, ist auch in seiner Ausdehnung beschränkt! Zur Befriedigung
des Brennholzbedarfs des kleinen Mannes und zur Verhütung des
Diebstahls sollen — wo die örtlichen Verhältnisse es erheischen — öfter Holz=
versteigerungen mit beschränkter Konkurrenz abgehalten werden.
Meistens wird das Holz vollständig in den marktgängigen Sortimenten auf=
gearbeitet und in öffentlichen Versteigerungen ausgeboten; der Höchst=
bietende erhält den Zuschlag. Das Holz, namentlich das Bau= und Nutzholz
wird „sortimentenweis" je nach der Nachfrage in größere oder kleinere „Lose"
gebracht und in das Verkaufsprotokoll eingetragen, in welchem sich außerdem
noch die Spalten für die Taxpreise, die Verkaufspreise, die Nummern der
Holzverabfolgezettel und die Adressen der Käufer befinden. Unter gewissen
Verhältnissen, namentlich wenn es sich um große Bauholz= und Nutzholz=
mengen, um den Verkauf stehenden Holzes oder von Nutzhölzern zu be=
sonderen Gebrauchszwecken (z. B. von Grubenhölzern) handelt, oder wenn die
Kaufpreise durch Ringbildungen der Holzhändler gedrückt werden, empfiehlt
sich der Verkauf im Wege der „geheimen schriftlichen Versteigerung,
Submission genannt", wobei Käufer ihre Gebote schriftlich einreichen; in

einem vorher bestimmten Termin werden die Gebote in Gegenwart der Bieter geöffnet und es erhält gewöhnlich der Meistbietende den Zuschlag, falls nicht eine Auswahl unter den Bietern vorbehalten war. Außer dem Verkauf des aufgearbeiteten Holzes gibt es auch noch einen Verkauf des stehenden Holzes oder „vor dem Einschlage". Er geschieht in der Regel im Wege der Submission und die Gebote werden „für den Festmeter Derbholz" abgegeben. Die Aufarbeitung geschieht meistens durch den Käufer unter der Kontrolle des Verkäufers. Allen Verkäufen liegen besondere Verkaufsbedingungen zugrunde, die vor dem Verkaufe veröffentlicht werden und zu denen sich Käufer und Verkäufer ausdrücklich verpflichten; sie müssen die Sicherheit des Kaufgeschäfts gewährleisten und gegen alle Übervorteilungen und Überschreitungen bei der Bezahlung, bei dem Aufmaß, der Preisbewertung, der Aufarbeitung, der Abfuhr usw. schützen und Verfehlungen dagegen mit Strafen bedrohen.

Die betreffenden Förster haben in den Staatsforsten an den Versteigerungen, die der Oberförster abhält, teilzunehmen und sich in ihrem Nummerbuche hinter den einzelnen Verkaufslosen, soweit dies möglich, den Namen des Käufers zu notieren, damit das Nummerbuch ihnen bei der Anweisung des Holzes als Richtschnur und bei der Holzabfuhr als Kontrolle dienen kann. Die Schläge sollen in der Regel 8 Tage vor der Versteigerung beendigt sein und es soll der Beamte den Käufern bei vorheriger Besichtigung behilflich sein und jede verlangte Auskunft geben.

Die Abfuhr des Holzes darf nur gegen Abgabe der vorschriftsmäßigen Holzzettel und nur den durch diese angewiesenen Personen gestattet werden. Auf diesen Holzverabfolgezetteln darf niemals die Quittung des Kassenbeamten fehlen; nur in zwei Fällen, wenn nämlich auf dem Zettel vom Oberförster ausdrücklich bemerkt ist, daß entweder gar keine Zahlung nötig ist oder daß die Verabfolgung des Holzes mit Genehmigung der Regierung vor der Zahlung erlaubt wird, darf die Quittung des Kassenbeamten fehlen. Holzverabfolgezettel, auf denen radiert ist oder Zahlen durchstrichen sind, sind ungültig und es muß dann die Abfuhr verweigert werden.

Für den Fall, daß das Holz nicht meistbietend verkauft, sondern freihändig nach der Taxe oder nach Durchschnittspreisen verkauft ist, erhalten die Käufer in den Staatsforsten grüne Holzverabfolgezettel; ist das Holz an Berechtigte (Deputanten) abgegeben, so erhalten diese rote Verabfolgezettel und gleichzeitig ist vom Empfänger über richtigen Holzempfang zu quittieren; in der Regel soll das Holz ohne diese Quittung nicht abgegeben werden.

Ohne Verabfolgezettel oder Legitimation oder schriftliche Anweisung seitens des Vorgesetzten (mündliche Anweisung genügt nicht!) hat der Beamte in keinem Falle Holz oder sonstige Waldprodukte aus dem Walde zu

Abgabe und Transport des Holzes.

verabfolgen. Die Legitimation haben die Betreffenden stets bei sich zu führen. Die Nummern des abgefahrenen Holzes sind im Nummerbuche zu streichen und dahinter ist die Nummer des Holzzettels zu vermerken; bemerkt der Beamte, daß Holz fehlt, worüber er den Verabfolgezettel noch nicht erhalten hat, so muß er sofort dem Vorgesetzten Anzeige machen; findet er das ohne Zettel abgefahrene Holz beim Käufer oder anderen Personen, so hat er es bis zur weiteren Entscheidung des Vorgesetzten mit Beschlag zu belegen. Die Holzzettel sind sorgfältig aufzubewahren (vergl. § 56—61 der J. f. F.) und nach den Buchstaben resp. der Farbe geordnet in besondere Pakete zu heften, um vor Ablauf des Etatsjahres versiegelt an den Revierverwalter abgegeben zu werden.

Holz zu Kulturzwecken, Bauten, Wegebesserungen usw. hat der Förster aufzumessen und in sein Nummerbuch mit einer entsprechenden Notiz versehen einzutragen, ebenso unbedeutende Bruch- und Frevelhölzer, deren schleunige Verwertung bei Gefahr im Verzuge ihm überlassen bleibt.

b) Transport des Holzes.
§ 271. 1. Zu Lande.

Meistens wird das Holz, wie es in den Schlägen liegt, verkauft und abgegeben, seltener wird es auf große an bedeutenden Verkehrsstraßen liegende Holzhöfe oder Ablagen auf transportablen Waldeisenbahnen gerückt und hier verkauft. Um nun eine Wegschaffung des Holzes in bequemer Weise zu ermöglichen, hat der Waldbesitzer gute Abfuhrwege im Walde anzulegen und zu erhalten, welche mit den größeren Verkehrsstraßen in Verbindung stehen, die für den weiteren Transport sorgen. Die Möglichkeit, das Holz bequem aus dem Walde schaffen zu können, hat den größten Einfluß auf die Holzpreise und diese sind, selbst bei geringer Güte des Holzes, meist da die höchsten, wo die besten Abfuhrwege vorhanden sind. Aus diesem Grunde müssen die Waldbesitzer auf Anlage und Ausbesserung ihrer Wege außerordentliche Sorgfalt verwenden und der Förster muß, sobald er Mängel auf Wegen, Brücken, Überfahrten usw. bemerkt, die in seinem Reviere oder in der Nachbarschaft liegen, ohne Säumen sofort Meldung machen, oder dieselben, falls die Abfuhr ganz stockt, gleich selbständig beseitigen; ist Gefahr mit dem ferneren Passieren der Brücken oder Wege verbunden, so sind diese an Stellen, wo noch ein Ausbiegen möglich ist, zu sperren. Näheres darüber im „Waldwegebau" von Stötzer, Frankfurt a. M. bei Sauerländer und in „die Waldeisenbahnen" von Runnebaum, Berlin bei Julius Springer.

§ 272. Bau und Erhaltung von Wegen.

Die Wege, mit denen der Forstmann zu tun hat, dienen hauptsächlich zum Holztransport, also zum Transport großer und schwerer Massen und sollen deshalb solide und dauerhaft gebaut werden, namentlich wenn dieselben für längere Zeit dem Transporte dienen, wie z. B. Wege, in die die kleineren Abfuhrwege münden, die nur zum Transport des Holzes einzelner Schläge oder im Abtriebe befindlicher Wirtschaftsfiguren für kürzere Zeit angelegt sind. In der Ebene ist die Anlage von Wegen verhältnismäßig einfach. Nach dem Grundsatz: Daß die Walderzeugnisse auf dem kürzesten und billigsten Wege nach dem Endziel geführt werden müssen, verbindet man Anfangs= und Endpunkt möglichst durch eine gerade Linie; Abweichungen von derselben gebieten nur unüberwindliche oder den Transport störende Hindernisse wie Sümpfe u. dergl.; einzelne kleine Erhöhungen werden durchstochen oder auf kürzestem Wege umgangen.

Im bergigen Gelände ist der Neubau von festen Straßen schwierig, da man oft große Steigungen zu überwinden hat; diese dürfen nirgends größer sein, als sie die landesüblichen Lastfuhrwerke unter Benutzung der gewöhnlichen Bespannung überwinden können. Zur Feststellung des höchsten Steigungsprozents benutzt man bei größeren Wegebauten das **Pendelinstrument von Bose**, das zur Ermittelung des Gefällprozents der Wegelinie und zum Abstecken von Wegezügen mit gegebenem Prozent vorzüglich geeignet ist (§ 74). Soll z. B. ein Abfuhrweg mit 5 % Gefäll an einem Hange abgesteckt werden, so stellt man das Instrument im Anfangspunkte der Wegelinie auf und visiert, nachdem man das Okular nach unten auf 5 % eingestellt hat, nach einer weiter oben eingestellten Nivellierlatte, welche soweit am Hang auf= und abwärts bewegt wird, bis die Visierlinie die Mitte der Zielscheibe trifft; dann werden in beiden Punkten Pfähle eingeschlagen; in dieser Weise wird die Wegerichtung bis zur Höhe weiter gesucht und mit Pfählen bezeichnet. Diese Mittellinie des zu bauenden Weges muß aber meistens noch in vertikaler und horizontaler Richtung verbessert werden, namentlich beim etwaigen Übergang in ein anderes Gefällprozent oder bei Vermeidung von Terrainhindernissen (Felsen usw.).

Ist die Wegelinie endgültig bestimmt und durch Pfähle genau festgelegt, so wird die Wegebreite horizontal zu ihr in abgemessenen Abständen ebenfalls abgepflöckt (Querprofil). Die Herstellung der Kurven ist meist nicht Sache der Belaufsbeamten und wird deshalb hier übergangen.

Für einfache Verhältnisse genügt zur Gefällmessung auch die **Setzwage mit dem zugehörigen Richtscheit**; bei der Herstellung des Querprofils ist sie fast unentbehrlich. Sie besteht aus einem gleichschenklig=rechtwinkligen Dreieck (Holz oder Metall), in dessen Spitze ein Pendellot befestigt ist; die Mitte der Hypotenuse ist eingekerbt; bei besseren Instrumenten ist noch über der Hypotenuse eine Gradbogen=Einteilung angebracht, wonach man auch den Neigungswinkel schiefer Flächen bestimmen kann. Beim Gebrauche wird die Setzwage auf eine meist 2 m lange Meßlatte, das sog. „Richtscheit" aufgesetzt;

es liegt dann horizontal, wenn der Pendel im Mittel=(0)=Punkte der Hypotenuse einspielt.

Dauernde Abfuhrwege müssen mindestens 8 m Breite und eine Wölbung haben, so daß die Wegmittellinie um $1/24—1/36$ der Wegbreite höher liegt, als die Wegränder. Außerdem dürfen sie, wenn Gefäll und Steigung abwechseln, höchstens auf 100 m 7 m ansteigen (7 % Steigung), müssen mit Gräben und Bäumen eingefaßt sein und einen dauernden Unterbau von Steinen oder fester Erde haben.

Nach dem Baumaterial unterscheidet man zunächst Erdwege, d. h. solche Wege, zu denen ein anderes Material als das gerade im Straßenkörper oder dessen Umgebung befindliche nicht verwendet wird. Nachdem der Wald in der vorher abgesteckten Linie durchhauen und gerodet ist, wird die Breite des Weges abgemessen und durch Pflöcke oder Steine festgelegt; dann werden zu beiden Seiten des Straßenkörpers Gräben von 0,7—1,0 m Oberweite, 0,2—0,5 m Sohle und 0,3—0,5 m Tiefe, je nach der Feuchtigkeit und der Bodenbeschaffenheit ausgeworfen. Der Auswurf wird so auf dem Straßenkörper ausgeworfen, daß er in der Mitte entsprechend höher liegt als an den Gräben. Bei etwaigen Durchstichen durch Berge müssen die Böschungen gehörig abgeschrägt werden, bei festem Boden auf je 1 m Höhe 0,5 m horizontale Abschrägung (Ausladung), bei losem Boden 1,5 m Abschrägung (vergl. § 98). Es empfiehlt sich, die Böschungen mit Faschinen oder Plaggen oder durch Besäen mit Gras oder durch Bepflanzung mit Weiden (Salix caspica) oder Akazien nötigenfalls zu befestigen um Nachrutschungen und Verschüttungen zu vermeiden.

Das gleiche muß bei Überführung von Einsenkungen beobachtet werden, oder wenn der Weg um Berglehnen herumgeführt wird. — Etwaige Steigungen sind eventl. wie oben beschrieben festzulegen. Das Wasser wird von der Straße, jedoch nur, wo die Seitengräben nicht genügen sollten oder solche nicht vorhanden sind, durch sog. Abschläge, d. i. gepflasterte Mulden, oder in kleinen gemauerten Durchlässen, in Ton=, Zement= usw. Röhren, zuweilen auch in untergelegten Brunnenröhren abgeführt. Die obere Erdschicht solcher Wege besteht am besten, zur Beförderung der Trockenheit, aus einer Mischung von Lehm und Kies, von letzterem soll man im Zweifel eher zu viel als zu wenig nehmen (eine Schicht von 5—8 cm hoch Kies im Mittel wird hinreichen). Diese Erdwege genügen jedoch nur in solchem Boden, der einen festen Untergrund hat. Im andern Falle muß man die Wege, nachdem das Planum hergestellt ist, noch mit Steinschüttungen versehen. Solche Steinschüttungen sind je nach der Bedeutung der Straße sehr verschieden. Bei chaussierten Wegen, die eine Breite von 6—10 m haben, wird entweder in der Mitte der Straße oder auf einer Hälfte, während die andere als sog. Sommerbahn unversteint bleibt, das Planum für die 3—5 m breite Steinschüttung 20—30 cm tief ausgehoben (sog. Kasten) und mit hochkantig gestellten Steinen ausgefüllt, nachdem an beiden Rändern als Widerlage für den Steinbau sog. „Bordsteine" eingerammt sind; auf diese sog. Packlage werden eine oder mehrere Schüttungen von klein gehauenen Steinen 6—8 cm hoch geschüttet, dann wird die Bahn 7—10 cm hoch gewölbt, fest gestampft oder besser gewalzt und schließlich eine 3—4 cm starke Kiesschicht aufgebracht und unter steter Wassersprengung ebenfalls festgewalzt.

An Stelle der vorher beschriebenen Packlage kann auch Pflasterung mit behauenen Steinen treten.

Werden weder Pflaster= noch Bruchsteine verwendet, sondern wird nur Steinschlag genommen (Makadamisierung), so folgen mehrere Steinschüttungen verschiedener Stärke im ganzen 10—20 cm stark übereinander; es ist als Hauptregel festzuhalten, daß der feinere Steinschlag immer über den gröberen zu liegen kommt und jede Steinlage für sich festgestampft oder gewalzt wird. Die Bekiesung usw. ist wie oben geschildert. Solche Straßen sind erheblich billiger. Schäden auf solchen Straßen müssen möglichst schnell mit kleingehauenen Steinen ausgebessert werden, welche festgerammt oder festgewalzt werden; Steine müssen deshalb immer in Haufen längs der Straße vorrätig gehalten werden. Für den nötigen Wasserabfluß ist durch Abschläge und Durchlässe zu sorgen. Die in solche Hauptwaldstraße mündenden Nebenwege werden je nach dem Bedürfnisse mehr oder minder dauerhaft gebaut; sie sind meist nur 4—8 m breit und haben in kleineren und größeren Entfernungen je nach der Übersicht der Straße Ausbiege=, hier und da auch Umbiegestellen.

Wege mit Steinschüttungen lassen sich nur auf gutem und festem Untergrund bauen; auf schwer zu entwässerndem, nassem und nachgiebigem Untergrund sinken die Steinschüttungen ein und man muß entweder vorher entwässern oder erhöhen oder Holzbau zu Hilfe nehmen. Zu einzelnen sumpfigen Stellen auf sonst mit Steinschutt bebauten Wegen benutzt man Fichten= und Kiefernreisig, welche mit dem Stockende nach innen etwa 30—50 cm hoch gleichmäßig auf dem Planum ausgebreitet, mit Beerkraut, Plaggen usw. bedeckt und schließlich mit gröberem Kies (nicht mit feinem Sand!) überschüttet wird. Eine viel bessere Überführung nasser und sumpfiger Stellen bewirkt man durch Knüppeldämme (Buchen, Fichten oder Kiefern). Am besten fertigt man dazu handliche, etwa 2 m lange Teilstücke durch rechtwinkliges Aufnageln von Durchforstungsknüppeln auf rechts und links verlaufende Längsknüppel, so daß Knüppel an Knüppel liegt. Obenauf kommt rechts und links wieder ein Längsknüppel. Das Ganze wird in etwa 30 cm tief ausgehobene Kasten verlegt und mit dem Aushub bedeckt. Die Dauer ist bei steter völliger Bedeckung eine sehr lange.

§ 273. 2. Transport zu Wasser.

Wo Wege fehlen oder der Transport auf der Achse zu kostspielig würde, werden nicht selten Flüsse und Bäche, die aus dem Walde in der Richtung des Hauptabsatzgebietes ihren Verlauf haben, zum Bringen des Holzes benutzt; es wird auf ihnen „getriftet" oder „geflößt". Man pflegt Brennholz zu triften, indem die Scheite einfach in das Flößwasser geworfen und an dem Bestimmungsort durch sog. Schwemmbäume, die im Wasser durch Böcke befestigt sind, aufgefangen werden. Das etwa an den Ufern hängen bleibende oder an den Grund sinkende Holz (Senkholz) ist von Floßknechten aufzusuchen und abzustoßen.

Langholz wird zu Flößen gebunden und von Flößern stromabwärts geführt. Da der Bau von Flößen wohl nie Sache der Beamten sein wird, so wird er hier übergangen. (Ausführlich bei Geyer, Forstbenutzung.)

C. Verwendung des Holzes.

a) Bauholz.

§ 274. 1. Hochbau.

Der Hochbau umfaßt den Bau der Gebäude und der dabei vorkommenden Einfriedigungen. Alles Bauholz muß durchaus gesund und dauerhaft sein; dauerhaft besonders solches, welches dem verderblichen Wechsel von Trocknis und Feuchtigkeit ausgesetzt ist. Leichtes Bauholz ist beliebter als schweres Holz, um eine übermäßige Belastung, namentlich mit Bedachungsholz zu vermeiden. Die Hauptsache ist, daß das Bauholz möglichst vollholzig, gerade gewachsen und astfrei, möglichst lang und gesund ist. Alles Holz, was diesen Bedingungen genügt, ist als Bauholz in den Schlägen auszuhalten; nur Stämme mit fehlerhaftem Wuchs oder nicht gesunde Stämme sind ganz oder teilweis in das Brennholz zu schlagen, wobei die noch irgend wie zum Nutzholz tauglichen Teile auszusuchen sind. Bei der Aushaltung ist zu erwägen, daß übermäßig lang ausgehaltene Stämme bei unserer Berechnungsweise an Inhalt verlieren, und schlechte Spitzen das Holz unansehnlich und oft schwer verkäuflich machen. Besonders vollholzige, ast- und fehlerfreie Stammabschnitte werden als wertvollere Schneidehölzer, Blöcke oder Sägeblöcke in gewöhnlich von den Abnehmern genau angegebenen Längen (3—8 m) abgetrennt. Das übrig bleibende Stück ist dann meist noch als Bau- oder Nutzholz zu verwerten. Die Sägeblöcke werden zur Verwendung beim Hochbau in Bretter von 0,7—4,5 cm Stärke oder zu Bohlen von 5,2—10,5 cm Stärke verschnitten. Vor seiner Verwendung wird das Bauholz durch den Zimmermann vom Splint befreit und entweder waldkantig (die vier Ecken bleiben abgerundet) beschlagen, oder scharfkantig rechtwinklig beschlagen oder

gesägt; entweder gibt ein Rundholz nur ein scharfkantiges Bauholz — Ganz=
holz — oder durch einmaliges Zersägen zwei Bauhölzer — Halbholz oder
durch kreuzweises Zersägen vier Bauhölzer — Kreuzholz; hierbei entsteht ein
Abfall von 20—30 %. Wenn es sich darum handelt festzustellen, welchen
Zopfdurchmesser ein stehender Stamm in einer gegebenen Höhe hat, benutzt
man die sog. Ausbauchungsreihen, die sich z. B. im Teil II des Waldheil=
Taschenbuches finden.

§ 275. 2. Erdbau.

Hierunter sind alle Bauwerke in und unter der Erde zu verstehen. Um
nachgiebiges Erdreich für den Häuserbau zu befestigen, werden in der Erde
öfter Fundamente von Pfählen, sog. Rostbauten, nötig, wozu man nur die
dauerhaftesten Eichen= und feinringige harzreiche Lärchen= und Kiefernnutzstücke,
bei größerer Bodennässe allenfalls auch Erlenholz verwenden darf. Zu diesen
Rammpfählen werden zumeist die allerstärksten Ausmaße an Länge und
Durchmesser gesucht. (Jetzt vielfach Eisenbeton).

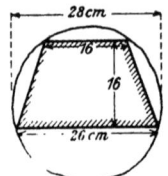

Abb. 117.
Schwelle I. Klasse.

Zu Röhrenholz bei Wasserleitungen und
Pumpenstöcken eignen sich am besten Kiefer, Lärche und
Schwarzkiefer (das sonst sehr geeignete Eichenholz gibt
dem Wasser einen Beigeschmack), welche dann grün ge=
bohrt und gelegt, eventuell unter Wasser aufbewahrt
werden müssen. (Jetzt ebenfalls meist aus Eisen, Ton,
Zement usw.).

Zu Eisenbahnschwellen dienen Eiche, Kiefer, Lärche und Rotbuche,
seltener Fichte. Das Holz muß gesund und fest sein und darf weder Wurm=
löcher noch sonstige Schäden aufweisen. Bei der Buche ist roter Kern un=
zulässig. Die Abmessungen sind verschieden. Die Maße der sogenannten
Schwelle I. Klasse veranschaulicht Fig. 117. Die Länge beträgt 2,7 m. Der
Zopfdurchmesser eines zu einer solchen Schwelle zu verarbeitenden Stückes muß
also mit Rinde etwa 28 cm betragen. 2 Schwellen ergeben sich bei einen Durch=
messer von 36—44 cm, 3 Stück bei 45—51 cm uff. Durch gleichzeitige
Aushaltung von anderen Schwellenarten mit abweichenden Maßen können die
Abschnitte oft besser ausgenutzt werden. Der Festgehalt einer Schwelle I. Kl.
beträgt 0,112 m³.

Die Schwellen werden entweder mit dem Beil oder mit der Säge zugerichtet.
Bei den Preisverhältnissen am Schwellenmarkt werden in der Regel nur
Stammstücke verwendet, welche als Bau= oder Brennholz noch geringeren Erlös
bringen würden (Zöpfe).

Zum Grubenbau gebraucht der Bergmann sehr viel Holz. Da in der
feuchten und dumpfen Grubenluft sich alle Hölzer rasch zersetzen und bald

erneuert werden müssen, greift man zu geringen möglichst billigen Hölzern. So kommt es, daß in der Nähe der Zechen fast alle Holzarten als Gruben=holz absetzbar sind. Für weiter abgelegene Reviere handelt es zunächst um die Nadelhölzer mit schwachem und schwächstem Durchmesser (unter Umständen bis zu 4 cm Zopf abwärts). Der Wertschätzung nach folgen Akazie, Eiche, Lärche, Kiefer, Tanne und Fichte. Die Aushaltung ist nach den Wünschen der Zechen sehr verschieden. Die Berechnung erfolgt in Preußen bei Längen von 2,5 m aufwärts nach den Grubenholz=Kubiktafeln von Behm, für kürzere Stücke nach der Maßtafel für Grubenhölzer von Lehmpfuhl*).

§ 276. 3. Wasserbau.

Da alles Holz, das zum Wasserbau verwendet wird, eine große Dauer haben muß, so verwendet man zu den Pfeilern und Pfählen beim Brückenbau, bei Wassermühlen, bei Uferbauten usw., wenn es möglich ist, Eichenholz oder harzreiches Lärchen= und Kiefernholz; wo das nicht zu haben ist, greift man wohl auch zum Fichtenholz. Bei Uferbefestigungen gebraucht man Faschinen, wozu man alle schnellwachsenden 5—10 jährigen Holz= und Straucharten, wie man sie im Niederwald oder als Unterholz im Mittelwalde, auch als abkömmliches Bodenschutzholz, findet oder dazu erzogen hat, verwenden kann. Obenan stehen als Faschinenholz einige Weidenarten: Salix fragilis, S. alba, S. rubra usw., ferner die Rhamnus-, Viburnum-, Evonymus-, Lonicera-, Ligustrum-, Berberis-Arten, Hasel, Pappel, Schwarz= und Weißdorn, Erle, Fichte, Kiefer usw. usw.

Das Faschinenholz wird kurz vor Laubausbruch gehauen.

b) Anderes Nutzholz.
§ 277. 1. Handwerkerholz.

Stellmacherholz. Der Stellmacher oder Wagner verarbeitet vorzüglich Eichen, Ulmen, Buchen, Hainbuchen, Eschen, Ahorn, Birken und Nadelholz.

Die Felgen, aus denen der Kranz der Wagenräder zusammengesetzt wird, werden meistens aus Buchenholz gefertigt; am besten eignet sich jedoch Ulmen=holz und dann Akazie, Esche, Hainbuche und Birke, zu Luxuswagen Hickory (carya alba) usw. Da von den Scheiten, aus denen die Felgen so aus=gehauen werden, daß ihre Seitenflächen in der Richtung des Jahresringes verlaufen, Kern und Splint getrennt werden, so müssen die Scheite stark ausgehalten werden, auch gut spaltbar sein. Holz, was nur in Splint und Kern fehlerhaft oder etwas anbrüchig ist, gibt oft noch taugliches Felgenholz; da die gewöhnliche Felgenlänge zwischen 63 und 80 cm schwankt, so müssen

---

*) Beide Tafeln bei J. Springer, Berlin.

die Nutzscheite dieser beiden Längen einfach oder doppelt haben. In manchen Gegenden ist das rohe Vorarbeiten (Felgenhauen) der Felgen eine Winter-Haus-Industrie. Dort empfiehlt es sich, das gute Buchenbrennscheit mindestens 1,25 m lang auszuhalten.

Die Speichen werden aus gutspaltigem Eichen-, Eschen- oder Akazienklobenholz 45—80 cm lang gerissen. Die Nabe wird meist aus Stammabschnitten von Eichen, aber auch von Ulme, Esche, Ahorn, Birke 20—35 cm lang abgeschnitten. Zu Deichseln, Leiterbäumen, Raufenbäumen usw. nimmt man meistens schwache Birkenstangen, auch Esche und Eiche, zu den vielerlei Sprossen in Leitern, an Wagen, an Futterraufen usw. nimmt man am liebsten gutspaltiges Eichenholz, was meist in Klötzen von verlangter Länge ausgehalten wird, auch eignet sich Eschenholz hierzu sehr gut; am besten ist Wacholder, wo dieser viel vorkommt.

Sehr wertvoll für den Stellmacher sind alle schwachen Stangensortimente von 9—20 cm Durchmesser, namentlich krumm und bogig gewachsene, die er zu Karrenbäumen, Pflugsterzen, zu Stielen für allerlei Gerät vortrefflich verarbeiten kann, erlangen oft die höchsten Preise. — Zu Schlittenkufen nimmt man krummgewachsenes Buchen-, Hainbuchen-, Birken- und Eschenholz. Zu Eisenbahnwaggons verwendet man Eichen-, Eschen-, Pappel-, Aspen- und Nadelholz aus Blöcken und Nutzstämmen.

Böttcherholz. Die Böttcher (Büttner, Küfer, Faßbinder) verwenden zur Anfertigung von Fässern und Gefäßen aller Art vielerlei Laub- und Nadelhölzer. Das wertvollste und beste Holz erfordern die Weinfässer, wozu ausschließlich gutes spaltiges Eichenholz verarbeitet wird. Sehr gut eignen sich hierzu noch fehlerhafte und anbrüchige Eichen, die als ganze Nutzstücke nicht liegen bleiben können; das unbrauchbare Holz sortiert man aus, das gesunde und dabei gutspaltige Holz hält man in Klobenlängen von 70 oder 240 cm aus, wobei nur am Kern und Splint leicht anbrüchige oder fehlerhafte Scheite immer noch in die Nutzholzschichtmaße gelegt werden können, da Teile von beiden doch abgespalten werden müssen. Dieses Sortiment heißt Stabholz. Zu den Faßreifen nimmt man junge Stangen, Gerten, Loden, Stockausschläge usw. von Eichen, Birken, Weiden und Haseln, die als Reifstäbe in den verschiedenen Längen ausgehalten werden; jetzt jedoch meist Eisenreifen. — Von großer Bedeutung für die Rentabilität der Buchenwirtschaft ist die Herstellung von Trockenfässern (für trockene Substanzen wie Margarine, Chemikalien usw.) aus Buchenholz. Die Herstellung erfolgt fabrikmäßig auf Kreis- und Trommelsäge.

Aus Nadelholz werden Packfässer für Zement, Nägel, Obst usf. hergestellt. Gutspaltige Nadelhölzer, oft noch von ganz geringer Länge, verarbeitet der Böttcher zu Eimern, Zubern, Milchgeschirren, Butterfässern und zu Gefäßen die nur ganz vorübergehend zur Aufbewahrung von wertlosen Flüssigkeiten im Haushalte usw. dienen. — Die Reifen zu diesen Geräten werden meist aus Stammstücken von gutspaltigem Eschen-, Fichten- und Weidenholz 6 cm breit und 3 cm dick ausgespalten, glatt gearbeitet und, wenn sie durch heißes Wasser gezogen sind, über einem runden Holze (Biegestock) gebogen. Alles Holz, was zu Reifen irgend welcher Art verlangt wird, wird am besten kurz vor Laubausbruch gefällt; auch diese Reifen werden jetzt vielfach aus Eisen hergestellt.

Zu Spaltwarenholz, zu Sieb- und Scheffelrändern, zu Schachteln, Dachspließen und Dachschindeln, zu Zündhölzchen usw. verwendet man leichtes, astfreies, gesundes und vor allen Dingen gut spaltiges Nadelholz, was in Schichtnutzhölzern von verlangter Länge, gewöhnlich noch die nutzbaren kurzen Stücke, aus anbrüchigen und fehlerhaften Stämmen, die keine Bauhölzer geben, ausgehalten wird; wo Nadelholz fehlt, verwendet man jedoch auch Laubholz, wie Eichen, Eschen, Aspen, Saalweiden und Buchenholz zu Spaltwaren.

Zu Schnitzwaren werden fast ausschließlich Laubhölzer verwendet. — Der Muldenhauer verarbeitet möglichst frisches Aspen-, Pappeln-, Weiden-, Ahorn-, Buchen-, Hainbuchen-, Linden-, Birkenholz, wozu dicke gesunde und fehlerfreie Klötze jeder Länge ausgehalten werden, vor allen Dingen darf das Holz nicht ästig und nicht drehwüchsig sein; sobald das Holz speziell zu größeren Schüsseln und Mulden verlangt wird, muß es bis zu etwa 1 m Durchmesser haben.

Der Löffelschnitzer verarbeitet frisches Ahorn-, Birken-, Buchen-, Erlen-, Pappel- und Aspenholz; hierzu werden ganz glatte astreine Stangen ausgehalten; zu kleinen Löffeln genügen schon armdicke Stangen. Die Leistenschnitzer verarbeiten frisches Buchen-, Ahorn-, Birken-, Erlen- und Aspenholz, das in durchaus fehlerfreien und gutspaltigen Nutzschichtmaßen auszuhalten ist. — Holzschuhe und Pantoffeln werden aus Nutzholzscheiten (Rollen) von Erlen, Birken, Pappeln, Aspen und Buchen ausgehauen. Zu Flintenschäften und Blasinstrumenten dient besonders Masernholz von Nußbaum, Maßholder, Birken und Spitzahorn, auch Rotbuche am liebsten aus den Wurzelknoten. Zu Kinderspielwaren werden fehlerfreie Schichtnutzhölzer von Linden, Erlen, Fichten, Tannen, Ahorn-, Pflaumen- und Apfelbaum ausgehalten; zu Bildschnitzereien sind am gesuchtesten Linde und Nußbaum, aber auch Spitzahorn, Eiche, Erle und Obstholz.

Der Drechsler verlangt entweder Stammabschnitte oder gesundes Schichtnutzholz (meist Rollen) von harten Hölzern mit schöner Textur, wie Buche, Ahorn, Hainbuche, Obstholz, Elsbeere, Eiche, Erle usw., und kann auch noch schlechtgewachsenes Holz oft in den kürzesten Stammabschnitten, sobald es gesund ist, verarbeiten.

Der Glaser verlangt gutspaltiges fehlerfreies Eichenholz, ferner gutes Lärchen- und Kiefernholz zu Fensterrahmen, was aus Nutzholzschichtmaßen oder aus Bohlen herausgeschnitten wird.

Der Tischler verarbeitet fast alle Hölzer; er verlangt sie in Stammabschnitten, die ganz fehlerfrei, weich, möglichst astrein und geradfaserig sind, so daß er aus ihnen Bretter, Bohlen, Latten, Pfosten usw. herausarbeiten kann. Kommen in Schlägen masrig gewachsene gesunde seltenere Hölzer, wie Ulmen, Ahorn, Eschen, Kirschen, Elsbeeren, Maßholder, Erle, Birke usw. vor, so sind diese sorgsam auszuhalten, da sie als Möbel- und Furnierholz sehr hoch bezahlt werden.

Zu Flechtarbeiten (allerlei Korbwaren, Kober, Schwingen, Hürden usw.) gewinnt man in erster Linie das Material aus den dünnen Stocktrieben der verschiedenen Flechtweiden (s. § 189), aber auch aus Haseln-, Fichten-, Aspen- und Lindenholz, das in feine Stränge und Fäden aufgerissen wird. Zu den besseren Korbwaren werden die Weiden geschält. Die meisten Korbwaren werden aus ungespaltenen meist einjährigen Stocktrieben gefertigt, feinere Ware aber aus gespaltenen Schienen. Zu groben Tauen, Matten usw. verwendet man zuweilen die feinen Wurzelstränge von Fichten und Kiefern, die sehr zähe sind; leider werden sie zu solchen Zwecken oft gestohlen.

Der Besenbinder verlangt feine krause, dabei steife Birkenreiser oder Besenpfriem, was man ihm meistens auf Schlägen oder in Läuterungshieben von Nadelholzdickungen usw. sich selbst aussuchen läßt; gehauen wird das Besenholz vor Laubausbruch.

§ 278. 2. Acker- und Gartenbauholz.

Erbsenreisig wird aus den Zweigspitzen von allerlei Holzarten etwa 1 m lang ausgehalten; zu den vielerlei Stangen, Pfählen und Stöcken, wie sie die an Gebäuden und in Gärten vorkommenden vielfachen Einfriedigungen oder der Gartenbau erfordern, liefern die Durchforstungen der Nadelhölzer reiches Material. Man halte dazu Nadelholzreisig I. Kl. bis 4 m lang aus. Zu kleineren Weinpfählen, wie sie der sog. Kammerbau in den Weinbergen erfordert und wo die Pfähle den Winter über stecken bleiben, gebraucht man Eichen-, Kastanien- und Akazienholz; ebenso ist dieses zu recht dauerhaften Verzäunungen erforderlich, wo man nicht Drahtgeflecht vorzieht. Zu Rebpfählen verwendet man jetzt auch viel imprägnierte Tannen- und Fichtenstangen.

§ 279. Holz zu technischen Zwecken.

Schiffbauholz. Das wichtigste Schiffbauholz ist das Eichenholz wegen seiner Dauer und Haltbarkeit; fast der ganze Rumpf der See- und Flußschiffe ist, wo nicht die moderne Eisenkonstruktion vorgezogen wird, aus Eichenholz gebaut. Das beste Eichenholz ist kenntlich an den breiten gleichmäßigen Jahresringen, schmalen äußerst feinporigen Porenringen, am recht kräftigen Geruch, Langfaserigkeit und überall gleichmäßiger, nicht zu dunkler Farbe. Zum Schiffbau wird für Kiel und Planken Langholz von mindestens 8—10 m Länge und 35 cm Zopfstärke verlangt; je stärker das Holz ist, desto gesuchter ist es. Zu dem unteren Kiele werden starke gerade Buchen verlangt. Zu den Mastbäumen und Raaen verwendet man feinringige mäßig harzreiche tabellose Kiefern, auch Fichten der größten Dimensionen. Zum Bau des Rumpfes kleinerer Fahrzeuge verlangt man die in verschiedenster Weise gebogenen Krummhölzer, Buchthölzer und Kniehölzer, wozu man namentlich die sich vom Stamm abzweigenden Wurzeln und Äste der stärksten Dimensionen an Eichen verwendet, die deshalb in den Revieren, wo Schiffbauholz verkauft wird, mit peinlichster Sorgfalt am Stamm gelassen und ausgesucht werden müssen. — Je stärker die Krummhölzer sind, desto besser ist es; für Marinezwecke sind die geringsten Dimensionen für die Länge 3,60 m, für die beschlagene Stärke 20 cm, für Flußfahrzeuge genügen oft 10 cm beschlagene Stärke. Alle Krummhölzer müssen die Bucht entweder in der Mitte oder bis zu $1/3$ vom kurzen Ende haben.

Das Schiffbauholz kann gewisse kleine Fehler, die die Stärke des Stückes nicht sehr beeinträchtigen, wie braune Flecke und Ringe, die nicht tief gehen, am Stammende, kleinere Weiß- und Rotfaulstellen usw. wohl haben. Unzulässig sind dagegen große Kern- und Frostrisse, Drehwuchs, tief eindringende schwarze und braune, besonders buntfleckige Stellen und weit vorgeschrittene Ast- und Kernfäule.

c) **Papierholz usw.**

Schließlich sei noch der in neuester Zeit in Aufnahme gekommenen Verarbeitung aller Sortimente (selbst der Sägespäne) von den meisten Holzarten, namentlich aber von Kiefern-, Fichten- und Tannenholz zum Holzstoff (Zellulose) erwähnt, welcher zur Fabrikation von allen Papiersorten und Gegenständen zur Polsterung, zu Sprengstoffen, zu Geweben, ja selbst als Viehfuttermaterial Verwendung finden. Die Verwendung, welche der Zellstoff heute durch Pressung oder andere Umformung findet, ist ungeheuer vielseitig und erweitert sich von Tag zu Tag. Deutschland verarbeitete vor dem Kriege bereits über 1 Million fm minderwertiges Holz zu Holzstoff jährlich. Aus schwachem Reisig, namentlich von Buchen, quetscht man in Notjahren Futter für Pferde und Rindvieh; die Verarbeitungs- und Verwendungsweise des Holzes schreitet immer weiter fort und fördert somit auch den Wert desselben von Jahr zu Jahr.

d) Brennholz.

§ 280. Bei weitem das meiste zum Verbrennen bestimmte Holz, d. h. alles Holz, was sich in keiner Weise besser benutzen läßt, oder wofür man keinen anderen Absatz finden kann, wird zum Heizen, Backen und Kochen gebraucht; in früherer Zeit wurde dasselbe bei der Pottaschenbereitung vielfach zur Asche verbrannt; jetzt ist jedoch diese Verwendung der hohen Holzpreise wegen nur noch selten gebräuchlich. Vielmehr ist dagegen die Holzessiggewinnung namentlich aus Buchen, jedoch auch von vielen anderen Laubhölzern und den Nadelhölzern gebräuchlich, welche in geschlossenen eisernen Zylindern schnell stark erhitzt werden und dann eine saure Flüssigkeit von sich geben; der Holzessig wird wieder zur Darstellung von essigsauren Salzen zu Druckerei- und Färberei- und militärischen Zwecken vielfach benutzt. Das zum Heizen bestimmte Holz soll nur in möglichst trockenem Zustande verbraucht werden, da es sonst viel an Wert verliert; es soll sofort nach der Anfuhr zerkleinert und an einem trockenen luftigen Ort lose aufgestapelt werden.

II. Nebennutzungen.

A. Vom Holze selbst.

§ 281. a) Rinde zum Gerben.

Der in den Rindenzellen einiger Waldbäume, der Eiche, Fichte, Birke, Lärche und Weide vorhandene Gerbstoff wird zur Lederzubereitung seitens der Gerber benutzt. — Aus diesem Grunde erzieht man die Eiche, deren Rinde am wertvollsten ist, wie wir im § 181 gesehen haben, zu besonderer Rindennutzung in den Eichenschälschlägen, doch benutzt man auch die Eichenrinde von alten Bäumen, welche im Gegensatz zu der glatten und feinen Rinde der jungen Eiche, der sog. Glanz- oder Spiegelrinde, rauhe, auch Grobrinde genannt wird. Die Spiegelrinde wird in den Lohmühlen ganz, von der rauhen Borke werden nur die saftigen Schichten, das sog. Rindenfleisch, zur Lohe zermahlen und dann zum Gerben benutzt.

Der Eichenrinde steht die Fichtenrinde, die fast in allen unseren Gebirgen hier und da als Gerbrinde genutzt wird, in der Güte nach: sie wird allein nur zum Garmachen des Oberleders, sonst in Untermischung mit anderen Rinden benutzt; die Gewinnung ist ähnlich wie bei den Eichen. Sie wird im Frühjahr von den Rundstücken abgeschält und entweder auf Trockengerüste horizontal gelegt oder dachförmig zum Trocknen zusammengestellt; zum Schutz gegen den Regen werden da, wo die Rindenstücke oben zusammenstehen, einige Rinden übergelegt. Zur Herstellung von dänischem Leder, aber auch zu anderen Gerbzwecken wird noch die Rinde der Saalweide, seltener die von anderen

Weidenarten benutzt. In Rußland, weniger in Deutschland, werden in Gegenden mit vielen Gerbereien die jungen Birken auf Spiegelrinde genutzt, deren Lohe als Zusatz der Schnellbeize bei Bereitung des Sohlleders gebraucht und häufig gut bezahlt wird. Die Birkenrinde geht erst 14 Tage später als die Eichenrinde.

Die Lärchenrinde wird bei uns vorläufig noch wenig verlangt, die meiste Verwendung findet sie in Rußland und Österreich, wo sie stellenweis der Fichten- und Birkenrinde sogar vorgezogen wird. — Da sie sich sehr leicht schälen läßt, so dürfte ihre Gewinnung im Sommer vorzuziehen sein; nach den neuesten Ermittelungen soll ihr Gerbstoffgehalt außerdem im Hochsommer am höchsten sein. In neuerer Zeit verlor die Rindengerbung immer mehr an Bedeutung, wie im § 181 angeführt.

Außer zum Gerben wird die Rinde von Birke und Linde noch anderweitig genutzt; erstere dient zur Anfertigung kleiner Dosen, der Bast der letzteren zur Anfertigung von Matten und zum Binden.

§ 282. **b) Harz.**

In den deutschen Forsten war die Harzgewinnung nur noch an wenigen Stellen auf Grund von Berechtigungen gestattet, sonst wegen Beeinträchtigung des Nutzholzwertes, da die harzgenutzten Stämme größtenteils rotfaul werden und dem Windbruche unterliegen, abgeschafft; in großem Umfange wird die Harzgewinnung aus Schwarzkiefern noch in Österreich betrieben. Es können alle Nadelhölzer geharzt werden. Der Ertrag der Harznutzung ist nach den Holzarten, nach Standort usw., recht verschieden. Wird dieselbe z. B. bei der Fichte auf die letzten Jahre vor dem Abtriebe beschränkt, so kann man auf einen Ertrag von 70—80 kg pro ha, bei der Schwarzkiefer kann man auf 3—4 kg pro Stamm, bei der Seestrandskiefer sogar auf 4—5 kg pro Stamm rechnen. Zur Harzgewinnung schält man unten am Stamm schmale Rindenstreifen, sog. Lachten ab, in welchen sich das Harz sammelt und immer wieder ausgekratzt wird. Die Unterbindung unserer Zufuhren aus dem Auslande zwang während des Krieges zur Wiederaufnahme der Harznutzung in großem Umfange. Wir nutzen heute Kiefer und Fichte. Die Stämme werden a n g e l a c h t e t und das austretende Harz entweder abgekratzt — g e s c h a r r t — (Fichte), oder in einer Vertiefung am unteren Ende der Lachte, der sog. Grandel, aufgefangen (Kiefer). Es sind mannigfache Verfahren erdacht und erprobt, zu denen sich die Anleitung auf den Oberförstereien befindet, welche Harz gewinnen. Im Laufe der Jahre leidet natürlich die Nutzholztüchtigkeit des geharzten Stammes. Daher beschränkt sich die Harzgewinnung auf die Bestände, welche im Laufe der nächsten 10 Jahre zum Abtriebe kommen.

§ 283. c) **Raff- und Leseholz.**

Unter Raff- und Leseholz ist alles dürre und trockene Holz zu verstehen, welches von selbst von den Bäumen gefallen und zu seiner Benutzung vom Boden aufgelesen oder zusammengerafft wird. Zum Raff- und Leseholz wird manchmal noch das auf den Schlägen liegen bleibende nicht benutzbare Reisig- und Spanholz gezählt (Abraum), auch wohl die sog. Lagerhölzer, stärkere Stämme, die durch Zufall umgeworfen, teilweis verdorben sind und jedenfalls vom Waldbesitzer nicht mehr genutzt werden.

Die Nutzung des Raff- und Leseholzes wird entweder auf Grund von Erlaubnisscheinen, die stets mitgeführt werden müssen, in 5 bis 6 Wintermonaten unter forstpolizeilichen Einschränkungen gestattet, oder sie wird auf Grund von Berechtigungen ausgeübt, wo dann die betreffenden Urkunden und gesetzlichen Bestimmungen die Art der Nutzung regeln. Die freiwillig gestattete Nutzung (sog. Heidemiete) schließt gewöhnlich alle Werkzeuge und größeren Transportmittel aus und beschränkt das Sammeln auf gewisse sog. Holztage und die Person, auf deren Namen der Zettel ausgestellt ist; letzterer muß mitgeführt werden. Die Nutzung durch notorisch Arme erfolgt meist unentgeltlich, sonst gegen geringe Bezahlung. Übertretungen der auf Grund von Zetteln oder sonst Berechtigten werden auf Grund der §§ 36—42 des F. und F. P. G. bestraft. Leseholz darf nicht verkauft werden. Die Entnahme von Holz, das nach obiger Erklärung nicht zum Raff- und Leseholz gehört, wird nicht als Kontravention, sondern als Forstdiebstahl bestraft. Vergl. J. f. F. § 63.

§ 284. d) **Mast- und Baumfrüchte.**

Die meisten Früchte der Waldbäume werden von allerlei Tieren als Nahrung aufgesucht, abgesehen davon, daß sie ihre wichtigste Bestimmung in der Verjüngung und Wiederkultur finden. — Die vielen Baumbeerfrüchte werden von Vogelarten eifrig verzehrt (Vogelbeere, Mehlbeere usw.), ebenso allerlei Steinfrüchte — Kirschen, Wacholder, Dornarten; Elsbeeren, wilde Birnen und Äpfel werden von Rot- und Rehwild begierig aufgesucht, namentlich wird aber die Frucht der Buche und Eiche für die Ernährung der Schweine wichtig, und da sich dieselben oft förmlich dabei mästen, auch mit dem technischen Namen „Mast" bezeichnet. Die Jahre, in welchen Buchen- und Eichenwälder durchweg reichliche Frucht tragen, treten selten auf, bei der Buche in günstigen Lagen etwa alle 10 Jahre, bei der Eiche alle 4 Jahre, in rauheren Lagen noch viel seltener. — Solche reichliche Fruchterzeugung bei der Eiche oder bei der Buche, wo alle Bäume gut tragen, nennt man „Vollmast"; trägt etwa nur die Hälfte der Bäume gut, so nennt man es „Halbmast", tragen nur einzelne Bäume, so nennt man es „Sprengmast". Bei voller und halber Mast werden häufig vom 15. Oktober bis 1. Februar Mastschweine eingetrieben, die Mastdistrikte entweder meistbietend oder freihändig verpachtet, oder es wird pro Stück ein festgesetztes Einmietegeld bezahlt. Die Bedingungen, unter welchen die Mast gestattet wird, werden vertragsmäßig festgesetzt. An manchen Orten gebührt die Mastnutzung dazu Berechtigten.

Neben der Eichel= oder Buchelmast spricht man auch wohl von einer Erdmast und versteht darunter die Nahrung, welche die Schweine im Wald= boden finden, wie Insekten, Wurzeln usf.

Bei geringer Mast treibt man unter gleichen Verhältnissen statt der Schweine auch Schafe ein; bei noch geringerer Mast gibt man Sammelzettel aus und läßt diese durch Bezahlung oder Abgabe der Hälfte der Eicheln und Bucheln zu eigenen Kulturzwecken entgelten. Das Eintreiben der Schweine geschieht heute nur noch sehr vereinzelt, da die feinen neueren Rassen wenig geeignet sind und auch brauchbare geübte Hirten fehlen. Die gesammelten Bucheln werden auch zur Gewinnung von Öl in Ölmühlen geschlagen; sie geben je nach dem Standort 10—15% Öl. Zur Ölgewinnung dienten in den Kriegsjahren auch die Samen der Nadelhölzer und der Esche. Als Kaffee= ersatz die Kerne des Weißdorns und Eicheln; zur Fütterung Roßkastanien, die überhaupt als Winterfütterung für Rotwild sehr geeignet sind.

Soweit die Baumfrüchte für Waldsämereien anzusehen sind, wird die Entwendung als Forstdiebstahl bestraft (F. D. G. § 1[4]).

§ 285. e) Futterlaub.

In futterarmen Gegenden und in Notjahren werden nicht selten Esche, Linde, Rüster, Saalweide, Eiche, Aspe, Pappel im Kopf= und Schneidelbetrieb zu sog. „Futterwellen" zur Winterfütterung für Schafe und Ziegen, im Notfall auch für Rindvieh genutzt, zuweilen werden die Zweige gleich grün verfüttert. Auch die Durchläuterungen der Laubholzjungwüchse in belaubtem Zustande, ingleichen Eichenschälwald= und Niederwaldschläge liefern Futterwellen, die, falls sie recht holzfrei sind, einen hohen Futterwert haben. Häufig läßt man Läuterungshiebe umsonst gegen Abgabe des Materials nach vorherigen genaueren Vereinbarungen machen, wobei sich Publikum und Waldbesitzer gleich gut zu stehen pflegen. Falls Futterlaub verkauft wird, wird es in Wellen gebunden und hundertweis abgegeben. Im Futternotjahr 1893 und in den Kriegsjahren ist man der Fütterung mit Laub und dünnem Reisig näher getreten und hat beides nach den Untersuchungen guten Futterwert; in ihrer Güte folgen die Holzarten: sehr gut: Akazie, Holunder, Ahorn, Rüster, Sommerlinde, Aspe; gut: Erle, Weide, Winterlinde, Eiche, Esche, Weißbuche, Kastanie; genügend: Weißerle, Eberesche, Birke, Hasel, Buche; schädlich: u. a. Pulverholz (Rhamnus)! Der Nährwert ist bis Juni am größten. Schwaches Reisig aus Nieder= und Mittelwaldschlägen, den Durchläuterungen usw. quetscht man mit Maschinen zu Häcksel und mengt ihm Viehsalz und Maismehl bei. Der Diebstahl an Laub wird nach dem F. D. G. § 1⁴, das schädliche Abbrechen von Laub an Bäumen, Hecken usw. als Kontravention nach § 24² des F. und G. P. G. bestraft.

B. Nebennutzungen vom Waldboden.
§ 286. a) Streu.

Was wir mit dem Namen Waldstreu bezeichnen, besteht aus den vielerlei Abfällen der Waldbäume, der Sträucher und aus den mancherlei Gräsern und Kräutern, Moosen, Farren, Flechten usw., die der Waldboden hervorbringt und die teils als Einstreu in Viehställen, teils direkt, nachdem man sie hat verrotten lassen, unmittelbar zum Dung, teils zur Fütterung benutzt werden. Die Nutzung der Streu kann insofern dem Walde großen Schaden tun, als ihm dadurch ein Teil des zu seiner Ernährung so nötigen Humus, der durch die Verwesung der entnommenen Streu sich gebildet hätte, entzogen und er seiner natürlichen Schutzdecke beraubt wird.

In allen den Fällen, wo der Boden durch Streuentnahme geschwächt wird oder dem Walde irgend ein Schaden aus derselben erwächst, soll der Waldbesitzer dieselbe freiwillig nie gestatten, sondern da, wo sie als Berechtigung noch geduldet werden muß, sie selbst mit bedeutenden Opfern abzuschaffen trachten. Das nähere darüber siehe im Forstschutz § 237. Ist die Streuabgabe nicht zu umgehen, so soll man sie wenigstens so unschädlich wie möglich machen, indem man folgendes dabei zu beobachten hat:

1. Man gibt die im Walde entbehrlichste Streuart ab. Am entbehrlichsten ist das Laub und sonstiges Streumaterial von Wegen, Gestellen, Gräben*) und allen solchen Plätzen, die keine Bodenproduktion haben sollen (sog. „Rechstreu"). Ist diese Streu verbraucht, so kann man wohl das Laub aus den Beständen nehmen da, wo es sich in Löchern und allerlei Vertiefungen sehr hoch angesammelt hat, falls es nicht notwendig wird, um magere hochliegende Bodenpartien desselben Bestandes, angrenzender Bestände oder Kulturflächen damit zu düngen. In zweiter Linie werden die Kulturflächen angewiesen, um die darauf wuchernden Forstunkräuter, zuerst die schädlichsten — Heide, Beerkräuter, Besenpfriem usw. zu nutzen; die eigentliche Bodendecke — Moos, Gras, Humus usw. — darf jedoch nur in besonderen Fällen angegriffen werden. Solche Unkräuter werden am besten abgemäht, weshalb

---

*) Hier ist die Abgabe von Streu sogar erwünscht, da — namentlich auf schwererem Boden — die verwesenden Blätter die Wege verschmutzen und die Gräben verschlammen, so daß Kosten verursacht werden, um sie wieder in guten Zustand zu bringen.

man diese Art Streunutzung wohl auch Mähstreu nennt. Auf steilere Hänge darf sie jedoch wegen der Abschwemmungsgefahr nie ausgedehnt werden. Schließlich kann man auch noch die besseren Schläge zur sog. Aststreu anweisen, wodurch die oben liegenden kleinen Ästchen und Zweige, besonders der Nadelhölzer genutzt werden; diese Abgabe ist sogar im Interesse des Forstschutzes meist erwünscht.

2. **Man gibt sie nur aus ausgewählten Teilen des Waldes ab.** Die fruchtbareren und besseren Bodenpartien werden in allen den Fällen, wo eine Streuabgabe aus den Beständen selbst nötig werden sollte, zuerst angewiesen, namentlich recht frische Tieflagen, feuchte und nasse Orte, Wege, Gräben, Schluchten und zu dichte Moospolster, die oft dadurch schaden, daß sie die Niederschläge und damit die Humusbildung aus den Waldabfällen abhalten, auch die Wurzelatmung hindern; andererseits kann jedoch dieses Moos unter Umständen große Erträge als Verpackungsmaterial für Glas- und andere Fabriken, Geschäfte, Gärtnereien usw. bringen. Unter keinen Umständen darf die Streu genutzt werden von den dem Winde und der Aushagerung preisgegebenen Standorten, wie Freilagen auf Kuppen, Gebirgsrücken, steilen Hängen, Bestandsrändern, von armem flachgründigem und trockenem Boden; möglichst geschont sollen werden die Süd- und Westseiten.

Ältere Bestände soll man mindestens 10 Jahre vor dem Abtriebe ganz mit der Streunutzung verschonnen, nicht minder die jungen Bestände vor dem mittleren Stangenalter und alle die Bestände, die erst vor kurzem durchforstet sind; ebenso sind von der Streunutzung ausgeschlossen: Eichenschälwald und Buchenniederwald, möglichst überhaupt jeder Mittelwald und Niederwald, weil diese Betriebsarten an und für sich schon den Boden angreifen; ferner alle lückigen und schlecht geschlossenen Bestände, alle Bestände, die von Gefahren heimgesucht waren, kurz alle solche Bestände, die aus irgend einer Ursache sich in abnormem und schlechtwüchsigem Zustande befinden; eine Streunutzung würde sie nur noch mehr entkräften und vielleicht verhängnisvoll werden.

3. **Die Art und Zeit der Streunutzung sind streng vorzuschreiben und zu beaufsichtigen.** Was die Ausdehnung und Art der Streunutzung betrifft, so soll nur der obere, noch nicht in Verwesung begriffene Trockentorf genutzt werden. Eiserne Harken und solche mit engen Zinken (unter 7 cm Weite) sind zu verbieten; sie greifen zu tief in die Bodenschicht und verletzen die freien Wurzeln.

Obwohl für die streubedürftige Bevölkerung die Nutzung im Frühjahr am erwünschtesten ist, so ist diesem Verlangen aus Rücksicht für den Wald nicht immer zu entsprechen. Die Forstunkräuter sind unter allen Umständen **vor Reife und Ausfall des Samens**, um ihre Vermehrung zu verhüten, abzugeben; Aststreunutzung wird auf den Herbst und Winter beschränkt; Farrenkräuter werden im Spätsommer, Rech- und Harkstreu bei möglichst trockner Witterung im Herbst nach vollendetem Laubabfall gewonnen. Dieselben Orte dürfen höchstens alle 10 Jahre genutzt werden, am meisten schone man unter sonst gleichen Verhältnissen die bald haubaren Bestände und greife dann lieber in jüngere Stangenhölzer über.

Meist wird die Streunutzung auf Grund von Berechtigungen ausgeübt; ist sie freiwillig gestattet, so üben die Betreffenden dieselben auf Grund von Legitimationszetteln entweder selbst aus oder sie wird von der Forstverwaltung ausgeführt (dies sollte Regel sein!) und die Streu nach Raummetern oder fuhren-, karren-, kiepenweis abgegeben oder freihändig verkauft. Die Streunutzung unterliegt den forstpolizeilichen Bestimmungen, deren Übertretung nach dem F. u. F. P. G. resp. in den 6 östlichen Provinzen nach der dort noch gültigen Verordnung vom 5. März 1843 G. S. S. 105 bestraft wird; die Entwendung der Streu wird nach § 1⁴ des F. D. G. bestraft.

§ 287. b) Weide und Gras.

Das Wesentlichste hierüber ist bereits im Forstschutz §§ 237, 238 gesagt. Es sind beide Nutzungen nur mit möglichster Schonung für den Hauptzweck des Waldes, die Holzerziehung, auszuüben. Da wo sie aus Rücksicht auf eine große arme ländliche Bevölkerung gestattet werden müssen, ist die ganz besondere Aufmerksamkeit des Beamten nötig, um Beschädigungen zu verhüten. Sie wird nur gegen Ausgabe von Zetteln gestattet und es ist ratsam, nur das Abrupfen zu erlauben. Wiederholtes Absicheln und Abmähen von Unkrautgras verschlimmert das Übel und schließt den Boden nur noch mehr ab. Die Entwendung wird nach § 1⁴ des F. D. G., Weideübertretungen werden nach dem F. u. F. P. G. §§ 14 ff. 40, 41 und 69 ff. bestraft.

§ 288. c) Torf.

Über die Entstehung und die Bestandteile des Torfes vergl. § 93.

Ist der Torf von Wasser oder einem mehr oder minder starken Bodenüberzug bedeckt, so macht seine Gewinnung mehr Schwierigkeiten. Bei großen Brüchern ist zur rationellen Ausnutzung ein besonderer Wirtschaftsplan nötig, da man nicht selten auf ein Wiedernachwachsen des Torfes rechnet; in solchem Falle wird ein förmlicher Umtrieb festgehalten. Es darf dann jährlich oder periodisch nicht mehr genutzt werden, als nachwächst. Kleinere Torfmoore oder Torfstellen nützt man entweder periodisch oder nützt sie ganz aus, um nachher die Stelle zu kultivieren oder in Fischteiche umzuwandeln. Sobald man auf keine Wiedererzeugung des Torfes rechnet, muß man das Wasser, den Hauptvermittler der Torfbildung und Versumpfung, abziehen, und zwar so tief als der Torf steht. Man sticht dann den Torf bis auf die Sohle mittels des Torfspatens oder der Torfstechmaschinen ab. Bei noch nicht vollständiger Entwässerung wird das Ausstechen so betrieben, daß regelmäßige parallellaufende Gräben entstehen, die durch stehenbleibende ganz schmale Bänke getrennt werden, um das Wasser fern zu halten. Die ausgestochenen gleichgroßen, etwa 30 cm langen, 15 cm breiten und 10 cm dicken Torfstücke — Soden oder Torfziegel genannt — werden zum Trocknen auf die Zwischenbänke gelegt und nachher in sog. „Ringen" aufgesetzt.

Hat der Torf keine Bindigkeit oder ist eine Entwässerung nicht möglich oder nicht lohnend, so wird die Torfmasse ausgeschöpft, in einen großen Holzkasten gebracht, gleichmäßig durchgetreten, nachher auf dem Boden ausgeschüttet, durch Schlagen usw. wasserfrei gemacht und, sobald er feststeht, zu einem großen Kuchen geformt, von dem die Soden gleichgroß abgestochen werden — Preßtorf.

Den bekannten Streichtorf erhält man noch viel einfacher, indem man ihn in Formen, die in Fächer geteilt sind, füllt und diese auf trocknem Boden ausklopft und trocknen läßt. Wo das Trocknen des Torfes mit Schwierigkeiten verknüpft ist, baut man Trockenhäuser oder Trockengerüste; der getrocknete Torf ist besonders vor Nässe zu schützen und möglichst sofort abzufahren.

In großen Torfmooren wird der Torf wohl in Fabriken, Maschinen usw., durch Schlämmen, Zerkleinern und nachheriges Pressen, oft in komplizierter Weise brennkräftiger gemacht und kommt dann als sog. Kunst- oder Maschinentorf in den Handel. Zuweilen wird auch der Kunsttorf „Preßtorf, Brikett" genannt, da zu seiner Bereitung immer ein Preßverfahren angewandt wird. Die Brikettfabrikation aus Torf, namentlich aber aus minderwertiger Kohle und aus Abfällen hat jetzt einen sehr großen Umfang genommen. Die Verarbeitung von Torfabfällen oder minderwertigem Torf zu „Torfstreu" und Torfmull gewinnt in den letzten Jahren als Ersatz für Stroh und andere Streu immer größere Bedeutung.

§ 289. d) Verschiedene Erdarten und Steine.

Kies- und Sandgruben im Revier werden in sandärmeren Gegenden oft äußerst wertvoll. Der Förster hat die Ausnutzung der Gruben nur mit Erlaubnis des Vorgesetzten und nur gegen Vorzeigung von Legitimationszetteln zu gestatten; für das Revier selbst wird der Kies als wichtiges Wegebaumaterial bedeutsam.

Lehmgruben werden ebenfalls sehr nützlich für den Wegebau auf Sandboden oder für die Ziegelbrennerei, Mergelgruben werden vom Landwirt, Kalk von Maurern, Ton von Töpfern sehr gesucht; Steine liefern in der Ebene das gewünschte Material zu Brücken= und Wegebauten, werden auch oft teuer bezahlt. Keinesfalls darf der Förster die Benutzung dieser Bodenbestandteile aus eigenem Ermessen gestatten; er hat diese im Gegenteil wie alle anderen Waldprodukte und das Holz vor fremden Eingriffen zu schützen. Die Nutzung wird entweder freihändig oder meistbietend an Unternehmer verpachtet oder sie geschieht auf Grund von Zetteln unentgeltlich oder gegen Entgelt, meist unter Selbstwerbung des Publikums.

Die Steinbrüche, Sandgruben usw. müssen eingefriedigt sein (§ 29 des F. u. F. P. G.), der Diebstahl an diesen sogen. Fossilien wird nach § 370 des Str. G. B. bestraft.

§ 290. e) Waldbeeren, Pilze und ähnliche Produkte.

Alle derartigen geringen Nebenprodukte des Waldes dürfen ebenfalls nur auf Grund von Legitimationszetteln genutzt werden und bilden meist einen sehr willkommenen Nebenerwerb der ärmeren Bevölkerung. Als wichtigste sind zu nennen: Heidelbeeren und Preißelbeeren, welche zum Einmachen, die ersteren leider auch zur Verfälschung des Rotweines verwendet werden. Die Heidelbeeren werden in eignen Fabriken oder in den Apotheken und Destillationen zu Saft verkocht, Erdbeeren, Brombeeren usw. werden meist roh gegessen und namentlich in der Nähe von Städten und Bädern oft teuer bezahlt, auch nimmt die Verarbeitung aller Beerensorten zu Wein immer größeren Aufschwung. Da die Neigung besteht, die Preißelbeeren unreif zu sammeln und nachher im Bettstroh nachzureifen, ist besondere Aufmerksamkeit notwendig, um dieses gesundheitsschädliche Verfahren zu verhindern. Die Wacholderbeeren werden in den Apotheken und Destillationen gekauft; für Apotheken sind außerdem noch wichtig: Belladonna oder Tollkirsche, Fingerhut, Bärlapp usw., der Schachtelhalm wird als Poliermittel von Tischlern gekauft, Grassamen von Landwirten und Gärtnern; Trüffeln, gewisse Moosarten zu Bürsten und künstlichen Blumen geben außerordentlichen Ertrag, wo sie vorkommen. — Von den Pilzen sind am meisten die Champignons, Steinpilze, Pfefferlinge und Reizker gesucht. Die giftigen Pilze erkennt man fast durchgehends daran, daß sie beim Einbrechen sich blau färben: vor diesen muß man sich unter allen Umständen hüten. Besonders gefährlich sind Fliegenpilz, Knollenpilz und Speiteufel.

Da das Sammeln von Beeren und Pilzen forstpolizeilichen Bestimmungen überlassen ist, findet sich im F. und F. P. G. kein §, welcher das unberechtigte Sammeln mit Strafe bedroht, wohl aber in den für die einzelnen Provinzen erlassenen Polizeiverordnungen (vergl. § 238).

C) Forstliche Nebengewerbe.

§ 291. a) Köhlerei.

Bis vor nicht langer Zeit wurde die Köhlerei im Walde vielfach auf Rechnung der Forstverwaltung betrieben und den Forstbeamten lag die Leitung oder Beaufsichtigung ob. Heute ist die Köhlerei auf Kosten der Forstverwaltung fast überall abgeschafft und den Privatköhlern überlassen; deshalb hat eine eingehende Kenntnis des Köhlereibetriebes für den Forstmann nur noch geschichtliches Interesse, so daß wir sie nur flüchtig berühren dürfen.

Die Köhlerei bezweckt die Umwandlung des Holzes in Holzkohle durch Verbrennung bei unvollkommenem Luftzutritt. Zu diesem Zwecke wird Scheit- oder Knüppel-, Reis- oder Stockholz der Buche und der Nadelhölzer in den sog. Meilern, gewölbten Holzstößen von 11—20 Raummetern (kleine Meiler) oder 70—130 Raummetern (große Meiler) so kunstmäßig übereinander geschichtet, daß in der Mitte eine Art Kanal, Quandel, bleibt, der mit leicht brennbaren Stoffen gefüllt wird und nachher zum Anzünden dient. Das schwer kohlende Holz kommt dem Quandel zunächst, das am leichtesten brennende und schwächste in den Umfang. Um die Luft vom Holze abzuschließen, wird dasselbe zunächst mit einer Rauhdecke von Rasen, Laub, Moos, Nadelstreu, Heide usw. so dicht umgeben, daß keine Erde durchsickern kann, auf diese Rauchdecke kommt dann eine dichte Erddecke, welche auf Rüsten, die rings um den Meiler aus Stangen usw. angebracht sind, ihren Halt findet. Wenn der Meiler durch den Quandel oder mittels eines besonderen Zündschachtes, der sich am Boden befindet, angesteckt ist, wird das Feuer im Meiler durch Bedecken der zu stark glimmenden durch Hineinstoßen von Luftlöchern an zu schwach glimmenden Stellen sorgfältig geleitet. Die kleinen Meiler sind unter mittleren Verhältnissen nach 6—8 Tagen, die großen Meiler nach etwa 3 bis 4 Wochen verkohlt (gar). Da das Holz beim Verkohlen sehr stark schwindet, so beträgt die Kohlenausbeute dem Raum nach nur ungefähr $3/5$ der früheren Holzmasse (nur $1/4$ seines Gewichts). Die Holzkohlen werden besonders zum Schmelzen von Metallen, zum Löten und zu chemischen Zwecken verlangt und teuer bezahlt, da sie eine sehr starke Hitze geben. Während des Stellungskriegs mußten Holzkohlen zum Heizen der Unterstände in großer Menge erzeugt werden, da die Holzkohle keinen Rauch entwickelt.

§ 292. Teer, Pech und andere Produkte.

Von größerer Bedeutung war früher die Gewinnung von Pech und Teer im Revier selbst, wie die vielen Ortsbezeichnungen Teerofen, Pechhütte usf. noch andeuten. Heute geschieht die Herstellung fast ausschließlich in Fabriken durch die sog. trockne Destillation des Holzes. Es wird dabei eine große Zahl wertvoller Produkte gewonnen, wie Essigsäure, Methylalkohol, Benzol, Karbolsäure, Paraffin u. a. m.

Einrichtung der preußischen Staatsforsten.

§ 293. Die preußischen Staatsforsten unterstehen dem Ministerium für Landwirtschaft, Domänen und Forsten und umfassen eine Gesamtfläche von 2 907 231 ha oder $23\frac{1}{2}\%$ der Gesamtfläche von Preußen. Unter der oberen Leitung des Ministers werden die Geschäfte betrieben bei:

a) der Zentraldirektion: von der Abteilung (III) für Forsten im Ministerium durch den Oberlandforstmeister und die Landforstmeister (5).

b) der Lokaldirektion, Inspektion und Kontrolle: von den Bezirksregierungen und zwar der Abteilung für direkte Steuern, Domänen und Forsten durch die Oberforstmeister und Regierungs- und Forsträte.

c) der eigentlichen Administration: durch den Oberförster (Forstmeister) und hinsichtlich der Geld-Einnahme und -Ausgabe durch die Forstkassenrendanten (Rentmeister).

d) die des Forstschutzes und der speziellen Aufsichtsführung über die Waldarbeiter:

    durch die Forstschutzbeamten (Revierförster, Hegemeister, Förster, (Förster o. R.), Waldwärter, Forstaufseher und Hilfsjäger).

Die Forstbeamten haben nach dem Uniformsreglement vom 29. Dezember 1868 und den dazu erlassenen Ergänzungsbestimmungen, namentlich den vom 14. Oktober 1891, 4. September 1897 und 7. Juli 1903 im Dienste folgende Uniform zu tragen:

    im Walde bei allen dienstlichen Verrichtungen die „Walduniform", welche aus einem Überrock von grau-grün meliertem Tuch mit 2 Brustklappen, 2 Reihen von je 6 bronzierten Wappen-Knöpfen, grünem Kragen mit hinten joppenartigem Schnitt besteht. Statt der Uniform kann während des Sommerhalbjahres eine Litewka aus grau-grünem Wollstoff von joppenartigem Schnitt mit Überschlagkragen im Dienst getragen werden.

Die Rangabstufungen sind bezeichnet wie folgt:

A. Kragen von grünem Tuch, Brustklappen im Innern von gleichem Tuch wie der Rock, Hirschfänger mit Messer, Griff von Hirschhorn ohne Bügel mit gelbem Beschlag, schwarzer Scheide, durch den Rock gesteckt.

Uniformierung. 367

a) Achselabzeichen bestehen aus 2 Streifen gerade nebeneinander von 6 mm breiter jagdgrüner Plattschnur auf dunkelgrüner Tuchunterlage. Waldwärter, Hilfsjäger und Forstaufseher. Hirschfänger ohne Portepee (auch für ehemalige Feldwebel, Oberjäger usw.).

b) Achselabzeichen wie oben, jedoch 3 Schnüre nebeneinander. Hegemeister mit einem goldenen Stern, Förster mit einer naturfarbenen Eichel mitten auf dem Achselstück, Hirschfänger mit goldenem Portepee: Förster o. R., Förster, Hegemeister.

B. Kragen von grünem Sammet, Achselschnüre auf grüner Sammetunterlage, sonst wie bei A.

a) Achselabzeichen mit 3 Schnüren:
Forstrefendare.

b) Achselabzeichen mit 4 Schnüren, Hirschfänger und Portepee wie bei C:
Revierförster.

C. Kragen von grünem Sammet, Brustklappen im Innern von grünem Tuch, Hirschfänger mit Messer, weißem Griff mit vergoldetem Bügel in schwarzer Seide. Goldenes Portepee mit jagdgrüner Scheide und dünnen Kantillen. Reserve- und Landwehroffiziere oder zum Tragen de Offiziersuniform Berechtigte tragen das silberne Portepee.

a) Achselabzeichen mit 5 Schnüren, gerade nebeneinander:
Forstassessoren.

b) Achselabzeichen mit 5 Schnüren, von denen die drei mittleren geflochten: Oberförster; mit 7 Schnüren, sämtlich durchflochten, und einem goldenen Stern: Forstmeister.

c) Achselabzeichen mit 7 Streifen und 2 goldenen Sternen, sämtlich geflochten und das Portepee mit starken Kantillen; letzteres auch bei allen folgenden Beamten:
Regierungs- und Forsträte.

d) Achselabzeichen wie bei c, aber mit 3 goldenen Sternen übereinander:
Oberforstmeister.

e) Achselabzeichen wie bei c, aber mit einer kleinen silbernen Eichel:
Landforstmeister im Range der Räte 3. Klasse.

f) Achselabzeichen wie bei c, aber mit 2 silbernen Eicheln übereinander:
Landforstmeister im Range der Räte 2. Kaffe.

g) Achselabzeichen wie bei c, aber mit 3 silbernen Eicheln übereinander:
Der Oberlandforstmeister.

Die Beinkleider sind von demselben Tuche wie der Rock, mit grünen Biesen; die Kopfbedeckung ist ein grün-grauer Filzhut mit 7 cm breiter Krämpe, mit 2 cm breitem grünem Bande, Kokarde mit Gemsbart oder von Rehhaaren auf der linken Seite, vorn mit königlichem Adler von 3 cm Höhe und 5 cm Flügelspannung. Im Winter (Oktober bis inkl. März) kann eine grüne Baschlickmütze mit Kokarde und Adler getragen werden. Als Überzieher dient ein Rock von gleichem Tuche und Schnitt wie die Walduniform, nur länger und ohne Achselstücke oder ein Militärpaletot mit grünem Kragen.

Beinkleider, Kopfbedeckungen und Überzieher sind für alle Beamte gleich. Für den Sommer ist das Tragen einer Litewka gestattet.

Für feierliche Gelegenheiten tragen die Beamten vom Forstreferendar aufwärts eine Staatsuniform, für sonstige Gelegenheiten ist allen Beamten noch das Tragen einer Interimsuniform gestattet. Nur zu letzterer darf eine grüne Tuchmütze nach dem Schnitt der Militärmützen resp. der Hut getragen werden. Der Schnitt des Rockes entspricht bei beiden Uniformen dem des Militär-Waffenrockes.

Die zum Waffengebrauch berechtigten Forstbeamten dürfen sich der Waffen beim Forst- und Jagdschutz nur bedienen, wenn sie in Wald- oder Interimsuniform sind und den Dienstadler tragen.

Der Gruß erfolgt wie beim Militär durch Anlegen der rechten Hand an die Kopfbedeckung. (Der Hut darf nicht abgenommen werden!)

Die Grundlage der ganzen Einrichtung der Staatsforsten bildet die Einteilung derselben in Oberförstereien.

Die Oberförsterei wird in der Ebene durch ein Netz von sich rechtwinklig schneißenden Schneißen in kleine Wirtschaftsfiguren eingeteilt, welche man Jagen nennt. Die Schneißen heißen „Gestelle" und zwar nennt man die von Osten nach Westen laufenden „Hauptgestelle" (meist 7 m breit!) und bezeichnet sie mit großen lateinischen Buchstaben; die von Norden nach Süden laufenden (meist 5 m breit) nennt man Feuergestelle und bezeichnet sie mit kleinen lateinischen Buchstaben. Die Jagen haben die Form länglicher Rechtecke, deren Längsseiten (Feuergestelle) meist die doppelte Länge der Querseiten haben.

Im Gebirge schließt sich die Einteilung an die Terrainbildung (Bäche, Schluchten, Wege usw.) an und die Wirtschaftsfiguren von mehr oder weniger unregelmäßiger Form heißen „Distrikte". Im Hochwald sind die Jagen und Distrikte durchschnittlich 25—30 ha groß. Diese kleineren Wirtschaftsfiguren sind wiederum zu einem Hauptwirtschaftskomplex, „Block" genannt, vereinigt, d. h. ein mehr oder weniger selbständiger Teil des ganzen Reviers, innerhalb dessen ein nachhaltiger Betrieb entweder sofort geführt oder wenigstens durch Herstellung eines geordneten Altersklassenverhältnisses angebahnt werden soll. Die Blöcke, meist mit den Schutzbezirken (siehe unten) zusammenfallend, werden mit großen römischen Ziffern, die Jagen und Distrikte von Osten nach Westen fort-

Einteilung der Forsten.

laufend — und zwar in der Südostecke anfangend — mit arabischen Ziffern numeriert; an den Kreuzungspunkten der Jagen werden vierkantig behauene sog. Gestell- oder Jagensteine oder auch Pfähle aufgestellt, auf welchen die Nummern der Jagen usw und die Buchstaben der betreffenden Gestelle aufgemalt werden. Für Bildung der Wirtschaftsfiguren werden weniger die gegenwärtigen vorübergehenden Bestandsverhältnisse als vielmehr die dauernden Terrain-, Boden- und Formverhältnisse des Waldes sowie die Rücksicht auf eine zweckmäßige Abgrenzung der zu erziehenden Bestände und auf das bleibende Wegenetz maßgebend.

Die Schlageinteilung in den Mittel- und Niederwaldungen ist meist nur eine rein geometrische, ohne Rücksicht auf die Bestandsverhältnisse usw.; jeder Schutzbezirk wird in soviele örtlich mit Steinen abgegrenzte Jahresschläge geteilt als der Unterholzumtrieb Jahre hat.

Die in jeder Wirtschaftsfigur (Jagen, Distrikt) vorhandenen Bestände werden, wenn sie in einzelnen größeren Teilen nach Alter, Boden oder Bestandsbeschaffenheit wesentlich verschieden sind, in sog. „Abteilungen" zerlegt, welche mit kleinen lateinischen Buchstaben bezeichnet und auch örtlich im Walde durch Ölfarbenringe an den Randbäumen oder mit kleinen Hügeln abgegrenzt werden. Abteilungen mit „Nichtholzboden" (Acker, Fenne usw.) werden mit kleinen deutschen Buchstaben bezeichnet. Die kartenmäßige Darstellung erfolgt auf der sog. Spezialkarte in mehreren Blättern. Maßstab 1 : 5000. Diese Karte enthält nur das Bleibende der Einteilung, wie Grenzen, Gestelle, Hauptwege und Abteilungsgrenzen. Sie muß vom Revierverwalter in besonders vorgeschriebener Weise alljährlich berichtigt und ergänzt werden.

Nach dieser Spezialkarte wird für den Handgebrauch eine zusammenlegbare auf Leinen gezogene Karte im Maßstabe 1 : 25000 gefertigt, die sog. „Wirtschaftskarte", weil sie alles enthält, was für die Wirtschaftsführung von Bedeutung ist*).

Auf ihr sind die Blöcke, Jagen (Distrikte) und Abteilungen mit ihren Nummern und Buchstaben eingetragen. Die vorherrschenden Holzarten sind durch folgende Farben bezeichnet: Eichen gelb, Buchen braun, Ahorn, Ulmen, Akazien, Erlen grün, Birke karmin, Aspen und sonstige Weichhölzer blaugrau, Fichten grau-blau, Tannen grau-grün, Kiefern grau-schwarz und Lärchen grau-rot. Eingesprengte Holzarten werden durch die bezüglichen

---

*) Der Maßstab entspricht dem der Meßtischblätter der Pr. Landesaufnahme. Diese können daher unmittelbar als Unterlage benutzt werden, sofern nicht der Besitzer oder Verwalter eines kleinen Forstes die Herstellung in größerem Maßstabe (1 : 10000) vorzieht, oder die Katasterkarte (meist 1 : 4000) benutzt, um Spezialkarte und Wirtschaftskarte zu vereinen.

Westermeiers Leitfaden. 12. Aufl.

Baumfiguren bezeichnet. Die verschiedenen Perioden (vgl. § 114) werden farbig umrändert und zwar die I. Periode mit grün, die II mit karmin, außerdem sind sie noch mit römischen Zahlen I, II usw. bezeichnet. Von der Umränderung der übrigen Perioden wird meist abgesehen. Wenn auf der Wirtschaftskarte das Alter der Bestände noch durch dreistufige Abtönung der Farben (je dunkler je älter) angedeutet wird, entsteht die Bestandskarte. Bei gleichem Farbentone wird der ältere Bestand durch Unterstreichen des Abteilungsbuchstabens bezeichnet. Kommt eine Abteilung während des Einrichtungszeitraumes mehrmals zum Hiebe, so werden beide Perioden, z. B. II, IV, findet nur ein Aushieb statt, so wird die betr. Periode mit kleiner römischen Zahl; z. B. (II) V eingeschrieben. Mittelwaldblöcke und Niederwald werden gelbgrün angelegt, die Holzarten werden durch Baumfiguren und die Jahresschläge mit liegenden römischen Ziffern bezeichnet. Der Förster erhält einen Ausschnitt aus der Wirtschaftskarte, welcher seinen Belauf darstellt, mit Umränderung der Bestände der I. Periode, jedoch ohne farbige Anlage der Holzarten*).

Außerdem zerfällt jede Oberförsterei noch in kleinere Bezirke, welche „Schutzbezirke" oder „Beläufe" genannt werden; der Schutz sowie die Führung aller Waldgeschäfte in diesen liegt einem Förster (Hegemeister) ob; speziell zur Aushilfe beim Forst- und Jagdschutz sind für einen oder auch mehrere Schutzbezirke noch Hilfsförster, Forstaufseher und Hilfsjäger resp. Waldwärter angestellt. Liegen einzelne Revierteile sehr weit vom Sitze des Oberförsters entfernt, so werden gewisse Funktionen des Oberförsters einem „Revierförster" übertragen, der zugleich aber noch einen eigenen Schutzbezirk hat, den er mit Hilfe von Forstaufsehern versieht. Die Grundlage für die Wirtschaftsführung in der Oberförsterei bildet das sog. „Betriebswerk", auch „Abschätzungswerk" genannt. In gewissen Zeitabständen, in der Regel alle 20 Jahre, findet eine genaue Aufnahme aller Bestände statt (Ertragsregelung, Betriebsregelung, auch Taxe genannt). Es werden sorgfältige Erhebungen über die vorhandenen Holzmassen angestellt und u. a. die Bestände ausgewiesen, welche in der I. Periode zur Nutzung kommen sollen. Daraus ergibt sich der jährliche „Abnutzungssatz" des Revieres. Niedergelegt wird dieses alles im Betriebswerk. Im „Kontrollbuch" wird der Holzertrag jährlich gebucht und die Übereinstimmung mit der Abschätzung fortlaufend beobachtet. Alle Kulturmaßregeln werden im I. Teil des „Hauptmerkbuches" niedergelegt, während der II. Allgem. Teil dieses Buches der Eintragung aller Geschehnisse und Wahrnehmungen dient, die für das Revier und die Wirtschaft von Bedeutung sind**). Mehrere

---

*) Näheres über Kartierung siehe in Hermann: Die Preußischen Forstkarten. Neumann-Neudamm.

**) Anweisung zur Ausführung der Betriebsregelungen in den Pr. Staatsforsten v. 17. III. 1912. Neumann-Neudamm. — Für Waldbesitzer: Schilling: Die Betriebs- und Ertragsregelung im Hoch- und Niederwalde. Daselbst.

Oberförstereien werden zu einem Forstinspektionsbezirk unter der Leitung und Kontrolle eines Regierungs- und Forstrats am Sitze der Regierung vereinigt; mehrere Forstinspektionen (ev. auch eine) bilden zusammen den Bezirk eines Oberforstmeisters am Sitze der Regierung, der gewöhnlich die sämtlichen Oberförstereien und Forstinspektionen eines Regierungsbezirks umfaßt; liegt in einem Regierungsbezirk nur eine Forstinspektion, so versieht dieser Forstinspektionsbeamte zugleich die Funktionen des Oberforstmeisters. Mehrere Provinzen stehen wieder unter der speziellen Leitung und Kontrolle eines Landforstmeisters am Sitze des Ministeriums; die Gesamtleitung der Staatsforsten hat unter der oberen Leitung des Ministers für Landwirtschaft, Domänen und Forsten der Oberlandforstmeister, zugleich Direktor der Ministerialabteilung für Forsten.

Die Oberforstmeister sind zugleich Mitdirigenten der Abteilung für direkte Steuern, Domänen und Forsten bei den Regierungen.

Die Ausbildung für den niederen Forstdienst bis zum Revierförster aufwärts ist durch das Regulativ vom 1. Oktober 1905, von dem sich ein Auszug hinten unter den Beilagen befindet, geregelt; die höhere Laufbahn vom Oberförster an aufwärts ist streng geschieden; die Vorbereitung und Ausbildung dazu ist geregelt durch die Bestimmungen vom 19. Februar 1908 mit Änderungen vom 31. Januar 1917*). Die Anwärter der höheren Laufbahn heißen während der bei einem Oberförster abzuleistenden 7 monatlichen Lehrzeit „Forstbeflissene", nach abgelegtem erstem Staatsexamen „Forstreferendare", nach dem zweiten Staatsexamen „Forstassessoren".

---

*) Zu haben bei J. Springer-Berlin.

Anhang.

Jagdlehre.

Benutzte Werke.

Diezel: Erfahrungen aus dem Gebiet der niederen Jagd. Neumann, Neudamm.
Oberlaender: Der Lehrprinz. Neumann, Neudamm.
Oberlaender: Dressur und Führung des Gebrauchshundes. Neumann, Neudamm.
Regener: Jagdmethoden und Fanggeheimnisse. Neumann, Neudamm.
Fr. Brandeis: Der Schuß. Alle seine Zufälligkeiten usw. Hartleben, Leipzig.
Odenwälder: Der gerechte Jäger. Prakt. Leitfaden zur Erlernung des Jagdbetriebs. Neumann, Neudamm.
Gille: Anleitung zum Fangen des Raubzeugs. E. Grell u. Co., Haynau i. Schl.
Albert Preuß: Lehrbuch des Flintenschießens. Neumann, Neudamm.

§ 294. Einleitung.

Die Lehre von der Jagd hat den doppelten Zweck, zu zeigen:

1. Wie man nützliches Wild erzieht, gegen Schaden und Gefahr schützt, in einer waidgerechten Weise erlegt und in der besten Weise verwendet und verwertet (Wildzucht und Wildjagd).

2. Wie man der Jagd schädliche Tiere und die ihr drohenden Gefahren aller Art möglichst vermindert (Jagdschutz).

Da der Förster sich einesteils mit dem Schutze des Wildes gegen seine Feinde, auf der anderen Seite aber behufs der Verwertung mit seiner Verfolgung und Erlegung zu beschäftigen hat, so werden wir nur diesen beiden Teilen, namentlich aber der eigentlichen Wildjagd besondere Aufmerksamkeit widmen und aus den anderen Teilen der Jagdlehre nur das Nötigste und soweit es von unbedingtem Interesse ist, an geeigneter Stelle erwähnen.

Von der Ausübung der Wildjagd.

§ 295. Welche Tiere sind jagdbar?

Zur ausschließlichen Jagdgerechtigkeit*), d. h. dem Rechte, jagdbare wilde Tiere aufzusuchen, sie unter den bestehenden polizeilichen

---

*) Im weiteren Sinne gehört auch noch dazu die Aneignung aller Objekte des Jagdrechts, also nicht bloß an Tieren, sondern auch z. B. an Geweihen, von Fallwild usw.

Einschränkungen nach waidmännischen Regeln zu hetzen, zu treiben, zu schießen, zu fangen oder auf andere Weise sich zuzueignen, gehören im allgemeinen die jagdbaren*) wilden Tiere im Gegensatz zum sog. freien Tierfange, d. h. dem Fange von Insekten und anderen Tieren, welche noch in keines Menschen Gewalt gewesen sind und weder zur Jagd noch Fischereigerechtigkeit gehören. Den freien Tierfang kann jeder auf seinem Besitz ausüben. Was nun zu den jagdbaren Tieren gehört, ist nach den verschiedenen Rechtsgebieten zu entscheiden; soweit diese darüber keine besonderen Bestimmungen enthalten, rechnet man dazu: alle diejenigen vierfüßigen wilden Tiere und das wilde Geflügel, welche zur Speise gebraucht werden, und solche Raubtiere, die noch einen Nutzwert haben. Es gehören nach der Preuß. Jagdordnung v. 15. 7. 07 dazu:

a) **Vierfüßige Tiere:** Elch, Rot-, Damm-, Muffel- und Schwarzwild, Rehe, Hasen, Dachse, Biber, Fischottern, Füchse, Edelmarder, Marder, wilde Katzen.

b) **Wildes Geflügel:** Auer-, Birk-, Haselwild, Trappen, Fasanen, Reb- und schottische Moorhühner, Wachteln, wilde Tauben, Krammetsvögel, Ziemer, Amseln, Drosseln, Lerchen, Schwäne, wilde Gänse und Enten, Brachvögel, Schnepfen, Wachtelkönige, Adler, alle Sumpf- und Wasservögel mit Ausnahme der Reiher, Störche, Taucher, Säger, Kormoran und Bläßhühner.

Unbedingt nicht jagdbar sind alle Vögel, die gesetzlichen Schutz genießen. Es ist durchaus nötig, daß jeder Jäger weiß, welche Tiere jagdbar sind, da nur die widerrechtliche Erlegung von jagdbaren Tieren nach § 292 des Strafges.=B. strafbar ist. Zur sog. hohen Jagd werden gewöhnlich gerechnet: Elch, Rot-, Damm-, Muffel-, Reh-, Gems- und Schwarzwild, Auer-, Birk-, Haselwild, Schwäne, Trappen, Kraniche, Reiher, Adler, Fasanen.

Alles vierläufige Hochwild wird mit der Kugel erlegt, das Federwild mit Kugel und Schrot. Wo man noch mittlere Jagd unterscheidet, rechnet man dazu Reh-, Birk-Wild und Haselwild.

Die vielerlei Jagdgesetze usw. sind für Preußen mit Ausnahme der Prov. Hannover, der Hohenzollernschen Lande und der Insel Helgoland jetzt zusammengefaßt in der „Preußisch. Jagdordnung vom 15. 7. 07", von der hinten ein kurzer Auszug mit den hauptsächlich den Förster angehenden Bestimmungen angeheftet ist.

---

*) Wilde Tiere sind herrenlos und befinden sich in vollkommener Freiheit. Wilde Tiere in Tiergärten, Fische in Fischteichen sind nicht herrenlos. Gezähmte Tiere werden wieder herrenlos, wenn sie die Gewohnheit ablegen, an den für sie bestimmten Ort zurückzukehren. Vergl. Bürg. Ges.=B. § 960.

§ 296. Von den Jagdgewehren.

Man bedient sich zum Kugelschuß der Büchse, welche einen gezogenen Lauf und außer dem Korn noch ein Visier hat. Die Kugeln sind jetzt meist gefettete Langgeschosse in Messinghülsen, welche durch die Züge und deren Windung, Drall genannt, ihre Führung erhalten; es sind entweder Vollgeschosse oder sog. Expansionsgeschosse, die innen einen mit einem Stöpsel verschlossenen Hohlzylinder haben, so daß sie sich beim Aufschlagen am Wilde ausdehnen, das Wildpret zerreißen, viel größere Verwundungen und so stärkeren Schweiß verursachen. Die Vollgeschosse haben einen zylindrischen Hinterteil und eine konisch verjüngte oben abgeplattete Spitze; der zylindrische Teil ist dicker als das Laufinnere, damit das Geschoß sich einpressen und eine sichere rasantere Laufbahn erzielen kann. Die Form wechselt sehr; nach dem Durchmesser in Millimeter unterscheidet man die Kaliber, welche in der Regel zwischen 6 und 11 mm schwanken. Die Kugeln werden jetzt meist durch Pressen aus Hartblei hergestellt und oft teils oder ganz mit einem Mantel aus Nickelstahlblech oder Kupfernickelblech umgeben (Ganz=, Halb=, usw. Mantelgeschosse), der ebenfalls eine Stauchung und dadurch stärkere Verwundung bewirken soll. Zu Birschbüchsen eignen sich alle Hinterlader=Systeme mit und ohne äußerliche Hähne, Patronen=Auswerfer usw. Zu erwähnen ist noch die „Expreßbüchse" mit Zügen von polygonalem Querschnitt, die sehr breit sind und nur schmale Felder zwischen sich haben; sie sind jetzt fast allgemein eingeführt. Man hat einfache oder Doppelbüchsen, deren Läufe neben= oder auch übereinander (Bockgewehre) liegen. Ist mit der Büchse noch ein Schrotlauf verbunden, so entsteht „die Büchsflinte", sind zwei Schrotläufe mit ihr verbunden, so entsteht „der Drilling"; Doppelbüchsdrillinge haben zwei Kugelläufe und einen Schrotlauf.

Bei den Flinten sind in der Regel 2 Schrotläufe neben=, seltener übereinander (Bockgewehre) vereinigt. Heute werden nur noch „Hinterlader" nach sehr vielen verschiedenartigen Systemen verwendet. Man hat z. B. a) Lefaucheux mit Hähnen, deren Patronen Schlagstifte haben, b) Zentralfeuer mit Schlagstiften im Gewehr und Zündhütchen im Zentrum des Patronenbodens, entweder mit Hähnen oder solche ohne sichtbare Hähne, deren Schloße beim Öffnen oder Schließen spannen, sog. „Selbstspanner"; man nennt alle Gewehre mit zentraler Zündung auch nach ihrem Erfinder „Lankaster=Gewehre"; c) Zündnadelgewehre, bei welchem man die von „Dreyse" mit eigemtümlichem Verschluß und seitlichem Verschieben beim Laden sowie die von „Collath in Frankfurt a. O." unterscheidet, deren Papierpatronen hinten ein Schlußstück von Pappe haben, worin ein Zündstift steckt, auf den die stumpfen Schlagbolzen auftreffen. Neuerdings führen in sehr wildreichen Revieren manche auch die einläufige Browning=Flinte (sprich

„Brauning"!) für Kaliber 12 und 16, eine Repetierflinte mit Magazin für 5 Patronen, die sich automatisch durch den Rückstoß lädt. Alle Gewehre müssen sorgfältig rein gehalten werden und alle Eisenteile sind nach Gebrauch sofort trocken abzureiben und dünn mit reinem Olivenöl oder Vaselinöl einzufetten. Die Läufe, namentlich die der Büchse, sind, sobald man nach Hause kommt, mit einem fest anschließenden Wischer trocken zu reiben und ebenfalls leicht einzuölen, sollten sich Rostflecke zeigen, so sind diese sofort — eventl. nach leichtem Bestreichen mit Petroleum — mit dem Drahtwischer zu entfernen; der Schaft ist von Zeit zu Zeit mit einem Öllappen gut abzureiben. Die beliebtesten Kaliber bei Flinten sind 12 und 16, welche einem Bohrungsdurchmesser von 13,8 resp. 17,6 mm entsprechen. „Kaliber" bedeutet bei Flinten die Anzahl der die Laufbohrung vollständig ausfüllenden Rundkugeln, welche auf 0,5 kg gehen, z. B. bei Kaliber 16 = 16 Kugeln; besser ist jedenfalls das Kaliber auch nach dem Durchmesser wie bei dem Büchsenkaliber zu bemessen, wie das in Amerika und England gebräuchlich, wo es nach $1/100$ resp. $1/1000$ eines englischen Zolls bemessen wird*).

Von größter Wichtigkeit ist, daß die Flinte eine gute Lage hat, d. h. daß sie im Anschlage dem Schützen so liegt, daß er beim Anlegen und Zielen nichts von den Läufen, sondern sofort das Korn sieht. Über alle Anforderungen, die an eine gute Flinte zu stellen sind, lese man in dem eingangs aufgeführten empfehlenswerten Buche von Preuß nach.

Die Anfertigung der Schießgewehre ist jetzt gesetzlich geregelt durch das Reichsgesetz betr. „die Prüfung der Läufe und Verschlüsse der Handfeuerwaffen" vom 19. Mai 1891, wonach nur mehr mit dem amtlichen Prüfungszeichen Beschußstempel versehene Feuerwaffen in den Handel kommen dürfen.

§ 297. Munition und Laden.

Für den Jagdbetrieb kommen heute die alten Schwarzpulver und die rauchlosen (Nitro-)Pulver in Betracht. Für den Gebrauch der letzteren muß das Gewehr besonders beschossen sein, da der Gasdruck ein stärkerer ist. Es gibt eine sehr große Zahl rauchloser Pulver, die im allgemeinen wohl alle gut und brauchbar sind. Die Vorteile ihrer Verwendung liegen auf der Hand. Immerhin gibt es noch viele ältere Jäger, welche das Schwarzpulver vorziehen. Wir haben davon das grobkörnige Kugel- oder Scheibenpulver (Naßbrand) und das Schrotpulver in verschiedener Körnung.

Über die Kugelgeschosse ist bereits im vorigen Paragraphen das Nötigste gesagt.

---

*) 1 engl. Zoll = 2,54 cm.

Das Schrot wird in Fabriken gegossen und entweder nach seiner Stärke in Millimeter oder mit Nummern bezeichnet. Da die Nummern in der Regel je nach der Fabrik verschiedene Schrotstärken bedeuten, ist die Bezeichnung nach Millimeter vorzuziehen. Gewöhnlich ist Nr. 1 = 4 mm; Nr. 2 = $3^3/_4$ mm uff. immer je Nr. $^1/_4$ mm schwächer. Die Auswahl der richtigen Schrotstärke auf die verschiedenen Wildarten ist von größter Wichtigkeit; die meisten Jäger pflegen zu starkes Schrot zu schießen und schießen damit viel Wild krank und zu Holze, weil das starke Schrot zu sehr streut; bei zu schwachem Schrot tritt der umgekehrte Fall ein, indem das Wild bei dem engen Streukegel wohl viele, aber nicht tief genug eindringende Schrote erhält; am unsichersten und daher nur auf ganz kurze Entfernungen anzuwenden sind Postenschüsse. Für jede Wildgattung ist also sorgfältig die passende Schrotnummer zu wählen. An Stelle der gewöhnlichen Schrote werden heute meist sog. Hartschrote aus 60% Blei, 20% Zinn und 20% Antimon verwendet, welche härter sind und den Vorteil haben, daß sie stärker durchschlagen und somit die Anwendung feinerer Schrotnummern, die besser decken, gestatten.

Von eben solcher Wichtigkeit ist beim Laden der Gewehre und Füllen der Patronen das richtige Verhältnis zwischen Pulver und Schrot und die zu verwendenden Pfropfen. Die Pulverladung soll stark genug sein; die Geschosse töten dann um so besser. Bei schwächerem Kaliber soll Pulver und Schrot dasselbe Hohlmaß füllen, bei stärkerem Kaliber soll sich in dem Hohlmaß das Pulver zum Schrot verhalten wie 1 : 0,8. Als Durchschnittssätze für die verschiedenen Kaliber der Hinterlader können gelten:

Kaliber	Gramm Schwarz-Pulver	Gramm Schrot
12	5—5,8	35—40
14	4,8—5,2	32—36
16	4,5—5	28—32
20	3,8—4	22—24.

Die gewöhnliche Ladung für Birsch- nud Scheibenbüchsen bis Kaliber $11\frac{1}{2}$ mm beträgt 3 g Naßbrandpulver, bei Expreßbüchsen steigert man bis zu 6 g.

Der Pfropfen soll den Druck der Pulvergase auf die Schrote übertragen. Da der Pfropfen für eine zuverlässige Schußwirkung sehr wichtig ist, so soll man beste, womöglich kräftig gefettete Filzpfropfen verwenden. Die Pfropfen müssen natürlich dem Kaliber entsprechen. Der Pfropfen ist stets fest aufzustoßen. Auf das Schrot kommt ein Deckblättchen aus Pappe. Die Zahl der Jäger, welche sich die Patronen selbst lädt, wird immer kleiner, da man die Patrone niemals so sauber und genau fertigen kann wie die Fabrik. Die Selbstanfertigung von Patronen mit rauchschwachem Pulver sollte man unterlassen. Bei Einkauf von fertigen Patronen mag man immerhin nach dem oben Gesagten eine Patrone öffnen und nachprüfen, ob besonders hinsichtlich der Schrotstärke Irrtümer vorkommen.

§ 298. Von den Regeln beim Schießen:

a) Mit der Büchse.

Vierläufiges Hochwild soll man eine Handbreit hinter das Blatt schießen, weil dort die edleren Teile die größte Zielscheibe bieten; kann man hier keinen Schuß anbringen, so soll man lieber gar nicht schießen. Bei seitwärts vorbei sich bewegendem Wild hat man bei einem trollenden Hirsch auf 90 m etwa 15—20 cm vor die Mitte des Brustrandes zu halten; am besten bringt man ihn jedoch durch einen Pfiff oder Ruf zum Stutzen und schießt dann. Auf flüchtiges Rotwild soll nur ein geübter Schütze einen Kugelschuß von der Seite wagen, man muß in solchem Fall auf 100 m um etwa eine volle Hirschlänge vorhalten, auf 50 m etwa 70 cm, falls man nicht mitzieht. Beim Schießen **sowohl bergauf wie bergab** muß man immer kürzer halten, und zwar je steiler, um so mehr, weil dann das Visier höher und das Korn niedriger erscheint.

Vor Abgabe des Schusses muß man sich die Stelle, auf der das Wild sich befindet (den sog. Anschuß!), ebenso die Stelle, von der man geschossen hat, genau merken oder bezeichnen. Im Schuß selbst hat man auf den Kugelschlag und das Zeichnen (Bewegung nach dem Schuß!) des Wildes zu achten. Nach dem Schuß merkt man sich die Richtung, in der das Wild abgeht, ladet schnell seine Büchse, markiert seinen Stand und eilt nach dem Anschuß, welchen man durch einen Bruch (abgebrochenen Zweig) so bezeichnet, daß das abgebrochene Ende dahin zeigt, wohin das Wild gegangen ist.

Zur Kennzeichnung der einzelnen Schüsse und der Merkmale des Verhaltens des Rotwildes nach dem Schusse diene die nebenstehende Figur eines Hirsches, welche man bei den nachstehend aufgezählten Schüssen in den betreffenden Fächern der Figur vergleichen wolle. (Nach W. Bieling, Königl. Preuß. Förster in Dalle in Neuer deutsch. Jagdzeit. vom 26. November 1882).

Kopfschüsse: 1, 2, 5 und teilweis 6. Das Wild bricht sofort zusammen und verendet.

3, 4 sind schlechte Schüsse; das Wild schweißt wenig und geht meist später ein.

Halsschüsse: 7, 9, 12, 23, und teils 24. Auf dem Anschusse helles langes Haar. Hat der Schuß die Brandader getroffen, so liegt sofort sehr viel Schweiß und das Stück verendet sehr bald; sind andere Hauptadern getroffen, so hört der zuerst starke Schweiß nach und nach auf und muß das Stück 3 Stunden Ruhe haben, ehe man mit dem Schweißhund arbeitet.

Ist die Drossel durchschossen, so tut sich das Stück gleich vom Rudel ab und schweißt bald sehr hellen Schweißschaum, den es auch oft aushustet, so daß er hoch an den Büschen sitzt. Nach 3—4 Stunden kann man nachgehen.

8, 10, 13 und zum Teil 11. Ist der Halswirbel durchschossen, liegt das Stück im Feuer und verendet; ist derselbe nur gestreift, so bricht es zusammen, kommt aber sehr bald wieder hoch und man hat das Nachsehen.

Rückenschüsse: 14, 15, 16, 17, 18, 19, 20. Ist das Rückgrat durchschossen, bricht das Stück im Feuer zusammen und verendet; ist dasselbe nur gestreift (gekrellt!), so geht es wie vorstehend beim Halswirbel, ausgenommen wenn der Schuß tief 14 und 15 sitzt, wo man nach 3 Stunden nachgehen kann.

Blattschüsse: 25, 35 und teils 24 mit hellem Kugelschlag. Das Stück macht meist eine hohe Flucht und bricht dann nach 30—150 Schritten zusammen; es schweißt meist wenig. Nach 2 Stunden geht man nach; sollte das Stück noch leben, so sitzt die Kugel in 34 oder hoch 44, 45; in diesem Falle hetzt man mit dem Hunde.

Abb. 118.

Kernschüsse: 26, 27, 36, 37. Hohler heller Kugelschlag. Dies sind die besten Schüsse. Wildes Fortstürmen des Wildes mit gesenktem Kopf und Zusammenbrechen nach 50—150 Schritten; zuerst wenig Schweiß, der aber bald zunimmt. Sitzen die Schüsse tiefer in 46, 47, was an den hellen und dünnen Haaren auf dem Anschuß und sehr vielem Schweiß zu sehen, so kann man nach 2 Stunden mit dem Hunde hetzen, da das Stück sich bald stellen wird.

Waidewundschüsse: 28, 29, 38, 48, 49. Dumpfer puffiger Kugelschlag. Das Stück schnellt beim Schuß die Hinterläufe oft nach hinten und krümmt den Rücken; der Schweiß auf dem Anschuß ist dunkel und mit Äsung gemischt. Das

Stück bleibt nach kurzer Flucht öfter stehen und tritt langsam weiter, um nach etwa 200 Schritt sich unter Deckung nieder zu tun. Nach 3 Stunden arbeitet man mit dem Schweißhund nach oder hetzt.

Sitzt der Schuß in 30, 31, 40, 41, 50, 51, was man an dem saugend flutschigen Kugelschlag, an wenigem Schweiß, meist nur in der Hinterlauffährte und dem Zeichnen mit den Hinterläufen erkennt, so läßt man dem Stück mindestens 4 Stunden Ruhe und arbeitet oder hetzt mit einem guten Hund.

Hohe Keulenschüsse: 21, 22. Das Stück bricht jedenfalls im Feuer zusammen und ist bei Zerschmetterung des Rückgrats sofort verendet, sonst nur gekrellt; jedenfalls muß man — wie stets, wenn das Wild im Feuer liegt — so schnell als möglich hinzueilen.

Keulenschüsse: 32, 42, 52. Heller Kugelschlag, Zeichnen durch Rucken des Hinterteils. Ist der Knochen zerschmettert, so tut sich das Stück bald ab und nieder. Nach 2—3 Stunden hetzen. Hat man einen festen Kugelschlag gehört und weißgelbliche, weiße oder dunkle lange struppige Haare und sofortigen starken Schweiß, der bald nachläßt, gefunden, so ist 33, 43, 53 getroffen, man kann nicht hetzen, sondern nur mit einem erfahrenen Schweißhund arbeiten, wenn das Stück das Rudel verlassen hat.

Vorderlaufschüsse: 54. Heller harter Kugelschlag. Niederknicken mit dem Vorderteil, oft Schlenkern des kranken Laufs; auf dem Anschuß kurze dünne Haare und viel Schweiß, später Nachlassen des Schweißes; oft Knochensplitter neben der Fährte. Hat man einen gewandten Hund, so hetze man sofort; wartet man, so hat man meist das Nachsehen.

Hinterlaufschüsse: 55. Heller Kugelschlag, meist Zusammenknicken des Hinterteils; auf dem Anschuß kurze Haare und ziemlich viel Schweiß; später läßt derselbe nach und man findet oft Knochensplitter; das Lahmen, wie bei allen Keulen- und Laufschüssen, wird in der Fährte markiert. Man kann bald hetzen, da das Stück sich meist leicht stellt.

Untere Laufschüsse: 56. Heller Kugelschlag, feine dunkle Haare, wenig Schweiß, aber viel Knochensplitter, Schlenkern des kranken Laufs. Einziges Mittel: schnelles Hetzen; meist bekommt man jedoch das Stück nicht.

Geweihschüsse: 57. Heller ganz harter Kugelschlag. Ist das Geweih unten getroffen, so bricht der Hirsch zusammen, kommt aber sehr bald wieder auf die Läufe; ist dasselbe oben getroffen, so duckt der Hirsch den Kopf.

Merke: Findet man viele Haare auf dem Anschuß, so ist das Stück meist nur gekrellt.

Schweißt das Stück sofort und ist nach 200 Schritten nicht zusammengebrochen, so ist es meist am Hals oder an den Keulen getroffen; schweißt es aber erst nach etwa 100 Schritten, so ist dies meist ein gutes Zeichen.

Tut sich das Stück sogleich vom Rudel ab, so ist es tödlich getroffen.

Man soll mit der gewöhnlichen Büchse nur ausnahmsweis weiter als auf 120 m, nur mit besonders konstruierter Büchse weiter als auf 150 m schießen, auch nur im Notfall mit feinem Korn, sonst immer mit gestrichenem Korn; eine Ausnahme machen die sog. Fernrohrbüchsen, mit denen man doppelt soweit schießt. Sollte wegen falscher Stellung des Visiers oder Korns die Büchse links oder rechts schießen, so kann man dem durch entsprechende Verschiebung von Korn oder Visier abhelfen; will man das Korn klopfen, so muß man es nach derselben Seite, wohin der Schuß fälschlich geht, verschieben; dagegen klopft man das Visier nach der entgegengesetzten Seite. Dies wird so lange fortgesetzt, bis die Büchse Strich schießt.

Die verschiedenen übrigen Regeln über das Schießen selbst, die Visierung, das Schätzen der Entfernungen usw. werden hier übergangen und der Instruktion über das Schießen beim Militär überlassen.

b) Mit der Flinte.

Mit der Flinte soll man ebenso wie mit der Büchse nie zu weit nach Wild schießen; für gewöhnliche Verhältnisse sollen als weiteste Entfernungen gelten: im Wald auf Hase und Fuchs 40 m, im Felde 60 m, beim Kesseltreiben im Kessel allenfalls etwas weiter; manche Gewehre und besonders firme Schützen machen Ausnahmen. Das Schießen auf weite Distanzen namentlich im Walde, wo der Erfolg vom Zufall abhängt, ist durchaus unwaidmännisch und steht im grellsten Widerspruche mit der pfleglichen Behandlung der Jagd, da dabei viel Wild zu Holze und krank geschossen wird, nachher eingeht und somit verloren ist.

Eine Hauptregel beim Schießen mit der Flinte ist gehörige Sorgfalt beim Laden resp. Anfertigen der Patronen, namentlich Anwendung der richtigen Schrotnummer; auf Hasen usw. nimmt man weniger Schrot als auf kleineres Flugwild z. B. Schnepfen. Eine alte Jägerregel sagt darüber: Viel Pulver und wenig Schrot ist der Hasen Tod und umgekehrt: Wenig Pulver und viel Schrot ist der Schnepfen Tod. Im Sommer kann man auf Haar- und Federwild verhältnismäßig weniger Pulver schießen als im Winter; bei nassem Winterwetter muß man etwas mehr nehmen.

Man verwende etwa folgende Schrotnummern:

die verschiedenen Posten-(Null-)sorten: auf Sauen, Wölfe, Dächse (wegen der dicken Häute).

Nr. 1 (4 mm) auf Wildgans und Winterfuchs;
„ 2 u. 3 ($3^3/_4$; $3^1/_2$ mm) auf Füchse, Enten, Winterhasen (bei nassem Wetter!), große Raubvögel;
„ 4 u. 5 ($3^1/_4$; 3 mm) auf Sommerhasen, schwache Enten, kleinere Raubvögel;
„ 6 u. 7 ($2^3/_4$; $2^1/_2$ mm) auf Rebhühner, Kaninchen, Schnepfen, Tauben und ähnliches Kleinwild;
„ 8 ($2^1/_4$ mm) auf Bekassinen;
„ 9 u. 10 (2; $1^3/_4$ mm) auf alle kleinen Tiere und Vögel.

Im Zweifel greife man, namentlich bei Hartschrot, immer zu der nächst schwächeren, aber besser deckenden Schrotnummer.

Unbedingt nötig ist, daß jeder Schütze sein Gewehr, namentlich wenn er mit der Munition wechselt, immer wieder probt und sich einschießt. Ein Gewehr schießt z. B. diese Schrotnummer besser, ein anderes jene.

Bei Schießen auf laufendes oder fliegendes Wild muß entsprechend seiner jeweiligen Geschwindigkeit vorgehalten werden, wenn man nicht mitzieht. Einem seitwärts laufenden Hasen usw. hält man auf 30 m vor oder auf den Kopf, bei Federwild ebenso. Auf spitz von vorn anlaufendes Wild z. B. Fuchs, Hasen usw. muß man kürzer halten, je nach der Schnelligkeit auf oder vor die Vorderläufe, besser ist es jedoch, das Wild in solchem Falle vorbei zu lassen und spitz oder schräg von hinten zu schießen. Sitzendes oder schwimmendes Wild läßt man ganz aufsitzen oder hält sogar etwas kürzer. Bei vom Schützen wegziehendem Federwild — zum Beispiel spitz von hinten — hält man etwas darunter, damit es in den Schuß hineinzieht. Beim Zielen soll man darauf achten, daß man das Wild weder zu sehr aufsitzen noch verschwinden läßt, sondern mitten darauf hält; im ersteren Falle schießt man leicht zu kurz und trifft nur Läufe, Ständer usw., resp. gar nicht, im zweiten Falle streift oder krellt man das Wild oder überschießt es häufig. Beim bergauf- oder ablaufen heißt die alte Regel: „Bergauf — halte drauf, bergunter — halte drunter."

Schließlich sei noch jedem Jäger in seinem eigenen Interesse dringend an das Herz gelegt, die peinlichste Vorsicht gegen andere und sich selbst bei der Handhabung der Feuerwaffen zu beobachten, um Unglück zu verhüten und jede Möglichkeit einer Gefahr mit der größten Gewissenhaftigkeit zu vermeiden.

§ 299. Von den Fanggeräten.

Fangeisen.

Der Berliner Schwanenhals (Abb. 119).

Das älteste Fangeisen ist der vorzügliche „Berliner Schwanenhals", „Berliner Eisen" und auch kurzweg „Fuchseisen" genannt, mit dem heute noch viele ältere Fänger mit Vorliebe arbeiten.

Die Aufstellung des Schwanenhalses ist besonders für den Anfänger schwierig und die Beachtung der größtmöglichen Vorsicht ist dabei notwendig. Eine Beschreibung kann die praktische Belehrung nicht ersetzen. Wer mit dem Schwanenhals fangen will, wird daher gut tun, sich alle Handgriffe von einem geübten Manne zeigen zu lassen.

Das Tellereisen (Abbildung 120 u. 121).

Der Fang mit dem Tellereisen ist viel einfacher als mit dem Schwanenhals bei vollkommen genügender Sicherheit; auch kostet ein brauchbares Tellereisen nur etwa den vierten Teil des Schwanenhalses. Es gibt Tellereisen in allen Größen, für uns kommen in Frage ein größeres für Otter und Dachs (Wolf, Wildkatze), Nr. 126c der Grellschen Preisliste, die hier wie überall zugrunde gelegt wird, und ein kleineres Nr. 11b mit 18 : 22 cm Bügelweite und $1\frac{1}{4}$ kg Gewicht für Fuchs, Marder, Iltis, Katzen, Hunde usw., das als ein Universaleisen bestens empfohlen werden kann: es besteht aus der unterliegenden Feder mit Sicherheitshaken, der Querschiene und den wellenförmigen Bügeln; an der Querschiene

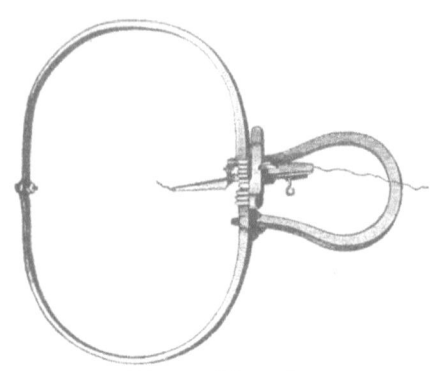

Abb. 119. Schwanenhals.

ist der Teller und die Stellung angebracht; dazu gehört noch: eine 1 m lange Kette mit Anker.

Zum Spannen tritt man erst die Feder herunter, dreht den Sicherheitsstift darauf, legt die Bügel auseinander und die Stellzunge über den rechten Bügel in den Korb des Tellers.

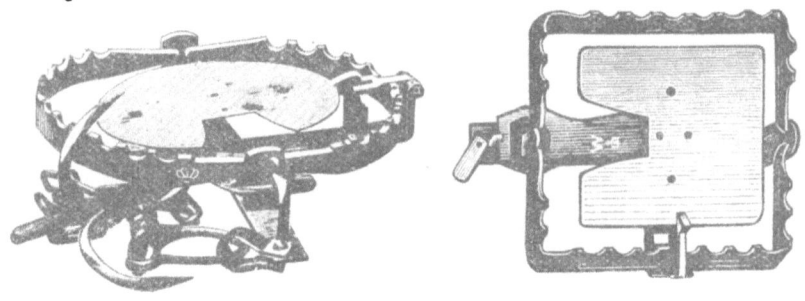

Abb. 120. Tellereisen. Abb. 121.

Hölzerne Fallen.

Außer den Fangeisen gibt es auch noch hölzerne Fallen, von denen namentlich sich die Kastenfallen zum Fangen von allerlei kleinem Raubzeug bewährt haben. Sie werden am besten in Zaunöffnungen, Zwangspässen, auch in Gebäuden aufgestellt und fangen das Raubzeug lebend.

Speziell zum Fangen des Baummarders verwendet man ausschließlich im Walde die sog. Prügel-, Mord- oder Rasenfalle, die sich jeder Jäger fast kostenlos herstellen kann. Ihre Einrichtung ist aus untenstehender Zeichnung in Abb. 122 ersichtlich. Die einfache Stellung (Abb. 123) wird am besten mit frischem Hasengescheide beködert; das Dach wird aus dünnen mit Querlatten verbundenen Prügeln hergestellt und mit Rasen beschwert (daher der Name), um beim Niederfallen nach Abziehen der Stellung den Marder zu erschlagen.

Vielfach wird diese Falle auch etwa 1,3 m hoch zwischen in einem kleinen Rechteck zusammenstehenden schwachen Bäumen (Stangen) angebracht und ruht dann auf zwischen diese Stangen festgenagelten Querhölzern; da die Falle sich aber bei Wind und Sturm oft abstellt, legt man sie praktischer auf etwa 2,5 m lange Pfähle, die in die Erde gegraben werden. Damit der Marder zum Köder gelangen kann, muß man bis zu ihm eine kleine Leiter aus Naturholz führen. Die hochangelegte Prügelfalle nennt man „Schlagbaum". Beide Fallen legt man am besten in alten Dohnenstiegen an und kirrt eventuell zu ihnen durch. Schleppen mit frischem Hasengescheide.

Abb. 122. Prügelfalle.

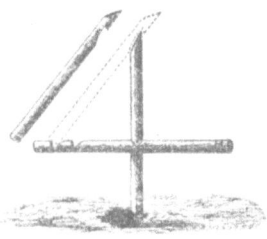

Abb. 123.

Der Krammetsvogelfang mit Dohnen ist durch das Reichsgesetz über den Vogelschutz v. 30. Mai 1908 vom 1. September 1908 ab verboten. Krammetsvögel dürfen jetzt nur noch vom 21. September bis 31. Dezember geschossen werden.

Alle die eben beschriebenen Fangapparate sollen nur einen ungefähren Begriff geben; die Beschreibung macht in keiner Weise auf vollkommenste Genauigkeit Anspruch, noch viel weniger darauf, daß ein Jäger nach denselben die Fangapparate selbständig handhaben könnte. Zum erfolgreichen Fangen gehören, wie mir scheint, eine gewisse persönliche Begabung, Beobachtungsvermögen und Erfahrung, die nur durch längere Tätigkeit erworben und dann in den meisten Fällen nicht gern anderen Personen mitgeteilt wird. Für den Anfänger gilt es daher, selbst zu beobachten und auszuprobieren und dem erprobten Fänger tunlichst viel von seinen Kunstgriffen abzusehen.

Auch das im nachfolgenden Paragraphen Gesagte gibt daher nur die allgemein geltenden Regeln für den Fang. Aber auch diese bedürfen hier und da nach der Örtlichkeit und selbst nach den örtlichen Gewohnheiten des Raubzeuges der Abänderung.

Von den Fangmethoden und Witterungen.

§ 300. 1. Der Fuchsfang.

Der Fang des Fuchses beginnt Mitte Oktober, sobald der Balg gut ist, und dauert bis Mitte März. Pausen treten nur ein, wenn es sehr stark friert oder sehr hoher Schnee liegt; man kann aber während dieser Zeit kirren. Zum Fangen eignen sich am besten freies Feld, größere Wiesen und große Blößen im Walde. Auf der letzten Strecke im Walde und der ersten Strecke auf dem Felde ist der Fuchs am vorsichtigsten. Die Kirr- resp. Fangplätze werden bereits im September angelegt. Zu dem Zwecke ebnet man westlich oder südlich der Waldgrenze, jedenfalls in der Haupt-Windrichtung auf einer Mittelfurche im Sturzacker, an den Schlaggrenzen, auf Wiesen usw. einen Platz von etwa 1 □ m Größe mittels einer Hacke. Auf diesen Platz streut man in der Mitte trockenen Pferdedung (der Rand muß ringsum zum Spüren frei bleiben) und legt Gescheide, Heringsabfälle oder besondere Kirrbrocken, die sehr scharfen Geruch haben, auf den Platz. Für die Herstellung dieser Kirrbrocken gibt es eine ganze Unzahl von Rezepten. Fast jeder alte Fänger hat eine eigene Mischung, auf deren Unfehlbarkeit er schwört. Eine ganze Anzahl „Fuchswitterungen" sind auch im Handel käuflich. Gern nimmt der Fuchs z. B. eine angebratene Katze. Wenn die Brocken später stinken, so schadet es nichts. Durch den scharfen Geruch herbeigelockt, findet der Fuchs bald die Brocken, frißt sie und läßt schließlich zum Zeichen, daß er vertraut geworden ist, seine Losung auf dem Platz. Man legt so viele Kirrplätze wie möglich an; da wo der Fuchs am regelmäßigsten die Brocken abnimmt, legt man später die Eisen. Außerdem kann man zum Ankirren auch alle Fleisch- und Fischabfälle, die Kadaver von Raubzeug usw. verwenden. Wer Schleppen liebt, befestigt Gescheide usw. an eine Leine und schleppt damit zu den Fangplätzen, doch ist der Erfolg zweifelhaft. Das Eisen legt man stets vormittags, da das Betreten des Platzes gegen Abend den Fuchs mißtrauisch macht. Ob man mit dem Schwanenhals oder Tellereisen fangen will, richtet sich nach der Örtlichkeit, dem Wildbestand usw., jedenfalls muß der Fänger beide Eisen und ihre Methoden kennen und jede da anwenden, wo er es für richtig hält. Wo Rehe oder viele Hasen auf der Saat, auf Kleeschlägen usw. umhertreten resp. hoppeln, wird man am besten mit dem Schwanenhals fangen, auf Sturzacker wird man aber besser mit dem Tellereisen Nr. 11 b fangen; ebenso in der

Der Fuchsfang.

Nähe von Wohnungen, da der Schwanenhals für Hunde, Schweine usw. gefährlich ist, während der Fang im Tellereisen Nr. 11 b nichts schadet. Seit den Verbesserungen der früheren recht primitiven Tellereisen werden jetzt sehr viel mehr Füchse mit dem Tellereisen als mit dem Schwanenhals gefangen. Die Tellereisen können wochenlang liegen, ohne daß es der Feder etwas schadet. Man kann daher Tellereisen immer liegen haben und fängt, besonders in der Ranzzeit, wenn nicht Frost und Schnee es verbieten, oft umherreisende Füchse, auch ohne dieselben erst zu kirren. Die Revision der gelegten Eisen muß, um unnötige Quälereien zu vermeiden, täglich frühmorgens geschehen. Das sogenannte Verwittern der Eisen mit der gekochten oder gebratenen Witterung usw. halte ich für falsch. Das Raubzeug soll das Eisen gar nicht riechen, sondern soll nur den Brocken in der Nase haben. Der Schwanenhals muß rostfrei gehalten werden, nicht des Fuchses, sondern des Eisens wegen. Der deutsche Schwanenhals und die Tellereisen sind mit geruchlosem Lack bestrichen.

a) Fang mit dem Schwanenhals.

Wegen der Aufstellung siehe die Bemerkung im vorigen Paragraphen. Der Fangbrocken wird mittels Bindfaden so angebunden, daß er 3—4 cm Spielraum vor der Pfeife hat; er muß beim Tragen in Papier gewickelt sein, damit nichts von der Witterung an das Eisen kommt. Der Fuchs würde an dieser Stelle das Eisen bloßkratzen und dann gepreßt werden. Der Brocken darf nicht in einer Vertiefung liegen, sondern er muß hoch liegen, damit der Wind ihn berühren und der Fuchs ihn weit genug wittern kann.

b) Fang mit dem Tellereisen Nr. 11 b (der Grellschen Preisliste).

Von den Tellereisen kann man gleich mehrere im Rucksack tragen, die Anker, welche das Gummifutter zerreißen würden, nach außen. Man macht in dem bestätigten Kirrplatz eine Bettung, in welche das Tellereisen paßt, und legt Kette und Anker in eine Vertiefung dicht hinter das Eisen in die Hauptwindrichtung. Das gespannte und gesicherte unverwitterte Eisen legt man fest auf, so daß es nicht wackelt, und bedeckt dann Eisen, Kette und Anker so mit dem Boden, daß von Eisen usw. nichts mehr zu sehen ist; zuletzt dreht man den Sicherheitshaken herum und bedeckt ihn ebenfalls. Empfehlenswert ist es, über den ganzen Platz über die Schlaghöhe der Bügel trocknen Pferdedung mit den Händen zu verreiben, nötig ist es aber nicht. 30 cm vor der Mitte des Tellers legt man handbreit auseinander 2 Witterungsbrocken nach der Hauptwindrichtung. Der Fuchs geht stets gegen den Wind und tritt bei seinem Umhertreten vor den Brocken stets den Teller ab und fängt sich. Sollte sich der Wind drehen, so legt man die Brocken nach ihm um. Mit der Kette und dem Anker kommt der Fuchs meistens nicht weit, sondern drückt sich bald in einen Graben, eine Furche oder ein Gebüsch. Bei Frost bedeckt man die Tellereisen mit losem Staubsand von überhängenden Böschungen oder Torfstreu und darüber kommt erst trockener Pferdedung. Der sonst so beliebte Furchenfang empfiehlt sich da nicht, wo es viel Hasen und Kaninchen gibt; andernfalls legt man das Tellereisen, nachdem man den Platz geebnet und vorbereitet hat, in den Kreuzpunkt zweier Hauptfurchen oder in eine im Wechsel des Fuchses liegende Hauptfurche.

2. Fang des Dachses.

Zum Fang des Dachses muß man ein Tellereisen mit sehr starker Feder verwenden; dazu eignet sich am besten das Tellereisen Nr. 126 c der Grellschen Liste mit 3 m langer Kette. Man erweitert die befahrensten Röhren oben und unten so, daß der Dachs aufrecht gehend, möglichst quer auf das Eisen treten muß. Die anderen Röhren werden verstopft. Nachdem man die Kette am nächsten Baum oder an einer Wurzel so befestigt hat, daß der Dachs nur etwa 30—40 cm tief in die Röhre zurückkommen kann, legt man das unverwitterte Eisen 126 c, welches wie Nr. 11 b unterliegende Feder, aber einen viereckigen, welligen Bügel hat, wieder ganz fest auf 4 Steine vorn in die Röhre hinein. Dann bedeckt man das Eisen mit der losen Erde aus der Röhre. Der stets nach außen zu legende Sicherheitshaken wird zuletzt herumgedreht und ebenfalls mit Erde bedeckt. Vor die Röhre legt man kreuzweise so viele trockene Hölzer, daß der Dachs die Röhre nicht verlassen kann, ohne die Hölzer umzuwerfen. Er muß dann vor den Hölzern kurz treten und fängt sich fast stets, aber meistens erst in der 2. oder 3. Nacht, da er durch das Geräusch beim Legen des Eisens usw. meist mißtrauisch geworden ist. Das Legen des so starken und deshalb gefährlichen Dachseisens auf dem Bau oder dem Passe ist nicht zu empfehlen, da sich sehr leicht Menschen oder Nutzwild darin fangen und beschädigen können. Der Fänger könnte wegen fahrlässiger Körperverletzung usw. bestraft und haftbar gemacht werden.

3. Fang des Fischotters.

Zum Fang des Fischotters eignet sich ebenfalls das Tellereisen Nr. 126 c. Dasselbe kann im flachen Wasser oder am Ufer bei den Ausstiegen gelegt werden. Die Kette ist gut zu befestigen und muß so lang sein, daß der Fischotter noch das tiefe Wasser erreichen kann, wo er bald ertrinkt. Ein Fangbrocken wird nicht verwendet. Der Otter frißt nur lebende selbst gefangene Fische.

4. Fang des Marders und Iltis.

Zum Fang des Marders benutzt man Eisen, Schlagbaum, Knüppelfallen usw. Man hängt in den fängisch gestellten Schlagbaum einen Vogel, ein

Eichhörnchen, Hasengescheide usw. oder man hängt den Vogel in eine etwa 50 cm über der Erde angebrachte Dohne, oder an einen schrägen eingesteckten Stock. Unter dem so befestigten Vogel wird dann das gut angekettete unverwitterte Tellereisen Nr. 11b oder sonst ein kleines Eisen — wie oben beschrieben — gelegt und mit Sand bedeckt. Darüber streut man Laub, Nadeln usw. aus der Umgebung. Das gute Anketten ist nötig, da sich auch stärkeres Raubzeug, z. B. Dachs oder Fuchs in dem Eisen fangen könnten; diese würden, wenn man sie nicht findet, schließlich einen grausamen Hungertod sterben müssen. Wo man Diebstahl des Marders aus dem Schlagbaum oder dem Eisen befürchtet, gräbt man eine längliche Kiste mit Deckel an Lederscharnieren neben dem Dohnenstieg so in die Erde, daß der Deckel mit dem Erdboden abschneidet. Die Kiste reibt man vor dem Eingraben innen und außen mit Gescheide und Schweiß ein; das gibt gute Witterung, auch wird die Farbe dadurch unauffälliger. An den beiden Giebelenden befindet sich in der Mitte unter dem Deckel ein etwa 8 cm breites und hohes Loch. An den Deckel bindet man innen einen Vogel und auf den Boden legt man das Eisen in trocknem Sand unter den Vogel. Neben dem Deckel werden Tannenzweige, Laub usw. gelegt. In diesem verborgenen Kasten und in dem Eisen unter der Dohne sowie in Knüppelfallen fängt sich außer dem Marder auch der Iltis. Der Kasten — der besseren Haltbarkeit wegen aus Eisen hergestellt — ist ebenfalls von E. Grell u. Co. aus Haynau zu beziehen. Wer sich näher über das Fangen von Raubzeug unterrichten will, lese in der „Anleitung zum Fangen des Raubzeuges" von A. Gille nach, die in 5. Auflage von E. Grell u. Co., Haynau herausgegeben und von dort zu beziehen ist. Die vielen Abbildungen geben auch eine klare Anschauung.

§ 301. **Von den Wildfährten und Spuren** (siehe die Tafel am Schlusse).

Bei allen zur hohen Jagd gehörenden vierläufigen Tieren heißen die Abdrücke der Läufe im Boden Fährten, bei allen zur niederen Jagd gehörenden vierläufigen Wildarten und bei den Raubtieren Spuren. Die Form des Abdrucks, die Größe desselben und die Stellung der Fährten und Spuren dienen zur Unterscheidung der verschiedenen Wildarten, sowie zur Erkennung des Alters, zuweilen auch zum Erkennen des Geschlechts.

1. Die Rotwildfährte. Dieselbe ist von allen Wildarten durch ihre regelmäßige, fast länglich herzförmige Form ausgezeichnet. Man kann an ihr am deutlichsten Alter und Geschlecht des Wildes unterscheiden. Folgende Kennzeichen sind wichtig:
    1. Der Schritt, d. h. die Länge desselben, indem z. B. ein Achtender weiter schreitet als das stärkste Tier. Ein jagdbarer Hirsch schreitet mindestens 72 cm von Spitze zu Spitze der Tritte.

2. Die Breite des Tritts; sie beträgt an der breitesten Stelle bei einem jagdbaren Hirsche mindestens 7 cm, beim Tiere sehr selten soviel, meist nur 4 cm.
3. Der Schrank, d. h. die seitliche Abweichung der rechten resp. linken Läufe von der Mittellinie der Fährte; diese nimmt mit der Stärke des Hirsches zu, während die Tiere mehr schnüren. Der starke Hirsch schränkt 15—20 cm, das Tier schmaler und unregelmäßiger.
4. Die Stümpfe, d. h. die Spitzen der Schalen sind beim Hirsche rundlich, beim Tiere mehr zugespitzt.
5. Die Oberrücken (Abdrücke des Geäfters) sind in der Flucht oder in weichem Boden beim Hirsche weiter von den Ballen ab und viel stärker und stumpfer als beim Tiere; beim Hirsch etwa 7 cm, beim Tier etwa 5 cm hinter den Balleneindrücken; beim Tier spitz, beim Hirsch stumpf.
6. Das Auswärtssetzen der Schalen des Hirsches, während das Tier dieselben parallel richtet.
7. Der Burgstall, eine Erhöhung des Erdbodens in der Mitte des Tritts, die sich beim Hirsche durch seine Schwere und stärkeres Auftreten bildet.

Man darf eine Rotwildfährte niemals nach einem einzelnen Tritt oder nur nach einem der oben aufgezählten Kennzeichen ansprechen, sondern muß sie solange verfolgen, bis man zu einem begründeten Urteil gekommen ist.

Die Losung des Hirsches ist mehr rundlich, dicht und eckig und hängt namentlich in der Feistzeit in einem schleimigen Überzuge zusammen; die Spitze der einen Losung paßt in eine Vertiefung der vorhergehenden Losung an deren stärkeren Grundfläche hinein. Die Losung des Alttieres ist mehr walzenförmig, ohne Höhlung und Zäpfchen.

2. Die Damwildfährte ist etwas rundlicher als die mehr schmale längliche Rotwildfährte und viel geringer, so daß sie mit der Schaffährte große Ähnlichkeit bekommt, jedoch naturgemäß weiter im Schritt ist. Die Fährte des alten Damtieres ist nur kaum 4 cm breit und etwas über 5 cm lang, des Damschauflers etwas über 4 cm breit und $5\frac{1}{3}$ cm lang, des starken Schauflers 5 cm 5 cm breit und etwas über 6 cm lang, also bedeutend geringer als die Rotwildfährten. Die Tierfährten unterscheidet man in ähnlicher Weise von den Hirschfährten wie beim Rotwild, jedoch ist die Unterscheidung nicht so streng durchzuführen; Schalen und Geäfter sind auch beim Hirsch stumpfer.

3. Die Schwarzwildfährte ist beinahe so gestaltet wie die des zahmen Schweines. Von der Rotwildfährte, mit der sie in ihrer Form eine gewisse Ähnlichkeit hat, unterscheidet sie sich sofort durch die viel geringere Weite

des Schritts (um ein Drittel geringer) und besonders durch die Geäfter, welche bei den Sauen viel länger sind, näher an den Schalen und auffallend mehr seitwärts und weiter voneinander stehen; die Ballen sind auch flacher. Die jungen Sauen haben ungleiche Schalen, die äußere ist merklich länger, nach dem dritten Jahr hört die Ungleichheit immer mehr auf, bei Hauptschweinen sind sie gleich. Die Sauen schnüren auch mehr als das Rotwild.

Die Fährte des Frischlings ist im Sommer über die Ballen gemessen (wie auch bei allen früheren Angaben!) 2 cm breit und über 2 cm lang, des Überläufers über 3 cm und 4 cm, des zweijährigen Schweines 4 cm und kaum 5 cm, bei dreijährigem Schweine nicht ganz 5 cm und 5 cm, beim Hauptschweine 5,3 cm und 5 cm. Keiler und Bache sind nicht sicher zu unterscheiden in der Fährte.

4. Die Rehwildfährte hat die größte Ähnlichkeit mit der Rotwildfährte, nur ist sie sehr viel kleiner. Der stärkste Bock fährtet geringer als das Rotwildkalb im Sommer. Die Fährte des starken Bocks ist kaum 3 cm breit und 4,5 cm lang, des Schmalrehs etwas über 2 cm und 3 cm, Ricke- und Bockfährte sind nicht sicher zu unterscheiden.

5. Die Fuchsspur hat große Ähnlichkeit mit der Hundespur, doch stehen beim Fuchs die mittleren Zehen nach vorn, sie ist deshalb mehr länglich. Beim Traben schnürt der Fuchs, d. h. er setzt die Läufe in eine schnurgerade Linie (s. hinten die Tafel Abb. 1), in der Flucht setzt er die Läufe nebeneinander (hinten Abb. 2 und 3). Die Spur des alten Fuchses ist knapp 3 cm breit und über 4 cm lang.

6. Dachsspur. Der Dachs zeichnet in der Spur den ganzen Abdruck seines Plattfußes, so daß vor dem breiten Ballen die 5 großen Zehen wie die Finger vor dem Handteller stark markiert stehen; er schreitet auffallend kurz, höchstens 32 cm weit (der Fuchs bis zu 43 cm). Die Spur eines starken Dachses ist 4,5 cm breit und über 5 cm lang. Sie hinten Abb. 4 in ruhiger, Abb. 5 in flüchtiger Gangart.

7. Die Fischotterspur zeichnet die zwischen den einzelnen Zehen befindliche Schwimmhaut ab, wodurch die Erde zwischen diesen ganz plattgedrückt erscheint. Die runden Zehen drücken sich nur in sehr weichem Boden (Schnee) deutlich ab, bei Schnee kennzeichnet sich die Spur gut durch das fortwährende Nachschleppen der Rute. Im Trabe setzt sie 2 Läufe schräg nebeneinander (Abb. 6), in der Flucht stehen alle 4 Läufe schräg hintereinander (Abb. 7).

8. Die Spur des Baummarders gleicht der der Hauskatze, nur ist sie etwas länglich; die behaarten Ballen und Zehen markieren sich schwach; in hüpfender Gangart setzt er die Läufe schräg nebeneinander (etwas schräger als der Dachs, s. Abb. 8), in flüchtiger Gangart (Abb. 9) mehr unregelmäßig,

oft der Hasenspur sehr ähnlich, mit deren Größe und Art des Ballenabdrucks sie überhaupt Ähnlichkeit hat.

Beim Steinmarder drücken sich die weniger behaarten Ballen und Zehen deutlicher ab.

Der Iltis macht kürzere Sprünge, die Spur ist rundlicher und kleiner, auch sind die Zehen besser ausgedrückt als beim Steinmarder, die Hinterläufe stehen enger, die Vorderläufe weiter.

Das Wiesel spürt sich genau wie der Iltis, nur kleiner.

Die Wildkatze spürt sich wie eine zahme Katze, nur stärker, auch schnürt sie mehr; die Form der Fährten ist ähnlich der des Fuchses.

Der Wolf spürt sich wie ein starker Hund, nur schnürt er und schreitet weiter, die mittleren Zehen stehen weiter vor in der Spur.

9. Der Hase überschnellt wie alle Nagetiere mit den Hinterläufen die Spur der Vorderläufe, so daß er sie vorsetzt. Die Spur der Hinterläufe ist stärker als die der Vorderläufe; die Vorderläufe stehen vor=, die Hinter= läufe gerade (beim Hoppeln) oder schräg (in der Flucht) nebeneinander (Abb. 10 und 11).

Das Kaninchen spürt sich wie der Hase, nur schwächer.

Man wolle übrigens auch diese Fährten oder Spuren niemals nach einem einzelnen Tritt ansprechen, sondern stets die ganze Fährte und Spur, womöglich aber mehrere aufsuchen und dann erst urteilen. Je weicher der Boden, um so unsicherer werden alle Spuren und Fährten.

§ 302. Vom waidmännischen Töten, Aufbrechen und Zerlegen des Wildes, vom Streifen des Raubzeuges.

Alles Wild, was noch lebend in die Hände des Jägers gelangt, wird kunstgemäß auf folgende Weise getötet:

1. Stärkeres Rotwild und Schwarzwild soll weidgerecht mit dem Hirschfänger abgefangen werden, indem man diesen auf der linken Seite, etwa 18 cm vom Brustrande dicht hinter der 3. Rippe tief in das Herz stößt, oder man gibt ihm, was heute gebräuchlicher, den Fangschuß dicht hinterm Gehör in den Kopf, wohl auch auf den Hals, um nicht das Geweih zu gefährden.

2. Alles Mutterwild, geringes Rot= und Damwild und alles Rehwild wird mit dem Genickfänger abgenickt, indem man das Messer in die kleine und weichere Vertiefung dicht hinter den Gehören, da wo der Schädel und erster Halswirbel sich treffen, hineinstößt. Hat man Gewalt anzuwenden, so ist man an einer falschen Stelle; die rechte Stelle, welche man am besten erst mit dem Finger sucht, ist weich. Zweckmäßiger ist auch hier der Fangschuß auf den Hals.

3. Hasen und Kaninchen faßt man mit der linken Hand an den Hinterläufen, läßt sie herunterhängen und schlägt sie mit der schmalen Seite der geöffneten Hand senkrecht hinter die Löffel, nickt sie.

4. Alles Raubzeug (Dachs, Fuchs, Marder usw.) wird mit Knüttel= hieben auf die Gehirnhöhle oder Nase getötet. Bei Dachs und Fuchs gibt man zur Sicherheit noch einige Hiebe zu, weil sie zuweilen nur betäubt und sehr zählebig sind. Beim Dachs sticht man am besten noch das Fangmesser am Brustkern tief in die Brust da, wo die Schwarte später doch aufgeschärft werden muß; dann hebt man ihn an den Hinterläufen hoch und läßt den Schweiß gut auslaufen.

5. Auerwild, Schwäne, Trappen und Kraniche werden ebenso wie das Rehwild abgenickt, indem man den Nicker in die weiche Stelle am Hinterkopf stößt.

6. Birkhühner, Fasanen, Haselwild, Rebhühner, Wachteln und Drosseln werden abgefedert, indem man die Spule einer ausgezogenen Schwungfeder beim Genick in den Hinterkopf sticht; die ersten drei Wildarten nickt man besser auch ab!

Alles Wild, das zum Essen benutzt werden soll, muß sobald wie möglich namentlich im Sommer und wenn es weidewund geschossen war, nach gewissen weidmännischen Regeln aufgebrochen und ausgeweidet werden. Bei Keilern und Hirschen muß das Kurzwildpret unmittelbar nach dem Erlegen (nament= lich in der Brunstzeit) herausgelöst werden. Nachdem das Wild gehörig gestreckt, d. h. auf den Rücken gelegt und der Kopf so zurückgebogen ist, daß der Unterkiefer mit dem Hals und Körper eine gerade Linie bildet, drückt man die Spitze des Nickfängers dicht vor dem Brustknochen mitten auf die Brust= höhle in die Haut ein und schärft diese über die Mitte des Halses bis zum Drosselknopf auf, ergreift den Schlund, löst ihn am Drosselknopf ab und stößt ihn, während die linke Hand das abgeschnittene Ende fest zuhält, mit der rechten Hand von der Drossel ab.

Um das Ausfließen von Äsung zu verhindern, wird der Schlund sorg= fältig mit einem Knoten eingeschnürt. Sodann schärft man über das Kurz= wildpret weg die Haut über die Mitte des Bauches bis zur Brust auf, indem man das Messer zwischen dem gespreizten Zeige= und Mittelfinger der linken Hand, mit denen man unter die Haut gefahren ist, hält, löst die Brunstrute aus, macht einen Einschnitt in den Bauchmuskel und schärft dann den Bauch selbst bis zur Brust auf, ohne Blase und Gescheide zu beschädigen. Hierauf greift man mit beiden Händen in den vordersten Wanst, sucht den Schlund, zieht ihn an den Wanst heran und wirft das Gescheide rechts neben das Wild. Leber und Nieren dürfen nicht mit herausgerissen werden. Hierauf sprengt man mit dem Messer oder der Säge das durch eine hervorragende Naht zwischen den Keulen markierte Schloß und bricht es vorsichtig auseinander, worauf man das Wildpret zwischen den Keulen bis zum Weidloch aufschärft, den Mastdarm auslöst und dann die Brandadern an den inneren Keulen aufsticht. Schließlich schärft man am Kopfe den Drosselknopf ab, löst das Zwerchfell an den Seiten ab, zieht die Drossel an die vordere Herzkammer und das ganze Geräusch: Herz, Lunge und Leber mit der linken Hand heraus, indem man die festgewachsenen Teile abschärft. Zuletzt hebt man das ganze Vorderteil in die Höhe, um sämtlichen Schweiß hinten auslaufen zu lassen, und streckt das Wild auf die rechte Seite.

Beim Aufbrechen dürfen weder die Ärmel aufgestreift, noch Hirschfänger und Hut abgelegt, noch darf über das Wild geschritten werden.

In dieser Weise wird alles Rot-, Dam-, Reh- und Schwarzwild aufgebrochen, nur daß man bei letzterem am Halse nicht die Haut aufschärft, sondern Drossel und Schlund mit einem Querschnitt oberhalb des Drosselknopfes absticht. In der Brunftzeit muß beim Keiler der Brunftzwang an der Öffnung der Brunftrute ausgelöst werden, indem man die Schwarte eine gute Hand breit ablöst und die darunter befindliche gallertartige Masse entfernt; auch bei Hirschen muß in dieser Zeit das Kurzwildpret so schnell als möglich abgeschärft werden. Bei Sauen (auch bei Hasen) muß von der Leber die Gallenblase losgelöst werden.

Dem Aufbrechen folgt das **Zerlegen** d. i. die Zerteilung des Wildes in die einzelnen für die Küche zur Verwendung gelangenden Stücke, wobei man sich eines starken Nickfängers und einer guten Knochensäge zu bedienen hat; es werden hierbei Hals, Keulen, Blätter und Rippen vom Rücken (Ziemer) abgelöst; letzterer kann je nach Bedarf in mehrere Teile zerlegt werden.

Dem Zerlegen hat das **Zerwirken** d. i. das Ablösen der Haut und das Abnehmen des Gehirns und des Geweihs vorauszugehen. Man streckt das Wild auf die linke Seite oder auf den Rücken, schärft die Haut vom Halse bis an die geöffnete Bauchhöhle auf, löst die unteren Teile der Läufe im Fußgelenk ab und dann die Haut vom Halse bis an die geöffnete Bauchhöhle auf und löst dann die Haut oben an den Vorder- und Hinterläufen, nachdem sie vorn aufgeschärft sind, ab; schließlich stößt man mit dem Daumen und der Faust unter Zuhilfenahme des Messers die Haut ganz ab, so daß möglichst wenig Wildpret oder Feist an der Haut bleibt.

Das zerwirkte Wild bleibt nun auf der Haut liegen und man löst zuerst sauber das rechte dann das linke Blatt aus; hierauf löst man von den Keulen her nach vorn quer über die Rippen bis zum Halse die Flanken und trennt die Keulen ab; hierbei hat man sich zu entscheiden, ob man die Keulen oder den Ziemer größer haben will; eins muß auf Kosten des andern geschehen.

Will man sie recht groß haben, so werden sie ebenso wie die Blätter aus der Pfanne gelöst, andernfalls unterhalb derselben quer durchgeschärft und am Röhrenknochen durchgesägt.

Nachdem Kopf und Hals vom Rücken getrennt sind, teilt man bei Rotwild usw. den Rücken meist noch in drei Teile, den Hals-, Mittel- und Wedelziemer; bei Rehen bleibt der Ziemer meist ganz. Aus dem Kopf werden noch das Gehirn und der Lecker genommen und schließlich die Haut bis zur weiteren Verwendung gut mit Asche eingerieben und bestreut, dann mit der Haarseite nach unten auf dem Boden über eine Stange gehängt.

Das Auswerfen der Hasen geschieht in der Weise, daß man kurz vor dem Schloß einen Einschnitt in Balg- und Bauchmuskel macht, zwischen Zeige- und Mittelfinger den Bauch etwa 15 cm lang aufschärft, ohne das Gescheide zu verletzen, und dann das Gescheide, indem man mit der linken Hand die Hinterläufe hält und mit dem rechten Fuß auf die Vorderläufe tritt, vorsichtig mit dem Magen herauszieht. Den Mastdarm löst man im Innern kurz vor dem Weidloche ab. Zum Herausnehmen des Geräusches drückt man mit der Faust der rechten Hand das Querfell ein und zieht, indem man den Hasen wie vorher festhält, das Geräusch heraus.

Bei Verkaufshasen unterbleibt bei Frostwetter am besten das Auswerfen, weil die Hasen dann ausgeworfen sich besser halten, anderseits durch das Auswerfen unansehnlich, oft unappetitlich werden.

Alles zur hohen Jagd gehörige Federwild muß aufgebrochen werden, indem man vom Weidloche aus den Bauch nach der Brust zu etwa einen Finger lang aufschärft und dann mit den Fingern das Gescheide herauszieht. Ist das Stück zum Ausstopfen bestimmt, muß jede Beschmutzung der Federn vermieden werden.

Bei allem übrigen Federwilde, mit Ausnahme der Schnepfen und Drosseln, welche das Gescheide behalten, wird dasselbe mit einem hölzernen Haken aus dem Weidloche gezogen, nachdem man denselben einige Male umgedreht hat.

Alles vierläufige Raubzeug muß „gestreift" d. h. vom Balg befreit werden, um ihn zu verwerten. Das Verfahren ist im allgemeinen gleich; sobald das Stück vollständig kalt geworden ist, schärft man die Haut aller 4 Läufe von den Ballen an an den Innenseiten auf und zwar die Vorderläufe bis zu den Blättern, die Hinterläufe bis znm Weidloch; dann zieht man die Haut, auch die von den Zehen, bis oben hinauf ab, heßt die Hinterläufe ein und hängt das Stück auf. Hierauf zieht man den inneren Teil der Rute (Lunte) aus der Hautbedeckung und streift vorsichtig — nie reißend — den Balg bis zu den Vorderläufen ab; sobald das Abziehen zu schwer wird, hilft man mit einem nur mäßig scharfen Messer (um den Balg nicht einzuschneiden) nach; schließlich zieht man auch die Vorderläufe aus der Haut und diese dann mit der Nase vom Kopfe ab, wobei die Lauscher und sonstige Kopfteile einzeln mit dem Messer abzulösen sind.

Der Balg, dessen Kehrseite man nun in der Hand hat, wird sofort, die rohe Seite nach außen, auf ein sog. „Spannbrett" von 1—5 m Länge, 0,25 m unterer und 5 cm oberer Breite, also von abgestumpfter Dreiecksform glatt und fest aufgezogen und in straff gespanntem Zustande festgenagelt, indem man in die beiden Hinterläufe kleine Drahtnägel zur Hälfte einschlägt. Um das Zusammenrollen der Haut zu verhüten, klebt man in die rohen Seiten der Hinterläufe und der Rute in ihrer ganzen Breite Papier. Ist die rohe Seite trocken, zu welchem Zwecke das Spannbrett in einen trockenen mäßig warmen Raum gestellt wird, so wird der Balg abgezogen und nochmals mit der Haarseite nach außen aufgespannt; nach einigen Tagen wird er gut sein und nun mehrmals gut und glatt mit weitem Kamme ausgekämmt; bis zum Verkauf wird er in einer ganz trockenen Kammer aufgehängt.

Beim Dachs verfährt man anders. Man schärft die Schwarte vom Bürzel beginnend gerade zu bis zur Kinnlade auf, ebenso die Innenseiten aller 4 Läufe bis zu den Klauen; sie wird dann vorsichtig mit einem mäßig scharfen Messer abgestreift und in ihrer ganzen Breite an eine Tür, mit der behaarten Seite unten, festgenagelt. Die rohe Seite wird, was man übrigens auch vorteilhaft vor dem Aufspannen aller anderen Bälge tut, mit einer Mischung von Holzasche und Salz tüchtig eingerieben. Nun entfernt man mit einem Male die beiden Fettlagen vom Rücken und den Flanken, die durch eine Lage Wildpret getrennt sind; schließlich wird der Dachs in üblicher Weise zerlegt und die das Geräusch umgebenden inneren Fettlagen werden ausgelöst.

§ 303. Die Jagdkunstsprache.

1. Beim Rotwild.

Das männliche Geschlecht heißt Hirsch, das weibliche Tier oder Alttier. Letzteres setzt ein, selten zwei Kälber, von denen das männliche im ersten Jahre (bis 31. Dezember) Hirschkalb, das weibliche Wildkalb heißt. Sobald das Hirschkalb etwa im Februar Spieße aufgesetzt hat, heißt es Spießer, im nächsten Jahre, sobald es ein Geweih mit 2 Enden an jeder Stange aufgesetzt hat, Gabelhirsch*), ein Jahr später, wenn jede Stange drei Enden trägt, ein Sechsender usw., Hirsche mit 8 Enden nennt man gering jagdbar, mit 10 und 12 Enden und einem Mindestgewicht (mit Aufbruch) von 150 kg resp.

---

*) Gabelgeweihe werden selten aufgesetzt; meist setzt der Hirsch noch einmal, aber stärker, Spieße auf und dann gleich 6 Enden; häufig werden dann zweimal hintereinander wieder 6 resp. 8 Enden aufgesetzt, anstatt daß in jedem folgenden Jahre 2 Enden mehr aufgesetzt werden.

ebenso starke mit zurückgesetztem Geweih jagdbar, mit 14 und mehr Enden und entsprechendem Gewicht stark jagdbar oder Kapitalhirsche.

Das weibliche Rotwild heißt vom 1. Januar des ersten bis zum 31. Mai des zweiten auf seine Geburt folgenden Jahres Schmaltier, dann Alttier. Alttiere, die in der Brunft nicht aufgenommen haben, nennt man Gelttiere.

Das Geweih (nie Gehörn!) des Hirsches besteht aus 2 Stangen; der untere krause Kranz an den Stangen heißt Rose, die unter demselben befindlichen Stirnzapfen Rosenstöcke; das unterste den Lichtern zunächst stehende Ende heißt Augensprosse, das darüber befindliche Eissprosse, die kleinen Vorsprünge heißen Perlen.

Geringere Hirsche werfen im April, stärkere Hirsche im März oder Februar ihr Geweih ab, Gabler erst im Mai, und setzen bis zum August neue Geweihe auf; so lange das Geweih noch weich ist, heißen die Hirsche Kolbenhirsche; das Abreiben der Haare der Kolben (Bast) an Bäumen nennt man Fegen, das Reiben und Schlagen mit dem fertigen Geweih aber „Schlagen"; sobald das Geweih völlig ausgelegt, verhärtet und an den Enden spitz ist, sagt man: es ist vereckt. Wechselwild ist solches Wild, welches häufig seinen Stand wechselt resp. nicht immer im Reviere bleibt, im Gegensatz zum Standwild, das seinen festen Aufenthalt hat.

Die Augen des Rotwildes nennt man Lichter, die Ohren Lauscher, die Zunge Lecker, den Schwanz Wedel, die kleinen über den Ballen befindlichen Spitzen Oberrücken, die Beine wie bei allem Wild Läufe, das Maul Geäs, die Nase Windfang, den Ausgang des Mastdarms Weidloch, die Exkremente Losung, Magen und Gedärme Gescheide, das Euter Gesäuge, die Gurgel Drossel, das Fett Feist (Feistzeit vom 15. August bis 20. September), das Fleisch Wildpret, das Fell Haut oder Decke, das Blut Schweiß.

Das Sehen heißt äugen, das Aufnehmen des Windes mit dem Windfang winden oder wittern, das Erforschen einer vermuteten Gefahr mittels der Sinne sichern, das Harnlassen nässen, das Auswerfen von Exkrementen sich lösen, das Wechseln des Winter- und Sommerkleides verfärben, das Fressen äsen, das Saufen sich tränken. Es nimmt den Jäger an, wenn es angreift, es nimmt die Futterung an, es tut sich nieder, es sitzt im Bett (Lager), es brunftet, wenn es sich begattet. Die Brunftzeit dauert etwa von Ende September bis Ende Oktober; das Tier geht 38—40 Wochen hochbeschlagen und setzt Ende Mai 1 bis 2 Kälber, doch beschlägt das Wild zuweilen auch zu anderen Zeiten. Während der Brunftzeit schreien die Hirsche und kämpfen um den Besitz der Tiere; das weibliche Glied heißt Feigenblatt, die Hoden des Hirsches Kurzwildpret mit der „Brunftrute". Das Wild ist vertraut, wenn es ohne Argwohn ist, es zieht umher, wenn es langsam geht, es trollt (trabt) und ist flüchtig (läuft), es fällt über Gatter usw. (springt), es steht in einer Dickung; es wird krank, wenn das Wundfieber eintritt, es bricht (fällt) zusammen, es klagt (schreit) und verendet (stirbt). Kümmerer nennt man Wild, welches an einer Wunde oder einer Krankheit leidet und dann schlecht wird; Kümmerer haben meist fehlerhafte oder zurückgesetzte Geweihe. Wo es später nicht besonders bemerkt ist, gelten die Ausdrücke auch für Dam-, Reh- und Schwarzwild.

2. Beim Elch.

Ansprache wie beim Rotwild. Die handförmigen Verbreiterungen des Geweihs heißen Schaufeln. Das Geräusch, welches beim Trollen durch Anschlagen des Geäfters an die Ballen entsteht, nennt man Schellen.

Brunftzeit in Ostpreußen im September. Das Elchtier geht 36 Wochen hochbeschlagen. Zum ersten Male wird gewöhnlich 1 Kalb, später werden 2 ausnahmsweise auch 3 Kälber gesetzt. Das Abwerfen des Geweihs erfolgt im Winter, etwa November bis Januar.

3. Beim Damwild.

Das Männchen heißt Damhirsch, das Weibchen Damtier; letzteres geht nur 8 Monate hochbeschlagen und setzt nach der Brunftzeit, die von Mitte Oktober bis Mitte November dauert, im Juni bis Juli 1—2 Kälber; das Hirschkalb heißt vom März ab, wo sich die Rosenstöcke zeigen, Damspießer, das weibliche Damwild heißt vom 1. Januar des ersten bis zum 31. Mai des zweiten auf seine Geburt folgenden Jahres „Schmaltier". Nachdem im folgenden Mai bis Juni der Damspießer die Spieße abgeworfen hat, setzt er ein Geweih von 6 bis 10 Enden auf, welches er im September fegt; dann heißt er geringer Damhirsch. Im nächsten, dritten, Jahre wirft er das er das Geweih im Mai ab und setzt ein Geweih mit geringen Schaufeln auf, welches er im August bis September fegt; er heißt dann geringer Damschaufler. In den folgenden Jahren werfen die Schaufler bereits April bis Mai ab und fegen im August.

Das übrige ist wie beim Rotwild.

4. Beim Schwarzwild.

Sauen ist ein gemeinschaftlicher Ausdruck für beide Geschlechter; das Männchen heißt Keiler, das Weibchen Bache, die Jungen im ersten Jahre bis zum 10. Oktober gefleckte Frischlinge, dann Frischlinge, dann vom 1. April ab bis zum nächsten 1. April Überläufer, von da ab ist für jede Bestimmung des Alters immer der 1. April maßgebend. Besser ist es jedoch, die geschossenen Sauen nach dem Gewicht anzusprechen. Im Winter geschossen: Unter 100 Pfd. — Frischlinge; 100—150 Pfd. — Überläufer; 150—200 Pfd. — 2 jährige Sauen; 200 Pfd. und mehr: 3- und mehrjährige Sauen; das Gewicht stets ohne Aufbruch gerechnet. Ist der männliche Frischling 2 volle Jahre alt, so wird er 2jähriger, nach abermals 1 Jahr 3jähriger, von 4 Jahren ein angehender Keiler, von 5 Jahren ein hauendes, von 6 Jahren ein grobes Schwein.

Die Rauschzeit dauert von Ende November bis Anfang Januar, worauf die Bache nach 16—18 Wochen 4—10 Frischlinge frischt.

Der Rüssel heißt Gebrech, die Hauzähne Gewehre, bei den Bachen Haken, das Haar Borsten, die Ohren Gehöre, die Dünnungen Wammungen, der Schwanz Pürzel, die Haut Schwarte, das Fett Weißes, die kleinen Klauen hinten an den Läufen Geäfter. Die Sau schiebt sich in das Lager, das Lager einer ganzen Rotte heißt Kessel; sie stecken in einer Dickung, sie wechseln aus einer in die andere; sie brechen (wühlen), um sich Fraß (Nahrung) zu suchen; die aufgewühlte Erde heißt Gebräche.

5. Beim Rehwild.

Das Männchen heißt Rehbock, das Weibchen Ricke, die Jungen Kitzchen. Das männliche Kalb*) setzt im November die ersten Spieße auf und heißt dann Spießbock; diese wirft er im Februar bis März ab und setzt dann bis Mai ein zweites (meist stärkere Spieße) Gehörn oder Gabeln auf, worauf er Gabelbock, sonst Spießer heißt. Die Gabeln fegt er im Mai bis Juni, wirft sie im November ab und setzt dann ein Gehörn von 6 Enden auf, das er jährlich im November abwirft und März bis Mai fegt. In den späteren Jahren wird er starker resp. Kapitalbock und setzt dann zuweilen noch mehr Enden auf. Das weibliche Rehwild heißt vom 1. Januar des ersten bis zum 31. Mai des zweiten auf seine Geburt folgenden Jahres „Schmalreh". Die Brunft findet von Mitte Juli bis Ende August (Blattzeit) statt, worauf die Ricke im Mai 1—2, selten 3, Kitzchen setzt.

Der Büschel an der Brunstrute des Rehbocks heißt Pinsel, am Feigenblatt der Ricke Schürze, die weiße Scheibe um das Weidloch Spiegel. Das Wegscharren der Bodendecke durch den Bock heißt Plätzen, das Schreien bei nahender Gefahr Schrecken. Mehrere Rehe zusammen bilden einen Sprung (beim Rotwild „Rudel", bei den Sauen „Rotte").

---

*) Als sicheres Kennzeichen der Rehkälber im $\frac{\text{Oktober}}{\text{Dezember}}$ gilt, daß dieselben in jeder Kinnlade des Ober- und Unterkiefers höchstens 5 Backenzähne haben, der 6. (letzte) Backenzahn jeder Reihe erscheint erst nach einem Jahre; der 3. Backenzahn jeder Unterkieferlade (vom Schneidezahn ab gerechnet) ist beim Kalb stets drei-, beim einjährigen Reh stets zweiteilig.

Alte Rehe sind von Schmalrehen im Winter stets an dem gelblichweißen Fleck vorn am Halse zu erkennen; bei Schmalrehen ist derselbe kaum sichtbar.

6. Beim Hasen.

Das Männchen heißt Rammler, das Weibchen Setzhase (Häsin). Die Rammelzeit (Begattung) dauert vom Februar (bei mildem Wetter Januar) bis August; die Häsin (Setzhase) setzt nach einer Tragezeit von 1 Monat ungefähr 4 Mal nach je 6—8 Wochen 2—4 Junge, ältere setzen 4—5 Mal, junge nur 2—3 Mal. Der erste Satz heißt vom 24. August ab Dreiläufer. Die Augen heißen Seher, die Ohren Löffel, die Hinterläufe Sprünge, der Schwanz Blume, die Haare Wolle. Der Hase rückt ins Feld oder ins Holz, er sitzt im Lager, er fährt aus dem Lager, er macht einen Kegel, wenn er sich auf den Sprüngen aufrichtet, er macht Wiedergänge und Absprünge, ehe er sich im Lager drückt. Beim Aufstoßen trägt der Rammler die Blume meist hoch, der Setzhase drückt sie an.

7. Beim Fuchs.

Fuchs (Rüde) und Füchsin (Fähe) hängen, wenn sie sich begatten; die Begattungszeit heißt Roll(Ranz=)zeit und fällt in den Februar, worauf die Füchsin 9 Wochen dick geht und 4—7 blinde Nestfüchse wölft (wirft), die zusammen Geheck heißen. Die Haut heißt wie bei allem zur niederen Jagd gehörenden Haarwild „Balg". Er ist vom November bis März brauchbar. Die Ohren heißen Gehöre oder Lauscher, die Hoden Geschröte, das männliche Glied Rute, das weibliche Schnalle, der Schwanz Lunte, die Spitze desselben Blume; sie ist gewöhnlich weiß, bei sog. Brandfüchsen schwarz. Der nach Bisam riechende Fleck unten an der Lunte heißt Viole, das Fleisch Kern, die Fangzähne Fänge, sämtliche Zähne Gebiß. Der Fuchs kriecht zu Baue, steckt in demselben, fährt heraus; er verklüftet sich darin, wenn er die Röhren hinter sich zugräbt; er frißt den Raub, seine Nahrnng heißt wie die aller Raubtiere Fraß (Riß!).

8. Bei dem übrigen Raubzeug.

Die Bälge sämtlichen Raubwildes nennt man auch Rauhwerk, die Nahrung Fraß, Witterung die stark riechende Masse, mit der man es auf die Eisen lockt, sie gehen dick (tragend) und werfen (bringen Junge), der Schwanz heißt Rute, die Ohren Gehöre, die Beine Läufe, die Zähne Gebiß, die Begattungszeit Ranzzeit. Folgende besonderen Ausdrücke sind zu merken:

a) beim Dachs. Nach der gewöhnlich im August stattfindenden Ranz= zeit wirft die Dächsin (nach) 30 Wochen) 2—4 (selten 6) blinde Junge. Der Dachs geht auf die Weide (Nahrung), er sticht, wenn er mit der Nase in der Erde wühlt, um sich Würmer und Wurzeln zu suchen, viele kleine Löcher in die Erde. Die Haut heißt Schwarte, die Haare Borsten, das Fleisch Fleisch, die mit dem Drüsensekret angefüllte Vertiefung unter der kurzen und breiten Rute Stinkloch, deren Inhalt zur Ranzzeit durch „Schlittenfahren" auf den Boden gedrückt wird.

b) bei dem Fischotter. Nach der Ranzzeit, meist im Februar, jedoch auch in anderen Monaten, bringt oder wirft die Otterin nach 9 Wochen 2—3 Junge. Der Otter liegt in seinem Bau, er geht aus, er fischt, er steigt aus und wieder ein, wenn er etwas gefischt hat, er pfeift in sehr kalten Nächten; in der Losung sind immer Fisch- resp. Krebsteile.

c) beim Marder und Iltis. Ranzzeit usw. ebenso wie beim Fischotter 3—4 Junge. Sie baumen oder holzen auf (erklettern Bäume), sie baumen fort (weiter) und ab. Aufstieg ist die Stelle an der Erde, wo der Marder aufgeholzt hat, Absprung die Stelle, wo er abgebaumt hat. Wenn man den Marder verfolgt, bis man ihn gefunden hat, so hat man ihn festgemacht.

9. Beim Federwild.

Die Beine heißen meist Ständer, der Schwanz Steiß, die Spuren Geläuf, das Fett Feist, sie fallen ein (fliegen zu Boden).

Besonders zu merken ist:

a) beim Auerwild. Die Henne legt nach der Balzzeit (Ende März bis Anfang Mai) 4—6 Eier. Es schwingt sich ein und reitet ab, wenn es auf oder von einem Baum fliegt, es steht auf demselben; die aus Beeren und Knospen bestehende Nahrung heißt Geäs, der Kot Losung, wie bei allem zur hohen Jagd gehörigen Federwilde, die roten Flecke an den Augen „Rosen".

b) beim Birkwild. Nach der Balzzeit im April bis Mai legt die Henne 8—12 Eier, Henne und Junge zusammen nennt man wie bei allen Hühnern Kette. Der weiße Flügelfleck beim Hahn heißt wie beim Auerhahn Spiegel, der Schwanz desselben Spiel (Schar). Er balzt auf der Erde, der Auerhahn auf dem Baum.

c) beim Rebhuhn. Sie paaren sich im Februar, worauf die Henne Anfang Mai 10—20 Eier legt, die sie in 3 Wochen ausbrütet. Der dunkle ringförmige Fleck auf der Brust des Hahnes heißt Schild, der Kot wie bei allem zur niederen Jagd gehörenden Federwild Gestüber. — Sie weiden oder äsen, sie liegen (nicht sitzen) und stehen auf, dicht über der Erde streichen, ziehen sie, höher hinauf stieben sie. Sie rufen (nicht locken!) sich zusammen, wobei man sie verhört. Abends fallen sie auf die Weide, um zu äsen. Im Kessel „stauben" sie.

d) bei der Schnepfe. Sie paart sich während oder gleich nach dem Strich (Zugzeit) im Frühjahr und legt im Mai 3—4 Eier. Sie zieht oder streicht, ihre Äsung sticht sie in die Erde mit dem Stecher, die Losung heißt „Gekält".

e) bei den Enten. Die Reihzeit (Begattung) fällt in den März bis April, worauf die Ente 5—14 Eier legt. Die Zeit des Gefiederwechsels heißt Mauser (Juni bis Juli), der Erpel, auch Entvogel heißt dann Mauservogel. Die Beine heißen wie bei allen Schwimmvögeln Ruder. Die jungen Enten, die Ende Juni etwa „beflogen" sind, heißen zusammen Schoof. Man schießt die Ente abends oder morgens auf dem Zug, oder beim Einfall.

f) bei den Raubvögeln. Sie horsten (nisten), ihre Beine heißen Fänge, deren Nägel Krallen, der Kot Geschmeiß, die Haare und Federn, welche sie unverdaut wieder auswerfen, Gewölle, sie kröpfen (fressen), sie stoßen (stürzen) auf den Raub, fangen und schlagen ihn. Sie fußen (sitzen) auf einen Baum und streichen ab.

§ 304. Die verschiedenen Jagdmethoden.

Bei der Ausübung der Jagd kommt es im allgemeinen darauf an, mit den einfachsten Mitteln das Wild sicher und so zu erlegen, daß möglichst wenig Wild zu Holze oder krank geschossen, und die Jagd möglichst wenig beunruhigt wird. Diese Bedingungen erfüllen in absteigender Reihenfolge am besten:

1. Der Anstand. (Ansitz).

Man sucht sich den Stand des Wildes (durch fleißiges Abspüren und Beobachten) und den Hauptwechsel auf und sucht sich in seiner Nähe einen möglichst gedeckten Ort zum Anstand aus, an dem man 1. guten Wind, d. h. solchen Wind hat, der ungefähr mit dem erwarteten Wilde kommt, 2. auf dem man auf das Wild möglichst frei und ungehindert schießen kann; 3. auf dem das Wild so zeitig kommt, daß man noch Licht (Büchsenlicht!) genug zum Schießen hat. Am vorteilhaftesten sind zum Anstand sog. Kanzeln, d. h. Baumsitze auf leicht ersteigbaren Bäumen (3—5 m hoch), die aber frei genug und auch bequem sein müssen, so daß man längere Zeit unbeweglich sitzen kann; jetzt sind transportable Kanzeln aller Art im Handel zu haben. Auf freien Stellen, an Waldrändern usw. baut man sich falls keine natürlichen Deckungen vorhanden sind, möglichst unverdächtige Schirme (Ansitze) aus Zweigen und gräbt Löcher in die Erde. Beim Morgenanstand muß man schon vor Tagesgrauen auf dem Rückwechsel (am besten dicht vor dem Aufenthaltsort) sein, auf dem Abendanstand etwa eine halbe Stunde vor Sonnenuntergang. Den Morgenanstand darf man erst eine Stunde nach Sonnenaufgang, den Abendanstand erst bei voller Dunkelheit möglichst vorsichtig und geräuschlos verlassen, falls das Wild nicht herausgetreten ist. Beim Anstand ist die peinlichste Ruhe und Unbeweglichkeit die erste Regel, da das Wild lange Zeit am Rande der Dickung verborgen zu winden, zu äugen und zu sichern pflegt, ehe es austritt. Tritt endlich schießbares Wild hervor, so fahre man ganz langsam mit der Büchse an den Kopf, warte bis man das Wild ganz breit hat und ziele vorsichtig und bedächtig auf das Blatt. Im übrigen verlangen diese allgemeinen Regeln manigfache Änderungen je nach der Wildart, der Jahreszeit, dem Wetter usf.

Der Anstand wird mit Vorliebe auf alles Hochwild, aber auch auf anderes Wild ausgeübt. Auf Kaninchen und Füchse setzt man sich gern auf den Bau*) an, bei Füchsen und Sauen auch beim Luder. Schnepfen schießt man abends und morgens auf dem Strich oder an morastigen Stellen, wo sie einfallen, um zu stechen, Enten abends auf dem Einfall oder Zuge, Gänse auf dem Zuge, Raubvögel früh am Horste.

2. Der Birschgang. (Das Pirschen, Weidwerken.)

Er wird besonders auf das vierläufige Hochwild und das Rehwild geübt, ist die Krone der Jagd und als die beste Bildungsschule für den jungen Jäger ganz besonders zu empfehlen. Er besteht in dem Anschleichen des Wildes auf seinem Stand und Wechsel. Die Hauptsache beim Birschen ist, daß der Wind stets vom Wilde kommt — es ist dies die goldene Regel bei allen Jagdmethoden auf sämtliches Wild: „Der Wind muß stets von derselben Seite kommen woher man das Wild erwartet." Man kann hierauf nicht genug achten!

Man durchschleicht beim Birschen stets vorsichtig und stets in bester Deckung, unter Vermeidung jeden Geräusches, den vermutlichen Aufenthaltsort des Wildes. Sobald man Wild sieht, bleibt man sofort, wenn möglich gedeckt stehen, sucht sich das gewünschte Stück aus und schleicht sich äußerst behutsam, ev. kriechend oder rutschend näher, und zwar bewegt man sich nur dann vorwärts, wenn das Wild äst und abgewendet ist, nie wenn es sich sichert oder Mißtrauen zeigt. Gewöhnlich birscht man nur morgens und abends, nach starkem Regen auch vor- und nachmittags. — Bei schlechtem Wetter birscht es sich am besten. Man birscht gehend, reitend oder fahrend. Der Anzug muß möglichst der Waldfarbe angepaßt sein, wie bei allen Waldjagden; alles Auffallende und Glänzende muß vermieden werden. Beim Anfahren des Wildes ist ebenfalls alles Auffallende am Geschirr zu vermeiden und darf man niemals direkt auf das Wild zufahren, sondern muß sich ihm allmählich und es umkreisend nähern. Wenn man nicht vom Wagen schießen kann, steigt man

---

*) Das Schießen des Dachses auf Anstand am Bau ist den preußischen Forstbeamten untersagt. Dienst. Instr. § 65.

gebeckt auf der anderen Seite des Wagens ab und läßt den Wagen bis zur nächsten Deckung weiterfahren.

3. Das stille Durchgehen.

Es ist dies ein empfehlenswertes Mittel um Rotwild und Füchse zu jagen. Mehrere Jäger stellen sich auf den Wechseln vor und der terrainkundigste und erfahrenste Jäger geht allein oder mit nur wenigen Treibern mit dem Winde an den Ort, wo das Wild stehen soll. Seine Aufgabe besteht darin, das Wild vorsichtig so anzuregen, daß es ruhig aufsteht und langsam auf den Wechseln fort= an den Schützen vorbeizieht. Zu diesem Zwecke geht er etwas in Schlangenlinien langsam durch, hustet zuweilen leise, bricht hier und da einen trocknen Zweig ab, vermeidet aber jedes laute und erschreckende Geräusch. Am geeignetsten sind zu dieser vielfach üblichen Jagdmethode schwache Stangen= orte und lichtere Schonungen oder gemischte Bestände mit etwas Unterholz, namentlich Laubholzbestände.

4. Die Treibjagd.

Die Treibjagd ist auf Hochwild möglichst auszuschließen, weil das Wild meist zu flüchtig kommt, um einen guten Kugelschuß anbringen zu können; jedenfalls empfehlen sich dann nur stille Treiben. Man umstelle jedenfalls das ganze Jagen, besonders aber die Rückwechsel, da das Rotwild sehr gerne zurück resp. durch die Treiber geht.

Das Hauptfeld der Treib=Jagd ist die niedere Jagd.

a) **Holzjagd.** Will man auf Fuchs treiben, so genügen wenige Treiber, sonst rechnet man 2—3 Treiber auf den Schützen, bei Sautreiben noch mehr. Vor der Jagd muß die Reihenfolge der Treiben vom Jagdleiter genau entworfen sein und man treibt am besten so, daß die Treiber dann immer mit dem Winde gehen, die Schützen vorstehen und sich auch um beide Flügel herumziehen. Man fängt an der Reviergrenze an, treibt nach der Mitte zu und dann, falls keine Wagen da sind, möglichst so, daß der Nach= hauseweg nicht zu lang wird. An Tagen, wo das Wild schlecht läuft oder bei recht starkem Frost macht man kürzere, bei gewöhnlichem und hellhörigem Frostwetter längere Triebe; in letzterem Falle müssen die Treiber stiller gehen; es ist auch bei allen Treibjagden empfehlenswerter, die Treiber einen nicht sehr lauten, dafür aber auf der ganzen Linie einen möglichst gleichmäßigen Lärm machen zu lassen; dieselben sollen nicht zu schnell (namentlich bei Beginn der Jagd) gehen.

Die Treiber stehen unter mehreren (mindestens 3) Führern, welche auf beiden Flügeln und in der Mitte verteilt sind; sie müssen auf strenge Fühlung und Richtung in der Treiberlinie halten, die auf etwa im Treiben liegenden

Wegen und Schneißen genau kontrolliert wird; es empfiehlt sich die Treiber zu numerieren. Die Schützen haben sich streng dem Jagdleiter unterzuordnen, welcher vor der Jagd die nötigen Vorschriften der Jagdgesellschaft mitteilt, jedenfalls aber alles Wild, was geschossen werden darf, nennt. Hierauf läßt er die Losnummern ziehen und fängt beim ersten Trieb mit Nr. 1, bei den ferneren Trieben mit beliebigen anderen Nummern, aber stets in einer gewissen Reihenfolge an, die Schützen anzustellen; die Entfernung der Schützen schwankt zwischen 60 bis höchstens 100 Schritt, je nach der Zahl; hat man wenig Schützen, stellt man trotzdem so eng, daß das Wild von beiden Schützen noch sichere Schüsse erhalten kann; man lasse dann lieber die Flügel schwach besetzt. Besser stellt man die Schützen mit dem Rücken an den Trieb (namentlich wenn Neulinge und unsichere Schützen dabei sind); auf engen Schneißen sollen die Schützen nur nach einer Seite (links) schießen, Schüsse spitz von vorn sollen möglichst vermieden werden. Das geschossene Wild soll mit Ausnahme des Fuchses nach beendetem Triebe an den Stand herangeholt werden, angeschossenes Wild darf erst nach Beendigung des Triebes verfolgt werden, der Anschuß ist stets zu verbrechen, um die Nachsuche zu erleichtern. Sobald die Treiber auf etwa 150 Schritt heran sind, darf nicht mehr in das Treiben geschossen werden. Vor jedem Triebe wird die Folge angegeben, kein Schütze darf seinen Stand verlassen (den er stets möglichst gedeckt zu wählen hat!), ohne seinen Nachbar abzupfeifen. Auf seinem Stande hat sich jeder durchaus ruhig zu verhalten, auch beim Anstellen und beim Gang von einem Triebe zum andern soll alles möglichst ruhig zugehen, namentlich bei den Treibern.

b) **Feldtreiben.** Man unterscheidet Kessel- und Vorstehtreiben; man gebraucht zu denselben verhältnismäßig mehr Treiber als zu Holztreiben, 2—5 Treiber auf je einen Schützen. Die Entfernung, in welcher man zum Kesseltreiben die Schützen und Treiber — immer gleich nach beiden Seiten — ablaufen läßt, richtet sich nach der Zahl der Schützen und der Größe des Kessels; das Weiteste sind 150 Schritte; man markiere sich rechts und links an der Ablaufstelle die Punkte, indem man dort je 1 Treiber aufstellt. An der Spitze jedes Bogens gehen kundige Führer; sobald sich die beiden Führer mit den ihnen folgenden Schützenketten treffen, wird das Zeichen zum allgemeinen Vorwärtsgehen gegeben. Niemals darf jemand länger stehen bleiben, um einen Sack zu bilden; geladen wird im Gehen. Größte Ordnung ist durchaus notwendig. Sind die Schützen auf etwa 80 Schritt zusammen, so machen sie Kehrt, schicken die Treiber auf ein Signal in die Mitte und schießen nur noch nach außen. Man beachte beim Schießen: „hoch und weit genug vorhalten".

Die Vorstehtreiben werden in ähnlicher Weise angelegt wie die Holztreiben; die Schützen werden fest (womöglich in Löcher oder hinter Schirmen) angestellt und die Treiber treiben in einem weiten Bogen heran, dessen Flügel von den Flügeln der Schützen nicht zu weit entfernt sein dürfen.

5. Die Suche.

Man wendet diese nur auf Hasen und Federwild mit Hilfe eines guten Hühnerhundes an, der eine gute Nase haben muß, das Wild gut suchen und stehen, dasselbe ohne Quetschen, ohne Rupfen, Anschneiden usw. apportieren und auf Wort und Wink sofort gehorchen (Appell haben!) muß, wozu er besonders dressiert wird. Man benutzt namentlich deutsche und englische Vorstehhunde; erstere haben einen weit stärkeren Bau, sind schwerfälliger und dadurch charakterisiert, daß der Kopf von der Stirn bis zur Nase fast eine gerade Linie bildet, während bei den englischen Hunden die Stirn zwischen den Lichtern mehr oder weniger scharf absetzt. Die langhaarigen englischen Hunde nennt man **Setter, die kurzhaarigen Pointer** (spr. Peunter). Beim deutschen Hunde unterscheidet man außer dem kurz- und lang(flock-)haarigen noch den stichelhaarigen Vorstehhund, nach seiner Behaarung so benannt. Man verspricht sich von ihm, dessen Züchtung erst seit kurzer Zeit betrieben wird, die vielseitigste Benutzung. Für Waldjagden eignet sich besser der deutsche Hund, für Feldjagden mehr der leichte und flüchtige englische Hund. Für den deutschen Forstmann also unter allen Umständen besser der deutsche Hund. Neben diesen reinen Rassen kommen zahllose Kreuzungen vor, die die große Menge unserer Jagdhunde stellen und nicht selten für den praktischen Gebrauch besseres leisten als die reinen Rassehunde*). — Man sucht am besten von morgens 8 oder 9 Uhr bis nachmittag 2 oder 3 Uhr immer gegen den Wind. Auf Hasen sucht man erst Ende Oktober, weil vorher meist nur die besser haltenden Häsinnen geschossen werden. Am besten hält der Hase bei stillem warmem Wetter, Nebel und Regen. Sturzäcker sucht man besser quer über die Furchen ab, wo der Hase namentlich bei Blachfrost gern sitzt. Rebhühner werden von August bis Ende November, Schnepfen im Oktober und im April vor dem Hunde geschossen! Auf der Schnepfensuche bindet man im Walde dem suchenden Hunde eine kleine Schelle um, um ihn nicht zu verlieren und zu hören, wenn er steht. Die Bekassine sucht man am besten von August bis November auf nassen Wiesen und sumpfigen Stellen. Junge Enten sucht man Anfang Juli mit dem Hunde an mit Schilf bewachsenen Rändern von stehenden und fließenden Gewässern; wenn nötig mit Hilfe von Kähnen.

---

*) Zur näheren Information über Hunde-Zucht und -Dressur vergleiche die vortrefflichen Werke von Dr. Stroese „Grundlehren der Hundezucht", 1896, und von Oberlaender: „Dressur und Führung des Gebrauchshundes", 1897, 3. Aufl., beide bei Neumann-Neudamm erschienen.

§ 305. Von dem Schutze der Jagd.

Der Schutz der Jagd besteht hauptsächlich in dem Vertilgen der schädlichen Raubtiere. Als solche sind zu nennen: Wolf, Fuchs, Wildkatze, Baum- und Steinmarder, Iltis, Wiesel, wildernde Hunde und Katzen; von den Vögeln fast alle Raubvögel, die Raben, Krähen und Elstern. Man schont nur diejenigen, welche sich durch Vertilgen von anderen schädlichen Tieren wieder überwiegend nützlich machen. Bei mangelhafter Nahrung im Winter muß man das Wild füttern, wie dies im § 203 beschrieben ist. Gegen die Jagdfrevler schützen die Gesetze, und der Beamte soll diese mit allen Mitteln verfolgen, um sie zur Bestrafung zu bringen. Besonders wichtig sind folgende Gesetze: Die Preuß. Jagdordnung v. 15. 7. 07 nebst Ausführungs-Anweisung v. 20. 7. 07, R. Straf-G. B. §§ 53—54, 117—119, 292—295, 367, 368 [10, 11], Str. Proz. O. §§ 94 ff., Reichs Vg. Schutz. Ges. v. 30. 5. 09, B. G. B. §§ 229—231, 835, 848—862, 958—960. Für Hannover die Jagdordnung v. 11. 3. 59 u. f. Hohenzollern Jagdordnung v. 10. 3. 02.

Die pflegliche Behandlung der Jagd ist eine Ehrensache für jeden wahren Jäger. Der Abschuß des Nutzwildes muß so geregelt werden, daß ein angemessener — nicht zu hoher, aber auch nicht zu niedriger — Wildbestand auf die Dauer erhalten bleibt. Für die hohe Jagd ist jährlich der Abschuß an männlichem und weiblichem Wild auf Grund des Frühjahrsbestandes (vor der Setzzeit!) festzusetzen. Man kann ihn beim Rotwild auf etwa 25%, beim Dam- und Rehwild auf 20—25% bemessen, für den Abschuß an weiblichem Wild und an Kälbern gibt es einen Anhalt, daß man auf etwa acht Stück Tiere einen mittelstarken Hirsch, auf etwa vier Ricken einen Bock rechnet. Der Abschuß erstreckt sich im allgemeinen auf einige starke Hirsche resp. Böcke und auf solche schwachen Hirsche und Böcke, die nach Form und Geweih schlecht veranlagt sind; von weiblichem Wild werden die nachweislich alten Gelten und weniger gutes Schmalwild abgeschossen. Gut veranlagte geringe Hirsche und Böcke (die Zukunftshirsche) werden grundsätzlich geschont. Wichtig ist, jede unnötige Beunruhigung des Wildes zu vermeiden, wie durch zu häufige Treibjagden, vieles Schießen im Walde, durch das Publikum; namentlich in der Setzzeit des Hochwildes muß das Revier so ruhig wie möglich gehalten werden.

Beilagen.

I.

Auszug aus der Jagdordnung
vom 15. Juli 1907.

Umfang des Jagdrechts.

§ 1. Jagdbare Tiere sind:

a) Elch-, Rot-, Dam-, Reh- und Schwarzwild, Hasen, Biber, Ottern, Dachse, Füchse, wilde Katzen, Edelmarder,

b) Auer-, Birk- und Haselwild, Schnee-, Reb- und schottische Moorhühner, Wachteln, Fasanen, wilde Tauben, Drosseln (Krammetsvögel), Schnepfen, Trappen, Brachvögel, Wachtelkönige, Kraniche, Adler (Stein-, See-, Fisch-, Schlangen-, Schreiadler), wilde Schwäne, wilde Gänse, wilde Enten, alle anderen Sumpf- und Wasservögel mit Ausnahme der grauen Reiher, der Störche, der Taucher, der Säger, der Kormorane und der Bleßhühner.

§ 2. Das Jagdrecht steht jedem Eigentümer auf seinem Grund und Boden zu.

Eine Trennung des Jagdrechts von Grund und Boden kann als dingliches Recht künftig nicht stattfinden.

§ 3. Das Jagdrecht darf nur ausgeübt werden auf Jagdbezirken (Eigenjagdbezirken und gemeinschaftlichen Jagdbezirken) und auf Grundflächen, die Eigenjagdbezirken angeschlossen oder gemeinschaftlichen Jagdbezirken zugelegt sind.

Bildung der Jagdbezirke. Jagdausübung.

Die § 4—28 handeln von der Bildung und der zulässigen Art der Benutzung der verschiedenen Jagdbezirke. Diese verwickelten und weitläufigen Bestimmungen können hier nur in ganz kurzem Abriß gegeben werden, obschon beispielsweise die Bestimmungen über die sogenannten Einschlüsse (Enklaven) für den Forstmann oft recht bedeutsam sind. Ich verweise im übrigen besonders auf das eingangs angeführte Werk von Bauer.

Man unterscheidet Eigenjagdbezirke und gemeinschaftliche Jagdbezirke. Eigenjagdbezirke können gebildet werden, einmal aus solchen Grundstücken, die ein und demselben, oder bei Miteigentum mehreren, Eigentümern gehören und dauernd und vollständig gegen den Einlauf von Wild eingefriedigt sind. Zur Ausübung der Jagd auf Flugwild bedarf es dann aber einer besonderen Genehmigung der Jagdpolizeibehörde. Fernerhin aus solchen land- und forstwirtschaftlich genutzten Grundstücken, die ebenfalls einem Eigentümer gehören und mindestens 75 ha im Zusammenhang groß sind. Handelt es sich um Miteigentum mehrerer, so darf die Jagd aber nur von höchstens drei Personen ausgeübt werden.

Alle Grundflächen eines Gemeinde- oder Gutsbezirkes, die nach Vorigem nicht etwa Eigenjagdbezirke bilden und im Zusammenhange mindestens 75 ha groß sind, bilden den gemeinschaftlichen Jagdbezirk. Dieser darf gegebenenfalls mit Genehmigung des Kreisausschusses in mehrere Jagdbezirke geteilt werden, wenn jeder Teil mindestens 250 ha groß bleibt. Ausnahmen sind nur in besonderen Fällen zulässig.

Diejenigen Grundflächen eines gemeinschaftlichen Jagdbezirkes, welche von einem über 750 ha im Zusammenhang großen Walde, der eine einzige Besitzung bildet, zu mindestens 90% begrenzt werden, müssen dem Eigenjagdbezirk, zu dem der Wald gehört, auf Verlangen von dessen Inhaber angeschlossen werden. Die umschlossenen Grundstücke (Teilenklaven) dürfen aber nicht 75 ha oder mehr umfassen und ihre Abzweigung darf den abgebenden gemeinschaftlichen Jagdbezirk nicht unter 75 ha verkleinern.

Grundstücke, die keinen Eigenjagdbezirk bilden und auch nicht zu einem gemeinschaftlichen Jagdbezirk gehören (also z. B. eine fiskalische Parzelle von weniger als 75 ha mitten in irgend einer Gemarkung), werden angrenzenden Eigenjagdbezirken oder gemeinschaftlichen Jagdbezirken angeschlossen. Werden sie dabei ganz oder größtenteils (über $1/2$ der Grenzlinien) von ein und demselben Jagdbezirk umschlossen, so müssen sie dessen Inhaber angeboten werden (z. B. eine bäuerliche Gemarkung von weniger als 75 ha vom fiskalischen Besitz umschlossen, einerlei, ob dies Wald oder Dienstländereien usw. sind).

Ist der Anschluß in irgend einer Form nicht möglich oder wird er abgelehnt, so sieht das Gesetz anderweitige Regelung vor. Im Notfalle kann sogar aus solchem Einschluß ein eigener Jagdbezirk von weniger als 75 ha gebildet werden. In diesem Falle trägt aber trotzdem der Inhaber des umschließenden Jagdbezirkes den Wildschaden.

Wenn über den Pachtpreis der angeschlossenen Flächen eine Einigung nicht erzielt wird, beschließt der Kreisausschuß.

Die Nutzung der Jagd im gemeinschaftlichen Jagdbezirk erfolgt in der Regel durch Verpachtung. Mit Genehmigung des Kreisausschusses darf die Jagdausübung auch völlig ruhen. Schließlich kann die Jagd auch durch angestellte Jäger beschossen werden. Als solche dürfen nur großjährige Männer angestellt werden, gegen die keine Tatsachen vorliegen, welche die Verweigerung des Jagdscheines rechtfertigen (siehe §§ 34, 35 d. J.-O.).

Jagdscheine.

§ 29. Wer die Jagd ausübt, muß einen auf seinen Namen lautenden Jagdschein bei sich führen. Zuständig für die Erteilung des Jagdscheins ist der Landrat, in Stadtkreisen die Ortspolizeibehörde desjenigen Kreises, in welchem der den Jagdschein Nachsuchende einen Wohnsitz hat oder zur Ausübung der Jagd berechtigt ist.

Personen, welche weder Angehörige eines deutschen Bundesstaats sind, noch in Preußen einen Wohnsitz haben, kann der Jagdschein gegen die Bürgschaft einer Person, welche in Preußen einen Wohnsitz hat, erteilt werden. Die Erteilung erfolgt durch die für den Bürgen gemäß Absatz 1 zuständige Behörde. Der Bürge haftet für die Geldstrafen, welche auf Grund dieses Gesetzes oder wegen Übertretung sonstiger jagdpolizeilicher Vorschriften gegen den Jagdscheinempfänger verhängt werden, sowie für die Untersuchungskosten.

§ 30. Eines Jagdscheins bedarf es nicht:
1. zum Ausnehmen von Kiebitz- und Möweneiern;
2. zu Treiber- und ähnlichen bei der Jagdausübung geleisteten Hilfsdiensten;
3. zur Ausübung der Jagd im Auftrag oder auf Ermächtigung der Jagdpolizeibehörde in den gesetzlich vorgesehenen Fällen. Der Auftrag oder die Ermächtigung vertritt die Stelle des Jagdscheins.

§ 31. Der Jagdschein gilt für den ganzen Umfang der Monarchie. Er wird in der Regel auf ein Jahr ausgestellt (Jahresjagdschein). Personen, welche die Jagd nur vorübergehend ausüben wollen, kann jedoch ein auf drei aufeinander folgende Tage gültiger Jagdschein (Tagesjagdschein) ausgestellt werden.

§ 32. Für den Jahresjagdschein ist eine Abgabe von 22,5 Mark*), für den Tagesjagdschein von 4,5 Mark zu entrichten. Personen, welche weder Angehörige eines deutschen Bundesstaates sind, noch in Preußen einen Wohnsitz oder einen Grundbesitz mit einem Grundsteuerreinertrage von 150 Mark haben, müssen eine erhöhte Abgabe für den Jahresjagdschein von 150 Mark, für den Tagesjagdschein von 20 Mark entrichten.

Neben der Jagdscheinabgabe werden Ausfertigungs- und Stempelgebühren nicht erhoben.

Gegen Entrichtung von 1 Mark kann eine Doppelausfertigung des Jagdscheins gewährt werden.

Die Jagdscheinabgabe fließt zur Kreiskommunalkasse, in den Stadtkreisen zur Gemeindekasse. Über die Verwendung der eingegangenen Beträge hat die Vertretung des betreffenden Kommunalverbandes zu beschließen.

§ 33. Von der Entrichtung der Jagdscheinabgabe sind befreit:
die auf Grund des § 23 des Forstdiebstahlgesetzes vom 15. April 1878 (Gesetzsamml. S. 222) beeidigten, sowie diejenigen Personen, welche sich in der für den Staatsforstdienst vorgeschriebenen Ausbildung befinden. Der unentgeltlich erteilte Jagdschein genügt nicht, um die Jagd auf eigenem oder gepachteten Grund und Boden oder auf solchen Grundstücken auszuüben, auf welchen von dem Jagdscheininhaber außerhalb seines Dienstbezirkes die Jagd gepachtet worden ist.
Die Unentgeltlichkeit ist auf dem Jagdscheine zu vermerken.

§ 34. Der Jagdschein muß versagt werden:
1. Personen, von denen eine unvorsichtige Führung des Schießgewehrs oder eine Gefährdung der öffentlichen Sicherheit zu besorgen ist;
2. Personen, welche sich nicht im Besitze der bürgerlichen Ehrenrechte befinden oder welche unter polizeilicher Aufsicht stehen;
3. Personen, welche in den letzten 10 Jahren
   a) wegen Diebstahls, Unterschlagung oder Hehlerei wiederholt, oder
   b) wegen Zuwiderhandlung gegen die §§ 117 bis 119 und 294 des Reichsstrafgesetzbuchs mit mindestens 3 Monaten Gefängnis bestraft sind.

---

*) Nach dem Stempelgesetz vom 26. Juni 09 unterliegen Jagdscheine einer um 50% der bisherigen Gebühr erhöhte Stempelabgabe; ebenso sind Jagdpachtverträge über 300 Mark einer Staffelstempelsteuer unterworfen.

§ 35. Der Jagdschein kann versagt werden;
1. Personen, welche in den letzten 5 Jahren
    a) wegen Diebstahls, Unterschlagung oder Hehlerei einmal oder
    b) wegen Zuwiderhandlung gegen die §§ 117 bis 119 des Reichsstrafgesetzbuchs mit weniger als 3 Monaten Gefängnis bestraft sind.
2. Personen, welche in den letzten 5 Jahren wegen eines Forstdiebstahls, wegen eines Jagdvergehens, wegen einer Zuwiderhandlung gegen den § 113 des Reichsstrafgesetzbuchs, wegen der Übertretung einer jagdpolizeilichen Vorschrift oder wegen unbefugten Schießens (§ 367 Nr. 8 und § 368 Nr. 7 des Reichsstrafgesetzbuchs) bestraft sind.

§ 36. Wenn Tatsachen, welche die Versagung des Jagdscheins rechtfertigen, erst nach Erteilung des Jagdscheins eintreten oder zur Kenntnis der Behörde gelangen, so muß in den Fällen des § 34 und kann in den Fällen des § 35 der Jagdschein von der für die Erteilung zuständigen Behörde für ungültig erklärt und dem Empfänger wieder abgenommen werden.

Eine Rückvergütung der Jagdscheinabgabe oder eines Teilbetrags findet nicht statt.

§ 37. Gegen Verfügungen, durch welche der Jagdschein versagt oder entzogen wird, finden diejenigen Rechtsmittel statt, welche in den §§ 127 bis 129 des Gesetzes über die allgemeine Landesverwaltung vom 30. Juli 1883 (Gesetzsamml. S. 195) gegen polizeiliche Verfügungen gegeben sind.

§ 38. Wer die Jagd innerhalb der abgesteckten Festungsrayons (§§ 8, 24 des Reichsrayongesetzes vom 31. Dezember 1871, Reichs-Gesetzbl. S. 459) ausüben will, muß vorher seinen Jagdschein von der Festungsbehörde mit einem Einsichtsvermerke versehen lassen.

Schonvorschriften.

§ 39. Mit der Jagd zu verschonen sind:
1. männliches Elchwild vom 1. Oktober bis 31. August;
2. weibliches Elchwild und Elchkälber das ganze Jahr hindurch;
3. männliches Rot- und Damwild vom 1. März bis 31. Juli;
4. weibliches Rotwild, weibliches Damwild, sowie Kälber von Rot- und Damwild vom 1. Februar bis 15. Oktober;
5. Rehböcke vom 1. Januar bis 15. Mai;
6. weibliches Rehwild und Rehkälber vom 1. Januar bis 31. Oktober;
7. Dachse vom 1. Januar bis 31. August;
8. Biber vom 1. Dezember bis 30. September;
9. Hasen vom 16. Januar bis 30. September;
10. Auerhähne vom 1. Juni bis 30. November;
11. Auerhennen vom 1. Februar bis 30. November;
12. Birk-, Hasel- und Fasanenhähne vom 1. Juni bis 15. September;
13. Birk-, Hasel- und Fasanenhennen vom 1. Februar bis 15. September;
14. Rebhühner, Wachteln und schottische Moorhühner vom 1. Dezember bis 31. August;
15. wilde Enten vom 16. April bis 30. Juni;
16. Schnepfen vom 16. April bis 30. Juni;
17. Trappen vom 1. April bis 31. August;

18. wilde Schwäne, Kraniche, Brachvögel, Wachtelkönige und alle anderen jagdbaren Sumpf- und Wasservögel, mit Ausnahme der wilden Gänse, vom 1. Mai bis 30. Juni;
19. Drosseln (Krametsvögel) vom 1. Januar bis 20. September;

Die im vorstehenden als Anfangs- und Endtermine der Schonzeiten bezeichneten Tage gehören zur Schonzeit.

Beim Elch-, Rot-, Dam- und Rehwild gilt das Jungwild als Kalb bis einschließlich zum letzten Tage des auf die Geburt folgenden Februars.

Vorstehende Vorschriften über Schonzeiten finden auf das Fangen oder Erlegen von Wild in eingefriedigten Wildgärten keine Anwendung.

§ 40. Aus Rücksichten der Landeskultur oder der Jagdpflege kann der Minister für Landwirtschaft, Domänen und Forsten den Abschuß weiblichen Elchwildes für die Zeit vom 16. bis 30. September gestatten.

Aus denselben Gründen können durch Beschluß des Bezirksausschusses:

a) der Anfang und der Schluß der Schonzeiten für die im § 39 unter 12 bis 14 genannten Wildarten und der Schluß der Schonzeit für Rehböcke anderweit, jedoch nicht über 14 Tage vor oder nach den dort bestimmten Zeitpunkten, festgesetzt,
b) das Ende der Schonzeit für Drosseln (Krametsvögel) bis 30. September einschließlich hinausgeschoben,
c) die Schonzeiten für Dachse und wilde Enten eingeschränkt oder gänzlich aufgehoben, sowie für Rehkälber und Biber verlängert oder auf das ganze Jahr ausgedehnt werden.

Die hiernach zulässige Abänderung oder Aufhebung der Schonzeiten darf für den ganzen Umfang oder nur für einzelne Teile des Regierungsbezirkes, die Abänderung für die einzelnen Teile desselben Regierungsbezirkes in verschiedener Weise erfolgen.

Der Beschluß zu a kann nur für die Dauer eines Jahres gefaßt werden.

§ 41. Das Aufstellen von Schlingen, in denen sich jagdbare Tiere oder Kaninchen fangen können, ist verboten.

Unter dieses Verbot fällt nicht die Ausübung des Dohnenstiegs mittels hochhängender Dohnen. Die Art der Ausübung des Dohnenstiegs kann durch den Regierungspräsidenten im Wege der Polizeiverordnung geregelt werden.

§ 42. Kiebitz und Möweneier dürfen nur bis 30. April einschließlich eingesammelt werden.

Durch Beschluß des Bezirksausschusses kann dieser Termin bis zum 10. April einschließlich zurückverlegt oder für Möweneier bis 15. Juni einschließlich verlängert werden.

Das Sammeln der Kiebitz- und Möweneier darf von anderen Personen als dem Jagdberechtigten nur in dessen Begleitung oder mit dessen schriftlich erteilter Erlaubnis, welche der sammelnde bei sich zu führen hat, vorgenommen werden.

Eier oder Junge von anderem jagdbaren Federwild auszunehmen, ist auch der Jagdberechtigte nicht befugt, mit Ausnahme derjenigen Eier, welche ausgebrütet werden sollen.

Zum Ausnehmen von Eiern, welche zu wissenschaftlichen oder zu Lehrzwecken benutzt werden sollen, bedarf es der Genehmigung der Jagdpolizeibehörde.

§ 43. Vom Beginne des fünfzehnten Tages der für eine Wildart festgesetzten Schonzeit bis zu deren Ablauf ist es verboten, derartiges Wild in ganzen Stücken oder zerlegt, aber nicht zum Genusse fertig zubereitet, in demjenigen Bezirke

Auszug aus der Jagdordnung.

für welchen die Schonzeit gilt, zu versenden, zum Verkaufe herumzutragen oder auszustellen oder feilzubieten, zu verkaufen, anzukaufen, oder den Verkauf von solchem Wild zu vermitteln.

Vorstehenden Beschränkungen unterliegt nicht der Betrieb einzelner Arten von Wild aus Kühlhäusern, wenn er unter Kontrolle nach Maßgabe der von den zuständigen Ministern zu erlassenden Bestimmungen stattfindet. Die Kosten der Kontrolle fallen den Inhabern der Kühlhäuser zur Last und können in Form einer Gebühr nach Tarifen erhoben werden.

Ferner dürfen Ausnahmen, wenn es sich um die Versendung, den Verkauf, den Ankauf und die Verkehrsvermittlung von lebendem Wilde zum Zwecke der Blutauffrischung oder Einführung einer Wildart handelt, durch den für den Empfangsort zuständigen Regierungspräsidenten gestattet werden.

Die Bestimmungen des ersten Absatzes finden auf Kiebitz- und Möweneier entsprechende Anwendung.

§ 44. Vom Beginne des fünfzehnten Tages der für das weibliche Elch-, Rot-, Dam- und Rehwild festgesetzten Schonzeiten bis zu deren Ablauf ist es verboten, unzerlegtes Elch-, Rot-, Dam- und Rehwild, bei welchem das Geschlecht nicht mehr mit Sicherheit zu erkennen ist, zu versenden, zum Verkaufe herumzutragen oder auszustellen oder feilzubieten, zu verkaufen, anzukaufen oder den Verkauf von solchem Wilde zu vermitteln.

§ 45. Die Vorschriften der §§ 43 und 44 finden auf Wild keine Anwendung, welches im Strafverfahren in Beschlag genommen oder eingezogen oder welches mit Genehmigung oder auf Anordnung der zuständigen Behörde oder in Fällen erlegt ist, in denen besondere gesetzliche Vorschriften es gestatten.

Wer jedoch solches Wild in ganzen Stücken oder zerlegt versendet, zum Verkaufe herumträgt oder ausstellt oder feilbietet, verkauft, oder den Verkauf von solchem Wilde vermittelt, muß mit einer befristeten Bescheinigung der Ortspolizeibehörde oder des von ihr mit Genehmigung des Landrats zur Ausstellung einer solchen ermächtigten Gemeinde- (Guts-) Vorstehers versehen sein.

Der Käufer muß sich die Bescheinigung vorzeigen lassen.

§ 46. Die Versendung von Wild darf nur unter Beifügung eines Ursprungsscheins erfolgen.

Die näheren Vorschriften werden von dem Oberpräsidenten oder dem Regierungspräsidenten im Wege der Polizeiverordnung erlassen; hierbei können von dem Erfordernisse des Ursprungsscheins bezüglich einzelner kleinerer Wildarten Ausnahmen gestattet werden.

§ 47. Die Vorschriften der §§ 43 bis 46 finden auch auf Wild, welches in eingefriedigten Wildgärten erlegt oder gefangen ist, Anwendung.

§ 48. Der Bezirksausschuß ist befugt, für den Umfang des ganzen Regierungsbezirks oder einzelne Teile des letzteren diejenigen nicht jagdbaren Vögel zu bezeichnen, auf welche die Ausnahmebestimmung des § 5 Abs. 1 des Reichsgesetzes, betreffend den Schutz von Vögeln, vom 22. März 1888*) (Reichs-Gesetzbl. S. 111) dauernd und vorübergehend Anwendung finden darf.

§ 49. Der Beschluß des Bezirksausschusses ist in den Fällen der §§ 40, 42 und 48 endgültig.

§ 50. Bei Einführung oder Einwanderung bisher nicht einheimischer Wildarten kann durch Königliche Verordnung Bestimmung getroffen werden über ihre

---

*) Jetzt Vogelschutzgesetz v. 30. 5. 1908 R.G.S. S. 317.

Jagdbarkeit, die Festsetzung von Schonzeiten für sie und die Androhung von Strafen bei Verletzung der festgesetzten Schonzeiten.

Wildschadenersatz.

§ 51. Für den nach § 835 B. G. B. zu ersetzenden, durch Schwarz-, Rot-, Elch-, Dam- oder Rehwild oder durch Fasanen angerichteten Schaden gelten folgende Bestimmungen:

§ 52. Ersatzpflichtig sind in einem gemeinschaftlichen Jagdbezirke die Grundbesitzer des Jagdbezirkes nach Verhältnis der Größe der beteiligten Fläche. Dieselben werden durch den Jagdvorsteher vertreten.

Hat bei Verpachtung der Jagd in gemeinschaftlichen Jagdbezirken der Jagdvorsteher die vollständige Wiedererstattung der zu zahlenden Wildschadenbeträge durch den Jagdpächter nicht ausbedungen, so müssen solche Jagdpachtverträge nach ortsüblicher Bekanntmachung zwei Wochen öffentlich ausgelegt werden (§ 23). Sie bedürfen zu ihrer Gültigkeit der Genehmigung des Kreisausschusses, in Stadtkreisen des Bezirksausschusses, wenn seitens auch nur eines Nutzungsberechtigten während der Auslegungsfrist Einspruch erhoben wird.

§ 53. Für Wildschaden ist bei Grundflächen, die einem Eigenjagdbezirk angeschlossen sind (§ 4 Abs. 1 Ziffer 2 Abs. 1, § 7 Abs. 5 §§ 8, 9), der Inhaber den letzteren als Pächter ersatzpflichtig.

Ersatzpflichtig ist im Falle des § 10 der Inhaber des umschließenden Eigenjagdbezirks auch dann, wenn er den angebotenen Anschluß abgelehnt hat und ein selbständiger Jagdbezirk gebildet ist. Auf das Verfahren finden die Vorschriften über Wildschadenersatz Anwendung.

§ 54. Sofern Bodenerzeugnisse, deren voller Wert sich erst zur Zeit der Ernte bemessen läßt, vor diesem Zeitpunkte beschädigt werden (§ 51), so ist der Schaden in demjenigen Umfange zu erstatten, in welchem er sich zur Zeit der Ernte darstellt.

§ 55. Der Beschädigte welcher auf Grund der §§ 51 bis 53 Ersatz für Wildschaden fordern will, hat diesen Anspruch bei der für das geschädigte Grundstück zuständigen Ortspolizeibehörde binnen drei Tagen nachdem er von der Beschädigung Kenntnis erhalten hat, schriftlich oder zu Protokoll anzumelden. Bei Versäumung dieser Anmeldung findet ein Ersatzanspruch nicht statt.

§ 56. Nach rechtzeitig erfolgter Anmeldung hat die Ortspolizeibehörde zur Ermittlung und Schätzung des behaupteten Schadens und zur Herbeiführung einer gütlichen Einigung unverzüglich einen Termin an Ort und Stelle anzuberaumen und zu demselben die Beteiligten unter der Verwarnung zu laden, daß im Falle des Nichterscheinens mit der Ermittlung und Schätzung des Schadens dennoch vorgegangen wird. Der Jagdpächter ist zu diesem Termine zu laden.

§ 57. Jedem Beteiligten steht das Recht zu, in dem Termine zu beantragen, daß die Schätzung des Schadens erst in einem zweiten, kurz vor der Ernte abzuhaltenden Termin erfolge. Diesem Antrage muß stattgegeben werden.

§ 58. Auf Grund des Ergebnisses der Vorverhandlungen hat die Ortspolizeibehörde einen Vorbescheid über den Schadenersatzanspruch und die entstandenen Kosten zu erlassen und den Beteiligten in schriftlicher Ausfertigung zuzustellen.

Die Zustellung erfolgt nach Maßgabe der für Zustellungen des Kreisausschusses geltenden Bestimmungen.

§ 59. Gegen den Vorbescheid findet innerhalb zwei Wochen die Klage bei dem Kreisausschuß in Stadtkreisen bei dem Bezirksausschusse, statt.

Die Entscheidungen des Kreisausschusses und des Bezirksausschusses sind vorläufig vollstreckbar.

Wird innerhalb der zwei Wochen die Klage nicht erhoben, so wird der Vorbescheid endgültig und vollstreckbar.

§ 60. Als Kosten des Verfahrens kommen nur bare Auslagen, insbesondere Reisekosten und Gebühren der Sachverständigen, Botenlöhne und Portokosten in Ansatz. Die Kosten des Vorverfahrens werden als Teil der Kosten des Verwaltungsstreitverfahrens behandelt.

Wildschadenverhütung.

§ 61. Wenn die in der Nähe von Forsten belegenen Grundstücke, welche Teile eines gemeinschaftlichen Jagdbezirkes bilden, oder solche Waldenklaven, auf welchen die Jagdausübung dem Eigentümer des sie umschließenden Waldes überlassen ist, erheblichen Wildschäden durch das aus der Forst übertretende Wild ausgesetzt sind, so ist die Jagdpolizeibehörde befugt, auf Antrag der geschädigten Grundbesitzer nach vorhergegangener Prüfung des Bedürfnisses und für die Dauer desselben den Jagdpächter selbst während der Schonzeit zum Abschuß des Wildes aufzufordern. Schützt der Jagdpächter, dieser Aufforderung ungeachtet, die beschädigten Grundstücke nicht genügend, so kann die Jagdpolizeibehörde den Grundbesitzern selbst die Genehmigung erteilen, das auf diese Grundstücke übertretende Wild auf jede erlaubte Weise*) zu fangen, namentlich auch mit Anwendung des Schießgewehres zu töten**).

Das nämliche gilt rücksichtlich der Besitzer solcher Grundstücke, auf welchen sich die Kaninchen bis zu einer der Feld- und Gartenkultur schädlichen Weise vermehren, in betreff dieser Tiergattung. Wird gegen die Verfügung der Jagdpolizeibehörde die Beschwerde eingelegt, so bleibt erstere bis zur eingehenden höheren Entscheidung einstweilen gültig.

Das von den Grundbesitzern infolge einer solchen Genehmigung erlegte oder gefangene Wild muß aber gegen Bezahlung des in der Gegend üblichen Schußgeldes dem Jagdpächter überlassen und die desfallsige Anzeige binnen 24 Stunden erstattet werden.

§ 62. Ist während des Kalenderjahres wiederholt durch Rot-, Elch- oder Damwild verursachter Wildschaden durch die Ortspolizeibehörde festgestellt worden, so muß auf Antrag des Ersatzpflichtigen oder der Jagdberechtigten die Jagdpolizeibehörde sowohl für den betroffenen, als auch nach Bedürfnis für benachbarte Jagdbezirke die Schonzeit der schädigenden Wildgattung für einen bestimmten Zeitraum aufheben und die Jagdberechtigten zum Abschuß auffordern und anhalten.

§ 63. Genügen diese Maßregeln nicht, so hat die Jagdpolizeibehörde den Grundbesitzern und sonstigen Nutzungsberechtigten***) selbst nach Maßgabe des § 61 die Genehmigung zu erteilen, das auf ihre Grundstücke übertretende Elch-, Rot- und Damwild auf jede erlaubte Weise zu fangen, namentlich auch mit Anwendung des Schießgewehres zu erlegen.

§ 64. Schwarzwild darf nur in solchen Einfriedigungen gehegt werden, aus denen es nicht ausbrechen kann. Der Jagdberechtigte, aus dessen Gehege Schwarz-

---

*) D. h. keinesfalls mit Schlingen.
**) An Stelle des Jagdscheines tritt ein auf die Person lautender, nicht übertragbarer Erlaubnisschein des Landrats.
***) Hier also auch der Pächter; aber jeder nur auf seinem Grundstück. Vgl. Anm. zu § 61.

wild austritt, haftet für den durch das ausgetretene Schwarzwild verursachten Schaden.

Außer dem Jagdberechtigten darf jeder Grundbesitzer oder Nutzungsberechtigte innerhalb seiner Grundstücke Schwarzwild auf jede erlaubte Art fangen, töten und behalten (siehe Fußnote ***) S. 413).

Die Jagdpolizeibehörde kann die Benutzung von Schußwaffen für eine bestimmte Zeit gestatten.

Die Jagdpolizeibehörde hat außerdem zur Vertilgung uneingefriedigten Schwarzwildes alles Erforderliche anzuordnen, sei es durch Polizeijagden, sei es durch andere geeignete Maßregeln oder Auflagen an die Jagdberechtigten des Bezirkes und der Nachbarforsten.

§ 65. Durch Klappern, aufgestellte Schreckbilder sowie durch Zäune kann ein jeder das Wild von seinen Besitzungen abhalten, auch wenn er auf diesen zur Ausübung des Jagdrechtes nicht befugt ist. Zur Abwehr des Rot-, Dam- und Schwarzwildes kann er sich auch kleiner oder gemeiner Haushunde bedienen*).

§ 66. Die Jagdpolizeibehörde kann die Besitzer von Obst-, Gemüse-, Blumen- und Baumschulanlagen ermächtigen, Vögel und Wild, welche in den genannten Anlagen Schaden anrichten, zu jeder Zeit mittels Schußwaffe zu erlegen. Der Jagdberechtigte kann verlangen, daß ihm die erlegten Tiere, soweit sie seinem Jagdrecht unterliegen, gegen das übliche Schußgeld überlassen werden.

Die Erlaubnis darf Personen, welchen der Jagdschein versagt werden muß, nicht erteilt werden und ist widerruflich.

§ 67. Die Jagdpolizeibehörde kann die Eigentümer und Pächter solcher zur Fischerei dienenden Seen und Teiche, die nicht zu einem Eigenjagdbezirke gehören, selbst wenn die Jagd auf ihnen ruht, ermächtigen, jagdbare und nicht jagdbare Tiere, welche der Fischerei Schaden zufügen, zu jeder Zeit auf jede erlaubte Weise zu fangen, namentlich auch mit Anwendung von Schußwaffen zu erlegen. Mit Zustimmung der Jagdpolizeibehörde kann diese Ermächtigung auf bestimmt zu bezeichnende Beauftragte des Eigentümers oder Pächters übertragen werden. Der Jagdberechtigte kann verlangen, daß ihm die erlegten Tiere, soweit sie seinem Jagdrecht unterliegen, gegen das übliche Schußgeld überlassen werden.

Die Ermächtigung darf Personen, welchen der Jagdschein versagt werden muß, nicht erteilt werden und ist widerruflich. In ihr sind die Tierarten, zu deren Erlegung die Erlaubnis erteilt wird, bestimmt zu bezeichnen.

Die weitergehenden Bestimmungen der Fischereigesetze werden hierdurch nicht berührt**).

§ 68. Gegen die Anordnung oder Versagung obiger Maßregeln (§§ 66, 67) seitens der Jagdpolizeibehörde ist nur die Beschwerde an den Bezirksausschuß und gegen dessen Entscheidung die Beschwerde zulässig, welche an den Minister des Innern und den Minister für Landwirtschaft, Domänen und Forsten geht.

Behörden.

§ 69. Jagdpolizeibehörde ist der Landrat, in Stadtkreisen die Ortspolizeibehörde.

---

*) Die aber nicht über die Grenze jagen dürfen.
**) Fischereigesetz v 11. V. 1916 § 105. Der Fischereiberechtigte oder Fischereipächter darf, wenn er einen Fischereischein besitzt, in seinem Fischgewässer Fischottern und Reiher mit den zur Jagd erlaubten Mitteln, ausgenommen Schußwaffen, töten oder fangen und für sich behalten. Eines Jagdscheins bedarf er nicht.

Gegen Beschlüsse der Jagdpolizeibehörde, durch welche Anordnungen wegen Abminderung des Wildstandes getroffen oder Anträge auf Anordnung oder Gestattung solcher Abminderung abgelehnt werden, findet innerhalb zwei Wochen die Beschwerde an den Bezirksausschuß statt; der Beschluß des Bezirksausschusses ist endgültig.

§ 70. Die Aufsicht über die Verwaltung der Angelegenheiten der gemeinschaftlichen Jagdbezirke wird, soweit in diesem Gesetz nicht etwas anderes bestimmt ist, in Landkreisen von dem Landrat, in höherer und letzter Instanz von dem Regierungspräsidenten, in Stadtkreisen von den Regierungspräsidenten, in höherer und letzter Instanz von dem Oberpräsidenten geübt.

Beschwerden bei den Aufsichtsbehörden sind in allen Instanzen innerhalb zwei Wochen anzubringen.

§ 71. Streitigkeiten der Beteiligten über ihre in den öffentlichen Rechten begründeten Berechtigungen und Verpflichtungen hinsichtlich der Ausübung der Jagd unterliegen, soweit dieses Gesetz nicht etwas anderes bestimmt, der Entscheidung im Verwaltungsstreitverfahren.

Zuständig im Verwaltungsstreitverfahren ist in erster Instanz der Kreisausschuß, in Stadtkreisen der Bezirksausschuß.

Strafvorschriften.

§ 72. Mit Geldstrafe bis zu 20 Mark wird bestraft:
1. wer bei Ausübung der Jagd seinen Jagdschein oder die nach § 30 Nr. 3 an dessen Stelle tretende Bescheinigung nicht bei sich führt;
2. wer die Jagd innerhalb der abgesteckten Festungsrayons ausübt, ohne einen von der Festungsbehörde mit dem Einsichtsvermerke versehenen Jagdschein bei sich zu führen (§ 38).

§ 73. Mit Geldstrafe von 15 bis 100 Mark wird bestraft:
wer ohne den vorgeschriebenen Jagdschein zu besitzen, die Jagd ausübt oder wer von einem gemäß § 36 für ungültig erklärten Jagdscheine Gebrauch macht.

Ist der Täter in den letzten 5 Jahren wegen der gleichen Übertretung vorbestraft, so können neben der Geldstrafe die Jagdgeräte, sowie die Hunde, welche er bei der Zuwiderhandlung bei sich geführt hat, eingezogen werden, ohne Unterschied, ob der Schuldige Eigentümer ist oder nicht.

§ 74. Die Fristen im § 34 Ziffer 3, § 35 Ziffer 1 und 2, § 73 Abs. 2 beginnen mit dem Ablaufe desjenigen Tages, an welchem die Strafe verbüßt, verjährt oder erlassen ist.

§ 75. Wer zwar mit einem Jagdscheine versehen, aber ohne Begleitung des Jagdberechtigten oder ohne dessen schriftlich erteilte Erlaubnis bei sich zu führen, die Jagd auf fremdem Jagdbezirk ausübt, wird mit einer Strafe von sechs bis fünfzehn Mark belegt.

§ 76. Mit den nachstehenden Geldstrafen wird bestraft, wer während der Schonzeit erlegt oder einfängt:
1. ein Stück Elchwild . . . . 150 Mark
2. ein Stück Rotwild . . . . 150 „
3. ein Stück Damwild . . . . 100 „
4. ein Biber . . . . 100 „
5. ein Stück Rehwild . . . . 60 „

6. ein Stück Auerwild, eine Trappe, einen Schwan . . . . 30 Mark
7. einen Dachs, einen Hasen ein Stück Birk- oder Haselwild, eine Schnepfe oder einen Fasan . . . . 10 „
8. ein Rebhuhn, ein schottisches Moorhuhn, eine Wachtel, eine wilde Ente, einen Kranich, einen Brachvogel, einen Wachtelkönig oder einen sonstigen jagdbaren Sumpf- oder Wasservogel . . . . 5 „
9. eine Drossel (Krammetsvogel) . . . . 2 „

Sind mildernde Umstände vorhanden, so kann die Geldstrafe in den Fällen 1 bis 4 auf 15 Mark, 5 und 6 auf 5 Mark, in den Fällen 7 bis 9 bis auf eine Mark für jedes Stück ermäßigt werden.

§ 77. Mit Geldstrafe bis 150 Mark wird bestraft, wer:
1. innerhalb der Schonzeit auf die durch diese geschützten Tiere die Jagd ausübt, ohne sie zu erlegen oder einzufangen;
2. den Vorschriften des § 41 zuwider Schlingen stellt, in denen jagdbare Tiere oder Kaninchen sich fangen können.

Ist in den Schlingen Wild gefangen worden, für welches eine Schonzeit vorgeschrieben ist, so darf eine niedrigere Strafe, als wie sie nach §§ 50 und 76 angedroht ist, nicht verhängt werden. Das gleiche findet Anwendung auf Wild, für welches die Schonzeiten deshalb nicht gelten, weil es sich in eingefriedigten Wildgärten befindet.

Bei einer Zuwiderhandlung gegen den § 41 ist neben der Geldstrafe die Einziehung der Schlingen auszusprechen, ohne Unterschied, ob sie dem Schuldigen gehören oder nicht.

§ 78. Mit Geldstrafe bis zu 150 Mark wird bestraft:
wer den Vorschriften der §§ 43, 44 und 45 zuwider Wild oder Kiebitz- oder Möweneier versendet, zum Verkauf herumträgt oder ausstellt oder feilbietet, verkauft, ankauft oder den Verkauf von solchem Wilde (Eiern) vermittelt.

Hat der Täter gewerbs- oder gewohnheitsmäßig gehandelt, so ist eine Geldstrafe von nicht unter 30 Mark zu verhängen.

Neben der Geldstrafe ist das den Gegenstand der Zuwiderhandlung bildende Wild (die Kiebitz- und Möweneier), einzuziehen, ohne Unterschied, ob der Schuldige Eigentümer ist oder nicht; von der Einziehung kann abgesehen werden, wenn der Ankauf nur zum eigenen Verbrauche geschehen ist.

§ 79. An die Stelle einer nach Maßgabe der vorstehenden Bestimmungen zu verhängenden, nicht beitreibbaren Geldstrafe tritt Haftstrafe nach Maßgabe der §§ 28 und 29 des Reichsstrafgesetzbuchs.

§ 80. Für die Geldstrafe und die Kosten, zu denen Personen verurteilt werden, welche unter der Gewalt, der Aufsicht oder im Dienste eines anderen stehen und zu dessen Hausgenossenschaft gehören, ist letzterer im Falle des Unvermögens der Verurteilten für haftbar zu erklären, und zwar unabhängig von der etwaigen Strafe, zu welcher er selbst auf Grund dieses Gesetzes oder des § 361 zu 9 des Strafgesetzbuchs verurteilt wird. Wird festgestellt, daß die Tat nicht mit seinem Wissen verübt ist oder daß er sie nicht verhindern konnte, so wird die Haftbarkeit nicht ausgesprochen.

Hat der Täter noch nicht das zwölfte Lebensjahr vollendet, so wird derjenige, welcher in Gemäßheit der vorstehenden Bestimmungen haftet, zur Zahlung der Geldstrafe und der Kosten als unmittelbar haftbar verurteilt. Dasselbe gilt, wenn der Täter zwar das zwölfte aber noch nicht das achtzehnte Lebensjahr vollendet hatte und wegen Mangels der zur Erkenntnis der Strafbarkeit seiner Tat erforderlichen Einsicht freizusprechen ist, oder wenn derselbe wegen eines seine freie Willensbestimmung ausschließenden Zustandes straffrei bleibt.

Gegen die in Gemäßheit der vorstehenden Bestimmungen als haftbar Erklärten tritt an die Stelle der Geldstrafe eine Freiheitsstrafe nicht ein.

II.
Auszug
aus dem
Gesetz über den Waffengebrauch der Forst- und Jagdbeamten.
Vom 31. März 1837.

Wir Friedrich Wilhelm, von Gottes Gnaden König von Preußen usw., verordnen über die Befugnis der Forst- und Jagdbeamten, von ihren Waffen Gebrauch zu machen, und über das wegen mißbräuchlicher Anwendung zu beobachtende Verfahren auf den Antrag Unseres Staatsministeriums und nach erfordertem Gutachten Unseres Staatsrats für den ganzen Umfang Unserer Monarchie, wie folgt

§ 1. Unsere (also alle im Königl. Forst oder in Königl. Jagden zum Schutze derselben angestellten oder auch nur bestellten Personen) Forst- und Jagdbeamten, sowie die im Kommunal- oder Privatdienste stehenden, wenn sie auf Lebenszeit angestellt sind, oder die Rechte der auf Lebenszeit Angestellten haben, nach Vorschrift des Gesetzes vom 7. Juni 1821 § 20 (jetzt vom 15. April 1878 § 23) vereidigt und mit ihrem Diensteinkommen nicht auf Pfandgelder, Denunzianten-Anteil oder Strafgelder angewiesen sind, haben in ihrem Dienst zum Schutze der Forsten und Jagden, gegen Holz- und Wilddiebe, gegen Forst- und Jagd-Kontravenienten von ihren Waffen Gebrauch zu machen:

1. wenn ein Angriff auf ihre Person erfolgt, oder wenn sie mit einem solchen bedroht werden;
2. wenn diejenigen, welche bei einem Holz- und Wilddiebstahl, bei einer Forst- und Jagd-Kontravention auf der Tat betroffen, oder als der Verübung oder Absicht der Verübung eines solchen Vergehens verdächtig in dem Forst- und Jagdrevier gefunden werden, sich der Anhaltung. Pfändung oder der Abführung zu der Forst- oder Polizei-Behörde oder der Ergreifung bei versuchter Flucht tätlich oder durch gefährliche Drohungen widersetzen.

Der Gebrauch der Waffen darf aber nicht weiter ausgedehnt werden, als es zur Abwehrung des Angriffes oder zur Überwindung des Widerstandes notwendig ist.

Der Gebrauch des Schießgewehrs, als Schußwaffe, ist nur dann erlaubt, wenn der Angriff oder die Widersetzlichkeit mit Waffen, Äxten, Knütteln oder sonstigen gefährlichen Werkzeugen, oder von einer Mehrheit, welche stärker ist, als die Zahl der zur Stelle anwesenden Forst- und Jagdbeamten, unternommen und angedroht wird. Der Androhung eines solchen Angriffs wird es gleich geachtet, wenn der Betroffene die Waffen oder Werkzeuge nach erfolgter Aufforderung nicht sofort niederlegt oder sie wieder aufnimmt.

§ 2. Die Beamten müssen, um sich der Waffe bedienen zu dürfen, in Uniform oder mit einem amtlichen Abzeichen versehen sein.

Die übrigen Paragraphen 3—12 haben nach der heutigen Lage der Gesetzgebung keine Gültigkeit mehr; dagegen gelten noch die zu dem Gesetz erlassenen Instruktionen von 17. April resp. 21. November 1837.

Artikel III d. Instrukt. v. 17. April 1837 ist abgeändert durch Min.-Verf. v. 14. Juli 1897 wie folgt: und kann danach die Schußwaffe event. auch gegen fliehende Frevler gebraucht werden. „Beim Gebrauch der Waffen müssen die Forst- und Jagdbeamten sich stets vergegenwärtigen, daß solcher nur soweit stattfinden darf, als die Erfüllung des bestimmten Zwecks, die Holz- und Wilddiebe, oder Forst- und Jagdkontravenienten bei tätlichem Widerstande oder gefährlichen Drohungen unschädlich zu machen, es unerläßlich erfordert. In der Regel sind daher die Waffen nicht gegen fliehende Frevler zu gebrauchen. Legt indessen ein auf der Flucht befindlicher Frevler auf die erfolgte Aufforderung die Schußwaffe nicht sofort ab., oder nimmt er dieselbe wieder auf, und ist außerdem nach den besonderen Umständen des einzelnen Falles in dem Nichtablegen oder Wiederaufnehmen der Schußwaffe eine gegenwärtige, drohende Gefahr für Leib oder Leben des Forst- oder Jagdbeamten zu erblicken, so ist letzterer auch **gegen den Fliehenden zum Gebrauch seiner Waffe berechtigt**. In jedem Falle sind die Waffen nur so zu gebrauchen, daß lebensgefährliche Verwundungen soviel als möglich vermieden werden, Deshalb ist beim Gebrauch der Schußwaffe der Schuß möglichst nach den Beinen zu richten und beim Gebrauch des Hirschfängers der Hieb nach den Armen des Gegners zu führen.

Übrigens muß beim Gebrauch der Schußwaffe die größte Vorsicht angewendet werden, damit durch das Schießen nicht dritte Personen verletzt werden, welche ohne Teilnahme an einer Kontravention sich zufällig in der Schußlinie oder in deren Nähe befinden. In jeder Hinsicht ist besonders dann Aufmerksamkeit nötig, wenn nach einer Richtung geschossen wird, in der sich eine Landstraße, oder ein bewohntes Gebäude befindet. Auch ist der Gebrauch der Schußwaffe überhaupt in der Nähe von Gebäuden zur Verhütung von Feuersgefahr möglichst zu vermeiden".

III.

Auszug
aus dem
Gesetz, betreffend den Forstdiebstahl.
Vom 1. April 1878.

Wir **Wilhelm**, von Gottes Gnaden König von Preußen usw. usw., verordnen, was folgt:

§ 1. Forstdiebstahl im Sinne dieses Gesetzes ist der in einem Forst oder auf einem anderen hauptsächlich zur Holznutzung bestimmten Grundstücke verübte Diebstahl:

1. an Holz, welches noch nicht vom Stamme oder vom Boden getrennt ist;
2. an Holz, welches durch Zufall abgebrochen oder umgeworfen, und mit dessen Zurichtung noch nicht der Anfang gemacht worden ist;
3. an Spänen, Abraum oder Borke, sofern dieselben noch nicht in einer umschlossenen Holzablage sich befinden, oder noch nicht geworben oder eingesammelt sind;
4. an anderen Walderzeugnissen, insbesondere Holzpflanzen, Gras, Heide, Plaggen, Moos, Laub, Streuwerk, Nadelholzzapfen, Waldsämereien, Baumsaft und Harz, sofern dieselben noch nicht geworben oder eingesammelt sind.

Das unbefugte Sammeln von Kräutern, Beeren und Pilzen unterliegt forstpolizeilichen Bestimmungen*).

§ 2. Der Forstdiebstahl wird mit einer Geldstrafe bestraft, welche dem fünffachen Werte des Entwendeten gleichkommt und niemals unter einer Mark betragen darf.

§ 3. Die Strafe soll gleich dem zehnfachen Werte des Entwendeten und niemals unter zwei Mark sein:
1. wenn der Forstdiebstahl an einem Sonn- oder Festtage oder in der Zeit von Sonnenuntergang bis Sonnenaufgang begangen ist;
2. wenn der Täter Mittel angewendet hat, um sich unkenntlich zu machen;
3. wenn der Täter dem Bestohlenen oder der mit dem Forstschutz betrauten Person seinen Namen oder Wohnort anzugeben sich geweigert hat oder falsche Angaben über seinen oder seiner Gehilfen Namen oder Wohnort gemacht, oder auf Anrufen des Bestohlenen oder der mit dem Forstschutz betrauten Person, stehen zu bleiben, die Flucht ergriffen oder fortgesetzt hat;
4. wenn der Täter in den Fällen Nr. 1—3 des § 1 zur Begehung des Forstdiebstahls sich eines schneidenden Werkzeuges, insbesondere der Säge, Schere oder des Messers bedient hat;
5. wenn der Täter die Ausantwortung der zum Forstdiebstahl bestimmten Werkzeuge verweigert;
6. wenn zum Zwecke des Forstdiebstahls ein bespanntes Fuhrwerk, ein Kahn oder Lasttier mitgebracht ist;
7. wenn der Gegenstand der Entwendung in Holzpflanzen besteht;
8. wenn Kien, Harz, Saft, Wurzeln, Rinde oder die Haupt- (Mittel-) Triebe von stehenden Bäumen entwendet sind;
9. wenn der Forstdiebstahl in einer Schonung, in einem Pflanzgarten oder Saatkampe begangen ist.

§ 4. Der Versuch des Forstdiebstahls und die Teilnahme (Mittäterschaft, Anstiftung, Beihilfe) an einem Forstdiebstahl oder an einem Versuche desselben werden mit der vollen Strafe des Forstdiebstahls bestraft.

§ 5. Wer sich in Beziehung auf einen Forstdiebstahl der Begünstigung oder der Hehlerei schuldig macht, wird mit einer Geldstrafe bestraft, welche dem fünffachen Werte des Entwendeten gleichkommt und niemals unter einer Mark betragen darf.

Die Bestimmungen des § 257 Abs. 2 und 3 des Reichsstrafgesetzbuchs finden Anwendung.

---

*) Vgl. S. 307.

§ 6. Neben der Geldstrafe kann auf Gefängnisstrafe bis zu sechs Monaten erkannt werden:
1. wenn der Forstdiebstahl von drei oder mehr Personen in gemeinschaftlicher Ausführung begangen ist;
2. wenn der Forstdiebstahl zum Zwecke der Veräußerung des Entwendeten oder daraus hergestellter Gegenstände begangen ist;
3. wenn die Hehlerei gewerbs- oder gewohnheitsmäßig betrieben worden ist.

§ 7. Wer, nachdem er wegen Forstdiebstahls oder Versuch eines solchen, oder wegen Teilnahme (§ 4), Begünstigung oder Hehlerei in Beziehung auf einen Forstdiebstahl von einem preußischen Gerichte rechtskräftig verurteilt worden ist, innerhalb der nächsten 2 Jahre abermals eine dieser Handlungen begeht, befindet sich im Rückfalle und wird mit einer Geldstrafe bestraft, welche dem zehnfachen Werte des Entwendeten gleichkommt und niemals unter 2 Mark betragen darf.

§ 8. Neben der Geldstrafe ist auf Gefängnis bis zu 2 Jahren zu erkennen, wenn der Täter sich im dritten oder ferneren Rückfall befindet. Beträgt die Geldstrafe weniger als zehn Mark, so kann statt der Gefängnisstrafe auf eine Zusatzstrafe bis zu Einhundert Mark erkannt werden.

§ 9. In allen Fällen ist neben der Strafe die Verpflichtung des Schuldigen zum Ersatze des Wertes des Entwendeten an den Bestohlenen auszusprechen. Der Ersatz des außer dem Werte des Entwendeten verursachten Schadens kann nur im Wege des Zivilprozesses geltend gemacht werden.

Der Wert des Entwendeten wird sowohl hinsichtlich der Geldstrafe als hinsichtlich des Ersatzes, wenn die Entwendung in einem Königlichem Forste verübt worden, nach der für das betreffende Forstrevier bestehenden Forsttaxe, in anderen Fällen nach den örtlichen Preisen abgeschätzt.

§ 10. Die in § 57 des Strafgesetzbuchs bei der Verurteilung von Personen, welche zur Zeit der Begehung der Tat das zwölfte, aber nicht das achtzehnte Lebensjahr vollendet hatten, vorgesehene Strafermäßigung findet bei Zuwiderhandlungen gegen dieses Gesetz keine Anwendung.

§ 11. Für die Geldstrafe, den Wertersatz und die Kosten, zu denen Personen verurteilt worden, welche unter der Gewalt, der Aufsicht oder im Dienst eines anderen stehen und zu dessen Hausgenossenschaft gehören, ist letzterer im Falle des Unvermögens der Verurteilten für haftbar zu erklären, und zwar unabhängig von der etwaigen Strafe, zu welcher er selbst auf Grund dieses Gesetzes oder des § 361 Nr. 9 des Strafgesetzbuches verurteilt wird.

Wird festgestellt, daß die Tat nicht mit seinem Wissen verübt ist, oder daß er sie nicht verhindern konnte, so wird die Haftbarkeit nicht ausgesprochen.

§ 12. Hat der Täter noch nicht das zwölfte Lebensjahr vollendet, so wird derjenige, welcher in Gemäßheit des § 11 haftet, zur Zahlung der Geldstrafe, des Wertersatzes und der Kosten als unmittelbar haftbar verurteilt.

Dasselbe gilt, wenn der Täter zwar das zwölfte, aber noch nicht das achtzehnte Lebensjahr vollendet hatte und wegen Mangels der zur Erkenntnis der Strafbarkeit seiner Tat erforderlichen Einsicht freizusprechen ist, oder wenn derselbe wegen eines seine freie Willensbestimmung ausschließenden Zustandes straffrei bleibt.

§ 13. An die Stelle einer Geldstrafe, welche wegen Unvermögens des Verurteilten und des für haftbar Erklärten nicht beigetrieben werden kann, tritt Gefängnisstrafe. Dieselbe kann vollstreckt werden, ohne daß der Versuch einer Beitreibung der Geldstrafe gegen den für haftbar Erklärten gemacht ist, sofern dessen Zahlungsunfähigkeit gerichtskundig ist.

Der Betrag von einer bis zu fünf Mark ist einer eintägigen Gefängnisstrafe gleich zu achten.

Der Mindestbetrag der an die Stelle der Geldstrafe tretenden Gefängnisstrafe ist ein Tag, ihr Höchstbetrag sind sechs Monate. Kann nur ein Teil der Geldstrafe beigetrieben werden, so tritt für den Rest derselben nach dem in dem Urteil festgesetzten Verhältnisse die Gefängnisstrafe ein.

Gegen die in Gemäßheit der §§ 11 und 12 als haftbar Erklärten tritt an die Stelle der Geldstrafe eine Gefängnisstrafe nicht ein.

§ 14. Statt der in dem § 13 vorgesehenen Gefängnisstrafe kann während der für dieselbe bestimmten Dauer der Verurteilte, auch ohne in eine Gefangen-Anstalt eingeschlossen zu werden, zu Forst- oder Gemeindearbeiten, welche seinen Fähigkeiten und Verhältnissen angemessen sind, angehalten werden.

§ 15. Äxte, Sägen, Messer und andere zur Begehung des Forstdiebstahls geeignete Werkzeuge, welche der Täter bei der Zuwiderhandlung bei sich geführt hat, sind einzuziehen, ohne Unterschied, ob sie dem Schuldigen gehören oder nicht.

Die Tiere und andere zur Wegschaffung des Entwendeten dienenden Gegenstände, welche der Täter bei sich führt, unterliegen nicht der Einziehung.

§ 16. Wird der Täter bei Ausführung eines Forstdiebstahls, oder gleich nach derselben betroffen oder verfolgt, so sind die zur Begehung des Forstdiebstahls geeigneten Werkzeuge, welche er bei sich führt (§ 13), in Beschlag zu nehmen.

§ 17. Wird in dem Gewahrsam eines innerhalb der letzten 2 Jahre wegen einer Zuwiderhandlung gegen dieses Gesetz rechtskräftig Verurteilten frisch gefälltes, nicht forstmäßig zugerichtetes Holz gefunden, so ist gegen den Inhaber auf Einziehung des gefundenen Holzes zu erkennen, sofern er sich über den redlichen Erwerb des Holzes nicht ausweisen kann. Die Einziehung erfolgt zugunsten der Armenkasse des Wohnorts des Verurteilten.

§ 18. Die Strafverfolgung von Zuwiderhandlungen gegen dieses Gesetz verjährt, sofern nicht einer der Fälle der §§ 6 und 8 vorliegt, in 6 Monaten.

§ 23. Personen, welche mit dem Forstschutze betraut sind, können, sofern dieselben eine Anzeigegebühr nicht empfangen, ein für allemal gerichtlich beeidigt werden, wenn sie:
1. Königliche Beamte sind oder
2. vom Waldeigentümer auf Lebenszeit, oder nach einer vom Landrat (Amtshauptmann, Oberamtmann) bescheinigten dreijährigen tadellosen Forstdienstzeit auf mindestens drei Jahre mittels schriftlichen Vertrages angestellt sind oder
3. zu den für den Forstdienst bestimmten oder mit Forstversorgungsschein entlassenen Militärpersonen gehören.

In den Fällen der Nr. 2 und 3 ist die Genehmigung des Bezirksrats erforderlich. In denjenigen Landesteilen, in welchen das Gesetz vom 16. Juli 1876 (Gesetz-Sammlung S. 297) nicht gilt, tritt an die Stelle des Bezirksrats die Regierung (Landdrostei).

§ 24. Die Beeidigung erfolgt bei dem Amtsgerichte, in dessen Bezirk der zu Beeidigende seinen Wohnsitz hat, dahin:

daß er die Zuwiderhandlungen gegen dieses Gesetz, welche den seinem Schutze gegenwärtig anvertrauten oder künftig anzuvertrauenden Bezirk betreffen, gewissenhaft anzeigen, bei seinen gerichtlichen Vernehmungen über dieselben nach bestem Wissen die reine Wahrheit sagen, nichts verschweigen und nichts hinzusetzen, auch die ihm obliegenden Schätzungen unparteiisch und nach bestem Wissen und Gewissen bewirken werde.

Eine Ausfertigung des Beeidigungsprotokolls wird den Amtsgerichten mitgeteilt, in deren Bezirke der dem Schutze des Beeidigten anvertraute Bezirk liegt.

§ 25. Ist eine in Gemäßheit der vorsteheuden Bestimmungen, oder nach den bisherigen gesetzlichen Vorschriften zur Ermittelung von Forstdiebstählen beeidigte Person als Zeuge oder Sachverständiger zu vernehmen, so wird es der Eidesleistung gleichgeachtet, wenn der zu Vernehmende die Richtigkeit seiner Aussage unter Berufung auf den ein für allemal geleisteten Eid versichert.

Diese Wirkung der Beeidigung hört auf, wenn gegen den Beeidigten eine die Unfähigkeit zur Bekleidung öffentlicher Ämter nach sich ziehende Verurteilung ergeht, oder die in Gemäßheit des § 23 erteilte Genehmigung zurückgezogen wird.

§ 26. Die mit dem Forstschutze betrauten Personen erstatten ihre Anzeigen an den Amtsanwalt schriftlich oder periodisch. Sie haben zu diesem Zwecke Verzeichnisse zu führen, in welchen die einzelnen Fälle unter fortlaufenden Nummern zusammenzustellen sind*). Die Verzeichnisse werden dem Amtsanwalt in zwei Ausfertigungen eingereicht.

In diese Verzeichnisse können von dem Amtsanwalt auch die anderwärts eingehenden Anzeigen eingetragen werden.

Die näheren Vorschriften über die Aufstellung und Einreichung der Verzeichnisse werden von der Justizverwaltung erlassen.

§ 27. Der Amtsanwalt erhebt die öffentliche Klage, indem er bei Überreichung einer Ausfertigung des Verzeichnisses (§ 26) den Antrag auf Erlaß eines richterlichen Strafbefehls stellt und die beantragten Strafen nebst Wertersatz neben den einzelnen Nummern des Verzeichnisses vermerkt.

---

*) Für die Aufstellung der Verzeichnisse ist folgendes zu merken:
1. Der Kopf der den Beamten ausgehändigten Verzeichnisse ist auf das genaueste zu beachten und zwar sind nur die Spalten 2, 3, 5, 6 auszufüllen; die Spalten 1 und 4 werden vom Oberförster, die ganze rechte Seite vom Amtsanwalt und Richter ausgefüllt.
2. Die Beschuldigten werden in Spalte 3, genau in der Reihenfolge, wie sie der Kopf vorschreibt, namentlich aufgeführt: also zuerst Zuname, dann Vorname, dann Stand usw.; alle Personen, welche bei demselben Straffall beteiligt sind, erhalten in fortlaufender Reihenfolge die Buchstaben a, b, c usw. Bei Personen unter 18 Jahren ist genau das Alter anzugeben, z. B. 14 Jahr 9 Monate, 17 Jahr 10 Monate alt, oder geboren am 20. Februar 1867, was noch vorzuziehen ist. Personen unter 12 Jahren werden in Spalte 5 und zwar unter Nr. I angeführt, wo es dann am Schluß heißt: Täter der strafunmündige Albert Schulz, geb. am 8. März 1873; in Spalte 3 wird dann die für denselben nach § 12 haftbare Person gerade so bezeichnet, als wäre der Täter, nur mit dem Zusatze: „unmittelbar haftbar für seinen strafunmündigen Pflegesohn und Hausgenossen".
3. Ebenso wichtig ist die Ausfüllung in Spalte 5 und sind genau die Überschriften des Kopfes zu beachten, namentlich ist unter I die genaue Bezeichnung der Tat und zwar in der vorgeschriebenen Reihenfolge, also zuerst: Inhalt der Beschuldigung nach der Tat, dann Gegenstand und Zeit derselben, zuletzt die näheren Umstände erforderlich, so daß keine Nachfragen mehr nötig werden; unter II dürfen nicht nur die Zeugen genannt werden, sondern auch der Grund ihres Zeugnisses muß besonders angeführt werden, z. B. „traf den Beschuldigten bei der Tat oder beim Verkaufe des gestohlenen Gegenstandes, dessen Diebstahl er einräumte" oder „beim Transport, wo er sich über den redlichen Erwerb nicht ausweisen konnte usw."; unter Nr. III sind alle bei der Tat abgenommenen Werkzeuge aufzuführen; unter Nr. IV ist die Benennung des Beschädigten in den Königl. Forsten nicht nötig, da stets besondere Strafverzeichnisse mit Titel eingereicht werden, woraus der Beschädigte hervorgeht; ist der Diebstahl aber in Kommunal- oder Privatforsten verübt, so ist der Waldbesitzer zu nennen. In Spalte 6 ist der Wert nach der Holztaxe der Oberförsterei, in Privatforsten nach dem ortsüblichen Preise einzutragen. Unter jedem Straffall ist von Spalte 1—6 ein Strich zu ziehen und sind alle in einem Monate vorgekommenen Fälle vom Oberförster bis spätestens zum 5. folgenden Monats einzureichen. Unter das Verzeichnis ist Name, Titel, Ort und Datum zu schreiben. Nebenstehendes Muster möge als Anhalt bei Aufstellung der Verzeichnisse dienen.

Forstdiebstahlsgesetz.

Beispiel für den Beamten:

Laufende Zahl zur Bezeichnung des Straffalles	Laufender Buchstabe zur Bezeichnung der bei einem Straffall Beteiligten	Zuname, Vorname, Stand, Wohnort oder Aufenthaltsort, Alter des Beschuldigten.	Vorbestrafungen			I. Inhalt der Beschuldigung nach **Tat, Gegenstand, Zeit, Ort** und **nähere Umstände,** welche eine Erhöhung der Strafe oder Zusatzstrafe rechtfertigen. II. Bezeichnung der Zeugen und des **Grundes ihrer Wissenschaft,** III. Bezeichnung der in Beschlag genommenen Gegenstände, IV. Benennung des Beschädigten	Wert des Entwendeten Mark
			Tag der begangenen Tat	Tag des Strafbefehls	Tag der Rechtskraft		
1.	2.	3.	4.c.	4.b.	4.a.	5.	6.
		Anzeigen des Försters Sieger zu Wolfshorst.					
1.	a.	Minna, 40 Jahre, Ehefrau und Hausgenossin des				I. Gemeinschaftlich 0,4 rm Kiefernreiser I. Kl mit demselben Beil am 15. März cr. früh 6½ Uhr im Jag. 25 b entwendet. Vor Sonnenaufgang! ergriffen die Flucht, wurden aber vom Zeugen eingeholt; Mittäter Wilhelm Busch, geb. am 5. Juni 1872, Sohn des sub c Genannten. II. Zeuge: Gendarm Kleist zu Leese, welcher die drei Beschuldigten bei der Tat betraf. III. Ein Beil. IV. Stadtforst Stegenitz.	0,40
	b.	haftbaren Busch, Johann, Arbeiter zu Neuendorf, 30 Jahre,					
	c.	Busch, Johann, Arbeiter zu Neuendorf, 30 Jahre alt, unmittelbar haftbar für seinen in Spalte 5 genannten strafunmündigen 11 jähr. Sohn Wilhelm,					
	d.	Busch, Johann, Arbeiter zu Neuendorf, 30 Jahre alt.					
2.	a.	Gerbard, Gustav, Tischlerlehrling zu Paliz 16 Jahre alt,				I. Die ad a und c Genannten sägten zusammen eine Kiefer von 26 cm Durchmesser und 10,4 m Länge = 0,55 fm am 7. April cr. abends 7½ Uhr im Distrikt Wilhemsgrund ab; nach Sonnenuntergang; verweigerten die Herausgabe der Säge. Das Holz verblieb der Forst. II. Zeuge selbst. III. Eine Säge, eine Axt und zwei Holzkeile. IV. Stiftsforst Damm.	4,50
	b.	Brandt, Wilhelm, Tischlermeister zu Paliz, 40 Jahre alt, als Lehrherr und Hausgenosse haftbar für ad a					
	c.	Brandt, Wilhelm, Tischlermeister zu Paliz, 40 Jahre alt.					

Wolfshorst, den 1. April 1895.

Der Königliche Förster
Sieger.

Der Erlaß eines Strafbefehls ist für jede Geldstrafe und die dafür im Unvermögensfall festzusetzende Gefängnisstrafe, sowie für den Wertersatz und die verwirkte Einziehung zulässig.

§ 38. Dieses Gesetz tritt mit dem in dem § 39 bezeichneten Zeitpunkte an die Stelle des Gesetzes vom 2. Juni 1852, den Diebstahl an Holz und anderen Waldprodukten betreffend (Gesetz-Sammlung 1852, S. 305).

Wo in einem Gesetze auf die bisherigen Bestimmungen über den Holz-(Forst-)Diebstahl verwiesen ist, treten die Vorschriften des gegenwärtigen Gesetzes an deren Stelle.

§ 39. Dieses Gesetz tritt gleichzeitig mit dem Gerichtsverfassungsgesetz in Kraft.
Urkundlich usw.

IV.
Die Strafbestimmungen des Feld- und Forstpolizei-Gesetzes vom 1. April 1880.

Strafbestimmungen.

§ 1. Die in diesem Gesetz mit Strafe bedrohten Handlungen unterliegen, soweit dasselbe nicht abweichende Vorschriften enthält, den Bestimmungen des Strafgesetzbuches.

§ 2. Für die Strafzumessung wegen Zuwiderhandlungen gegen dieses Gesetz kommen als Schärfungsgründe in Betracht:
1. wenn die Zuwiderhandlung an einem Sonn- oder Festtage oder in der Zeit von Sonnenuntergang bis Sonnenaufgang begangen ist;
2. wenn der Zuwiderhandelnde Mittel angewendet hat, um sich unkenntlich zu machen;
3. wenn der Zuwiderhandelnde dem Feld- oder Forsthüter, oder einem anderen zuständigen Beamten, dem Beschädigten oder dem Pfändungsberechtigten seinen Namen und Wohnort anzugeben sich weigert oder falsche Angaben über seinen oder seiner Gehilfen Namen oder Wohnort gemacht, oder auf Anrufen der vorstehend genannten Personen, stehen zu bleiben, die Flucht ergriffen oder fortgesetzt hat;
4. wenn der Täter die Aushändigung der zu der Zuwiderhandlung bestimmten Werkzeuge oder der mitgeführten Waffen verweigert hat:
5. wenn die Zuwiderhandlung von drei oder mehr Personen in gemeinschaftlicher Ausführung begangen ist;
6. wenn die Zuwiderhandlung im Rückfalle erfolgt.

§ 3. Im Rückfalle (§ 2 Nr. 6) befindet sich, wer, nachdem er auf Grund dieses Gesetzes wegen einer in demselben mit Strafe bedrohten Handlung im Königreich Preußen vom Gerichte oder durch polizeiliche Strafverfügung rechtskräftig verurteilt worden ist, innerhalb der nächsten zwei Jahre dieselbe oder eine gleichartige strafbare Handlung, sei es mit oder ohne erschwerende Umstände, begeht.

Als gleichartig gelten:
1. die in demselben Paragraphen oder, falls ein Paragraph mehrere strafbare Handlungen betrifft, in derselben Paragraphennummer vorgesehenen Handlungen.

Feld- und Forstpolizeigesetz. 425

2. die Entwendung, der Versuch einer solchen und die Teilnahme (Mittäterschaft, Anstiftung, Beihilfe), die Begünstigung und die Hehlerei in Beziehung auf eine Entwendung.

§ 4. Die im § 57 Nr. 3 des Strafgesetzbuches bei der Verurteilung von Personen, welche zur Zeit der Begehung der Tat das zwölfte, aber nicht das achtzehnte Lebensjahr vollendet hatten, vorgesehene Strafermäßigung findet bei Zuwiderhandlungen gegen dieses Gesetz keine Anwendung.

§ 5. Für die Geldstrafe, den Wertersatz (§ 68) und die Kosten, zu denen Personen verurteilt werden, welche unter der Gewalt, der Aufsicht oder im Dienste eines anderen stehen und zu dessen Hausgenossenschaft gehören, ist letzterer im Falle des Unvermögens der Verurteilten für haftbar zu erklären und zwar unabhängig von der etwaigen Strafe, zu welcher er selbst auf Grund dieses Gesetzes oder des § 361 Nr. 9 des Strafgesetzbuches verurteilt wird. Wird festgestellt, daß die Tat nicht mit seinem Wissen verübt ist, oder daß er sie nicht verhindern konnte, so wird die Haftbarkeit nicht ausgesprochen.

Hat der Täter noch nicht das zwölfte Lebensjahr vollendet, so wird derjenige, welcher in Gemäßheit der vorstehenden Bestimmungen haftet, zur Zahlung der Geldstrafe, des Wertersatzes und der Kosten als unmittelbar haftbar verurteilt. Dasselbe gilt, wenn der Täter zwar das zwölfte, aber noch nicht das achtzehnte Lebensjahr vollendet hatte und wegen Mangels der zur Erkenntnis der Strafbarkeit seiner Tat erforderlichen Einsicht freizusprechen ist, oder wenn derselbe wegen eines seine freie Willensbestimmung ausschließenden Zustandes straffrei bleibt.

Gegen die in Gemäßheit der vorstehenden Bestimmungen als haftbar Erklärten tritt an die Stelle der Geldstrafe eine Freiheitsstrafe nicht ein.

§ 6. Entwendungen, Begünstigung und Hehlerei in Beziehung auf solche, sowie rechtswidrig und vorsätzlich begangene Beschädigungen (§ 303 des Strafgesetzbuchs) und Begünstigung in Beziehung auf solche unterliegen den Bestimmungen dieses Gesetzes nur dann, wenn der Wert des Entwendeten oder der angerichtete Schaden zehn Mark nicht übersteigt.

§ 7. Die Beihilfe zu einer nach diesem Gesetze strafbaren Entwendung oder vorsätzlichen Beschädigung wird mit der vollen Strafe der Zuwiderhandlung bestraft.

§ 8. Der Versuch der Entwendung, die Begünstigung und Hehlerei in Beziehung auf Entwendung, sowie die Begünstigung in Beziehung auf eine nach diesem Gesetze strafbare vorsätzliche Beschädigung werden mit der vollen Strafe der Entwendung beziehungsweise vorsätzlichen Beschädigung bestraft.

Die Bestimmungen des § 257 Abs. 2 und 3 des Strafgesetzbuches finden Anwendung.

§ 9. Mit einer Geldstrafe bis zu 10 Mark oder mit Haft bis zu drei Tagen wird bestraft, wer, abgesehen von den Fällen des § 123 des Strafgesetzbuchs, von einem Grundstücke, auf dem er ohne Befugnis sich befindet, auf die Aufforderung des Berechtigten sich nicht entfernt. Die Verfolgung tritt nur auf Antrag ein.

§ 10. Mit Geldstrafe bis zu zehn Mark oder mit Haft bis zu drei Tagen wird bestraft, wer, abgesehen von den Fällen des § 368 Nr. 9 des Strafgesetzbuchs, unbefugt über Grundstücke reitet, karrt, fährt, Vieh treibt, Holz schleift, den Pflug wendet, oder über Äcker, deren Bestellung vorbereitet oder in Angriff genommen ist, geht. Die Verfolgung tritt nur auf Antrag ein.

Der Zuwiderhandelnde bleibt straflos, wenn er durch die schlechte Beschaffenheit eines an dem Grundstücke vorüberführenden und zum gemeinen Gebrauch bestimmten Weges oder durch ein anderes auf dem Wege befindliches Hindernis zu der Übertretung genötigt worden ist.

§ 11. Mit Geldstrafe bis zu 10 Mark oder mit Haft bis zu drei Tagen wird bestraft, wer außerhalb eingefriedigter Grundstücke sein Vieh ohne gehörige Aufsicht oder ohne genügende Sicherung läßt.

Diese Bestimmung kann durch Polizeiverordnung abgeändert werden. Eine höhere als die vorstehend festgesetzte Strafe darf jedoch nicht angedroht werden.

Die Bestrafung tritt nicht ein, wenn nach den Umständen die Gefahr einer Beschädigung dritter nicht anzunehmen ist.

§ 12. Mit Geldstrafe bis zu zehn Mark oder mit Haft bis zu drei Tagen wird der Hirt bestraft, welcher das ihm zur Beaufsichtigung anvertraute Vieh ohne Aufsicht oder unter der Aufsicht einer hierzu untüchtigen Person läßt.

§ 13. Die Ausübung der Nachtweide, des Einzelhütens, sowie der Weide durch Gemeinde- und Genossenschafts-Herden wird durch Polizeiverordnung geregelt.

§ 14. Mit Geldstrafe bis zu fünfzig Mark oder mit Haft bis zu vierzehn Tagen wird bestraft, wer unbefugt auf einem Grundstücke Vieh weidet.

Die Strafe ist verwirkt, sobald das Vieh die Grenzen des Grundstücks, auf welchen es nicht geweidet werden darf, überschritten hat, sofern nicht festgestellt wird, daß der Übertritt von der für die Beaufsichtigung des Viehes verantwortlichen Person nicht verhindert werden konnte.

Die Bestimmung des Absatzes 2 findet, wo eine Verpflichtung zur Einfriedigung von Grundstücken besteht, oder wo die Einfriedigung landesüblich ist, keine Anwendung.

§ 15. Geldstrafe von fünf bis zu einhundertfünfzig Mark oder Haft tritt ein, wenn der Weidefrevel (§ 14) begangen wird:
1. auf Grundstücken, deren Betreten durch Warnungszeichen verboten ist;
2. auf eingefriedigten Grundstücken, sofern nicht eine Verpflichtung zur Einfriedigung der Grundstücke besteht, oder die Einfriedigung der Grundstücke landesüblich ist;
3. auf solchen Dämmen und Deichen, welche von dem Besitzer selbst noch mit der Hütung verschont werden;
4. auf bestellten Äckern oder auf Wiesen, in Gärten, Baumschulen, Weinbergen, auf mit Rohr bewachsenen Flächen, auf Weidenhegern, Dünen, Buhnen, Deckwerken, gedeckten Sandflächen, Graben oder Kanalböschungen, in Forstkulturen, Schonungen oder Saatkämpen;
5. auf Forstgrundstücken mit Pferden oder Ziegen.

§ 16. Ein wegen Weidefrevels rechtskräftig verurteilter Hirt kann von der Dienstherrschaft innerhalb 14 Tagen von der rechtskräftigen Verurteilung an gerechnet entlassen werden.

§ 17. Mit Geldstrafe bis zu einhundertundfünfzig Mark oder mit Haft wird bestraft:
1. wer eine rechtmäßige Pfändung (§ 77) vereitelt oder zu vereiteln versucht;
2. wer, abgesehen von den Fällen der §§ 113 und 117 des Strafgesetzbuchs dem Pfändenden in der rechtmäßigen Ausübung seines Rechts (§ 77) durch Gewalt oder durch Bedrohung mit Gewalt Widerstand leistet oder den Pfändenden während der rechtmäßigen Ausübung seines Rechts tätlich angreift.

3. wer, abgesehen von den Fällen der §§ 137 und 289 des Strafgesetzbuchs, Sachen, welche rechtmäßig in Pfand genommen sind (§ 77), dem Pfändenden in rechtswidriger Absicht wegnimmt;
4. wer vorsätzlich eine unrechtmäßige Pfändung (§ 77) bewirkt.

§ 18. Mit Geldstrafe bis zu einhundertundfünfzig Mark oder mit Haft wird bestraft, wer Gartenfrüchte, Feldfrüchte oder andere Bodenerzeugnisse aus Gartenanlagen aller Art, Weinbergen, Obstanlagen, Baumschulen, Saatkämpen, von Äckern, Wiesen, Weiden, Plätzen, Gewässern, Wegen oder Gräben entwendet.

Liegen die Voraussetzungen des § 370 Nr. 5 des Strafgesetzbuchs vor, so tritt die Verfolgung nur auf Antrag ein.

§ 19. Geldstrafe von fünf bis zu einhundertundfünfzig Mark oder Haft tritt ein, wenn die nach § 18 strafbare Entwendung begangen wird:
1. unter Anwendung eines zur Fortschaffung größerer Mengen geeigneten Gerätes, Fahrzeuges oder Lasttieres;
2. unter Benutzung von Äxten, Sägen, Messern, Spaten oder ähnlichen Werkzeugen;
3. aus einem verschlossenen Raume mittels Einsteigens;
4. gegen die Dienstherrschaft oder den Arbeitgeber;
5. an Kien, Harz, Saft, Wurzeln, Rinde oder Mittel- (Haupt-) Trieben stehender Bäume, sofern die Entwendung nicht als Forstdiebstahl strafbar ist.

§ 20. Gefängnisstrafe bis zu drei Monaten tritt ein, wenn die nach § 18 strafbare Entwendung begangen wird:
1. unter Mitführung von Waffen;
2. aus einem umschlossenen Raume mittels Einbruchs;
3. dadurch, daß zur Eröffnung der Zugänge eines umschlossenen Raumes falsche Schlüssel oder andere zur ordnungsmäßigen Eröffnung nicht bestimmte Werkzeuge angewendet werden;
4. durch Wegnahme stehender Bäume, Frucht- oder Ziersträucher, sofern die Entwendung nicht als Forstdiebstahl strafbar ist;
5. von dem Aufseher in dem seiner Aufsicht unterstellten Grundstücke.

Sind mildernde Umstände vorhanden, so kann auf Geldstrafe von fünf bis zu dreihundert Mark erkannt werden.

§ 21. Auf Gefängnisstrafe von einer Woche bis zu einem Jahr ist zu erkennen:
1. wenn im Falle einer Entwendung der Schuldige sich im dritten oder ferneren Rückfalle befindet;
2. wenn die Hehlerei gewerbs- oder gewohnheitsmäßig begangen ist.

§ 22. Bei Entwendungen (§§ 18 und 21) finden die Bestimmungen des § 357 der Strafgesetzbuchs Anwendung.

§ 23. In den Fällen der §§ 18 bis 21 sind neben der Geldstrafe oder der Freiheitsstrafe die Waffen (§ 20), welche der Täter bei der Zuwiderhandlung bei sich geführt hat, einzuziehen, ohne Unterschied, ob sie dem Schuldigen gehören oder nicht.

In denselben Fällen können die zur Begehung der strafbaren Zuwiderhandlung geeigneten Werkzeuge, welche der Täter bei der Zuwiderhandlung bei sich geführt hat, eingezogen werden, ohne Unterschied, ob sie dem Schuldigen gehören oder nicht. Die Tiere und andere zur Wegschaffung des Entwendeten dienenden Gegenstände, welche der Täter bei sich führt, unterliegen nicht der Einziehung.

§ 24. Mit Geldstrafe bis zu zehn Mark oder mit Haft bis zu drei Tagen wird bestraft, wer, abgesehen von den Fällen der §§ 18 und 30, unbefugt:
1. das auf oder an Grenzrainen, Wegen, Triften oder an oder in Gräben wachsende Gras oder sonstige Viehfutter abschneidet oder abrupft;
2. von Bäumen, Sträuchern oder Hecken Laub abpflückt oder Zweige abbricht, insofern dadurch ein Schaden entsteht.

Die Verfolgung tritt nur auf Antrag ein.

§ 25. Mit Geldstrafe bis zu dreißig Mark oder mit Haft bis zu einer Woche wird bestraft, wer unbefugt:
1. Dungstoffe von Äckern, Wiesen, Weiden, Gärten, Obstanlagen oder Weinbergen aufsammelt;
2. Knochen gräbt oder sammelt;
3. Nachlese hält.

§ 26. Mit Geldstrafe bis zu fünfzig Mark oder mit Haft bis zu vierzehn Tagen wird bestraft, wer unbefugt:
1. abgesehen von den Fällen des § 266 Nr. 7 des Strafgesetzbuchs, Steine, Scherben, Schutt oder Unrat auf Grundstücke wirft oder in dieselben bringt;
2. Leinwand, Wäsche oder ähnliche Gegenstände zum Bleichen, Trocknen oder anderen derartigen Zwecken ausbreitet oder niederlegt;
3. tote Tiere liegen läßt, vergräbt oder niederlegt;
4. Bienenstöcke aufstellt.

§ 27. Mit Geldstrafe bis zu fünfzig Mark oder mit Haft bis zu vierzehn Tagen wird bestraft, wer unbefugt:
1. abgesehen von den Fällen des § 50 Nr. 7 des Fischereigesetzes vom 30. Mai 1874, Flachs oder Hanf röstet;
2. in Gewässern Felle aufweicht oder reinigt oder Schafe wäscht;
3. abgesehen von den Fällen des § 366 Nr. 10 des Strafgesetzbuchs, Gewässer verunreinigt oder ihre Benutzung in anderer Weise erschwert oder verhindert.

§ 28. Mit Geldstrafe bis zu fünfzig Mark oder mit Haft bis zu vierzehn Tagen wird bestraft, wer unbefugt:
1. fremde auf dem Felde zurückgelassene Ackergeräte gebraucht;
2. die zur Sperrung von Wegen oder Eingängen in eingefriedigte Grundstücke dienenden Vorrichtungen öffnet oder offen stehen läßt;
3. Gruben auf fremden Grundstücken anlegt.

§ 29. Mit Geldstrafe bis zu einhundertfünfzig Mark oder mit Haft wird bestraft, wer, abgesehen von den Fällen des § 367 Nr. 12 des Strafgesetzbuchs, den Anordnungen der Behörden zuwider es unterläßt:
1. Steinbrüche, Lehm-, Sand-, Kies-, Mergel-, Kalk- oder Tongruben, Bergwerksschächte, Schürflöcher oder die durch Stockroden entstandenen Löcher, zu deren Einfriedigung oder Zuwerfung er verpflichtet ist, einzufriedigen oder zuzuwerfen;
2. Öffnungen, welche er in Eisflächen gemacht hat, durch deutliche Zeichen zur Warnung von Annäherung zu verwahren.

§ 80. Mit Geldstrafe bis zu einhundertundfünfzig Mark oder mit Haft wird bestraft, wer unbefugt:

1. abgesehen von den Fällen des § 305 des Strafgesetzbuchs, fremde Privatwege oder deren Zubehörungen beschädigt oder verunreinigt oder ihre Benutzung in anderer Weise erschwert;
2. auf ausgebauten öffentlichen oder Privatwegen die Bankette befährt, ohne dazu genötigt zu sein (§ 10 Abs. 2), oder die zur Bezeichnung der Fahrbahn gelegten Steine, Faschinen oder sonstige Zeichen entfernt oder in Unordnung bringt;
3. abgesehen von den Fällen des § 274 Nr. 2 des Strafgesetzbuchs, ähnliche zur Abgrenzung, Absperrung oder Vermessung von Grundstücken oder Wegen dienende Merk- und Warnungszeichen, desgleichen Merkmale, die zur Bezeichnung eines Wasserstandes bestimmt sind, sowie Wegweiser fortnimmt, vernichtet, umwirft, beschädigt oder unkenntlich macht;
4. Einfriedigungen, Geländer oder die zur Sperrung von Wegen oder Eingängen in eingefriedigte Grundstücke dienenden Vorrichtungen beschädigt oder vernichtet;
5. abgesehen von den Fällen des § 304 des Strafgesetzbuchs, stehende Bäume, Sträucher, Pflanzen oder Feldfrüchte, die zum Schutze von Bäumen dienenden Pfähle oder sonstigen Vorrichtungen beschädigt. Sind junge stehende Bäume, Frucht- oder Zierbäume oder Ziersträucher beschädigt, so darf die Geldstrafe nicht unter zehn Mark betragen.

§ 31. Mit Geldstrafe bis zu einhundertundfünfzig Mark oder mit Haft wird bestraft, wer, abgesehen von den Fällen der §§ 221 und 326 des Strafgesetzbuchs, unbefugt das zur Bewässerung von Grundstücken dienende Wasser ableitet, oder Gräben, Wälle, Rinnen oder andere zur Ab- und Zuleitung des Wassers dienende Anlagen herstellt, verändert, beschädigt oder beseitigt.

§ 32. Mit Geldstrafe bis zu einhundertundfünfzig Mark oder mit Haft wird bestraft, wer, abgesehen von den Fällen des § 308 des Strafgesetzbuchs, eigene Torfmoore, Heidekraut oder Bülten im Freien ohne vorgängige Anzeige bei der Ortspolizeibehörde oder bei dem Ortsvorstande in Brand setzt oder die bezüglich dieses Brennens polizeilich angeordneten Vorsichtsmaßregeln außer acht läßt.

§ 33. Mit Geldstrafe bis zu dreißig Mark oder mit Haft bis zu einer Woche wird bestraft, wer, abgesehen von den Fällen des § 368 Nr. 11 des Strafgesetzbuchs, auf fremden Grundstücken unbefugt nicht jagdbare Vögel fängt, Sprenkel oder ähnliche Vorrichtungen zum Fangen von Singvögeln aufstellt, Vogelnester zerstört oder Eier oder Junge von Vögeln ausnimmt.

Die Sprenkel oder ähnliche Vorrichtungen sind einzuziehen.

§ 34. Mit Geldstrafe bis zu einhundertundfünfzig Mark oder mit Haft wird bestraft, wer abgesehen von den Fällen des § 368 Nr. 2 des Strafgesetzbuchs, den zum Schutze nützlicher oder zur Vernichtung schädlicher Tiere oder Pflanzen erlassenen Polizeiverordnungen zuwiderhandelt.

§ 35. Mit Geldstrafe bis zu einhundert Mark oder mit Haft bis zu vier Wochen wird bestraft, wer unbefugt:
1. an stehenden Bäumen, an Schlaghölzern, an gefällten Stämmen, an aufgeschichteten Stößen von Torf, Holz- oder anderen Walderzeugnissen das Zeichen des Waldhammers oder Rissers, die Stamm- oder Stoßnummer oder die Losnummer vernichtet, unkenntlich macht, nachahmt oder verändert;
2. gefällte Stämme oder aufgeschichtete Stöße von Holz, Torf oder Lohrinde beschädigt, umstößt oder der Stützen beraubt.

§ 36. Mit Geldstrafe bis zu fünfzig Mark oder mit Haft bis zu vierzehn Tagen wird bestraft, wer unbefugt auf Forstgrundstücken:
1. außerhalb der öffentlichen und solcher Wege, zu deren Benutzung er berechtigt ist, mit einem Werkzeuge, welches zum Fällen von Holz, oder mit einem Geräte, welches zum Sammeln oder Wegschaffen von Holz, Gras, Streu oder Harz seiner Beschaffenheit nach bestimmt erscheint, sich aufhält;
2. Holz ablagert, bearbeitet, beschlägt oder bewaldrechtet;
3. Einfriedigungen übersteigt;
4. Forstkulturen betritt;
5. solche Schläge betritt, in welchen die Holzhauer mit dem Einschlagen oder Aufarbeiten der Hölzer beschäftigt, oder welche zur Entnahme des Abraums nicht freigegeben sind.

In den Fällen der Nr. 1 können neben der Geldstrafe oder der Haft die Werkzeuge eingezogen werden, ohne Unterschied, ob sie dem Schuldigen gehören oder nicht.

§ 37. Mit Geldstrafe bis zu einhundert Mark oder mit Haft bis zu vier Wochen wird bestraft, wer unbefugt auf Forstgrundstücken:
1. zum Wiederausschlage bestimmte Laubholzstöcke aushaut, abspänt oder zur Verhinderung des Lodentriebes (Stockausschlages) mit Steinen belegt;
2. Ameisen oder deren Puppen (Ameiseneier) einsammelt oder Ameisenhaufen zerstört oder zerstreut.

§ 38. Mit Geldstrafe bis zu fünfzig Mark wird bestraft, wer aus einem fremden Walde Holz, welches er erworben hat, oder zu dessen Bezuge in bestimmten Maßen er berechtigt ist, unbefugt ohne Genehmigung des Grundeigentümers vor Rückgabe des Verabfolgezettels, oder an anderen als den bestimmten Tagen oder Tageszeiten, oder auf anderen als den bestimmten Wegen fortschafft.

Die Verfolgung tritt nur auf Antrag ein.

§ 39. Mit Geldstrafe bis zu einhundert Mark oder mit Haft bis zu vier Wochen wird bestraft, wer aus einem fremden Torfmoore oder Walde an Stelle der ihm vom Eigentümer durch Verabfolgezettel zugewiesenen Posten von Torf, Holz- oder anderen Walderzeugnissen aus Fahrlässigkeit andere als die auf dem Verabfolgezettel bezeichneten Posten oder Teile derselben fortschafft.

Die Verfolgung tritt nur auf Antrag ein.

§ 40. Mit Geldstrafe bis zu einhundert Mark oder mit Haft bis zu vier Wochen wird bestraft, wer auf Forstgrundstücken oder Torfmooren als Dienstbarkeits- oder Nutzungsberechtigter oder als Pächter:
1. unbefugt seine Berechtigung in nicht geöffneten Distrikten oder in einer Jahreszeit, in welcher die Berechtigung auszuüben nicht gestattet ist, oder an anderen als den bestimmten Tagen oder Tageszeiten ausübt, oder sich anderer als der gestatteten Werbungswerkzeuge oder Fortschaffungsgeräte bedient;
2. den gesetzlichen Vorschriften, oder Polizeiverordnungen, oder dem Herkommen, oder dem Inhalte der Berechtigung zuwider ohne Legitimationsschein, oder ohne Überweisung von seiten der Forstbehörde oder des Grundeigentümers die Gegenstände der Berechtigung sich aneignet;
3. die zur Aufrechterhaltung der Ordnung und Sicherheit bei Ausübung von Berechtigungen erlassenen Gesetze oder Polizeiverordnungen übertritt.

Feld- und Forstpolizeigesetz.

In den Fällen der Nr. 1 können neben der Geldstrafe und der Haft die Werbungswerkzeuge eingezogen werden, ohne Unterschied, ob sie dem Schuldigen gehören oder nicht.

Die Verfolgung tritt nur auf Antrag ein.

§ 41. Mit Geldstrafe bis zu zehn Mark oder mit Haft bis zu drei Tagen wird bestraft, wer auf Forstgrundstücken bei Ausübung einer Waldnutzung den Legitimationsschein, den er nach den gesetzlichen Vorschriften oder Polizeiverordnungen, nach dem Herkommen oder nach dem Inhalt der Berechtigung lösen muß, nicht bei sich führt.

Die Verfolgung tritt nur auf Antrag ein.

§ 42. Mit Geldstrafe bis zu einhundert Mark oder Haft bis zu vier Wochen wird bestraft, wer als Dienstbarkeits- oder Nutzungsberechtigter Walderzeugnisse, die er, ohne auf ein bestimmtes Maß beschränkt zu sein, lediglich zum eigenen Bedarf zu entnehmen berechtigt ist, veräußert.

§ 43. Mit Geldstrafe bis zu fünfzig Mark oder mit Haft bis zu vierzehn Tagen wird bestraft, wer den Gesetzen oder Polizeiverordnungen über den Transport von Brennholz oder unverarbeitetem Bau- oder Nutzholz zuwiderhandelt oder den Gesetzen oder Polizeiverordnungen zuwider Brennholz oder unverarbeitetes Bau- oder Nutzholz in Ortschaften einbringt. Dies gilt auch insgesamt von Bandstöcken (Reifstäben) jeder Holzart, birkenen Reisern, Korbruten, Faschinen und jungen Nadelhölzern.

Das Holz ist einzuziehen, wenn nicht der rechtmäßige Erwerb desselben nachgewiesen wird.

§ 44. Mit Geldstrafe bis zu fünfzig Mark oder mit Haft bis zu vierzehn Tagen wird bestraft, wer:

1. mit unverwahrtem Feuer oder Licht den Wald betritt oder sich demselben in gefahrbringender Weise nähert;
2. im Walde brennende oder glimmende Gegenstände fallen läßt, fortwirft oder unvorsichtig handhabt;
3. abgesehen von den Fällen des § 368 Nr. 6 des Strafgesetzbuchs, im Walde oder in gefährlicher Nähe desselben im Freien ohne Erlaubnis des Ortsvorstehers, in dessen Bezirk der Wald liegt, in Königlichen Forsten ohne Erlaubnis des zuständigen Forstbeamten, Feuer anzündet oder das gestattetermaßen angezündete Feuer gehörig zu beaufsichtigen oder auszulöschen unterläßt;
4. abgesehen von den Fällen des § 360 Nr. 10 des Strafgesetzbuchs, bei Waldbränden, von der Polizeibehörde, dem Ortsvorsteher oder deren Stellvertreter oder dem Forstbesitzer oder Forstbeamten zur Hilfe aufgefordert, keine Folge leistet, obgleich er der Aufforderung ohne erhebliche Nachteile genügen konnte.

§ 45. Mit Geldstrafe bis zu einhundertundfünfzig Mark oder mit Haft wird bestraft, wer im Walde oder in gefährlicher Nähe desselben:

1 ohne Erlaubnis des Ortsvorstehers, in dessen Bezirk der Wald liegt, in Königlichen Forsten ohne Erlaubnis des zuständigen Forstbeamten, Kohlenmeiler errichtet;
2. Kohlenmeiler anzündet, ohne dem Ortsvorsteher oder in Königlichen Forster dem Forstbeamten Anzeige gemacht zu haben;
3. brennende Kohlenmeiler zu beaufsichtigen unterläßt;

4. aus Meilern Kohlen auszieht oder abfährt, ohne dieselben gelöscht zu haben.

§ 46. Mit Geldstrafe von zehn bis zu einhundertundfünfzig Mark oder mit Haft wird bestraft, wer den über das Brennen einer Waldfläche, das Abbrennen von liegenden oder zusammengebrachten Bodendecken und das Sengen von Rotthecken erlassenen polizeilichen Anordnungen zuwiderhandelt.

§ 47. Wer in der Umgebung einer Waldung, welche mehr als einhundert Hektare im räumlichen Zusammenhange umfaßt, innerhalb einer Entfernung von fünfundsiebzig Metern eine Feuerstelle errichten will, bedarf einer Genehmigung derjenigen Behörde, welche für die Erteilung der Genehmigung zur Errichtung von Feuerstellen zuständig ist. Vor der Aushändigung der Genehmigung darf die polizeiliche Bauerlaubnis nicht erteilt werden.

Pfändung.

§ 78. Die gepfändeten Tiere haften für den entstandenen Schaden oder die Ersatzgelder und für alle durch die Pfändung und die Schadensfeststellung verursachten Kosten.

Die gepfändeten Tiere müssen sofort freigegeben werden, wenn bei dem zuständigen Gemeinde- oder Gutsvorstande ein Geldbetrag oder ein anderer Pfandgegenstand hinterlegt wird, welcher den Forderungen des Beschädigten entspricht.

§ 79. Die Kosten für die Einstellung, Wartung und Fütterung der gepfändeten Tiere werden von der Ortspolizeibehörde festgesetzt.

§ 80. Der Pfändende hat von der geschehenen Pfändung binnen vierundzwanzig Stunden dem Gemeinde- oder Gutsvorsteher oder der Ortspolizeibehörde, in Städten der Ortspolizeibehörde Anzeige zu machen.

Der Gemeinde- oder Gutsvorsteher oder die Polizeibehörde bestimmt über die vorläufige Verwahrung der gepfändeten Tiere.

§ 81. Ist die Anzeige (§ 80 Abs. 1) unterlassen, so kann der Gepfändete die Pfandstücke zurückverlangen. Der Pfändende hat in diesem Falle keinen Anspruch auf den Ersatz der durch die Pfändung entstandenen Kosten.

§ 82. Wird der Ortspolizeibehörde eine Pfändung angezeigt, so erteilt dieselbe sogleich oder nach einer schleunigst anzustellenden Ermittelung, unter Berücksichtigung der Höhe des Schadens, des Ersatzgeldes und der Kosten, einen Bescheid darüber, ob die Pfändung ganz oder teilweise aufrecht zu erhalten oder aufzuheben, oder ob ein anderweit angebotenes Pfand anzunehmen ist. In dem Bescheide ist über die Art der ferneren Verwahrung der gepfändeten oder in Pfand gegebenen Gegenstände Bestimmung zu treffen.

Ist die Pfändung nur teilweise aufrecht erhalten, so sind die freigegebenen Pfandstücke dem Gepfändeten auf seine Kosten sofort zurückzugeben.

§ 83. Macht der Gepfändete Tatsachen glaubhaft, aus welchen die Unrechtmäßigkeit der Pfändung hervorgeht, so ist dem Beschädigten zu überlassen, seinen Anspruch im Wege des Zivilprozesses zu verfolgen.

In diesem Falle hat die Polizeibehörde über die Verwahrung der gepfändeten Tiere oder über die Annahme und Verwahrung eines anderen geeigneten Pfandes vorläufige Festsetzung zu treffen. Gegen diese Festsetzung ist ein Rechtsmittel nicht zulässig.

§ 84. Der Bescheid der Ortspolizeibehörde ist dem Beteiligten zu eröffnen. Innerhalb einer Frist von zehn Tagen nach der Eröffnung steht jedem Teile die Klage bei dem Kreisausschusse, in Stadtkreisen und in den zu einem Landkreise gehörigen Städten mit mehr als zehntausend Einwohnern bei dem Bezirksverwaltungsgerichte zu. Auch hier findet die Vorschrift des § 83 Absatz 1 Anwendung. Die Entscheidungen des Kreisschusses und des Bezirksverwaltungsgerichts sind endgültig.

§ 85. Ist durch eine rechtskräftige Entscheidung die Pfändung aufrecht erhalten, so läßt die Ortspolizeibehörde die gepfändeten oder in Pfand gegebenen Gegenstände nach ortsüblicher Bekanntmachung öffentlich versteigern.

Bis zum Zuschlage kann der Gepfändete gegen Zahlung eines von der Ortspolizeibehörde festzusetzenden Geldbetrages, sowie der Versteigerungskosten die gepfändeten oder in Pfand gegebenen Gegenstände einlösen.

§ 86. Der Erlös aus der Versteigerung oder die eingezahlte Summe dient zur Deckung aller entstandenen Kosten, sowie der Ersatzgelder.

Zur Deckung des Schadensersatzes dient der Erlös oder die eingezahlte Summe nur, wenn der Anspruch darauf innerhalb dreier Monate nach der Pfändung geltend gemacht ist.

Der nach Deckung der zu zahlenden Beträge sich ergebende Rest wird dem Gepfändeten zurückgegeben. Ist dieser seiner Person oder seinem Aufenthalte nach unbekannt, so wird der Rest der Armenkasse des Ortes, in welchem die Pfändung geschehen ist, ausgezahlt. Innerhalb dreier Monate nach der Auszahlung kann der Gepfändete den Rest zurückverlangen.

V.

Auszug aus den Bestimmungen

über Vorbereitung und Anstellung für den Königl. Preußischen Forstschutzdienst

vom 1. Oktober 1905.

I. Allgemeine Grundzüge.

§ 1. 1. Einen Anspruch auf Anstellung als Förster oder Beschäftigung als Forsthilfsaufseher im Staatsdienste*) haben nur diejenigen Personen, die die Forstanstellungsberechtigung gemäß den nachstehenden Bestimmungen erlangt haben.

2. Die gleiche Berechtigung ist erforderlich für solche Forstbeamtenstellen der Gemeinden und Anstalten, die ein Jahreseinkommen von mindestens 750 Mark, einschließlich des Wertes sämtlicher Nebeneinnahmen, gewähren, aber keine höhere Befähigung erfordern, wie die eines Königlichen Försters.

3. Auch die Königlichen Revierförsterstellen sind vorzugsweise an geeignete Förster zu vergeben.

4. Als Ausweis für die Anstellungsberechtigung gilt der Forstversorgungsschein (siehe auch § 28).

---

*) Dem Forstdienst des Staates wird derjenige im Bereiche der Hofkammer der Königlichen Familiengüter gleichgeachtet. Es wird jedoch auf § 19 des Gesetzes, betreffend die Pensionierung der unmittelbaren Staatsbeamten, vom 27. März 1872 (G. S. S. 268) aufmerksam gemacht. Was in diesen Bestimmungen von den Regierungen gesagt ist, gilt auch für die Hofkammer der Königlichen Familiengüter.

Westermeiers Leitfaden. 12. Aufl.

Die Anstellungsberechtigung wird erworben:
a) durch vorschriftsmäßige forsttechnische Ausbildung,
b) durch volle Erfüllung der zu übernehmenden besonderen Pflichten des Militärdienstes im Jägerkorps (§ 17).

Die forsttechnische Ausbildung erfolgt durch:
α) Unterweisung während der praktischen Lehrzeit (§ 4),
β) einjährigen Besuch einer Königlichen Forstlehrlingsschule (§ 9),
γ) Forstunterricht beim Jägerbataillon (§ 16),
δ) weitere forstliche Beschäftigung und Unterweisung während des Militär-Reserveverhältnisses

und ist nachzuweisen durch das Bestehen zweier Prüfungen (§§ 9, 10 und 23).

II. Die Lehrzeit.

§ 2. Eintritt in die Lehre und ihre Dauer.

1. Die Laufbahn für den Forstschutzdienst beginnt mit einer mindestens einjährigen praktischen Lehrzeit. Der Eintritt in die Lehre darf nicht vor Beginn des 16. Lebensjahres und muß spätestens am 1. Oktober des Kalenderjahres erfolgen, in dem der Bewerber das 18. oder, wenn er die Berechtigung zum einjährig-freiwilligen Militärdienst erworben hat, das 20. Lebensjahr vollendet *).

2. Der Bewerber hat sich drei Monate vor dem beabsichtigten Beginn der Forstlehre bei dem Oberforstmeister des Bezirks, in dem er sich aufhält, oder in dem er in die Lehre treten will, schriftlich anzumelden und dabei vorzulegen:
a) das Geburtszeugnis,
b) ein Unbescholtenheitszeugnis der Polizeibehörde seines Wohnorts,
c) ein Zeugnis eines Oberstabs- oder Stabsarztes, daß er frei von körperlichen Gebrechen und wahrnehmbaren Anlagen zu chronischen Krankheiten ist, ein scharfes Auge mit deutlichem Unterscheidungsvermögen für sämtliche Farben, gutes Gehör, fehlerfreie Sprache hat und eine Körperbeschaffenheit besitzt, die kein Bedenken gegen die künftige Tauglichkeit zum Militärdienst begründet **).

---

*) Bezüglich der Bewerber für den Königlichen Forstverwaltungsdienst vergleiche § 6.
**) A. Hinsichtlich der für den Eintritt in die forstliche Lehre erforderlichen Körperbeschaffenheit sind nachstehende Bestimmungen maßgebend
1. Als Minimalmaße für die Körpergröße und den Brustumfang haben zu gelten:

im Alter von:	Körpergröße:	Brustumfang:
15 Jahren	151 cm	70—76 cm
16 „	153 „	73—79 „
17 „	156 „	76—81 „

2. Für die Beurteilung des Sehvermögens ist zu beachten, daß der Dienst des Forstschutzbeamten das Tragen von Augengläsern nicht gestattet, und daß die Sehleistung ohne Verbesserung etwaiger Berechnungsfehler für jedes Auge festzustellen ist.
Wenn krankhafte Veränderungen der inneren Teile der Augen die Sehleistung beeinträchtigen, ist der Antragsteller als untauglich zu bezeichnen. Das rechte Auge muß vollkommen fehlerfrei sein (volle Sehleistung, keine Brechungsfehler). Auf dem linken Auge darf die Sehleistung nicht weniger als ¾ der regelrechten betragen. Kurzsichtigkeit auf dem linken Auge, bei welcher der Fernpunktsabstand 70 cm oder weniger beträgt, schließt vom Eintritt in die Forstlehre aus.
3. Beide Ohren müssen regelrechte Hörweite besitzen.
4. Die Sprache muß fehlerfrei sein.
5. Die in der Anlage 1 A der Heerordnung vom 22. November 1888, Neudruck 1904, verzeichneten Fehler machen der Mehrzahl nach zur Aufnahme ungeeignet, wenn sie nicht sehr unbedeutend sind oder sich noch beheben lassen.
B. Zur Erlangung des militärärztlichen Zeugnisses haben sich die Bewerber mit ihren Gesuchen rechtzeitig an das nächste Bezirkskommando zu wenden, welches die direkte Zustellung des Zeugnisses an den Oberforstmeister desjenigen Bezirks, in dem der Bewerber sich anmelden will, veranlassen wird.

Vorbereitung für den Forstschutzdienst.

d) Zeugnisse der besuchten Schulanstalten oder der Lehrer über seine Schulbildung, insbesondere darüber, daß er bis zur gegenwärtigen Meldung einen stetigen Schulunterricht genossen oder seit dem Abgang von der Schule seine Fortbildung ununterbrochen betrieben hat,
e) einen selbstgeschriebenen Lebenslauf.

3. Der Bewerber wird hinsichtlich seiner Schulbildung zum Eintritt in die Lehre ohne weiteres als geeignet erachtet:

a) wenn er das Zeugnis der wissenschaftlichen Befähigung für den einjährig-freiwilligen Militärdienst erworben,
b) wenn er durch den Besuch einer höheren Schule (Gymnasium, Progymnasium, Realgymnasium, Realprogymnasium, Ober-Realschule, Realschule, höhere Bürgerschule) die Reife für die Tertia (bezw. an höheren Bürgerschulen für die dritte Klasse) erreicht hat.
c) wenn er die dritte Klasse einer nach den Lehrplänen vom 3. II. 1910 eingerichteten neunklassigen Mittelschule mit Erfolg besucht hat.

4. Genügt der Bewerber den Bedingungen zu a—c nicht, so hat er sich einer besonderen Prüfung in den Schulkenntnissen zu unterziehen.

5. Ist eine Prüfung nicht erforderlich, so benachrichtigt der Oberforstmeister den Bewerber davon, daß er die Befähigung zum Eintritt in die Forstlehre nach Maßgabe dieser Bestimmungen nachgewiesen hat. Wird eine Prüfung nötig, so kann der Oberforstmeister einen Regierungs- und Forstrat oder einen Oberförster*) des Bezirks mit deren Ausführung beauftragen.

6. Die Prüfung soll feststellen, ob der Bewerber befähigt ist, Gedrucktes und Geschriebenes geläufig richtig zu lesen, seine Gedanken über eine einfache Aufgabe in einem kurzen Aufsatze verständlich und ohne erhebliche Fehler in der Rechtschreibung mit gut leserlicher Handschrift niederzuschreiben und in den vier Spezies, sowie in der Regeldetrie mit benannten und unbenannten Zahlen, ferner mit einfachen und Dezimalbrüchen geläufig und richtig zu rechnen.

7. Ist das Ergebnis genügend, so läßt der Oberforstmeister dem Bewerber die vorgedachte Benachrichtigung zugehen.

8. Ist das Ergebnis nicht genügend, so bemerkt solches der Oberforstmeister auf dem letzten Schulzeugnisse. Die Meldung zur Wiederholung der Prüfung kann nach Ablauf von neun Monaten erfolgen, wenn nach Maßgabe des Alters des Bewerbers die Zulassung zur Forstlehre dann noch statthaft ist.

§ 3. Wahl des Lehrherrn.

1. Die praktische Lehrzeit kann, insoweit sie länger als ein Jahr dauert, bei jedem vom Regierungs- und Forstrat und Oberforstmeister des Bezirks zur Annahme eines Lehrlings ermächtigten, im praktischen Forstdienste des Staates, der Gemeinden, öffentlichen Anstalten oder Privaten angestellten Forstbeamten zurückgelegt, muß aber während des letzten Jahres vor Eintritt in die Forstlehrlingsschule (§ 8) bei einem Staatsoberförster oder bei einem vom Regierungs- und Forstrat und Oberforstmeister des Bezirks zur Ausbildung von Lehrlingen ermächtigten verwaltenden Beamten des Gemeinde-, Anstalts- oder Privatforstdienstes zugebracht werden.

---

*) Zu den „Oberförstern" im Sinne dieser Bestimmungen gehören auch die den Titel „Forstmeister" führenden Revierverwalter.

2. Jeder Forstbeamte, der einen Lehrling annehmen will, hat die schriftliche Annahme-Genehmigung für jeden einzelnen Fall bei dem Regierungs- und Forstrat und dem Oberforstmeister des Bezirks einzuholen. Dem Antrage sind die im § II₄, unter a bis e erwähnten Schriftstücke und die im § 2, Absatz 5 und 7 vorgeschriebene Benachrichtigung eines Oberforstmeisters beizufügen.

3. Im Versagungsfalle ist die Berufung an den Oberlandforstmeister statthaft, dessen Entscheidung endgültig ist. Dieser entscheidet auch, wenn Regierungs- und Forstrat und Oberforstmeister über Genehmigung oder Versagung sich nicht einigen können.

§ 4. Zweck der praktischen Lehrzeit.

Zweck der praktischen Lehrzeit ist, daß der Lehrling sich durch lebendige Anschauung und praktische Übung mit dem Walde und den beim Forstbetriebe vorkommenden Arbeiten bekannt macht, insbesondere an den Forstkulturarbeiten, der Waldpflege, den Arbeiten in den Holzschlägen, am Forstschutze und an der weidmännischen Ausübung der Jagd sich fleißig beteiligt, die einheimischen Bäume und die wichtigsten Sträucher, die Lebensweise der Jagdtiere und der sonstigen für den Wald wichtigen Tiere, namentlich auch der nützlichen und schädlichen Vögel und Insekten kennen lernt, in den schriftlichen und Rechnungsarbeiten im Bureau der Oberförsterei sich ausbildet, einfache Vermessungs- und Nivellierungsarbeiten ausführen hilft und mit den Gesetzen und Verordnungen über Forstdiebstahl, Forst- und Jagdpolizei und Handhabung des Forst- und Jagdschutzes sich bekannt macht.

§ 5. Pflichten des Lehrherrn und des betreffenden Regierungs- und Forstrats.

1. Eine dem Zwecke der Lehrzeit entsprechende sorgfältige und gründliche Anleitung, Unterweisung und Beschäftigung der Lehrlinge gehört zu den wichtigsten Dienstobliegenheiten der Forstbeamten. Die Lehrzeit soll insbesondere dazu dienen, die sittliche Erziehung des Lehrlings, namentlich durch gutes Beispiel des Lehrherrn, zu fördern, ihn an Gehorsam, Pünktlichkeit, Ausdauer und das Ertragen körperlicher Anstrengungen zu gewöhnen und Lust und Liebe für den Wald und für seinen künftigen Beruf in ihm zu wecken.

2. Über die Ausbildung und Führung der von den untergebenen Forstschutzbeamten angenommenen Lehrlinge hat der Revierverwalter besondere Aufsicht zu führen. Zu diesem Zweck steht es ihm zu, über die Art der Beschäftigung der in seinem Verwaltungsbezirk sich aufhaltenden Lehrlinge Bestimmung zu treffen und ihnen unmittelbar Anweisungen und Aufträge zu erteilen.

3. Der Regierungs- und Forstrat ist verpflichtet, nicht nur von dem Gange der Fortbildung sämtlicher Lehrlinge seines Bezirks Kenntnis zu nehmen, sondern auch am Schlusse der Lehrzeit erforderlichenfalls durch eine Prüfung sich über den Grad der Ausbildung, die der Lehrling erlangt hat, ein Urteil zu verschaffen; er kann zu diesen Zwecken den Lehrling an einen geeignet gelegenen Prüfungsort berufen.

4. Zeigt sich ein Lehrling wegen unsittlicher Führung, Ungehorsam, Unzuverlässigkeit oder nach seiner körperlichen Beschaffenheit oder aus sonst einem Grunde ungeeignet für den Forstdienst, so hat der Lehrherr ihn aus der Lehre zu entlassen.

Vorbereitung für den Forstschutzdienst.

5. Auch gegen den Willen des Lehrherrn kann die Entlassung sowohl durch den Regierungs= und Forstrat, als auch durch den Oberforstmeister ange=ordnet werden.

§ 7. **Anmeldung der Lehrlinge zur Forstlehrlingsschule.**

In der Zeit vom 1. bis 5. Juni des Jahres, in welchem der Lehrling bis zum 1. Oktober seine praktische Lehrzeit vollendet haben wird, hat der Lehrherr das Nationale des Lehrlings nach dem beiliegenden Muster A an den Regierungs= und Forstrat des Bezirks einzureichen. In dem Nationale ist anzugeben, welcher Forstlehrlingsschule der Lehrling in erster Linie und, da die Berücksichtigung dieses Wunsches möglicherweise nicht stattfinden kann, in zweiter Linie zugewiesen werden möchte.

§ 8. **Aufnahme auf der Forstlehrlingsschule.**

Die Aufnahme der Lehrlinge auf der Forstlehrlingsschule erfolgt am 1. Oktober. Aufnahmefähig sind nur solche Lehrlinge, die spätestens im Oktober des Aufnahme=jahres das 17. Lebensjahr vollenden, anderseits ist die Aufnahme nicht mehr zu=lässig nach dem 1. Oktober des Jahres, in dem der Lehrling das 20., oder wenn er die Berechtigung zum einjährig=freiwilligen Dienst erworben hat, das 21. Lebens=jahr vollendet (s. Anlage 1).

§ 9. **Unterricht auf der Forstlehrlingsschule und Jägerprüfung.**

1. Die Ausbildung der Lehrlinge auf der Forstlehrlingsschule dauert im allgemeinen ein Jahr. Zeigt sich ein Lehrling wegen unsittlicher Führung, Un=gehorsam, Unzuverlässigkeit oder nach seiner körperlichen Beschaffenheit oder aus sonst einem Grunde ungeeignet für den Forstdienst, so ist er aus der Forstlehre zu entlassen.

2. Im Monat September haben sich die Zöglinge der Forstlehrlingsschule der Jägerprüfung zu unterwerfen.

§ 10. **Ausführung der Prüfung.**

1. Die Prüfung soll feststellen, welche allgemeine Bildung in Beziehung auf Lesen, Schreiben, Rechnen, Botanik, Zoologie, Naturlehre und Abfassung kurzer Aufsätze die Lehrlinge besitzen, welchen Grad von Vorbildung in bezug auf Waldbau, Forstschutz, Forstbenutzung, Jagd und welches Maß von Kenntnissen in Beziehung auf die Forstdiebstahls=, Forstpolizei= und Jagdgesetzgebung, soziale Gesetzgebung, sowie auf die Vorschriften der Försterdienstinstruktion sie sich ange=eignet haben.

2. Für jede Forstlehrlingsschule wird vom Oberlandforstmeister ein Prüfungs=ausschuß ernannt, der nach den bestehenden Prüfungsvorschriften die Lehrlinge teils im Zimmer schriftlich und mündlich, teils im Walde zu prüfen und das Ergebnis der Prüfung und unter Benutzung der Beurteilung: sehr gut — gut — genügend — festzustellen hat. Über das Ergebnis der Prüfung sind Bescheide auszustellen.

3. Wiederholung der Prüfung ist nur einmal und nur unter der Voraus=setzung gestattet, daß der Prüfungsausschuß sie befürwortet und zugleich der Lehrling nach seinem Lebensalter (§ 14) zur Erdienung von Forstversorgungs=ansprüchen im Jägerkorps noch zugelassen werden kann. Der Forstlehrling kann in diesem Fall mit Genehmigung des Kuratoriums der Forstlehrlingsschule ein

zweites Jahr auf dieser bleiben, oder er hat die praktische Lehre beim bisherigen Lehrherrn fortzusetzen, der die Meldung zu der nächstjährigen Jägerprüfung bei dem Leiter derselben Forstlehrlingsschule bis zum 1. Juni des betreffenden Jahres unter Beifügung eines Führungszeugnisses zu vermitteln hat.

§ 11. **Feststellung des Gesamtergebnisses der Prüfungen.**

1. Von dem Prüfungsausschuß wird dem Oberlandforstmeister und der Inspektion der Jäger und Schützen bis zum 20. September ein Verzeichnis eingereicht, und zwar:
a) der Forstlehrlinge, die die Prüfung bestanden haben,
b) der Forstlehrlinge, die sie nicht bestanden haben,
c) der Forstlehrlinge, die sich ohne ihr Verschulden der Prüfung nicht unterziehen konnten,

2. Forstlehrlinge, die die Prüfung bestanden haben, sind nach den Prüfungsergebnissen und bei gleichen Prüfungsergebnissen nach dem Lebensalter einzuordnen.

3. Der Oberlandforstmeister stellt aus den Prüfungsverzeichnissen aller Forstlehrlingsschulen nach Maßgabe der erlangten Beurteilung eine Gesamtrangliste auf und übergibt diese nebst den Bescheiden (§ 10) bis spätestens 1. Januar der Inspektion der Jäger und Schützen.

4. Die Bewerber für den Königlichen Forstverwaltungsdienst (§ 6) sind nachträglich unter der Annahme einer mit der Beurteilung „Sehr gut" abgeleisteten Prüfung von der Inspektion der Jäger und Schützen in die Gesamtrangliste des Jahrganges einzuordnen, dem sie nach Maßgabe ihres Eintritts beim Militär angehören.

5. Ebenso sind die Lehrlinge, die die Jägerprüfung nach dem Eintritt in den Militärdienst abgelegt haben (§ 12), nach dem Prüfungsergebnis in die Gesamtrangliste ihres Jahrganges einzuordnen.

§ 12. **Anmeldung der auf den Forstlehrlingsschulen befindlichen Lehrlinge zum Militärdienst und ihre ärztliche Untersuchung.**

1. Die Forstlehrlinge haben ihrer Militärpflicht im Jägerkorps zu genügen. Zur Einstellung gelangen nur solche Forstlehrlinge, die die Jägerprüfung auf der Forstlehrlingsschule bestanden haben, jedoch können auch diejenigen Lehrlinge eingestellt werden, die sich der Jägerprüfung infolge von Krankheit oder aus ähnlichem unverschuldeten Anlaß nicht unterziehen konnten. Solche Lehrlinge sind bis zum 1. Juni des folgenden Jahres unter Beifügung der Personalakten von der Inspektion der Jäger und Schützen dem Oberlandforstmeister zur Jägerprüfung namhaft zu machen, der der Inspektion Zeit und Ort der Prüfung für die einzelnen Lehrlinge mitteilt. Die Lehrlinge sind zur Ablegung der Jägerprüfung zu beurlauben, deren Ergebnis der Oberlandforstmeister der Inspektion der Jäger und Schützen mitteilt. Um die Einstellung herbeizuführen, hat der Leiter der Forstlehrlingsschule die ihm vom Minister für Landwirtschaft, Domänen und Forsten zugestellten Nationale der Lehrlinge mit den entsprechenden Zusätzen zu versehen und, gegebenenfalls mit dem Berechtigungsschein zum einjährig-freiwilligen Dienste, bis spätestens zum 1. Februar jedes Jahr der Inspektion der Jäger und Schützen zu Berlin einzureichen. Diese veranlaßt darauf die Untersuchung der Lehrlinge durch die Ober-Ersatzkommission. Außerdem hat der Leiter der Forst=

lehrlingsschule den Lehrling in der Zeit vom 15. Januar bis 1. Februar bei der Ortsbehörde behufs Herbeiführung der Untersuchung durch die Ersatz-Kommission anzumelden und seine Vorstellung bei dieser nach Maßgabe der öffentlich bekannt gemachten Gestellungstermine ohne weitere Aufforderung zu veranlassen.

2. Forstlehrlinge, die die Ersatz-Kommission als „zu schwach" bezeichnet, werden der Untersuchung durch die Ober-Ersatzkommission gleichwohl unterworfen.

3. Bis zum 10. Oktober hat der Leiter der Forstlehrlingsschule die Personalakten des Lehrlings (§ 7, Absatz 4) dem Jäger-Bataillon zuzustellen, in das der Lehrling eintreten soll, und welches dem Leiter der Forstlehrlingsschule rechtzeitig von der Inspektion der Jäger und Schützen bezeichnet werden wird. Ist der Lehrling nicht für einstellungsfähig befunden, so sind die Personalakten dem Leiter der Forstlehrlingsschule zurückzugeben.

4. Wird der Lehrling vom Militärdienst zurückgestellt, so hat er nach Ablegung der Jägerprüfung die praktische Lehre fortzusetzen. Seine Personalakten sind in diesem Falle dem Lehrherrn zu übergeben. Er kann von dem Regierungs- und Forstrat zwar zur Übernahme einer Beschäftigung im Forstdienste beurlaubt werden, verbleibt aber auch dann unter der Aufsicht des bisherigen Lehrherrn. Der Lehrherr hat das Nationale des zurückgestellten Lehrlings neu aufzustellen, die Äußerung mit den entsprechenden Zusätzen zu versehen und beide Schriftstücke in den nächsten Jahren so lange dem Regierungs- und Forstrat einzureichen, bis der Lehrling entweder zur Einstellung beim Jägerkorps gelangt oder eine anderweitige endgültige Entscheidung über sein Militärverhältnis erhält oder seines Alters wegen (§ 14) zur Erdienung von Forstversorgungsansprüchen im Jägerkorps nicht mehr zugelassen werden kann.

5. Falls ein Lehrling seinen Aufenthaltsort verändert, nachdem das Nationale aufgestellt und bevor die Musterung vor der Ober-Ersatzkommission erfolgt ist, hat der Lehrherr den Ort und Kreis des neuen Aufenthalts unverzüglich der Inspektion der Jäger und Schützen anzuzeigen.

§ 14. Zeitpunkt der Einstellung in den Militärdienst.

Die Einstellung der Lehrlinge in den Militärdienst des Jägerkorps erfolgt in der Regel im Oktober. Es dürfen nur solche Lehrlinge eingestellt werden, die spätestens im Oktober des Einstellungsjahres das 18. Lebensjahr vollenden. Andererseits ist die Einstellung nicht mehr zulässig nach dem allgemeinen Einstellungstermin des Kalenderjahres, in dem der Lehrling das 21., oder wenn er die Berechtigung zum einjährig-freiwilligen Militärdienste erworben hat, das 22. Lebensjahr vollendet. Für die im § 6 bezeichneten Lehrlinge kann der Eintritt bis zum 1. Oktober desjenigen Jahres hinausgeschoben werden, in dem der Bewerber das 23. Lebensjahr vollendet.

§ 15. Einstellung in den Truppenteil.

Die zur Einstellung in den Militärdienst als tauglich befundenen Forstlehrlinge werden von der Inspektion der Jäger und Schützen den Jäger-Bataillonen*) zugeteilt und erhalten Gestellungsbefehle, denen sie pünktlich Folge zu leisten haben.

---

*) Zu den Jäger-Bataillonen im Sinne dieser Bestimmungen gehört auch das Garde-Schützen-Bataillon, nicht aber das Mecklenburgische Jäger-Bataillon Nr. 14.

§ 16. Forstlicher Unterricht bei dem Jäger-Bataillon.

Die gemäß § 15 eingestellten Jäger haben drei Jahre, die Einjährig-Freiwilligen ein Jahr bei der Fahne zu dienen und werden auch während des aktiven Militärdienstes durch forstlichen Unterricht im Zimmer und Unterweisung im Walde fortgebildet. Die zu diesem Zwecke für die Jäger-Bataillone erforderlichen forstlichen Lehrer und Lehrmittel werden von der Forstverwaltung beschafft, soweit nicht für die außerhalb Preußens stehenden Jäger-Bataillone hierüber besondere Vereinbarungen bestehen und nicht die Lehrkräfte durch Kommandierung von Offizieren des Reitenden Feldjäger-Korps zur Verfügung stehen.

Wegen Unterweisung im Walde durch Anschauungs-Unterricht bei Gelegenheit von forstlichen Ausflügen und Teilnahme an den Waldarbeiten wird das Erforderliche zwischen der Militär- und Forstverwaltung vereinbart.

§ 17. Verpflichtung der Jäger zur Klasse A.

1. Am Schlusse jeder Unterrichtsperiode überzeugt sich der Oberforstmeister des Bezirks in Gegenwart des Bataillonskommandeurs an einem mit dem Jäger-Bataillon vereinbarten Tage von den Erfolgen des Unterrichts und stellt für jeden der im dritten Jahre, sowie der als Einjährig-Freiwillige dienenden Jäger das Ergebnis fest, das in den Personalakten des Jägers vermerkt wird.

2. Jäger, deren Führung oder Eifer im Unterricht als tadelnswert oder deren Leistungen als unbefriedigend zu bezeichnen sind, haben je nach dem Maß ihrer Vernachlässigung entweder den Verlust ihres auf Grund der Jägerprüfung erhaltenen Platzes in der Gesamtrangliste oder außerdem Zurückstellung von der Verpflichtung zur Klasse A (vergl. Absatz 4) oder Streichung in der Liste der gelernten Jäger zu gewärtigen. Jäger, die ihren Platz in der Gesamtrangliste verloren haben, sind unter sich nach Maßgabe des Ausfalls der Jägerprüfung am Ende der Gesamtrangliste ihres Jahrganges neu zu ordnen.

3. Dementsprechende Anträge sind vom Oberforstmeister dem Oberlandforstmeister einzureichen, der die Abänderung der Gesamtrangliste durch die Inspektion der Jäger und Schützen veranlaßt.

4. Die gelernten Jäger, mit Ausnahme der wegen Vernachlässigung im forstlichen Unterricht zurückgestellten, werden sodann, sofern sie sich fortgesetzt befriedigend führen, im dritten, wenn sie als Einjährig-Freiwillige dienen, im ersten Dienstjahre auf ihren Antrag mittels einer Verhandlung nach Muster C zu einer im ganzen zwölfjährigen Dienstzeit im Jägerkorps verpflichtet. Diese Dienstzeit ist gewöhnlich in der Reserve, jedoch mit der Verpflichtung abzuleisten, bis zur Erlangung des Forstversorgungsscheines auch im Frieden, und zwar bis zu einer im ganzen achtjährigen Anwesenheit bei der Fahne zur Verfügung zu stehen. Die zum Fortdienen als aktive Oberjäger in Aussicht genommenen Jäger verpflichten sich zu neunjährigem aktiven Dienst. Gelernte Jäger können auch über die aktive Dienstzeit hinaus bei der Fahne zurückbehalten werden, ohne daß sie gemäß vorstehender Bestimmung verpflichtet sind, oder daß eine Kapitulation mit ihnen eingegangen ist.

5. Die Verpflichteten werden durch Vollziehung der Verhandlung in die Jägerklasse A aufgenommen und erlangen die Aussicht, seinerzeit im Forstschutzdienste angestellt zu werden.

6. Die derartig übernommene Verpflichtung kann nicht einseitig durch den Jäger, sondern nur unter Zustimmung der Inspektion der Jäger und Schützen

wieder aufgehoben werden. Sollte ein Jäger die Aufhebung wünschen, so hat er dies nach anliegendem Muster D der Kontrollstelle, oder wenn er sich noch bei der Truppe befindet, der Jäger-Kompagnie zu Protokoll zu erklären.

§ 18. **Beurlaubung der Reserve. Anmeldung bei einer Regierung.**

1. Die Jäger der Klasse **A***) werden bei bewährter Zuverlässigkeit, sofern sie eine berufsmäßige Beschäftigung (§ 20) nachzuweisen vermögen, zur Reserve beurlaubt. Die Beurlaubung erfolgt mit dem Ablauf des dritten, für die Einjährig-Freiwilligen des ersten Dienstjahres, soweit die Jäger nicht etwa zum Fortdienen als aktive Oberjäger in Aussicht genommen sind oder aus anderen Gründen bei der Fahne zurückbehalten werden.

2. Gegen Ende ihres letzten aktiven Dienstjahres**) erhalten die Jäger von ihrem Bataillon eine nach Muster E auszustellende Bescheinigung. Sie sind verpflichtet, sich vor Ablauf dieses Dienstjahres unter Beifügung jener Bescheinigung bei einer Regierung***) zu forstlicher Beschäftigung anzumelden.

3. Jägern, die Aussicht haben, alsbald im Gemeinde-, Anstalts- oder Privatdienst eine berufsmäßige Beschäftigung zu erhalten, und diese anzunehmen wünschen, bleibt es unbenommen, dies bei ihrer Meldung anzuzeigen.

4. Die Regierung hat jeden sich rechtzeitig meldenden Jäger der Klasse A sofort zu notieren.

5. Die notierten Jäger werden, soweit sich hierzu Gelegenheit bietet, im Königlichen Forstdienste berufsmäßig (§ 20) gegen Gewährung der zulässigen Besoldung nach Maßgabe ihrer Befähigung und tunlichst fortdauernd beschäftigt. Unter gleich geeigneten Jägern ist dem früher notierten der Vorzug zu geben, doch können diejenigen, die im Gemeinde-, Anstalts- oder Privatdienste eine berufsmäßige Beschäftigung anzunehmen wünschen, übergangen werden.

6. Die Regierung wird nach der Notierung unverzüglich den Jäger bescheiden, ob er sogleich nach seiner Beurlaubung aus dem Militärdienste eine Beschäftigung im Königlichen Forstdienste finden wird oder nicht.

7. Unmittelbar nach ihrer Beurlaubung zur Reserve haben die Jäger den Militärpaß und das Militärführungszeugnis der Regierung, bei der sie sich angemeldet haben, einzureichen; diese bemerkt auf dem Militärpasse, daß und wann die Meldung bei ihr erfolgt ist, und stellt den Jägern den Militärpaß und das Militärführungszeugnis baldigst wieder zu.

§ 21. **Verpflichtung zur Annahme einer angebotenen Beschäftigung im Staatsforstdienste.**

1. Die Reservejäger sind verpflichtet, jede ihnen von der Regierung, bei der sie notiert sind, angebotene Beschäftigung, einschließlich des Dienstes in den vom Staate verwalteten Stiftsforsten, mit der für ihr Dienstalter bestimmten Besoldung anzunehmen.

---

*) Unter den Jägern und Reservejägern der Klasse A sind im nachstehenden in der Regel die Oberjäger (einschließlich der Sergeanten, Vizefeldwebel und Feldwebel) der Klasse A inbegriffen, sofern nicht für diese besondere Bestimmungen getroffen sind.

**) Der Zeitpunkt der Ausgabe dieser Bescheinigung richtet sich nach der Erledigung der Verpflichtungs-Eingaben, liegt zwischen dem 20. August und 1. September und wird für alle Bataillone gleichmäßig alljährlich von der Inspektion der Jäger und Schützen festgesetzt.

***) Wünscht ein Jäger in Elsaß-Lothringen beschäftigt zu werden, so hat er die Meldung an eines der Bezirks-Präsidien daselbst zu richten.

2. Zur Beschäftigung im Staatsforstdienste gehört auch die als Schreibgehilfe eines Königlichen Oberförsters; hierbei ist jedoch eine das Dienstalters-Einkommen um 6 Mark monatlich übersteigende Besoldung zu zahlen und dafür zu sorgen, daß die Jäger gleichzeitig im praktischen Forstdienste beschäftigt werden.

3. Die freie Station, die von einem Königlichen Oberförster dem von ihm als Schreibgehilfe beschäftigten Reservejäger gewährt wird, kommt mit 30 Mark auf die monatliche Besoldung in Anrechnung.

4. Die im Staatsforstdienste beschäftigten Jäger können jederzeit innerhalb des Bezirkes, in dem sie notiert sind, versetzt werden.

5. Werden die Jäger im Staatsforstdienste nicht beschäftigt, so haben sie das Recht, bis zu ihrer Einberufung eine Beschäftigung im Gemeinde-, Anstalts- oder Privatdienste anzunehmen; zur Übernahme einer solchen können sie auf ihren Antrag auch von der Regierung aus einer Beschäftigung im Staatsforstdienst entlassen werden.

§ 22. Übergang in einen anderen Bezirk.

1. Der Minister für Landwirtschaft, Domänen und Forsten kann die Reservejäger, gleichviel, ob sie im Staatsforstdienste beschäftigt sind oder nicht, einem anderen Regierungsbezirke zur Notierung und Beschäftigung überweisen.

2. Auch haben die Reservejäger die Befugnis, sich bei der Regierung, bei der sie notiert sind, abzumelden und bei einer anderen Regierung notieren zu lassen. Zu einem derartigen Übergange bedürfen sie nur dann der Genehmigung der erstgenannten Behörde, wenn sie eine Beschäftigung im Staatsforstdienste innehaben oder ihnen eine solche angeboten worden ist. Diese Behörde hat, wenn die Abmeldung zulässig ist, auf dem Militärpasse oder, wenn dieser noch nicht eingereicht ist, dem Militärführungszeugnis (§ 18, Absatz 2) der Jäger die Abmeldung zu notieren, da vorher die Anmeldung von einer anderen Regierung nicht angenommen werden darf.

§ 23. Die Försterprüfung.

1. Die Reservejäger der Klasse A haben im Bezirke der Regierung, bei der sie notiert sind, nach Vollendung des achten, aber vor Ablauf des elften Dienstjahres die Försterprüfung abzulegen. Wenn besondere Umstände dies erwünscht machen, kann die Regierung die Försterprüfung so weit hinausschieben, daß die Anstellung als Förster unmittelbar folgt. Äußerstenfalls kann die Prüfung mit einer Anstellung auf Probe verbunden werden.

2. Aktive Oberjäger der Klasse A (§ 26) brauchen sich der Försterprüfung nicht vor dem Ausscheiden aus dem Militärdienste zu unterwerfen.

3. Korpsjäger, die auf Grund des § 26, a oder c den Forstversorgungsschein erhalten, bevor sie die Försterprüfung abgelegt haben, sind nachträglich zu dieser Prüfung heranzuziehen.

4. Zweck der Prüfung ist, festzustellen, ob die Jäger die Eigenschaften, Kenntnisse und Fertigkeiten besitzen, die von einem Förster verlangt werden müssen.

5. Die Prüfung besteht in einer mindestens sechsmonatigen, in die Hiebs- und Kulturzeit zu legenden Beschäftigung als Hilfsaufseher und demnächst in einer mündlichen und schriftlichen Prüfung nach Maßgabe der darüber von dem Minister für Landwirtschaft, Domänen und Forsten erlassenen Prüfungsvorschriften.

6. Der Oberforstmeister ist befugt, von der sechsmonatigen Beschäftigung als Hilfsaufseher den Prüfling zu entbinden, wenn dieser bereits eine in jeder

Beziehung vorzügliche Tüchtigkeit und Zuverlässigkeit durch Leistungen während längerer Beschäftigung im Staats-, Gemeinde- oder Anstalts-Forstdienste erwiesen hat.

7. Die Prüfung ist in einer Königlichen Oberförsterei abzulegen. Der Oberforstmeister kann unter Umständen auch genehmigen, daß sie in einer Gemeinde- oder Anstaltsforststelle abgehalten wird. Auch darf die Prüfung in einer geeigneten Privatforststelle stattfinden, sofern es möglich ist, die Prüflinge hier bezüglich ihrer Leistungen und ihres gesamten Verhaltens gehöriger Aufsicht zu unterstellen.

8. Wenn ein zur Prüfung heranstehender Jäger bei einer anderen Regierung beschäftigt ist oder sich im Bezirk einer anderen Regierung aufhält, als der, bei der er notiert ist, so bleibt es der letzteren überlassen, diese Regierung um Ausführung der Prüfung anzugehen.

9. Ebenso kann von der Einberufung forstversorgungsberechtigter Anwärter, die im Privat- und Kommunalforstdienste von Elsaß-Lothringen beschäftigt sind, zur Ablegung der Försterprüfung Abstand genommen werden, sofern sich die reichsländische Forstverwaltung auf Ersuchen der Regierung, bei der die Notierung der Jäger stattgefunden hat, bereit erklärt, deren Prüfung in ihren derzeitigen Dienststellungen abzuhalten.

10. Der Oberforstmeister wählt das Prüfungsrevier aus und bestimmt die Zeit der Prüfung nach Maßgabe der sich zur Beschäftigung der Prüflinge bietenden Gelegenheit und der sonstigen Verhältnisse.

11. Der Aufforderung zur Ablegung der Prüfung hat der Prüfling pünktlich Folge zu leisten.

12. Wird die Prüfung in einer Königlichen Oberförsterei erledigt, so sind dem Prüflinge während der Prüfungszeit die seinem Dienstalter entsprechenden Tagegelder und das zulässige Brennmaterial zu gewähren. Hin- und Rückreise werden nicht vergütet.

13. Hat zwar die Prüfungsbeschäftigung, aber nicht die gesamte Prüfung ein genügendes Ergebnis gehabt, so kann die mündliche und schriftliche Prüfung einmal, aber nur binnen Jahresfrist wiederholt werden.

14. Über Ausführung und Ergebnis der Försterprüfung hat die Regierung auf dem Militärpasse bezw. dem Forstversorgungsscheine (Absatz 2 dieses Paragraphen) einen kurzen Vermerk zu machen.

§ 24. Entlassung eines Jägers aus der Klasse A.

1. Meldet sich ein Jäger der Klasse A nicht vor Ablauf seines letzten aktiven Dienstjahres bei einer Regierung (§ 18), oder lehnt er es ab, eine ihm angebotene Beschäftigung im Staatsforstdienste zu übernehmen (§ 21), oder scheidet er aus einer solchen ohne Genehmigung der Regierung aus, oder kommt er der Aufforderung zur Ablegung der Försterprüfung nicht nach (§ 23), oder besteht er diese endgültig nicht, so ist er aus der Jägerklasse A zu entlassen.

2. Diese Entlassung kann ferner erfolgen, wenn der Jäger im aktiven Dienst oder im Reserveverhältnis in seinen Leistungen nicht befriedigt oder durch seine Führung zu erheblichem Tadel Anlaß gibt.

3. Erachtet die Regierung die Entlassung eines Reservejägers für erforderlich, so hat sie unter Angabe der Gründe und Beifügung der Personalakten dem betreffenden Jäger-Bataillon hiervon Mitteilung zu machen.

4. Dieses sendet die Akten an die Inspektion der Jäger und Schützen, die im Falle des Einverständnisses die Entlassung des Jägers aus der Jägerklasse A verfügt, dies auf dem Militärpasse und Führungszeugnisse durch das zuständige Bataillon kurz vermerken und hiervon die Regierung benachrichtigen läßt.

5. Erachtet die Inspektion der Jäger und Schützen die Entlassung nicht für begründet, so entscheiden der Kriegsminister und der Minister für Landwirtschaft, Domänen und Forsten gemeinschaftlich.

6. Wird ein Jäger der Klasse A dauernd feld- und garnisondienstunfähig oder auch nur dauernd felddienstunfähig, so scheidet er aus dem Militärverhältnisse aus und verliert, vorbehaltlich des etwaigen Anspruchs auf Zivilversorgung, seine Forstversorgungsansprüche, falls ihm diese nicht in den im § 26 angegebenen Fällen belassen werden.

Alphabetisches Register.

(Die Zahlen bedeuten die Seiten.)

Aal	31	
Aaskäfer	41	
Abendröte	141	
Abfangen des Wildes	390	
Abfedern des Wildes	391	
Ablage	345	
Abnicken	390	
Abnutzungssatz	370	
Abraum	358	
Abräumungsschlag	153	
Abschätzungswert	370	
Abschläge	347	
Abschußfestsetzung	405	
Abstecken von Linien	94	
Abteilung	369	
Abtriebsschlag	153	
Abwägen des Gefälls	103	
Abzähltabelle	343	
Abzugsgräben	265	
Ackertannen	270	
Adler	19	
Adventivbildungen	53	
Adventivknospen	54, 155	
Aecidium elatinum	271	
Agaricus melleus	270	
Ähre	51	
Äsche	31	
Akazie	240	
Alemanns Klapp-pflanzung	235	
Alemanns Pflug	243	
Alemanns Schuppen	160	
Alerssche Flügelsäge	210, 304	
Alluvium	118, 119	
Ameisenkäfer	40	
Ameisenlöwe	42	
Amphibien	9	
Anbruchholz	326	
Anflug	144	
Ankeimen	160	
Ankohlen	323	
Anschlagmaß	91	
Anschuß	377	
Ansitz	400	
Anstand	400	
Anobium	322	
Äquatorialstrom	141	
Arbeiterversicherung	327	
Arvicola	14	
Aststreu	361	
Astwunden	209	
Ästungen		
Auerhuhn	27, 373, 379, 399	
Aufbewahren des Samens	160	
Aufbrechen des Wildes	391	
Auffrieren	258	
Aufschlag	144	
Aufsetzen des Holzes	340	
Ausbauchungsreihen	350	
Auskesseln	336	
Auswerfen d. Wildes	393	
Auszeichnen	152, 208	
Äxte	331	
Baggertorf	127	
Ballenpflanzen	189, 244, 245	
Balzzeit	399	
Bandstab	91	
Bankskiefer	214, 252	
Barometer	140	
Basalt	119	
Bast	48	
Bastkäfer	40, 290	
Bauholz	349	
Baumformzahl	114	
Baumfrüchte	358
Baummarder	13, 382
Baumschlag	326
Baumschwamm	270
Becherfrucht	54
Beerfrucht	54
Beetkultur	226
Befruchtung	50
Beil	331
Bekassine	28, 404
Belauf	370
v. Berlepsch	212
Berechtigungen	3
Berliner Eisen	381
Besamungsschlag	152
Beschlagnahme	308
Beschneiden der Pflanzen	144
Bestand (Begr.)	144
Bestandskarte	370
Bestimmungstabelle der Bäume	57
Bestimmungstabelle der Sträucher	68
Bestreichen gegen Verbiß	200
Betriebsklasse	146
Betriebsregelung	370
Betriebswerk	370
Biber	15
Bibergeil	15
Bienen	38
Bienenschwärmer	37
Bimsstein	119
Binnendünen	213
Birkhuhn	27, 373, 399
Birschgang	401
Blasenrost	219
Blaßweihe	22
Blattkäfer	39, 301

Blattspanner	35,	299
Blausieb		37
Blei (Fisch)		31
Bleimennige		277
Bleisand		148
Blendersaumschlag		148
Blenderwald		147
Bleßhuhn		28
Blitz		140
Block		368
Blutbuche		232
Blütenlose Pflanzen		48
Bockgewehre		374
Bockkäfer	39,	300
Bodenbestimmungstabelle		154
Bodenfeuer		260
Bodeneinschläge		133
Bodenflora		133
Bodengare 151,	153,	211
Bodengüte		134
Bodenklassen		134
Bodenuntersuchung		132
Bonität		143
Bordelaiser Brühe		269
Bordsteine		348
Borke		48
Borkenkäfer 39,	289,	293
Borkenhobel		279
Böschung		131
Boses Nivellierinstrument	104,	346
Bostrichus 39, 293,	295,	296
Böttcherholz		352
Boucheries Verfahren		323
Brachvogel	28,	29
Brachyderes		301
Brandmaus		14
Braunkohle		118
Brennholz		356
Brennkraft		324
Brunftzeit		395
Brunftzwang		392
Buchdrucker		293
Buchenkeimlingspilz		232
Buchenprachtkäfer		40
Buchtholz		355
Buntspecht		26

Burgstall		388
Bürstenspinner		287
Bürzeldrüse		17
Büschelpflanzung		249
Bussard	21,	22
Cambium		48
Canis		13
Carabus		41
Carya alba		252
Castor		15
Cerambyx		300
Cervus		16
Chamaecyparis	252,	253
Cheimatobia		299
Chermes	42,	296
Chrysomela		301
Cicindela		41
Cleonus		288
Cnethocampa		297
Coleophora		296
Cotta, Heinrich		3
Cryptorhynchus		301
Curculio		286
Cylinder		107
Dachs 13, 373, 386, 389,	394, 398,	401
Dammerbe		128
Damwild 373,	388,	396
Dänische Rollegge		230
Dasselbeule		41
Dasychira		297
Dauer des Holzes		320
Derbholzformzahl		114
Destillation des Holzes		366
Diluvium		118
Diözisch		49
Distrikt		368
Dittmarsche Astscheere		187
Döbel		3
Dohle		24
Dolde		53
Doldentraube	51,	52
Dompfaff		25
Dorn		46
Douglas-Fichte		252
Drechslerholz		358
Drehwuchs		325
Dreieck		87
Dreiecksverband		189

Dreisatzrechnung		76
Drilling		374
Drosseln	24,	373
Duft		139
Duftbruch		139
Dünen		213
Düngung		183
Düngungsversuche		184
Durchforstung		204
Durchforstungsgrad		205
Eccoptogaster	40,	300
Eckertscher Pflug		243
Edelmarder		13
Eichelhäher		23
Eichenniederwald		228
Eichenprozessionsspinner	36,	297
Eichenwickler	34,	300
Eichenwurzeltöter		271
Eichhörnchen		15
Eisbruch		259
Einhäusige Pflanzen		49
Einstufen		226
Einquellen des Samens		163
Eisenbahnschwellen		350
Eisenverbindungen		122
Eisklüfte		325
Eisvogel		25
Elastizität des Holzes		319
Elch	373,	396
Elster		23
Embryo		54
Enten 29, 373,	400,	404
Entwässerung		264
Epidermis		48
Erdflöhe		183
Erdmast		359
Erdwege		347
Erinaceus		14
Erlenrüsselkäfer		301
Ernährungsorgane der Pflanze		43
Erratische Blöcke	119,	212
Ertragsregelung		370
Ertragstafeln		115
Eruptionen	118,	119
Eruptivgesteine		119
Eschenzwieselmotte		236

Alphabetisches Register.

Essigsäure	366	Fledermäuse	12	Ganzholz	350
Eulen (Schmetterlinge)	35	Flemming	3	Gastropacha	278, 298
Eulen (Vögel)	18	Fliegen	41	Geäfter	388, 389, 397
Expansionsgeschoß	374	Flinten	374	Gebräche	397
Expreßbüchse	374	Florfliege	42	Gefällprozent	131
Fährten	387	Flößen	349	Gegenfeuer	263
Falken	20	Flötzgebirge	118	Gemse	15
Fallen	381	Flügelfrucht	54	Geologische Karten	132
Fallkerb	336	Flugsand	121, 213	Geometra	282, 299
Fällungszeit	321, 335	Flußbarsch	31	Geometrie	84
Fangbäume	290, 293, 294	Forelle	31	Geradflügler	42
Fanggräben	264, 287	Forleule	281	Geräusch	392
Fangkloben	288	Formzahl	113	Gerbrinde	356
Fanglöcher	288	Forst (Begriff)	1	Gertenholz	144
Farrenkraut	55	Forstästhetik	211	Geröll	119, 125
Fasan	27, 373	Forstdiebstahl	307	Geschiebe	119
Faschinen	351	Forstgarten	182	Gestelle	368
Fasertorf	127	Forstgeschichte	2	Gestüber	399
Faustmanns Höhenmesser	106	Forstordnungen	2	Gewichte	85
Feierabendholz	331	Forstpolizei	302	Gewicht des Holzes	316
Feldgrille	42	Fortbildungsring	48	Giftlegen	313
Feldhuhn s. Rebhuhn		Fortpflanzungsorgane (Pflanzen)	48	Gipfellohe	228
Feldmaus	14, 276	Fossilien	364	Gips	122
Feldspat	118, 119	Freihändiger Holzverkauf	343	Glanzrinde	228, 356
Feldtreiben	403	Fremdländische Holzarten	251	Glaserholz	354
Felgen	356	Frettchen	13	Glatteis	139
Femelbetrieb	231	Frösche	30	Gliederfüßler	9
Fernrohrbüchse	379	Frost	258	Glimmer	118, 119
Festnahme	312	Frostlöcher	138	Glimmerschiefer	118
Feuerstein	120	Frostrisse	138, 325	Gneis	118
Fichtenbastkäfer	293	Frostspanner	35, 297	Goldafter	37, 298
Fichtenblattwespe	38, 295	Fruchtbeisaat	171, 174	Goldregenpfeifer	29
Fichtenborkenkäfer	293	Fuchs	13, 373, 384, 389, 398, 402	Grand	124
Fichtenkotblattwespe	296	Fuchseisen	381	Grandel	357
Fichtennestwickler	34, 295	Fuchssand	123	Grannen	10
Fidonia piniaria	282	Fuchswitterung	384	Grasnutzung	305, 362
Findlingssteine	212	Füllholz	157	Grapholitha	295
Finken	25	Furchensaat	131, 172	Großer Wurm	300
Fische	30	Furnierholz	354	Graupeln	139
Fischereigesetz	314	Futterlaub	350	Grauwacke	118
Fischereivergehen	314	Gabelweihe	21	Grenzbericht	306
Fischrether	29	Gaiskopf	28	Grenzgräben	306
Fischotter	13, 386, 389, 399	Gallen	38, 42	Grenzzeichen	306
Flächenmaße	84	Gallwespen	38	Grubber	153, 230
Flächenmessung	85	Gänse	30	Grubenholz	350
Flechten	55			Grubenholz-Kubiktabelle	351
Flechtzaun	180			Grundstücksteilung	102
				Gründüngung	184

Alphabetisches Register.

Grünlandsmoor 126
Grünstein 119
Gruppe 220
Grus 124
Habicht 21
Hackers Verschulmaschine 189
Haftpflichtversicherung 329
Hagel 139
Hainen 228
Halbflügler 42
Halbheister 186
Halbholz 350
Halbmast 358
Haliaëtos 19
Hallimasch 251, 270
Handflatterer 12
Handspaltpflanzung 245
Härte des Holzes 317
Hartig, Georg Ludwig 3
Hartschrot 376
Harznutzung 357
Harzgallenwickler 291
Hase 14, 373, 390, 398, 404
Haselhuhn 27
Haubentaucher 29
Hauordnung 330
Hauptnutzung 205
Hausschwamm 321
Haussuchung 311
Hecht 31
Heidemiete 358
Heimchen 42
Heister 186
Heppe 331
Herkunft des Samens 159
Hermelin 13
Herrenlose Tiere 373
Heuschrecke 42
Hexenbesen 271
Heyer 197
Heyers Hohlbohrer 233
Hibernia 299
Hickory 351
Hilfsbeamte der Staatsanwaltschaft 309
Hirsche 16
Hirschkäfer 40
Hirschlausfliege 41

Hochburchforstung 207, 222
Hochlandsmoor 127
Hochwald (Begriff) 145
Höhenmessen 106
Hohe Jagd 373
Hohlbohrer 197
Holzjagd 402
Hornäste 325
Hornblende 119
Hornstein 120
Horst 220
Hügelpflanzung 249
Hühnervögel 26
Humus 125
Hunde 13, 404
Hylesinus 289, 300
Hylobius 286
Hypoderma 41
Hypsometer 106
Ichneumonen 38, 280, 296
Igel 14
Iltis 13, 386, 390, 399
Imprägnieren des Holzes 323
Inhalt von Bäumen 111
Inhalt von Körpern 107
Insekten 31
Insektenfresser 14
Invalidenversicherung 328
Jahrring 47
Jagdbare Tiere 372
Jagdgewehre 374
Jagdordnung 405, 406
Jagdrecht 372
Jagdsprache 394
Japanische Lärche 252
Juglans nigra 252
Junikäfer 41
Juraformation 118
Käfer 39
Kahnknie 337, 355
Kaiseradler 19
Kaliber 375
Kalifeldspat 118
Kalk 122
Kalkpflanzen 133
Kamelhalsfliege 42
Kammerbau 354

Kampfschnepfe 28
Kanadische Pappel 239
Kanalwage 104
Kaninchen 14, 390
Kanzel 400
Kapselfrucht 54
Karausche 30
Karbolsäure 366
Karpfen 30
Kartieren 98, 105
Kastenfalle 382
Katze 13
Kätzchenfrucht 51, 52
Kaulbarsch 31
Käuze 18
Kegel 108
Keile 332
Keilspaten 233, 245
Keimling 54
Keimprobe 164
Keimprozent 164
Kernfrucht 54
Kernlode 221
Kernholz 48, 321
Kernhölzer 316
Kernpflanzen 156
Kernriß 325
Kessel 397
Kesseltreiben 403
Kiebitz 29
Kiefernblattwespe 38, 283
Kiefernbaumschwamm 270
Kieferneule 35, 281
Kiefernmarkkäfer 289
Kiefernritzenschorf 269
Kiefernschwärmer 37, 283
Kiefernspanner 35, 282
Kiefernspinner 36, 278
Kieferntriebwickler 34, 291
Kienzopf 270
Kies 124
Kieselschiefer 120
Kiesgrube 363
Kirrung 384
Klappflanzung 235
Klemmpflanzung 245
Kleiner Wurm 300
Kleidermotte 34
Klettervögel 25

Alphabetisches Register.

Klima 136, 142, 143	Lagerpflanzen 55	Marder 12, 13, 386, 389, 399
Kluppe 115	Längenmaße 84	
Kluppmanual 116	Lankaster-Gewehr 374	v. Manteuffel 249
Knospen 53	Lappenprobe 164	Marienkäfer 39
Knospenschützer 274	Lärchenminiermotte 296	Mark 47
Knüppeldamm 348	Lärchenrindenwickler 296	Markgenossenschaft 2
Köhlerei 365	Lärchenwollaus 296	Markstrahl 47
Kohlhumus 230	Larix leptolepis 252	Maschinentorf 363
Kokon 33	Laßreidel 221	Maserholz 325
Kolkrabe 23	Laßreiser 221	Massenbruch 256
Kompost 169, 182	Laufkäfer 41	Massentafeln 114
Konglomerat 118	Laufvögel 27	Mast 358
Konstruktionslinie 98	Läuse 42	Maulwurf 14
Kontravention 306	Lava 119	Maulwurfsgrille 42, 291
Kontrollbuch 370	Lawsons Zypresse 252	Mäuse 14, 183, 275
Konturfedern 16	Lederhaut 10	Mausererpel 400
Köpfchenblüte 52, 53	Léfaucheur 374	Meiler 365
Kopfholzbetrieb 157	Lehm 121	Meisen 24
Korbweiden 237	Lehmgrube 363	Meisterschulen 3
Kornweihe 22	Leimring 299	Meles taxus 13
Körperlehre 107	Leimschlauch 280	Melolontha 40, 41
Kotyledonen 56	Latte 122	Mennigen des Samens 175, 181
Krahes Käferfalle 301	Lias 118	
Krähen 23	Libelle (Zool.) 41	Mergel 118, 119, 121
Krähengift 276	Libellenfernrohr 104	Merulius lacrymans 321
Kranich 28	Lichtholzarten 217	Meßinstrumente 91
Krankenversicherung 327	Lichtungsbetrieb 222	Metamorphose 32
Krebse 30	Linné 56	Methylalkohol 366
Krebstiere 10	Liparis 292, 298, 299	Milane 21
Kreide 118	Loden 185	Mineralogie 6
Kreis 90	Löfflers Mäusebazillus 276	Mineraldünger 184
Kreuzholz 350		Misteldrossel 24
Kreuzotter 30	Lohe 228	Mitsonnig gedreht 325
Kristallinische Schiefer 118	Lohlöffel 228	Mittelwald 145, 149
Kritisches Alter 308	Lohnzettel 331	Modellstamm 115
Krummholzkiefer 214	Lohschlitzer 228	Moder 125, 128
Krummzahniger Borkenkäfer 296	Lophodermium pinastri 269	Modererde 126
		Moderkäfer 41, 297
Kryptogamen 48, 50, 54, 55	Lophyrus 283, 284	Mondhof 141
	Loshieb 256	Monözisch 49
Kubiktabelle 112	Luft 136	Moor 126
Kuckuck 25	Luftbewegung 141	Moortorf 125
Kunstdünger 183	Luftfeuchtigkeit 138	Moose 55
Künstliches System 55	Luftwärme 137	Mordfalle 382
Kunsttorf 363	Luchs 13	Mordwespen 38
Lachs 31	Mähstreu 361	Morgenröte 141
Lachte 357	Maikäfer 40, 41, 285, 296	Mortzfeldsche Löcher 219
Lage (Exposition) 142	Makadamisierung 348	Motten 34
Lagerholz 358	Malzen des Samens 160	Mullerde 128

Westermeiers Leitfaden. 12. Aufl.

Mus	14	Patronen	374	Prozentrechnung	79
Mustela	13	Pech	365	Prozessionsspinner	36, 297
Mutterbaum	150	Pechkiefer	252	Prügelfalle	382
Myoxus	15	Pechtorf	363	Prunus serotina	252
Nachhiebe	153	Peitscher	206	Pseudotsuga Douglasii	252
Nacktflügler	37	Pelzmotte	34	Pulver	375
Nachtschwalbe	25	Peridermium pini	270	Puppenräuber	37, 41, 292
Nachtzeit	313	Perioden	146	Pyramide	108
Nadelholzbohrkäfer	295	Pfändung	308	Pyramidenschnitt	188
Nagetiere	14	Pflanzbrett	189	Pythagoräischer Lehrsatz	88, 93
Nährsalze	120, 123	Pflanzdolch	226	Quadrat	88
Naturdenkmäler	204	Pflanzendünger	184	Quadratverband	189
Natürliches System	55	Pflanzenkunde (Begr.)	6	Quadratwurzel	83
Nebel	138	Pflanzenmenge	194	Quandel	365
Nematus	295	Pflanzensystem	55	Quartier	182
Neigungsprozent	131	Pflanzenwespen	37	Quarz	118, 119
Nesterbruch	256	Pflanzenverband	189	Quebracho	229
Nesterpflanzung	238	Pflanzkette	192	Quellen des Holzes	323
Netzflügler	41	Pflanzschnur	192	Quercus rubra	252
Neunauge	31	Pflanzzeit	195	Querprofil	106, 346
Niederwald	145, 149, 155	Phanerogamen	48	Rabatten	224, 226, 235, 238
Nivellieren	103	Phonolith	119	Raben	23
Nivellierinstrumente	104	Phyllobius	299	Raff- u. Leseholz	304, 358
Numerierapparate	342	Pfuhlschnepfe	28	Rajolen	179
Nummerbuch	342	Picea sitchensis	252	Rammpfähle	350
Nußhäher	23	Pilze	55, 364	Ranzzeit	398
Nonne	36, 292, 296	Pinus Banksiana	252	Raseneisenstein	123, 215
Oberforstmeister	370	Pinus rigida	252	Rasenfalle	382
Oberförster	370	Pilzwurzel	44	Ratte	14
Oberhautgebilde	10	Pirol	24	Raubtiere	12
Oberholz	145, 147, 221	Pirschen	401	Raubvögel	18, 400
Oberlandforstmeister	370	Pissodes	40, 288, 289, 293, 296, 299	Rauhfußbussard	22
Oberrücken	388			Rauhdecke	365
Oberständer	221	Planimetrie	84	Rauhreif	139
Offenblühende Pflanzen	48	Plenterwald	147, 148	Raumholz	157
Ohreule	19	Plöße	30	Raumzähne	334
Ohrwurm	42	Pointer	404	Raupenfliegen	41, 292
Organe	6	Polarstrom	141	Raupenleim	280
Organische Körper	6	Polygam	50	Rauschzeit	397
Orthoklas	119	Polypen	7	Rebhuhn	27, 373, 379, 404
Ortstein	123	Polyperus annosus	270	Rechstreu	360
Ortsteinkultur	214	Ponton	110	Rechteck	89
Packfässer	352	Porphyr	119	Regeldetri	76
Packlage	348	Pottasche	356	Regen	139
Papierholz	355	Prisma	107, 109	Rehwild	16, 389, 397
Pappelbockkäfer	36, 300	Probesammeln	279		
Paraffin	366	Profil	106, 346		
Parallelogramm	88	Proportionen	82		
Parallelepipedon	107	Protzen	145		

Alphabetisches Register.

Rehhautbremse	41	Rüdersdorfer Pflug	243	Schrot	376
Reif	139	Rundmäuler	31	Schütte	269
Reifholz	48, 316	Rüsselkäfer	40, 286 ff.	Schutzbezirk	370
Reihenverband	189	Saatdolch	166	Schutzgitter	188
Reiher	29	Saateule	35	Schutzstreifen	261
Reihzeit	400	Sägen	333	Schwaben	42
Reißeisen	228	Sakerfalke	20	Schwammspinner	36, 299
Remise	241, 253	Samendarre	160	Schwan	30
Reptilien	9	Samenmengen	167	Schwanenhals	381
Retinia	291	Sammelhieb	343	Schwärmer	37
Reuterwurm	291	Sand	120	Schwarzwild	388, 396
Revierförster	370	Sandgrube	363	Schwarze Walnuß	252
Rhombus	89	Sandkäfer	41	Schweine	16
Rhomboid	89	Sandpflanzen	133	Schweineeintrieb	151, 153,
Richtscheit	346	Sandstein	118, 120	210, 282, 283, 285	
Rillendrücker	179	Sänger	24	Schwimmvögel	29
Rinde	47, 356	Säemaschine	173	Schwinden des Holzes	323
Rindenband	260	Saperda	300	Schwindriß	323
Rindenfleisch	356	Säugetiere	10 ff.	Schwirrfliegen	42
Rindenwickler	296	Sauggraben	265	Sedimentärgebirge	118
Ringelnatter	30	Säule	107	Seeadler	19
Ringelspinner	36, 298	Schachtelhalm	55	Senker	200
Ringeltaube	26	Schaftformzahl	114	Senkholz	349
Rispe	51, 53	Schäfer	24	Servitut	3, 302
Robinie	240	Schattenholzarten	217	Sesien	37, 301
Roburit	335	Schellen (des Elchwildes)		Setter	404
Rodewerkzeuge	334		396	Setzholz	189
Rohhumus	125	Schelladler	19	Setzstangen	157, 158
Röhrenholz	350	Schichtmaße	111, 340	Setzwage	346
Rohrweihe	22	Schiffsbauholz	354	Siebenschläfer	15
Rollegge	153	Schiffsknie	337, 355	Signalstangen	91
Rosetten der Kiefer	281	Schildamsel	24	Singvögel	23
Rossellinia quercina	271	Schildlaus	42	Sinnpflanze	17
Rostbauten	350	Schlagbaum (Falle)	383	Sitka-Fichte	252
Röten	279	Schlamm	126	Sohlenfleck	14
Roteiche	222, 252	Schlämmversuch	133	Sohlengänger	12
Rötelmaus	14, 276	Schlei	30	Spaltbarkeit	318
Rötelfalk	20	Schlupfwespen	38, 280, 282	Spaltware	353
Rotfußfalke	20	Schmetterlinge	33	Spanische Fliege	40
Rothart	318	Schnarre	28	Spannbrett	394
Rotliegendes	118	Schnee	139	Spanndrähte	180
Rotschwanz (Schmetter-		Schneebruch	258	Spanner	35, 282
ling)	297	Schnepfen	28, 373, 399, 404	Spätblühende Traubenkirsche	252
Rotwild	16, 387, 394, 395, 402	Schnitzwaren	353	Spechte	26
Rotwildhautbremse	41	Schorf	400	Spezialkarte	369
Rotwildrachenbremse	41	Schrank (des Hirsches)	388	Spezifisches Gewicht	317
Ruchablo-Pflug	243	Schreiadler	19	Specktorf	127
Rückwagen	154, 331	Schreivögel	25	Sperber	21
		Schritt (des Hirsches)	387		

29*

Sperrwuchs	145	
Sphinx pinastri	283	
Spiegel (der Nonne)	292	
Spiegelrinde	229	
Spinnentiere	9	
Spinner	36	
Splettstößers Zangenbohrer	197, 245	
Splintholz	48	
Splinthölzer	316	
Splintkäfer	40	
Splißzaun	180	
Sprengmast	358	
Sprengmittel	335	
Sprunglatten	180	
Spuren	387	
Stabholz	352	
Stachelbeerspanner	35	
Staffelmessung	102	
Stammfeuer	261	
Standlinie	98	
Standortsklasse	115, 143	
Standraum	195	
Stangenrüsselkäfer	289	
Star	24	
Staubhumus	230	
Steinadler	19	
Steinbock	15	
Steinfrucht	54	
Steinkohle	118	
Steinkohlenteer	209	
Steinmarder	13	
Steinschüttung	347	
Stellmacherholz	351	
Stereometrie	107	
Stickstoffsammler	44, 55, 241	
Stinkloch	399	
Strauchartige Gewächse	68	
Strauß	52	
Streichtorf	363	
Streifen (des Balges)	393	
Streifensaat	166, 171	
Streu	360	
Strichvögel	18	
Stückstreifen	166	
Stummelpflanzen	156	
Stümpfe (der Hirschfährte)	388	
Sturm	141, 255	
Submission	343	
Suche	404	
Sumpfhuhn	28	
Sumpftorf	127	
Sumpfzypresse	254	
Syenit	119	
System	7	
Tachinen	139	
Tannenhäher	23	
Tannenrüsselkäfer	296	
Tau	139	
Tauben	26, 276	
Tauchenten	29	
Taxodium distichum	254	
Teer	365	
Teichhuhn	28	
Tenthredo pini	283	
Thermometer	140	
Tellereisen	381	
Tierkunde (Begr.)	6	
Tinea	296	
Tischlerholz	354	
Ton	121	
Tonschiefer	118	
Topfprobe	164	
Torf	126, 127, 362	
Torfmull	363	
Torfstreu	363	
Tortrix	295, 296, 300	
Totalfeuer	261	
Töten von Hunden	312	
Totenuhr	322	
Trachea piniperda	281	
Trachyt	119	
Tragkraft des Holzes	317	
Trametes pini	270	
Transport (von Pflanzen)	176	
Transport (von Holz)	345	
Trapez	89	
Trapezoid	89	
Trappe	27	
Traube	52	
Treibholz	226, 228	
Treibjagd	402	
Triften	349	
Trockenfässer	352	
Trockentorf	125, 126	
Trugdolde	52, 53	
Tuff	19	
Turmfalke	20	
Tute	29	
Überhälter	204	
Überlandbrennen	228	
Überliegen b. Samens	161	
Überschwemmung	263	
Uferschnepfe	28	
Uhu	19	
Umhegungen	180	
Umtrieb	146	
Unfallversicherung	327	
Ungeflügelte Insekten	42	
Ungenannte Zahlen	77	
Uniformreglement	366	
Unkräuter	267	
Unorganische Körper	6	
Unterbau	220, 223	
Untergrund	128	
Unterholz	221	
Vegetationspunkt	56	
Verband	189	
Verbeißen	274	
Verdauungsorgane	11	
Verdunstung	138	
Verkaufsbedingungen	344	
Verlohnung	331	
Vermoderung	125	
Verpacken b. Pflanzen	176	
Verschulen	185, 188	
Verschulungsmaschine	189	
Versumpfung	264	
Verwandlung der Insekten	32	
Verwesung	125	
Verwitterung	120	
Vespertilio	12	
Viehpfändung	302	
Vielecke	88	
Vielhufer	16	
Visier	374	
Vögel	16	
Vogelschutz	212	
Vogelschutzgesetz	405	
Vollmast	358	
Vollsaat	166, 171	
Vorbereitungshieb	151	
Vornutzung	205	

Alphabetisches Register.

Vorstecher 237
Vorstehhund 404
Vorstehtreiben 403
Vorwuchs 145
Vulkan 117, 120
Vulkanische Eruptionen 119
Wachtel 27
Wachtelkönig 28
Wabel 335
Wahlholz 337
Wald (Begr.) 1
Waldbeeren 364
Waldgärtner 289
Waldhammer 335
Waldhühner 27
Waldkantig 349
Waldmaus 14, 276
Waldpflüge 171, 243
Waldrechter 204
Waldrisse 325
Waldsamenprüfungsanstalt 165
Waldstreu 305
Waldteufel 335
Waldtrocken 316
Wanderfalke 20
Wanderheuschrecke 42
Wanzen 42
Wasseralgen 55
Wassergehalt d. Holzes 315
Wasserhühner 27, 28
Wasserkranz 198
Wasserläufer 28
Wasserralle 28
Wasserreiser 223
Watvögel 27
Weichtiere 10
Weide 362
Weidebuch 304
Weidenbohrer 37
Weidenspinner 37
Weihen 22
Weinvogel 24

Weises Höhenmesser 106
Weißesche 252
Weiße Hickory 252
Weißtanne 250
Weißtannen-Hexenbesen 271
Wendezehe 18
Werfen des Holzes 323
Werre 291, 296
Wespen 37
Wespenbussard 22
Wespenschwärmer 301
Wetterleuchten 141
Weymuthskiefernblasenrost 251
Wickler 34
Widersonnig gedreht 325
Wiedehopf 25
Wiederkäuermagen 15
Wiesel 13, 390
Wiesensumpfhuhn 28
Wiesenweihe 22
Wildfütterung 272
Wildkatze 14, 390
Wildlinge 176
Wildschaden 271
Wildschwein 16
Wimmerholz 325
Windbruch 257
Windmantel 256, 257
Windwurf 256
Winkelkreuz 92
Winkelmessung 91
Winkelprisma 92
Winkelspiegel 91
Winterschlaf der Tiere 12
Wipfelfeuer 260
Wirbeltiere 8
Wirtschaftsfigur 368
Wirtschaftskarte 369
Witterungserscheinungen 136
Wolf 13, 390
Wühlmaus 14, 276

Wühlpflug 225
Wühlspaten 198
Wurfbose 257
Würfel 107
Würger 23
Würmer 10
Wurzel 43
Wurzelbrut 155, 239
Wurzelhaare 44
Wurzelhaube 43
Wurzelloben 155
Wurzelrost 123
Wurzelschwamm 270
Zähigkeit des Holzes 319
Zahlenlehre 74
Zahnformel 11
Zander 31
Zangenbohrer 197
Zapfenfrucht 54
Zapfenzünsler 296
Zäune 182
Zechstein 118
Zehengänger 13
Zeichnen des Wildes 377
Zellulose 355
Zentralfeuergewehr 374
Zerlegen 392
Zerwirken 392
Ziegenmelker 25
Ziehen des Holzes 323
Zikade 42
Zinseszins 81
Zinsrechnung 79
Zoologie (Begr.) 6
Zukunftshirsch 405
Zündnadelgewehr 374
Zweihäusige Pflanzen 49
Zweihufer 15
Zwergfalke 20
Zwiesel 206
Zwischenfruchtbau 225
Zwitterblüte 49
Zylinder 108

Überſichtstafel der wichtigſten Forſtinſekten.

	Namen	Nähere Beſchreibung	Lebensweiſe				Art der Schädigung		Schutzmittel		Bemerkungen
			Inſekt	Ei	Larve	Puppe	Fraßzeit	Fraßweiſe	Zeit	Art der Begegnung	
						1. In Kiefern.					
1.	Kiefernſpinner Bómbyx (Gaſtrópacha) pini	Groß, dickleibig graubrauner Falter mit zwei weiß. Flecken, große ſtark behaarte braune Raupe m. zwei blauen Nackenflecken; dunkelbraune Puppe in grauem Watteuntokon; hanfkorngroße grüne, ſpäter graue Eier am ganzen Stamm.	Ende Juli fliegend	im Auguſt zerſtreut am Stamme, an Stöcken und Nadeln	Novbr. bis März, halbwüchſig dicht am Stamme u. b. Moos, baumt im April u. frißt b. Juni, dann wieder Sept. bis Oktober	Auguſt bis März zerſtreut unter dem Baum	im Herbſt und Frühjahr	Raupe frißt die Nadeln an allen Altersſtufen der Scheide ab; nach Nadelfraß wandert ſie weiter	Novbr. bis Auguſt	im Winter nach dem erſten Froſte Probeſammlung d. Raupen unter dem Stamme, im März–April Leimringe, im Juli–Auguſt Töten d. Falter (♀), im Vorſommer Anprallen der Stangen. Ziehen von Raupengräben in Sandböden.	ſehr ſchädlich. Vorſommerfraß
2.	Kiefernſpanner Noctua (Trachéa) pinipérda	Kleiner braunroter weiß gefleckter und geſtrichelter Falter; Raupe 16 füß., kahl, grün mit gelb. Streif. auf jeder Seite u. mehreren weiß. Streif., Puppe braun mit zwei Afterſpitzchen.	im April fliegend	im Mai reihenweiß 3–8 an den Nadeln der Kiefer	im Mai bis Auguſt im Maitrieb, u. an Nadeln freſſend	Auguſt bis März zerſtreut unter dem Baum	Mai bis Auguſt	Raupen bohren ſich in die Maitriebe, ſo daß dieſe umfallen, be- freſſen dann die Nadeln	Auguſt bis April	Schweineeintrieb und Sammeln der Puppen, im Juni bis Auguſt Anprallen, auch Ziehen von Raupengräben beim Wandern. Schonen der vielen Feinde	Vorſommerfraß
3.	Kiefernſpanner Geométra (Fidónia) piniária	mittelgr. Falter mit dunkelbraunen gelbgefleckt. Flügeln, Raupe gelb, 10 füßig mit grün. Kopf u. weiß. Streifen, Puppe eine Spitze am After, grüne Eier a. d. Nadeln d. Krone	im Mai bis Juni im ruhig fliegend	an d. Nadeln der Krone im Juni	von Juli bis Okt. a. Nadeln freſſend, oft an Fäden hängend	von Novbr. bis März zerſtreut unter dem Baum	Juli bis Oktober	Raupe frißt vom Juli bis Oktober, oft an Fäden hängend die Nadeln	Oktober bis April	Sammeln der Puppen im Novemb., Abharken b. Streu und freiſtehenden Aufhäufen derſ., Leimen b. Juli–Oktbr. wie oben b. Spinner	Nachſommerfraß
4.	Kiefernmarkkäfer Hylesinus pinipérda	ein kleiner bräunlich brauner Käfer, vom Fichtenborkenkäfer durch ſpitzen Kopf unterſchieden. Doppelte Generation	von Juli bis April, wo er ſchwärmt	im Mai und Juli unter der Rinde	im Mai u. Juli unter der Rinde	Mai und Juli	April bis Juni	Käfer frißt die Triebe aus, ſo daß ſie herunterfallen, kenntl. an den durchlöcherten Kronen der befallenen Kiefern	Auguſt bis April	v. Aug.—Oktbr. Zuſammenharken u. Verbrennen d. untergef. Triebe, i. April u. Juli Fangbäume, zeitig. Abfahren aller Hölzer (bis Juni!)	Nachſommerfraß
5.	Großer Rüſſelkäfer Hylóbius abiétis (Curcúlio pini)	mittelgroßer brauner Rüſſelkäfer mit gelben abgebrochenen Querbinden. 2 jährige Generation	Junge Käfer unſchädl. von Juli–Okt., alte ſchädlich v. April bis Juli	im Mai in Stöcken, Wurzeln uſw.	unſchädlich in alten Stöcken das ganze Jahr hinduch	teils überwinternd, teils Juni, Juli	April bis Juni	Käfer frißt Knoſpen, Triebe und junge Stämmchen auf Kulturen, auch an Wurzelknoten, v. Kiefer und Fichte, ſelbſt auf anderen Holzarten	Auguſt bis Juli	Stockpuzelroden, i. Gebirge v. April—Juni Fangknüppel, -Rinden, in der Ebene Fangbäume v. April—Oktober, 2 Jahre lang, fängiſch halten; jedoch nur auf leichtem Boden	ſehr ſchädlich, Vorſommerfraß in erb größenfeigenen Bäch. längſt b. j. Stämmch.
						2. Fichten.					
6.	Fichtenborkenkäfer Bóstrichus typógraphus	kleiner gelb, braun-ſchwarz behaarter walziger Käfer, hinten mit Abſturz, um welchem 8 Zähnchen ſtehen (nur mit Lupe zu erkennen). doppelte Generation	April bis September, teils als alter, teils als junger Käfer	im Mai unter der Rinde	unter der Rinde im Vor- und Nachſommer freſſend	1. Brut im Juni, 2. Brut im Auguſt, auch überwinternd	Mai bis September	die weiblichen Käfer freſſen Ende April u. Juli Längsgänge unter b. Rinde, die Larven freſſen vom Sondgang aus Quergänge unter b. Rinde bis zur Ver-	März, bis Juli bis Septbr.	Ende März, werden Fangbäume geworfen, welche im Juni mit der Brut geſchäft werden; fliegt bereits im Juli die junge Fangbrut, ſo müſſen im Juli neue Fangbäume geworfen werden, welche im Auguſt ge-	die zahlreich übrigen Vorder- entkäfer hab. ſonſt vielfache Lebensweiſe; ſehr ſchädl. Sommerfraß

Nr.	Name	Falter / Beschreibung	Eier	Raupe	Zeit	Fraß / Schaden	Zeit	Bekämpfung	Bemerkungen
8.	Pinner Chnethocámpa (Bómbyx) processionéa	Falter mit hellem und bunten Hinterleib; 16 füßige graue Raupe bedeckt mit dicker röthlicher Afterwolle, dunkelbraune behaarte Raupe mit 2 zinnoberroten Streifen neben der Mittellinie	abends fliegend, b. Tage am Stamm	Raupe zerstört im Herbst im Gespinst, im Frühjahr bis Juni frei fressend die Blätter von Eichen	Juni	Ballen im Juli	gesellig freilaufend, b. Tage unter Aftgabeln	man die Verpuppungsballen oder zerquetscht sie; von September bis März kann man die Eier an der Rinde abkratzen	sucht den giftigen Raupen gegenüber Vorsommer-fraß
9.	Goldafter Bómbyx chrysorrhoéa	mittelgroß, schneeweiß, Falter mit dicker röthlicher Afterwolle, dunkelbraune behaarte Raupe mit 2 zinnoberroten Streifen neben der Mittellinie	Schwamm-eier an Blättern im Juli	Raupe zerstört im Herbst im Gespinst, im Frühjahr bis Juni frei fressend die Blätter vom Obst	im Herbst und Frühjahr	Juni	September z. Blätter verspinnen u. nach überwinter im Mai–Juni fressend	Oktober bis April	Frühling bis Herbst und trockenen Blättern überwinternden Raupen	Vorsommer-fraß schädlich
10.	Winter- und Blattspanner Geometra brumáta und defoliária	kleiner Falter, 16 füßige, schwach behaarte grüne Raupe mit schwarzem Kopf	von August bis Mai an Eichenknospen	die grünen Raupen fressen mit Laubaus-bruch Eichentriebe, sie spinnen stark	Mai–Juni	Juni an der Erde	Mai–Juni an Eichen-knospen spinnend	Juni	wenn im Juni die Mänchen zur Verpuppung herabkriechen, sucht man sie zu töten	Vorsommer-fraß

4. Auf allerlei Holzgärten.

Nr.	Name	Falter / Beschreibung	Eier	Raupe	Zeit	Fraß / Schaden	Zeit	Bekämpfung	Bemerkungen
11.	Nonne Liparis (ocneria) mónacha	erst er kleiner graumweißer Falter, kleine 10 füßige grüne Raupen; letzterer größerer braun bandirter Falter, große braune Raupe mit gelben Seitenstreifen, kahl	Ende Juli u. August	Sept.–April in Haufen von 5–150 junt. Rinden-schuppen, also nur am Stamm-teil	Sept.–April vom April b. Juli sehr gefährt; die Raupe klettert nur so weit, eingefressen, wandert dann weiter (schwenderischer Fraß)	April bis Juli	Raupe zerstört Laub und Nadeln nicht vollständig, sondern meist nur so weit, eingefressen, wandert dann weiter (schwenderischer Fraß)	Septbr. bis August	von Septbr. bis April suchen die Eier an der Rinde mit Messerklappe; April Spiegeln mit Moos- und Bergklappen; Mai–Aug. Töten d. Raupen, Puppen u. Falter	sehr schädlich. Bei d. Nonne größte Aufmerksamkeit nötig. Am gefährlichsten, i. Fichten. Vor-sommerfraß
12.	Schwamm-spinner Liparis (ocneria) dispar	Falter b. Nonne sehr ähnlich, ohne roten Hinterleib. Große lang behaarte braune Raupe mit 5 Paar roten und 5 Paar blauen und graubraun, Fühlerfächer unter- schieben	Abends im Aug. fliegend an Stämmen	vom April b. Juli ähnlich wie b. Nonne fressend	April bis Juli	im Juli zu. Boden hängend	Raupe Laubh. mehr vorziehend, nicht ganz so gefährlich	April bis Juli	im Winter usw. Abtragen d. Eier, im April Spiegeln; wenn sie im Juni und Juli morgens in Klumpen beisammen sitzen, Zerquetschen der Raupen	Größte Ähnlichkeit in allem mit der Nonne. Vorsommerfraß
13.	Maikäfer Melolóntha vulgáris	bekannt! Männchen breiter und länger Fühlerfächer unter-schieben	i. Mai Laub-holz u. Nadelholz-Knospen zer-störend	v. 1. Jahr bis Septbr. des 3. Jahres in der Erde	Herbst und Winter vor dem Flug-jahr	Herbst und Winter vor dem Flug-jahr	i. Mai d. Flugjahres zerstört der Käfer alle Laubhölzer, in der übrigen Zeit frisst die Larve die Waldbäumen, na- mentlich Kiefern	Novbr. bis Septbr.	im Flugjahr frühmorgens Sammeln; Töten d. Engerlinge unter ab welkenden Pflanzen; im Frühjahr Umpflügen u. Sammeln. Vom Herbst bis Mai Schwernentrieb	
14.	Maulwurfs-grille Gryllus gryllotálpa	die bekannte Grille; das In-sekt unterschiebt sich von der Larve nur durch die Flügel, die der Larve ganz fehlen aber der letzteren unvollkommen sind	im Mai bis Juni (zirpend!)	Juni u. Juli zu 160 mit einem Rest unter der Erde	Mai	Juli bis August teils fressend, teils über-winternd	zerstört Saatkampe und junge Pflänzchen in gefährlicher Weise	Juni Juli	Suchen und Ausheben des Sternnestes in b. Klumpen oder auf benachbarten Rasenflächen; im Juni und Juli resp. Er- säufen der Larven im Neste mit Wasser und Öl	

Spurentafel.

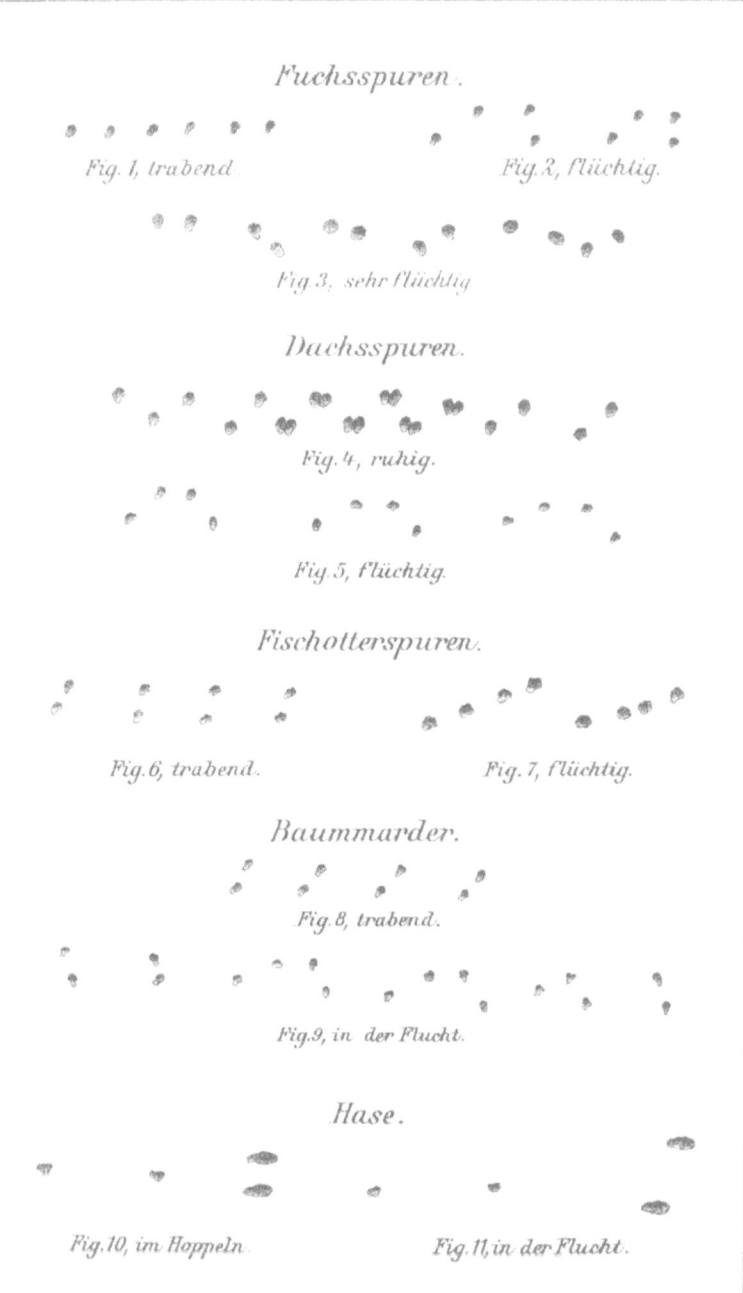

Westermeier, Leitfaden. 12. Aufl.   Verlag von Julius Springer in Berlin.

Verlag von Julius Springer in Berlin W 9

***Dienst-Instruktion für die preußischen Förster** vom 23. Oktober 1868. (Unter Berücksichtigung der bis zum 1. Mai 1902 ergangenen abändernden Verfügungen.) Preis M. —,50.

***Die preußischen Forst- und Jagdgesetze** mit Erläuterungen. Von **O. Oehlschläger**, Wirkl. Geh. Ober-Justizrat, **A. Bernhardt**, w. Direktor d. Forstakademie zu Münden, K. Frhr. **von Bülow**, Reichsgerichtsrat, und **J. Sterneberg**, Wirkl. Geh. Ober-Regierungsrat.
* Band I. **Gesetz, betr. den Forstdiebstahl**, vom 15. April 1878. Fünfte Auflage, bearbeitet durch J. Peltzer und W. Schultz. Preis kart. M. 2,—.
* Band II. Gesetze über 1. **Die Verwaltung und Bewirtschaftung von Waldungen** der Gemeinden und öffentl. Anstalten sowie über 2. **Schutzwaldungen und Waldgenossenschaften.** Preis kart. M. 2,40.
* Band III. **Das Feld- und Forstpolizei-Gesetz** vom 1. April 1880. Vierte Auflage. Preis kart. M. 2,—.
* Ergänzungsband zu Band III. **Die zum Feld- und Forstpolizei-Gesetz vom 1. April 1880 erlassenen Polizeiverordnungen.** Von J. Sterneberg, Geh. Ober-Regierungsrat im Ministerium für Landwirtschaft, Domänen und Forsten. Preis kart. M. 2,80.

***Leitfaden für den Waldbau.** Von **W. Weise**, Preuß. Oberforstmeister, Forstakademie-Direktor a. D. Vierte Auflage. Preis geb. M. 4,—.

***Forstliche Rechenaufgaben.** Ein Wiederholungs- und Übungsbuch zur Vorbereitung auf die Jäger- und Försterprüfung. Von **Otto Grothe**, Forstschullehrer in Spangenberg. Siebente, vermehrte und verbesserte Auflage. Mit 89 Textfiguren. Preis kart. M. 2,—.

***Anleitung zur Waldwertberechnung**, im Auftrage des Finanzministers verfaßt vom Preuß. Ministerial-Forstbüro im Jahre 1866. Abdruck der amtlichen Ausgabe, mit Berücksichtigung der neuen Maße und der deutschen Reichswährung. Preis M. 2,—.

***Kubiktabelle zur Bestimmung des Inhaltes von Rundhölzern** nach Kubikmetern und Hundertteilen des Kubikmeters mit angehängten Reduktionstafeln. Von **H. Behm**, w. Geh. Rechnungsrat im Ministerium für Landwirtschaft, Domänen und Forsten. Nach den für die Preußische Forstverwaltung ergangenen Bestimmungen zusammengestellt. Einundzwanzigste Auflage. Preis geb. M. 1,20.

***Massentafeln zur Bestimmung des Gehaltes stehender Bäume an Kubikmetern fester Holzmasse.** Von H. **Behm**, w. Geh. Rechnungsrat im Ministerium für Landwirtschaft, Domänen und Forsten. Zweite Auflage, zweiter Abdruck. Preis geb. M. 2,20.

***Kubik-Tabellen, berechnet nach Metermaß.** Zum praktischen Gebrauch für Bautechniker, Holzhändler und Forstleute, herausgegeben vom **Berliner Holz-Comptoir.** Ausgabe D: Gesamtausgabe, enthaltend Ausgabe A—C. 6. Auflage. Preis gebunden M. 4,—.

***Leitfaden der Holzmeßkunde.** Von Professor Dr. **Adam Schwappach.** Zweite, umgearbeitete Auflage. Mit 22 Textabbildungen. Preis M. 3,—; geb. M. 4,—.

***Ertragstafeln für die Weißtanne.** Auf Grund des Materials der Badischen forstlichen Versuchsstation bearbeitet von Dr. **Fritz Eichhorn.** Mit 5 lithogr. Tafeln. Preis M. 3,60; gebunden M. 4,40.

***Ertragstafeln für die Kiefer.** Von **W. Weise**, Preuß. Oberforstmeister und Direktor der Forstakademie zu Hann.-Münden. Im Auftrage des Vereins deutscher forstlicher Versuchsanstalten bearbeitet durch die Preuß. Hauptstation des forstl. Versuchswesens. Mit 7 lithogr. Tafeln. Preis M. 3,60.

*Hierzu Teuerungszuschlag

Verlag von Julius Springer in Berlin W 9

*****Forstästhetik.** Von **H. von Salisch**. Dritte, umgearbeitete und vermehrte Auflage. Mit 133 Abbildungen im Text.
Preis M. 8,—; gebunden M. 9,—.

*****Die forstliche Bestandesgründung.** Ein Lehr- und Handbuch für Unterricht und Praxis. Auf neuzeitlichen Grundlagen bearbeitet von **Hermann Neuß**, Direktor der Höheren Forstlehranstalt Mähr.-Weißkirchen. Mit 64 Textabbildungen.
Preis M. 8,—; gebunden M. 9,20.

*****Die Pflanzenzucht im Walde.** Ein Handbuch für Forstwirte, Waldbesitzer und Studierende. Von Dr. **Hermann von Fürst**, Oberforstrat, Direktor der Forstlehranstalt Aschaffenburg. Mit 66 Textfiguren. Vierte, vermehrte und verbesserte Auflage. Preis M. 7,—; gebunden M. 8,20.

*****Die forstliche Statik.** Ein Handbuch für leitende und ausführende Forstwirte sowie zum Studium und Unterricht. Von Dr. **H. Martin**, Geheimer Forstrat, Professor an der Forstakademie Tharandt. Zweite Auflage. Mit 8 Textabbildungen.
Preis M. 16,—; gebunden M. 18,—.

*****Die Forsteinrichtung.** Von Dr. **H. Martin**, Professor an der Forstakademie Tharandt. Dritte, erweiterte Auflage. Mit 11 Tafeln.
Preis M. 9,—; gebunden M. 10,—.

*****Die Aufforstung landwirtschaftlich minderwertigen Bodens.** Vom Sächs. Ministerium des Innern preisgekrönte Arbeit. Von Dr. **R. J. Möller**, Forstassessor in Schandau i. Sa.
Preis M. 2,80.

*****Die Jagdgesetzgebung.** Jagdrecht — Jagdausübung — Jagdschutz. Von **W. Schultz**, Landforstmeister a. D., und **Frhr. v. Scherr-Thoß**, Regierungspräsident. Zweite, neubearbeitete Auflage.
Preis M. 3,60; gebunden M. 4,40.

*****Das Jagdscheingesetz** vom 31. Juli 1895 nebst der ministeriellen Ausführungsverfügung vom 2. August 1895 erläutert und herausgegeben von **G. Frhr. v. Scherr-Thoß**, Geh. Regierungsrat.
Preis kartoniert M. 1,60.

*****Die Fischerei im Walde.** Ein Lehrbuch der Binnenfischerei für Unterricht und Praxis von **Hugo Borgmann**, Preuß. Forstmeister. Mit zahlreichen in den Text gedruckten Abbildungen. Preis M. 7,—; gebunden M. 8,—.

*****Der Teichbau.** Anleitung zur Anlage und zum Bau von Teichen für Kulturingenieure, Studierende und praktische Teichwirte. Von Oberingenieur **F. A. Zink**. Mit 133 Textfiguren und 3 Tafeln.
Preis M. 9,—; gebunden M. 10,—.

*Hierzu Teuerungszuschlag

If you have any concerns about our products,
you can contact us on
ProductSafety@springernature.com

In case Publisher is established outside the EU,
the EU authorized representative is:
**Springer Nature Customer Service Center GmbH
Europaplatz 3, 69115 Heidelberg, Germany**

Printed by Libri Plureos GmbH
in Hamburg, Germany